灵境蓝图

明日科技 编著

Html5+
JavaScript+
Css3
开发手册

基础·案例·应用

U0222849

全国百佳图书出版单位

化学工业出版社

·北京·

内容简介

《Html5+JavaScript+Css3 开发手册：基础·案例·应用》是"计算机科学与技术手册系列"图书之一，该系列图书内容全面，以理论联系实际、能学到并做到为宗旨，以技术为核心，以案例为辅助，引领读者全面学习基础技术、代码编写方法和具体应用项目，旨在为想要进入相应领域的技术人员提供新而全的技术性内容及案例。

本书是一本侧重编程基础 + 实践的 Web 前端开发图书，从基础、案例、应用三个层次循序渐进地介绍了 Web 前端开发从入门到实战所需知识，使读者在打好基础的同时快速提升实践能力。本书内容充实，给读者提供了较为丰富全面的技术支持和案例强化，通过各种示例将学习与应用相结合，打造轻松学习、零压力学习的环境，通过案例对所学知识进行综合应用，通过开发实际项目将各个知识点应用到实际工作中，帮助读者实现学以致用，快速掌握前端开发的各项技能。

本书提供丰富的资源，包含 131 个实例、10 个案例、2 个项目，力求为读者打造一本基础 + 案例 + 应用一体化的、精彩的前端开发图书。

本书不仅适合初学者、编程爱好者、零基础的编程自学者，也可供计算机相关专业师生、程序开发人员以及程序测试和维护人员等阅读参考。

图书在版编目（CIP）数据

Html5+JavaScript+Css3 开发手册：基础·案例·应用 / 明日科技编著 . 一北京：化学工业出版社，2022.4

ISBN 978-7-122-40576-0

Ⅰ．①H… Ⅱ．①明… Ⅲ．①网页制作工具 - 手册 Ⅳ．① TP393.092.2-62

中国版本图书馆 CIP 数据核字（2022）第 006414 号

责任编辑：曾　越
文字编辑：毛亚囡
责任校对：刘曦阳
装帧设计：尹琳琳

出版发行：化学工业出版社
　　　　　（北京市东城区青年湖南街13号　邮政编码100011）
印　　装：大厂聚鑫印刷有限责任公司
880mm×1230mm　1/16　印张29　字数839千字
2022年3月北京第1版第1次印刷

购书咨询：010-64518888
售后服务：010-64518899
网　　址：http://www.cip.com.cn
凡购买本书，如有缺损质量问题，本社销售中心负责调换。

定　　价：128.00元

前言

随着我国"十四五"规划的提出，国家在提升企业技术创新能力、激发人才创新活力等方面加大力度，也标志着我国信息时代正式踏上新的阶梯。现如今电子设备已经普及，在人们的日常生活中随处可见。信息社会给人们带来了极大的便利，信息捕获、信息处理分析等在各个行业得到普遍应用，推动整个社会向前稳固发展。

计算机设备和信息数据的相互融合，对各个行业来说都是一次非常大的进步，已经渗入到工业、农业、商业、军事等领域，同时其相关应用产业也得到一定发展。就目前来看，各类编程语言的发展、人工智能相关算法的应用、大数据时代的数据处理和分析都是计算机科学领域各大高校、各个企业在不断攻关的难题，是挑战也是机遇。因此，我们策划编写了"计算机科学与技术手册系列"图书，旨在为想要进入相应领域的初学者或者已经在该领域深耕多年的从业者提供新而全的技术性内容，以及丰富、典型的实战案例。

本书内容

本书从实战角度出发，结合实际应用案例进行讲解，侧重 Web 前端的编程基础与实践。全书共分为 30 章，主要采用"基础篇（18 章）+ 案例篇（10 章）+ 应用篇（2 章）"3 大维度一体化的讲解方式，具体的学习结构如下图所示：

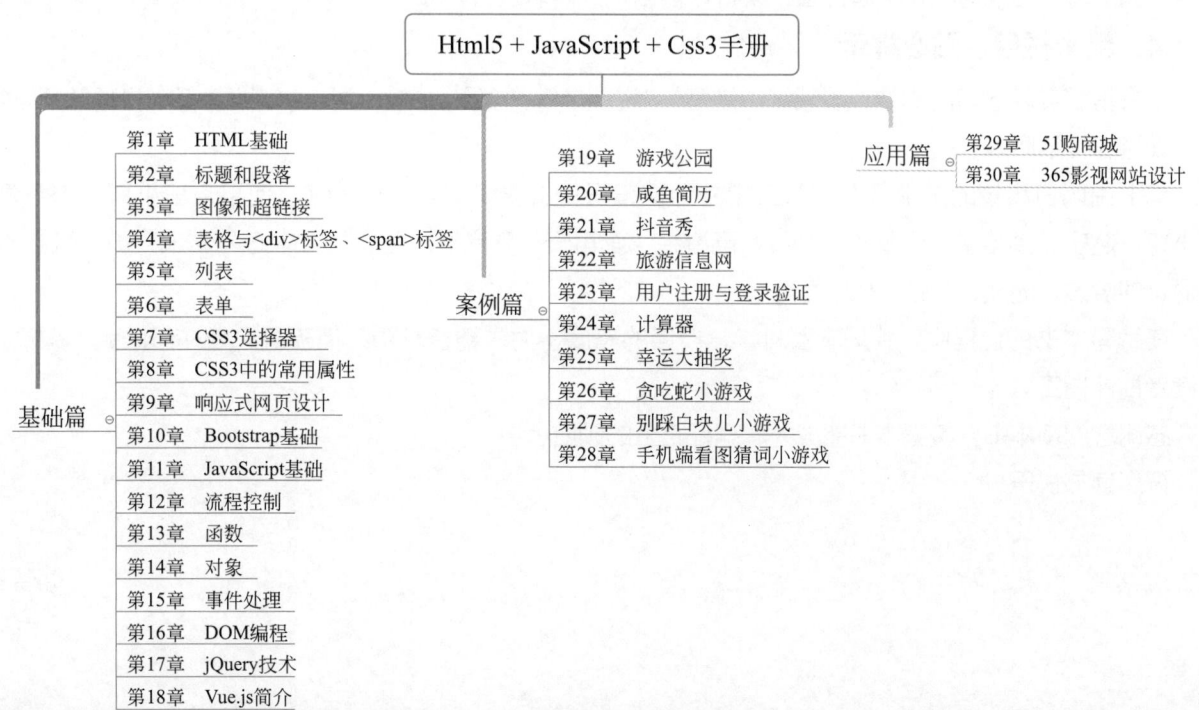

本书特色

1．突出重点、学以致用

书中每个知识点都结合了简单、易懂的示例代码以及非常详细的注释信息，力求能够让读者快速理解所学知识，提高学习效率，缩短学习路径。

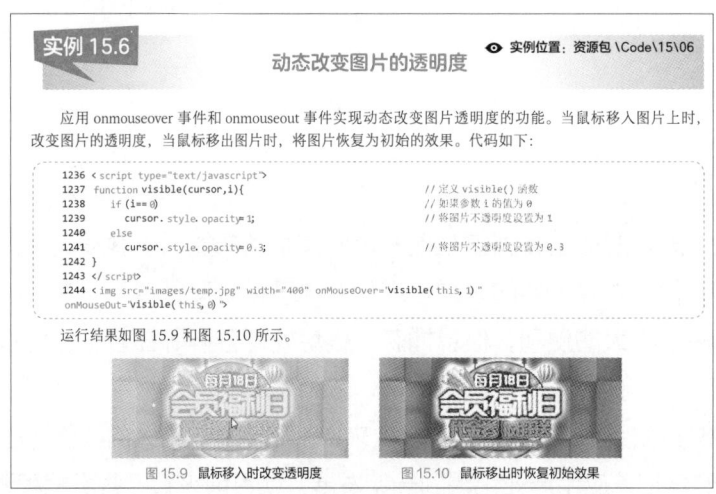

实例代码与运行结果

2．提升思维、综合运用

本书会以知识点综合运用的方式，带领读者学习各种趣味性较强的网站前端案例，让读者不断开拓编写前端程序的思维，还可以快速提高对知识点的综合运用能力，让读者能够回顾以往所学的知识点，并结合新的知识点进行综合应用。

3．综合技术、实际项目

本书在应用篇中提供了两个贴近生活应用的项目，力求通过实际应用使读者更容易地掌握前端技术在实际业务中的使用方法。两个项目都是根据常年开发经验总结而来的，包含了在实际开发中所遇到的各种问题。项目结构清晰、扩展性强，读者可根据个人需求进行扩展开发。

4．精彩栏目、贴心提示

本书根据实际学习的需要，设置了"注意""说明"等许多贴心的小栏目，辅助读者轻松理解所学知识，规避编程陷阱。

本书由明日科技的前端开发团队策划并组织编写，主要编写人员有张鑫、何平、王小科、李菁菁、申小琦、赵宁、周佳星、李磊、王国辉、高春艳、李再天、赛奎春、葛忠月、李春林、宋万勇、张宝华、杨丽、刘媛媛、庞凤、谭畅、依莹莹等。

在编写本书的过程中，我们本着科学、严谨的态度，力求精益求精，但疏漏之处在所难免，敬请广大读者批评指正。

感谢您阅读本书，希望本书能成为您编程路上的领航者。

祝您读书快乐！

编著者

如何使用本书

本书资源下载及在线交流服务

方法1：使用微信立体学习系统获取配套资源。用手机微信扫描下方二维码，根据提示关注"易读书坊"公众号，选择您需要的资源或服务，点击获取。微信立体学习系统提供的资源和服务包括：

- ↻ 视 频 讲 解：**快速掌握编程技巧**
- ↻ 源 码 下 载：**全书代码一键下载**
- ↻ 配 套 答 案：**自主检测学习效果**
- ↻ 拓 展 资 源：**术语解释指令速查**

🖱 扫码享受
全方位沉浸式学前端开发

操作步骤指南　　① 微信扫描本书二维码。② 根据提示关注"易读书坊"公众号。③ 选取您需要的资源，点击获取。④ 如需重复使用可再次扫码。

方法2：推荐加入 QQ 群：706013952（若此群已满，请根据提示加入相应的群），可在线交流学习，作者会不定时在线答疑解惑。

方法3：使用学习码获取配套资源。

（1）激活学习码，下载本书配套的资源。

第一步：刮开后勒口的"在线学习码"（如图1所示），用手机扫描二维码（如图2所示），进入如图3所示的登录页面。单击图3页面中的"立即注册"成为明日学院会员。

第二步：登录后，进入如图4所示的激活页面，在"激活图书 VIP 会员"后输入后勒口的学习码，单击"立即激活"，成为本书的"图书 VIP 会员"，专享明日学院为您提供的有关本书的服务。

第三步：学习码激活成功后，还可以查看您的激活记录，如果您需要下载本书的资源，请单击如图5所示的云盘资源地址，输入密码后即可完成下载。

图1　在线学习码

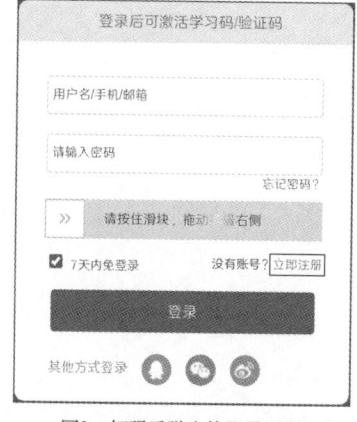

图2　手机扫描二维码

图3　扫码后弹出的登录页面

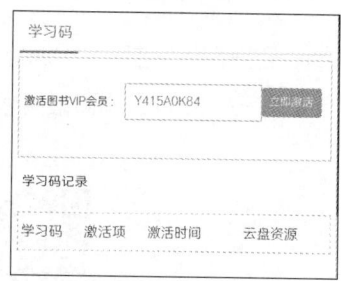

图4　输入图书激活码

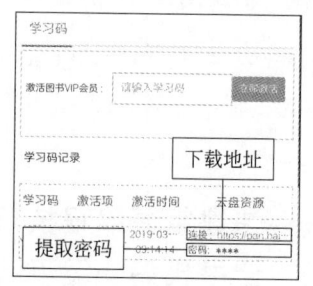

图5　学习码激活成功页面

（2）打开下载到的资源包，找到源码资源。本书共计 30 章，源码文件夹主要包括：实例源码（131 个）、案例源码（10 个）、项目源码（2 个），具体文件夹结构如下图所示。

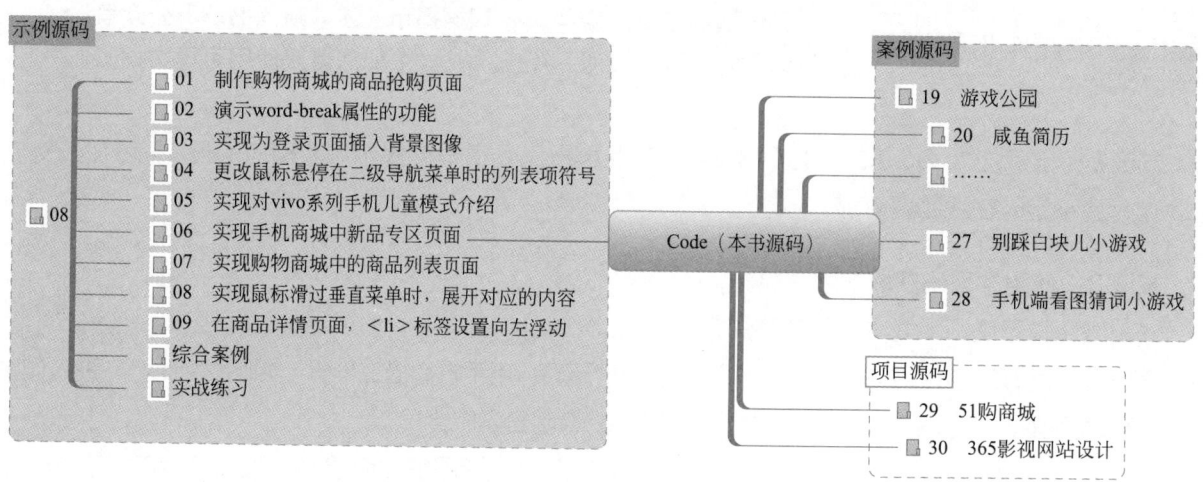

（3）使用浏览器打开章节对应 HTML 文件，运行即可。

读者服务

为方便解决读者在学习本书过程中遇到的疑难问题及获取更多图书配套资源，我们在明日学院网站为您提供了社区服务和配套学习服务支持。此外，我们还提供了读者服务邮箱及售后服务电话等，如图书有质量问题，可以及时联系我们，我们将竭诚为您服务。

读者服务邮箱：mingrisoft@mingrisoft.com

售后服务电话：4006751066

基础篇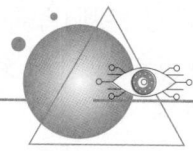

第 1 章　HTML 基础

第 2 章　标题和段落

第 3 章　图像和超链接

第4章 表格与 <div> 标签、<span> 标签

第5章 列表

第6章　表单

第7章　CSS3 选择器

第 8 章　CSS3 常用属性

第 9 章　响应式网页设计

第 10 章　Bootstrap 基础

第 11 章 JavaScript 基础

第 12 章 流程控制

第 13 章 函数

第 14 章　对象

第 15 章　事件处理

第 16 章 DOM 编程

第 17 章 jQuery 技术

第 18 章   Vue.js 框架

案例篇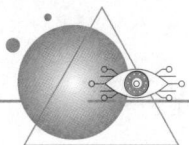

第 19 章   游戏公园（HTML+CSS+JavaScript+Bootstrap）

第 20 章   咸鱼简历（HTML+CSS+jQuery+Bootstrap）

第21章　抖音秀（HTML+CSS+JavaScript+H5FullScreenPage 插件）

第22章　旅游信息网（HTML+CSS+jQuery+jquery.faded 插件）

第23章　用户注册与登录验证（HTML+CSS+JavaScript+jQuery）

第24章　计算器（HTML+CSS+JavaScript）

第25章　幸运大抽奖（HTML+CSS+JavaScript）

第26章　贪吃蛇小游戏（HTML+CSS+JavaScript）

第27章　别踩白块儿小游戏（HTML+CSS+JavaScript）

第28章　手机端看图猜词小游戏（HTML+CSS+JavaScript+jQuery）

应用篇

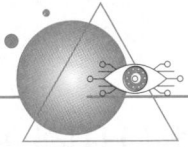

第29章　51购商城

第30章　365 影视网站设计

Html5+JavaScript+Css3

Html5+JavaScript+Css3

开发手册

基础 · 案例 · 应用

基础篇

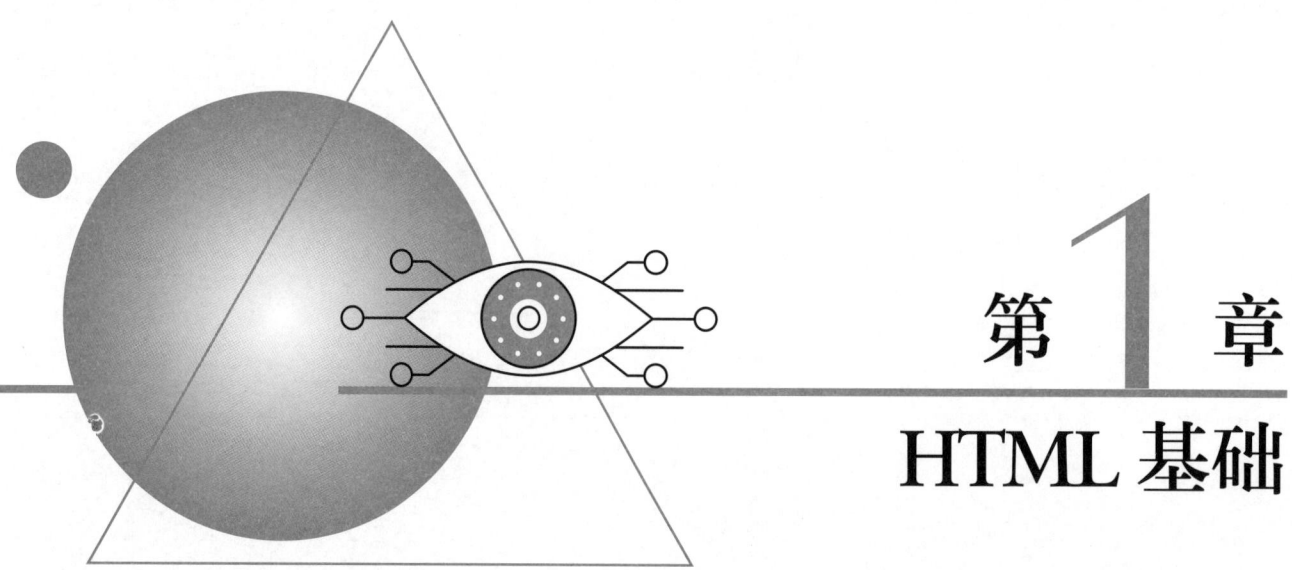

第 1 章

HTML 基础

扫码领取
- 教学视频
- 配套源码
- 练习答案
- ……

Internet 的飞速发展导致了越来越多的网站的创建，我们浏览这些网站的时候，看到的是丰富的影像、文字、图片，这些内容都是通过一种名为 HTML 的语言表现出来的。对于网页设计和制作人员，尤其是开发动态网站的编程人员来讲，想在制作网页的时候不涉及 HTML 语言，几乎是不可能的。

本章主要介绍 HTML 基础知识，包括 HTML 是什么、HTML 的相关概念以及使用 HTML 制作一个简单的 HTML 页面。

1.1 HTML 基础

HTML 语言是一种简易的文件交换标准，用于物理的文件结构，它旨在定义文件内的对象和描述文件的逻辑结构，而并不定义文件的显示。由于 HTML 所描述的文件具有极高的适应性，所以 HTML 语言特别适合于万维网（WWW）的环境。

1.1.1 什么是 HTML

HTML 是纯文本类型的语言，使用 HTML 编写的网页文件也是标准的纯文本文件。我们可以用任何文本编辑器，例如 Windows 的"记事本"程序打开它，查看其中的 HTML 源代码，也可以在用浏览器打开网页时，通过相应的"查看"→"源文件"命令查看网页中的 HTML 代码。HTML 文件可以直接由浏览器解释执行，而无须编译。当用浏览器打开网页时，浏览器读取网页中的 HTML 代码，分析其语法结构，然后根据解释的结果显示网页内容。

HTML5 是 HTML 语言的新一代标准。

1.1.2　HTML 的发展历程

1993 年，HTML 首次以因特网草案的形式发布。20 世纪 90 年代的人见证了 HTML 的快速发展：从 2.0 版到 3.2 版和 4.0 版，再到 1999 年的 4.01 版，一直到现在正逐步普及的 HTML5。随着 HTML 的发展，W3C（万维网联盟）掌握了 HTML 规范的控制权。

在快速发布了 HTML 的前 4 个版本之后，业界普遍认为 HTML 已经"无路可走"了，对 Web 标准的焦点也开始转移到了 XML 和 XHTML，HTML 被放在次要位置。不过在此期间，HTML 体现了顽强的生命力，主要的网站内容还是基于 HTML 的。为能支持新的 Web 应用，同时克服缺点，HTML 迫切需要添加新功能，制定新规范。

为了将 Web 平台提升到一个新的高度，一群人在 2004 年成立了 WHATWG（Web Hypertext Application Technology Working Group，Web 超文本应用技术工作组），他们创立了 HTML5 规范，同时开始专门针对 Web 应用开发新功能——这被 WHATWG 认为是 HTML 中最薄弱的环节。Web 2.0 这个新词也就是在那个时候发明的。Web 2.0 实至名归，开创了 Web 的第二个时代，旧的静态网站逐渐让位于需要更多特性的动态网站和社交网站——其中的新功能数不胜数。

2006 年，W3C 又重新介入 HTML，并于 2008 年发布了 HTML5 的工作草案。2009 年，XHTML2 工作组停止工作。2010 年，因为 HTML5 能解决非常实际的问题，所以在规范还没有具体制定下来的情况下，各大浏览器厂家就已经按捺不住，开始对旗下产品进行升级以支持 HTML5 的新功能。这样，得益于浏览器的实验性反馈，HTML5 规范也得到了持续的完善，HTML5 以这种方式迅速融入对 Web 平台的实质性改进中。

1.2　HTML5 相关概念与基本结构

一个 HTML5 文件是由一系列的元素和标签组成的。元素是 HTML5 文件的重要组成部分，例如 title（文件标题）、img（图像）及 table（表格）等。元素名不区分大小写，而 HTML5 用标签来规定元素的属性和它在文件中的位置。本节将对网页设计相关的几个基本标签进行介绍，主要包括元信息标签、页面的主体标签、页面的注释等。

- ♻ HTML5 文档和 HTML5 元素是通过 HTML5 标签进行标记的。
- ♻ HTML5 标签是由首标签和尾标签构成的。
- ♻ 首标签是被括号包围的元素名。

本节将对 HTML5 的标签构成进行详细讲解。

1.2.1　HTML5 的相关概念

（1）HTML5 标签

HTML5 标签分单独出现的标签和成对出现的标签两种。大多数标签成对出现，是由首标签和尾标签组成的。首标签的格式为 < 元素名称 >，尾标签的格式为 </ 元素名称 >。其完整语法如下：

```
< 元素名称 > 要控制的元素 </ 元素名称 >
```

成对标签仅对包含在其中的文件部分发生作用，例如 <title> 和 </title> 标签用于界定标题元素的范围，也就是说，<title> 和 </title> 标签之间的部分是此 HTML5 文件的标题。

单独标签的格式为 < 元素名称 >，其作用是在相应的位置插入元素，例如
 标签便是在该标签所在位置插入一个换行符。

1

📖 **说明**

> 对于每个 HTML5 标签，大、小写及混写均可。例如 <html>、<HTML> 和 <Html>，其结果都是一样的。

在每个 HTML5 标签中，还可以设置一些属性，控制 HTML5 标签所建立的元素。这些属性将位于所建立元素的首标签，因此，首标签的基本语法如下：

> < 元素名称　属性 1=" 值 1" 属性 2=" 值 2"......>

而尾标签的建立方式则为：

> </ 元素名称 >

因此，在 HTML5 文件中某个元素的完整定义语法如下：

> < 元素名称　属性 1=" 值 1" 属性 2=" 值 2"......>元素资料 </ 元素名称 >

📖 **说明**

> 语法中，设置各属性所使用的 """ 可省略。

（2）元素

当用一组 HTML5 标签将一段文字包含在中间时，这段文字与包含文字的 HTML5 标签被称为一个元素。

在 HTML5 语法中，每个由 HTML5 标签与文字所形成的元素内，还可以包含另一个元素。因此，整个 HTML5 文件就像是一个大元素，包含了许多小元素。

对于所有 HTML5 文件，最外层的元素是由 <HTML5> 标签建立的。在 <HTML5> 标签所建立的元素中，包含了两个主要的子元素，这两个子元素是由 <head> 标签与 <body> 标签所建立的。<head> 标签所建立的元素内容为文件标题，而 <body> 标签所建立的元素内容为文件主体。

1.2.2　HTML5 的基本结构

在介绍 HTML5 文件结构之前，先来看一个简单的 HTML5 文件及其在浏览器上的显示结果。编写一个 HTML5 文件，使用文件编辑器，例如 Windows 自带的记事本。

```
<HTML5>
<head>
<title> 文件标题 </title>
</head>
<body>
文件正文
</body>
</HTML5>
```

运行效果如图 1.1 所示。

从上述代码中可以看出 HTML5 文件的基本结构如图 1.2 所示。

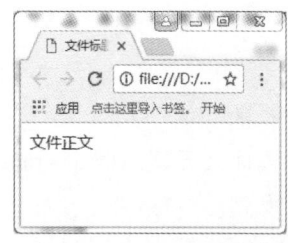

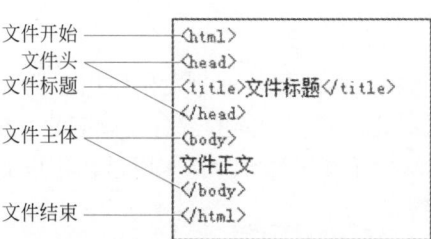

图 1.1　HTML5 示例　　　　图 1.2　HTML5 文件的基本结构

其中，<head> 与 </head> 之间的部分是 HTML5 文件的文件头部分，用以说明文件的标题和整个文件的一些公共属性。<body> 与 </body> 之间的部分是 HTML5 文件的主体部分，下面介绍的标签，如果不加特别说明，均是嵌套在这一对标签中使用的。

（1）文件首标签 <html>

在任何一个 HTML5 文件中，最先出现的 HTML5 标签就是 <html>，它用于表示该文件以超文本标识语言（HTML5）编写的。<html> 是成对出现的，首标签 <html> 和尾标签 </html> 分别位于文件的最前面和最后面，文件中的所有文件和 HTML5 标签都包含在其中。例如：

```
<html>
文件的全部内容
</html>
```

该标签不带任何属性。

📋 说明

> 事实上，现在常用的 Web 浏览器（例如 IE）都可以自动识别 HTML5 文件，并不要求有 <html> 标签，也不对该标签进行任何操作。但是，为了提高文件的适用性，使编写的 HTML5 文件能适应不断变化的 Web 浏览器，还是应该养成使用这个标签的习惯。

（2）文件首标签 <head>

习惯上，将 HTML5 文件分为文件头和文件主体两个部分。文件主体部分就是在 Web 浏览器窗口的用户区内看到的内容，而文件头部分用来规定该文件的标题（出现在 Web 浏览器窗口的标题栏中）和文件的一些属性。

<head> 是一个表示网页头部的标签。在由 <head> 标签所定义的元素中，并不放置网页的任何内容，而是放置关于 HTML5 文件的信息，也就是说它并不属于 HTML5 文件的主体。它包含文件的标题、编码方式及 URL（Uniform Resource Locator，统一资源定位器）等信息。这些信息大部分是用于提供索引、辨认或其他方面的应用。

写在 <head> 与 </head> 中间的文本，如果又写在 <title> 标签中，表示该网页的名称，并作为窗口的名称显示在这个网页窗口的最上方。

（3）文件标题标签 <title>

每个 HTML5 文件都需要有一个文件名称。在浏览器中，文件名称作为窗口名称显示在该窗口的最上方。这对浏览器的收藏功能很有用。如果浏览者认为某个网页对自己很有用，今后想经常阅读，可以选择 IE 浏览器"收藏"菜单中的"添加到收藏夹"命令将它保存起来，供以后调用。网页的名称要写在 <title> 和 </title> 之间，并且 <title> 标签应包含在 <head> 与 </head> 标签之中。

HTML5 文件的标签是可以嵌套的，即在一对标签中可以嵌入另一对子标签，用来规定母标签所含范围的属性或其中某一部分内容，嵌套在 <head> 标签中使用的主要有 <title> 标签。

（4）元信息标签 <meta>

<meta> 元素提供的信息是用户不可见的，它不显示在页面中，一般用来定义页面信息的名称、关键字、作者等。在 HTML5 中，<meta> 标签不需要设置尾标签，在一个尖括号内就是一个 <meta> 内容，而在一个 HTML5 头页面中可以有多个 <meta> 元素。<meta> 元素的属性有两种：name 和 http-equiv。其中 name 属性主要用于描述网页，以便于搜索引擎机器人查找、分类。

（5）页面的主体标签 <body>

网页的主体部分以 <body> 标志它的开始，以 </body> 标志它的结束。在网页的主体标签中有很多的属性设置，如表 1-1 所示。

表1.1 <body> 元素的属性

属性	描述
text	设定页面文字的颜色
bgcolor	设定页面背景的颜色
background	设定页面的背景图像
bgproperties	设定页面的背景图像为固定，不随页面的滚动而滚动
link	设定页面默认的链接颜色
alink	设定鼠标正在单击时的链接颜色
vlink	设定访问过后的链接颜色
topmargin	设定页面的上边距
leftmargin	设定页面的左边距

下面就来介绍这些属性的应用。

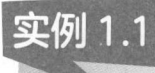 实例 1.1

运用 <body> 属性，渲染页面效果

👁 **实例位置：资源包 \Code\01\01**

新建一个 HTML5 文件，为 <body> 标签添加样式。代码如下：

```
01 <!doctype html>
02 <html>
03 <head>
04     <meta charset="utf-8">
05     <title> 无标题文档 </title>
06 </head>
07 <!-- 设置背景图片 :background, 文字颜色 :text, 链接颜色 :link, 访问过后的链接颜色： vlink, 外边距： topmargin ,
topmargin -->
08 <body background="images/bg.jpg" bgproperties="fixed" text="blue" link="red" vlink="#CCCCCC" topmargin="100px"
leftmargin="50px">
09 长风破浪会有时 <br/><br/>
10 直挂云帆济沧海 <br/><br/>
11 <a href="www.mingrisoft.com"> 点击链接 </a>
12 </html>
```

效果运行如图 1.3 所示。

 **说明**

> 虽然 <body> 标签拥有这些样式属性，但是不建议读者这样来设
> 置页面样式，后面讲解过 CSS 以后，建议大家使用 CSS 来设置页面
> 样式。

（6）页面的注释

在网页中，除了以上这些基本标签外，还包含一种不显示在页面中
的元素，那就是代码的注释文字。适当的注释可以帮助用户更好地了解

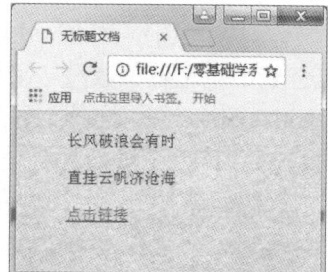

图 1.3 body 属性运用实例

网页中各个模块的划分，也有助于以后对代码的检查和修改。给代码加注释，是一种很好的编程习
惯。在 HTML5 文档中，注释分为三类：在文件首标签 <html> 中的注释、在 CSS 层叠样式表中的
注释和在 JavaScirpt 中的注释。JavaScirpt 中的注释有两种形式。下面将对这三类注释的具体语法进
行介绍。

① 在文件首标签 <html> 中的注释，具体语法如下：

```
<!-- 注释的文字 -->
```

注释文字的标记很简单，只需要在语法中"注释的文字"的位置上添加需要的内容即可。

② 在 CSS 层叠样式表中的注释，具体语法如下：

```
/* 注释的文字 */
```

在 CSS 样式中注释时，只需要在语法中"注释的文字"的位置上添加需要的内容即可。

③ 在 JavaScript 脚本语言中的注释，有两种形式：单行注释和多行注释。

a. 单行注释的具体语法如下：

```
// 注释的文字
```

注释文字的标记很简单，只需要在语法中"注释的文字"的位置上添加需要的内容即可。

💡 **注意**

在 JavaScript 中添加单行注释时，只需要在语法中"注释的文字"的位置上添加需要的内容即可。

b. 多行注释的具体语法如下：

```
/* 注释的文字 */
```

在 JavaScript 脚本中进行多行注释时，只需要在语法中"注释的文字"的位置上添加需要的内容即可。

💡 **注意**

在 JavaScript 中添加多行注释或单行注释的形式不是一成不变的，在进行多行注释时，单行注释也是有效的。运用"// 注释的文字"对每一行文字进行注释达到的效果和"/* 注释的文字 */"的效果一样。

📁 **常见错误**

在 HTML5 代码中，注释语法使用错误时，浏览器将注释视为文本内容，注释内容会显示在页面中。有时还会造成页面结构错乱等情况。例如，在谷歌浏览器上运行一个 HTML5 文件，下面给出该网页的关键代码。

```
01 <!-- 在这里注释可以吗？    不可以！ -->
02 <!DOCTYPE html>
03 <html>
04 <head>
05    <!--meta 元素提供的信息是用户不可见的，它不显示在页面中，一般用来定义页面信息的名称、关键字、作者等。而在一个 HTML 头
页面中可以有多个 meta 元素。meta 元素的属性有两种: name 和 http-equiv-->
06    <meta charset="utf-8" />
07    <!-- 编码方式 -->
08    <title><!-- 头部标签中不能加注释 --> 吉林省明日科技有限公司 </title>
09    <link href="css/style.css" rel="stylesheet" type="text/css" />
10    <!-- 引入 CSS 外部样式表 -->
11    <style type="text/css"  >
12      /* 在 CSS 中注释 */
13      /* 外层 div.cen*/
14      .cen {
15        CLEAR: both;    /* 清除浮动 */
16        MARGIN: 0px auto;
17        WIDTH: 947px;
18        TEXT-ALIGN: left;     /* 水平对齐方式 */
```

```
19       border-left: solid 1px #D0D0D0;    /* 左边框样式: 宽度为 1px，实线灰色框 */
20       border-right: solid 1px #D0D0D0;
21       padding: 0px 15px;
22     }
23     .err-animation {    /*'.' 表示类样式 ,err-animation 为样式名 */
24       color: red;
25       font-size: 24px;    /* 字体 */
26       font-family: fantasy;    /* 字体风格 */
27       animation-direction: alternate;    /* 动画的路径 */
28       animation-fill-mode: both;
29       animation-duration: 4.75s;    /* 动画持续时间 */
30       animation-iteration-count: infinite;    /* 循环次数 */
31       animation-name: animations;    /* 动画名 */
32       animation-play-state: running;    /* 动画的状态 */
33       animation-timing-function: ease;    /* 运动的速度 */
34       animation-delay: 0.15s    /* 动画延时时间 */
35     }
36   </style>
37 </head>
38 <body>
39 <!-- 页面开始 div.cen    start-->
40 <div class="cen">
41   <!-- 在 HTML 中注释语法错误的示例: -->
42   <h4 class="err-animation" style="color:red;font-family:fantasy;"> 注释错误 1: 写在 <span><</
span><span>!DOCTYPE></span> 标签之前 </h4>
43   <h4 class="err-animation" style="    ' 内部样式中不可以注释! '    color: blue;font-style: oblique;font-family:
-webkit-pictograph;color: maroon;"> 注释错误 2: 注释语法不对! </h4>
44   <p>/* 明日学院网址: www.mingrisoft.com */</p>
45
46   <!-- 跳转的页面 top.html    start-->
47   <div>
48     <iframe frameborder="0" height="240" id="top" name="top" scrolling="No" src="inc/top.html" width="947">
</iframe>
49     <!-- 跳转的页面 top.html    end-->
50   </div>
51   <h4 style="color:blue;font-size: 24px;font-family:fantasy" class="err-animation"> 注释错误 3: 注释标签没写完
整 </h4>
52   <p><!--    明日学院网址，我来注释一下好了，哒哒哒。。。 --> </p>
53   <!-- 第二部分 只是一张 jpg 图片    start-->
54   <div><img src="img/o_02.jpg" width="947" height="84" /></div>
55 </body>
56 </html>
57 <!-- 在 html 后面注释也 OK-->
```

用谷歌浏览器打开这个完整的 HTML5 文件，出现如图 1.4 所示的显示效果。图 1.4 中注释了 3 种注释用错的情况，分别用①、②、③标注出来了。

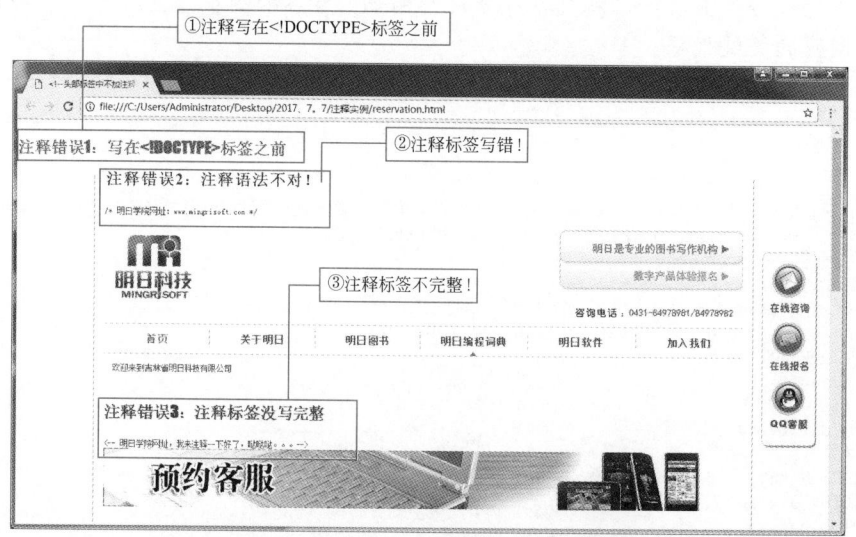

图 1.4　HTML5 中注释的 3 种常见错误

错误①将注释写在 HTML5 <!DOCTYPE> 标签之前，虽然浏览器没有显示注释的内容，但语法上是错误的。

错误② HTML5 中的注释形式为 "<!-- 注释的文字 -->"，语法错误导致注释内容显示在页面中。

错误③ HTML5 中的注释形式为 "<!-- 注释的文字 -->"，注释标签没写完整，也会把文字显示出来。

1.3 编写第一个 HTML5 文件

1.3.1 HTML5 文件的编写方法

编写 HTML5 文件主要有如下 3 种方法：

（1）手工直接编写

由于 HTML 语言编写的文件是标准的 ASCII 文本文件，所以我们可以使用任何的文本编辑器来打开并编写 HTML5 文件，如 Windows 系统中自带的记事本。

（2）使用可视化软件

WebStorm、Dreamweaver、Sublime 等软件都是以可视化的方式进行网页的编辑制作。

（3）由 Web 服务器一方实时动态生成

这需要后端的网页编程来实现，如 JSP、Asp、PHP 等，一般情况下都需要数据库的配合。

1.3.2 手工编写页面

下面先使用记事本来编写我们的第一个 HTML5 文件。步骤如下：

① 新建一个记事本文件。首先在桌面空白处单击鼠标右键，选择"新建"→"文本文档"，然后单击键盘上的回车键，即可新建一个记事本。

② 鼠标悬停在记事本上，然后双击鼠标左键，打开记事本，如图 1.5 所示。

③ 在记事本中直接键入下面的 HTML5 代码：

```
01 <html>
02 <head>
03     <title> 简单的 HTML 文件 </title>
04 </head>
05 <body text="blue">
06 <h2 align="center">HTML5 初露端倪 </h2>
07 <hr>
08 <p> 让我们一起体验超炫的 HTML5 旅程吧 </p>
09 </body>
10 </html>
```

④ 输入代码后，记事本中显示出代码的内容，如图 1.6 所示。

⑤ 单击记事本菜单中的"文件"→"另存为"命令，弹出如图 1.7 所示的"另存为"对话框。在该对话框中，首先将保存类型更改为"所有文件（*.*）"，然后修改文件的名称为"index.html"，最后将编码修改为"UTF-8"，最后单击"保存（S）"按钮，如图 1.7 所示。

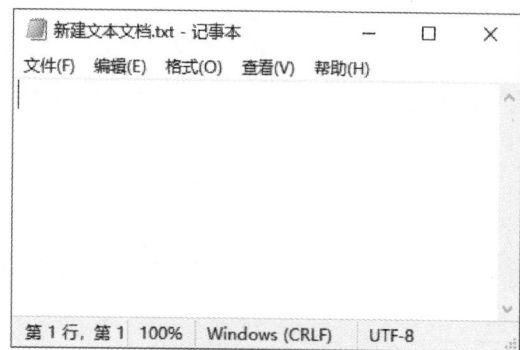

图 1.5　打开记事本

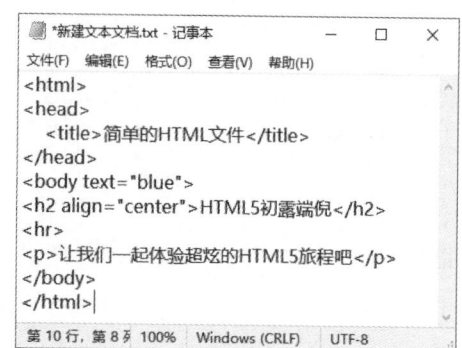

图 1.6　显示了代码的记事本

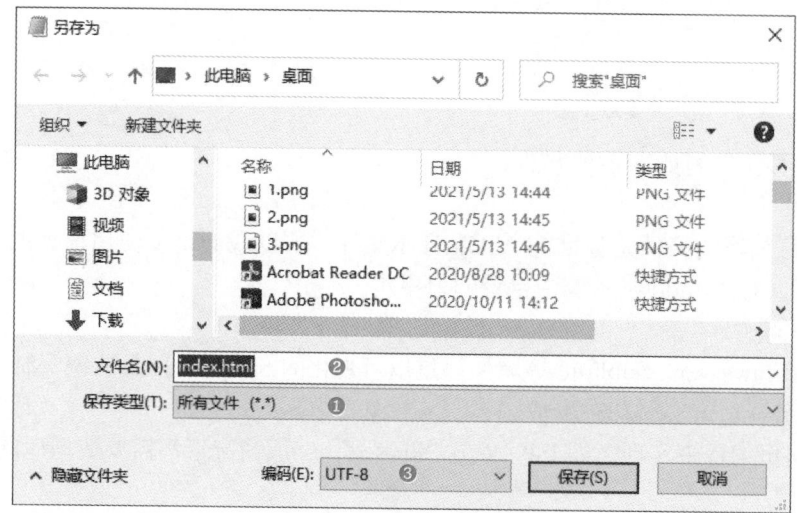

图 1.7　"另存为"对话框

📋 说明

　　图 1.7 所示的"另存为"对话框中，文件名文本框中的"index"为文件名，读者也可以自定义名称，但是".html"为文件的后缀名，这是不可以自定义的。

　　⑥ 此时就会看到桌面上有一个谷歌图标的网页文件 index.html，如图 1.8 所示。鼠标左键双击该文件，即可浏览页面效果，如图 1.9 所示。

📋 说明

图 1.8　保存好的 HTML5 文件

　　笔者的电脑中默认的浏览器为谷歌浏览器，所以 index.html 文件的图片为谷歌浏览器的图标，如果读者的默认浏览器为其他浏览器，那么该文件的图标为对应浏览器的图标。本书推荐使用谷歌浏览器作为浏览和测试网页的浏览器。

1.3.3　使用可视化软件制作页面

　　WebStorm 是 JetBrains 公司旗下一款 JavaScript 开发工具。该

图 1.9　页面效果

软件支持不同浏览器的提示，还包括所有用户自定义的函数（项目中），所有流行的库，如：jQuery、YUI、Dojo、Prototype、Mootools 和 Bindows 等。

下面以 WebStorm 英文版为例，首先说明安装 WebStorm2020.2 的过程，然后介绍制作 HTML5 页面的方法。

（1）WebStorm2020.2 的安装过程

① 首先打开浏览器，进入 WebStorm 官网地址下载页，如图 1.10 所示。

② 下载完成后，双击打开 WebStorm-2020.2.exe，然后单击"运行（R）"按钮，开始安装 WebStorm2020.2，如图 1.11 所示。

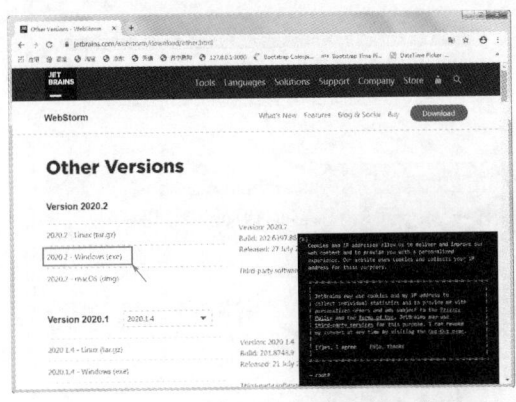
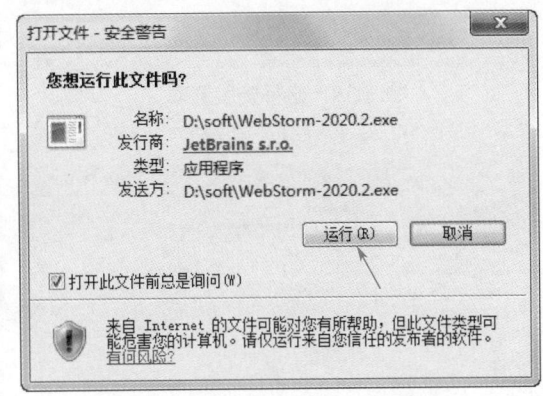

图 1.10　WebStorm 官网地址下载页　　　　图 1.11　下载 WebStorm2020.2

③ 接下来进入图 1.12 所示的界面，单击"Next>"按钮，将出现"选择安装位置"界面。

④ 在"选择安装位置"界面中选择安装路径，默认路径是"C:\Program Files\JetBrains\ WebStorm 2020.2"，也可以单击右侧"Browse..."按钮重新选择路径，然后单击"Next>"按钮，如图 1.13 所示。

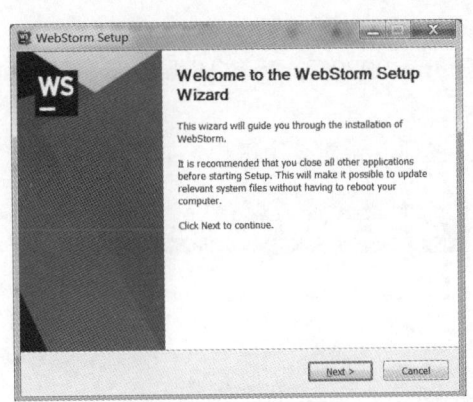
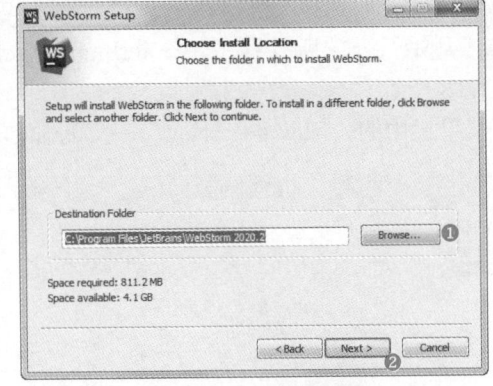

图 1.12　开始安装界面　　　　　　图 1.13　选择安装路径

⑤ 接下来进入"安装选项"界面，"Create Desktop Shortcut"为创建桌面快捷方式，由于笔者的电脑系统为 64 位，所以此处勾选"64-bit launcher"复选框；"Create Associations"为创建联系，此处勾选".js"".css"".html"复选框，然后单击"Next>"按钮，如图 1.14 所示。

⑥ 进入"选择开始菜单文件夹"界面，如图 1.15 所示。默认为"JetBrains"。

⑦ 单击"Install"按钮，显示安装的进度条，如图 1.16 所示。

⑧ 安装进程结束后，单击"Next>"按钮，弹出如图 1.17 所示界面，在该界面单击"Finish"按钮，完成 Webstorm-2020.2 的安装。

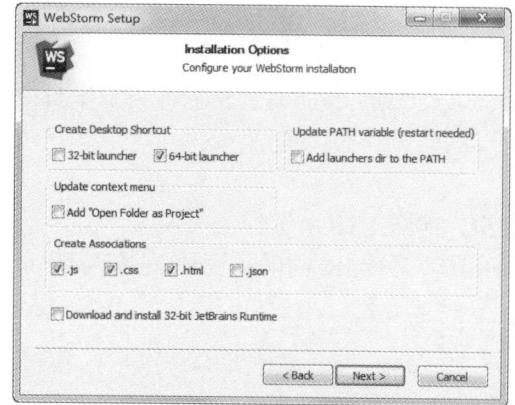

图 1.14　选择安装选项

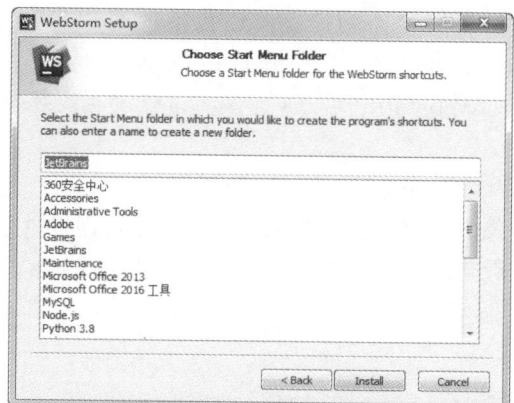

图 1.15　选择开始菜单文件夹

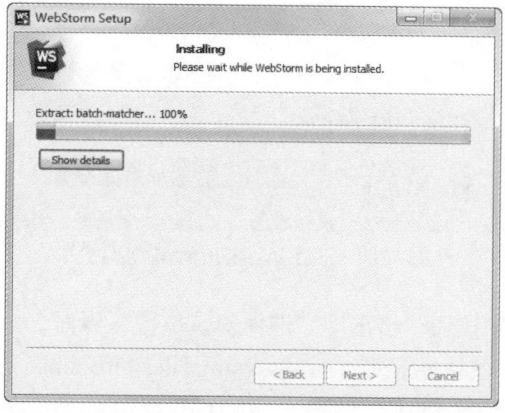

图 1.16　显示 WebStorm2020.2 的安装进程

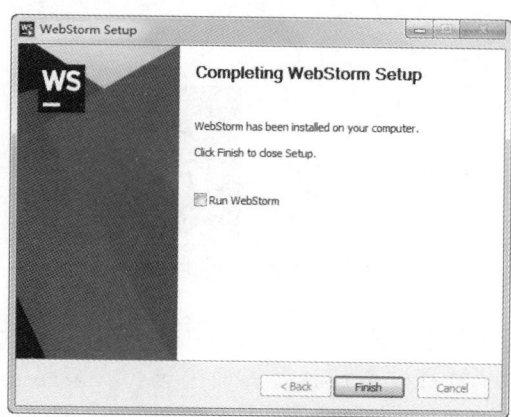

图 1.17　安装完成

（2）创建和运行 HTML5 文件

① 单击"开始"→"所有程序"→JetBrains Webstorm 2020.2，启动 WebStorm 软件的主程序，其主界面如图 1.18 所示。

② 选择菜单栏中的"File"→"New"→"Project"选项，新建一个工程，如图 1.19 所示。

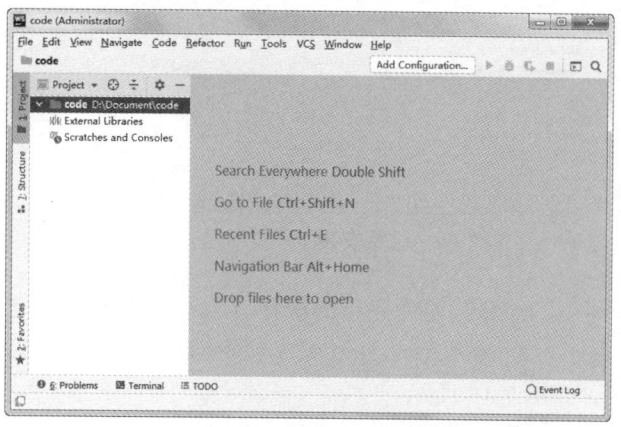

图 1.18　JetBrains Webstorm 2020.2 主界面

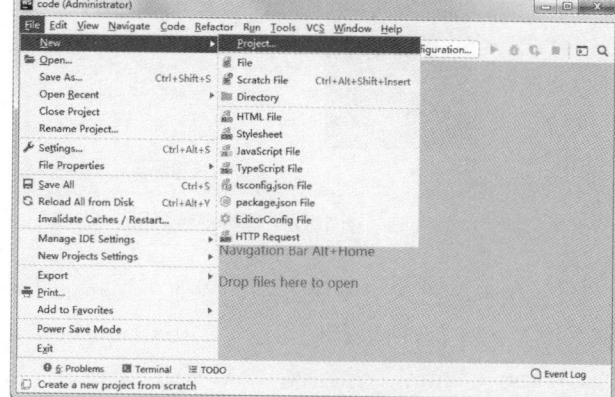

图 1.19　新建 HTML 工程

③ 在 Location 文本框中输入工程存放的路径，也可以单击 📁 按钮选择路径，如图 1.20 所示。然后单击"Create"按钮，完成工程的创建。

④ 选定新建好的 HTML 工程，单击鼠标右键，在弹出的快捷菜单中选择"New"→"HTML File"选项，创建一个 HTML 文件，如图 1.21 所示。

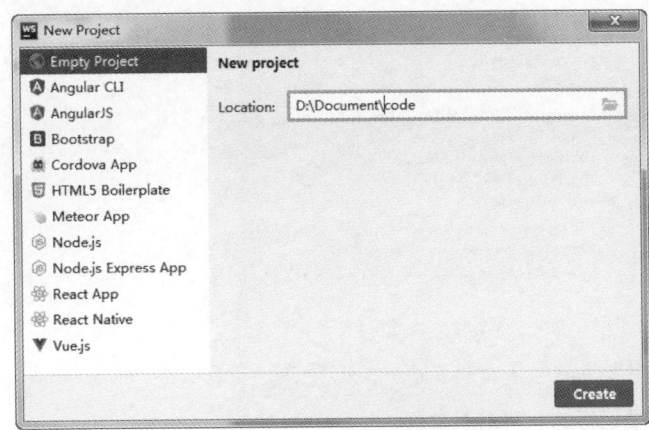

图 1.20　输入工程存放的路径

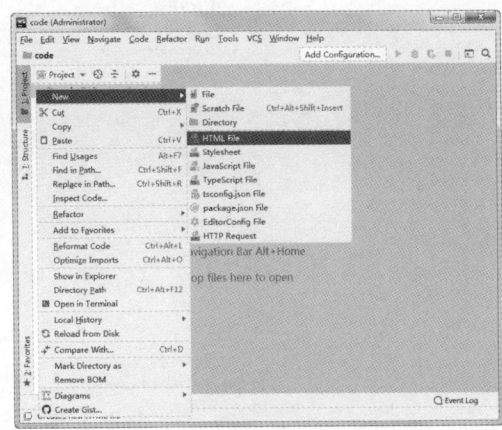

图 1.21　创建 HTML 文件

⑤ 选择完成之后会弹出如图 1.22 所示的新窗口，在 Name 对应的输入框中输入文件名，在这里将文件名命名为"index.html"，并在"Kind"下拉框中选择"HTML 5 file"。

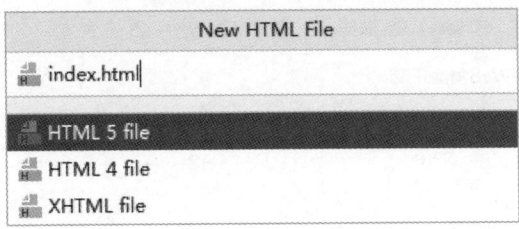

图 1.22　为 HTML5 文件命名

⑥ 单击"OK"按钮，弹出新建好的 HTML5 文件，如图 1.23 所示。

⑦ 接下来，就可以编辑 HTML5 文件了，在 <body> 标签中输入文字，如图 1.24 所示。

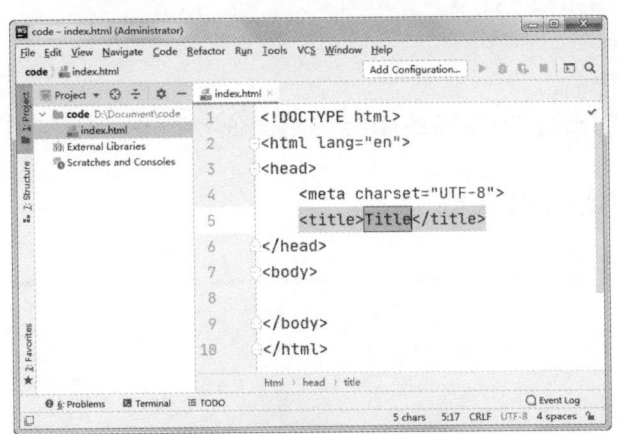

图 1.23　新建好的 HTML5 文件

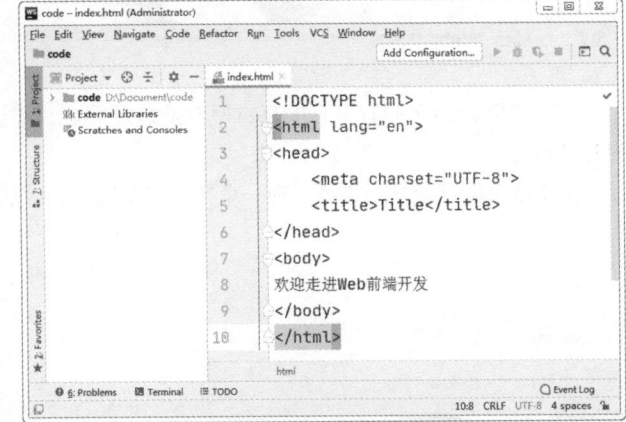

图 1.24　编辑 HTML5 文件

⑧ 在 WebStorm2020.2 的菜单栏中单击 Run 菜单，然后选择其下拉菜单中的"Run'index.html'"选项（index.html 为要运行的 HTML5 文件的文件名），如图 1.25 所示。运行后的页面效果如图 1.26 所示。

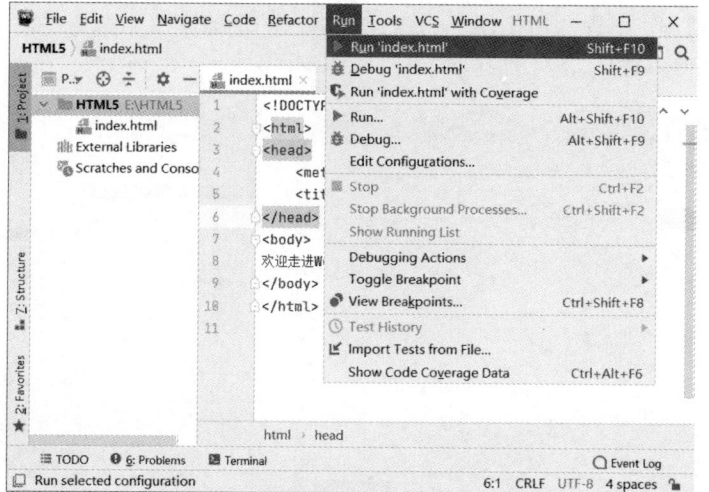

图 1.25　选择要运行的 HTML5 文件

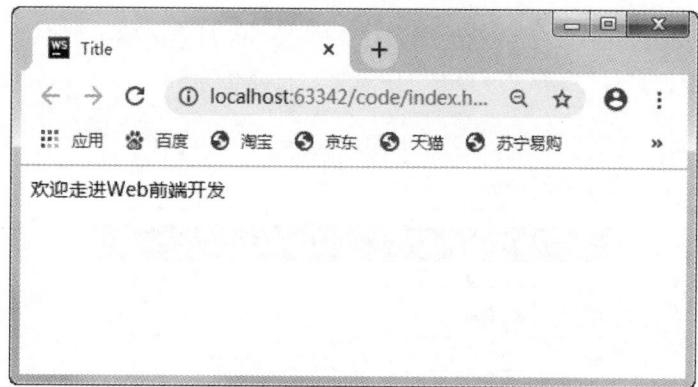

图 1.26　运行 HTML5 文件

◈◈ 小结

　　本章主要介绍了 HTML5 的基本概念及其发展史，重点介绍了 HTML5 的基本结构并详细介绍了编写 HTML5 的两种方式。

　　希望读者能认真学习本章，有一个扎实的基础，为以后的学习做好铺垫。

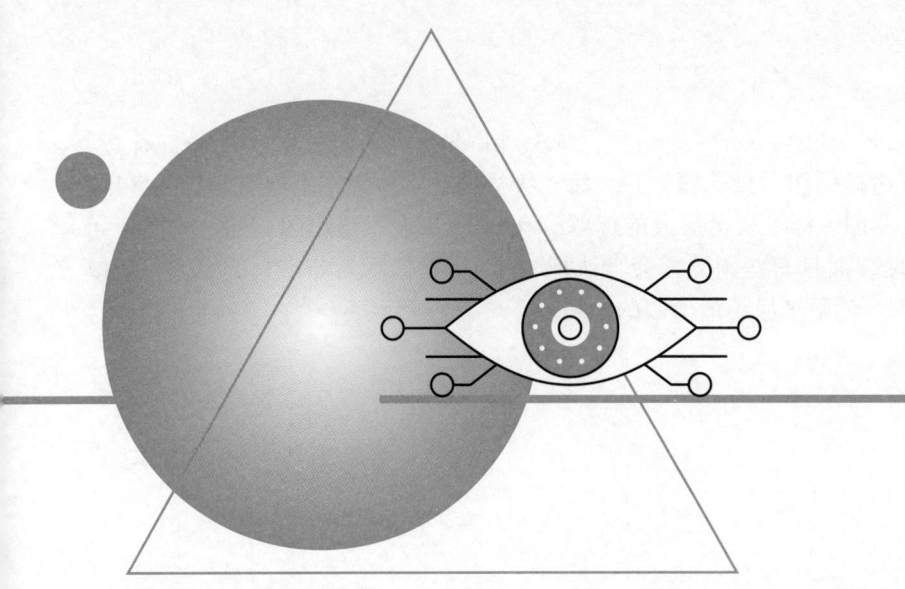

扫码领取

· 教学视频
· 配套源码
· 练习答案
· ……

第 **2** 章
标题和段落

在网页的设计制作过程中，文本是最基本的要素。文本在网页中的呈现，就如同音符在音乐中的表现一样。优秀的网页文本设计，带给人信息的同时，更给人以美的视觉体验；而糟糕的网页文本设计，就好像五音不全的人在嘶吼嚎叫，使人掩耳逃走。本章将对网页文本的知识内容进行详细讲解。

2.1　添加标题

标题是对一段文字内容的概括和总结。书籍文本少不了标题，网页文本也不能没有标题。一篇文档的好坏，标题占有重要的作用。在越来越追求"视觉美感"的今天，一个好的标题设计，对用户的留存尤为关键。例如，图 2.1 和图 2.2 所示的页面效果，同样的标题内容，却使用了不同的页面标签，显示的效果则大相径庭。

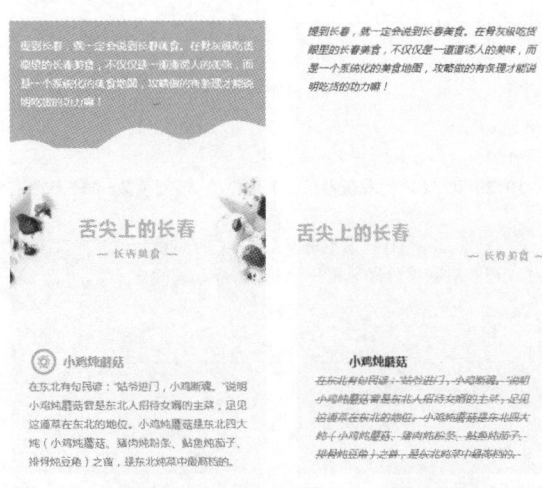

图 2.1　较好的标题设计　　图 2.2　普通的标题设计

2.1.1 添加各级标题

标题标签共有 6 个，分别是 <h1>、<h2>、<h3>、<h4>、<h5> 和 <h6>，它们分别表示一级标题、二级标题、三级标题、四级标题、五级标题和六级标题，并且每一级标题在字体大小上都有明显的区别，从 <h1> 标签到 <h6> 标签依次变小。<h1> 标签表示最大的标题，<h6> 标签表示最小的标题。一般使用 <h1> 标签来表示网页中最上层的标题，而且有些浏览器会默认把 <h1> 标签显示为非常大的字体，所以一些开发者会使用 <h2> 标签代替 <h1> 标签来显示最上层的标题。

标题标签语法如下：

```
<h1> 文本内容 </h1>
<h2> 文本内容 </h2>
<h3> 文本内容 </h3>
<h4> 文本内容 </h4>
<h5> 文本内容 </h5>
<h6> 文本内容 </h6>
```

📖 说明

在 HTML5 中，标签大都是由首标签和尾标签组成的。例如，<h1> 标签在编码使用时，首先编写 <h1> 首标签和 </h1> 尾标签，然后将文本内容放入两个标签之间。

实例 2.1 巧用标题标签，编写程序员笑话

👁 **实例位置：资源包 \Code\02\01**

本实例巧用 <h1> 标签、<h4> 标签和 <h5> 标签，实现一则关于程序员笑话的对话内容。将"程序员的笑话"放入 <h1> 标签中，代表文章的标题；将发布时间、发布者和阅读数等内容放入较小字号的 <h5> 标签中；最后将笑话的对话内容放入字号适中的 <h4> 标签中。具体代码如下：

```
01 <!DOCTYPE html>
02 <html>
03 <head>
04 <!-- 指定页面编码格式 -->
05 <meta charset="UTF-8">
06 <!-- 指定页头信息 -->
07 <title> 程序员的笑话 </title>
08 </head>
09 <body>
10 <!-- 表示文章标题 -->
11 <h1> 程序员的笑话 </h1>
12 <!-- 表示相关发布信息 -->
13 <h5> 发布时间：19:20 03/24 | 发布者：一个程序员 | 阅读数：156 次 </h5>
14 <!-- 表示对话内容 -->
15 <h4> 甲：《C++ 面向对象程序设计》这本书怎么比《C 程序设计语言》厚了好几倍？</h4>
16 <h4> 乙：当然了，有"对象"后肯定麻烦呀！</h4>
17 </body>
18 </html>
```

运行效果如图 2.3 所示。

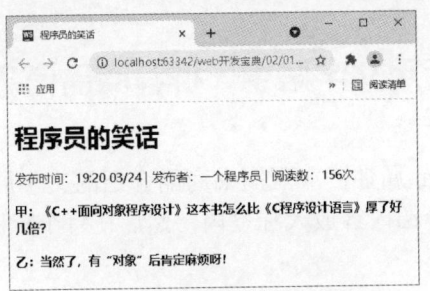

图 2.3　使用标题标签写笑话

📁 **常见错误**

如果尾标签漏加 "/"，例如把 </h1> 写成 <h1>，使浏览器认为是新标题标签的开始，从而导致页面布局错乱。例如，在下面代码的 02 行，</h1> 尾标签就写成了 <h1> 首标签。

```
01 <!-- 表示文章标题 -->
02 <h1> 程序员的笑话 <h1>
03 <!-- 表示相关发布信息 -->
04 发布时间: 19:20 03/24 | 发布者: 一个 | 阅读数: 156 次
05 <!-- 表示对话内容 -->
06 <h4> 甲:《C++ 面向对象程序设计》这本书怎么比《C 程序设计语言》厚了好几倍? </h4>
07 <h4> 乙: 当然了，有 " 对象 " 后肯定麻烦呀! </h4>
```

将会出现如图 2.4 所示的错误提示。

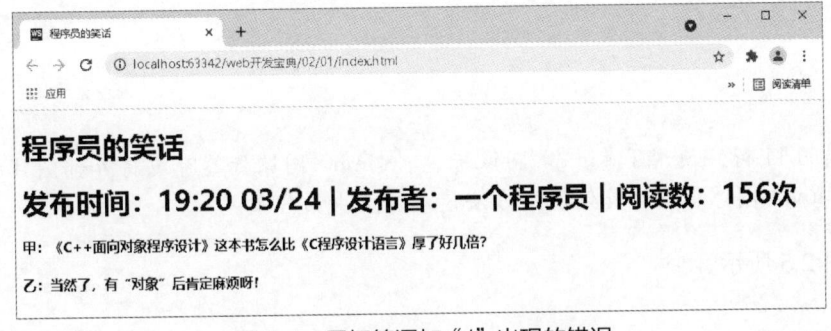

图 2.4　尾标签漏加 "/" 出现的错误

2.1.2　设置标题的对齐方式

在默认情况下，标题文字是左对齐的。而在网页制作的过程中，可以实现标题文字的编排设置。最常用的就是关于对齐方式的设置，可以为标题标签添加 align 属性进行设置。

语法格式如下：

```
<h1 align=" 对齐方式 "> 文本内容 </h1>
```

语法解释：在该语法中，align 属性需要设置在标题标签里面，具体的对齐方式属性值如表 2.1 所示。

表 2.1　标题文字的对齐方式

属性值	含义
left	文字左对齐
center	文字居中对齐
right	文字右对齐

实例 2.2

活用文字居中，推荐商品信息

● 实例位置：资源包 \Code\02\02

本实例使用标题标签中的 align 属性，实现图书商品介绍的文字展示。首先使用 <h5> 标题标签，将图书名称、图书作者、出版社等介绍内容放入标签内，然后在每个标题标签中，添加 align 属性，属性值设为 center。具体代码如下：

```html
01 <!DOCTYPE html>
02 <html>
03 <head>
04 <!-- 指定页面编码格式 -->
05 <meta charset="UTF-8">
06 <!-- 指定页头信息 -->
07 <title>介绍图书商品</title>
08 </head>
09 <body>
10 <!-- 显示商品图片 -->
11 <h1 align="center"><img src="book.jpg"/></h1>
12 <!-- 显示图书名称 -->
13 <h5 align="center">书名:《Java 从入门到精通》</h5>
14 <!-- 显示图书作者 -->
15 <h5 align="center">作者: 明日科技</h5>
16 <!-- 显示出版社 -->
17 <h5 align="center">出版社: 清华大学出版社</h5>
18 <!-- 显示页数 -->
19 <h5 align="center">页数: 564 页</h5>
20 <!-- 显示图书价格 -->
21 <h5 align="center">价格: 25.00 元</h5>
22 </body>
23 </html>
```

注意

在代码的 11 行，使用了 <img> 图像标签。<img> 图像标签可以将外部图片引入到当前网页内。有关 <img> 图像标签的具体使用方法请参考本书第 3 章。

运行效果如图 2.5 所示。

2.2 添加段落

在实际的文本编码中，输入完一段文字后，按下键盘上的 Enter 键就生成了一个段落，但是在 HTML5 中需要通过标签来实现段落的效果。下面具体介绍和段落相关的一些标签。

2.2.1 段落标签的使用

在 HTML5 中，段落效果是通过 <p> 标签来实现的。<p> 标签会自动在其前后创建一些空白，浏览器则会自动添加这些空间。

语法格式如下：

```html
<p> 段落文字 </p>
```

语法解释：可以使用成对的 <p> 标签来包含段落，也可以使用单独的 <p> 标签来划分段落。

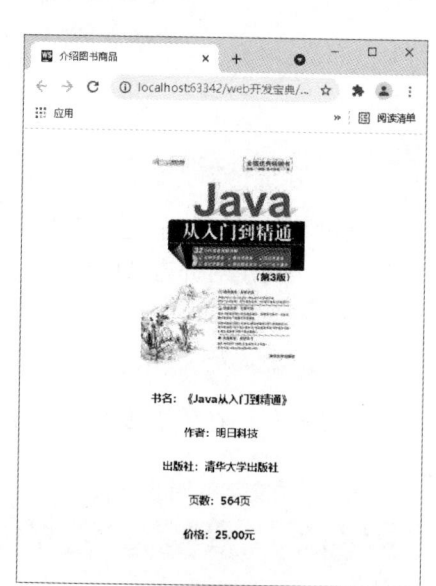

图 2.5　图书商品介绍的页面效果

实例 2.3

巧用段落标签，介绍创意文字

实例位置：资源包 \Code\02\01

本实例巧用 <p> 段落标签，实现明日学院的内容介绍。首先结合特殊文字符号将"明日学院，专注编程教育十八年"放入 <p> 段落标签中，然后将明日学院的具体介绍内容分别放在 <p> 标签中，最后也结合特殊符号将明日学院的网址放入底部的段落标签中。具体代码如下：

```
01 <!DOCTYPE html>
<html>
02 <head>
03    <!-- 指定页面编码格式 -->
04    <meta charset="UTF-8">
05    <!-- 指定页头信息 -->
06    <title> 段落标签 </title>
07 </head>
08 <body>
09 <!-- 使用段落标签，进行创意性排版 -->
10 <p> ├────────── 明日学院，专注编程教育十八年 ├──────────┤ </p>
11 <p> ‖          明日学院，
12    是吉林省明日科技有限公司倾力打造的在线实用  ‖ </p>
13 <p> ‖    技能学习平台，该平台于 2016 年正式上线，主要为学习者提供海  ‖ </p>
14 <p> ‖    量、优质的课程，课程结构严谨，用户可以根据自身的学习程度 ,  ‖ </p>
15 <p> ‖    自主安排学习进度。我们的宗旨是，为编程学习者提供一站式服  ‖ </p>
16 <p> ‖    务，培养用户的编程思维，小白手册，视频教程，一学就会。     ‖ </p>
17 <p> ├──────── 网址 :http://www.mingrisoft.com ├────────┤ </p>
18 </body>
19 </html>
```

运行效果如图 2.6 所示。

2.2.2 段落中的换行标签

段落与段落之间是隔行换行的，这样会导致文字的行间距过大，这时可以使用换行标签来完成文字的紧凑换行显示。语法格式如下：

```
<p>
一段文字 <br> 一段文字
</p>
```

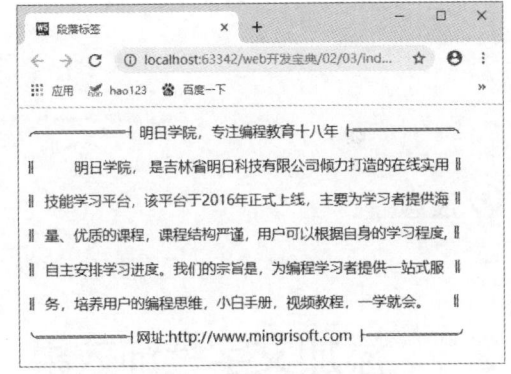

图 2.6　使用段落标签的页面效果

语法解释：一个
 标签代表一个换行，连续的多个标签可以多次换行。

 说明

在 HTML5 标准中，单标签中的"/"是可以省略的，所以添加单标签时，可以使用
，也可以使用
。

实例 2.4

巧用换行，书写故事

实例位置：资源包 \Code\02\01

本实例巧用
 换行标签，实现唐诗《望庐山瀑布》中诗句的页面布局。通常可以使用多个 <p> 段落

标签达到换行的目的，也同样可以使用
 换行标签，在 <p> 段落标签内部进行换行。具体代码如下：

```
01 <!DOCTYPE html>
02 <html>
03 <head>
04     <!-- 指定页面编码格式 -->
05     <meta charset="UTF-8">
06     <!-- 指定页头信息 -->
07     <title> 段落的换行标签 </title>
08 </head>
09 <body>
10 <!-- 使用段落标签书写古诗 -->
11 <p align="center">
12     <!-- 使用 2 个换行标签 -->
13 《望庐山瀑布》     李白 <br/><br/>
14     <!-- 使用 1 个换行标签 -->
15 日照香炉生紫烟，遥看瀑布挂前川。<br/>
16     <!-- 使用 1 个换行标签 -->
17 飞流直下三千尺，疑是银河落九天。<br/>
18 </p>
19 </body>
20 </html>
```

运行效果如图 2.7 所示。

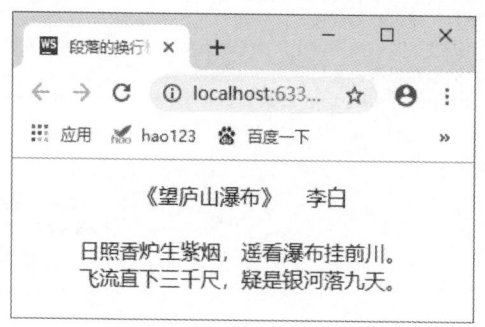

图 2.7　段落换行标签的页面效果

⚡ 注意

>
 换行标签是单标签，所以没有首标签和尾标签，大家在使用时一定要注意。

2.3　添加文字装饰效果

除了标题文字外，在网页中普通的文字信息也不可缺少，而多种多样的文字装饰效果更可以让用户眼前一亮，记忆深刻。在网页的编码中，可以直接在 <body> 和 </body> 标签之间输入文字，这些文字可以显示在页面中，同时可以为这些文字添加装饰效果的标签，如斜体、下划线等。下面将详细讲解这些文字装饰标签。

2.3.1　设置上标与下标

有时需要设置一种特殊的文字装饰效果，即上标和下标。上标或下标经常会在数学公式或方程式中出现。语法格式如下：

```
<sup> 上标标签内容 </sup>
<sub> 下标标签内容 </sub>
```

语法解释：在该语法中，上标标签和下标标签的使用方法基本相同，只需要将文字放在标签中间即可。

实例 2.5

使用上下标，展示数学方程式

◉ **实例位置：资源包 \Code\02\05**

本实例使用 <sup> 上标标签和 <sub> 下标标签，实现数学方程式的网页展示。首先将数学方程式中数字符号全部输入，例如输入方程式"X3+9X2 - 3=0"，然后将需要置上或置下的数字符号放入上标或下标标签中。具体代码如下：

```
01  <!DOCTYPE html>
02  <html>
03  <head>
04  <!-- 指定页面编码格式 -->
05  <meta charset="UTF-8">
06  <!-- 指定页头信息 -->
07  <title>上标和下标</title>
08  </head>
09  <body>
10  <!-- 表示文章标题 -->
11  <h3 align="center">使用上下标书写数学公式：</h3>
12  <!-- 使用上标标签，将数字置上 -->
13  <h3 align="center">上标：X<sup>3</sup>+9X<sup>2</sup>-3=0</h3>
14  <!-- 使用下标标签，将数字置下 -->
15  <h3 align="center">下标：3X<sub>1</sub>+2X<sub>2</sub>=10</h3>
16  </body>
17  </html>
```

运行效果如图 2.8 所示。

2.3.2　文字的斜体、下划线与删除线

在浏览网页时，常常可以看到一些特殊效果的文字，如斜体字、带下划线的文字和带删除线的文字，而这些文字效果也可以通过设置 HTML 语言的标签来实现。

语法格式如下：

```
<em>斜体内容</em>
<u>带下划线的文字</u>
<del>带删除线的文字</del>
```

语法解释：这几种文字装饰效果的语法类似，只是标签不同。斜体字也可以使用标签 <I> 或 <cite> 标示。

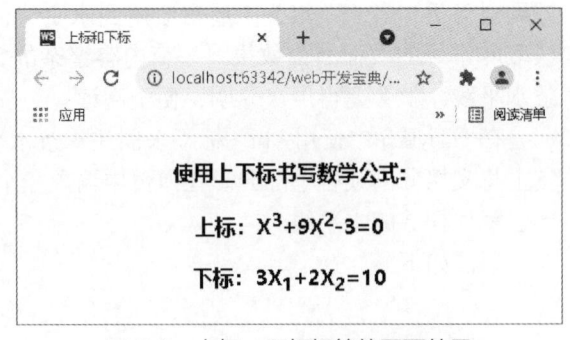

图 2.8　上标、下标标签的页面效果

实例 2.6

活用文字装饰，推荐商品信息

◉ **实例位置：资源包 \Code\02\06**

本实例活用 <em> 文字斜体标签、<u> 文字下划线标签和 <del> 文字删除线标签，为图书商品的推荐内容增添更多的文字特效，可以让读者眼前一亮，提高商品购买率。例如，如果商品打折，可以为表示商品原来价格的文字添加 <del> 删除线标签，表示不再以原来价格进行销售。具体代码如下：

```
01  <!DOCTYPE html>
02  <html>
03  <head>
04  <!-- 指定页面编码格式 -->
```

```
05 <meta charset="UTF-8">
06 <!-- 指定页头信息 -->
07 <title>斜体、下划线、删除线</title>
08 </head>
09 <body>
10 <!-- 显示商品图片 -->
11 <img src="book.jpg"/>
12 <!-- 显示图书名称，书名文字用斜体效果 -->
13 <h3>书名：<em>《JavaScript 从入门到精通》</em></h3>
14 <!-- 显示图书作者 -->
15 <h3>作者：明日科技</h3>
16 <!-- 显示出版社 -->
17 <h3>出版社：清华大学出版社</h3>
18 <!-- 显示出版时间，文字用下划线效果 -->
19 <h3>出版时间：<u>2017 年 1 月</u></h3>
20 <!-- 显示页数 -->
21 <h3>页数：436 页</h3>
22 <!-- 显示图书价格，文字使用删除线效果 -->
23 <h3>原价：<del>45.00</del>元   促销价格：25.00 元</h3>
24 </body>
25 </html>
```

运行效果如图 2.9 所示。

2.4   添加水平线

水平线用于段落与段落之间的分隔，使文档结构清晰明白，文字的编排更整齐。水平线自身具有很多的属性，如宽度、高度、颜色、排列对齐等。在 HTML5 中经常会用到水平线，合理使用水平线可以获取非常好的页面装饰效果。一篇内容繁杂的文档，如果合理放置几条水平线，就会变得层次分明，便于阅读。

在 HTML5 中使用 <hr> 标签来创建一条水平线。水平线可以在视觉上将文档分割成各个部分。在网页中输入一个 <hr> 标签，就添加了一条默认样式的水平线。

语法如下：

```
<hr>
```

图 2.9   活用文字装饰的页面效果

实例 2.7

巧用水平线绘制行表格

👁 **实例位置：资源包 \Code\02\07**

本实例巧用 <hr> 水平线标签，实现一个果酱制作原料的列表清单。<hr> 水平线标签经常在段落之间以提醒分组的作用来使用，同时，也可以使用 <hr> 水平线标签制作一些简单的列表清单，如餐厅菜单、食品原料等。具体代码如下：

```
01 <!DOCTYPE html>
02 <html>
03 <head>
04 <!-- 指定页面编码格式 -->
05 <meta charset="UTF-8">
06 <!-- 指定页头信息 -->
```

```
07 <title>水平线标签</title>
08 </head>
09 <body>
10 <!-- 表示文章主题 -->
11 <h1 align="center">果酱制作的材料准备</h1>
12 <!-- 使用水平线来画表格 -->
13 <hr>
14 <p align="center">苹果          两颗</p>
15 <!-- 使用水平线来画表格 -->
16 <hr/>
17 <p align="center">方形酥皮         四片</p>
18 <!-- 使用水平线来画表格 -->
19 <hr/>
20 <p align="center">柠檬汁          一匙</p>
21 <!-- 使用水平线来画表格 -->
22 <hr/>
23 <p align="center">砂糖          一匙</p>
24 <!-- 使用水平线来画表格 -->
25 <hr/>
26 <p align="center">肉桂粉         适量</p>
27 <!-- 使用水平线来画表格 -->
28 <hr/>
29 </body>
30 </html>
```

运行效果如图 2.10 所示。

2.5 综合案例——二十四节气歌

前面介绍了如何在网页中添加标题、段落以及斜体等特殊样式的文本，接下来通过在网页中显示二十四节气歌来综合运用本章所学知识。（实例位置：资源包 \Code\02\08\ 综合案例）

2.5.1 分析数据

本案例的实现效果如图 2.11 所示，通过实现效果可以得知以下信息：
① 所有文本都是居中显示，所以需要为各标签设置 align="center"。
② 标题内容（二十四节气歌）通过 1 级标题实现，所以需要添加 <h1> 标题。
③ 诗歌内容由一个段落标签 p 实现，然后在段落中通过
 标签实现换行。

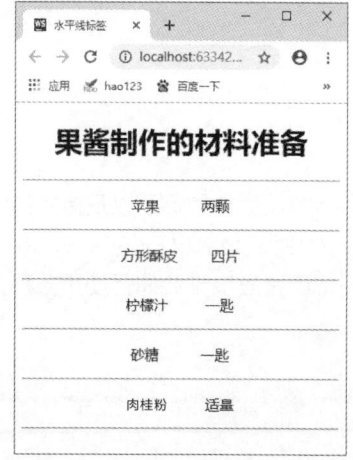

图 2.10　使用水平线标签的页面效果

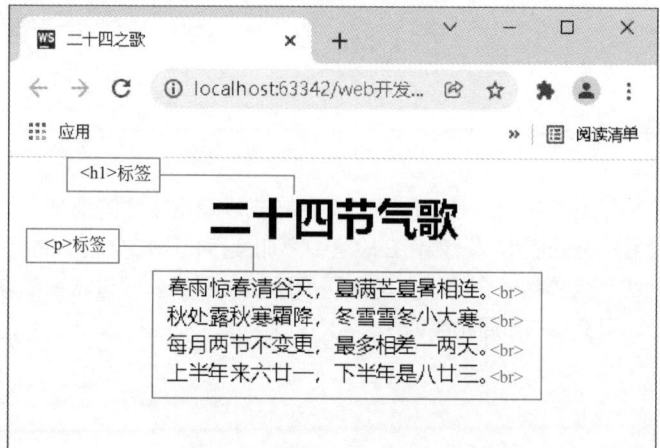

图 2.11　确认"百度热搜"位置

2.5.2 实现过程

打开 WebStorm 2020.2，新建 HTML5 文件，然后在 HTML5 文件中，设置网页的标题为"二十四节气歌"，然后添加网页代码。具体代码如下：

```
01 <!DOCTYPE html>
02 <html lang="en">
03 <head>
04     <meta charset="UTF-8">
05     <title> 二十四节气歌 </title>
06 </head>
07 <body>
08 <h1 align="center"> 二十四节气歌 </h1>
09 <p align="center"> 春雨惊春清谷天，夏满芒夏暑相连。<br>
10     秋处露秋寒霜降，冬雪雪冬小大寒。<br>
11     每月两节不变更，最多相差一两天。<br>
12     上半年来六廿一，下半年是八廿三 <br>
13 </p>
14 </body>
15 </html>
```

2.6 实战练习

综合本章所学知识，实现在网页中显示一首古诗，网页中的具体效果如图 2.12 所示。(实例位置：资源包 \Code\02\09\ 实战练习)

图 2.12 在网页中显示一首古诗

▽ 小结

本章介绍了网页中的标题、段落、文本样式以及水平线的添加。其中标题包括标题标签以及标题的对齐方式；段落包括段落标签的使用以及如何在段落中添加换行；添加文本指的是在网页中添加特殊样式的文本，例如上下标、斜体、下划线等；最后还介绍了如何在网页添加水平线。通过本章的学习，读者应该学会如何使用各种文本标签，灵活地进行网页文本的布局和装饰。

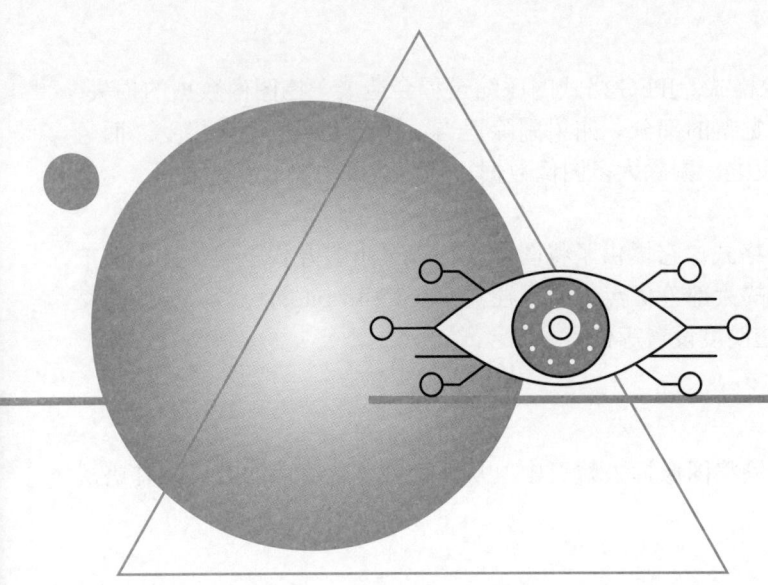

第3章

图像和超链接

万维网（World Wide Web）与其他网络类型（如 FTP）最大的不同在于它在网页上可以呈现丰富的色彩及图像。用户可以在网页中放入自己的照片，也可以放入公司的商标，还可以把图像作为一个按钮链接到另一个网页，这使得网页变得丰富多彩。本章将对网页中的图像与超链接进行详细的介绍。

3.1　添加图像

3.1.1　图像的基本格式

我们今天所看到的丰富多彩的网页，都是因为有了图像的美化作用。当前万维网上流行的图像格式以 GIF 及 JPEG 为主，另外还有一种 PNG 格式的图像文件，也越来越多地被应用于网络中。以下分别对这 3 种图像格式的特点进行介绍。

（1）GIF 格式

GIF 格式采用 LZW 压缩，是以压缩相同颜色的色块来减少图像大小的。由于 LZW 压缩不会造成任何品质上的损失，而且压缩效率高，再加上 GIF 格式在各种平台上都可使用，所以很适合在互联网上使用，但 GIF 格式只能处理 256 色。

GIF 格式适合于商标、新闻式的标题或其他小于 256 色的图像。想要将图像以 GIF 的格式存储，可参考下面范例的方法。

LZW 压缩是一种能将数据中重复的字符串加以编码制作成数据流的压缩法。

（2）JPEG 格式

对于照片之类全彩的图像，通常都以 JPEG 格式来进行压缩，也可以说，JPEG 格式通常用来保存超过 256 色的图像格式。JPEG 格式的压缩过程会造成一些图像数据的损失，所造成的"损失"是剔除了一些视觉上不容易觉察的部分。如果剔除适当，视觉上不但能够接受，而且图像的压缩效率也会提高，使图像文件变小；反之，剔除太多图像数据，则会造成图像过度失真。

（3）PNG 格式

PNG 格式是一种非破坏性的网页图像文件格式，它提供了将图像文件以最小的方式压缩却又不造成图像失真的技术。它不仅具备了 GIF 图像格式的大部分优点，而且还具有支持 48-bit 的色彩、更快的交错显示、跨平台的图像亮度控制以及更多层的透明度设置等优点。

3.1.2 添加图像

有了图像文件之后，就可以使用 <img> 标签将图像插入网页中，从而达到美化页面的效果。其语法格式如下：

```
<img src=" 图像文件的地址 ">
```

src 用来设置图像文件所在的地址，这一路径可以是相对地址，也可以是绝对地址。

绝对地址就是主页上的文件或目录在硬盘上的真正路径，例如路径 "D:\mr\5\5-1.jpg"。使用绝对路径定位链接目标文件比较清晰，但有两个缺点：一是需要输入更多的内容；二是如果该文件被移动了，就需要重新设置所有的相关链接。例如，在本地测试网页时链接全部可用，但是到了网上就不可用了。

相对地址是最适合网站的内部文件引用的。只要是属于同一网站之下的，即使不在同一个目录下，相对地址也非常适用。只要是处于站点文件夹之内，相对地址可以自由地在文件之间构建链接。这种地址形式利用的是构建链接的两个文件之间的相对关系，不受站点文件夹所处服务器位置的影响。因此这种书写形式省略了绝对地址中的相同部分。这样做的优点是：站点文件夹所在服务器地址发生改变时，文件夹的所有内部文件地址都不会出问题。

相对地址的使用方法为：

↻ 如果要引用的文件位于该文件的同一目录下，则只需输入要链接文档的名称，如 5-1.jpg。

↻ 如果要引用的文件位于该文件的下一级目录中，只需先输入目录名，然后加 "/"，再输入文件名，如 mr/5-2.jpg。

↻ 如果要引用的文件位于该文件的上一级目录中，则先输入 "../"，再输入目录名、文件名，如 ../mr/5-2.jpg。

 **实例 3.1**　　　　使用 <img> 标签实现　　👁 **实例位置：资源包 \Code\03\01**
五子棋的游戏简介

在 HTML5 页面中，分别通过 <h2> 标签添加网页的标题，然后分别使用 <p> 标签和 <img> 标签添加文本和图片，实现五子棋的游戏简介。具体代码如下：

```
20 <!-- 插入五子棋游戏的文字简介 -->
21 <h2 align="center"> 五子棋游戏简介 </h2>
22 <p>  《五子棋》是一款老少皆宜的休闲类棋牌游戏。其起源于中国古代传统的黑白棋种之一，玩起来妙趣横生，引人入胜，
不仅能增强思维能力，而且可以富含哲理，有助于修身养性。</p>
23 <p>   游戏规则: </p>
24 <p>   玩游戏时，既可以随机匹配玩家，也可以与朋友对弈，或者无聊时选择人机对弈。画面简单大方。游戏中，最先在
棋盘的横向、纵向或斜向形成连续的相同的五个棋子的一方为胜。</p>
25 <!-- 插入五子棋的游戏图片，并且设置水平间距为 180 像素 -->
26 <h2 align="center"><img src="img/wuzi.png" alt=""></h2>
```

编辑完代码后，在浏览器中打开文件，其运行效果如图
3.1 所示。

3.2　设置图像属性

3.2.1　图像大小与边框

在网页中直接插入图片时，图像的大小和原图是相同
的，而在实际应用时可以通过设置图像的各种属性调整图像
的大小、分辨率等内容。

（1）设置图像大小

在 <img> 标签中，通过 height 属性和 width 属性可以设
置图片显示的高度和宽度。其语法格式如下：

```
<img src="图像文件的地址" height="" width="">
```

图 3.1　插入图片的效果

↻ height：图像的高度，单位是像素，可以省略。
↻ width：图像的宽度，单位是像素，可以省略。

📖 **说明**

> 设置图片大小时，如果只设置了高度或宽度，则另一个参数会按照相同比例进行调整。
> 如果同时设置两个属性，且缩放比例不同的情况下，图像很可能会变形。

（2）设置图像边框

在默认情况下，页面中插入的图像是没有边框的，但是可以通过 border 属性为图像添加边框。其语
法格式如下：

```
<img src="图像文件的地址" border="">
```

border 为图片边框的大小，单位依然是像素。

　**实例 3.2**　　改变手机商品详情中的 图片大小和边框　👁 **实例位置：资源包 \Code\03\02**

在商品详情页面中添加两张手机图片：一张设置宽高为 350 像素，边框宽度为 0；另一张设置宽高
为 50 像素，边框宽度为 2。其代码如下：

```
01 <body>
02 <div class="mr-content">
03     <!-- 添加第一张图片，并且设置图片没有边框 -->
04 <img src="images/img.jpg" alt="" height="350" width="350" border="0"><br/>
05     <!-- 添加第二张图片，并且设置图片边框宽度为 2 像素 -->
06 <img src="images/img.jpg" alt="" height="50" width="50" border="2">
07 </div>
08 </body>
```

编辑完代码后，在浏览器中运行，可以看到效果如图 3.2 所示。

图 3.2　设置图像的边框

📖 **说明**

　　在实例 3.2 中，运用了 <div> 标签，<div> 标签是 HTML5 中一种常用的标签，使用它可以在 CSS 中方便地设置其宽高以及内外边距等样式。另外，本实例还运用 CSS 给页面添加背景图片、设置页面内容居中。关于 CSS 的具体知识在后文会有详细介绍，本实例的具体 CSS 代码请参照源码。

3.2.2　替换文本与提示文字

　　在 HTML5 中，可以通过为图像设置替换文本和提示文字添加提示信息。其中，提示文字在鼠标悬停在图像上时显示；而替换文本是在图像无法正常显示时显示，用以告知用户这是一张什么图片。

　　（1）添加图像的提示文字

　　通过 title 属性可以为图像设置提示文字。在浏览网页时，如果图像下载完成，鼠标放在该图像上，鼠标旁边会出现提示文字。也就是说，当鼠标指向图像上方时，稍等片刻，可以出现图像的提示性文字，用于说明或者描述图像。其语法格式如下：

```
<img src="图像文件的地址" title="">
```

　　title 后面双引号中的内容为图像的提示文字。

　　（2）添加图像的替换文本

　　如果图片由于下载或者路径的问题无法显示时，可以通过 alt 属性在图片的位置显示定义的替换文字。其语法格式如下：

```
<img src="图像文件的地址" alt="">
```

　　alt 后面双引号中的内容为图像的替换文本。

📖 **说明**

　　在上面的语法中，提示文字和替换文本的内容可以是中文，也可以是英文。

　**实例 3.3** 设置图片的提示文字与替换文本　　👁 **实例位置：资源包 \Code\03\03**

　　在五子棋游戏简介页面中，为图片添加提示文字与替换文本。代码如下：

```
01
02 <h2 align="center">五子棋游戏简介 </h2>
03 <p>  《五子棋》是一款老少皆宜的休闲类棋牌游戏。玩起来妙趣横生，引人入胜，不仅能增强思维能力，而且可以富含哲理，有助于修身养性。</p>
04 游戏规则：
05 <p>  玩游戏时，既可以随机匹配玩家，也可以与朋友对弈，或者无聊时选择人机对弈。画面简单大方。游戏中，最先在棋盘的横向、纵向或斜向形成连续的相同的五个棋子的一方为胜。</p>
06 <!-- 插入五子棋的游戏图片，并且分别设置其提示文字和替换文本 -->
07 <img src="img/gamehall.jpg" alt="游戏大厅 " title="欢迎进入五子棋游戏大厅" hspace="50" align="top">
08 <img src="img/welcome.png" alt="五子棋欢迎界面 " title="欢迎体验五子棋游戏 " height="400">
```

编辑完代码后，在浏览器中运行，效果如图 3.3 所示，左边图片由于图片格式错误，无法正常显示，所以图片位置显示替换文本"游戏大厅"，而鼠标放置在第二张图片上时，图片上会显示提示文字"欢迎体验五子棋游戏"。

3.2.3 图像间距与对齐方式

HTML5 不仅有用于添加图像的标签，而且还可以使用标签中的属性调整图像在页面中的间距和对齐方式，从而改变图像的位置。

（1）调整图像间距

如果不使用
 标签或者 <p> 标签进行换行显示，那么添加的图像会紧跟在文字之后。但是，通过 hspace 属性和 vspace 属性可以调整图像与文字之间的距离，使文字和图像的排版不那么拥挤，看上去会更加协调。其语法格式如下：

```
<img src="图像文件的地址 " hspace="" vspace="">
```

↻ hspace：图像的水平间距。

↻ vspace：图像的垂直间距。

hspace 和 vspace 的单位都是像素，可以省略。

（2）设置图像相对文字的对齐方式

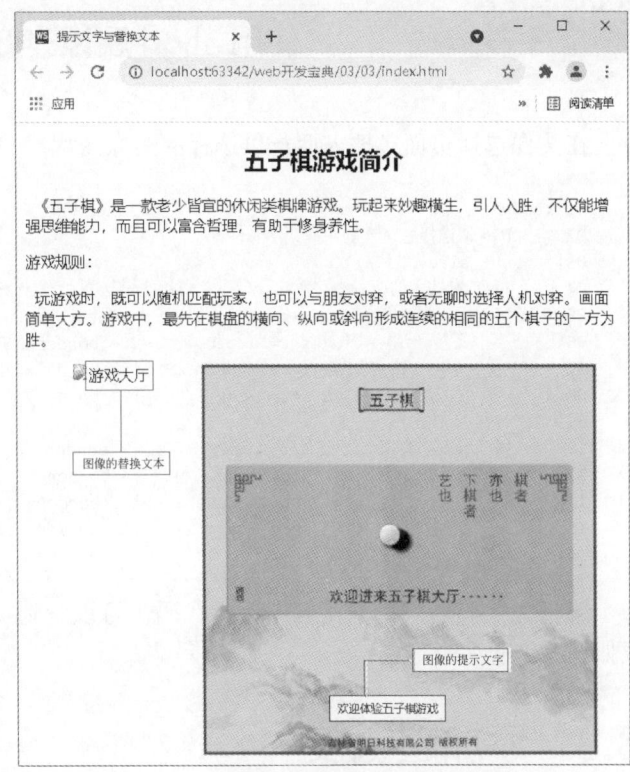

图 3.3　设置图片的提示文字与替换文本

图像和文字之间的排列通过 align 属性来调整。其对齐方式可分为两类，即绝对对齐方式和相对文字对齐方式。绝对对齐方式包括左对齐、右对齐和居中对齐 3 种，而相对文字对齐方式则是指图像与一行文字的相对位置。其语法格式如下：

```
<img src="图像文件的地址 " align=" 相对文字的对齐方式 ">
```

在该语法中，align 的取值如表 3.1 所示。

表 3.1　图像相对文字的对齐方式

align 取值	表示的含义
top	把图像的顶部和同行的最高部分对齐（可能是文本的顶部，也可能是图像的顶部）
middle	把图像的中部和行的中部对齐（通常是文本行的基线，并不是实际的行的中部）
bottom	把图像的底部和同行文本的底部对齐
absmiddle	把图像的中部和同行中最大项的中部对齐

续表

align 取值	表示的含义
baseline	把图像的底部和文本的基线对齐
absbottom	把图像的底部和同行中的最低项对齐
left	使图像和左边界对齐（文本环绕图像）
right	使图像和右边界对齐（文本环绕图像）

实例 3.4　　　使用 align 属性改变头像的位置　　　◉ 实例位置：资源包 \Code\03\04

在头像选择页面，插入两行供选择的头像图片，并且设置图像与同行文字的中部对齐。代码如下：

```
01 <body>
02     <h3> 请选择您喜欢的头像: </h3>
03     <hr size="2" />
04     <!-- 在插入的两行图片中, 分别设置图片的对齐方式为 middle-->
05     第一组人物头像 :<img src="images/01.gif" border="1" align="middle"/>
06                   <img src="images/02.gif" border="1" align=" middle "/>
07                   <img src="images/03.gif" border="1" align=" middle "/>
08                   <img src="images/04.gif" border="1" align=" middle "/>
09     <br /><br />
10     第二组人物头像 :<img src="images/8.gif" border="1" align="middle"/>
11                   <img src="images/9.gif" border="1" align=" middle "/>
12                   <img src="images/10.gif" border="1"align=" middle "/>
13                   <img src="images/11.gif" border="1"align=" middle "/>
14 </body>
```

编辑完代码后，在浏览器中运行代码，可以看到页面效果如图 3.4 所示。

图 3.4　改变头像的位置

3.3　添加超链接

链接（link），全称为超文本链接，也称为超链接，是 HTML5 中的一个强大并非常实用的功能。它可以将文档中的文字或者图像与另一个文档、文档的一部分或者一幅图像链接在一起。一个网站是由多个页面组成的，页面之间依据链接确定相互的导航关系。当在浏览器中用鼠标单击这些对象时，浏览器可以根据指示载入一个新的页面或者转到页面的其他位置。常用的链接分为文本链接和书签链接。下面具体介绍两种链接的使用方法。

3.3.1　添加文本链接

在网页中，文本链接是最常见的一种。它通过网页中的文件和其他的文件进行链接。语法格式如下：

```
<a href="" target=""> 链接文字 </a>
```

↻ href：链接地址，是 Hypertext Reference 的缩写。

↻ target：打开新窗口的方式，主要有以下 4 个属性值。

↻ _blank：新建一个窗口打开。

- ⟳ _parent：在上一级窗口打开，常在分帧的框架页面中使用。
- ⟳ _self：在同一窗口打开，默认值。
- ⟳ _top：在浏览器的整个窗口打开，将会忽略所有的框架结构。

📋 **说明**

> 在该语法中，链接地址可以是绝对地址，也可以是相对地址。

实例 3.5

👁 **实例位置：资源包 \Code\03\05**

巧用文本链接实现商城导航

在页面中添加文字导航和图像，并且通过 <a> 标签为每个导航栏添加超链接。代码如下：

```
01 <div class="mr-cont">
02     <img src="img/logo.png" alt="51购商城">   
03     <a href="#">首页</a>   
04     <a href="link.html" target="_blank">图书</a>   
05     <a href="link.html" target="_blank">课程</a>   
06     <a href="link.html" target="_blank">社区</a><br>
07     <img src="img/ban.jpg" alt="">
08 </div>
```

完成代码编辑后，在浏览器中运行，可以看到页面效果如图 3.5 所示。当单击"图书""课程"或者"社区"时，页面会跳转到图书推荐页面，如图 3.6 所示。

图 3.5　51购商城导航页面

图 3.6　点击超链接后的跳转页面

📋 **多学两招**

> 在填写链接地址时，为了简化代码和避免因文件位置改变而导致链接地址出错，一般使用相对地址。

3.3.2　添加书签链接

在浏览页面的时候，如果页面的内容较多，页面过长，浏览的时候就需要不断拖动滚动条，很不方便，如果要寻找特定的内容，就更加不方便。这时如果能在该网页或另外一个页面上建立目录，浏览者只要单击目录上的项目就能自动跳到网页相应的位置进行阅读，这样无疑是最方便的，并且还可以在页面中设定诸如"返回页首"之类的链接。这就称为书签链接。

建立书签链接分为两步：一是建立书签；二是为书签制作链接。

巧用书签链接实现商城
网页内部跳转

👁 **实例位置：资源包 \Code\03\06**

在网页中添加书签链接，点击文字时，页面跳转到相应位置。其实现过程如下所示。

① 建立书签。分别为每一版块的位置后面的文字（例如"华为荣耀""华为 p8"等）建立书签。部分代码如下：

```
15    <div class="mr-txt">
16    <h3> 位置：<a name="rongyao"> 华为荣耀 </a><a href="#top">>> 回到顶部 </a></h3>
17    <div class="mr-phone rongyao">
18        <div class="mr-pic"><img src="images/ry1.jpg" alt=""></div>
19        <div class="mr-pic"><img src="images/z5.jpg" alt=""></div>
20        <div class="mr-pic"><img src="images/z7.jpg" alt=""></div>
21        <div class="mr-pic"><img src="images/ry4.jpg" alt=""></div>
22        <div class="mr-pic"><img src="images/ry5.jpg" alt=""></div>
23        <div class="mr-pic"><img src="images/ry6.jpg" alt=""></div>
24        <div class="mr-pic"><img src="images/ry7.jpg" alt=""></div>
25        <div class="mr-pic"><img src="images/ry8.jpg" alt=""></div>
26    </div>
27    <h3 class="local"> 位置：<a name="mate8"> 华为 mate8<a href="#top">>> 回到顶部 </a></h3>
28    <div class="mr-phone mate8">
29 <div class="mr-pic"><img src="images/mate81.jpg" alt=""></div>
30        <div class="mr-pic"><img src="images/mate82.jpg" alt=""></div>
31        <div class="mr-pic"><img src="images/mate89.jpg" alt=""></div>
32        <div class="mr-pic"><img src="images/mate84.jpg" alt=""></div>
33        <div class="mr-pic"><img src="images/mate85.jpg" alt=""></div>
34        <div class="mr-pic"><img src="images/mate86.jpg" alt=""></div>
35        <div class="mr-pic"><img src="images/mate87.jpg" alt=""></div>
36        <div class="mr-pic"><img src="images/mate88.jpg" alt=""></div>
37    </div>
38    <h3 class="local"> 位置：<a name="huaweip8"> 华为 p8</a><a href="#top">>> 回到顶部 </a></h3>
```

② 给在网页导航部分的书签建立链接。代码如下：

```
39    <div class="mr-top">
40        <a name="top"><div class="mr-nav">
41            <ul>
42                <li><a href="#rongyao"> 华为荣耀 </a></li>
43                <li><a href="#mate8"> 华为 mate8</a></li>
44                <li><a href="#huaweip8"> 华为 p8</a></li>
45                <li><a href="#huawei5c"> 华为 5a</a></li>
46                <li><a href="#huaweig9"> 华为 g9</a></li>
47            </ul>
48        <img class="mr-banner"src="images/1.jpg"width='945' height="430"></a>
49        </div>
50    </div>
```

完成代码编译后，在浏览器中打开文件，页面如图 3.7 所示。当单击"华为荣耀""华为 mate8"等文字时，页面会跳转到相应位置。

 说明

> 本实例中使用了 CSS 样式，有关 CSS 的学习，请参照第 7、8 章。另外，上述代码省略了实例中添加华为 p8、华为 5a 和华为 g9 版块手机图片的代码，详细代码请扫描二维码下载查看。

图 3.7　实现在 51 商城手机页面中添加书签链接

3.4　图像的超链接与热区链接

3.4.1　图像的超链接

对于给整个一幅图像文件设置超链接来说，实现的方法比较简单，与文本链接类似。其语法格式如下：

```
<a href=" 链接地址 " target=" 目标窗口的打开方式 "><img src=" 图像文件的地址 "></a>
```

在该语法中，href 参数用来设置图像的链接地址，而在图像属性中可以添加图像的其他参数，如 height、border、hspace 等。

　**实例 3.7**　　　　　　　**添加图片链接实现手机风暴模块**　　　　👁 **实例位置：资源包 \Code\03\07**

新建一个 HTML5 文件，应用 <img> 标签添加 5 张手机图片，并为其设置图像的超链接，然后再应用 <img> 标签添加 5 张购物车图标。代码如下：

```
51 <div id="mr-content">
52     <div class="mr-top">
53         <h2> 手机 </h2>                          <!-- 通过 <h2> 标签添加二级标题 -->
54         <p class="mr-p1"> 手机风暴 </p>           <!-- 通过 <p> 标签添加文字 -->
55         <p class="mr-p2">></p>
56         <p class="mr-p2"> 更多手机 </p>
57         <p class="mr-p2">OPPO</p>
58         <p class="mr-p2"> 联想 </p>
59         <p class="mr-p2"> 魅族 </p>
60         <p class="mr-p2"> 乐视 </p>
61         <p class="mr-p2"> 荣耀 </p>
62         <p class="mr-p2"> 小米 </p>
```

```
63          </div>
64          <img src="images/8-1.jpg" alt="" class="mr-img1">          <!-- 通过 <img> 标签添加图片 -->
65          <div class="mr-right">
66              <a href="images/link.png" target="_blank">
67                  <img src="images/8-1a.jpg" alt="" att="a"></a>
68              <a href="images/link.png" target="_blank">
69                  <img src="images/8-1b.jpg" alt="" att="b"></a><br/>
70              <a href="images/link.png" target="_blank">
71                  <img src="images/8-1c.jpg" alt="" att="c"></a>
72              <a href="images/link.png" target="_blank">
73                  <img src="images/8-1d.jpg" alt="" att="d"></a>
74              <a href="images/link.png" target="_blank">
75                  <img src="images/8-1e.jpg" alt="" att="e"></a>
76              <img src="images/8-1g.jpg" alt="" class="mr-car1">
77              <img src="images/8-1g.jpg" alt="" class="mr-car2">
78              <img src="images/8-1g.jpg" alt="" class="mr-car3">
79              <img src="images/8-1g.jpg" alt="" class="mr-car4">
80              <img src="images/8-1g.jpg" alt="" class="mr-car5">
81              <p class="mr-price1">OPPO R9 Plus<br/><span>3499.00</span></p>
82              <p class="mr-price2">vivo Xplay6<br/><span>4498.00</span></p>
83              <p class="mr-price3">Apple iPhone 7<br/><span>5199.00</span></p>
84              <p class="mr-price4">360 NS4<br/><span>1249.00</span></p>
85              <p class="mr-price5"> 小米 Note4<br/><span>1099.00</span></p>
86          </div>
87      </div>
```

编译完代码后，在浏览器中打开文件，可以看到页面如图 3.8 所示。单击手机图片，页面将会跳转到一张展示商品详情的图片，如图 3.9 所示。

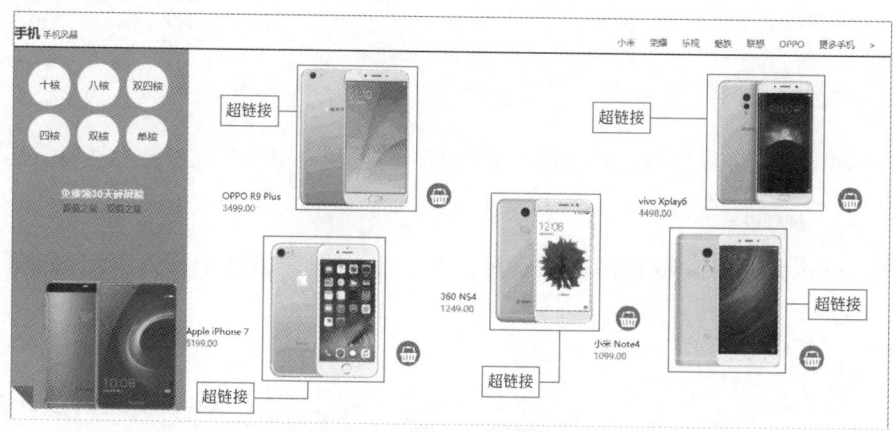

图 3.8　商品展示页面的效果

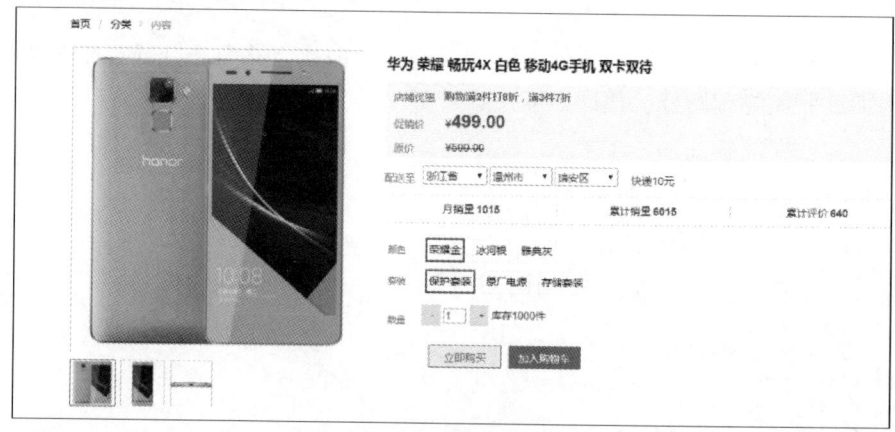

图 3.9　跳转后的商品详情页面

 **说明**

本实例中使用了 CSS 样式，有关 CSS 的学习，请参照第 7、8 章。

3.4.2 图像热区链接

除了对整个图像进行超链接的设置外，还可以将图像划分成不同的区域进行链接设置。而包含热区的图像也可以称为映射图像。

为图像设置热区链接时，大致需要经过以下两个步骤。

首先需要在图像文件中设置映射图像名。在添加图像的 <img> 标签中使用 usemap 属性添加图像要引用的映射图像的名称，语法格式如下：

```
<img src=" 图像地址 "usemap=" 映射图像名称 ">
```

然后需要定义热区图像以及热区的链接，语法格式如下：

```
<map name=" 映射图像名称 ">
    <area shape=" 热区形状 " coords=" 热区坐标 " href=" 链接地址 " />
</map>
```

在该语法中要先定义映射图像的名称，然后再引用这个映射图像。在 <area> 标签中定义了热区的位置和链接，其中 shape 用来定义热区形状，可以取值为 rect（矩形区域）、circle（圆形区域）以及 poly（多边形区域）；coords 参数则用来设置区域坐标，对于不同形状来说，coords 设置的方式也不同。

对于矩形区域 rect 来说，coords 包含 4 个参数，分别为 left、top、right 和 bottom，也可以将这 4 个参数看作矩形两个对角的点坐标；对于圆形区域 circle 来说，coords 包含 3 个参数，分别为 center-x、center-y 和 tadius，也可以看作是圆形的圆心坐标 (x, y) 与半径的值；对于多边形区域 poly 设置坐标参数比较复杂，跟多边形的形状息息相关。coords 参数需要按照顺序（可以是逆时针，也可以是顺时针）取各个点的 x、y 坐标值。由于定义坐标比较复杂而且难以控制，一般情况下都使用可视化软件进行这种参数的设置。

 **实例 3.8**　**使用热区链接添加多个链接地址**　　👁 **实例位置：资源包 \Code\03\08**

新建一个 HTML5 文件，然后使用 <img> 标签添加图片，并且为图像添加热区链接。其代码如下：

```
88 <div id="mr-cont">
89     <img class="addr" src="img/big.png" usemap="#mr-hotpoint" />
90     <map name="mr-hotpoint">
91         <area shape="rect" coords="45,126,143,203" href="img/ad.jpg" title=" 电脑精装 " target="_blank"/>
92         <area shape="rect"coords="410,80,508,174" href="img/ad4.png" title=" 常用家电 " target="_blank" />
93         <area shape="rect" coords="30,250,130,350" href="img/ad1.png" title=" 手机数码 " target="_blank"  />
94         <area shape="rect" coords="430,224,528,318" href="img/ad3.png"title=" 鲜货直达 "target="_blank"/>
95     </map>
96 </div>
```

编译完代码以后，在浏览器中运行文件，可以看到打开的页面中包含一张图片，如图 3.10 所示。当单击图片的"电脑精装"的彩色会话框时，页面会跳转至一张电脑图片，如图 3.11 所示。

 **说明**

单击图像中的其他 3 个彩色会话框，页面将会跳转到对应的图片。本实例就不一一展示了。

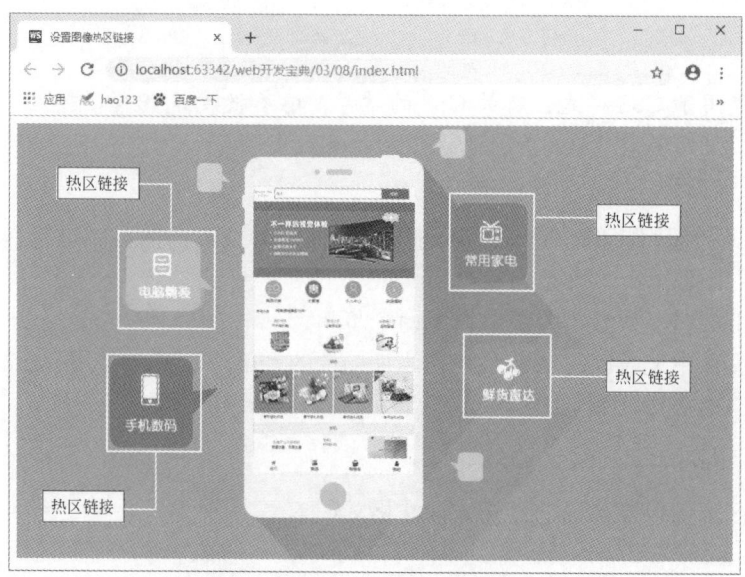

图 3.10　图像热区链接页面的效果

图 3.11　单击热区链接的跳转页面

3.5　综合案例——实现明日学院明星讲师页面的跳转

本案例主要使用热区链接实现单击明星讲师页面的不同部分，页面跳转到不同讲师的主页图片的功能。具体如图 3.12 和图 3.13 所示。（实例位置：资源包 \Code\03\09\ 综合案例）

图 3.12　初始运行效果图

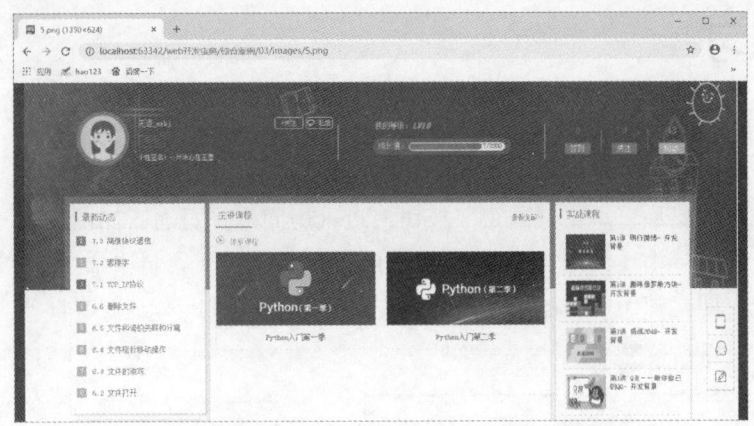

图 3.13　单击图 3.12 中的第 5 部分后的跳转页面

3.5.1　案例分析

　　该案例在网页中只显示了一张图像，但是可以跳转到 7 个页面，所以主要使用热区链接，而该案例为图片添加了 7 个热区链接，通过单击图片中不同的位置，页面跳转到不同的图片。每一个热区链接的点击区域如图 3.14 所示。

图 3.14　热区链接的点击区域

3.5.2　实现过程

　　创建 index.html 文件，在 index.html 文件中添加图片，然后为图片添加热区链接，并且将热区链接的地址设置为对应的图片。具体代码如下：

```
01 <img src="images/img.png" alt="" usemap="#map">
02 <map name="map" id="map">
03     <area shape="rect" coords="10,10,385,242" href="images/1.png" title="C C# ASP"/>    <!-- 第 1 部分 -->
04     <area shape="rect" coords="396,0,791,160" href="images/2.png" title="C Oracle MySQL 数据库"/>    <!-- 第 2 部分 -->
05     <area shape="rect" coords="802,15,1166,201" href="images/3.png" title="JavaScript"/>    <!-- 第 3 部分 -->
06     <area shape="rect" coords="12,260,385,492" href="images/4.png" title="Java JavaWeb"/>    <!-- 第 4 位部分 -->
07     <area shape="rect" coords="405,289,780,492" href="images/5.png" title="JavaWeb ASP Android"/>    <!-- 第 5 位部分 -->
08     <area shape="rect" coords="792,332,1166,504" href="images/6.png" title="Java PHP HTML C#"/>    <!-- 第 6 位
部分 -->
09     <area shape="rect" coords="817,215,1166,332" href="images/7.png" title="PHP JS CSS 各种网页开发技术 "/>
<!-- 第 7 部分 -->
10 </map>
```

3.6 实战练习

利用热区链接实现游戏中的新手教程，即知道用户单击指定位置然后跳转到下一步。具体过程如下：

① 单击游戏大厅中的棋子，进入登录页面，如图 3.15 所示。

② 在登录页面输入信息后，单击"确定"按钮，进入房间选择页面，如图 3.16 所示。

③ 在房间选择页面，单击"房间 1"，即可进入博弈页面，如图 3.17 所示。

④ 进入游戏博弈页面，新手教程完毕，如图 3.18 所示。（实例位置：资源包 \Code\03\10\ 实战练习）

图 3.15　游戏大厅

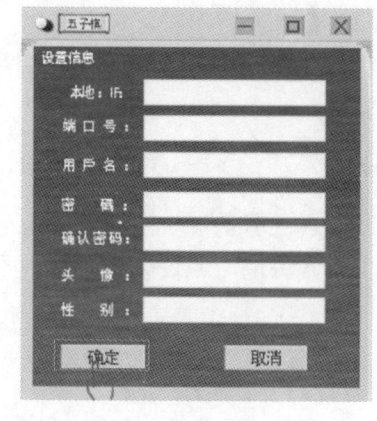

图 3.16　登录游戏

图 3.17　选择房间

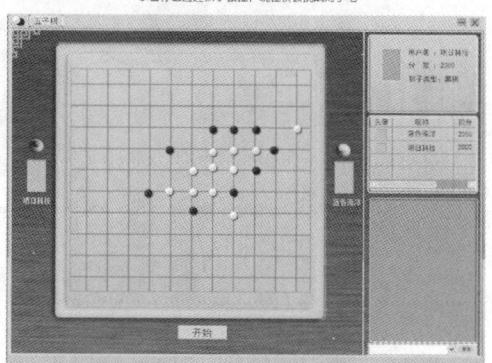

图 3.18　新手教程完毕

▽ 小结

本章着重讲解图像和超链接的使用。其中，图像是丰富多彩的网页中必不可少的元素。本章主要讲解了如何在 HTML5 中添加图像，并且对图像进行相关的设置。另外，链接也是网页中必不可少的元素之一。它能完成各个页面之间的跳转，实现文档互联。

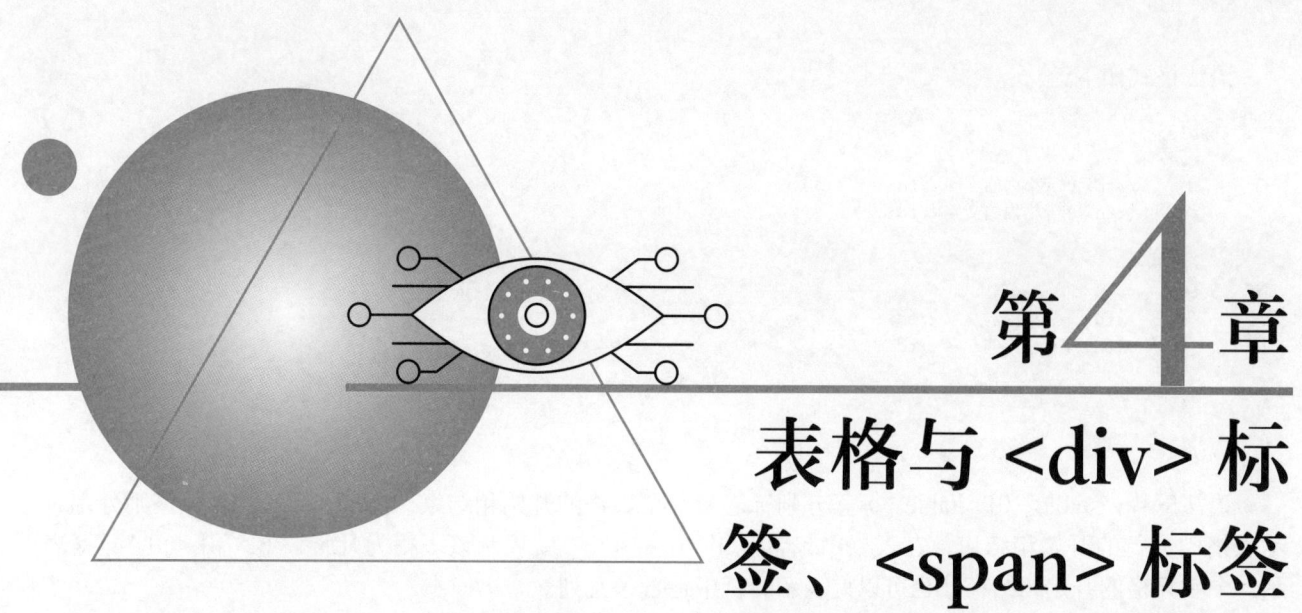

第4章
表格与 \<div\> 标签、\<span\> 标签

表格是在网页设计中经常使用的表现形式。表格可以存储更多内容，可以方便地传达信息。\<div\> 标签可以统一管理其他标签，如标题标签、段落标签等，形象地说，其他标签如同一个个小的箱子，可以放入 \<div\> 标签这个大箱子中。这样做的好处是，可以对越来越多的标签进行分组和管理。本章将详细讲解表格和 \<div\> 标签、\<span\> 标签的内容。

4.1 简单表格

在 HTML5 中，有很多页面都是使用表格进行排版的。简单的表格是由 \<table\> 标签、\<tr\> 标签和 \<td\> 标签组成的。通过使用 \<table\> 表格标签，可以完成课程表、成绩单等常见的表格。

4.1.1 简单表格的制作

表格标签是 \<table\>...\</table\>，表格的其他属性都要在表格的首标签 \<table\> 和表格的尾标签 \</table\> 之间有效。具体说明如表 4.1 所示。

表 4.1 **表格标签及含义**

标签	含义
\<table\>…\</table\>	表格标签
\<tr\>…\</tr\>	行标签
\<td\>…\</td\>	单元格标签

语法格式如下：

```
<table>
    <tr>
            <td> 单元格内的文字 </td>
            <td> 单元格内的文字 </td>
            ......
    </tr>
    <tr>
            <td> 单元格内的文字 </td>
            <td> 单元格内的文字 </td>
            ......
    </tr>
    ......
</table>
```

语法解释：<table> 和 </table> 标签分别标志着一个表格的开始和结束；而 <tr> 和 </tr> 标签则分别表示表格中一行的开始和结束，在表格中包含几组 <tr>...</tr>，就表示该表格为几行；<td> 和 </td> 标签表示一个单元格的开始和结束，也可以说表示一行中包含了几列。

实例 4.1

使用表格标签编写考试成绩单

👁 实例位置：资源包 \Code\04\01

本实例巧用 <table> 表格标签、<tr> 行标签和 <td> 单元格标签，编写一个考试成绩单的表格。首先编写代码 <table>...</table>，通过 <table> 表格标签，创建一个表格框架，然后通过 <tr> 行标签，创建表格中的一行，最后使用 <td> 单元格标签，输入具体的内容。具体代码如下：

```
01 <!DOCTYPE html>
02 <html>
03 <head>
04 <!-- 指定页面编码格式 -->
05 <meta charset="UTF-8">
06 <!-- 指定页头信息 -->
07 <title> 基本表格 </title>
08 </head>
09 <body>
10 <h1 align="center"> 基本表格 -- 考试成绩表 </h1>
11 <!--<table> 为表格标签 -->
12 <table align="center">
13     <!--<tr> 为行标签 -->
14     <tr>
15         <!--<th> 为表头标签 -->
16         <th> 姓名 </th>
17         <th> 语文 </th>
18         <th> 数学 </th>
19         <th> 英语 </th>
20     </tr>
21     <tr>
22         <!--<td> 为单元格 -->
23         <td> 王佳 </td>
24         <td>94 分 </td>
25         <td>89 分 </td>
26         <td>56 分 </td>
27     </tr>
28     <tr>
29         <td> 李翔 </td>
30         <td>76 分 </td>
31         <td>85 分 </td>
```

```
32          <td>88 分 </td>
33       </tr>
34       <tr>
35          <td> 张莹佳 </td>
36          <td>89 分 </td>
37          <td>86 分 </td>
38          <td>97 分 </td>
39       </tr>
40    </table>
41    </body>
42    </html>
```

运行效果如图 4.1 所示。

4.1.2 表头的设置

表格中还有一种特殊的单元格，称为表头。表头一般位于表格第一行，用来表明该列的内容类别，用 \<th\> 和 \</th\> 标签来表示。与 \<td\> 标签的使用方法相同，但是 \<th\> 标签中的内容是加粗显示的。

语法格式如下：

```
<table>
    <caption> 表格的标题 </caption>
    <tr>
        <th> 表格的表头 </th>
        <th> 表格的表头 </th>
        ……
    </tr>
    <tr>
        <td> 单元格内的文字 </td>
        <td> 单元格内的文字 </td>
        ……
    </tr>
    ……
</table>
```

图 4.1　考试成绩表的页面效果

> ⚡ **注意**
>
> 在编写代码的过程中，尾标签不要忘记添加"/"。

实例 4.2　　　　　　　👁 **实例位置：资源包 \Code\04\02**

使用表头标签制作简单课程表

本实例使用 \<table\> 表格标签、\<caption\> 表头标签、\<th\> 表头单元格标签、\<tr\> 行标签和 \<td\> 普通单元格标签，制作一个简单的课程表。首先通过 \<table\> 标签，创建一个表格，然后利用 \<caption\> 表头标签，制作表头文字"简单课程表"，最后使用 \<tr\> 行标签和 \<td\> 单元格标签，输入课程表的内容。具体代码如下：

```
01 <!DOCTYPE html>
02 <html>
03 <head>
04 <!-- 指定页面编码格式 -->
05 <meta charset="UTF-8">
06 <!-- 指定页头信息 -->
```

```
07  <title> 简单课程表 </title>
08  </head>
09  <body>
10  <!--<table> 为表格标签 -->
11  <table align="center">
12      <!--<caption> 表题标签 -->
13      <caption> 简单课程表 </caption>
14      <!--<tr> 为行标签 -->
15      <tr>
16          <!--<th> 为表头标签 -->
17          <th> 星期一 </th>
18          <th> 星期二 </th>
19          <th> 星期三 </th>
20          <th> 星期四 </th>
21          <th> 星期五 </th>
22      </tr>
23      <tr>
24          <!--<td> 为单元格 -->
25          <td> 数学 </td>
26          <td> 语文 </td>
27          <td> 数学 </td>
28          <td> 语文 </td>
29          <td> 数学 </td>
30      </tr>
31      <tr>
32          <td> 语文 </td>
33          <td> 数学 </td>
34          <td> 语文 </td>
35          <td> 数学 </td>
36          <td> 语文 </td>
37      </tr>
38      <tr>
39          <td> 体育 </td>
40          <td> 语文 </td>
41          <td> 英语 </td>
42          <td> 综合 </td>
43          <td> 语文 </td>
44      </tr>
45  </table>
46  </body>
47  </html>
```

运行效果如图 4.2 所示。

4.2　表格的高级应用

4.2.1　表格的样式

除了基本表格外，表格可以设置一些基本的样式属性，例如
可以设置表格的宽度、高度、对齐方式、插入图片等。

语法格式如下：

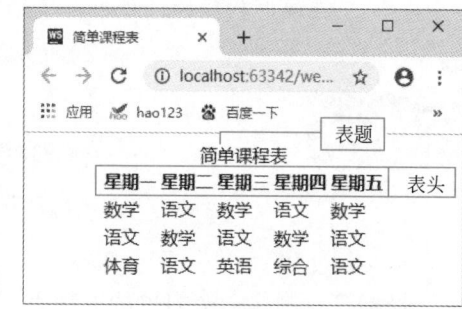

图 4.2　简单课程表的页面效果

```
<table>
    <caption> 表格的标题 </caption>
    <tr>
        <th> 表格的表头 </th>
        <th> 表格的表头 </th>
        ......
    </tr>
```

```
    <tr>
        <td><img src=" 引入图片路径 "></td>
        <td><img src=" 引入图片路径 "></td>
        ......
    </tr>
    ......
</table>
```

实例 4.3 制作商品推荐表格

实例位置：资源包 \Code\04\03

本实例在 <td> 单元格标签中，插入 <img> 图标标签，实现了一个商品推荐表格。首先通过 <table> 标签，创建一个表格框架，然后利用 <tr> 行标签和 <td> 普通单元格标签，输入商品的文字内容，在最后一组 <td> 单元格标签中，使用 <img> 标签，在单元格中插入具体商品图片。具体代码如下：

```
01 <!DOCTYPE html>
02 <html>
03 <head>
04 <!-- 指定页面编码格式 -->
05 <meta charset="UTF-8">
06 <!-- 指定页头信息 -->
07 <title> 商品表格 </title>
08 </head>
09 <body>
10 <!--<table> 为表格标签 -->
11 <table align="center" width="66%" height="480" align="center">
12     <caption><b> 商品表格 </b></caption>
13     <tr  height="36" bgcolor="#DD2727">
14         <th> 潮流前沿 </th>
15         <th> 手机酷玩 </th>
16         <th> 品质生活 </th>
17         <th> 国际海购 </th>
18         <th> 个性推荐 </th>
19     </tr>
20     <!-- 单元格加入介绍文字 -->
21     <tr align="center">
22         <td> 换新 </td>
23         <td> 手机馆 </td>
24         <td> 必抢 </td>
25         <td> 识货 </td>
26         <td> 囤货 </td>
27     </tr>
28     <!-- 单元格加入介绍文字 -->
29     <tr align="center">
30         <td> 品牌精选新品 </td>
31         <td> 手机新品 </td>
32         <td> 巨超值 卖疯了 </td>
33         <td> 全球最热好货 </td>
34         <td> 居家必备 </td>
35     </tr>
36     <!-- 单元格加入图片装饰 -->
37     <tr align="center">
38         <td><img src="images/1.jpg" alt=""></td>
39         <td><img src="images/2.jpg" alt=""></td>
40         <td><img src="images/3.jpg" alt=""></td>
41         <td><img src="images/4.jpg" alt=""></td>
42         <td><img src="images/5.jpg" alt=""></td>
43     </tr>
44 </table>
45 </body>
46 </html>
```

运行效果如图 4.3 所示。

图 4.3　商品推荐表格的页面效果

4.2.2　表格的合并

表格的合并是指在复杂的表格结构中，有些单元格是跨多个列，有些单元格是跨多个行的。语法格式如下：

```
<td colspan="跨的列数">
<td rowspan="跨的行数">
```

语法解释：跨的列数就是这个单元格所跨列的个数。跨的行数是指单元格在垂直方向上跨行的个数。

使用表格制作复杂课程表

◉ **实例位置：资源包 \Code\04\04**

本实例使用 <tr> 行标签中的 rowspan 属性，将多行合并成一行，制作一个较复杂的课程表。首先使用 <table> 标签，新建一个表格框架，然后通过 <tr> 行标签和 <td> 单元格标签，完成常规表格的制作，最后在希望合并的单元格标签 <td> 中，添加属性 rowspan，属性值为 2，表示将合并 2 行。关键代码如下：

```
01 <!DOCTYPE html>
02 <html>
03 <head>
04 <!-- 指定页面编码格式 -->
05 <meta charset="UTF-8">
06 <!-- 指定页头信息 -->
07 <title> 复杂课程表 </title>
08 </head>
09 <body style="background-image:url(images/bg.jpg)">
10 <h1 align="center"> 课   程   表 </h1>
11 <!--<table> 为表格标签 -->
12 <table align="center" border="1px" cellpadding="10%">
13     <!-- 课程表日期 -->
14     <tr bgcolor="#A5FEDE">
15         <th></th>
16         <th></th>
17         <th> 星期一 </th>
```

```
18          <th>星期二</th>
19          <th>星期三</th>
20          <th>星期四</th>
21          <th>星期五</th>
22      </tr>
23      <!-- 课程表内容 -->
24      <tr align="center">
25          <!-- 使用 rowspan 属性进行列合并 -->
26          <td bgcolor="#FCD1C0" rowspan="2">上午</td>
27          <td bgcolor="#FCD1C0">1</td>
28          <td>数学</td>
29          <td>语文</td>
30          <td>英语</td>
31          <td>体育</td>
32          <td>语文</td>
33      </tr>
34      <!-- 课程表内容 -->
35      <tr align="center">
36          <td bgcolor="#FCD1C0">2</td>
37          <td>音乐</td>
38          <td>英语</td>
39          <td>政治</td>
40          <td>美术</td>
41          <td>音乐</td>
42      </tr>
43      <!--省略部分代码 -->
44  </table>
45  </body>
46  </html>
```

运行效果如图 4.4 所示。

4.2.3　表格的分组

表格可以使用 <colgroup> 标签对列进行样式控制，比如单元格的背景颜色、字体大小等。语法格式如下：

```
<table>
    <colgroup>
        <col style="background-color: 颜色值 ">
        <col style="background-color: 颜色值 ">
    <colgroup>
    <tr>
            <td>单元格内的文字</td>
            <td>单元格内的文字</td>
        ......
    </tr>
    ......
</table>
```

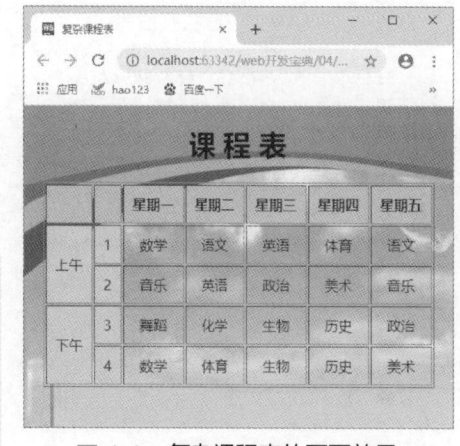

图 4.4　复杂课程表的页面效果

语法解释：在该语法中，<colgroup> 标签表示对表格中的列进行控制，<col> 标签表示对具体的列进行控制。

实例 4.5　　　　　　　　　　　　　　　　　　　　　　◉ **实例位置：资源包 \Code\04\05**

使用表格分组制作学生联系表

本实例利用 <colgroup> 列分组标签，制作了一个学生联系表格，并且对列进行样式控制。首先使用 <table> 表格标签，创建了一个表格框架，然后通过 <tr> 行标签和 <td> 单元格标签，完成学生联系表的

Html5+JavaScript+Css3 开发手册

制作，最后使用 <colgroup> 标签，对每一列单元格内容进行颜色设置。具体代码如下：

```html
01 <!DOCTYPE html>
02 <html>
03 <head>
04 <!-- 指定页面编码格式 -->
05 <meta charset="UTF-8">
06 <!-- 指定页头信息 -->
07 <title> 表格分组 </title>
08 </head>
09 <body style="background-image:url(images/bg.png) ">
10 <h1 align="center"> 学生联系方式 </h1>
11 <!--<table> 为表格标签 -->
12 <table align="center" border="1px" cellpadding="10%" >
13     <!-- 使用 <colgroup> 标签进行表格分组控制 -->
14     <colgroup>
15         <col style="background-color: #7ef5ff">
16         <col style="background-color: #B8E0D2">
17         <col style="background-color: #D6EADF">
18         <col style="background-color: #EAC4D5">
19     </colgroup>
20     <!-- 表头信息 -->
21     <tr>
22         <th> 姓名 </th>
23         <th> 住所 </th>
24         <th> 联系电话 </th>
25         <th> 性别 </th>
26     </tr>
27     <!-- 学生内容 -->
28     <tr align="center">
29         <td> 张刚 </td>
30         <td> 男生公寓 208 室 </td>
31         <td>131****7845</td>
32         <td> 男 </td>
33     </tr>
34     <!-- 学生内容 -->
35     <tr align="center">
36         <td> 李凤 </td>
37         <td> 女生公寓 208 室 </td>
38         <td>187****9545</td>
39         <td> 女 </td>
40     </tr>
41     <!--省略部分代码 -->
42 </table>
43 </body>
44 </html>
```

运行效果如图 4.5 所示。

4.3 <div> 标签

<div> 标签是用来为 HTML5 文档的内容提供结构和背景的元素。
<div> 首标签和 </div> 尾标签之间的所有内容都是用来构成这个块的，
其中所包含标签的特性由 <div> 标签中的属性来控制，或者是通过样式
表来对这个块进行控制。

4.3.1 <div> 标签的介绍

div 的全称是 division，意为"区分"。<div> 标签被称为区隔标签，

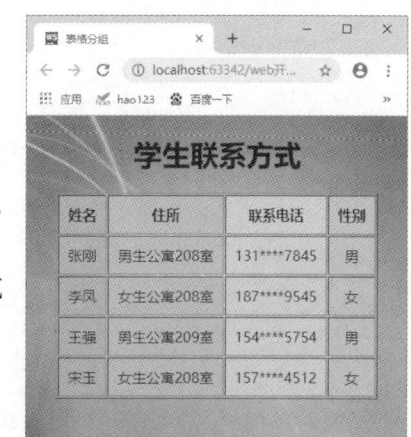

图 4.5　学生联系方式的页面效果

表示一块可以显示 HTML5 的区域，用于设置字、图片、表格等的摆放位置。<div> 标签是块级标签，需要尾标签 </div>。

语法格式如下：

```
<div>
......
</div>
```

实例 4.6　使用 <div> 标签制作古诗一首　　　👁 实例位置：资源包 \Code\04\06

本实例中使用 <div> 标签，对内容进行分组，制作古诗一首。首先通过 <p> 段落标签，完成古诗内容，然后将古诗标题和古诗内容分成两组，便于后期维护管理，使用 <div> 标签，放在古诗内容的最外层。具体代码如下：

```
01 <!DOCTYPE html>
02 <html>
03 <head>
04 <!-- 指定页面编码格式 -->
05 <meta charset="UTF-8">
06 <!-- 指定页头信息 -->
07 <title>多标签分组--div</title>
08 </head>
09 <!-- 插入古诗背景图片 -->
10 <body style="background:url(images/bg.jpg) no-repeat ">
11 <!-- 使用 <div> 标签对多个 <p> 标签进行分组 -->
12 <div align="right">
13 <p>锄禾日当午，汗滴禾下土。</p>
14 <p>谁知盘中餐，粒粒皆辛苦。</p>
15 </div>
16 <!-- 不属于 <div> 分类标签的，未进行分组 -->
17 <p align="right">-- 古诗 --</p>
18 </body>
19 </html>
```

运行效果如图 4.6 所示。

4.3.2　<div> 标签的应用

在应用 <div> 标签之前，首先来了解 <div> 标签的属性。在页面中使用 <div> 标签时，通常还会使用到它的一些属性。

语法格式如下：

```
<div id="value" align="value" calss="value" style="value">
</div>
```

图 4.6　活用文字装饰的页面效果

语法解释：

id:<div> 标签的 id 也可以说是它的名字，常与 CSS 样式相结合，实现对网页中元素的控制。

align: 用于控制 <div> 标签中元素的对齐方式，其值可以是 left、center 和 right，分别用于设置元素的居左、居中和居右对齐。

class: 用于设置 <div> 标签中元素的样式。其值为 CSS 样式中的 class 选择符。

style: 用于设置 <div> 标签中元素的样式。其值为 CSS 属性值，各属性值应用分号分隔。

 **实例 4.7**　　　　**使用 <div> 标签制作个人简历**　　　　◉ **实例位置：资源包 \Code\04\07**

本实例使用 <div> 标签，制作个人简历。首先不使用 <div> 标签，通过 <h1> 标签和 <h5> 标签显示个人简历，然后使用 <div> 标签对"个人信息"和"教育背景"进行分组，这样可以更好地对分组内容进行样式控制等。具体代码如下：

```html
01 <!DOCTYPE html>
02 <html>
03 <head>
04 <!-- 指定页面编码格式 -->
05 <meta charset="UTF-8">
06 <!-- 指定页头信息 -->
07 <title>div 标签 -- 个人简历 </title>
08 </head>
09 <!-- 插入背景图片 -->
10 <body style="background-image:url(images/bg.jpg) ">
11 <br/><br/><br/><br/>
12 <!-- 使用 <div> 标签进行分组 -->
13 <div>
14 <h1><img src="images/1.png">  个人信息（Personal Info）</h1>
15 <hr/>
16     <h5> 姓名: 李刚       出生年月: 1996.05</h5>
17     <h5> 民族: 汉           身高: 177cm</h5>
18 </div>
19 <br>
20 <!-- 使用 <div> 标签进行分组 -->
21 <div>
22     <h1><img src="images/2.png">  教育背景（Education）</h1>
23     <hr/>
24     <h5>2005.07-2009.06    师范大学     市场营销（本科）</h5>
25     <h5>2009.07-2012.06    师范大学     电子商务（研究生）</h5>
26     <h5>2012.07-2015.06    师范大学     电子商务（博士）</h5>
27 </div>
28 </body>
29 </html>
```

运行效果如图 4.7 所示。

4.4　<span> 标签

HTML5 只是赋予内容的手段，大部分 HTML5 标签都有其意义（如 <p> 标签创建段落、<h1> 标签创建标题等），然而 <span> 和 <div> 标签似乎没有任何内容上的意义，但实际上，与 CSS 结合起来后，应用范围就非常广泛了。

4.4.1　<span> 标签的介绍

<span> 标签和 <div> 标签非常类似，是 HTML5 中组合用的标签，可以作为插入 CSS 这类风格的容器，或插入 class、id 等语法内容的容器。

语法格式如下：

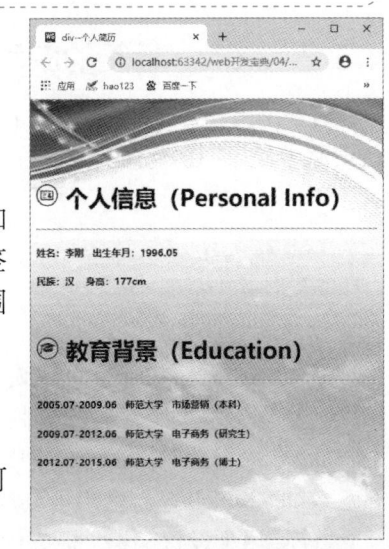

图 4.7　个人简历的页面效果

```
<span>
......
</span>
```

 **实例 4.8**　　　　　使用不同的语言表述"我爱你"　　　👁 **实例位置：资源包 \Code\04\08**

　　本实例使用 <span> 标签，实现一个"我爱你"各国语言版本的便签。首先通过 <p> 段落标签将便签的内容显示出来，然后在 <p> 标签内部使用 <span> 标签，将需要单独分组的内容放入 <span> 标签中，进行样式控制。具体代码如下：

```
01 <!DOCTYPE html>
02 <html>
03 <head>
04 <!-- 指定页面编码格式 -->
05 <meta charset="UTF-8">
06 <!-- 指定页头信息 -->
07 <title> 单标签分组 --span</title>
08 </head>
09 <!-- 插入背景图片 -->
10 <body style="background:url(images/bg.jpg) no-repeat ">
11 <!-- 界面样式控制 -->
12 <br><br><br><br><br><br><br><br><br><br><br>
13 <!-- 使用 <span> 标签对单标签进行分组 -->
14 <p><span style="color:red">" 我爱你 "</span> 这句话，不同的语言是怎么说的呢?
15 英语中是 <span style="color:red">"I love you"</span>,
16 日语中是 <span style="color:red">" 阿娜塔农头啊西戴斯 "</span>,
17 韩语中是 <span style="color:red">" 撒哪嘿 "</span>。</p>
18 </body>
19 </html>
```

运行效果如图 4.8 所示。

4.4.2　<span> 标签的应用

　　<span> 标签是行内标签，<span> 标签的前后不会换行，它没有结构的意义，纯粹是应用样式，当其他行内元素都不合适的时候，请使用 <span> 标签。

实例 4.9　　　　使用 <span> 标签制作　　👁 **实例位置：资源包 \Code\04\09**
　　　　　　　　　　　　公司介绍短文

　　本实例使用 <span> 标签制作一则公司介绍短文。首先在 <body> 标签中设置网页的背景颜色，然后添加多个
 标签设置公司介绍与浏览器顶部的间距，最后使用 <p> 标签显示公司介绍，并且通过 <span> 标签，将短文中的内容进行分组，强调的内容显示为红色或是链接等等。具体代码如下：

```
01 <!DOCTYPE html>
02 <html>
03 <head>
04 <!-- 指定页面编码格式 -->
05 <meta charset="UTF-8">
06 <!-- 指定页头信息 -->
07 <title>span 应用 </title>
```

```
08 </head>
09 <!-- 插入背景图片 -->
10 <body style="background:url(images/bg.jpg) no-repeat ">
11 <!-- 界面样式控制 -->
12 <br><br><br><br><br><br>
13 <!-- 使用 <span> 标签对单标签进行分组 -->
14 <p><span style="font-size: 24px;color: red"> 明日学院 </span>,
15 是吉林省明日科技有限公司倾力打造的在线实用技能学习平台,
16 该平台于 2016 年正式上线, 主要为学习者提供海量、优质的 <span>
17 <a href="http://www.mingrisoft.com/selfCourse.html"> 课程 </a></span>, 课程结构严谨,
18 用户可以根据自身的学习程度,
19 自主安排学习进度。<span style="color:black"><b> 我们的宗旨是, 为编程学习者提供一站式服务,
20 培养用户的编程思维。</b></span></p>
21 </body>
22 </html>
```

运行效果如图 4.9 所示。

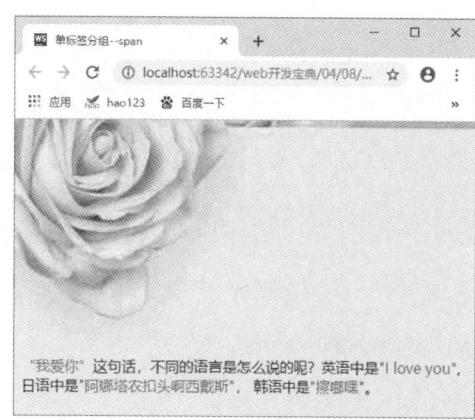 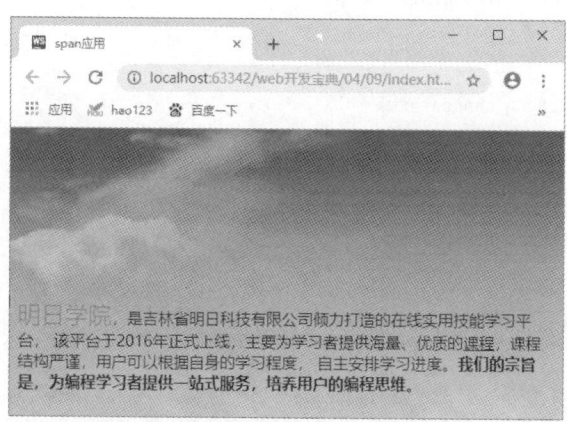

图 4.8　使用 <span> 标签实现一个便签的页面效果　图 4.9　使用 <span> 标签制作公司介绍短文的页面效果

📑 **说明**

> 块级标签又名块级元素 (block element), 和其对应的是内联元素 (inline element), 也叫行内标签, 都是 html 规范中的概念。大多数 HTML5 标签被定义为块级标签或内联标签。块级标签在浏览器上显示时, 通常会以新行来开始（和结束）; 而行内元素在浏览器上显示时, 会从上一行的结束位置开始。

4.5　综合案例——制作网页中的女装模块

本章学习了如何使用表格、<div> 以及 <span> 标签, 接下来制作一个案例, 即使用本章所学知识制作网购商城中的女装模块。(实例位置: 资源包 \Code\04\10\ 综合案例)

4.5.1　案例分析

首先查看案例的效果图。在此案例中, 使用了两个表格, 第一个表格为女装的菜单栏, 第二个表格为网站内容。在第二个表格中, 一共有 6 列, 然后通过设置单元格的宽度以及合并单元格来控制各单元格的大小。具体如图 4.10 所示。

图 4.10　实现网页中的女装模块

50

4.5.2　实现过程

本案例的代码较多，下面分步骤进行讲解。

① 在网页中添加第一个表格，然后在表格中实现该模块的导航。具体代码如下：

```
1  <table class="top" hspace="0" vspace="0" height="50" width="788"  bgcolor="#f6f6f6">
2    <tr align="center">
3      <td width="30"><span> 女装 </span></td>
4      <td width="30"><span> 热门搜索 :</span></td>
5      <td width="30"><span> 棒球外套 </span></td>
6      <td width="30"><span> 毛衣 </span></td>
7      <td width="30"><span> 高腰牛仔裤 </span></td>
8      <td width="90" align="right"><span> 查看全部 ></span></td>
9    </tr>
10 </table>
```

② 在网页中添加第二个表格，实现具体女装模块主体内容。具体代码如下：

```
01 <table class="bot" bgcolor="#fff" cellpadding="0" cellspacing="0" border="0" align="center">
02   <tr height="35">
03     <td colspan="3" bgcolor="#fce6ee"></td>
04     <td colspan="6"></td>
05   </tr>
06   <tr height="30" align="center">
07     <td width="50" bgcolor="#fce6ee"><span> 卫衣 </span></td>
08     <td width="50" bgcolor="#fce6ee"><span> 牛仔外套 </span></td>
09     <td width="50" bgcolor="#fce6ee"><span> 情侣装 </span></td>
10     <td rowspan="3" width="200"><p> 省心百搭套装 </p>
11       <p> 超省心搭配，时髦不费力 </p>
12       <img src="img/cloth4.png"  height="100"></td>
13     <td rowspan="3" width="200"><p> 初秋外套 </p>
14       <p> 人手必备的牛仔外套 </p>
15       <img src="img/cloth3.png" height="100"></td>
16     <td rowspan="3" width="200"><p> 新品卫衣 </p>
17       <p>chic 装扮起来 </p>
18       <img src="img/cloth2.png" height="100"></td>
19   </tr>
20   <tr bgcolor="#fce6ee" height="35" align="center">
21     <td width="50"><span> 阔腿裤 </span></td>
22     <td width="50"><span> 针织衫 </span></td>
23     <td width="50"><span> 打底裤 </span></td>
24   </tr>
25   <tr bgcolor="#fce6ee" align="center">
26     <td colspan="3"><p> 潮流女装 </p>
27       <p> 初春新品抢先购 </p></td>
28   </tr>
29   <tr  align="center">
30     <td colspan="3" bgcolor="#fce6ee"><img src="img/cloth6.png" height="200"></td>
31     <td><p> 柔软针织 </p>
32       <p>360 度无死角 </p>
33       <img src="img/cloth5.png" height="100"></td>
34     <td><p> 气质衬衣 </p>
35       <p> 娇小妹子专属 </p>
36       <img src="img/cloth7.png" height="100"></td>
37     <td><p> 显瘦牛仔裤 </p>
38       <p> 舒适美丽两不误 </p>
39       <img src="img/cloth1.png" height="100"></td>
40   </tr>
41 </table>
```

③ 该案例中，使用了部分 CSS 代码控制页面效果。具体 CSS 代码效果如下：

```
01 * {
02   padding: 0;
03   margin: 0;
04 }
05 table {
06   font-size: 12px;
```

```
07    text-align: center;
08    margin: 0 auto;
09 }
10 .bot span {
11    line-height: 25px;
12    width: 55px;
13    display: block;
14    background: rgba(0,0,0,0.1);
15 }
16 .bot td p {
17    height: 30px;
18    line-height: 30px;
19 }
20 .bot td p:first-child {
21    font-size: 20px;
22    font-weight: bold;
23    line-height: 40px;
24 }
```

4.6 实战练习

招聘信息相信大家都经常看到，那么接下来请大家使用表格来显示招聘信息。具体效果如图 4.11 所示。（实例位置：资源包 \Code\04\11\ 实战练习）

职位名称	招聘人数	招聘地点	招聘详情
教育平台产品技术部-FLEX开发工程师	1	北京	查看>>
教育平台产品技术部-高级产品经理	1	北京	查看>>
教育平台产品技术部-Web前端工程师	1	北京	查看>>
教育平台产品技术部-测试工程师	3	北京	查看>>
UI设计实习生	3	北京	查看>>
C++开发工程师	3	北京	查看>>
高级后台开发工程师	1	北京	查看>>
高级PHP开发工程师	1	北京	查看>>
高级产品经理	1	北京	查看>>
FLEX开发工程师	3	北京	查看>>
教育平台产品技术部-GUI高级设计师	1	北京	查看>>
教育平台产品技术部-移动端产品经理	1	北京	查看>>
高级iOS开发工程师	2	北京	查看>>
高级用户研究经理	1	北京	查看>>
Web前端工程师	1	北京	查看>>
测试工程师	2	北京	查看>>
产品经理	1	北京	查看>>
教育平台产品技术部-产品经理	3	北京	查看>>
高级Android开发工程师	1	北京	查看>>
高级Java开发工程师	2	北京	查看>>
高级Web设计师	1	北京	查看>>

图 4.11　使用表格显示招聘信息

▽ 小结

本章介绍了简单表格的制作和表头的设置，表格的样式、合并和分组，<div> 标签的介绍以及使用，<span> 标签的介绍以及使用。通过本章的学习，读者可以利用 <table> 表格标签制作多种多样、丰富多彩的表格，也可以使用 <div> 标签和 <span> 标签对内容进行更好的分组，进行多种样式控制。

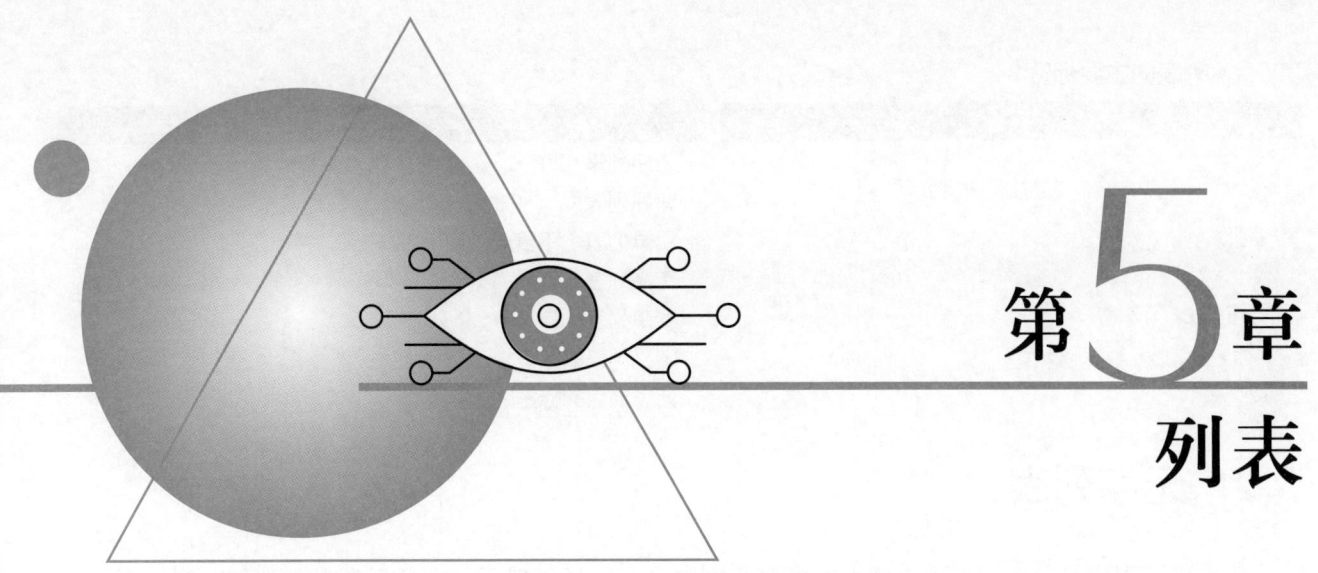

第5章

列表

本节学习 HTML5 中的列表元素，列表形式在网站设计中占有比较大的比重，显示信息非常整齐直观，便于用户理解。在后面的 CSS 样式学习中将大量使用到列表元素的高级作用，用于组织数据的列表。

5.1 列表的标签

列表分为两种类型：一种是有序列表；一种是无序列表。前者用项目符号来标记无序的项目，而后者则使用编号来记录项目的顺序。

所谓有序，指的是按照数字或字母等顺序排列列表项目，如图 5.1 所示的列表。所谓无序，是指以●、○、■等开头的，没有顺序的列表项目，如图 5.2 所示的列表。

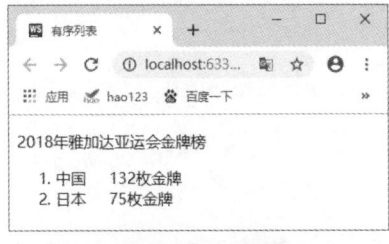
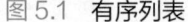

图 5.1　有序列表

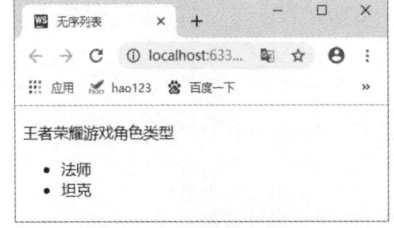

图 5.2　无序列表

关于列表的主要标签，如表 5.1 所示。

表 5.1　列表的主要标签

标签	描述
<ul>	无序列表
<ol>	有序列表
<dir>	目录列表（不赞成使用）
<dl>	定义列表
<menu>	菜单列表
<dt>、<dd>	定义列表的标签
<li>	列表项目的标签

5.2　无序列表

在无序列表中，各个列表项之间没有顺序级别之分，它通常使用一个项目符号作为每个列表项的前缀。无序列表主要使用 <ul>、<dir>、<dl>、<menu>、<li> 几个标签和 type 属性。

5.2.1　无序列表标签

无序列表的特征在于提供一种不编号的列表方式，而在每一个项目文字之前，以符号作为分项标识。具体语法如下：

```
<ul>
    <li> 第 1 项 </li>
    <li> 第 2 项 </li>
    ......
</ul>
```

在该语法中，使用 < ul >、</ ul> 标签表示这一个无序列表的开始和结束，而 <li> 则表示这是一个列表项的开始。在一个无序列表中可以包含多个列表项。

实例 5.1

运用无序列表显示 NBA 东部联盟球队前四强　👁 **实例位置：资源包 \Code\05\01**

首先新建一个 HTML5 文件，在文件的 <body> 标签中添加 <ul> 标签定义无序列表的范围，然后在 <ul> 中添加 <li> 标签。具体代码如下：

```
37 <p style="color: #00aeef; font-size: 20px;">NBA 东部联盟球队前四强 </p>
38 <ul>
39     <li> 多伦多  猛龙 </li>
40     <li> 密尔沃基  雄鹿 </li>
41     <li> 底特律  活塞 </li>
42     <li> 费城 76 人 </li>
43 </ul>
```

保存并运行这段代码，可以看到窗口中建立了一个无序列表，该列表共包含 3 个列表项，如图 5.3 所示。

5.2.2　无序列表属性

默认情况下，无序列表的项目符号是●，而通过 type 属性可以调整无序列表的项目符号，避免列表符号的单调。
具体语法如下：

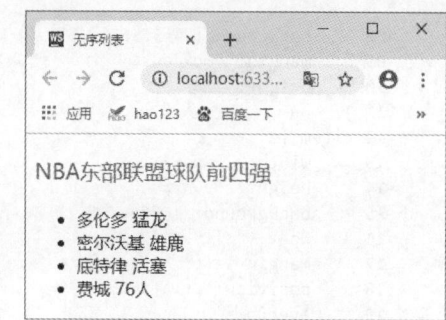

图 5.3　创建无序列表

```
<ul type= 符号类型 >
    <li> 第 1 项 </li>
    <li> 第 2 项 </li>
    ……
</ul>
```

在该语法中，无序列表其他的属性不变，type 属性则决定了列表项开始的符号。它可以设置的值有 3 个，如表 5.2 所示。其中 disc 是默认的属性值。

表 5.2　无序列表的符号类型

类型值	列表项目的符号
disc	●
circle	○
square	■

 说明

如果为 <ul> 标签添加 type 属性，那么将为该 <ul> 标签中的所有列表项设置统一的项目符号，而如果为某一个 <li> 标签添加 type 属性，那么表示仅为该列表项设置项目符号。

实例 5.2　　运用无序列表显示全球品牌价值 100 强的前三名　⊙ 实例位置：资源包 \Code\05\02

① 新建一个 HTML5 文件，在文件的 <body> 标签中输入如下代码：

```
01 <div class="box">
02     <ul class="item">
03         <li><a href="#"><img src='images/2.jpg'/></a></li>
04         <li><a href="#"> 小米官网手机 </a></li>
05         <li class="eval"> 超好用，比我用过的耳机都好，声音简直是从脑子里发出的 </li>
06     </ul>
07     <ul class="item">
08         <li><a href="#"><img src='images/2.jpg'/></a>
09         <li><a href="#"> 小米官网手机 </a></li>
10         <li class="eval"> 超好用，比我用过的耳机都好，声音简直是从脑子里发出的 </li>
11     </ul>
12     <!-- 其余代码与上面相似，故省略相似代码 -->
13 </div>
```

② 本实例中运用了部分 CSS 代码设置页面效果，具体如下：

```
01 * {
02     margin: 0;
03     padding: 0
04 }
05 .box {
06     width: 100%;
07     max-width: 1160px;
```

55

```
08      background: #f5f5f5;
09      margin: 50px auto;
10      height: 328px;
11  }
12  .item {
13      width: 220px;
14      height: 320px;
15      background: #fff;
16      float: left;
17      margin-left: 10px;
18      position: relative;
19      overflow: hidden;
20  }
21  .item > :nth-child(2) {
22      text-align: center;
23      padding: 5px;
24  }
25  .box .item > :nth-child(2) a {
26      color: #333;
27      text-decoration: none;
28  }
29  .item .eval {
30      background: #FF6700;
31      padding: 10px;
32      position: absolute;
33      bottom: -45px;
34      left: 0px;
35      font-size: 12px;
36  }
37  .item:hover .eval {
38      bottom: 0px;
39      transition: bottom 0.3s ease;
40      color: #fff;
41  }
```

运行这段代码，可以看到项目符号属性可以设置为 none，此时项目符号就不会显示出来，如图 5.4 所示。

无序列表的类型定义也可以在 <li> 项中，其语法是 <li type= 符号类型 >，这样定义的结果是对单个项目进行定义。示例代码如下：

```
01  <fieldset>
02      <legend>
03          全球品牌价值100 强 <span style="color:red"> 前三名 </span>
04      </legend>
05      <ul>
06          <li type="circle"> 苹果 /Apple</li>
07          <li type="disc"> 谷歌 /google</li>
08          <li type="square"> 微软 .Microsoft</li>
09      </ul>
10  </fieldset>
```

运行这段代码，效果如图 5.5 所示。

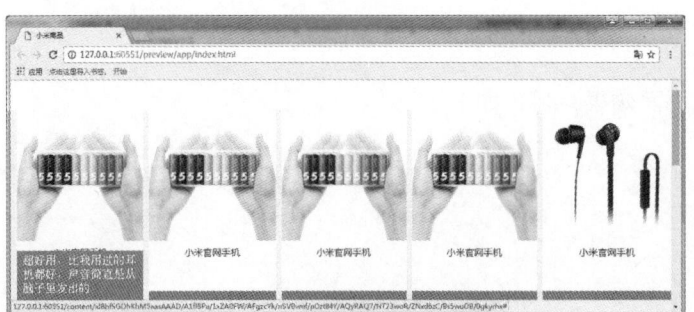

图 5.4　设置无序列表项目符号

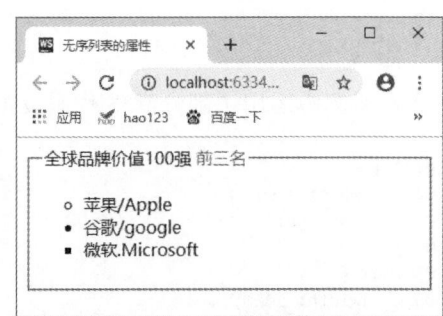

图 5.5　设置不同的项目符号

　　如果开发过程中不需要无序列表的符号时，只需要将无序列表中列表项目的序号类型设置为 none 就行，也可以在 CSS 中设置列表的 list-style 属性为 none。

5.3　有序列表

　　有序列表的特点就是，各列表项是按顺序排列的，在添加列表项时，开发者可以设置列表项的初始排列序号以及序号类型。

5.3.1　有序列表标签

　　有序列表使用编号，而不是项目符号来编排项目。列表中的项目采用数字或英文字母开头，通常各项目间有先后的顺序性。在有序列表中，主要使用 <ol> 和 <li> 两个标签以及 type 和 start 两个属性。

　　具体语法如下：

```
<ol>
    <li> 第 1 项 </li>
    <li> 第 2 项 </li>
    <li> 第 3 项 </li>
    ……
</ol>
```

注意

　　在该语法中，<ol> 和 </ol> 标签标志着有序列表的开始和结束，而 <li> 标签表示这是一个列表项的开始，默认情况下，采用数字序号进行排列。

实例 5.3　　运用有序列表显示 2018 年 ◉ **实例位置：资源包 \Code\05\03** 俄罗斯世界杯排名前四强

　　例如，运用有序列表显示 2018 年俄罗斯世界杯排名前四强。代码如下：

```
01 <p style="font-size: 14px;color:#c60">2018 年俄罗斯世界杯排名前四强 </p>
02 <ol>
03     <li> 法国 </li>
04     <li> 克罗地亚 </li>
05     <li> 比利时 </li>
06     <li> 英格兰 </li>
07 </ol>
```

　　运行这段代码，可以看到有序列表中列表项前面包含了顺序号，如图 5.6 所示。

多学两招

　　默认情况下，有序列表中的列表项采用数字序号进行排列，如果需要将列表序号改为其他的类型，例如英文字母开头，就需要改变 type 属性。

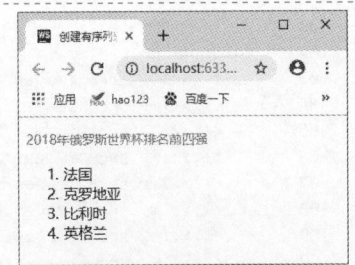

图 5.6　运用有序列表显示 2018 年俄罗斯世界杯排名前四强

5.3.2 有序列表属性

（1）修改有序列表的序号类型

默认情况下，有序列表的序号是数字的，通过 type 属性可以调整序号的类型，例如将其修改成字母等。具体语法如下：

```
<ol type= 序号类型 >
    <li> 第 1 项 </li>
    <li> 第 2 项 </li>
    <li> 第 3 项 </li>
    ......
</ol>
```

在该语法中，序号类型可以有 5 种，如表 5.3 所示。

表 5.3   有序列表的序号类型

type 取值	列表项目的序号类型
1	数字 1,2,3,4…
a	小写英文字母 a,b,c,d…
A	大写英文字母 A,B,C,D…
i	小写罗马数字 ⅰ，ⅱ，ⅲ，ⅳ…
I	大写罗马数字 Ⅰ，Ⅱ，Ⅲ，Ⅳ…

（2）修改有序列表的起始排列数值

默认情况下，有序列表是从 1 开始排序的，使用 start 属性可以修改有序列表的起始排列数值。例如下面的代码就是设置有序列表从 3 开始排列。

```
01 <ol start="3">
02     <li>March</li>
03     <li>April</li>
04     <li>May</li>
05 </ol>
```

实例 5.4　运用有序列表制作商城页面

◉ 实例位置：资源包 \Code\05\04

在网页中添加一个有序列表，有序列表中添加图片和对应的文字，然后实现鼠标悬停在文字上时，展示对应的图片。

① 首先新建一个 HTML5 文件，在 <body> 标签中添加如下代码：

```
01 <div class="mr-box">
02     <ol>
03         <li><img src="images/1.jpg"> 海外购 . 日本上线    跨境直邮 </li>
04         <li><img src="images/2.jpg"> 英美复活节折扣季  国际大牌免邮 </li>
05         <li><img src="images/3.jpg"> 新品馆  国际免邮 </li>
06         <li><img src="images/4.jpg">Skechers 舒适鞋 169 元起 </li>
07         <li><img src="images/5.jpg"> 英亚 Prime 精品上新国际免邮 </li>
08         <li><img src="images/6.jpg"> 大牌口红专场低至 139 元 </li>
09         <li><img src="images/7.jpg"> 世界牛仔翘楚 Lee 低至 89 元 </li>
10         <li><img src="images/8.jpg"> 游戏玩家必备装备 199 元起    广告 </li>
11     </ol>
12 </div>
```

② 为上面的 HTML 代码添加 CSS 样式。代码如下：

```
01 <style>
02   .mr-box{
03     width:1177px;
04     height:360px;
05     margin:0 auto;
06     position:relative;
07     background: url(images/1.jpg) no-repeat 0 0;        /* 设置背景图像 */
08   }
09   li{
10
11     list-style:none;
12     width:108px;
13     height:40px;
14     float: left;
15     background:#949494;
16     margin:300px auto auto 2px;
17     font:14px/20px " 微软雅黑 ";
18     text-align: center;
19     color:#fff;
20     padding:10px;                                       /* 设置内边距 */
21   }
22   li img{
23     position:absolute;                                  /* 设置定位方式 */
24     top:0;
25     left:0;
26     display:none;
27   }
28   li:hover img{
29     display:block;
30   }
31   li:hover{                                             /* 鼠标滑过时候的样式 */
32     background:orange;
33   }
34
35 </style>
```

保存文件，在浏览器中打开网页，可以得到运用有序列表制作的商城页面，如图 5.7 所示。

图 5.7　运用有序列表制作的商城页面

5.4　定义列表

定义列表是一种两个层次的列表，用于解释名词的定义，名词为第一层次，解释为第二层次，并且不包含项目符号。具体语法如下：

```
<dl>
    <dt> 名词一 </dt>
<dd> 解释 1</dd>
<dd> 解释 2</dd>
<dd> 解释 3</dd>
    <dt> 名词二 </dt>
<dd> 解释 1</dd>
<dd> 解释 2</dd>
<dd> 解释 3</dd>
    ......
</dl>
```

在定义列表中，一个 <dt> 标签下可以有多个 <dd> 标签作为名词的解释和说明，以实现定义列表的嵌套。

 **实例 5.5**

运用定义列表显示古诗二首 👁 **实例位置：资源包 \Code\05\05**

在下面这个实例中，定义列表的第一层用于放置标题，名词为第一层次，诗句内容为第二层次。具体代码如下：

```
01 <p style="color:#10bf70;font-size: 14px" > 古诗介绍 </p><br/><br/>
02 <dl>
03     <dt> 赠孟浩然 </dt><br/>
04     <dd> 作者: 李白 </dd><br/>
05     <dd> 诗体: 五言律诗 </dd><br/>
06     <dd> 吾爱孟夫子，风流天下闻。<br/>
07         红颜弃轩冕，白首卧松云。<br/>
08         醉月频中圣，迷花不事君。<br/>
09         高山安可仰，徒此揖清芬。<br/>
10     </dd>
11     <dt> 蜀相 </dt><br/>
12     <dd> 作者: 杜甫 </dd><br/>
13     <dd> 诗体: 七言律诗 </dd><br/>
14     <dd> 丞相祠堂何处寻，锦官城外柏森森。<br/>
15         映阶碧草自春色，隔叶黄鹂空好音。<br/>
16         三顾频烦天下计，两朝开济老臣心。<br/>
17         出师未捷身先死，长使英雄泪满襟。<br/>
18     </dd>
19 </dl>
```

运行这段代码，效果如图 5.8 所示。

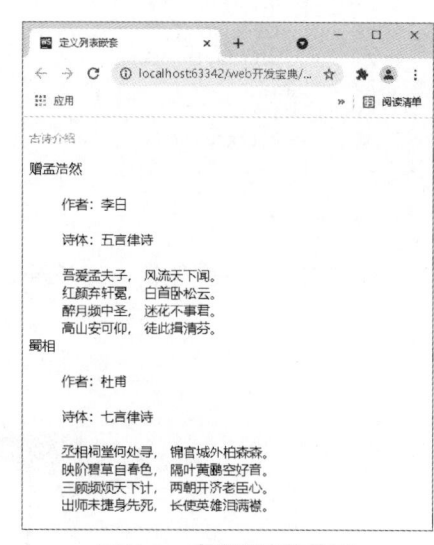

图 5.8 定义列表的使用

5.5 无序列表和有序列表的嵌套

最常见的列表嵌套模式就是有序列表和无序列表的嵌套，可以重复地使用 <ol> 和 <ul> 标签组合实现。

 **实例 5.6**

运用无序列表和有序列表 👁 **实例位置：资源包 \Code\05\06**
制作导航栏

① 新建 HTML5 文件，在 HTML5 文件中使用无序列表制作导航菜单，然后通过嵌套有序列表制作下拉菜单。具体代码如下：

```
01 <div class="mr-box">
02     <ul class="mr-nav">
03         <li class="mr-hover"><a href="#">商品分类</a></li>
04         <li class="mr-hover"><a href="#">春节特卖</a>
05             <ol class="mr-shopbox">
06                 <li><a href="#">服装服饰</a></li>
07                 <li><a href="#">母婴会场</a></li>
08                 <li><a href="#">数码家电</a></li>
09                 <li><a href="#">家纺家居</a></li>
10                 <li><a href="#">美妆会场</a></li>
11                 <li><a href="#">汽车特卖</a></li>
12                 <li><a href="#">进口尖货</a></li>
13                 <li><a href="#">医药保健</a></li>
14             </ol>
15         </li>
16         <li class="mr-hover"><a href="#">会员</a></li>
17         <li class="mr-hover"><a href="#">电器城</a></li>
18         <li class="mr-hover"><a href="#">天猫会员</a></li>
19     </ul>
20 </div>
```

②本实例中使用了部分 CSS 实现样式。具体 CSS 代码如下：

```
01 .mr-box {
02     width: 1000px;
03     height: 500px;
04     background-image: url(../images/2.jpg);
05     background-repeat: no-repeat;
06     margin: 0 auto;
07     background-size: 100% 100%;
08     border: 1px solid #f00;
09 }
10 /* 主导航样式 */
11 .mr-nav {
12     margin: 0 auto;
13     background: #DD2727;
14     height: 37px;
15 }
16 .mr-nav li {                                    /* 导航栏的 li 的样式 */
17     width: 176px;
18     list-style: none;
19     float: left;
20     text-align: center;
21     line-height: 37px;
22 }
23 .mr-nav li a {
24     text-decoration: none;                      /* 无下划线 */
25     font: 17px/37px "微软雅黑";
26     padding: 6px 17px;                          /* 内边距 */
27     color: #222;
28 }
29 .mr-nav li:hover .mr-shopbox {
30     display: block;
31 }
32 .mr-hover:hover {                               /* 当鼠标移动上去时导航栏变色 */
33     background: rgba(255, 255, 255, 0.1);
34 }
35 .mr-shopbox {
36     padding:0 20px;
37     height: 462px;
38     display: none;
39     background: rgba(255, 255, 255, 0.5);
40 }
41 .mr-shopbox li {
```

```
42        width: 140px;
43        text-align: center;
44        margin: 15px auto 0;
45        border: 1px solid #CB0C10;
46        border-radius: 10px;
47    }
48    /* 春节特卖子导航 */
49    .mr-shopbox li a {
50        font-size: 14px;
51    }
52    .mr-shopbox li: hover {
53        background: #CB0C10;
54    }
```

运行这段代码，可以得到无序列表和有序列表嵌套制作的商城页面，如图 5.9 所示。

5.6 综合案例——使用列表制作二级导航菜单

本章学习了 HTML5 中常用的列表，接下来通过无序列表与无序列表的嵌套实现一个二级导航菜单。（实例位置：资源包 \Code\05\07\ 综合案例）

5.6.1 案例分析

本案例中，打开网页时立即呈现的是一级导航菜单，而当鼠标悬停在某一个菜单项上时，立刻展开二级导航菜单。实现其动画效果时，需要将二级导航菜单项添加到对应的父菜单项中，然后需要结合 CSS 实现动画效果。具体效果如图 5.10 所示。

图 5.9 无序列表和有序列表相互嵌套的实例

图 5.10 实现二级导航菜单

5.6.2 案例实现

①首先需要建立 HTML5 文件，在该文件中添加列表标签，实现页面中的内容。具体代码如下：

```
01    < div class= "cont">
02        < ul>
03            < li> 首页 </ li>
04            < li> 知识图谱
05                < ul>
06                    < li>IT 高新技能 </ li>
07                    < li> 公务员考试 </ li>
08                    < li> 计算机二级 </ li>
09                    < li> 考研一站通 </ li>
10                </ ul>
11            </ li>
12            < li>IT 精英
```

```
13              <ul>
14                  <li> 前端开发 </li>
15                  <li>Java 开发 </li>
16                  <li> 测试与维护 </li>
17                  <li> 算法分析 </li>
18              </ul>
19          </li>
20          <li> 考试达人
21              <ul>
22                  <li> 公务员考试 </li>
23                  <li> 雅思托福 </li>
24                  <li> 从业资格 </li>
25                  <li> 交规考试 </li>
26              </ul>
27          </li>
28          <li> 人在职场
29              <ul>
30                  <li> 职业招聘 </li>
31                  <li> 职场微风云 </li>
32                  <li> 微职场 </li>
33                  <li> 职场趣闻 </li>
34              </ul>
35          </li>
36          <li> 中小学
37              <ul>
38                  <li> 辅导教材 </li>
39                  <li> 家教聘用 </li>
40                  <li> 名师一点通 </li>
41                  <li> 开学报到 </li>
42          </ul></li>
43          <li> 个人名师
44              <ul>
45                  <li> 考研讲师 </li>
46                  <li> 高中名师 </li>
47                  <li> 学长 / 姐说 </li>
48          </ul></li>
49      </ul>
50      <div><img src="img/ban.png" alt=""></div>
51 </div>
```

② 本案例需要 CSS 技术实现页面效果。具体 CSS 代码如下：

```
01 .cont {                                           /* 设置页面的整体样式 */
02      margin: 20px auto;                           /* 设置整体外边距 */
03      width: 1190px;                               /* 设置整体宽度 */
04 }
05 .cont > ul {                                       /* 设置一级导航无序列表的整体样式 */
06      width: 1190px;                               /* 设置宽度 */
07      height: 50px;                                /* 设置高度 */
08      background: #777;                            /* 设置背景颜色 */
09      color: #fff;                                 /* 设置文字颜色 */
10 }
11
12 .cont > ul > li {                                  /* 设置一级导航列表项的样式 */
13      width: 170px;                                /* 设置导航项的宽度 */
14      float: left;                                 /* 设置浮动方式 */
15      line-height: 50px;                           /* 设置行高 */
16      text-align: center;                          /* 设置文字对齐方式 */
17      list-style: none;                            /* 清除列表项的默认样式 */
18      font-size: 20px;                             /* 设置字体大小 */
19      position: relative;                          /* 设置定位方式 */
20 }
21 .cont > ul > li:hover {                            /* 设置鼠标放置在一级列表项上的样式 */
22      background: #fff;                            /* 设置背景颜色 */
23      color: rgb(28, 178, 156);                    /* 设置文字颜色 */
24 }
25 .cont > ul > li:hover ul li {                      /* 设置鼠标放置在二级列表项上的样式 */
26      display: block;                              /* 设置二级列表项在页面中显示 */
27 }
28 .cont > ul > :first-child {                        /* 设置一级导航栏中第一个列表项的样式 */
29      background: #eee;                            /* 设置背景颜色 */
```

```
30        color: rgb(28, 178, 156);                        /* 设置文字颜色 */
31   }
32   .cont > ul > li > ul {                                /* 设置二级导航栏的样式 */
33        list-style: none;                                /* 清除页面中的列表项样式 */
34        color: #000;                                     /* 设置文字颜色 */
35        position: absolute;                              /* 设置定位方式 */
36        top: 50px;                                       /* 设置垂直距离 */
37        left: 0;                                         /* 设置水平距离 */
38   }
39   .cont > ul > li > ul > li {                           /* 设置二级导航栏中列表项的样式 */
40        display: none;                                   /* 设置其在页面中隐藏 */
41        padding: 0 35px;                                 /* 设置内边距 */
42        background: #fff;                                /* 设置背景颜色 */
43        clear: both;                                     /* 清除二级导航栏中列表项的浮动 */
44        color: #000;                                     /* 设置文字颜色 */
45   }
46   .cont > ul > li > ul > li:hover {                     /* 鼠标防止在二级导航栏列表项上时的样式 */
47        background: #c0ff00;                             /* 设置背景颜色 */
48   }
49   div img {                                             /* 设置图片样式 */
50        width: 1191px;                                   /* 设置宽度 */
51   }
```

5.7　实战练习

综合运用本章所学的相关列表，仿制手机端网络填写报销单的页面，具体效果如图 5.11 所示。（实例位置：资源包 \Code\05\08\ 实战练习）

图 5.11　手机端网络填写报销单

▽ 小结

本章主要介绍了多种列表标签，然后详细介绍无序列表和有序列表的属性和使用方法，并以实例的形式对列表进行了详细讲解。读者学习完本章后，可以对 HTML5 的列表有一个详细的了解。熟练地掌握列表标签，可以对网页的布局有一定的帮助。列表是一种非常实用的数据排列方式，它以条列式的模式显示数据，使用户能够一目了然。

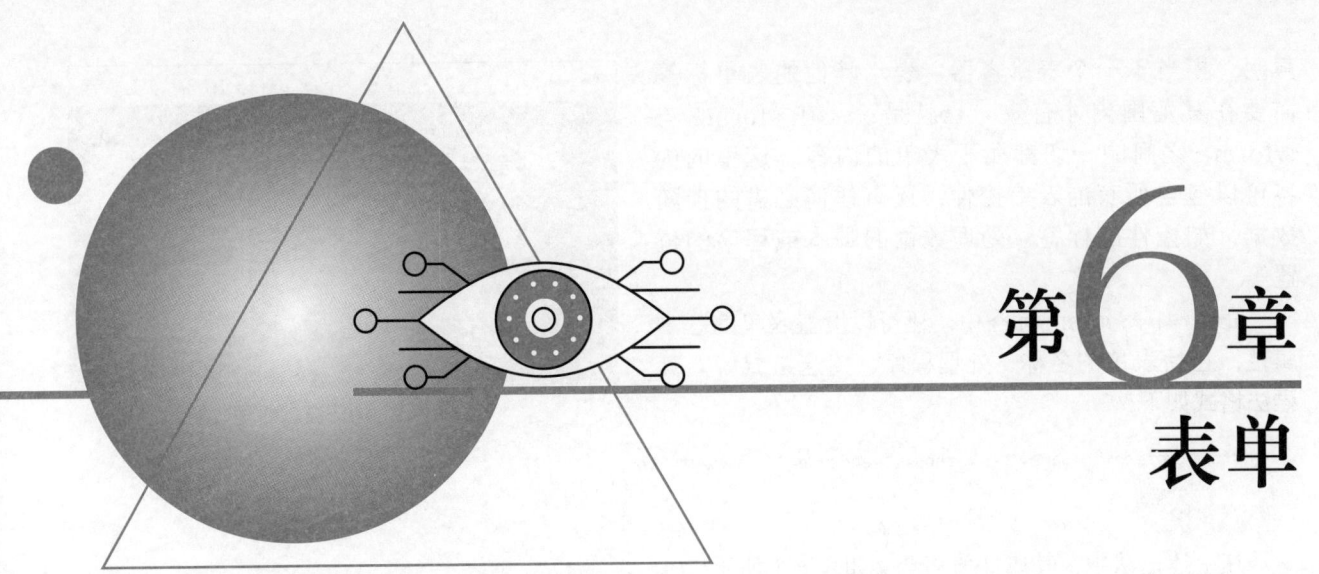

第6章

表单

表单的用途很多，在制作网页，特别是制作动态网页时常常会用到。表单主要用来收集客户端提供的相关信息，使网页具有交互的功能。它是用户与网站实现交互的重要手段。在网页的制作过程中，常常需要使用表单，本章重点介绍表单中各标签的使用。

扫码领取

· 教学视频
· 配套源码
· 练习答案
· ……

6.1　表单概述

　　表单的用处很多，在网站中随处可见，例如在进行用户注册时，就必须通过表单填写用户的相关信息。本节主要介绍表单的概念和用途，并且介绍 <form> 标签的属性及其含义，最后，通过举例向读者介绍 <form> 标签的实际应用。

6.1.1　什么是表单

　　表单通常设计在一个 HTML5 文档中，当用户填写完信息后做提交操作，将表单的内容从客户端的浏览器传送到服务器上，服务器处理好程序后，再将用户所需信息传送回客户端的浏览器上，这样网页就具有了交互性。HTML5 表单是用户与网站实现交互的重要手段。

　　表单的主要功能是收集信息，具体来说就是收集浏览者的信息。例如，天猫商城的用户登录界面，就是通过表单填写用户的相关信息的，如图 6.1 所示。在网页中，最常见的表单形式主要包括文本框、单选按钮、复选框、按钮等。

6.1.2　表单标签 <form>

　　表单是网页上的一个特定区域。这个区域通过 <form> 双标签声明，相当于一个表单容器，表示其他的表单标签需要在其范围内才有效，也就是说，在 <form> 与 </form> 之间的一切都属于表单的内容。这里的内容可以包含所有的表单控件，还有任何必需的伴随数据，如控件的标签、处理数据的脚本或程序的位置等。

在表单的 <form> 标签中，还可以设置表单的基本属性，包括表单的名称、处理程序、传送方式等。其语法格式如下：

图 6.1   用户登录表单

```
<form action="" name="" method="" enctype="" target="">
    ......
</form>
```

在上述语法中，其属性值和含义如表 6.1 所示。

表 6.1   form 表单中的属性值和含义

form 属性	含义	说明
action	表单的处理程序，也就是表单中收集到的资料将要提交的程序地址	这一地址可以是绝对地址，也可以是相对地址，还可以是一些其他的地址，例如 E-mail 地址等
name	为了防止表单信息在提交到后台处理程序时出现混乱而设置的名称	表单的名称尽量与表单的功能相符，并且名称中不含有空格和特殊符号
method	定义处理程序从表单中获得信息的方式，有 get（默认值）和 post 两个值	get 方法指表单数据会被视为 CGI 或 ASP 的参数发送。post 方法指表单数据是与 URL 分开发送的，用户端的计算机会通知服务器来读取数据
enctype	表单信息提交的编码方式。其属性值有：text/plain、application/x-www-form-urlencoded 和 multipart/form-data 三个	text/plain 指以纯文本的形式传送。application/x-www-form-urlenced 指默认的编码形式。multipart/form-data 指 MIME 编码，上传文件的表单必须选择该项
target	目标窗口的打开方式	其属性值和含义与链接标签中的 target 相同

例如下面的 HTML 代码就可以实现一个"甜橙音乐网"的登录界面。

```
01 <div class="mr-cont">
02     <form class="form" action="login.html" method="get" target="blank">
03         <label class="login">
04             <img src="img/user.png">
05             <input type="text" placeholder="username">
06         </label>
07         <label class="login">
08             <img src="img/pass.png">
09             <input type="password" placeholder="password">
10         </label>
11         <input type="submit" value="ok" class="ok">
12         <input type="reset" value="clear" class="clear">
13     </form>
14 </div>
```

为了使整体页面美观整齐，使用 CSS 代码改变网页中各标签的样式和位置。具体 CSS 代码如下：

```
01 * {
02     margin: 0;
03     padding: 0;
```

```
04 }
05 .mr-cont {
06     width: 715px;
07     margin: 0 auto;
08     border: 1px solid #f00;
09     background: url(../img/login.jpg);
10 }
11 .form {
12     width: 350px;
13     padding: 130px 415px;
14 }
15 .login, .ok, .clear {
16     display: block;
17     margin-top: 40px;
18     position: relative;
19 }
20 .login img {
21     height: 42px;
22     border: 1px rgba(215, 209, 209, 1.00) solid;
23     background-color: rgba(215, 209, 209, 1.00);
24 }
25 .login input {
26     position: absolute;
27     height: 40px;
28     width: 170px;
29     font-size: 20px;
30 }
31 .ok, .clear {
32     width: 215px;
33     height: 40px;
34     border: none;
35     background: rgba(240, 62, 65, 1.00)
36 }
```

上面的举例中，首先通过 <form> 标签定义了一个表单区域，然后通过在 <form> 表单内部设置其表单信息的提交地址、传送信息的方式以及打开新窗口的方式等属性，最后在 <form> 双标签内部添加其他标签。在浏览器中运行文件，可以看到效果如图 6.2 所示。

图 6.2　"甜橙音乐网"登录界面

6.2　输入标签

输入标签是 <input> 标签，通过设置其"type"的属性值改变其输入方式，而不同的输入方式又导致其他参数因此而异。例如当"type"值为"text"时，其输入方式为单行文本框。根据输入方式的不同，主要将其分为文本框和密码框、单选按钮和复选框、按钮以及图像域和文件域四大类，下面将具体介绍 <input> 标签的使用方法。

6.2.1　文本框和密码框

文本框和密码框都是通过输入标签 <input> 实现的，不同的是，它们的 type 取值不同，并且表现形式也不同。下面分别介绍文本框和密码框的功能和使用方式。

（1）文本框

文本框也叫单行文本框，因为它只能显示一行内容，而用户在文本框内可以输入任何类型的文本、数字或字母。添加文本框时，<input> 的 type 属性值为 text。其语法格式如下：

```
<input type="text" name=" " size=" " maxlength=" " value=" ">
```

ↄ name：文本框的名称，用于和页面中其他控件加以区别，命名时不能包含特殊字符，也不能以 HTML 预留作为名称。

ↄ size：定义文本框在页面中显示的长度，以字符作为单位。

ↄ maxlength：定义在文本框中最多可以输入的文字数。

ↄ value：用于定义文本框中的默认值。

（2）密码输入框

在表单中还有一种文本框为密码框，输入文本域中的文字均以星号"*"或圆点显示。其语法格式如下：

```
<input type="password" name="" size="" maxlength="" value="" />
```

该语法中参数的含义和取值与文本框相同，此处不再重复解释。

实例 6.1   制作商城中账号登录页面　　👁 实例位置：资源包 \Code\06\01

制作一个登录账号表单，该表单中含有文本框和密码框。制作步骤如下：

① 新建一个 HTML5 文件，然后通过将 <input> 标签的 type 属性的属性值设置为 text，实现输入账号文本框。代码如下：

```
01 <div class="mr-cont">
02     <form>
03         <!-- 使用 <label> 标签绑定单行文本框，实现单击图片时文本框也能获取焦点 -->
04         <label><img src="img/user.png"><input type="text"></label>
05         <!-- 密码输入框 -->
06         <label><img src="img/pass.png"><input type="password"></label>
07     </form>
08 </div>
```

② 新建一个 CSS 文件，并且链接到此 HTML5 文件，然后使用 CSS 设置 <form> 表单的背景等样式。具体代码如下：

```
01 /* 页面整体布局 */
02 .mr-cont{
03     width:  365px;                              /* 整体大小 */
04     height: 375px;
05     margin: 20px auto;
06     border: 1px solid #f00;
07     background: url(../img/4-2.png);            /* 添加背景图片 */
08 }
09 /* 表单整体位置 */
10 form{
11     padding: 65px 50px;
12 }
13 label{
14     color: #fff;
15     display: block;
16     padding-top: 10px;
17     position: relative;
18 }
19 /* 设置单行文本框和密码框的样式 */
20 label input{
```

```
21      height: 25px;
22      width: 200px;
23      position: absolute;
24 }
25 label img{
26      height: 28px;
27 }
```

在谷歌浏览器中运行代码，效果如图 6.3 所示。

📑 说明

在上面的示例中使用了 <label> 标签，<label>
标签可以实现绑定元素，简单地说，正常情况下要
使某个 <input> 标签获取焦点，只有单击该标签才
可以实现，而使用 <label> 标签以后，单击与该标签
绑定的文字或图片就可以实现获取焦点。

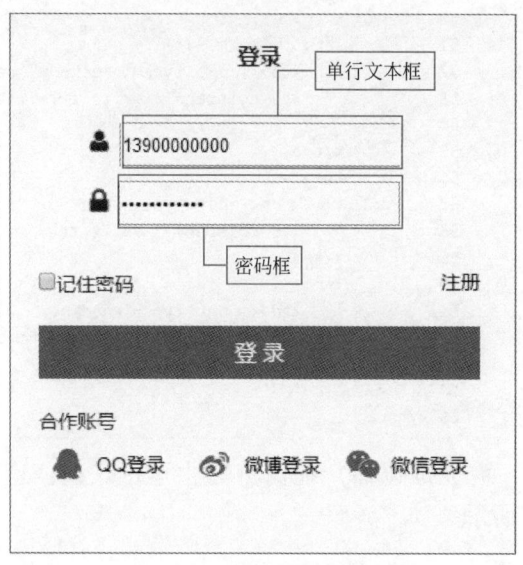

图 6.3　在页面中添加文本框

6.2.2　单选按钮和复选框

单选按钮和复选框经常被用于问卷调查和购物车中结算
商品等。它们的区别是，一组单选按钮中，用户只能选中一
个，而一组复选框中，用户可以选中多个甚至全部选中。

（1）单选按钮

在网页中，单选按钮用来使浏览者在答案之间进行单
一选择，在页面中以圆框表示。其语法格式如下：

```
<input type="radio" value="单选按钮的取值" name="单选按钮名称" checked="checked"/>
```

- ♻ value：用来设置用户选中该项目后，传送到处理程序中的值。
- ♻ name：单选按钮的名称。需要注意的是，一组单选按钮中，往往其名称相同，这样在传递时才能
  更好地对某一个选择内容的取值进行判断。
- ♻ checked：表示这一单选按钮默认被选中，在一组单选按钮中只能有一项"单选"按钮被设置为
  checked。

（2）复选框

浏览者填写表单时，有一些内容可以通过使浏览者进行多项选择的形式来实现。例如收集个人信息
时，要求在个人爱好的选项中进行选择等。复选框能够进行项目的多项选择，以一个方框表示。其语法
格式如下：

```
<input type="checkbox" value="复选框的值" name="名称" checked="checked" />
```

在该语法中，各属性的含义与属性值与单选按钮相同，此处不做过多赘述。但与单选按钮不同的是，
一组复选框中，可以设置多个复选框被默认选中。

实例 6.2

实现购物车页面选择商品功能

◉ **实例位置：资源包 \Code\06\02**

新建 HTML5 文件，在 HTML5 文件中，通过单选按钮实现商品的"全选"和"全不选"，并且通过

复选框实现逐个选择商品的按钮。其 HTML 代码如下所示:

```
44 <form name="form1">
45     <table cellpadding="0" cellspacing="0" border="1" bordercolor="#009688" align="center">
46         <tr>
47             <td></td>
48             <td><label for="rad1"> 全选 <input type="radio" id="rad1" name="sel"></label>
49                 <label for="rad2"> 全不选 <input type="radio" id="rad2" name="sel"> </label></td>
50         </tr>
51         <tr>
52             <td><input type="checkbox" name="goods1"></td>
53             <td colspan="2"><img src="img/goods1.png"></td>
54             <!--<td></td>-->
55         </tr>
56         <tr>
57             <td><input type="checkbox" name="goods2"></td>
58             <td colspan="2"><img src="img/goods2.png"></td>
59         </tr>
60         <tr>
61             <td><input type="checkbox" name="goods3"></td>
62             <td colspan="2"><img src="img/goods3.png"></td>
63         </tr>
64     </table>
65 </form>
```

完成以后,在浏览器中运行代码,运行效果如图 6.4 所示。

图 6.4 添加复选框的效果

📖 **多学两招**

> 设置单选按钮和复选框的某个按钮默认被选中时,checked="checked" 可以简写为 "checked"。

6.2.3 按钮

按钮是表单中不可缺少的一部分,主要分为 "普通" 按钮、"提交" 按钮和 "重置" 按钮。这三种按钮的用途各不相同,希望读者们学习了本节后,能够灵活使用这三种按钮。

(1) "普通" 按钮

在网页中 "普通" 按钮也很常见,在提交页面、恢复选项时常常用到。"普通" 按钮一般情况下要配合脚本来进行表单处理。其语法格式如下:

```
<input type="button" value=" 按钮的取值 " name=" 按钮名 " onclick=" 处理程序 " />
```

↻ value: 按键上显示的文字。
↻ name: 按钮名称。
↻ onclick: 当鼠标单击按钮时所进行的处理。

(2) "提交" 按钮

"提交" 按钮是一种特殊的按钮,不需要设置 onclick 属性,在单击该类按钮时可以实现表单内容的提交。其语法格式如下:

```
<input type="submit" name=" 按钮名 " value=" 按钮的取值 " />
```

多学两招

当"提交"按钮没有设置按钮取值时，其默认取值为"提交"，也就是"提交"按钮上默认的显示文字为"提交"。

(3)"重置"按钮

单击"重置"按钮后，可以清除表单的内容，恢复默认的表单内容设定。其语法格式如下：

```
<input type="reset" name="按钮名" value="按钮的取值" />
```

说明

使用"提交"按钮和"重置"按钮时，其"name"和"value"的属性值的含义与"普通"按钮相同，此处不做过多描述。

多学两招

定义按钮时，除了使用 <input> 标签以外，也可以使用 <button> 标签，具体示例代码如下。

```
01 <button type="button" name="btn">普通按钮</button>
02 <button type="reset" name="btn_reset">重置按钮</button>
03 <button type="submit" name="btn_submit">提交按钮</button>
```

实例 6.3

制作收货地址信息填写页面

👁 **实例位置：资源包 \Code\06\03**

使用 <form> 表单制作收货信息填写页面，步骤如下所示。

① 新建 HTML5 文件，在 HTML5 页面中插入 <input> 标签，并且通过设置每个 <input> 标签的 type 属性，实现提交按钮、保存按钮和重填按钮。关键代码如下：

```
28 <div class="mr-cont">
29   <h2>收货信息填写</h2>
30   <form action="login.html">
31     <div>姓名:
32       <input type="text"><span class="red">***** 必填项</span>
33     </div>
34     <div>电话:
35       <input type="text"><span class="red">***** 必填项</span>
36     </div>
37     <div>是否允许代收:
38       <label>是<input type="radio" name="receive" checked></label>
39       <label>否<input type="radio" name="receive"></label>
40     </div>
41     <div class="addr">地址:
42       <input type="text" placeholder="-- 省" size="5">
43       <input type="text" placeholder="-- 市" size="5">
44     </div>
45     <div>
46       <p>具体地址:<span class="red">***** 必填项</span></p>
47       <textarea></textarea>
48     </div>
49     <div id="btn">
50       <!-- 提交按钮，单击提交表单信息 -->
```

```
51          <input type="submit" value=" 提交 ">
52          <!-- 普通按钮，通过 onclick 调用处理程序 -->
53          <input type="button" value=" 保存 " onClick="alert(' 保存信息成功 ')">
54          <!-- 重置按钮，单击后表单恢复默认状态 -->
55          <input type="reset" value=" 重填 ">
56      </div>
```

② 新建 CSS 文件，在 CSS 文件中设置页面的整体布局以及各标签的样式。关键代码如下：

```
57   /* 页面整体布局 */
58   .mr-cont{
59       height: 474px;
60       width: 685px;
61       margin: 20px auto;
62       border: 1px solid #f00;
63       background: url(../img/bg.png);
64   }
65   .mr-cont div{
66       width: 400px;
67       text-align: center;
68       margin: 30px 0 0 140px;
69   }
70   #btn{
71       margin-top: 10px;
72   }
73   /* 设置 " 提交 "" 保存 "" 重填 " 按钮的大小 */
74   #btn input{
75       width: 80px;
76       height: 30px;
77   }
```

编写完代码后，在谷歌浏览器中运行代码，运行效果如图 6.5 所示。

📖 **说明**

> 当"重置"按钮没有设置按钮取值时，该按钮上默认的显示文字为"重置"。

6.2.4　图像域和文件域

图像域和文件域在网页中也比较常见。其中图像域是为了解决表单中按钮比较单调，与页面内容不协调的问题，而文件域则常用于需要上传文件的表单。

（1）图像域

图像域是指可以用在"提交"按钮位置上的图片，

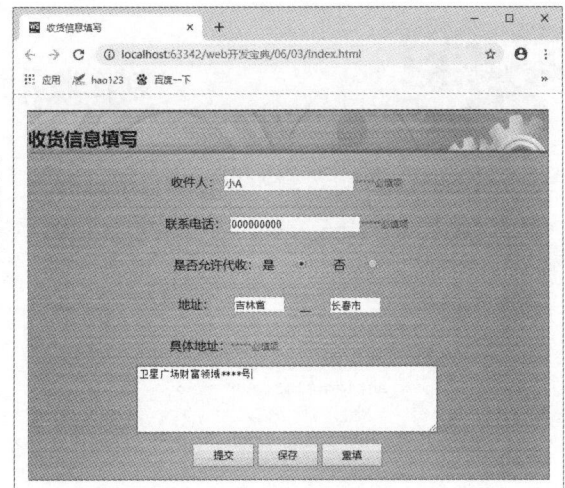

图 6.5　收货信息填写界面

这幅图片具有按钮的功能。使用默认的按钮形式往往会让人觉得单调。如果网页使用了较为丰富的色彩，或稍微复杂的设计，再使用表单默认的按钮形式甚至会破坏整体的美感。这时，可以使用图像域，创建和网页整体效果相统一的"图像提交"按钮。其语法格式如下：

```
<input type="image" src=" " name=" " />
```

↻ src：图片地址。可以是绝对地址，也可以是相对地址。

↻ name：所要代表的按键，例如 submit、button 等。默认值为"button"。

（2）文件域

文件域在上传文件时常常用到，它用于查找硬盘中的文件路径，然后通过表单将选中的文件上传。

在设置电子邮件的附件、上传头像、发送文件时常常会看到这一控件。其语法格式如下：

```
<input type="file" accept="" name="" >
```

- accept：所接受的文件类别，有 26 种选择，但不可设定。
- name: 文件传输的名称，用于和页面中其他控件加以区别。

实例 6.4　实现注册页面中的上传图像功能

实例位置：资源包 \Code\06\04

① 新建一个 HTML5 页面，在页面中插入 <input> 标签并且分别设置其 type 的属性值为 fill 和 image。其代码如下所示：

```
01 <div class="mr-cont">
02     <h2> 用户信息注册 </h2>
03     <form>
04         <!-- 添加一个空的 div，并且在 CSS 中设置其大小，以便于设置文件域的位置 -->
05         <div class="clear"></div>
06         <input type="file">       <!-- 文件域 -->
07         <input type="image" src="img/btn.jpg">       <!-- 图像域 -->
08     </form>
09 </div>
```

② 新建一个 CSS 页面，并且通过 CSS 设置页面的背景图片以及文件域和图像域的位置。其代码如下所示：

```
01 .mr-cont {
02     width: 800px;
03     height: 600px;
04     margin: 20px auto;
05     text-align: center;
06     border: 1px solid #f00;
07     background: url(../img/bg.png);
08 }
09 /* 通过内边距调整标题位置 */
10 h2 {
11     padding: 40px 0 0;
12 }
13 /* 表单整体样式 */
14 form {
15     width: 554px;
16     height: 462px;
17     margin: 0 0 0 150px;
18     background: url(../img/4-9.png);
19 }
20 .clear {
21     height: 100px;
22 }
23 /* 文件域样式 */
24 [type="file"] {
25     display: block;
26     padding: 0 0 0 175px;
27 }
28 /* 图像域样式 */
29 [type="image"] {
30     margin: 304px 0 0 100px;
31 }
```

其运行效果如图 6.6 所示。

6.3 文本域和列表

本节主要讲解文本域和列表。文本域和文本框的区别在于，文本域可以显示多行文字。列表可以解决有多项答案，而使用单选按钮或复选框又比较浪费空间而且代码量多的问题。

6.3.1 文本域

在 HTML5 中还有一种特殊定义的文本样式，称为文本域。它与文本框的区别在于可以添加多行文字，从而可以输入更多的文本。这类控件在一些留言板中最为常见。其语法格式如下：

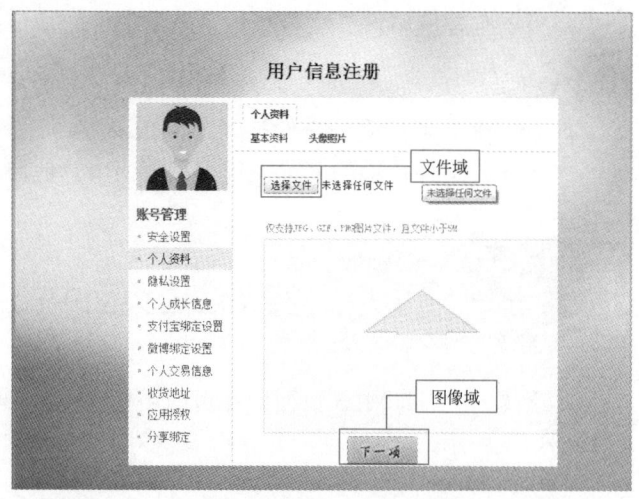

图 6.6　实现注册页面的上传头像和图片按钮

```
<textarea name="文本域名称" rows="行数" cols="列数"></textarea>
```

- ⟳ name：文本域的名称。
- ⟳ rows：文本域的行数。
- ⟳ cols：文本域的列表。

 **实例 6.5**　　　　　制作商品评价页面中的评价输入框　　👁 **实例位置：资源包 \Code\06\05**

① 新建 HTML5 文件，在 HTML5 文件中插入文本域标签实现评价输入框。其代码如下所示：

```
78 <div class="mr-content">
79   <form>
80     <!-- 文本域 -->
81     <textarea cols="44" rows="9" class="mr-message"></textarea>
82   </form>
83 </div>
```

② 新建一个 CSS 文件，通过 CSS 代码设置网页的背景图片，并且改变文本域的位置。其代码如下所示：

```
84 .mr-content{
85     width:695px;
86     height:300px;
87     margin:0 auto;
88     background:url(../images/bg.png) no-repeat;
89     border:1px solid red;
90     }
91 /* 文本域样式 */
92 .mr-content textarea{
93     margin:103px 0 0 346px;
94     }
```

在谷歌浏览器中运行代码，效果如图 6.7 所示。

6.3.2 列表 / 菜单

菜单列表类的控件主要用来选择给定答案中的一种，这类选择往往答案比较多，使用单选按钮比较浪费空间。可以说，菜单列表类的控件主要是为了节省页面空间而设计的。菜单和列表都是通过 <select> 和 <option> 标签来实现的。

菜单是一种最节省空间的方式，正常状态下只能看到一个选项，单击按钮打开菜单后才能看到全部的选项。

列表可以显示一定数量的选项，如果超出了这个数量，会自动出现滚动条，浏览者可以通过拖动滚动条来观看各选项。其语法格式如下：

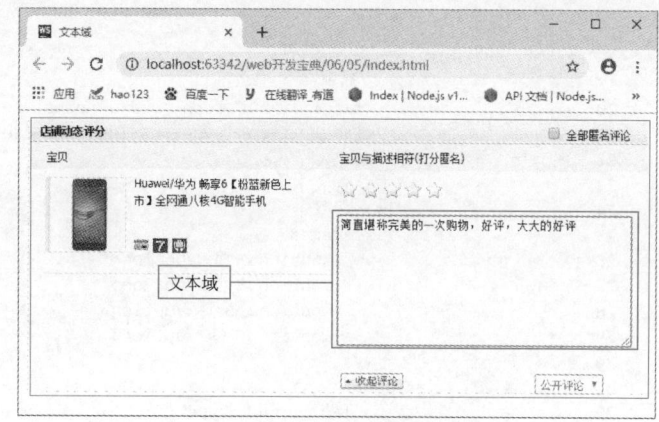

图 6.7 添加文本域的效果

```
<select name="" size="" multiple=" multiple  >
    <option value="" selected="selected">选项显示内容 </option>
        <option value="选项值">选项显示内容 </option>
    ......
    </select>
```

菜单和列表标签属性如表 6.2 所示。

表 6.2 菜单和列表标签属性

菜单和列表标签属性	描述
name	列表 / 菜单标签的名称，用于和页面中其他控件加以区别
size	定义列表 / 菜单文本框在页面中显示的长度
multiple	表示列表 / 菜单内容可多选
value	用于定义列表 / 菜单的选项值
selected	默认被选中

实例 6.6

实现个人档案填写

◉ 实例位置：资源包 \Code\06\06

①实现个人资料填写页面，首先需要新建 HTML5 文件，在 HTML5 页面通过下拉列表实现星座、血型和生肖的选择。部分 HTML 代码如下：

```
01  <div class="mr-cont">
02      <form>
03          <div class="mess">
04              <div class="type">
05                  <!-- 文本输入框 -->
06                  <div>姓名: <input type="text"></div>
07                  <!-- 下拉菜单实现星座选择 -->
08                  <div>星座:
09                      <select>
10                          <option>水平座 </option>
11                          <option>金牛座 </option>
12                          <option>其他星座 </option>
13                      </select>
14                  </div>
15                  <div>职业: <input type="text"></div>
16              </div>
```

```
17              <!-- 单选按钮 -->
18              <div class="type">
19                  <div> 性别:
20                      <label><input type="radio" name="sex"> 男 </label>
21                      <label><input type="radio" name="sex"> 女 </label>
22                  </div>
23                  <!-- 下拉菜单实现血型选择 -->
24                  <div> 血型:
25                      <select>
26                          <option>A 型 </option>
27                          <option>B 型 </option>
28                          <option>AB 型 </option>
29                          <option>O 型 </option>
30                      </select>
31                  </div>
32                  <div> 手机: <input type="text"></div>
33              </div>
34              <div class="type">
35                  <div> 年龄: <input type="text"></div>
36                  <!-- 下拉菜单实现生肖选择 -->
37                  <div> 生肖:
38                      <select>
39                          <option> 鼠 </option>
40                          <option> 牛 </option>
41                          <option> 其他 </option>
42                      </select>
43                  </div>
44                  <div> 邮箱: <input type="text"></div>
45              </div>
46          </div>
47          <!-- 文本域 -->
48          <div class="textarea">
49              <div><p> 个性签名: </p><textarea></textarea></div>
50              <div><p> 个人说明: </p><textarea></textarea></div>
51          </div>
52      </form>
95
```

②新建 CSS 文件，在 CSS 文件中改变 HTML 中各标签的样式和布局。关键代码如下：

```
01 .mr-cont{
02      height: 360px;
03      width: 915px;
04      margin: 20px auto;
05      border: 1px solid #f00;
06      background: -webkit-linear-gradient(#b8f3ba,#FFE082,#b5ecb8)
07 }
08 .type{
09      width: 285px;
10      height: 180px;
11      float: left;
12 }
13 .type div{
14      width: 350px;
15      height: 30px;
16      margin: 30px 0 0 60px;
17 }
18 .textarea div{
19      float: left;
20      margin-left: 60px;
21 }
22 .textarea div p{
23      margin: 15px 0;
24 }
25 .textarea div textarea{
26      height: 90px;
27      width: 350px;
28 }
```

在谷歌浏览器中运行代码，效果如图 6.8 所示。

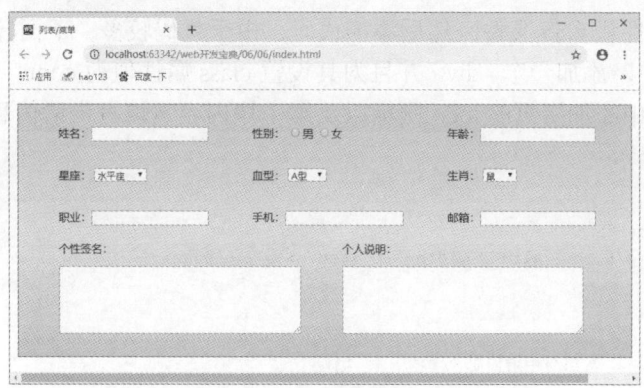

图 6.8　个人档案资料填写

6.4　综合案例——制作在线租房信息填写页面

本章学习了制作表单常用的一些标签，接下来制作一个综合案例——在线租房信息填写页面，该页面中综合了表单以及有序列表和定义列表等多个知识点。下面具体分析。（实例位置：资源包 \Code\06\07\ 综合案例）

6.4.1　案例分析

首先来看该案例的效果图，如图 6.9 所示。在该页面中不难看出，总体可分为 3 大块；第 1 块为信息页面部分，该部分主要使用了表单和表单的相关标签；第 2 块介绍在线租房的流程，而展示流程的内容主要由 4 个定义列表实现；第 3 块为活动说明，该部分主要由有序列表实现。除了上述标签以外，该案例中使用 CSS 来实现背景图渐变效果，以及页面布局和各标签的样式等。

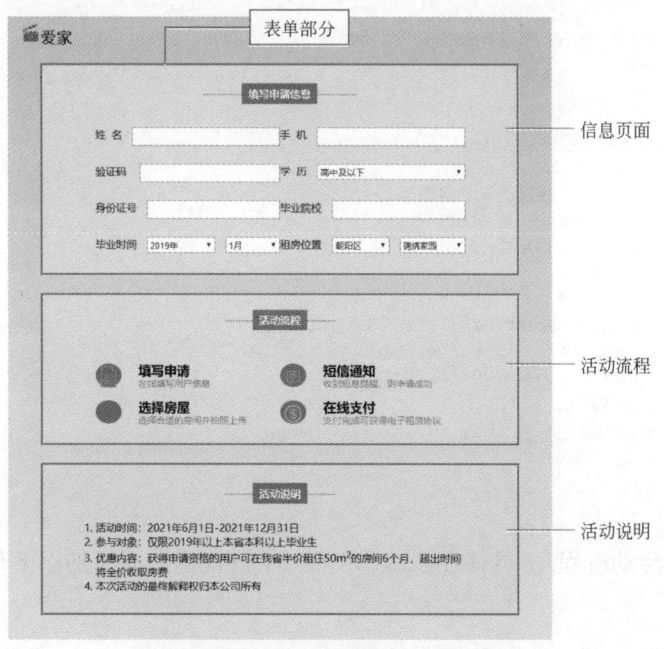

图 6.9　在线租房信息、填写页面

77

6.4.2 案例实现

首先新建 HTML5 文件和 CSS 文件，然后添加代码，由于代码较多，下面分步骤介绍。

① 在 HTML5 页面中，添加一个 <div> 并且为其设置 class 属性值为 cont，以便在 CSS 中设置其整体样式，然后，在该 <div> 中添加网页的 logo 图标以及第 1 块内容（填写申请信息）。具体代码如下：

```
01 <div class="cont">
02     <!-- 顶部 logo-->
03     <div class="header">
04         <img src="img/5.png" alt="" width="30"><span> 爱家 </span>
05     </div>
06     <!-- 填写信息 -->
07     <form>
08         <p class="title"> 填写申请信息 </p>
09         <div class="txt">
10             <label for="name"><span> 姓    名 </span><input type="text" id="name"> </label>
11             <label for="phone"><span> 手    机 </span><input type="text" id="phone"> </label>
12             <label for="num"><span> 验证码  </span><input type="text" id="num"> </label>
13             <div>
14                 <span> 学    历 </span>
15                 <select>
16                     <option> 高中及以下 </option>
17                     <option> 职业技术学校 </option>
18                     <option> 专科 </option>
19                     <option> 本科 </option>
20                 </select>
21             </div>
22             <label for="idnum"><span> 身份证号 </span><input type="text" id="idnum"> </label>
23             <label for="school"><span> 毕业院校 </span><input type="text" id="school"> </label>
24             <div>
25                 <span> 毕业时间 </span>
26                 <select>
27                     <option selected>2019 年 </option>
28                     <option>2018 年 </option>
29                     <option>2017 年 </option>
30                 </select>
31                 <select>
32                     <option selected>1 月 </option>
33                     <option>2 月 </option>
34                     <option>3 月 </option>
35                 </select>
36             </div>
37             <div>
38                 <span> 租房位置 </span>
39                 <select>
40                     <option selected> 朝阳区 </option>
41                     <option> 南关区 </option>
42                     <option> 高新区 </option>
43                 </select>
44                 <select>
45                     <option selected> 锦绣家园 </option>
46                     <option> 恒大御封 </option>
47                     <option> 万科南山 </option>
48                 </select>
49             </div>
50         </div>
51     </form>
52 </div>
```

② 编写第 2 部分（活动流程）。具体在步骤①的第 51 行代码后面添加以下代码：

```
52 <!-- 活动流程 -->
66     <div class="process">
67         <p class="title"> 活动流程 </p>
```

```
68          <div class="txt">
69              <dl>
70                  <dt><img src="img/2.png" alt=""></dt>
71                  <dd><h3>填写申请 </h3><p>在线填写用户信息 </p></dd>
72              </dl>
73              <dl>
74                  <dt><img src="img/3.png" alt=""></dt>
75                  <dd><h3>短信通知 </h3><p>收到短息提醒，则申请成功 </p></dd>
76              </dl>
77              <dl>
78                  <dt><img src="img/4.png" alt=""></dt>
79                  <dd><h3>选择房屋 </h3><p>选择合适的房间并拍照上传 </p></dd>
80              </dl>
81              <dl>
82                  <dt><img src="img/1.png" alt=""></dt>
83                  <dd><h3>在线支付 </h3><p>支付完成可获得电子租房协议 </p></dd>
84              </dl>
85          </div>
86      </div>
```

③ 编写第 3 部分（活动说明）。具体在步骤②的后面继续添加以下代码：

```
87      <!-- 活动说明 -->
88      <div class="descr">
89          <p class="title"> 活动说明 </p>
90          <ol>
91              <li>活动时间: 2021 年 6 月 1 日 -2021 年 12 月 31 日 </li>
92              <li>参与对象: 仅限 2019 年以上本省本科以上毕业生 </li>
93              <li>优惠内容: 获得申请资格的用户可在我省半价租住 50m<sup>2</sup> 的房间 6 个月，超出时间将全价收取房费 </li>
94              <li>本次活动的最终解释权归本公司所有 </li>
95          </ol>
96      </div>
```

④ 建立 CSS 文件，在 CSS 文件中设置页面布局以及样式。具体代码如下：

```
01 /* 顶部 logo*/
02 .header {     font: bolder 24px/30px " 幼圆 ";}
03 .cont {
04     width: 800px;
05     margin: 0 auto;
06     padding: 10px 20px;
07     background: -webkit-linear-gradient(top, #d5dee7 0%, #ffafbd 0%, #c9ffbf 100%);
08 }
09 /* 各模块整体样式 */
10 form, .process, .descr {
11     padding: 0px 10%;
12     text-align: center;
13     background: #f9d4a7;
14     margin: 25px 30px;
15     border: 5px groove #f9d5a9;
16 }
17 /* 各模块标题 */
18 .title {
19     color: #fff;
20     text-align: center;
21     background: #ff5722;
22     display: inline-block;
23     padding: 5px 10px;
24     margin: 25px auto;
25     position: relative;
26 }
27 /* 各模块标题两侧的点画线 */
```

```
28  .title:before, .title:after {
29      width: 50%;
30      height: 1px;
31      content: "";
32      position: absolute;
33      top: 50%;
34      border-top: 2px dotted #ff5722;
35  }
36  .title:before {    left: -50%;}
37  .title:after {    right: -50%;}
38  /* 各模块的文字, 即表单以及活动流程的样式 */
39  .txt > *, progress > * {
40      display: flex;
41      margin: 10px auto;
42      height: 40px;
43  }
44  /* 设置文本框的高度 */
45  input {    height: 24px;}
46  /* 下拉菜单的位置以及大小 */
47  .txt > * > :nth-child(2), .txt > * > :nth-child(3) {
48      margin-left: 16px;
49      flex: auto;
50      height: 24px;
51  }
52  /* 活动流程介绍 */
53  dt, dd {
54      float: left;
55      margin-left: 0;
56      text-align: left;
57  }
58  dt {
59      background: #ff5722;
60      border-radius: 100%;
61      margin-right: 10px;
62  }
63  .process > * {
64      clear: both;
65      margin: 20px auto;
66  }
67  dl {
68      height: 40px;
69      text-align: left;
70  }
71  h3 {    font: bold 20px/20px "";}
72  dd p {
73      font: normal 14px/20px "";
74      color: #ff5722;
75  }
76  dt img {    width: 40px;}
77  .descr ol {    text-align: left;}
78  form {    height: 310px;}
79  .process, .descr {
80      height: 220px;
81  }
82  .txt > * {
83      width: 50%;
84      float: left;
85      height: 35px;
86  }
```

6.5　实战练习

　　综合运用本章所学知识制作一个含有第三方登录的表单，具体效果如图 6.10 所示。（提示：该表单文本框中的灰色文字，用于提示用户，当用户输入内容时，灰色文字会消失。该功能由表单的 placeholder 属性实现）（实例位置：资源包 \Code\06\08\ 实战练习）

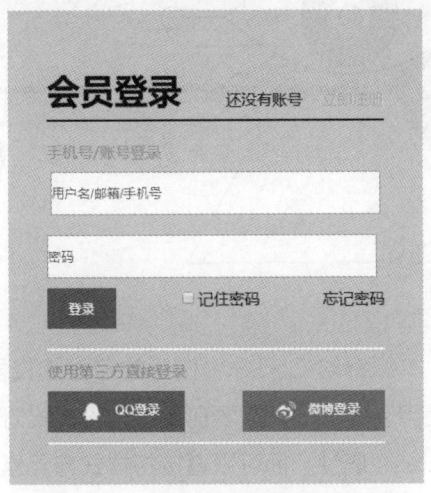

图 6.10　含有第三方登录的表单

▽ 小结

　　本章详细讲解了 HTML5 表单，主要包括文本框、密码框、单选按钮、复选框、普通按钮、提交按钮、重置按钮、图像域、文件域、文本域和下拉菜单等。学完本章以后，读者可以独立完成网站中登录页面的设计与实现，同时可以结合 CSS 美化页面。

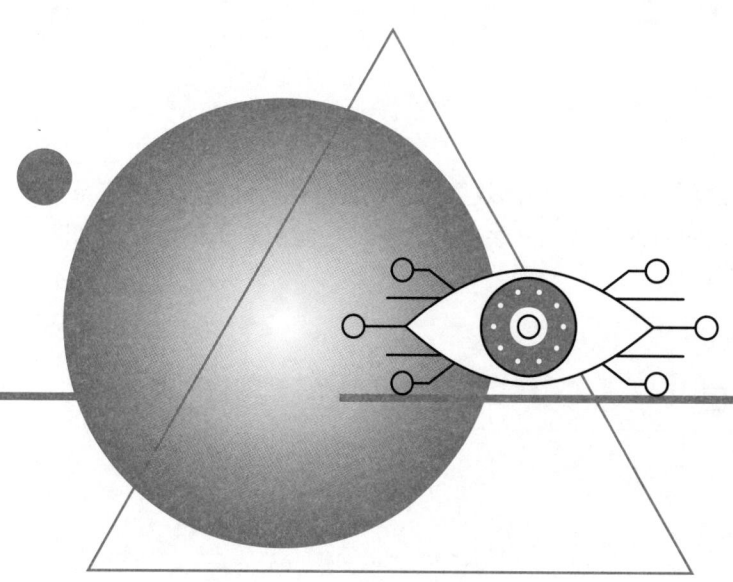

第7章

CSS3 选择器

扫码领取

· 教学视频
· 配套源码
· 练习答案
· ……

本章针对 CSS3 中使用的各种选择器进行详细介绍。通过选择器的使用，读者不再需要在设置边界样式时使用多余的以及没有任何语义的 class 属性，而可以直接将样式与元素绑定起来，从而节省在网站或 Web 应用程序完成之后又要修改样式而花费的大量时间。

7.1 CSS3 选择器概述

CSS（Cascading Style Sheet，层叠样式表）是一种网页控制技术。采用 CSS 技术，可以有效地对页面布局、字体、颜色、背景和其他效果实现更加精准的控制。

而 CSS3 是 CSS 的最新版本，与 CSS 以前的版本相比较，CSS3 的变化是革命性的，而不是仅限于局部功能的修订和完善。尽管 CSS3 的一些特性还不能被很多浏览器支持，或者说支持得还不够好，但是它依然让我们看到了网页样式的发展方向和使命。

7.1.1 CSS3 的发展史

随着 HTML 的成长，为了满足页面设计者的要求，HTML 添加了很多显示功能，但是随着这些功能的增加，HTML 变得越来越杂乱而臃肿，于是 CSS 便诞生了。

1994 年，哈坤·利提出了 CSS 的最初建议，而当时波特·波斯（Bert·Bos）正在设计一个名为 Argo 的浏览器，于是他们决定一起设计 CSS。

哈坤·利于 1994 年在芝加哥一次会议上第一次提出了 CSS 的建议。1995 年 WWW 网络会议上 CSS 又一次被提出。同年，W3C

组织（World Wide Web Consortium）成立，CSS 的创作成员全部成为了 W3C 的工作小组成员，并全力以赴负责研发 CSS 标准，层叠样式表的开发终于走上正轨，有越来越多的成员参与其中。1998 年 5 月，CSS2 发布，推行内容和表现分离，表格布局开始没落。

2001 年 5 月，W3C 完成了 CSS3 的工作草案，主要包括盒子模型、列表模块、超链接、语言模块、文字特效、多栏布局等模块。

7.1.2　一个简单的 CSS3 示例

简单地说，CSS3 通过几行代码就可以实现很多以前需要使用脚本才能实现的效果，这不仅简化了设计师的工作，而且还能加快页面载入速度。其语法如下所示：

```
selector {property:value}
```

- ♻ selector：选择器。CSS3 可以通过某种选择器选中想要改变样式的标签。
- ♻ property：希望改变的该标签的属性。
- ♻ value：该属性的属性值。

上面的语法也可以使用 3 个 "W" 来理解，即 Who、What、How。其中 selector 表示修改谁 (Who);property 表示要修改该标签的哪个属性（What）; value 表示要修改什么（How）。例如下面的代码就表示将 <p> 标签的颜色修改为红色。

```
97 p{
98     color:red;
99 }
```

下面通过一个示例演示 CSS3 的使用过程。该实例使用 CSS3 设置文字的样式，具体效果如图 7.1 所示。

首先在 HTML5 文件夹中新建一个 HTML5 文件，在 HTML5 文件中通过添加标签，以完成页面的基本内容。具体代码如下：

```
01 <p>少壮不努力，老大徒伤悲 </p>
02 <p class="capitalize">A young idler, an old beggar</p>
03 <p class="textColor">少壮不努力，老大徒伤悲 </p>
04 <p class="letterSpace">少壮不努力，老大徒伤悲 </p>
05 <p class="textBackground">少壮不努力，老大徒伤悲 </p>
```

在 HTML5 文件夹中创建 CSS 文件，取名为 style.css。具体方法为：选中 HTML5 文件，然后单击鼠标右键，选择 "New" → "Stylesheet"。具体如图 7.2 所示。然后页面中弹出一个窗口，用于选择文件的类型和设置文件的名称，具体如图 7.3 所示。其中文件类型选择 "CSS File"，文件名称填写为 "style" 或者 "style.css"（如果省略文件的扩展名，那么 WebStorm 创建该文件时，会自动补全文件的扩展名）。输入完成后，单击键盘上的回车键，此时一个 CSS 文件就创建成功了，如图 7.4 所示。在图中右侧可以直接添加 CSS 代码。

建立 CSS 文件以后，在图 7.4 所示的代码区域输入以下代码：

```
01 p {
02     text-align: center;                     /* 设置文本在页面居中显示 */
03 }
04 .capitalize {
05     text-transform: capitalize;             /* 设置每个单词的首字母为大写 */
06     line-height: 30px;                      /* 设置行高为 30 像素 */
07     color: #ff6347;                         /* 设置文本的文字颜色 */
08     font-weight: 500;                       /* 设置文本的粗细 */
```

```
09        cursor: help;                              /* 设置鼠标放置文字上时光标的形状 */
10 }
11 .letterSpace {
12        letter-spacing: 10px;                      /* 设置文字间距 */
13        color: #00B3ED;                            /* 设置文字的颜色 */
14        text-decoration: underline;                /* 为文字添加下划线 */
15 }
16 .textColor {
17        color: red;                                /* 设置文字颜色 */
18        font-weight: bold;                         /* 设置文字颜色 */
19 }
20 .textBackground {
21        font-size: 30px;                           /* 设置文字字体大小 */
22        background-color: red;                     /* 设置文字背景颜色 */
23        cursor: pointer;                           /* 设置鼠标放置文字上时光标的形状 */
24        text-indent: 30px;                         /* 设置文本缩进 */
25 }
```

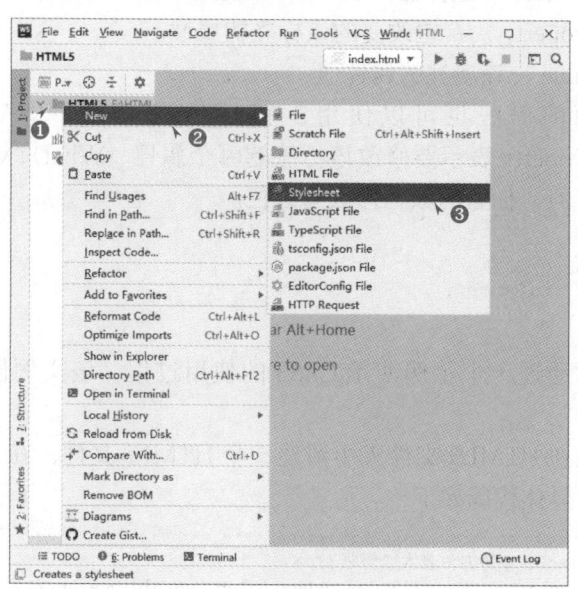

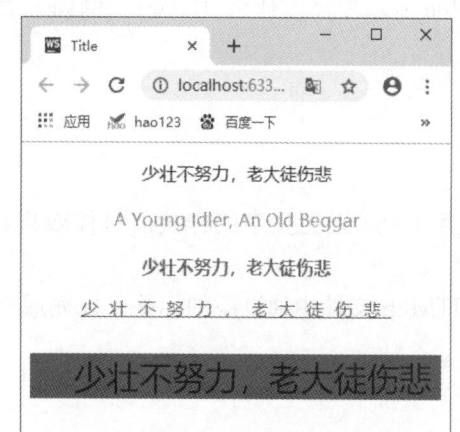

图 7.1　使用 CSS3 设置文字样式

图 7.2　创建 CSS 文件

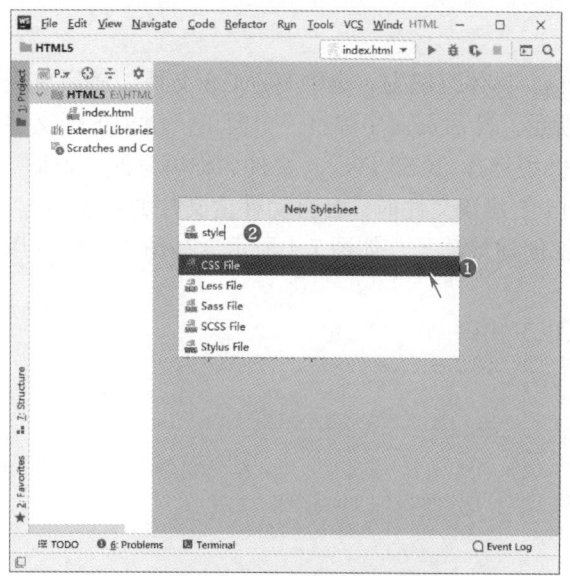

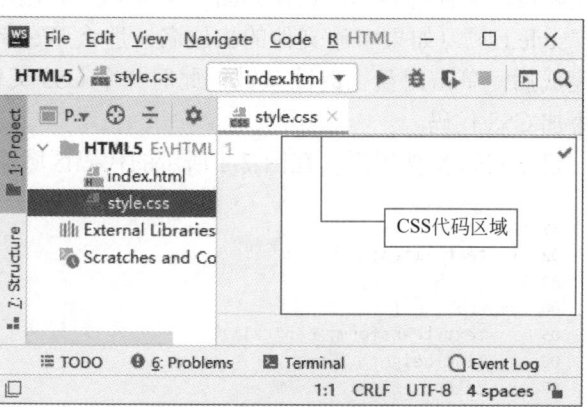

图 7.3　设置 CSS 文件的类型和名称

图 7.4　CSS 文件展示

最后，用户需要将 CSS 文件链接到 HTML5 文件。在 HTML5 页面的 <head> 标签中添加如下代码：

```
<link rel="stylesheet" href="style.css" type="text/css">
```

其中，href 为 CSS 文件的地址，type 表示所链接文件的类型，rel 表示所链接文件与该 HTML5 文件的关系。type 和 rel 属性的属性值是不需要用户改变的。

📋 说明

上面链接 CSS 文件的这行代码，正常情况下可以写在 HTML5 文件的任意位置，例如 <body> 标签中或其上方都可以，但是，由于浏览网页时，系统加载文件的顺序为自上而下的，所以为了让页面内容加载出来时就显示其样式，上面这行代码一般写在 <head> 标签中或者 <head> 标签与 <body> 标签之间。

📋 多学两招

上面讲述的是向 HTML5 页面中添加 CSS 代码的其中一种方式，即外部样式表，这种方式可以在多个 HTML5 文件中引用该 CSS 文件。除此之外，还有其他两种引用方式，即行内样式和内部样式表。下面简单介绍。

🔁 行内样式：使用 style 属性直接为标签设置样式。例如设置某个 <p> 标签的颜色为红色，那么在 HTML5 页面中添加代码如下。

```
<p style="color:red;">少壮不努力，老大徒伤悲</p>
```

🔁 内部样式表：在 HTML5 页面中，使用 style 标签添加 CSS 代码，例如，同样是设置 <p> 标签的颜色为红色，使用该方法时的代码如下。

```
01 <head>
02     <style>
03     p{
04         color:red;
05     }
06 </style>
07 </head>
08 <body>
09 <p>少壮不努力，老大徒伤悲</p>
10 </body>
```

7.1.3　选择器概述

前面介绍了 CSS3 中的语法，也了解了选择器的功能。那么 CSS3 中的选择器有哪些呢？表 7.1 列举了网页设计过程中常用的选择器。

表 7.1　CSS3 中定义的选择器

选择器	类型	说明
*	通配选择器	选择文档中所有的元素
E{...}	元素选择器	指定该 CSS 样式对所有 E 元素起作用
#myid	ID 选择器	选择匹配 E 的元素，且匹配元素的 id 属性值等于 myid
.warning	类选择器	选择匹配 E 的元素，且匹配元素的 class 属性值等于 warning
E[foo]	属性选择器	选择匹配 E 的元素，且该元素定义了 foo 属性。 注意，E 选择符可以省略，表示选择定义了 foo 属性的任意类型的元素

选择器	类型	说明
E[foo="bar"]	属性选择器	选择匹配 E 的元素，且该元素将 foo 属性值定义为了 "bar"。 注意，E 选择器可以省略，用法与上一个选择器类似
E[foo|="en"]	属性选择器	选择匹配 E 的元素，且该元素定义了 foo 属性。foo 属性值是一个用连字符（-）分割的列表，值开头的字符为 "en"。 注意，E 选择符可以省略，用法与上一个选择器类似
E F	包含选择器	选择匹配 F 的元素，且该元素被包含在匹配 E 的元素内。 注意，E 和 F 不仅仅是指类型选择器，可以是任意合法的选择符组合
E > F	子包含选择器	选择匹配 F 的元素，且该元素为所匹配 E 的元素的子元素。 注意，E 和 F 不仅仅是指类型选择器，可以是任意合法的选择符组合
E + F	相邻兄弟选择器	选择匹配 F 的元素，且该元素位于所匹配 E 的元素后面相邻的位置。 注意，E 和 F 不仅仅是指类型选择器，可以使任意合法的选择符组合
E ~ F	通用兄弟元素选择器	选择匹配 F 的元素，且 F 元素与 E 同级且位于 E 的后面。 注意，E 和 F 不仅仅是指类型选择器，可以使任意合法的选择符组合
E:link	链接伪类选择器	选择匹配 E 的元素，且匹配元素被定义了超链接并未被访问。例如，a:link 选择器能够匹配已定义 URL 的 a 元素
E:visited	链接伪类选择器	选择匹配 E 的元素，且匹配元素被定义了超链接并已被访问。例如，a:visited 选择器能够匹配已被访问的 a 元素
E:active	用户操作伪类选择器	选择匹配 E 的元素，且匹配元素被激活
E:hover	用户操作伪类选择器	选择匹配 E 的元素，且匹配元素正被鼠标经过
E:focus	用户操作伪类选择器	选择匹配 E 的元素，且匹配元素获取了焦点
E::first-line	伪元素选择器	选择匹配 E 的元素内的第一行文本
E::first-letter	伪元素选择器	选择匹配 E 的元素内的第一个字符
E:first-child	结构伪类选择器	选择匹配 E 的元素，且该元素为父元素的第一个子元素
E::before	伪元素选择器	在匹配 E 的元素前面插入内容
E::after	伪元素选择器	在匹配 E 的元素后面插入内容

7.2 基础选择器

7.2.1 元素选择器

最常见的 CSS3 选择器是元素选择器。换句话说，文档的元素就是最基本的选择器。如果设置 HTML 样式，选择器通常是某个 HTML 元素，如 p、h1、a，甚至可以是 HTML 本身。其语法格式如下：

```
01 p {color: black;}
02 h1 {color: red;}
03 a {color: yellow;}
```

实例 7.1

使用元素选择器实现生日贺卡的样式　　👁 实例位置：资源包 \Code\07\01

① 新建 HTML5 文件，在 HTML5 文件中添加贺卡的文字内容。具体代码如下：

```
01 <div>
02     <h2>TO my friend Wang：</h2>
```

```
03      <p style="text-align: left"> 告别昨日的风霜雪雨，<br> 点燃生日的红蜡，<br> 放飞所有的伤情，</p>
04      <p> 迎接今日的幸福时光；<br> 留住美好的记忆；<br> 收起所有的眼泪，</p>
05      <h3> 生日快乐！</h3>
06      <h4>friend Li</h4>
07  </div>
```

② 新建 CSS 文件，在 CSS 文件中设置贺卡的具体样式。编写代码如下：

```
01  * {
02      margin: 0;
03      padding: 0
04  }
05  div {                                        /* 设置页面的整体大小 */
06      height: 500px;
07      width: 800px;
08      margin: 0 auto;                          /* 页面的位置 */
09      background: no-repeat url(../img/bg.jpg); /* 页面的背景图片 */
10  }
11  /*h2 标题样式 */
12  h2 {
13      padding: 75px 150px;                     /* 内边距 */
14      font-weight: 800;
15      font-size: 25px;                         /* 字体 */
16  }
17  /*p 标签样式 */
18  p {
19      float: left;
20      margin: 20px 128px 85px 112px;
21      line-height: 30px;
22      text-align: right;
23      font-weight: bold;
24  }
25  /*h3 标题样式 */
26  h3 {
27      clear: both;
28      text-align: center;
29      padding-top: 30px;
30      font-size: 32px;
31  }
32  /*h4 标题样式 */
33  h4 {
34      text-align: right;
35      margin-right: 60px;
36  }
```

③ 编写完成以后，返回 HTML5 文件，在 HTML5 文件中引入 CSS 文件。具体代码如下：

```
<link href="css/style.css" rel="stylesheet" type="text/css">
```

④ 完成以后，在浏览器中运行本实例，具体效果如图 7.5 所示。

7.2.2 类选择器

类选择器通过元素的 class 属性选择指定元素。使用类选择器的语法如下：

```
.classname{}
```

上面的语法表示选中 class 属性的属性值为 classname 的所有标签。使用类选择器时，选择器前面的"."不可以省略。下面通过一个示例来说明类选择器的使用。

① 建立 HTML5 文件，在 HTML5 文件中编写一首古诗，其中标题使用 <h3> 标签实现；作者以及古诗内容由 <p> 标签实现，并且为古诗的第 1、3 行添加 class 属性值为 color1，第 2、4 行添加 class 属性

值为 color2。关键代码如下：

```
01 <h3>望庐山瀑布 </h3>
02 <p>李白 </p>
03 <p class="color1">日照香炉生紫烟，</p>
04 <p class="color2">遥看瀑布挂前川。</p>
05 <p class="color1">飞流直下三千尺，</p>
06 <p class="color2">疑是银河落九天。</p>
```

② 新建 CSS 文件，在该文件中，使用元素选择器统一设置 <h3> 标签和所有 <p> 标签都居中显示，然后使用类选择器分别设置 class 属性值为 color1 和 color2 的标签的文字颜色。具体代码如下：

```
01 h3,p{
02     text-align: center;
03 }
04 .color1{          /* 选择 class 属性值为 color1 的标签 */
05     color: #8bc34a;
06 }
07 .color2{          /* 选择 class 属性值为 color2 的标签 */
08     color: #ef5141;
09 }
```

完成以后，返回 HTML5 文件，将 CSS 文件引入 HTML5 文件中，然后运行本示例，具体效果如图 7.6 所示。

图 7.5　CSS3 设置生日贺卡样式

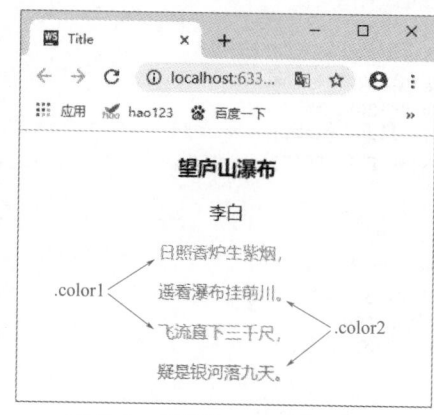

图 7.6　类选择器的使用示例

7.2.3　ID 选择器

在某些方面，ID 选择器类似于类选择器，不过也有一些重要差别。

第一个区别是 ID 选择器前面有一个 "#" 号，也称为棋盘号或井号。规则如下：

```
#intro{color:red;}
```

第二个区别是 ID 选择器根据 ID 属性来选择唯一的元素。使用 ID 选择器时要注意，一个页面中的 ID 属性值是不可以重复的。

下面通过一个示例来演示 ID 选择器的使用。在 HTML5 页面中添加一首古诗，并且为古诗的第二行添加 ID 属性值为 color，具体代码如下：

```
01 <h3>望庐山瀑布 </h3>
02 <p> 李白 </p>
03 <p>日照香炉生紫烟，</p>
04 <p id="color">遥看瀑布挂前川。</p>
05 <p>飞流直下三千尺，</p>
06 <p>疑是银河落九天。</p>
```

然后添加 CSS 代码, 使用元素选择器使古诗在网页中居中显示, 然后使用 ID 选择器设置第二行的文字颜色。具体代码如下:

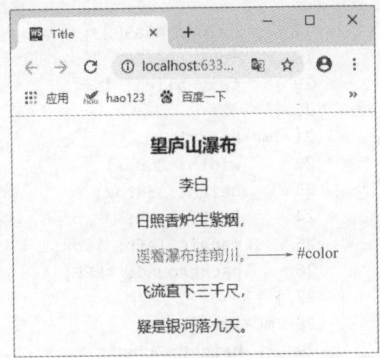

```
01 h3, p {
02     text-align: center;
03 }
04 #color { /* 选择 ID 属性值为 color2 的标签 */
05     color: #ef5141;
06 }
```

完成以后, 将 CSS 代码引入 HTML5 文件中, 然后运行本实例, 其效果如图 7.7 所示。

图 7.7 ID 选择器的使用

实例 7.2   制作网购商城中的爆款特卖页面

👁 实例位置: 资源包 \Code\07\02

结合使用类选择器和 ID 选择器制作爆款特卖页面。具体步骤如下:

① 新建 HTML5 文件, 在 HTML5 文件中添加网页中的内容, 并且设置对应的 ID 属性与 class 属性。关键代码如下:

```
01 <div id="mr-content">
02    <div class="mr-top"> 爆款特卖 </div>
03    <div>
04      <div class="mr-block1"> <img src="images/8-2.jpg" alt="" class="mr-img">    <!-- 添加手机图片 -->
05        <p class="mr-title"> 华为 Mate8</p>                                        <!-- 添加文字 -->
06        <div>
07          <div class="mr-mon">¥2998.00</div>
08          <div class="mr-minute"> 秒杀 </div>
09        </div>
10      </div>
11      <div class="mr-block1"> <img src="images/8-2a.jpg" alt="" class="mr-img">
12        <p class="mr-title"> 华为 Mate8</p>
13        <div>
14          <div class="mr-mon">¥2998.00</div>
15          <div class="mr-minute"> 秒杀 </div>
16        </div>
17      </div>
18      <!-- 省略其余两个商品信息, 省略代码部分与上面代码结构类似 -->
19    </div>
20 </div>
```

② 新建 CSS 文件, 在 CSS 文件中添加代码, 实现页面的样式。具体代码如下:

```
01 * {
02     margin: 0;
03     padding: 0;
04     list-style: none;
05     text-align: center;
06 }
07 #mr-content {                        /* 在页面中只有一个 mr-content, 所以使用 ID 选择器 */
08     width: 1090px;                   /* 设置整体页面宽度为 1200 像素 */
09     height: 390px;                   /* 设置整体页面高度为 411 像素 */
10     margin: 0 auto;                  /* 设置内容在浏览器中自适应 */
11     background: #ffd800;             /* 设置整体页面的背景颜色 */
12     border: 1px solid red;           /* 设置整体内容边框 */
13 }
14 .mr-top {                            /* 设置标题 " 热卖爆款 " 的属性 */
15     height: 60px;                    /* 设置高度 */
16     padding: 20px 0 0 10px;          /* 设置内边距 */
```

```
17        color: #8a5223;                                      /* 设置字体颜色 */
18        font: bolder 36px/36px "";
19        text-align: left;
20  }
21  .mr-block1 {
22        width: 260px;                                        /* 设置宽度 */
23        height: 300px;                                       /* 设置高度 */
24        float: left;                                         /* 设置浮动 */
25        margin-left: 10px;                                   /* 设置向左的外边距 */
26        background: #FFF;                                    /* 设置背景 */
27  }
28  .mr-img {
29        height: 178px;                                       /* 图片高度 */
30        text-align: center;
31        padding-top: 30px;                                   /* 图片的内边距 */
32  }
33  .mr-title {                                                /* 图片中手机型号和名称的样式 */
34        padding: 15px 0 10px;                                /* 设置内边距 */
35        color: #666;                                         /* 设置文字颜色 */
36  }
37  .mr-title + div {
38        width: 200px;
39        margin: 0 auto;
40  }
41  .mr-mon {
42        float: left;                                         /* 设置浮动 */
43        padding: 5px 0 0 40px;                               /* 设置内边距 */
44        color: #f52e1f;                                      /* 设置字体颜色 */
45        font: bolder 10px/24px "";
46  }
47  .mr-minute {
48        width: 48px;                                         /* 设置宽度 */
49        height: 30px;                                        /* 设置高度 */
50        text-align: center;
51        line-height: 30px;                                   /* 设置文字行高 */
52        float: left;                                         /* 设置浮动 */
53        margin-left: 10px;
54        background: #f52e1f;
55        color: #FFF;
56  }
```

③ 返回 HTML5 文件，在 HTML5 文件中引入 CSS 文件，然后运行本程序，其运行效果如图 7.8 所示。

图 7.8　爆款特卖页面

7.2.4　属性选择器

在 HTML5 中，通过各种各样的属性，可以给元素增加很多附加信息。例如，通过 height 属性，可以指定 <div> 元素的宽度；通过 ID 属性，可以将不同的 <div> 元素进行区分，并且通过 JavaScript 来控制这个 <div> 元素的内容和状态。那么使用 CSS 时，也可以使用这些属性来指定元素，示例代码如下：

```
01 [color="red"] {
02     color: red;
03 }
```

上面的代码中，"[]"表示使用属性选择器，"color="red""表示选中 color 属性值为 red 的元素。下面具体来看一个示例。在一个 HTML5 页面中，具有很多 <div> 元素，并且为每个 <div> 元素添加了 color 属性或者 font 属性。示例代码如下：

```
01 <div font="fontsize"> 编程图书 </div>
02 <div color="red">PHP 编程 </div>
03 <div color="red">Java 编程 </div>
04 <div font="fontsize"> 当代文学 </div>
05 <div color="green"> 盗墓笔记 </div>
06 <div color="green"> 明朝那些事 </div>
```

接下来，通过元素选择器来设置这些 <div> 的样式。CSS 代码如下：

```
01 [font="fontsize"] {
02     font-size: 20px;
03 }
04 [color="red"] {
05     color: red;
06 }
07 [color="green"] {
08     color: green;
09 }
```

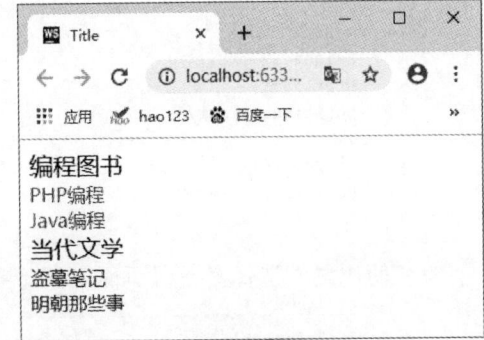

然后运行本程序，其运行效果如图 7.9 所示。

图 7.9　属性选择器使用示例

实例 7.3　　制作 51 购商城首页的
手机风暴版块　　　　👁 **实例位置：资源包 \Code\07\03**

使用元素选择器实现手机风暴版块的样式。具体步骤如下：
① 新建一个 HTML5 文件，通过 <img> 标签添加 5 张手机图片，并且通过 <div> 标签对页面进行布局。代码如下：

```
01 <div id="mr-content">
02     <img src="images/8-1.jpg" alt="" class="mr-img1">          <!-- 通过 <img> 标签添加左边图片 -->
03     <div class="mr-right">
04         <img src="images/8-1a.jpg" alt="" att="a">            <!-- 通过 <img> 标签添加 5 张手机图片 -->
05         <img src="images/8-1b.jpg" alt="" att="b"><br/>
06         <img src="images/8-1c.jpg" alt="" att="c">
07         <img src="images/8-1d.jpg" alt="" att="d">
08         <img src="images/8-1e.jpg" alt="" att="e">
09         <img src="images/8-1g.jpg" alt="" class="mr-car1">     <!-- 通过 <img> 标签添加购物车侧图片 -->
10         <img src="images/8-1g.jpg" alt="" class="mr-car2">
11         <img src="images/8-1g.jpg" alt="" class="mr-car3">
12         <img src="images/8-1g.jpg" alt="" class="mr-car4">
```

```
13      <img src="images/8-1g.jpg" alt="" class="mr-car5">
14      <p class="mr-price1">OPPO R9 Plus<br/><span>3499.00</span></p>      <!-- 通过 <p> 和 <span> 标签添加手机型号和价
格 -->
15      <p class="mr-price2">vivo Xplay6<br/><span>4498.00</span></p>
16      <p class="mr-price3">Apple iPhone 7<br/><span>5199.00</span></p>
17      <p class="mr-price4">360 NS4<br/><span>1249.00</span></p>
18      <p class="mr-price5"> 小米 Note4<br/><span>1099.00</span></p>
19   </div>
20 </div>
```

② 新建一个 CSS 文件，将其通过外部样式引入 HTML5 文件，然后使用类选择器与 ID 选择器设置页面以及图片的整体样式。代码如下：

```
01 #mr-content{                                      /* 使用 ID 选择器设置页面布局 */
02      width:1200px;
03      height:480px;
04      margin: 0 auto;
05      border:1px solid red;
06      text-align:left;
07      font-size: 12px;                             /* 设置文本对齐方式 */
08      }
09 .mr-img1{                                         /* 使用类选择器设置图片浮动 */
10      float:left;
11      }
12 .mr-right{                                        /* 使用类选择器设置页面布局 */
13      width:960px;                                 /* 设置宽度 */
14      height:527px;                                /* 设置高度 */
15      float:left;                                  /* 设置浮动 */
16      position:relative;                           /* 设置定位 */
17      }
18 .mr-right *{
19      position: absolute;
20 }
```

③ 使用属性选择器设置页面中商品图片的大小位置。具体代码如下：

```
01 [att=a],[att=b],[att=c],[att=d],[att=e]{
02      width:180px;                                 /* 设置宽度 */
03      height:182px;                                /* 设置高度 */
04 }
05 [att=a]{                                          /* 使用属性选择器设置第 1 张手机图片位置及大小 */
06      left:140px;
07      top:20px;
08      }
09 [att=b]{                                          /* 使用属性选择器设置第 2 张手机图片位置及大小 */
10      left:700px;
11      top:20px;
12      }
13 [att=c]{                                          /* 使用属性选择器设置第 3 张手机图片位置及大小 */
14      left:400px;
15      top:180px;
16      }
17 [att=d]{                                          /* 使用属性选择器设置第 4 张手机图片位置及大小 */
18      left:100px;
19      top:250px;
20      }
21 [att=e]{                                          /* 使用属性选择器设置第 5 张手机图片位置及大小 */
22      left:650px;
23      top:230px;
24      }
```

④ 使用类选择器，设置商品旁边的购物车图片的大小和位置、商品价格的大小和样式。部分代码如下：

```
25  .mr-car1{                                    /* 使用类选择器设置第 1 个购物车小图标位置 */
26      left: 330px;
27      top: 170px;
28      }
29  .mr-car2{                                    /* 使用类选择器设置第 2 个购物车小图标位置 */
30      left:890px;
31      top:170px;
32      }
33  .mr-price1{                                  /* 使用类选择器设置第 1 个手机品牌文字的位置 */
34      left:50px;
35      top:170px;
36  }
37  .mr-price2{                                  /* 使用类选择器设置第 2 个手机品牌文字的位置 */
38      left:620px;
39      top:170px;
40  }
41  span{                                        /* 使用元素选择器设置 5 个手机价格字体颜色以及大小 */
42      font-size: 10px;
43      color: #706A6A;
44  }
```

完成后，运行本实例，其结果如图 7.10 所示。

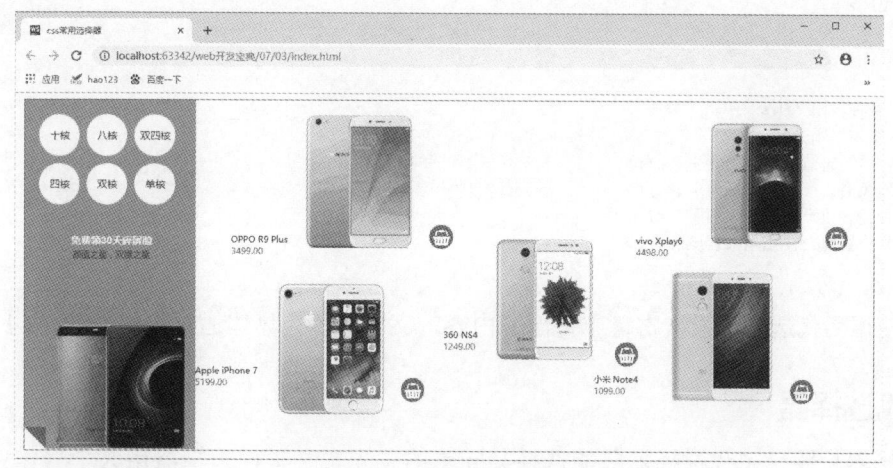

图 7.10　手机风暴版块运行效果

7.3　其他选择器

7.3.1　后代选择器

后代选择器又称为包含选择器，后代选择器可以选择作为某元素后代的元素。我们可以定义后代选择器来创建一些规则，使用这些规则在某些文档结构中起作用，而在另一些结构中不起作用。

举例来说，如果只希望将 <h1> 元素后代 <em> 元素中的文本变为红色，而不改变其他位置的 <em> 元素中文本的颜色，可以这样写：

```
01  h1 em{color:red;}
```

上面这个规则会将 <h1> 元素后代 <em> 元素中的文本变为红色，其他文本则不会被这个规则选中。

```
02  <h1><em> 我变红色 </em></h1>
03  <p><em> 我不变色 </em></p>
```

在后代选择器中规则左边的选择器一端包括两个或多个用空格分隔的选择器。选择器之间的空格是一种结合符。每个空格结合符可以解释为"…作为…的一部分""…作为…的后代",但是要求必须从右向左读选择器。下面通过一个示例来进行说明。

新建一个 HTML5 文件,在 HTML5 文件中添加一首古诗,然后在 <head> 标签中添加 <style> 标签,并且在 <style> 标签中设置古诗的样式。具体代码如下:

```
01 <head>
02    <style>
03        div {                                          /* 文字居中对齐 */
04            text-align: center;
05        }
06        div h3 {                                       /* 设置标题文字颜色 */
07            color: #009688
08        }
09        div h5 {                                       /* 设置作者文字颜色 */
10            color: #a9a6a6;
11        }
12        div p {                                        /* 设置古诗文字颜色 */
13            color: #e65100;
14        }
15    </style>
16 </head>
17 <body>
18 <div>
19    <h3> 春夜喜雨 </h3>
20    <h5> 杜甫 </h5>
21    <p> 好雨知时节,当春乃发生。</p>
22    <p> 随风潜入夜,润物细无声。</p>
23    <p> 野径云俱黑,江船火独明。</p>
24    <p> 晓看红湿处,花重锦官城。</p>
25 </div>
```

上述代码使用后代选择器设置古诗中各部分内容的文字颜色,具体运行效果如图 7.11 所示。

7.3.2 子代选择器

与后代选择器相比,子代选择器只能选择某元素的子元素。子代选择器用大于号作为结合符。如果不希望选择任意的后代元素,而是希望缩小范围,只选择某个元素的子元素,请使用子代选择器。例如,只想选择 <h1> 元素的子元素 <strong> 元素,可以这样写:

```
04 h1>strong{color:red;}
```

这个规则会将第一个 <h1> 下面的 <strong> 变为红色,而第二个 <h1> 中的 <strong> 不受影响。

```
05 <h1><strong> 我变红色 </strong></h1>
06 <h1><em><strong> 我不变色 </strong></em></h1>
```

下面通过一个示例来演示其运用。新建一个 HTML5 文件,在 HTML5 文件中依然添加一首古诗,然后结合使用子代选择器与后代选择器来设置古诗的样式。具体代码如下:

```
01 <head>
02    <style>
03        .cont {                                        /* 文字居中对齐 */
04            text-align: center;
05        }
06        .cont h3 {                                     /* 设置标题文字颜色 */
07            color: #009688
08        }
```

```
09          .cont p {                                      /* 使用后代选择器设置古诗作者颜色 */
10              color: #e65100;
11              background-color: #ffe6b6;
12          }
13          .cont > p {                                    /* 使用子代选择器设置内容文字颜色 */
14              color: #a9a6a6;
15              background-color: transparent;
16          }
17      </style>
18  </head>
19  <body>
20  <div class="cont">
21      <h3> 春夜喜雨 </h3>
22      <p> 杜甫 </p>
23      <div>
24          <p> 好雨知时节，当春乃发生。</p>
25          <p> 随风潜入夜，润物细无声。</p>
26          <p> 野径云俱黑，江船火独明。</p>
27          <p> 晓看红湿处，花重锦官城。</p>
28      </div>
29  </div>
```

上述代码的运行效果如图 7.12 所示。

图 7.11　后代选择器使用示例

图 7.12　子代选择器与后代选择器的
综合使用示例

7.3.3　相邻兄弟元素选择器

相邻兄弟元素选择器可选择紧接在另一元素后的元素，且二者有相同父元素。相邻兄弟元素选择器使用 "+" 作为结合符。如果需要选择紧接在另一元素后的元素而且二者有相同父元素，可以使用相邻兄弟元素选择器。例如，如果要将紧接在 <h1> 元素后出现的段落变为黄色，可以这样写：

```
07 h1+p{color:yellow;}
```

下面通过示例演示相邻兄弟元素选择器的使用。新建一个 HTML5 文件，在 HTML5 文件中添加一首古诗，其中古诗标题使用 3 级标题实现，作者及古诗内容都用 <p> 标签实现。然后设置古诗中标题和作者的文字颜色，其中设置作者的颜色时需要使用相邻兄弟元素选择器。具体代码如下：

```
01 <head>
02     <style>
03         .cont {                                         /* 文字居中对齐 */
04             text-align: center;
05         }
```

```
06          .cont h3 {                                        /* 设置标题文字颜色 */
07              color: #009688
08          }
09          h3+p {                                            /* 使用相邻兄弟元素选择器设置古诗作者文字颜色 */
10              color: #e65100;
11              background-color: transparent;
12          }
13      </style>
14  </head>
15  <body>
16  <div class="cont">
17      <h3> 春夜喜雨 </h3>
18      <p> 杜甫 </p>
19      <p> 好雨知时节，当春乃发生。</p>
20      <p> 随风潜入夜，润物细无声。</p>
21      <p> 野径云俱黑，江船火独明。</p>
22      <p> 晓看红湿处，花重锦官城。</p>
23  </div>
```

上述代码的运行结果如图 7.13 所示。

7.3.4　通用兄弟元素选择器

通用兄弟元素选择器用来指定位于同一个父元素之中的某个元素之后的所有其他某个种类的兄弟元素所使用的样式，通用兄弟元素选择器用"～"作为结合符。例如，要使 <h1> 元素后的 <p> 元素都变为蓝色，可以这样写：

```
h1~p{color:blue;}
```

 说明

> 通用兄弟元素选择器和相邻兄弟元素选择器的区别在于，通用兄弟元素选择器选中的是与某元素同级且位于它后面的所有元素，而相邻兄弟元素选择器指的是与某元素同级且位于某元素后面的相邻位置的元素（即只选中位于后面的一个元素）。

下面通过一个示例演示通用兄弟元素选择器和相邻兄弟元素选择器的使用。新建一个 HTML5 文件，在 HTML5 文件中，依然添加一首古诗，然后设置古诗各部分内容的样式。具体代码如下：

```
100 <head>
101     <style>
102         .cont {                                           /* 文字居中对齐 */
103             text-align: center;
104         }
105         .cont h3 {                                        /* 设置标题文字颜色 */
106             color: #009688
107         }
108         h3~p {                                            /* 使用通用兄弟元素选择器设置古诗作者和古诗内容颜色 */
109             color: #e65100;
110         }
111         h3+p {                                            /* 使用相邻兄弟元素选择器重新设置古诗内容文字颜色 */
112             color: #a9a6a6;
113         }
114     </style>
115 </head>
116 <body>
117 <div class="cont">
118     <h3> 春夜喜雨 </h3>
119     <p> 杜甫 </p>
```

```
120    <p>好雨知时节，当春乃发生。</p>
121    <p>随风潜入夜，润物细无声。</p>
122    <p>野径云俱黑，江船火独明。</p>
123    <p>晓看红湿处，花重锦官城。</p>
124 </div>
```

上述代码的运行效果如图 7.14 所示。

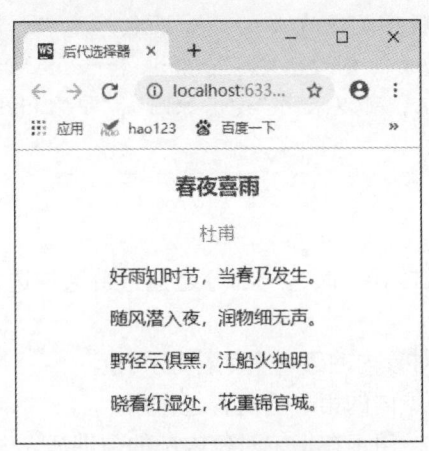

图 7.13   相邻兄弟元素选择器使用示例

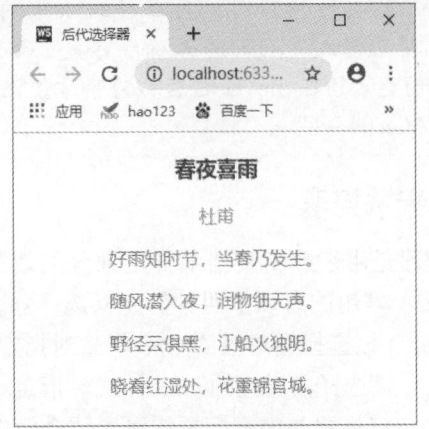

图 7.14   通用兄弟元素选择器和相邻
兄弟元素选择器的综合使用示例

7.4   伪类和伪元素选择器

当我们浏览网页时，常遇到一种情况，就是每当鼠标放在某个元素上，这个元素就会发生一些变化，例如当鼠标滑过导航栏时，导航栏里的内容就会展开。这些特效的实现都离不开伪类选择器。而伪元素选择器则用来表示使用普通标签无法轻易修改的部分，如一段文字中的第一个文字等。

7.4.1   伪类选择器

伪类选择器是 CSS3 中已经定义好的选择器，因此，程序员不能随意命名。它是用来对某种特殊状态的目标元素应用样式。如，用户正在单击的元素，或者鼠标正在经过的元素等。伪类选择器主要有以下四种：

- ⟳ :link：表示对未访问的超链接应用样式。
- ⟳ :visited：表示对已访问的超链接应用样式。
- ⟳ :hover：表示对鼠标所停留的元素应用样式。
- ⟳ :active：表示对用户正在单击的元素应用样式。

例如，下面的代码就是通过伪类选择器改变特定状态的标签样式。

```
01 a:link {                              /* 表示对未访问的超链接应用样式 */
02     color: #000;                      /* 设置其字体为黑色 */
03 }
04 a:visited {                           /* 表示对已访问的超链接应用样式 */
05     color: #f00;                      /* 设置其为红色 */
06 }
07 .hov:hover {                          /* 表示对鼠标所停留的类名为 hov 的元素应用样式 */
08     border: 2px red solid;            /* 添加边框 */
09 }
10 .act:active {                         /* 表示对用户正在单击的类名为 act 的元素应用样式 */
11     background: #ffff00;              /* 添加背景颜色 */
12 }
```

⚡ **注意**

> :link 和 :visited 只对链接标签起作用，为对其他标签无效。

📋 **说明**

> 在使用伪类选择器时，其在样式表中的顺序是很重要的，如果顺序不当，程序员可能无法达到希望的样式。它们的正确顺序是，:hover 伪类必须定义在 :link 和 :visited 两个伪类之后，而 :active 伪类必须在 :hover 之后。为了方便记忆，可以采用"爱恨原则"，即"L(:link)oV(:visited)e, H(:hover)A(:active)te"。

7.4.2 伪元素选择器

伪元素选择器是用来改变文档中特定部分的效果样式，而这一部分是通过普通的选择器无法定义到的部分。CSS3 中，常用的有以下四种伪元素选择器。

- ⟳ :first-letter：该选择器对应的 CSS 样式对指定对象内的第一个字符起作用。
- ⟳ :first-line：该选择器对应的 CSS 样式对指定对象内的第一行内容起作用。
- ⟳ :before：该选择器与内容相关的属性结合使用，用于在指定对象内部的前端插入内容。
- ⟳ :after：该选择器与内容相关的属性结合使用，用于在指定对象内部的尾端添加内容。

例如，下面的代码就是通过伪元素选择器向页面中添加内容，并且修改类名为"txt"的标签中第一行文字以及 <p> 标签第一个字的样式。

```
01 .txt:first-line{                              /* 设置第一行文本的样式 */
02     font-size: 35px;                          /* 设置第一行的字体 */
03     height: 50px;                             /* 设置第一行的文本的高度 */
04     line-height: 50px;                        /* 设置第一行的行高 */
05     color: #000;                              /* 设置第一行文本的字体 */
06 }
07 p:first-letter{                               /* 设置 <p> 标签中第一个文字的样式 */
08     font-size: 30px;                          /* 设置字体大小 */
09     margin-left: 20px;                        /* 设置想做的外边距 */
10     line-height: 30px;                        /* 设置行高 */
11 }
12 .txt:after{                                   /* 在类名为 txt 的 <div> 后面添加内容 */
13     content: url("../img/phone1.png");        /* 添加的内容为一张图片，url 为图片地址 */
14     position: absolute;                       /* 设置所添加图片的定位方式 */
15     top:75px;                                 /* 设置图片顶部与父标签顶部的距离 */
16     left:777px;                               /* 设置图片左侧与父标签左侧的距离 */
17 }
```

📋 **说明**

> 使用 :before 和 :after 选择器添加内容时，需要使用 content 属性添加内容，如果没有该属性，那么无法添加内容，自然也就无法对所添加的内容设置样式。

实例 7.4

制作 vivo X9s 手机的宣传页面

👁 **实例位置：资源包 \Code\07\04**

结合类选择器、伪类选择器以及伪元素选择器实现对 vivo X9s 手机的宣传页面的美化。具体实现步骤如下。

① 首先在 HTML5 页面中添加标签以及文字介绍，并且添加超链接。由于这里的超链接没有跳转的页面，所以链接地址使用"#"代替。具体代码如下：

```
01 <div class="cont">
02     <h1><a href="#">vivo X9s</a></h1>
03     <div class="top">更强大的分屏多任务 3.0<br>新增对 QQ 浏览器、天猫等应用的分屏功能，大幅增加了可以一平二用的场景，不但可以边看视频边回复，更可以一边聊天一边购物、写文档、回邮件、看新闻</div>
04 </div>
```

② 然后新建一个 CSS 文件，在 CSS 文件中设置页面的大小、外边矩等基本布局。具体代码如下：

```
01 .cont{                              /* 类选择器设置页面的整体大小以及背景图片 */
02     width: 1536px;                   /* 设置整体页面宽度为 1536 像素 */
03     height: 840px;                   /* 设置页面整体高度为 840 像素 */
04     margin:0 auto;                   /* 设置页面外边距上下为 0，左右自适应 */
05     text-align: center;              /* 文字对齐方式为居中对齐 */
06     background: url("../img/bg.jpg"); /* 为页面设置背景图片 */
07 }
08 h1{                                  /* 通过标签选择器选择 h1 标题标签 */
09     padding-top: 80px;               /* 设置向上的内边距 */
10 }
11 .top{                                /* 使用类选择器，改变主体内容的样式 */
12     line-height: 30px;               /* 类选择器设置页面的整体大小以及背景图片 */
13     margin: 0 auto;                  /* 设置主体部分的外边距 */
14     text-align: center;              /* 设置文字的对齐方式为居中对齐 */
15     width: 650px;                    /* 设置主体部分的宽度为 650 像素 */
16     font-size: 20px                  /* 设置文字的大小 */
17 }
```

③ 最后分别使用伪元素选择器向页面添加图片以及设置部分文字的样式。具体代码如下：

```
18 .top:after{                          /* 在类名为 top 的 <div> 后面添加内容 */
19     content: url("../img/phone.png"); /* 添加的内容为 1 张图片，url 为图片地址 */
20     display: block;                  /* 设置显示方式 */
21     margin-top: 50px;                /* 设置所添加内容的向上的外边距 */
22 }
23 .top:first-line{                     /* 类选择器中第一行文字的样式 */
24     font-size: 30px;                 /* 设置第一行文字的字体 */
25     line-height: 90px;               /* 设置第一行文字行高 */
26 }
27 a:link{                              /* 设置未被访问的超链接的样式 */
28   text-decoration: none;             /* 取消其默认的下划线 */
29     color: #000;                     /* 设置字体颜色为黑色 */
30 }
31 a:visited{                           /* 设置访问后的超链接的样式 */
32     color: purple;                   /* 设置访问后的超链接字体为紫色 */
33 }
34 a:hover{                             /* 设置鼠标停在超链接上的样式 */
35     text-decoration: underline;      /* 类选择器设置页面的整体大小以及背景图片 */
36     color: #B49668;                  /* 设置鼠标悬停在超链接上时的字体颜色 */
37 }
38 a:active{                            /* 设置正在被单击的超链接的样式 */
39     color: red;                      /* 设置正在被单击的超链接的字体颜色 */
40     text-decoration: none;           /* 取消正在被单击的超链接的下划线 */
41 }
```

完成以后在浏览器中运行本程序，可以查看页面效果，如图 7.15 所示。在运行效果图中，当超链接"vivo X9s"分别处于未被访问、鼠标悬停、正在单击以及单击以后这四种状态时的文字效果是不相同的，这四种效果都是通过伪类选择器实现的。而文本内容的第一行文字的字体变大以及文本下方的图片都是通过伪元素选择器来实现的。

图 7.15　vivo X9s 手机的宣传页面

7.5　综合案例——仿制个人空间主页

本章学习了 CSS3 中常见的选择器，接下来使用 CSS3 仿制个人空间主页。（实例位置：资源包
\Code\07\05\ 综合案例）

7.5.1　案例分析

首先来看本案例的运行效果图，如图 7.16 所示。从布局上来看，该案例主要分为两大部分、第 1 部分为头像和导航菜单；第 2 部分为空间主页的各个栏目，而第 2 部分又分为 3 个小块，分别为左右 2 个小块以及中间部分。

图 7.16　个人空间主页

7.5.2 案例实现

① 首先新建 HTML5 文件，在 HTML5 文件汇总，添加控件主页的内容并且引入 CSS 文件。具体代码如下：

```
01  <!-- 定义 ID 属性 -->
02  <div id="conter">
03      <!-- 定义 class 属性，上面导航部分 -->
04      <ul class="top">
05          <li style="padding-top: 30px;"><img src="img/head.png" alt="" width="65px;"></li>
06          <li style="color: #f00;"> 我的主页 </li>
07          <li> 日志 </li>
08          <li> 说说 </li>
09          <li> 留言板 </li>
10          <li> 相册 </li>
11          <li> 时光轴 </li>
12      </ul>
13      <!-- 定义 class 属性 主体内容部分 -->
14      <div class="cent">
15          <!--   左边内容 -->
16          <ul class="side">
17              <li> 我的美照 (90) </li>
18              <li> 我在阅读 (3)</li>
19              <li> 我的收藏 (10)</li>
20              <li> 我的游戏 (2)</li>
21              <li> 我的音乐 (50)</li>
22              <li> 我的追剧 </li>
23              <li> 最近访问 (5)</li>
24              <li> 最新上映 </li>
25          </ul>
26          <!--   中间部分内容 -->
27          <div class="center">
28              <h3> 我的小心情: </h3>
29              <div class="border">
30                  <textarea style="width: 633px;height:100px;border:none;outline: none"></textarea>
31                  <img src="img/xiangji.png" title=" 添加照片 " att="photo"/></div>
32              <h3> 我的相册 </h3>
33              <div class="photo">
34                  <img src="img/photo1.jpg" title="2021 年 7 月 1 日 "/>
35                  <img src="img/photo2.jpg" title="2021 年 6 月 24 日 "/>
36                  <img src="img/photo3.png" title="2021 年 5 月 17 日 "/>
37                  <img src="img/photo4.png" title="2021 年 2 月 1 日 "/>
38              </div>
39          </div>
40          <!--   右边部分内容 -->
41          <ul class="side">
42              <li> 全部日志 (90) </li>
43              <li> 个人日志 (20) </li>
44              <li> 转发日志 (37) </li>
45              <li> 手机日志 (40) </li>
46              <li> 游戏分享 (19) </li>
47              <li> 全部说说 (120) </li>
48              <li> 心情说说 (90) </li>
49              <li> 图片说说 (53) </li>
50          </ul>
51      </div>
52  </div>
```

② 新建 CSS 文件，在 CSS 文件中实现主页的布局以及样式。具体代码如下：

```
01  * {
02      padding: 0;
03      margin: 0;
```

7

```
04 }
05 /*ID 选择器，主体内容宽度 */
06 #conter {
07     margin: 20px auto;
08     width: 1190px;
09 }
10 /* 上面导航部分 */
11 .center,.side {
12     float: left;
13 }
14 .top {
15     height: 180px;                              /* 设置高度 */
16     background: url(../img/bg2.jpg);            /* 设置页面背景 */
17     list-style: none;                           /* 清除列表样式 */
18     font: bolder 14px/18px " 宋体 ";
19     padding-top: 50px;                          /* 列表内边距 */
20     border-bottom: 2px solid #4caf50;
21 }
22 .top li {
23     text-align: center;                         /* 对齐方式 */
24     float: left;
25     padding: 50px;                              /* 设置宽度 */
26     display: block;
27     vertical-align: middle;
28 }
29 /* 鼠标滑过无序列表项时变色 */
30 li:hover {
31     color: #f00;
32 }
33 /* 设置左右两边 " 我的主页 " 的样式 */
34 .side {
35     width: 180px;                               /* 设置大小 */
36     height: 300px;
37     border: #03A9F4 solid 2px;;                 /* 设置边框 */
38     text-align: center;                         /* 设置文字居中对齐 */
39     padding-top: 20px;
40     margin: 55px 10px 10px;
41 }
42 .side li {
43     list-style: none;
44     height: 35px;
45     line-height: 35px;                          /* 设置行高 */
46 }
47 /* 元素选择器 ," 我的小心情 " 和 " 我的相册 " 的样式 */
48 h3 {
49     font-family: 宋体 ;
50     font-size: 14px;
51     color: #09F;
52     margin: 10px;
53 }
54 .border {
55     border: 2px solid #03a9f4;
56 }
57 .center {
58     width: 760px;
59     margin: 20px 10px;
60 }
61 textarea+img {
62     float: right;
63     width: 80px;
64     height: 102px;
65     margin-left: 10px;
66 }
67 /* 类选择器，选中相册 */
```

```
68 .photo img {
69     height: 120px;
70     width: 110px;
71     padding-left: 60px;
72     cursor: all-scroll
73 }
```

7.6 实战练习

结合本章所学知识制作一个建议的登录表单，表单中需要用户输入账号、密码和邮箱，具体运行效果如图 7.17 所示。（实例位置：资源包 \Code\07\06\ 实战练习）

图 7.17 建议的登录表单

▽ 小结

本章主要讲述了 CSS3 中的选择器，主要包括元素选择器、类选择器、ID 选择器、属性选择器、后代选择器、子代选择器、相邻兄弟元素选择器、通用兄弟元素选择器、伪类选择器、伪元素选择器等。通过对各个选择器的使用，我们可以直接将样式与元素绑定起来，这样更加方便快捷。

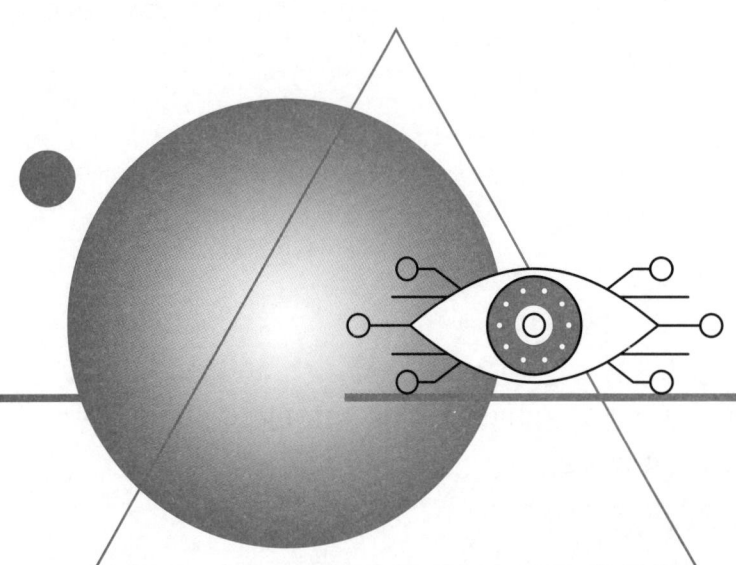

第8章

CSS3 常用属性

鼠扫码领取
· 教学视频
· 配套源码
· 练习答案
· ……

本章将详细介绍 CSS3 中文本、背景以及布局的相关属性，这些属性是 HTML 网页上使用最多的属性，有了这些属性，我们就可以很容易设置文字或者其他元素的颜色、背景、大小以及位置等样式。

8.1　文本相关属性

文本相关属性用于控制整个段落或整个 <div> 元素的显示效果，包括文字的缩进、段落内文字的对齐等显示方式。本节将对常用的几种文本属性进行介绍。

8.1.1　文字相关属性

本节主要介绍 CSS3 中常用的文字相关属性。前面介绍了 HTML5 中常用的文字标签以及设置文本样式的基础方法，而这些样式效果使用 CSS 同样可以实现。除此之外，文本的对齐方式、文本的换行风格等可以通过 CSS3 中文本相关属性来设置。

（1）设置字体属性 font-family
语法如下：

```
font-family: name1,[name2],[name3]
```

name：字体的名称，而 nam2 和 name3 的含义类似于"备用字体"，即若计算机中含有 name1 字体则显示为 name1 字体，若没有 name1 字体，则显示为 name2 字体，若计算机中也没有 name2 字体，则显示为 name3 字体。以此类推，如果 name1、name2、name3 都没有找到，name 使用计算机中的默认字体。

例如以下代码的含义为：设置所有类名为"mr-font1"的标签中文字

的字体为宋体；如果计算机中没有宋体，则将文字设置为黑体；如果计算机中也没有黑体，就设置文字为楷体。

```
18 .mr-font1 {
19    font-family: "宋体","黑体","楷体";
20 }
```

⚡ 注意

输入字体名称时，不要输入中文（全角）的双引号，而要使用英文（半角）的双引号。

（2）设置字号属性 font-size

语法如下：

```
font-size:length
```

length 指字体的尺寸，由数字和长度单位组成。这里的单位可以是相对单位，也可以是绝对单位，绝对单位不会随着显示器的变化而变化。表 8.1 列举了常用的绝对单位。

表 8.1　绝对单位及其含义

绝对单位	说明
in	inch, 英寸
cm	centimeter, 厘米
mm	millimeter, 毫米
pt	point，印刷的点数，在一般的显示器中 1pt 相当于 1/72in
pc	pica，1pc=12pt

而常见的相对单位有 px、em 和 ex，下面将逐一介绍各相对单位的用法。

- 相对长度单位 px：px 是一个长度单位，表示在浏览器上 1 个像素的大小。因为不同访问者的显示器的分辨率不同，而且每个像素的实际大小也不同，所以 px 被称为相对单位，也就是相对于 1 个像素的比例。
- 相对长度单位 em 和 ex：1em 表示的长度是其父标签中字母 m 的标准宽度，1ex 则表示字母 x 的标准高度。当父标签的文字大小变化时，使用这两个单位的子标签的大小会同比例变化。在文字排版时，有时会要求第一个字母比其他字母大很多，并下沉显示，就可以使用这两个单位。

（3）设置文字颜色属性 color

语法如下：

```
color : color
```

color 指的是具体的颜色值。颜色值的表示方法可以是颜色的英文单词、十六进制、RGB 或者 HSL。文字的各种颜色配合其他页面标签组成了整个五彩缤纷的页面。在 CSS3 中文字颜色是通过 color 属性设置的。例如以下代码都表示蓝色，在浏览器中都可以正常显示。例如：

```
21 h3{color:blue;}            /*  使用颜色词表示颜色 */
22 h3{color:#0000ff;}         /*  使用十六进制表示颜色 */
23 h3{color:#00f;}            /*  十六进制的简写，全写为：#0000ff*/
24 h3{color:rgb(0,0,255);}    /*  分别给出红绿蓝 3 个颜色分量的十进制数值，也就是 RGB 格式 */
```

📖 说明

如果读者对颜色的表示方法还不熟悉，或者希望了解各种颜色的具体名称，建议在互联网上继续检索相关信息。

（4）设置文字的水平对齐方式属性 text-align

语法如下：

```
text-align:left|center|right|justify
```

- ↻ left: 左对齐。
- ↻ center: 居中对齐。
- ↻ right: 右对齐。
- ↻ justify: 两端对齐。

（5）设置段首缩进属性 text-indent

语法如下：

```
text-indent:length
```

length 就是由百分比数值或浮点数和单位标识符组成的长度值，允许为负值。可以这样理解，text-indent 属性定义了两种缩进方式：一种是直接定义缩进的长度，由浮点数和单位标识符组合表示；另一种就是通过百分比定义缩进。

实例 8.1

制作网购商城的商品抢购页面

👁 **实例位置：资源包 \Code\08\01**

在商城的商品抢购页面中，实现设置网购商城抢购页面的文字样式。实现步骤如下：

① 新建一个 HTML5 文件，在该文件中，通过 <div> 标签、<img> 标签以及 <p> 标签添加商品抢购页面中的图片和文字，并且在各标签中设置 class 属性。代码如下：

```
25  <div class="mr-box">
26      <div class="mr-img"><img src="images/1.jpg"></div>
27      <div class="mr-text">
28          <p class="mr-font1">HUAWEI<span>Mate</span><span>9</span><span>Pro</span></p>
29          <p class="mr-font2"> 进步，再进一步 </p>
30          <p class="mr-font3"> 每周一、周三、五 10:08 限量抢购 </p>
31          <p class="mr-font4">
32              <span class="mr-font">¥</span><span>4699</span>
33              <span class="mr-font">¥</span><span>5299</span>
34          </p>
35          <p class="mr-buy"> 立即购买 </p>
36      </div>
37  </div>
```

② 通过使用类选择器改变网页中图片和文字的样式。部分代码如下：

```
38  .mr-box {
39      width: 1108px;
40      margin: 0 auto;
41      border: 2px solid red;
42      height: 551px;
43      font-weight: 500;
44  }
45  .mr-img {
46      width: 405px;
47      float: left;
48      margin: 42px;
49  }
50  .mr-text{
51      float: left;
```

```
52      width: 618px;
53      text-align: center;
54  }
55  /* 第 1 行文字样式 */
56  .mr-font1 {
57      font-size: 60px;
58      font-weight: bolder;
59  }
60  .mr-font1 span {
61      margin-left: 15px;
62      font-size: 55px;
63  }
64  /* 第 2 行文字样式 */
65  .mr-font2 {
66      margin: -64px auto 64px;
67      font-size: 41px;
68  }
69  /* 第 3 行文字样式 */
70  .mr-font3 {
71      font-size: 16px;
72      color: #A00501;
73      font-weight: 600;
74  }
75  /* 第 4 行文字样式 */
76  .mr-font4 {
77      font-size: 54px;
78      color: #A00501;
79      font-weight: lighter;
80  }
81  .mr-font4 .mr-font {
82      font-size: 12px;
83      margin-left: 30px;
84  }
85  /* 立即购买按钮的样式 */
86  .mr-buy {
87      margin: 0 auto;
88      height: 44px;
89      width: 221px;
90      background: #A00501;
91      line-height: 44px;
92      color: #fff;
93  }
```

完成代码编译后，在浏览器中运行代码，效果如图 8.1 所示。

8.1.2　文本相关属性

（1）文本自动换行

当 HTML 元素不足以显示它里面的所有文本时，浏览器会自动换行显示它里面的所有文本。浏览器默认换行规则是，对于西方文字来说，浏览器只会在半角空格、连字符的地方进行换行，不会在单词中间换行；对于中文来说，浏览器可以在任何一个中文字符后换行。

图 8.1　商品抢购页面

如果要改变默认的换行规则，那么可以使用 word-break 属性实现。具体语法如下：

```
word-break:keep-all | break-all | normal
```

word-break 属性有 3 个属性值，其中 keep-all 表示在半角空格或者连字符处换行；break-all 表示允许在单词内进行换行；normal 表示使用浏览器默认的换行规则。

实例 8.2　演示 word-break 属性的功能　　👁 实例位置：资源包 \Code\08\02

新建一个 HTML5 文件，添加两个 <div> 标签，在 <div> 标签中添加一段英文内容，然后分别为它们设置不同的 word-break 属性值，代码如下：

```
01    <style>
02        div {
03            width: 192px;
04            height: 118px;
05            margin: 10px auto;
06            border: 1px solid #009688;
07        }
08        div > :first-child {
09            color: #ff5722;
10        }
11    </style>
12 <body>
13 <!-- 不允许在单词中换行 -->
14 <div style="word-break:keep-all">
15     <p>word-break:keep-all</p>
16     <p>Behind every successful man there is a lot unsuccessful yeas.</p>
17 </div>
18 <!-- 指定允许在单词中换行 -->
19 <div style="word-break:break-all">
20     <p>word-break:break-all</p>
21     <p>Behind every successful man there is a lot unsuccessful yeas.</p>
22 </div>
```

完成以后，运行程序，运行结果如图 8.2 所示。

（2）长单词和 URL 地址换行

对于西方文字来说，浏览器在半角空格或连字符的地方进行换行。因此，浏览器不能给较长的单词自动换行。当浏览器窗口比较窄的时候，文字会超出浏览器的窗口，浏览器下部出现滚动条，让用户通过拖动滚动条的方法来查看没有在当前窗口显示的文字。

但是，这种比较长的单词出现的概率不是很大，而大多数超出当前浏览器窗口的情况出现在显示比较长的 URL 地址的时候。因为在 URL 地址中没有半角空格，所以当 URL 地址中没有连字符的时候，浏览器在显示时是将其视为一个比较长的单词来进行显示的。

在 CSS3 中，使用 word-wrap 属性来实现长单词与 URL 地址的自动换行。具体语法如下：

图 8.2　在单词中换行

```
word-wrap:normal | break-word
```

其中，normal 属性值表示浏览器保持默认处理，只在半角空格或连字符的地方进行换行；break-word 表示浏览器可在长单词或 URL 地址内部进行换行。

例如，在页面中添加两个 <div> 标签，并设置不同的 word-wrap 属性值。代码如下：

```
01    <style type="text/css">
02        /* 为 <div> 元素增加边框 */
03        div {
04            border: 1px solid #87ebff;
05            width: 160px;
06            margin: 20px auto;
07        }
08        div>:first-child{
09            color:#ff0000;
10        }
11    </style>
12 <body>
13 <!-- 允许在长单词、URL 地址中间换行 -->
14 <div style="word-wrap:normal;">
15     <p>word-wrap:normal</p>
16     <p> 欢迎访问明日学院，我们的网址是：https://www.mingrisoft.com/</p>
17 </div>
18 <div style="word-wrap:break-word;">
19     <p>word-wrap:break-word</p>
20     <p> 欢迎访问明日学院，我们的网址是：https://www.mingrisoft.com/</p>
21 </div>
```

在浏览器中浏览该页面，可以看到如图 8.3 所示的效果。

📑 **说明**

> word-break 与 word-wrap 属性的作用并不相同，它们的区别在于，将 word-break 属性设为 break-all，可以使组件内每一行文本的最后一个单词自动换行；word-wrap 属性会尽量使长单词、URL 地址不要换行。即使将 word-wrap 属性设为 break-word，浏览器也会尽量使长单词、URL 地址单独占用一行，只有当一行文本都不足以显示这个长单词、URL 地址时，浏览器才会在长单词、URL 地址的中间换行。

图 8.3　在 URL 地址中换行

8.2　背景相关属性

使用 CSS3 控制网页背景可以使网页的视觉效果更加丰富多彩，但是使用的背景图像和背景颜色一定要与网页中的内容相匹配。另外，背景图像和背景颜色还要能够传达网页的主体信息，可以起到画龙点睛的作用。

8.2.1　背景常规属性

背景属性是给网页添加背景色或者背景图所用的 CSS 样式，它的能力远远在 HTML 之上。通常，我们给网页添加背景主要运用到以下几个属性。

（1）添加背景颜色——background-color

语法如下：

```
background-color : color|transparent
```

♻ color：color 用于设置背景的颜色。它可以采用英文单词、十六进制、RGB、HSL、HSLA 和 RGBA。

♻ transparent：表示背景颜色透明。

（2）添加 HTML5 中标签的背景图片——background-image

这与 HTML5 中插入图片不同，背景图像放在网页的最底层，文字和图片等都位于其上。语法如下：

```
background-image:url()
```

url 为图片的地址，可以是相对地址，也可以是绝对地址。

（3）设置图像的平铺方式——background-repeat

语法如下：

```
background-repeat : inherit|no-repeat|repeat|repeat-x|repeat-y
```

在 CSS 样式中，background-repeat 属性包含以上 5 个属性值。表 8.2 列举出了各属性值的含义。

表 8.2　background-repeat 属性值的含义

属性值	含义
inherit	从父标签继承 background-repeat 属性的设置
no-repeat	背景图像只显示一次，不重复
repeat	在水平和垂直方向上重复显示背景图像
repeat-x	只沿 X 轴方向重复显示背景图像
repeat-y	只沿 Y 轴方向重复显示背景图像

（4）设置背景图像是否随页面中的内容滚动——background-attachment

语法如下：

```
background-attachment:scroll|fixed
```

↻ scroll：当页面滚动时，背景图像跟着页面一起滚动。

↻ fixed：将背景图像固定在页面的可见区域。

（5）设定背景图像在页面中的位置——background-position

语法如下：

```
background-position : length|percentage|top|center|bottom|left|right
```

在 CSS 样式中，background-position 属性包含以上 7 个属性值，表 8.3 列举出了各属性值的含义。

表 8.3　background-position 属性值的含义

属性值	含义
length	设置背景图像与页面边距水平和垂直方向的距离，单位为 cm、mm、px 等
percentage	根据页面标签框的宽度和高度的百分比放置背景图像
top	设置背景图像顶部居中显示
center	设置背景图像居中显示
bottom	设置背景图像底部居中显示
left	设置背景图像左部居中显示
right	设置背景图像右部居中显示

📖 说明

　　当需要为背景设置多个属性时，可以将属性写为"background"，然后将各属性值写在一行，并且以空格间隔。例如，下面的 CSS 代码：

```
01  .mr-cont{
02      background-image: url(../img/bg.jpg);
03      background-position: left top;
04      background-repeat: no-repeat;
05  }
```

上面的代码分别定义了背景图像，背景图像的位置和重复方式，但是代码比较多，为了简化代码，也可以写成下面的形式。

```
06  .mr-cont{
07      background: url(../img/bg.jpg) left top no-repeat;
08  }
```

实例 8.3　　　　　**实现为登录页面插入背景图像**　　　👁 实例位置：资源包 \Code\08\03

实现一个登录页面，并且为登录页面添加背景颜色。具体步骤如下：
① 新建 HTML5 文件，在 HTML5 文件中添加代码，实现登录页面的内容。具体代码如下：

```
01  <div class="bg">
02      <div class="loginform">
03          <form>
04              <h3 class="title"> 登录 </h3>
05              <div><input type="text" placeholder=" 邮箱 / 手机 / 用户名 "></div>
06              <div><input type="password" placeholder=" 请输入密码 " /></div>
07          </form>
08          <label class="login-links"><input type="checkbox"> 记住密码 </label>
09          <div class="login"><input type="submit" name="" value=" 登录 "></div>
10          <ul class="btn-group">
11              <li><a href="#">QQ 登录 </a></li>
12              <li><a href="#"> 微博登录 </a></li>
13              <li><a href="#"> 微信登录 </a></li>
14          </ul>
15      </div>
16  </div>
```

② 新建 CSS 文件，在 CSS 文件中添加代码，实现页面的样式并且设置背景图片等。具体代码如下：

```
01  .bg {
02      width: 1000px;                                      /* 设置背景框的大小 */
03      height: 465px;
04      margin: 0 auto;
05      background: url("../images/1.jpg") no-repeat #fd7a72 10px top; /* 设置背景 */
06      border: 2px solid red;
07  }
08  /* 设置登录表单的样式 */
09  .loginform {
10      width: 362px;                                       /* 设置登录表单的宽度 */
11      height: 431px;                                      /* 设置登录表单的高度 */
12      background: #F8F8F8;                                /* 设置登录表单的背景颜色 */
13      margin-left: 57%;                                   /* 设置登录表单向左的外间距 */
14      text-align: left;                                   /* 设置对齐方式 */
15      font-size: 14px;                                    /* 设置字体 */
16  }
17  /* 设置登录表单的宽度 */
18  form {                                                  /* 设置 form 的样式 */
19      width: 90%;                                         /* 设置宽度 */
20      margin: 0 auto;
```

8

```
21        text-align: center;                              /* 设置文字居中对齐 */
22    }
23    input[type="text"] {                                 /* 设置用户名文本框的样式 */
24        width: 91%;                                       /* 设置文本框的宽度 */
25        height: 43px;                                     /* 设置文本框的高度 */
26        background: #fff;                                 /* 设置文本框的背景颜色 */
27        padding-left: 42px;                               /* 设置文本框向左的内间距 */
28        border: none;                                     /* 去掉文本框的边框 */
29    }
30    /* 设置标题样式 */
31    .title {
32        padding-top: 20px;                                /* 设置向上的内间距 */
33        text-align: center;                               /* 设置居中对齐 */
34        line-height: 50px;                                /* 设置行高 */
35    }
36    input[type="password"] {                             /* 设置密码输入框的样式 */
37        width: 91%;                                       /* 设置密码框的宽度 */
38        height: 43px;                                     /* 设置密码框的高度 */
39        padding-left: 42px;                               /* 设置密码框向左的内间距 */
40        background: #fff;                                 /* 设置密码框的背景 */
41        border: none;                                     /* 取消密码框的边框 */
42        margin-top: 20px;                                 /* 设置密码框向上的外间距 */
43    }
44    .login-links {                                        /* 设置记住密码的样式 */
45        display: block;                                   /* 显示为块级元素 */
46        margin: 10px 16px;                                /* 设置外间距 */
47    }
48    input[type="submit"] {                               /* 设置登录按钮的宽度 */
49        height: 43px;                                     /* 设置登录按钮的高度 */
50        width: 90%;                                       /* 设置登录按钮的宽度 */
51        margin-left: 20px;                                /* 设置向左的外间距 */
52        background: #0e90d2;                              /* 设置背景颜色 */
53        margin-top: 10px;                                 /* 设置向上的外间距 */
54        border: none;                                     /* 取消边框 */
55        color: #fff;                                      /* 设置文字颜色 */
56    }
57    .btn-group {                                          /* 设置第三方登录按钮组的样式 */
58        width: 90%;                                       /* 设置宽度 */
59        margin-left: 20px;                                /* 设置向左的外间距 */
60        margin-top: 20px;                                 /* 设置向上的外间距 */
61    }
62    .btn-group li {                                       /* 设置列表项样式 */
63        list-style: none;                                 /* 清除列表项符号 */
64        float: left;                                      /* 设置向左浮动 */
65        padding: 0 10px 0;                                /* 设置内间距 */
66    }
67    .btn-group li a {                                     /* 设置超链接样式 */
68        padding-left: 10px;                               /* 设置向左的内间距 */
69        color: #070505;                                   /* 设置文本颜色 */
70        text-decoration: none;                            /* 去电超链接的下划线 */
71    }
```

完成以后，回到 HTML5 文件，在 HTML5 文件中引入 CSS 文件，然后运行程序，可看到运行效果图如图 8.4 所示。

8.2.2 CSS3 新增背景属性

在 CSS3 中，新增了一些与背景相关的属性，分别是 background-clip、background-origin、background-size。下面具体介绍。

（1）指定背景的显示范围——background-clip

在 HTML5 页面中，一个具有背景的元素通常由元素的内容、内边距、边框、外边距构成，它们的结构如图 8.5 所示。

图 8.4　为登录页面插入背景图像

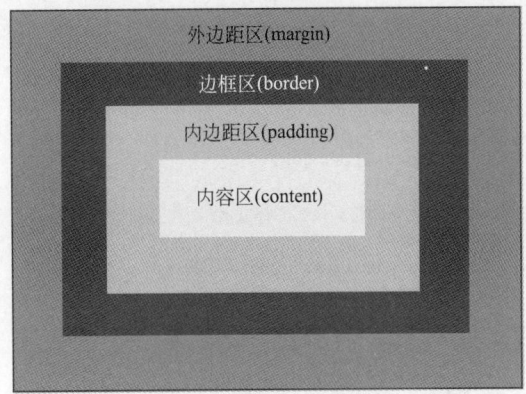

图 8.5　一个具有背景的元素结构示意

在 CSS2 中，背景的显示范围是指内边距之内的范围，不包括边框；而在 CSS 2.1 乃至 CSS3（默认情况下）中，背景的显示范围是指包括边框在内的范围。在 CSS3 中，可以使用 background-clip 来指定背景的覆盖范围，background-clip 属性的语法格式如下：

```
background-clip : border-box | padding-box | content-box | text
```

- border-box：从 border 区域（不含 border）开始向外裁剪背景。
- padding-box：从 padding 区域（不含 padding）开始向外裁剪背景。
- content-box：从 content 区域开始向外裁剪背景。

下面通过一个示例演示 background-clip 属性的作用。本示例实现为商品添加不同的背景效果。首先新建一个 HTML5 文件，在 HTML5 文件中，添加三个商品以及商品信息。具体代码如下：

```
01 <ul class="mr-box">
02     <li class="mr-li1">
03         <img src="images/1.png">
04         <p><a href="#"><span>¥</span>32.7</a><button type="button"> 立即购买 </button></p>
05     </li>
06     <li class="mr-li2">
07         <img src="images/1.png">
08         <p><a href="#"><span>¥</span>32.7</a><button type="button"> 立即购买 </button></p>
09     </li>
10     <li class="mr-li3">
11         <img src="images/1.png">
12         <p><a href="#"><span>¥</span>32.7</a><button type="button"> 立即购买 </button></p>
13     </li>
14 </ul>
```

然后新建 CSS 文件，在 CSS 文件中设置商品的样式。具体代码如下：

```
01 /* 设置列表项的样式 */
02 li {
03     float: left;
04     width: 200px;
05     height: 280px;
06     list-style: none;
07     padding: 20px;
08     text-align: center;
09     background-color: #F0F4C3;
10     border: 5px dashed #00ACC1;
11     margin-left: 20px;
12 }
13 /* 设置图片的内边距 */
14 li img {
```

8

```
15        padding: 10px 20px;
16    }
17  /* 设置价格前面的人民币符号的样式 */
18  li a span {
19        color: red;
20        font-size: 12px
21  }
22  /* 设置立即购买按钮的样式 */
23  button {
24        margin-left: 30px;
25        padding: 5px 10px;
26        background: #FFE082;
27        border: 1px solid #ff0000;
28        color: red;
29  }
30  /* 设置超链接的样式 */
31  li a {
32        padding-top: 8px;
33        text-decoration: none;
34        font-size: 16px;
35  }
```

接下来，分别为三个商品图片设置不同的 background-clip 属性，实现不同的背景效果。具体代码如下：

```
01  .mr-li1 {
02        background-clip: border-box;
03  }
04  .mr-li2 {
05        background-clip: padding-box;
06  }
07  .mr-li3 {
08        background-clip: content-box
09  }
```

完成以后，运行本示例，可以看到运行结果如图 8.6 所示。

（2）指定背景图像的起点——background-origin

在 CSS3 之前，背景图像的起点是从边框以内开始的，而在 CSS3 中，提供了 background-origin 属性，用于指定背景图像的起始点，也就是从哪里开始显示背景图像。background-origin 属性的语法格式如下：

background-origin : border-box | padding-box | content-box

❂ border-box：从 border 区域（含 border）开始显示背景图像。

❂ padding-box：从 padding 区域（含 padding）开始显示背景图像。

❂ content-box：从 content 区域开始显示背景图像。

例如，定义 3 个 <div> 标签，并且为这 3 个 <div> 标签设置不同的 background-origin 属性。关键代码如下：

```
01    <style>
02        .box {
03            width: 200px;
04            height: 200px;
05            float: left;
06            margin: 20px;
07            padding: 30px;
08            border: 5px dashed #4db6ac;
09            background: url("bg.png") no-repeat;
10        }
11        .bg1 {
12            background-origin: border-box;
```

```
13            }
14        .bg2 {
15            background-origin: content-box;
16        }
17        .bg3 {
18            background-origin: padding-box;
19        }
20    </style>
21 <div class="box bg1"></div>
22 <div class="box bg2"></div>
23 <div class="box bg3"></div>
```

本实例的运行结果如图 8.7 所示。

图 8.6　background-clip 的作用示例

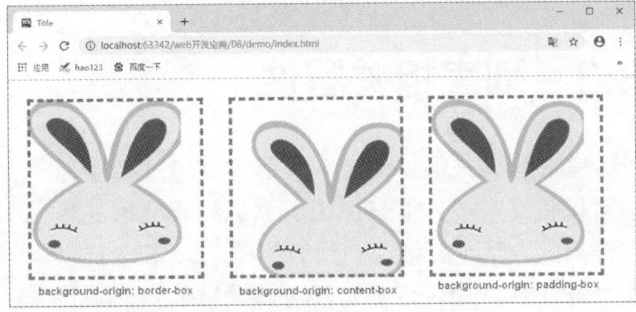

图 8.7　background-origin 属性示例

（3）指定背景图像的尺寸——background-size

在 CSS3 之前，设置的背景图像都是以原始尺寸显示的。不过，CSS3 提供了用于指定背景图像的 background-size 属性。background-size 属性的语法格式如下：

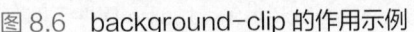
```
background-size : [ <length> | <percentage> | auto ] | cover | contain
```

- ♻ <length>：由浮点数字和单位标识符组成的长度值，不可为负值。该参数可以设置一个值，也可以设置两个值。如果只设置一个值，那么为宽度值，图像将进行等比例缩放，否则分别为宽度值和高度值。
- ♻ <percentage>：取值为 0% ～ 100% 之间的值，不可为负值。该参数可以设置一个值，也可以设置两个值。如果只设置一个值，那么为宽度的百分比，图像将进行等比例缩放，否则分别为宽度的百分比和高度的百分比。
- ♻ auto：背景图像的原始尺寸。
- ♻ cover：将背景图像等比缩放到完全覆盖容器，背景图像有可能超出容器。
- ♻ contain：将背景图像等比缩放到宽度或高度与容器的宽度或高度相等，背景图像始终被包含在容器内。

例如，定义 3 个 <div> 标签，并且为这 3 个 <div> 标签设置不同的 background-size 属性。代码如下：

```
01    <style>
02        .box {
03            width: 200px;
04            height: 200px;
05            float: left;
06            margin: 20px;
07            padding: 30px;
08            border: 5px dashed #4db6ac;
09            background: url("bg.png") no-repeat #e0f7fa;
10        }
11        .bg1 {
12            background-size: cover;
```

115

```
13            }
14        .bg2 {
15            background-size: contain;
16        }
17        .bg3 {
18            background-size: 50% 50%;
19        }
20    </style>
21 <div class="box bg1"></div>
22 <div class="box bg2"></div>
23 <div class="box bg3"></div>
```

本实例的运行结果如图 8.8 所示。

8.3 列表相关属性

HTML 语言中提供了列表标签，通过列表标签可以将文字或其他 HTML 元素以列表的形式依次排列。为了更好地控制列表的样式，CSS3 提供了一些属性，通过这些属性可以设置列表的项目符号的种类、图片以及排列位置等。下面仅列举列表中常用的 CSS 属性。

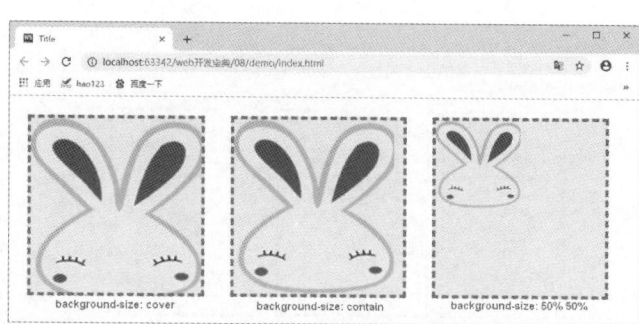

图 8.8　background-size 属性示例

- ↻ list-style：简写属性。用于将所有用于列表的属性设置于一个声明中。
- ↻ list-style-image：将图像设置为列表项标志。
- ↻ list-style-position：设置列表项标志的位置。
- ↻ list-style-type：设置列表项标志的类型。

更改鼠标悬停在二级导航菜单上时的列表项符号　👁 **实例位置：资源包 \Code\08\04**

实现购物商城的导航栏，并且使用 CSS3 中的相关列表属性添加列表项的项目图标以及美化页面。具体实现步骤如下。

① 首先，建立一个 HTML5 文件，在 HTML5 文件中添加无序列表标签，并且添加内容。具体代码如下：

```
94 <div class="cont">
95     <div class="top">
96         <ul>
97             <li> 商品分类 </li>
98             <li> 春节特卖 </li>
99             <li> 会员特价 </li>
100            <li> 鲜果时光 </li>
101            <li> 机友必看 </li>
102        </ul>
103    </div>
104    <div class="bottom">
105        <ul>
106            <li> 女装 / 内衣 </li>
107            <li> 男装 / 户外 </li>
108            <li> 女鞋 / 男鞋 </li>
109            <li> 手表 / 饰品 </li>
110            <li> 美妆 / 家居 </li>
```

```
111          <li> 零食 / 鲜果 </li>
112          <li> 电器 / 手机 </li>
113      </ul>
114   </div>
115 </div>
```

② 然后，建立一个 CSS 文件。在 CSS 文件中先设置页面整体的大小以及布局，然后分别设置横向导航栏以及侧边导航栏大小等样式。具体代码如下：

```
01 * {                                       /* 通配选择器，选中页面中所有标签 */
02    margin: 0;                             /* 清除页面中所有标签的外边距 */
03    padding: 0;                            /* 清除页面中所有标签的内边距 */
04 }
05 .cont {                                   /* 类选择器设置页面的整体样式 */
06    height: 400px;                         /* 设置页面的整体高度 */
07    width: 800px;                          /* 设置页面的整体宽度 */
08    margin: 0 auto;                        /* 使内容在页面中左右自适应 */
09    background: url("../img/bg.jpg") no-repeat;  /* 设置背景图片以及重复方式 */
10    background-size: 100% 100%;            /* 设置背景图片的尺寸 */
11 }
12 .top {                                    /* 设置上方导航栏的样式 */
13    height: 30px;                          /* 设置导航栏高度 */
14    background: #ff0000;                    /* 设置导航栏背景颜色 */
15    text-align: left;                      /* 设置列表对齐方式 */
16 }
17 .bottom {                                 /* 设置侧边导航栏的样式 */
18    width: 210px;                          /* 设置侧边导航栏的宽度 */
19    text-align: left;                      /* 设置侧边导航的对齐方式 */
20    margin-left: 10px;                     /* 设置向左的外边距 */
21 }
22 .top > :first-child {                     /* 单独设置导航栏中第一项的样式 */
23    width: 250px;                          /* 设置导航栏中第一项的宽度 */
24 }
```

③ 最后分别设置两个导航栏中列表项的样式以及鼠标悬停在二级导航菜单项上时的列表项符号。具体代码如下：

```
01 .top li {                                 /* 设置导航栏中其他列表项的样式 */
02    text-align: center;                    /* 文字的对齐方式 */
03    width: 130px;                          /* 其他列表项的宽度 */
04    list-style-type: none;                 /* 设置列表项的项目符号的类型 */
05    float: left;                           /* 设置列表项的浮动方式 */
06    line-height: 30px;                     /* 设置行高 */
07 }
08 .bottom li {                              /* 设置侧边导航的列表项的样式 */
09    text-align: center;                    /* 设置列表项中文字的对齐方式 */
10    height: 40px;                          /* 设置列表项的高度 */
11    list-style-image: url("../img/list1.png");  /* 设置列表项的图标 */
12    list-style-position: inside;           /* 设置列表项的图标的位置 */
13    border-radius: 10px;                   /* 设置列表项的圆角边框 */
14    margin-top: 5px;                       /* 设置列表项向上的外边距 */
15    border: 1px dashed red;                /* 设置边框样式 */
16 }
17 .bottom li:hover {                        /* 设置当鼠标滑过列表项的样式 */
18    list-style-image: url("../img/list2.png");  /* 设置列表项的项目符号 */
19    background: rgba(255, 255, 255, 0.5);  /* 设置背景颜色 */
20 }
```

编译完代码以后，在浏览器中运行 HTML5 文件，观看页面效果，如图 8.9 所示。

8.4　框模型

8.4.1　框模型概述

框模型（Box Model，也译作"盒模型"）是 CSS 非常重要的概念，也是比较抽象的概念。文档树中的元素都产生矩形的框（Box），这些框影响了元素内容之间的距离、元素内容的位置、背景图片的位置等，而浏览器根据视觉格式化模型（Visual Formatting Model）来将这些框布局成访问者看到的样子。CSS 框模型规定了元素框处理元素内容、内边距、边框和 外边距的方式。

图 8.10 就是框模型的一个示意图。从图中可以看到，元素框的最内部分是实际的内容，它有 width（宽度）和 height（高度）两个基本属性，第 7 章的示例中经常用到这两个属性，就不再过多解释。直接包围内容的是内边距。内边距呈现了元素的背景。内边距的边缘是边框。边框以外是外边距，外边距默认是透明的，因此不会遮挡其后的任何元素。

图 8.9　实现购物商城导航栏

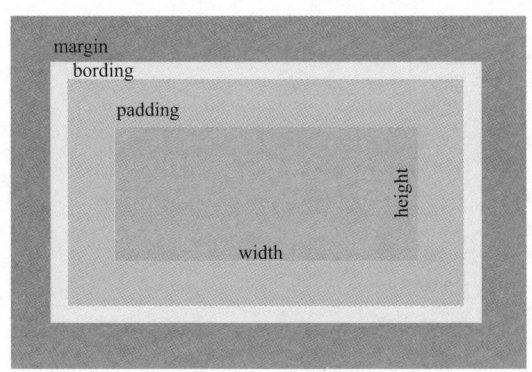

图 8.10　框模型

📑 **说明**

> 如果没有为元素设定这两个属性，它们的值就是 auto 关键字。auto 关键字会根据元素的类型自动调整其大小，例如，当我们设置 <div> 元素的宽高为 auto 时，其宽度将横跨所有的可用空间，而高度则是能够容纳元素内部所有内容的最小高度。

8.4.2　设置元素的大小

在图 8.10 中，最中间部分就是元素，元素的大小可以通过 width 和 height 来设置，其属性值可以是长度 + 单位，也可以是百分比。其中，width 用于设置元素的宽度；height 用于设置元素的高度。例如设置一个宽为 100 像素、高为 50 像素的 <div> 元素，代码如下：

```
116 div {
117     width: 100px;                          /* 宽度100 像素 */
118     height: 50px;                          /* 高度50 像素 */
119 }
```

8.4.3　设置外边距

外边距也就是对象与对象之间的距离，它主要由四部分组成，分别是 margin-top（上外边距）、

margin-right（右外边距）、margin-bottom（下外边距）、margin-left（左外边距）。这四部分既可以单独设置其中一个属性，也可以使用 margin 将四个属性一起设置。当只需要单独设置某一个外边距时，以上边距为例，语法如下。

```
margin-top:<length>| auto |;
```

- ⮂ auto：表示默认的外边距。
- ⮂ length：使用百分比或者长度数值表示上边距。

如果需要同时设置上、下、左、右四个外边距的值时，可以通过 margin 属性简写，简写时有四种表达方式，下面一一讲解。

（1）只设置一个外边距的值

当 margin 只有一个属性值时，语法如下。

```
margin: 5px;
```

语法中的"5px"就表示，上、下、左、右这四个外边距的值都为 5 像素。相当于下面的表达方式：

```
120 margin-top: 5px;
121 margin-right: 5px;
122 margin-bottom: 5px;
123 margin-left: 5px;
```

（2）设置两个外边距的值

当 margin 有两个属性值时，语法如下。

```
margin: 5px 10px;
```

上面的语法中，两个属性值以空格间隔开，其含义为该元素的上下外边距为 5 像素，左右外边距为 10 像素。相当于下面的表达方式：

```
124 margin-top: 5px;
125 margin-right: 10px;
126 margin-bottom: 5px;
127 margin-left: 10px;
```

（3）设置三个外边距的值

当 margin 有三个属性值时，语法如下。

```
margin: 5px 10px 15px;
```

上面的语法中，三个属性值同样以空格间隔开，其含义为该元素的上外边距为 5 像素，左右外边距为 15 像素，下外边距为 10 像素。相当于下面的表达方式：

```
128 margin-top: 5px;
129 margin-right: 15px;
130 margin-bottom:: 10px;
131 margin-left 15px;
```

（4）设置四个外边距的值

当 margin 有四个属性值时，语法如下。

```
margin: 5px 10px 15px 20px;
```

当 margin 有四个属性值时，它表示从顶端开始，按照逆时针的顺序，依次描述各外边距的值，也就是依次设置上、右、下、左四个外边距的值。相当于下面的表达方式：

```
132  margin-top: 5px;
133  margin-right: 10px;
134  margin-bottom: 15px;
135  margin-left: 20px;
```

实例 8.5　　　　　　　　　　**实现对 vivo 系列手机**　　　◉ **实例位置：资源包 \Code\08\05**
儿童模式的介绍

实现对 vivo 系列手机儿童模式的介绍，首先需要在 HTML5 页面中添加页面的基本内容，然后通过 CSS 对页面中的内容进行美化和合理布局。在 HTML5 页面中添加内容的 HTML 代码如下：

```
01 <div class="cont">
02     <dl>
03         <dt> 儿童模式 </dt>
04         <dd> 日常生活中不可避免地会有小孩喜欢玩大人手机的情况，X9s/X9s Plus 的儿童模式为家长提供了贴心的解决方案，减少儿童使用手机的担忧和困扰。</dd>
05     </dl>
06     <div><img src="img/phone1.png" alt=""> </div>
07 </div>
```

在 CSS 页面中，首先清除元素默认的内外边距，然后重新设置文字以及图片等的样式。具体代码如下：

```
01 *{
02     padding: 0;
03     margin: 0
04 }
05 .cont{                                        /* 类选择器设置页面的整体样式 */
06     width: 1388px;                            /* 设置页面整体宽度为 536 像素 */
07     height: 840px;                            /* 设置页面整体高度为 800 像素 */
08     margin:0 auto;                            /* 设置页面外边距上下为 0，左右自适应 */
09     background: url("../img/bg1.jpg");        /* 为页面设置背景图片 */
10 }
11 dl{                                           /* 设置文本部分的样式 */
12 margin: 320px 0px 0 300px;                    /* 设置文本部分的外边距 */
13 }
14 dl,.cont div{                                 /* 设置文本和图片的样式 */
15     float: left;                              /* 设置其浮动方式，使它们在一行显示 */
16 }
17 dl dt{                                        /* 设置文本标题的样式 */
18     font-size: 35px;                          /* 设置字体 */
19     height: 50px;                             /* 设置高度 */
20     line-height: 50px;                        /* 设置行高 */
21     color: #000;                              /* 设置字体颜色 */
22 }
23 dl dd{                                        /* 设置文本内容的样式 */
24     width: 284px;                             /* 设置文本的宽度 */
25     font-size: 18px;                          /* 设置字体大小 */
26     line-height: 25px;                        /* 设置文本的行间距 */
27 }
28 img{
29     width: 531px;
30     height: 572px;
31 }
32 .cont div{                                    /* 设置图片部分的样式 */
33     margin: 40px 0px 0px 160px;               /* 添加外边距 */
34 }
```

完成代码以后，在浏览器中运行 HTML5 文件，运行效果如图 8.11 所示。

8.4.4 设置内边距

内边距也就是对象的内容与对象边框之间的距离，它可以通过 padding 属性进行设置。它同样有 padding-top、padding-right、paddin-bottom 以及 padding- left 这四个属性值，当然，设置内边距的方法与设置外边距的方法相同，既可以单独设置某个方向的内边距，也可以简写，从而设置多个方向的内边距，此处不再重复讲解。下面通过一个实例演示内边距的使用。

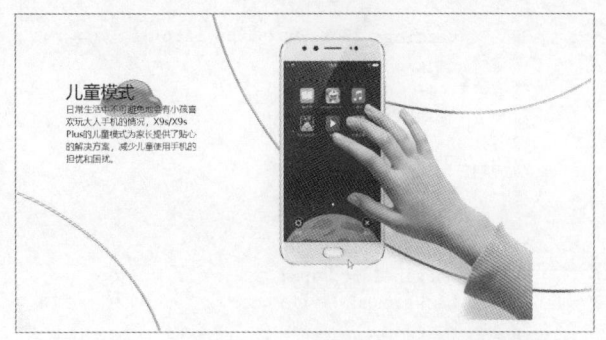

图 8.11　实现对 vivo 系列手机儿童模式的介绍

 **实例 8.6**　　　　**制作手机商城中的
新品专区页面**　　👁 **实例位置：资源包 \Code\08\06**

制作手机商城中的新品专区页面，需要合理地结合使用外边距 margin 和内边距 padding 来改变文字以及图片在网页中的位置。具体步骤如下：

① 在 HTML5 页面中，通过定义列表以及 <h1> 标题标签添加页面中的文字和图片。具体代码如下：

```
35 <div class="cont">
36     <h1> 新品专区 </h1>
37     <div class="bottom">
38         <dl>
39             <dt><img src="img/phone1.jpg" alt=""> </dt>
40             <dd>X9s 活力蓝 </dd>
41             <dd> 活力蓝新配色，预定好礼 </dd>
42             <dd>¥2698</dd>
43         </dl>
44         <dl>
45             <dt><img src="img/phone2.jpg" alt=""> </dt>
46             <dd>X9s 活力蓝 </dd>
47             <dd> 活力蓝新配色，预定好礼 </dd>
48             <dd>¥2698</dd>
49         </dl>
50         <dl>
51             <dt><img src="img/phone3.png" alt=""> </dt>
52             <dd>X9s plus 全网通 </dd>
53             <dd> 耳返 K 歌，护眼模式 </dd>
54             <dd>¥2998</dd>
55         </dl>
56     </div>
57 </div>
```

② 在 CSS 页面中，设置页面的整体样式，并且通过外边距调整定义列表之间的距离，通过内边距调整商品信息中的文字在定义列表中的位置。具体代码如下：

```
58 *{                                        /* 清除文档中默认的内外边距 */
59     padding: 0;
60     margin: 0
61 }
62 .cont{                                     /* 设置页面的整体样式 */
63     width: 1200px;                         /* 设置页面的整体宽度 */
64     height: 620px;                         /* 设置页面的整体高度 */
65     margin: 0 auto;                        /* 设置页面的整体外边距 */
66     background: rgb(220,255,255);          /* 设置整体的背景颜色 */
67 }
68 h1{                                        /* 设置标题样式 */
```

```
69      padding: 30px 50px 30px 525px;                    /* 设置标题文字的内边距 */
70  }
71  .bottom{                                               /* 设置手机部分的整体样式 */
72      height: 500px;                                     /* 设置其高度 */
73  }
74  dl{                                                    /* 设置每一个手机部分的样式 */
75      float: left;                                       /* 设置浮动为左浮动 */
76      height: 511px;                                     /* 设置高度 */
77      width: 394px;                                      /* 设置宽度 */
78      margin-left: 4px;                                  /* 设置想做的外边距 */
79      background: #fff;                                  /* 设置背景颜色 */
80  }
81  dd{                                                    /* 设置文字介绍部分的样式 */
82      border: 1px dashed #10bf70;                        /* 添加边框样式 */
83      border-radius: 10px;                               /* 设置圆角边框 */
84      padding: 10px 90px;                                /* 设置文字的内边距 */
85      margin: 5px;                                       /* 设置文字的外边距 */
86  }
87  img{
88      width: 250px;                                      /* 设置图片大小 */
89      padding: 50px 65px;                                /* 设置图片的内边距 */
90  }
```

编译完代码以后，在浏览器中运行 HTML5 页面，可以看到运行效果如图 8.12 所示。

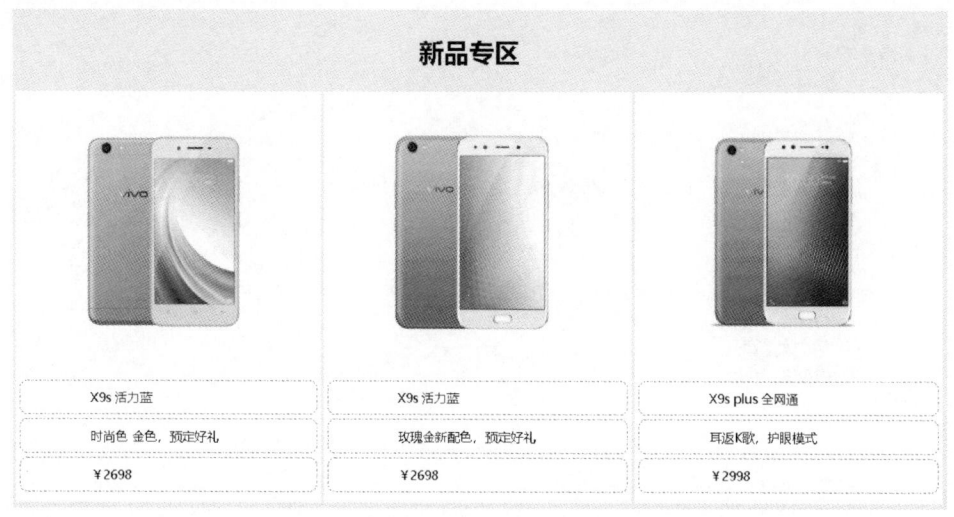

图 8.12　新品专区页面

💡 **注意**

与外边距不同的是，关键字 auto 对 padding 属性是不起作用的。另外，padding 属性不接受负值，而 margin 可以。

8.4.5　设置边框

设置边框的属性，主要通过设置边框颜色（border-color）、边框样式（border-style）以及边框宽度（border-width）来完成。

（1）边框的颜色属性 border-color

设置边框的颜色需要使用 border-color 属性来实现。可以将四条边设置为相同的颜色，也可以设置为不同的颜色。当设置元素的边框为相同颜色时，语法格式如下：

```
border-color: color;
```

该属性的属性值为颜色名称或是表示颜色的 RGB 值。例如，红色可以用 red 表示，也可以用 #FF0000、#f00 或 rgb(255,0,0) 表示。建议使用 #rrggbb、#rgb、rgb() 等表示的 RGB 值。

当然，如果为不同的边框设置不同的颜色值，其语法与外边距的语法类似。这里仅列举有四个边框的颜色值时的用法，如下所示：

```
border-color:#f00 #0f0 #00f #0ff;
```

上面这行代码依次设置了上、右、下以及左边框的颜色。这行代码也可以写成下面这种形式：

```
91 border-top-color: #f00;
92 border-right-color: #0f0;
93 border-bottom-color: #00f;
94 border-left-color: #0ff;
```

(2) 边框样式属性 border-style

边框的样式属性主要用来设置边框的样式。它的语法格式如下：

```
border-style: dashed|dotted|double|groove|hidden|inset|outset|ridge|solid|none;
```

其属性值的含义如表 8.4 所示。

表 8.4　border-style 属性值的含义

属性值	含义
dashed	边框样式为虚线
dotted	边框样式为点线
double	边框样式为双线
groove	边框样式为 3D 凹槽
hidden	隐藏边框
inset	设置线条样式为 3D 凹边
outset	设置线条样式为 3D 凸边
ridge	设置线条样式为菱形边框
solid	设置线条样式为实线
none	没有边框

例如，图 8.13 展示了部分线条样式。

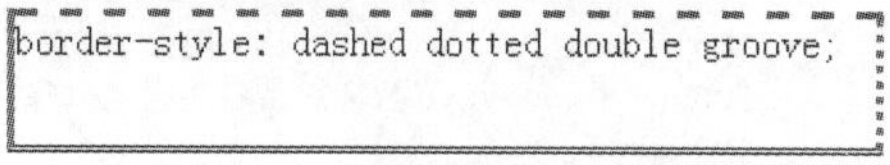

```
border-style: dashed dotted double groove;
```

图 8.13　部分线条样式示意

 说明

虽然表 8.4 列举了多种线条样式，但是部分线条样式目前浏览器还不支持，当浏览器不支持该线条样式时，就会将线条样式显示为实线。

(3) 边框的宽度属性 border-width

设置边框宽度主要依赖 border-width 属性。其语法格式如下：

```
border-width:medium|thin|thick|length
```

↻ medium: 默认边框宽度。
↻ thin: 比默认边框宽度窄。
↻ thick: 比默认边框宽度宽。

↻ length: 指定具体的线条宽度。

⚡ **注意**

> border-color 属性只有在设置了 border-style 属性，并且 border-style 属性值不为 none，而且 border-width 属性值不为 0 像素时，边框才有效，否则不显示边框。

当然，除了前面这样单独设置线条的颜色、样式和宽度以外，还可以通过 border 属性综合设置线条所有属性。综合设置其属性时，语法如下：

```
border : border-width border-style border-color;
```

上面的语法中，各属性之间以空格间隔并且无顺序性。要特别注意，这种方法所定义的是元素四条边框的统一样式，如果要单独设置某条边框的样式，以上边框为例，语法如下：

```
border-top : border-width border-style border-color;
```

实例 8.7 **制作购物商城中的商品列表页面** 👁 **实例位置：资源包 \Code\08\07**

本实例为综合实例，通过运用 CSS 中浮动、内外边距以及边框等属性实现购物商城中商品列表页面的美化。具体实现步骤如下：

①首先，建立一个 HTML5 文件，在该文件中添加 <div> 标签，以便于在 CSS3 中实现页面的整体布局，然后在 <div> 通过定义列表和图片标签添加文字。下面仅列举了向第一个定义列表中添加内容的代码，其余三部分代码与此类似。第一部分代码如下：

```
95 <div class="cont">
96 <dl>
97    <dt><img src="img/phone1.jpg" alt=""> </dt>
98    <dd>
99        <img src="img/phones1.jpg" alt="">
100        <img src="img/phones2.jpg" alt="">
101        <img src="img/phones3.jpg" alt="">
102        <img src="img/phones4.jpg" alt="">
103    </dd>
104    <dd class="price">¥2998</dd>
105    <dd>vivo X9s Plus 前置 2000 万双摄 </dd>
106    <dd>vivo 智轩优品专卖店 </dd>
107 </dl>
```

②然后，建立一个 CSS 文件，在 CSS 文件中输入代码，实现设置文本以及图片的样式。具体代码如下：

```
108 .cont{
109    width: 1120px;                /* 设置页面的总体宽度 */
110    height: 400px;               /* 设置页面的总体高度 */
111    margin: 0 auto;              /* 设置页面的总体外边距 */
112    border: 2px solid red;       /* 设置总体页面的边框，设置 4 条边框的样式相同 */
113 }
114 dl{
115    width: 265px;                /* 设置每一个商品列表的宽度 */
116    height: 393px;               /* 设置每一个商品列表的高度 */
117    text-align: center;          /* 设置文字的对齐方式 */
118    float: left;                 /* 设置浮动方式 */
119    margin: 5px;                 /* 设置商品列表的外边距 */
120 }
```

```
121 dl:hover{                                              /* 设置当鼠标滑过商品列表的样式 */
122     border: 2px solid #447BD3;                         /* 设置边框样式 */
123 }
124 dl dt img{                                             /* 设置商品图片的样式 */
125     margin-top: 20px;;                                 /* 设置向上的外边距 */
126     height: 210px;                                     /* 设置商品图片大小 */
127 }
128 dl dd{                                                 /* 设置文字的总体样式 */
129     text-align: left;                                  /* 设置文字的总体样式 */
130     margin: 8px 20px 8px;                              /* 设置外边距 */
131     border-bottom: 1px solid #fff;                     /* 设置底部边框的样式 */
132 }
133 dl dd img{                                             /* 设置小图标的样式 */
134     height: 35px;                                      /* 设置小图标的大小 */
135     padding: 5px;                                      /* 设置图片的内边距 */
136     border:2px solid #fff ;                            /* 设置小图标边框 */
137 }
138 dl dd img:hover{                                       /* 设置当鼠标滑过小图标时的样式 */
139     border-style: solid dashed ;                       /* 设置边框样式 */
140     border-color:#00f #f0f;                            /* 设置边框颜色 */
141 }
142 .price~dd:hover{                                       /* 设置鼠标滑过价格后面的文字的样式 */
143     border-bottom: 2px solid #00f;                     /* 设置下边框的样式 */
144 }
145 .price{                                                /* 设置价格文字的样式 */
146     color: red;                                        /* 设置字体颜色 */
147     font-size: 20px;                                   /* 设置文字大小 */
148 }
149 .price:first-letter{                                   /* 设置价格符号的样式 */
150     font-size: 12px;                                   /* 设置字体大小 */
151 }
```

完成代码以后，在浏览器中运行 HTML5 文件，运行效果如图 8.14 所示。当鼠标放置在第一部分时，第一部分就会出现一个整体的蓝色边框，并且当鼠标放置在手机小图标上时，小图标就会出现边框，并且左右边框为粉色虚线，上下边框为蓝色实线。

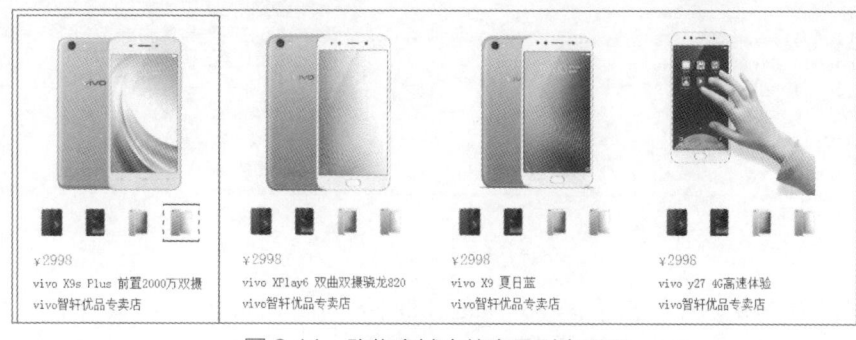

图 8.14　购物商城中的商品列表页面

8.5　定位相关属性

CSS3 提供了一些用于设置对象位置的属性。这些属性可指定对象的定位方式、层叠顺序，以及与其父对象顶部、底部、左侧和右侧的距离。下面将分别介绍这些属性。

8.5.1　设置元素的位置

在一个网页中，任何一个元素都被文本限制了自身的位置。但是通过 CSS3 可以改变这些元素的位置。CSS 定位简单来说，就是利用 position 属性使元素出现在定义的位置上。

定位的思想很简单，可以将元素框定义在其正常应该出现的位置，或者相对于某一元素的特定位置，甚至是想让其出现的任意位置。

定义元素的位置，简单来说需要两步，第 1 步就是通过 position 来设置定位方式，第 2 步就是设置元素的位置。下面具体介绍。

（1）设置定位方式

CSS3 提供了用于设置定位方式的属性——position。position 属性的语法格式如下：

```
01 position : static | absolute | fixed | relative;
```

- ♻ static：无特殊定位，对象遵循 HTML 定位规则。使用该属性值时，top、right、bottom 和 left 等属性设置无效。
- ♻ absolute：绝对定位，使用 top、right、bottom 和 left 等属性指定绝对位置。使用该属性值可以使对象漂浮于页面之上。
- ♻ fixed：固定定位，且对象位置固定，不随滚动条移动而改变位置；
- ♻ relative：相对定位，遵循 HTML 定位规则，并由 top、right、bottom 和 left 等属性决定位置。

（2）设置元素的位置

设置了元素的定位方式以后，接下来就可以设置元素的具体位置了。设置元素的位置主要通过以下属性：

- ♻ top: 设置元素的上外边距边界与其包含块上边界之间的偏移。
- ♻ left: 设置元素的左外边距边界与其包含块左边界之间的偏移。
- ♻ bottom: 设置元素的下外边距边界与其包含块下边界之间的偏移。
- ♻ right: 一个定位元素的右外边距边界与其包含块右边界之间的偏移。

例如，在网页中定义一个 <div>，并且不管浏览器窗口多大，其始终显示在浏览器的正中央。代码如下：

```
01 .box {
136     width: 40%;              /* 宽度占页面宽度的 40%*/
137     height: 40%;             /* 高度占页面高度的 40%*/
138     background: #4caf50;     /* 设置背景颜色 */
139     position: absolute;      /* 设置定位方式为绝对定位 */
140     top:30%;                 /* 设置距离顶部 30%*/
141     left:30%;                /* 设置距离左侧部 30%*/
142 }
```

📑 说明

> 设置元素的具体位置时，并非 top、left、bottom、right 这四个属性缺一不可，例如上面的示例代码就只设置了 top 属性和 left 属性。

实例 8.8　　　　实现鼠标滑过垂直菜单时，👁 实例位置：资源包 \Code\08\08
　　　　　　　　展开对应的内容

在商城主页，应用相对定位设置 <div> 标签的定位方式，当鼠标滑动到每个选项时，相应的内容就会呈现出来。实现原理就是在 <div> 标签上设置相对定位，并且设置其父标签 <li> 为相对定位。具体步骤如下：

① 在 HTML5 页面中添加垂直菜单，并且添加垂直菜单的隐藏内容。关键代码如下：

```
01 <ul class="mr-shop">
02     <li> 女装 / 内衣
03         <div class="mr-shop-items">
04             <div class="mr-item"><img src="images1/2.jpg">
05                 <p>【黑色上市】Huawei/ 华为 Mate 9 32/64GB4G 智能手机限量抢 </p>
06                 <p> 华为官方旗舰店 </p>
07             </div>
08         </div>
09     </li>
10     <!-- 省略相似其余列表项的代码 -->
11 </ul>
```

② 在 CSS 文件中设置列表菜单的样式，以及设置鼠标悬停时，展开对应的内容。具体代码如下：

```
01 .mr-shop {
02     width: 750px;
03     height: 360px;
04     margin: 0 auto;
05     padding: 0;
06     border: 2px solid red;
07     background: url(../images1/1.jpg) no-repeat 200px 0;
08     background-size: 90% 100%;
09 }
10 .mr-shop li:hover {
11     background: #D8CACA;
12 }
13 li {
14     list-style: none;                          /* 垂直列表项的样式 */
15     width: 202px;
16     height: 36px;
17     text-align: center;
18     background: #ddd;
19     font: bold 16px/36px "";
20     position: relative;
21 }
22 .mr-shop li .mr-shop-items {                   /* 设置隐藏内容的样式 */
23     padding-top: 20px;
24     width: 548px;
25     height: 280px;
26     background: #eee;
27     line-height: 20px;
28     position: relative;
29     left: 202px;
30     top: -31px;
31     display: none;
32     font-size: 14px;
33 }
34 .mr-item img {
35     width: 160px;                              /* 设置图片的宽度，告诉等比例缩放 */
36 }
37 .mr-shop li:hover .mr-shop-items {
38     display: block;                            /* 当鼠标悬停时，显示内容 */
39 }
```

完成代码后，在浏览器中运行代码，效果如图 8.15 所示。

8.5.2 设置元素的浮动

float 是 CSS 样式中的定位属性，用于设置标签对象（如 :<div> 标签盒子、<span> 标签、<a> 标签、<em> 标签等 HTML 标签）的浮动布局。浮动也就是我们所说的标签对象浮动居左靠左 (float:left) 和浮动居右靠右（float:right）。

8

图 8.15　相对定位使用实例

实例 8.9　　　在商品详情页面，<li> 标签 ◉ 实例位置：资源包 \Code\08\09
设置向左浮动

通过前面的学习，大家知道 <li> 是块级元素，正常情况下是单独显示在一行中的，那么本实例将通过浮动将多个 <li> 元素显示在一行。新建一个 HTML5 文件，在文件中使用无序列表，添加商品图片。具体代码如下：

```
01 <ul class="mr-box">
02     <li><img src="images/1.jpg"></li>
03     <li><img src="images/2.jpg"></li>
04     <li><img src="images/3.jpg"></li>
05     <li><img src="images/4.jpg"></li>
06     <li><img src="images/5.jpg"></li>
07     <li><img src="images/6.jpg"></li>
08     <li><img src="images/7.jpg"></li>
09     <li><img src="images/8.jpg"></li>
10 </ul>
```

然后在 CSS 文件中设置列表项以及商品图片等的样式。具体代码如下：

```
01 * {
02     margin: 0;
03     padding: 0;
04 }
05 .mr-box {                                        /* 设置整体大小 */
06     width: 1000px;
07     height: 500px;
08     padding-left: 20px;
09     margin:0 auto;
10     background: #f3f0f0;
11     border: 2px solid red;
12 }
13 .mr-box li {                                     /* 设置列表项 */
14     list-style: none;
15     float: left;                                 /* 设置浮动方向 */
16     width: 230px;
17     height: 230px;
18     margin: 20px 20px 0 0;                       /* 距左边外边距 */
19   }
20 .mr-box li img {                                 /* 设置图像 */
21     width: 220px;
22     height: 220px;
23 }
```

最后，运行本实例，可以看到结果如图 8.16 所示。

8.6 综合案例——制作换季换新机促销页面

本章讲解了 CSS3 常见属性包括文本、背景、列表、框模型以及定位等属性，接下来使用这些属性来制作一个网页。（实例位置：资源包 \Code\08\10\ 综合案例）

8.6.1 案例分析

首先来看案例的运行效果图，如图 8.17 所示。该页面主要有三大模块，分别为左侧一个模块和右侧两个模块。要将左侧和右侧并排显示，需要使用浮动（float）属性。每一个模块都有一个背景图像，而背景图像上层是一个半透明的背景颜色，这些都需要通过背景（background）属性来设置，而文字的白色背景也是如此。各模块中的文字样式则需要使用到文字和文本相关属性。

图 8.16　设置列表项向左浮动

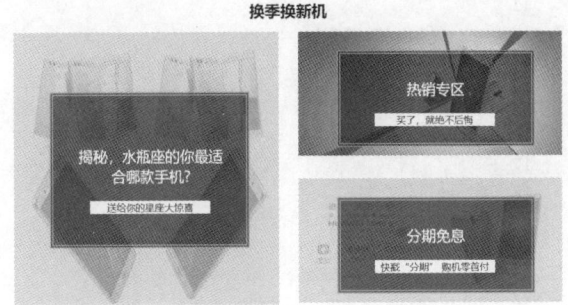

图 8.17　新季换新机促销页面

8.6.2 案例实现

对页面的结构和知识点进行分析以后，接下来实现这个页面。具体步骤如下：
① 在 HTML5 页面中引入 CSS 文件，然后添加页面的内容。具体代码如下：

```
143 <div class="mr-cont">
144     <h1> 换季换新机 </h1>
145     <div class="cont">
146         <!--    左边内容 -->
147         <div class="mr-left">
148             <div class="match">
149                 <p class="txt1 lin1"> 揭秘，水瓶座的你最适合哪款手机 ?</p>
150                 <p class="txt2"> 送给你的星座大惊喜 </p>
151             </div>
152         </div>
153         <!--    右边内容 -->
154         <div class="mr-right">
155             <!--    右边上面部分 " 热销专区 "-->
156             <div class="hot">
157                 <div>
158                     <p class="txt1 lin2"> 热销专区 </p>
159                     <p class="txt2"> 买了，就绝不后悔 </p>
160                 </div>
161             </div>
162             <!--    右边下面部分分期免息 -->
163             <div class="gift">
164                 <div>
165                     <p class="txt1 lin2"> 分期免息 </p>
```

```
166                         <p class="txt2">快戳 " 分期 " 购机零首付 </p>
167                 </div>
168             </div>
169         </div>
170     </div>
171 </div>
```

② 添加 CSS 代码，设置页面内容的布局和背景等样式。具体代码如下：

```
01 /* 页面整体大小 */
02 .mr-cont{
03     width: 1200px;
04     height: 635px;
05     margin: 0 auto;
06     text-align: center;
07 }
08 .cont{
09     margin: 20px;
10 }
11 /* 左右边内容的公共样式 */
12 .mr-left,.mr-right{
13     float: left;                                   /* 设置左浮动 */
14     height: 550px;                                 /* 设置大小 */
15     width: 550px;
16     margin: 0 10px;                                /* 设置外边距 */
17 }
18 .mr-left{                                          /* 左边内容的背景图片 */
19     background: url(../image/l1.jpg);
20 }
21 /* 右边上下两部分的公共样式 */
22 .hot,.gift{
23     height: 250px;
24     width: 550px;
25     position: relative;                            /* 定位方式为相对定位 */
26     margin-left: 20px;                             /* 设置左边距 */
27 }
28 .hot{                                              /* 为右上边内容添加背景图片 */
29     background: url(../image/r1.jpg);
30 }
31 .gift{                                             /* 右下边内容的外边距以及背景图片 */
32     margin-top: 45px;
33     background: url(../image/r2.jpg);
34 }
35 /* 左边正文内容样式 */
36 .match{
37     height: 300px;                                 /* 设置大小 */
38     width: 400px;
39     margin: 120px 75px;                            /* 设置外边距 */
40     border: double 7px rgba(255,255,255,0.5);      /* 设置线条 */
41     background: rgba(0,0,0,0.5);                    /* 设置背景颜色 */
42 }
43 /* 右边两部分内容的公共样式 */
44 .hot div,.gift div{
45     height: 180px;                                 /* 设置大小 */
46     width: 400px;
47     position: absolute;                            /* 设置定位方式为绝对定位 */
48     top: 38px;
49     left: 80px;
50     border: double 7px rgba(255,255,255,0.5);      /* 设置边框 */
51     background: rgba(0,0,0,0.5);                    /* 设置背景图片 */
52 }
53 /* 设置左右边标题样式 */
54 .txt1{
55     font-size: 30px;                               /* 设置字体 */
```

```
56      color: #fff;                                    /* 设置字体颜色 */
57      width: 300px;                                   /* 设置宽度 */
58  }
59  .lin1{
60      padding: 18% 13% 0;
61  }
62  .lin2{
63      padding: 5% 13% 0;
64  }
65  .txt2{
66      background: #fff;                               /* 左右边内容的公共样式 */
67      font-size: 20px;                                /* 左右边内容的公共样式 */
68      width: 250px;                                   /* 左右边内容的公共样式 */
69      margin-left: 75px;                              /* 左右边内容的公共样式 */
70  }
```

8.7 实战练习

使用本章所学知识，制作一个含有二级导航菜单的导航，并且鼠标悬停在一级菜单的菜单项上时，自动显示子菜单项。具体效果如图 8.18 所示。(实例位置：资源包 \Code\08\11\ 实战练习)

图 8.18　含有二级导航菜单的导航

▽ 小结

本章主要讲解了如何设置文本、背景以及页面布局等相关知识点。首先讲解了字体和文本的相关属性，接着介绍了背景图像的设置和列表的使用，然后讲解了框模型，最后介绍了定位相关知识。学习的过程中希望大家多学多练，学以致用。

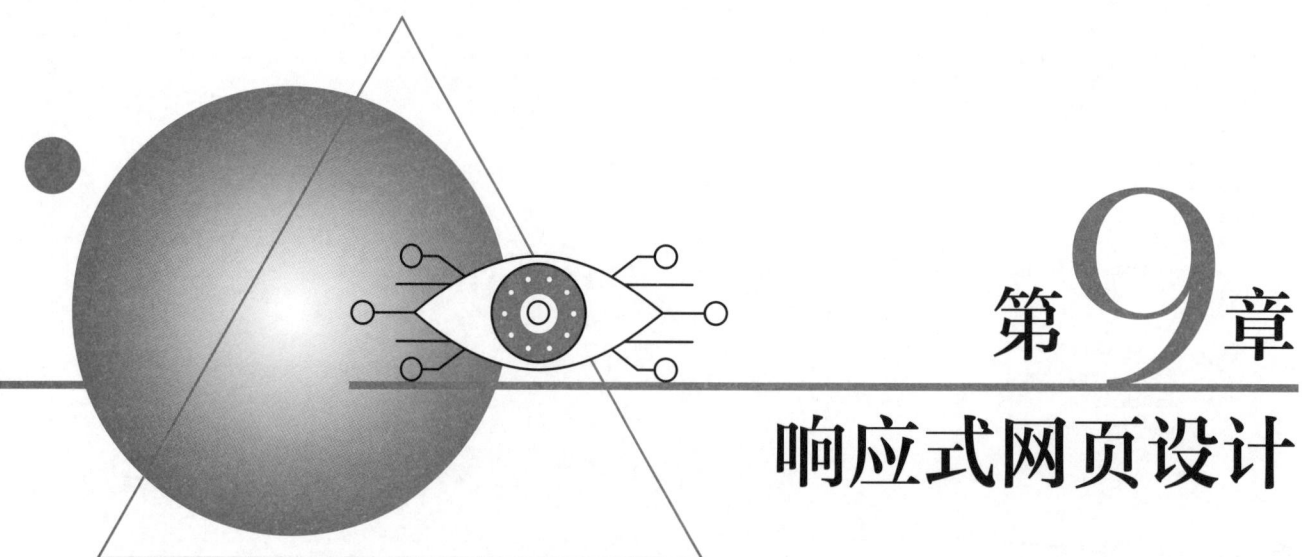

第 9 章
响应式网页设计

扫码领取
· 教学视频
· 配套源码
· 练习答案
· ……

响应式网页设计 (Responsive Web Design) 指的是，网页设计应根据设备环境（屏幕尺寸、屏幕定向、系统平台等）以及用户行为（改变窗口大小等）进行相应的响应和调整。具体的实践方式由多方面组成，包括弹性网格和布局、图片和 CSS 媒体查询的使用等。无论用户正在使用台式电脑还是智能手机，无论屏幕是大屏还是小屏，网页都应该能自动响应式布局，适应不同设备，为用户提供良好的使用体验。

9.1 响应式网页设计概述

9.1.1 响应式网页设计的概念

响应式网页设计是目前流行的一种网页设计形式，主要特色是页面布局能根据不同设备（平板电脑、台式电脑或智能手机）使内容适应性地展示，从而使用户在不同设备中都能够友好地浏览网页内容。

响应式设计针对 PC、iPhone、Android 和 iPad，实现了在智能手机和平板电脑等多种智能移动终端流畅的浏览效果，防止页面变形，能够使页面自动切换分辨率、图片尺寸及相关脚本功能等，以适应不同设备，并可在不同浏览终端进行网站数据的同步更新，可以为不同终端的用户提供更加舒适的界面和更好的用户体验。本章以本书的综合案例——51 购商城为例，设计并实现了响应式网页布局，主页的界面效果如图 9.1 所示。

9.1.2 响应式网页设计的优缺点

响应式网页设计是最近几年流行的前端技术，在提升用户使用体验的同时，也有自身的不足。下面做简单介绍。

图 9.1　51 购商城主页界面（PC 端和移动端）

（1）优点

① 对用户友好。响应式设计可以向用户提供友好的网页界面，可以适应几乎所有设备的屏幕。

② 后台数据库统一。在电脑 PC 端编辑了网站内容后，手机和平板等智能移动浏览终端能够同步显示修改之后的内容，网站数据的管理能够更加及时和便捷。

③ 方便维护。如果开发一个独立的移动端网站和 PC 端网站，无疑增加更多的网站维护工作。但如果只设计一个响应式网站，维护的成本将会很小。

（2）缺点

① 增加加载时间。在响应式网页设计中，增加了很多检测设备特性的代码，如设备的宽度、分辨率和设备类型等内容，同样也增加了页面读取代码的加载时间。

② 耗时。比起开发一个仅适配 PC 端的网站，开发响应式网站的确是一项耗时的工作。因为考虑设计的因素会更多，如各个设备中网页布局的设计、图片在不同终端中大小的处理等。

9.1.3　响应式网页设计的技术原理

① <meta> 标签。位于文档的头部，不包含任何内容。<meta> 标签是对网站发展非常重要的标签，它可以用于鉴别作者、设定页面格式、标注内容提要和关键字，以及刷新页面等；它回应给浏览器一些有用的信息，以帮助正确和精确地显示网页内容。

② 使用媒体查询（也称媒介查询）适配对应样式。通过不同的媒体类型和条件定义样式表规则，获取的值可以设置设备的手持方向（水平还是垂直）、设备的分辨率等。

③ 使用第三方框架。如使用 Bootstrap 框架，更快捷地实现网页的响应式设计。

📃 **说明**

Bootstrap 框架是基于 HTML5 和 CSS3 开发的响应式前端框架，包含了丰富的网页组件，如下拉菜单、按钮组件、下拉菜单组件和导航组件等。

9.2　像素和屏幕分辨率

响应式设计的关键是适配不同类型的终端显示设备。在讲解响应式设计技术之前，了解物理设备中关于屏幕适配的常用术语，如像素、屏幕分辨率、设备像素和 CSS 像素等，有助于理解响应式设计的实现过程。

9.2.1　像素和屏幕分辨率

像素，全称为图像元素，表示数字图像中的一个最小单位。像素是尺寸单位，而不是画质单位。对一张数字图片放大数倍，会发现图像都是由许多色彩相近的小方点所组成的。51 购商城的 logo 图片放大后，效果如图 9.2 所示。

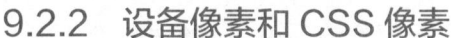

图 9.2　51 购商城 logo 的放大界面

屏幕分辨率，就是屏幕上显示的像素个数，以水平分辨率和垂直分辨率来衡量大小。屏幕分辨率低时（例如 640×480），在屏幕上显示的像素少，但尺寸比较大。屏幕分辨率高时（例如 1600×1200），在屏幕上显示的像素多，但尺寸比较小。分辨率 1600×1200 的意思是水平方向含有像素数为 1600 个，垂直方向像素数 1200 个。屏幕尺寸一样的情况下，分辨率越高，显示效果就越精细和细腻。手机屏幕分辨率示意图如图 9.3 所示。

9.2.2　设备像素和 CSS 像素

（1）设备像素

设备像素是物理概念，指的是设备中使用的物理像素。如 iPhone 5 的屏幕分辨率 640×1136px。衡量一个物理设备屏幕分辨率的高低，使用 ppi，即像素密度。表示每英寸所拥有的像素数目。ppi 的数值越高，代表屏幕能以更高的密度显示图像。1in 等于 2.54cm，iPad 的宽度为 9.7in，则可以大致想象 1in 的大小了。表 9.1 列出了常见机型的设备参数信息。

图 9.3　手机屏幕分辨率示意

表 9.1　常见机型的设备参数

设备	像素大小 /in	屏幕分辨率（水平 × 垂直）/px	像素密度 /ppi
MacBook	13.3	800×1280	113
华硕 R405	14	768×1366	113
iPad	9.7	768×1024	132
iPhone XS	5.8	1125×2436	458
OPPO R17	6.4	1080×2340	402
华为 P20	5.8	1080×2244	428

（2）CSS 像素

CSS 像素是网页编程的概念，指的是 CSS 样式代码中使用的逻辑像素。在 CSS 规范中，长度单位可以分为两类：绝对单位以及相对单位。px 是一个相对单位，相对的是设备像素。

设备像素和 CSS 像素的换算是通过设备像素比来完成的。设备像素比即缩放比例，获得设备像素比后，便可得知设备像素与 CSS 像素之间的比例。当这个比例为 1∶1 时，使用 1 个设备像素显示 1 个 CSS 像素。当这个比例为 2∶1 时，使用 4 个设备像素显示 1 个 CSS 像素，当这个比例为 3∶1 时，使用 9(3×3) 个设备像素显示 1 个 CSS 像素。

关于设计师和前端工程师之间的协同工作，一般由设计师按照设备像素为单位制作设计稿，前端工程师参照相关的设备像素比进行换算以及编码。

 **说明**

> 关于 CSS 像素和设备像素之间的换算关系，不是响应式网页设计的关键知识内容，了解相关基本概念即可。

9.3　视口

9.3.1　视口简介

(1) 桌面浏览器中的视口

视口的概念，在桌面浏览器中，等于浏览器中 Window 窗口的概念。视口中的像素指的是 CSS 像素，视口大小决定了页面布局的可用宽度。视口的坐标是逻辑坐标，与设备无关。视口的界面如图 9.4 所示。

图 9.4　桌面浏览器中的视口概念

(2) 移动浏览器中的视口

移动浏览器中的视口分为可见视口和布局视口。由于移动浏览器的宽度限制，在有限的宽度内可见部分（可见视口）装不下所有内容（布局视口），因此移动浏览器中通过 <meta> 标签，引入 viewport 属性，处理可见视口与布局视口的关系。引入代码形式如下：

```
<meta name="viewport" content="width=device-width, initial-scale=1.0)
```

9.3.2　视口常用属性

　　viewport 属性表示设备屏幕上能用来显示网页的区域，具体而言，就是移动浏览器上用来显示网页的区域，但 viewport 属性又不局限于浏览器可视区域的大小，它可能比浏览器的可视区域要大，也可能比浏览器的可视区域要小。表 9.2 列出了常见设备上浏览器的默认 viewport 的宽度。

表 9.2　常见设备上浏览器的默认 viewport 宽度

设备	宽度 /px
iPhone	980
iPad	980
Android HTC	980
Chrome	980
IE	1024

　　<meta> 标签中 viewport 属性首先是由苹果公司在 Safari 浏览器中引入的，目的就是解决移动设备的 viewport 问题。后来安卓以及各大浏览器厂商也都纷纷效仿，引入了对 viewport 属性的支持。事实证明，viewport 属性对于响应式设计起了重要作用。表 9.3 列出了 viewport 属性中常用的属性值及含义。

表 9.3　viewport 属性中常用的属性值及含义

属性值	含义
width	设定布局视口宽度
height	设定布局视口高度
initial-scale	设定页面初始缩放比例（0 ~ 10）
user-scalable	设定用户是否可以缩放（yes/no）
minimum-scale	设定最小缩小比例（0 ~ 10）
maximum-scale	设定最大放大比例（0 ~ 10）

9.3.3　媒体查询

　　媒体查询可以根据设备显示器的特性（如视口宽度、屏幕比例和设备方向），设定 CSS 的样式。媒体查询由媒体类型和一个或多个检测媒体特性的条件表达式组成。媒体查询中可用于检测的媒体特性有 width、height 和 color 等。使用媒体查询，可以在不改变页面内容的情况下，为特定的一些输出设备定制显示效果。使用媒体查询的步骤如下：

　　① 在 HTML5 页面 <head> 标签中，添加 viewport 属性的代码。代码如下：

```
<meta name="viewport" content="width=device-width, initial-scale=1,maximum-scale=1,user-scalable=no"/>
```

　　其中，各属性值表示的含义如表 9.4 所示。

表 9.4　各属性值表示的含义

属性值	含义
width=device-width	设定度等于当前设备的宽度
initial-scale=1	设定初始的缩放比例（默认为 1）
maximum-scale=1	允许用户缩放的最大比例（默认为 1）
user-scalable=no	设定用户不能手动缩放

② 使用 @media 关键字，编写 CSS 媒体查询代码。举例说明，当设备屏幕宽度在 320px 和 720px 之间时，媒体查询中设置 body 的背景色 background-color 属性值为 red，会覆盖原来的 body 背景色；当设备屏幕宽度小于等于 320px 时，媒体查询中设置 body 背景色 background-color 属性值为 blue，会覆盖原来的 body 背景色。代码如下：

```
172  /* 当设备宽度在 320px 和 720px 之间时 */
173  @media screen and (max-width: 720px) and (min-width: 320px) {
174      body {
175          background-color: red;
176      }
177      /* 当设备宽度小于等于 320px 时 */
178      @media screen and (max-width: 320px) {
179          body {
180              background-color: blue;
181          }
182      }
183  }
```

9.4　响应式网页的布局设计

响应式网页设计涉及的知识点有很多，如图片的响应式处理、表格的响应式处理和布局的响应式设计等内容。关于响应式网页的布局设计，主要特色是页面布局能根据不同设备（平板电脑、台式电脑或智能手机等）使内容适应性地展示，从而使用户在不同设备中都能友好地浏览网页内容。响应式网页布局设计的效果如图 9.5 所示。

9.4.1　常用布局类型

以网站的列数划分网页布局类型，可以将网页布局分成单列布局和多列布局。其中，多列布局包括均分多列布局和不均分多列布局。下面详细介绍。

① 单列布局。适合内容较少的网站布局，一般由顶部的 logo 和菜单（一行）、中间的内容区（一行）和底部的网站相关信息（一行），共 3 行组成。单列布局的效果如图 9.6 所示。

图 9.5　响应式网页的布局设计　　图 9.6　单列布局

② 均分多列布局。列数大于等于 2 列的布局类型，每列宽度相同，列与列间距相同，适合商品或图片的列表展示。效果如图 9.7 所示。

③ 不均分多列布局。列数大于等于 2 列的布局类型，每列宽度不同，列与列间距不同，适合博客类文章内容页面的布局，一列布局文章内容，一列布局广告链接等内容。效果如图 9.8 所示。

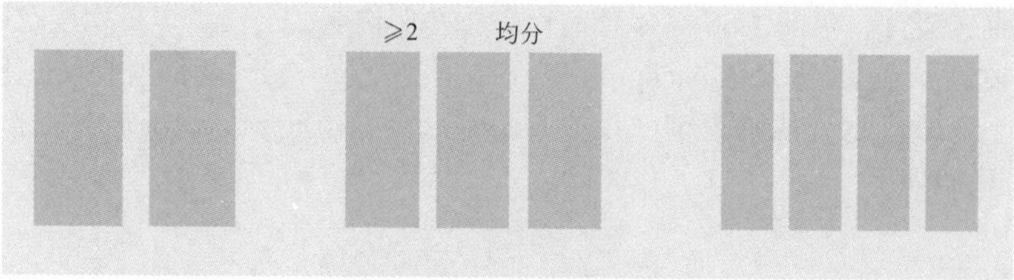

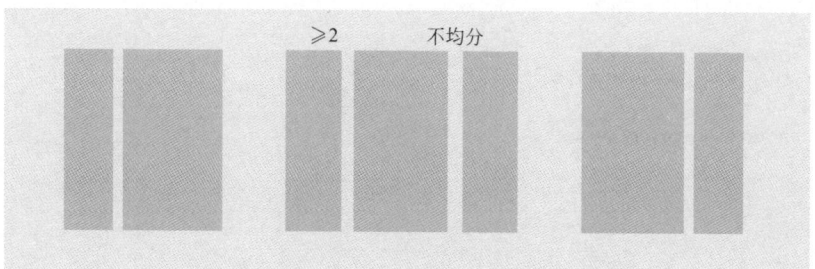

图 9.7　均分多列布局

图 9.8　不均分多列布局

9.4.2　布局的实现方式

不同的布局设计，有不同的实现方式。以页面的宽度单位（像素或百分比）来划分，可以将布局的实现方式分为单一式固定布局、响应式固定布局和响应式弹性布局 3 种。下面具体介绍。

（1）单一式固定布局

以像素作为页面的基本单位，不考虑多种设备屏幕及浏览器宽度，只设计一套固定宽度的页面布局。其技术简单，但适配性差，适合在单一终端中的网站布局。如以安全为首位的某些政府机关事业单位，则可以仅设计制作适配指定浏览器和设备终端的布局。效果如图 9.9 所示。

（2）响应式固定布局

同样以像素作为页面单位，参考主流设备尺寸，设计几套不同宽度的布局。其通过媒体查询技术识别不同屏幕或浏览器的宽度，选择符合条件的宽度布局。效果如图 9.10 所示。

图 9.9　单一式固定布局

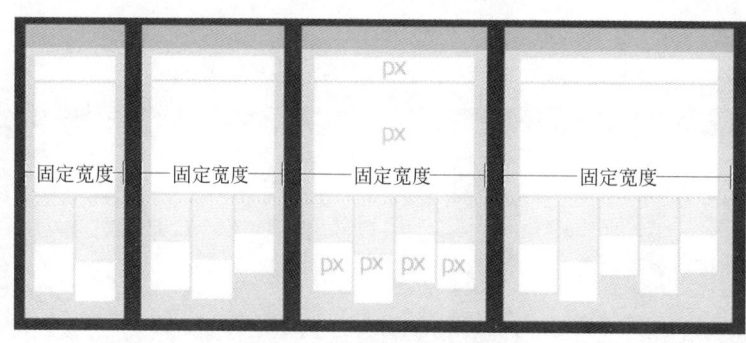

图 9.10　响应式固定布局

（3）响应式弹性布局

以百分比作为页面的基本单位，可以适应一定范围内所有设备屏幕及浏览器的宽度，并能完美利用有效空间展现最佳效果。效果如图 9.11 所示。

响应式固定布局和响应式弹性布局都是目前可被采用的响应式布局方式：其中响应式固定布局的实现成本最低，但拓展性比较差；响应式弹性布局是比较理想的响应式布局实现方式。只是对于不同类型的页面排版布局实现响应式设计，需要采用不用的实现方式。

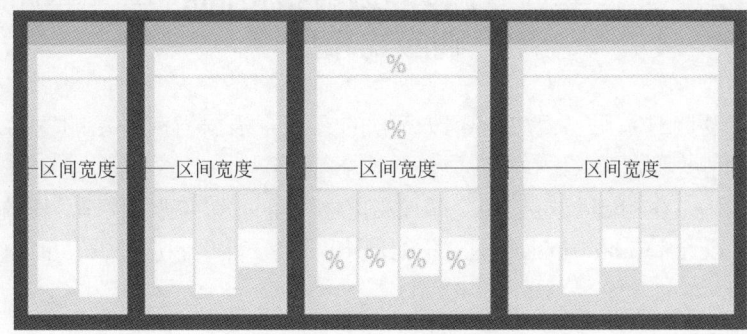

图 9.11　响应式弹性布局

 **说明**

> 除了响应式固定布局和响应式弹性布局外，业界还有许多其他的响应式布局方式。
> 建议从相关资料中继续深入学习响应式布局的知识。

9.4.3　响应式布局的设计与实现

对页面进行响应式的设计与实现，需要对相同内容进行不同宽度的布局设计，通常有两种方式：桌面 PC 端优先（首先从桌面 PC 端开始设计），移动端优先（首先从移动端开始设计）。无论以哪种方式进行设计，要兼容所有设备，都不可避免地需要对内容布局做一些变化调整。目前有模块内容不变和模块内容改变两种方式。下面详细介绍。

（1）模块内容不变

模块内容不变，即页面中整体模块内容不发生变化，通过调整模块的宽度，可以将模块内容从挤压调整到拉伸，从平铺调整到换行。效果如图 9.12 所示。

图 9.12　模块内容不变

（2）模块内容改变

模块内容改变，即页面中整体模块内容发生变化，通过媒体查询，检测当前设备的宽度，动态隐藏或显示模块内容，增加或减少模块的数量。效果如图 9.13 所示。

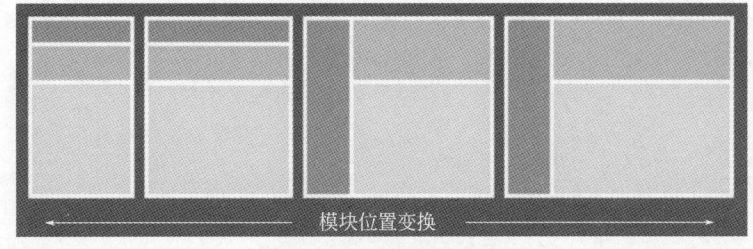

图 9.13　模块内容改变

实现 51 购商城登录页面的  实例位置：资源包 \Code\09\01
响应式布局

本实例实现响应式设计时采用"模块内容改变"的方式，根据当前设备的宽度，动态显示或隐藏相关模块的内容。具体实现步骤如下：

① 添加视口参数代码。在 <head> 标签中，添加浏览器设备识别的视口代码。设置编码的 CSS 像素宽度 width 等于设备像素宽度 device-width，initial-scale 缩放比例等于 1。然后添加登录表单的内容。代码如下：

```html
01 <head lang="en">
02     <meta charset="UTF-8">
03     <title> 实现 51 购商城登录页面的响应式布局 </title>
04     <meta name="viewport" content="width=device-width, initial-scale=1.0, minimum-scale=1.0, maximum-
scale=1.0, user-scalable=no">
05     <link rel="stylesheet" href="css/basic.css"/>
06     <link href="css/login.css" rel="stylesheet" type="text/css">
07 </head>
08 <div class="login-boxtitle">
09     <a href="index.html"><img alt="logo" src="images/logobig.png"/></a>
10 </div>
11 <div class="login-banner">
12     <div class="login-main">
13         <div class="login-banner-bg"><span></span><img src="images/big.png"/></div>
14         <div class="login-box">
15             <h3 class="title"> 登录 </h3>
16             <div class="clear"></div>
17             <div class="login-form">
18                 <form>
19                     <div class="user-name">
20                         <label for="user"><i class="mr-icon-user"></i></label>
21                         <input type="text" id="user" placeholder=" 邮箱 / 手机 / 用户名 ">
22                     </div>
23                     <div class="user-pass">
24                         <label for="password"><i class="mr-icon-lock"></i></label>
25                         <input type="password" id="password" placeholder=" 请输入密码 ">
26                     </div>
27                 </form>
28             </div>
29             <div class="login-links">
30                 <label for="remember-me"><input id="remember-me" type="checkbox"> 记住密码 </label>
31                 <a href="#" class="mr-fr"> 注册 </a><br/>
32             </div>
33             <div class="mr-cf">
34                 <input type="submit" name="" value=" 登 录 " onclick="login()" class="mr-btn mr-btn-primary
mr-btn-sm">
35             </div>
36             <div class="partner">
37                 <h3> 合作账号 </h3>
38                 <div class="mr-btn-group">
39                     <li><a href="#"><i class="mr-icon-qq mr-icon-sm"></i><span>QQ 登录 </span></a></li>
40                     <li><a href="#"><i class="mr-icon-weibo mr-icon-sm"></i><span> 微博登录 </span> </a></li>
41                     <li><a href="#"><i class="mr-icon-weixin mr-icon-sm"></i><span> 微信登录 </span> </a></li>
42                 </div>
43             </div>
44         </div>
45     </div>
46 </div>
47 <div class="footer ">
48     <div class="footer-hd ">
49         <p>
50             <a href="http://www.mingrisoft.com/" target="_blank"> 明日科技 </a>
```

```
51            <b>|</b><a href="index.html">商城首页</a>
52            <b>|</b><a href="#">支付宝</a>
53            <b>|</b><a href="#">物流</a>
54        </p>
55    </div>
56    <div class="footer-bd ">
57        <p>
58            <a href="http://www.mingrisoft.com/Index/ServiceCenter/aboutus.html" target="_blank">关于明日</a>
59            <a href="#">合作伙伴</a><a href="#">联系我们</a><a href="#">网站地图</a>
60            <em>©2016-2025 mingrisoft.com 版权所有</em>
61        </p>
62    </div>
63 </div>
```

② 在 style.css 文件中添加媒体查询 CSS 代码。以 PC 端背景图片为例，通过对样式类的媒体查询，默认宽度下，display 属性值为 none，表示隐藏背景图片；当查询检测到最小宽度大于等于 1025px 时，设置 display 属性值为 block，因此背景图片可以适应设备的宽度隐藏或显示。关键代码如下：

```
01 @media screen and (min-width: 1025px) {
02    .login-box {
03        width: 100%;
04        max-width: 360px;
05        height: 430px;
06        position: absolute;
07        margin-top: 20px;
08        margin-left: 0px;
09        background: #f8f8f8;
10        right: 2%;
11        padding: 10px 20px;
12    }
13    .login-boxtitle {
14        max-width: 1000px;
15        margin: 0px auto;
16        height: 60px;
17    }
18    .login-boxtitle img {
19        height: 60px;
20    }
21    .login-banner, .res-banner {
22        width: 100%;
23        height: 470px;
24        background: #fd7a72;
25    }
26    .login-main, .res-main {
27        max-width: 1000px;
28        height: 470px;
29        margin: 0px auto;
30        position: relative;
31    }
32    /* 头部 */
33    .login-boxtitle {
34        display: block;
35    }
36    /* 背景 */
37    .login-banner-bg {
38        display: block;
39        float: left;
40    }
41    /* 修改的样式 */
42    #doc-my-tabs li.mr-active a, #doc-my-tabs li a {
43        background: #f8f8f8;
44    }
45 }
46 /* 省略其余媒体查询代码 */
```

141

完成以后，运行本程序，可以看到 PC 端运行效果如图 9.14 所示，移动端效果如图 9.15 所示。

图 9.14　PC 端登录页面

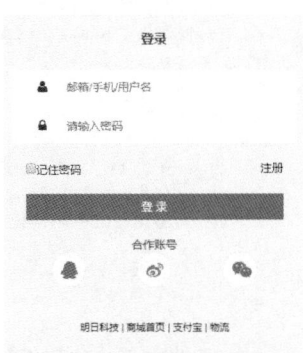

图 9.15　移动端登录页面

9.5　综合案例——制作响应式表格

本章学习了响应式网页的相关概念、技术原理，以及常用的响应式布局的实现方式，接下来制作一个响应式表格。（实例位置：资源包 \Code\09\02\ 综合案例）

9.5.1　案例分析

本案例中制作的响应式表格会根据浏览器窗口大小来自动隐藏某些列，正常状态下显示的表格如图 9.16 所示。当浏览器屏幕宽度小于 800 像素而大于 640 像素时，表格如图 9.17 所示。当浏览器屏幕宽度小于 640 像素时，表格如图 9.18 所示。

考试成绩

年份	数学	语文	英语	化学	物理	生物
2017年	85	90	75	68	66	87
2016年	78	96	78	68	78	85
2015年	96	86	93	71	82	93
2014年	74	85	68	63	66	96
2013年	85	90	75	68	66	87
2012年	89	74	85	92	82	74

图 9.16　完全显示的表格

考试成绩

年份	数学	语文	英语	化学	物理
2017年	85	90	75	68	66
2016年	78	96	78	68	78
2015年	96	86	93	71	82
2014年	74	85	68	63	66
2013年	85	90	75	68	66
2012年	89	74	85	92	82

图 9.17　浏览器宽度小于 800 像素而大于 640
像素时的表格

考试成绩

年份	数学	语文	英语	化学
2017年	85	90	75	68
2016年	78	96	78	68
2015年	96	86	93	71
2014年	74	85	68	63
2013年	85	90	75	68
2012年	89	74	85	92

图 9.18　浏览器小于 640 像素时的表格

通过对比三幅效果图可以发现，当屏幕宽度大于 640 像素而小于 800 像素时，表格自动隐藏第 7 列；而浏览器屏幕宽度小于 640 像素时，表格第 6 列和第 7 列都隐藏。

9.5.2　案例实现

本案例中的 CSS 代码较少，所以使用内部样式实现响应式表格。具体步骤如下：

① 新建 HTML5 文件，在 HTML5 文件中使用 \<meta\> 标签添加视口（viewport）属性，然后添加表格内容。具体代码如下：

```
01  <!DOCTYPE html>
02  <html lang="en">
03  <head>
04      <meta charset="UTF-8">
05      <meta name="viewport" content="width=device-width, initial-scale=1">
06      <title>隐藏表格中的列</title>
07  </head>
08  <body>
09  <h1 align="center">考试成绩</h1>
10  <table width="100%" cellspacing="1" cellpadding="5">
11      <thead>
12      <tr style="background:#51ebff">
13          <th>年份</th> <th>数学</th> <th>语文</th> <th>英语</th>
14          <th>化学</th> <th>物理</th> <th>生物</th>
15      </tr>
16      </thead>
17      <tbody align="center">
18      <tr>
19          <td>2017年</td> <td>85</td> <td>90</td> <td>75</td>
20          <td>68</td> <td>66</td> <td>87</td>
21      </tr>
22      <tr>
23          <td>2016年</td> <td>78</td> <td>96</td> <td>78</td>
24          <td>68</td> <td>78</td> <td>85</td>
25      </tr>
26      <tr>
27          <td>2015年</td> <td>96</td> <td>86</td> <td>93</td>
28          <td>71</td> <td>82</td> <td>93</td>
29      </tr>
30      <tr>
31          <td>2014年</td> <td>74</td> <td>85</td> <td>68</td>
32          <td>63</td> <td>66</td> <td>96</td>
33      </tr>
34      <tr>
35          <td>2013年</td> <td>85</td> <td>90</td> <td>75</td>
36          <td>68</td> <td>66</td> <td>87</td>
37      </tr>
38      <tr>
39          <td>2012年</td> <td>89</td> <td>74</td> <td>85</td>
40          <td>92</td> <td>82</td> <td>74</td>
41      </tr>
42      </tbody>
43  </table>
44  </body>
45  </html>
```

② 接下来实现表格隔行换色效果，以及使用媒体查询实现响应式表格，具体在 \<title\> 标签的下方添加如下代码：

```
01      <style>
02          /* 设置表文隔行换色 */
03          tbody > :nth-child(2n) {
04              background: #dcdde0
05          }
06          tbody > :nth-child(2n+1) {
07              background: #efefef;
08          }
09          /* 网页宽度小于 800 像素且不足以装下整个表格时，将第 7 列隐藏 */
10          @media only screen and (max-width: 800px) {
11              table td:nth-child(7),
```

```
12          table th:nth-child(7) {
13              display: none;
14          }
15      }
16      /* 网页宽度小于 640 像素且不足以装下整个表格时，将最后两列隐藏 */
17      @media only screen and (max-width: 640px) {
18          table td:nth-child(6),
19          table th:nth-child(6) {
20              display: none;
21          }
22      }
23  </style>
```

9.6 实战练习

使用媒体查询实现一个简单的响应式导航，当在 PC 端浏览导航时，导航菜单水平展示，并且导航跟随浏览器大小等比例缩放，如图 9.19 所示；当在移动端浏览（屏幕宽度小于 420 像素）该导航时，隐藏导航菜单下方的广告图，同时导航菜单垂直显示，如图 9.20 所示。（实例位置：资源包 \Code\09\03\ 实战练习）

图 9.19 PC 端导航菜单   图 9.20 移动端导航菜单

▽ 小结

本章介绍响应式网页设计的概念、优缺点和技术原理，说明移动设备中容易混淆的概念（像素、屏幕分辨率、设备像素和 CSS 像素），重点讲解响应式网页设计的关键概念——视口，并推荐了"模块内容不变"和"模块内容改变"的常用响应式布局技巧。

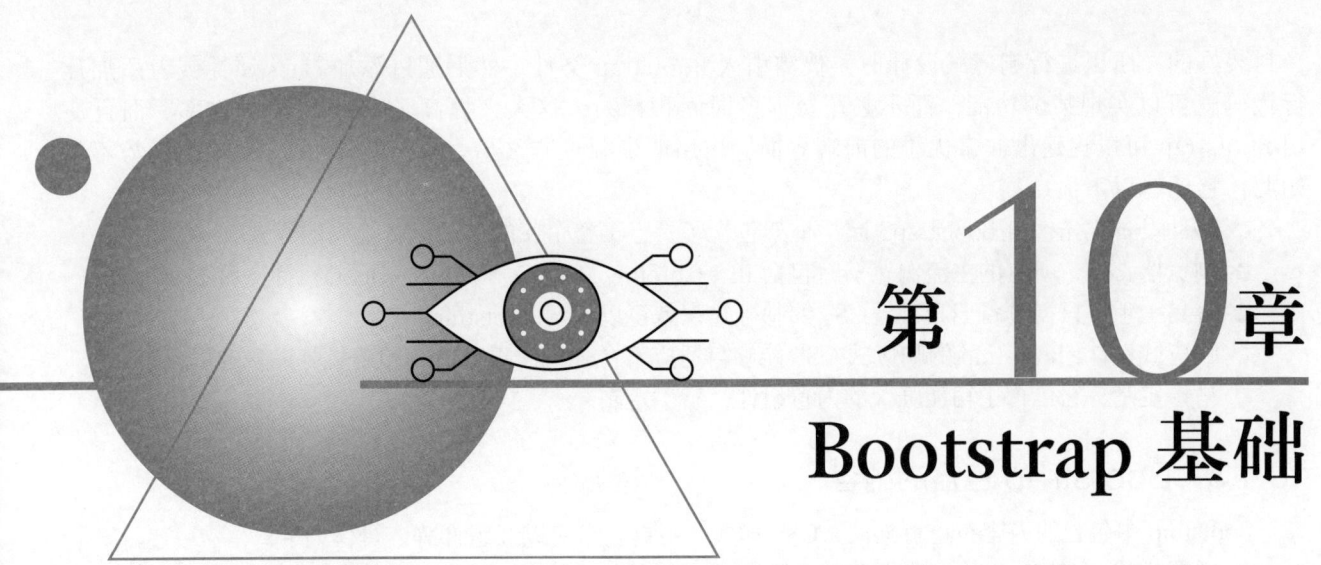

第 10 章

Bootstrap 基础

扫码领取
· 教学视频
· 配套源码
· 练习答案
· ……

Bootstrap 是目前比较流行的前端框架，其封装了许多常用的组件以及样式，并且还包含了移动端优先的响应式布局。有了它，开发者在制作网页时，只需要在 HTML 中添加相应的类名，或者几行 JavaScript 代码就可以实现原本需要几十行代码才能实现的功能或者样式。本章主要介绍 Bootstrap 的基本知识、Bootstrap 的下载与安装、Bootstrap 通用样式以及网格布局。

10.1　Bootstrap 概述

10.1.1　Bootstrap 是什么

Bootstrap 是全球最受欢迎的前端框架之一，用于开发响应式、移动设备优先的 Web 项目。2011 年 8 月其在 GitHub 上发布，一经推出就颇受欢迎。

Bootstrap 中预定义了一套 CSS 样式和与样式对应的 jQuery 代码，在应用该框架时，只需提供固定的 HTML 结构，并且为各元素添加 Bootstrap 中提供的 class 名称，即可实现指定的效果。

10.1.2　Bootstrap 的优点

众所周知，随着移动设备越来越受广大人民的喜欢，响应式网页设计也越来越流行。但是通过媒体查询针对每种终端做相应的设计甚至网页布局，代码量比较多，开发和维护起来比较麻烦。而 Bootstrap 使响应式设计变得简单化，因为 Bootstrap 中包含很多现成的带有各种样式和功能的代码片段，并且这些代码都是已经封装好的，所以进行响应式设计时，仅需引入 Bootstrap 文件，然后通过添加 class 属性或者添加几行代码就可以实现某个功能，而不必花费很多时间和精力，这大大提高了 Web 开发的效率。而且使用 Bootstrap 可以构建出非常优雅的前端界面，占用的资源也非常小。当然 Bootstrap 框架的优势不仅如此，它还有以下优点：

- 移动设备优先：自 Bootstrap3 起，框架包含了贯穿于整个库的移动设备优先的样式。
- 浏览器支持：所有的主流浏览器（包括 IE、Chrome、Safari、Firefox、Opera）都支持 Bootstrap。
- 容易上手：只需具备 HTML、CSS 的基础知识就可以学习 Bootstrap。
- 响应式设计：Bootstrap 的响应式 CSS 能够自适应于台式机、平板电脑和手机等设备的屏幕。
- 易于定制：它包含了功能强大的内置组件，易于定制。

10.1.3　Bootstrap 包含的内容

Bootstrap 中包含的内容有重置样式、CSS 样式、工具、布局以及组件等。具体如下：

- 重置样式：HTML 中的标签都有自己的样式，而 Bootstrap 则重置了这些标签的样式。
- CSS 样式：除了设置各标签的默认样式以外，Bootstrap 还提供了一些可选样式，以及设置组件样式，这些样式都可以在自己的网站中使用。
- 工具：Bootstrap 自带边框、颜色等工具，这些工具可以快速应用于图像、按钮或者其他元素。
- 布局：包括包装容器、强大的栅格系统、灵活的媒体查询以及多个响应式工具。
- 组件：Bootstrap 提供了二十多个组件，开发者可以根据需要将这些组件应用到自己的网站中。

10.2　Bootstrap 的下载与安装

在介绍 Bootstrap 的使用之前，首先介绍如何下载 Bootstrap 以及 Bootstrap 的文件结构。

10.2.1　Bootstrap 的下载

① 打开浏览器，在地址栏中输入 Bootstrap 官方网址，进入 Bootstrap 官方网站主页，如图 10.1 所示。

② 此时页面中显示的是当前最新版本（5.0.2），如果读者要使用最新版本，那么可以单击左侧"Download"按钮，进入下载选择页面，如图 10.2 所示。

③ 该页面用于让读者选择适合自己的 Bootstrap，上面的"Compiled CSS and JS"表示编译后的 Bootstrap。该文件中包含了编译并经过压缩的 CSS 文件以及 JavaScript 文件，这些文件在下载后就可以直接使用。下面的"Source files"表示 Bootstrap 的源码文件，使用时程序员需要利用下载的 Sass、JavaScript 源码以及文档文件，通过自己的资源编译流程编译 Bootstrap。然后单击对应的下载按钮即可下载。

④ 如果用户下载的不是当前最新版本，例如本章讲解使用的是 4.3 版本，那么需要单击右上角的下拉菜单，选择下载版本，然后选择下载编译后的 Bootstrap 或者源码文件。

图 10.1　Bootstrap 官方网站主页

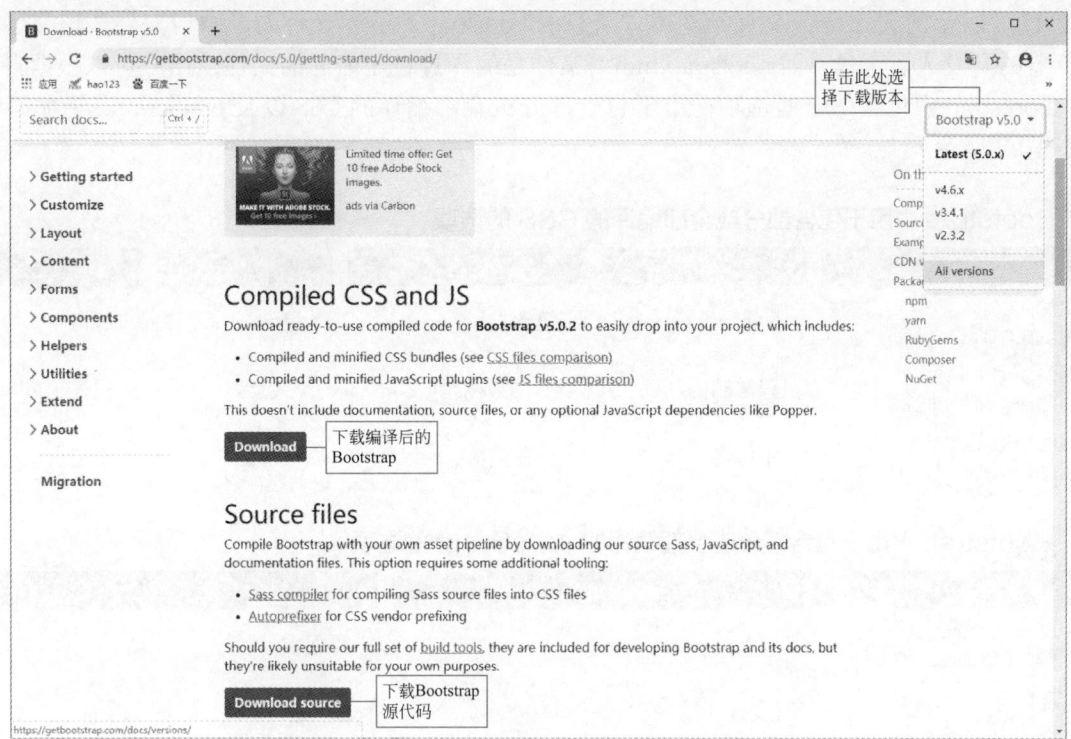

图 10.2　下载 Bootstrap 文件

10.2.2　Bootstrap 的文件结构

在选择下载文件时，我们看到有编译后文件和源码文件供选择，那么这两个文件有什么区别呢？接下来我们来看这两个文件具体有哪些不同。

（1）编译后的 Bootstrap 源码的文件结构

将下载好的编译后的 Bootstrap 文件解压后，打开文件夹，读者可以看到 Bootstrap 框架的文件结构如图 10.3 所示。

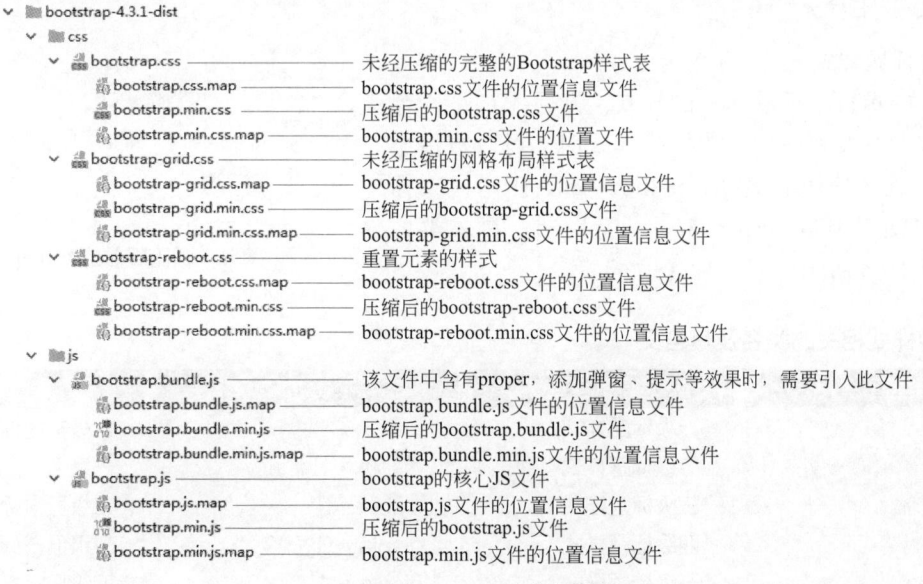

图 10.3　Bootstrap 文件结构

147

在图 10.3 所示的 Bootstrap 文件结构中，所有的 bootstrap.*.map 文件为源映射文件，该文件可用于某些浏览器的开发人员工具；而 bootstrap.min.* 文件是编译过且压缩后的文件，用户可以根据自己的需要引用。Bootstrap 中包含的一些选项，用于包含部分或全部编译的 CSS 以及 JavaScript。具体如表 10.1 所示和表 10.2 所示。

表 10.1　Bootstrap 中用于包含部分或全部编译的 CSS 的选项

文件	布局	内容	组件	工具
bootstrap.css bootstrap.min.css	包含	包含	包含	包含
bootstrap-grid.css bootstrap-grid.min.css	只在栅格系统	不包含	不包含	只在工具
bootstrap-reboot.css bootstrap-reboot.min.css	不包含	只在重置（reboot）	不包含	不包含

表 10.2　Bootstrap 中用于包含部分或全部编译的 JavaScript 的选项

文件	proper	jQuery
bootstrap.bundle.js bootstrap.bundle.min.js	包含	不包含
bootstrap.js bootstrap.min.css	不包含	不包含

（2）Bootstrap 源码文件结构

如图 10.4 所示为源码版的 Bootstrap 文件。该文件中 dist 文件夹内放置着预编译的 Bootstrap 下载文件；js 文件夹和 scss 文件夹中放置 CSS 和 JavaScript 的源码；site 文件中的 docs 文件为开发者文件夹；其他文件则是对整个 Bootstrap 开发、编译提供支持的文件以及授权信息、支持文档等。

10.3　Bootstrap 通用样式

10.3.1　文字相关样式

（1）设置标题样式

Bootstrap 中重置了标题标签的样式，并且添加了 4 个显式标题样式。开发者使用标题标签样式时，可以直接添加标题标签，或者使用类名 .h1 ～ .h6；如果使用显式标题，那么可以使用类名 .display-1 ～ .display-4。具体类名及其含义如表 10.3 所示。

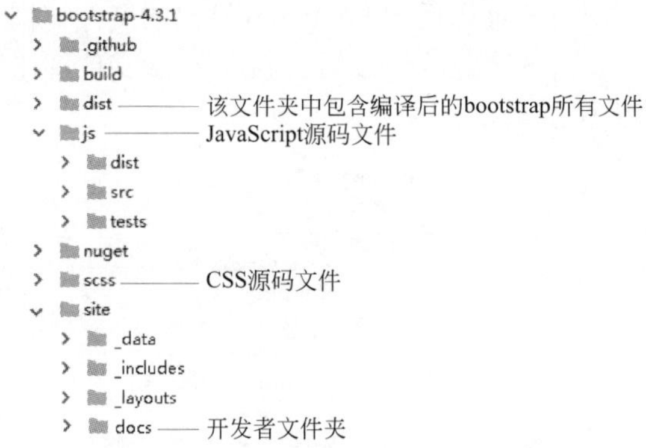

```
∨ ▓ bootstrap-4.3.1
  > ▓ .github
  > ▓ build
  > ▓ dist ——————— 该文件夹中包含编译后的bootstrap所有文件
  ∨ ▓ js ——————— JavaScript源码文件
    > ▓ dist
    > ▓ src
    > ▓ tests
  > ▓ nuget
  > ▓ scss ——————— CSS源码文件
  ∨ ▓ site
    > ▓ _data
    > ▓ _includes
    > ▓ _layouts
    > ▓ docs —————— 开发者文件夹
```

图 10.4　源码版 bootstrap 文件结构

表 10.3　标题样式相关的类名及其含义

类名	表示的含义	类名	表示的含义
.h1	一级标题样式	.h6	六级标题样式
.h2	二级标题样式	.display-1	一级显式标题样式
.h3	三级标题样式	.display-2	二级显式标题样式
.h4	四级标题样式	.display-3	三级显式标题样式
.h5	五级标题样式	.display-4	四级显式标题样式

实例 10.1 实现《东北吃货进行曲》的歌词

实例位置：资源包 \Code\10\01

使用标题以及显式标题实现《东北吃货进行曲》的歌词。关键代码如下：

```
24 <body style="background-color: #ffe0b2">
25 <p class="text-center">
26     <span class="display-2">东北吃货进行曲 </span>
27     <span class="display-4">（节选）</span>
28 </p>
29 <p class="h1 text-center">别人笑我太疯癫，松仁玉米地三鲜。</p>
30 <p class="h1 text-center">天若有情天亦老，每天就想吃烧烤。</p>
31 <p class="h1 text-center">二月春风似剪刀，冰糖葫芦粘豆包。</p>
32 <p class="h3 text-center">故人西辞黄鹤楼，昨天没吃锅包肉。</p>
33 <p class="h3 text-center">劝君更尽一杯酒，今天没吃锅包肉。</p>
34 <p class="h3 text-center">路见不平一声吼，各种想吃锅包肉。</p>
35 <!-- 引入的 jQuery 文件 -->
36 <script src="js/jQuery-v3.4.0.js" type="text/javascript"></script>
37 <!-- 引入的 bootstrap.min.js 文件 -->
38 <script src="js/bootstrap.min.js" type="text/javascript"></script>
39 </body>
```

其运行结果如图 10.5 所示。

（2）设置文字样式

文字是网页的基本内容之一，而 Bootstrap 中预设了很多文字样式，使用这些样式时，仅需要为标签添加对应的类名即可。前面介绍了一些文本的样式，这里继续介绍对文本进行的一些常规处理，包括粗细、换行、斜体等处理（图 10.6）。具体如表 10.4 所示。

图 10.5　标题样式的使用

图 10.6　Bootstrap 中对文字的处理示例

表 10.4　文本常规处理方式

类名	表示的含义
.font-weight-light	设置文本比默认更细
.font-weight-bold	设置文本比默认更粗
.font-weight-bolder	设置文本比 font-weight-bolder 更粗
.text-wrap	文本换行方式（空白被浏览器忽略）
.text-break	文本换行方式（恰当的断字点进行换行）
.text-uppercase	将英文转换为大写
.text-lowercase	将英文转换为小写
.font-italic	设置文本为斜体

续表

类名	表示的含义
.text-left	设置文字水平向左对齐
.text-center	设置文字水平居中对齐
.text-right	设置文字水平向右对齐
.text-justify	设置文字两端对齐
.small	设定小文本（设置为父文本的 85% 大小）
.lead	使段落突出显示
.initialism	设置字号为 90%，并且将标签中的小写英文字母转换为大写英文字母

实例 10.2

实现华为 P30 Pro 手机简介

实例位置：资源包 \Code\10\02

实现华为 P30 Pro 手机简介，并且使用 Bootstrap 设置页面中的文字样式。具体代码如下：

```
40 <style type="text/css">
41    .text {
42        background: #d3d9da;
43    }
44 </style>
45 <div class="mr-box pt-4" style="width: 970px">
46     <div class="w-25 float-left"><img src="images/54.png" class="img-fluid"></div>
47     <div class="text w-50 float-left text-center pr-2 rounded">
48         <h1 class="font-weight-bolder text-uppercase">huawei  p30  pro</h1>
49         <p class="text-right font-weight-bold">华为 | 徕卡 联合设计 </p>
50         <p class="font-italic text-uppercase font-weight-bold">8gb+128gb / 8gb+256gb / 8gb+512gb</p>
51         <h2 class="font-weight-bold"><span class="h6">¥</span>5488<span class="h5">起 </span></h2>
52         <p class="mt-1 initialism">4000 万超感光徕卡四摄 | 超感光录像 |6.47 英寸 OLED 曲面屏 </p>
53         <hr class="w-25 bg-dark text-center">
54         <p class="text-danger text-right"> 享 6 折购碎屏险 </p>
55         <p>
56             <button class="btn btn-dark initialism"> 立即购买 </button>
57             <button class="btn btn-dark initialism"> 老用户专享通道 </button>
58         </p>
59     </div>
60 </div>
```

其运行效果如图 10.7 所示。

10.3.2 颜色相关样式

Bootstrap 中预设了一些颜色，通过这些颜色词，程序员可以快速设置元素的文字颜色、背景颜色以及边框颜色等样式。

（1）设置文本颜色

设置文本的颜色，通常需要为文本添加的类名为 "text-" + 具体颜色词，例如 .text-primary、.text-danger 等。Bootstrap 中用于设置文字颜色的类名具体如下：

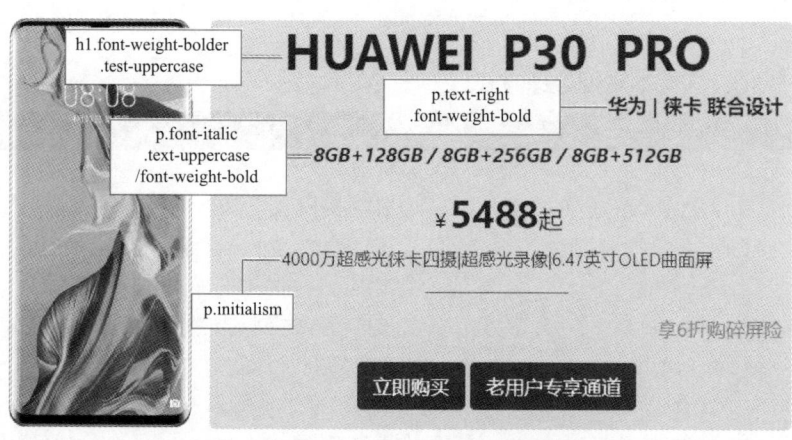

图 10.7　Bootstrap 中对文字的处理

- .text-primary：该属性值表示设置文字颜色为 #007bff。
- . text -secondary：该属性值表示设置文字颜色为 #6c757d。
- . text -success：该属性值表示设置文字颜色为 #28a745。
- . text -danger：该属性值表示设置文字颜色为 #dc3545。
- . text -warning：该属性值表示设置文字颜色为 #ffc107。
- . text -info：该属性值表示设置文字颜色为 #17a2b8。
- . text -light：该属性值表示设置文字颜色为 #f8f9fa。
- . text -dark：该属性值表示设置文字颜色为 #343a40。
- . text -white：该属性值表示设置文字颜色为 #fff（白色）。
- . text-black-50：该属性值表示设置文字颜色为 rgba(0,0,0,0.5)。
- . text-white-50：该属性值表示设置文字颜色为 rgba(255,255,255,0.5)。
- . text-muted：该属性值表示设置文字颜色为 #6c757d。
- . text-body：该属性值表示设置文字颜色为 #212529。

例如，使用 Bootstrap 显示手机上电量信息提示内容的文字颜色。具体代码如下：

```
184 <!DOCTYPE html>
185 <html lang="en">
186 <head>
187     <meta charset="UTF-8">
188     <meta name="viewport"content="width=device-width,initial-scale=1,shrink-to-fit=no">
189     <link href="css/bootstrap.min.css" type="text/css" rel="stylesheet">
190     <title> 设置文本颜色 </title>
191 </head>
192 <body>
193 <p class="text-warning"> 电量低至 15%，请及时充电 </p>
194 <p class="text-danger"> 电量不足，即将关机 </p>
195 <p class="text-success"> 充电已完成，请及时拔掉充电器 </p>
196 <script src="js/jQuery-v3.4.0.js"></script>
197 <script src="js/bootstrap.min.js"></script>
198 </body>
199 </html>
```

其运行结果如图 10.8 所示。

（2）设置背景颜色

Bootstrap 中也预设了一些背景颜色，如果要使用这些背景颜色，那么就需要使用类名"bg-"+颜色词。Bootstrap 中预设的背景颜色的类名和对应的颜色值如表 10.5 所示。

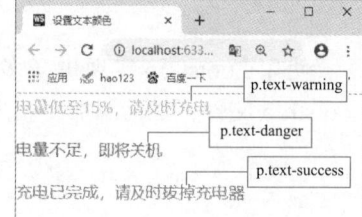

图 10.8　设置文本颜色

表 10.5　Bootstrap 中预设的背景颜色的类名和对应的颜色值

类名	背景颜色值
.bg-primary	#007bff
.bg-secondary	#6c757d
.bg-success	#28a745
.bg-danger	#dc3545
.bg-warning	#ffc107
.bg-info	#17a2b8
.bg-light	#f8f9fa
.bg-dark	#343a40
.bg-white	#fff（白色）
.bg-transparent	transparent(透明)

例如，使用 Bootstrap 为电量信息设置不同的背景颜色。具体代码如下：

```
61 <!DOCTYPE html>
62 <html lang="en">
63 <head>
64     <meta charset="UTF-8">
65     <meta name="viewport"content="width=device-width,initial-scale=1,shrink-to-fit=no">
66     <link href="css/bootstrap.min.css" type="text/css" rel="stylesheet">
67     <title> 设置背景颜色 </title>
68 </head>
69 <body>
70 <div class="container">
71     <p class="bg-warning"> 电量低至 15%, 请及时充电 </p>
72     <p class="bg-danger"> 电量不足，即将关机 </p>
73     <p class="bg-success"> 充电已完成，请及时拔掉充电器 </p>
74 </div>
75 <script src="js/jQuery-v3.4.0.js"></script>
76 <script src="js/bootstrap.min.js"></script>
77 </body>
78 </html>
```

其运行结果如图 10.9 所示。

 说明

> Bootstrap 中关于颜色样式的使用并不只有文本颜色和背景颜色，还包括了导航菜单的颜色、弹出框的颜色、按钮的样式等，而这些样式的使用与上面的类似，即添加类名（即组件 / 工具名）+ 颜色词，如 alert-danger、btn-dark、border-primary 等。

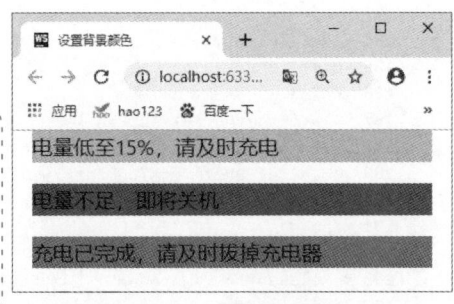

图 10.9　设置背景颜色

**制作拼多多中多多果然
获取水滴页面**　　👁 **实例位置：资源包 \Code\10\03**

使用 Bootstrap 实现拼多多中多多果然获取水滴页面。实现该实例时，需要在 HTML5 文件中引入 Bootstrap 文件，然后添加文字内容，并且通过 <style> 标签为网页自定义背景样式。具体代码如下：

```
79 <style type="text/css">
80     p {
81         margin: 0;
82     }
83     .cont {
84         background-image: url('images/7.jpg');
85         width: 428px;
86         height: 556px;
87     }
88     .cont > div {
89         height: 85px;
90         padding-top: 20px;
91     }
92 </style>
93 <div class="pt-5 cont">
94     <div>
95         <p class="font-weight-bold text-center"> 添加 3 名好友 </p>
96         <p class="text-danger small text-center"> 未领取 </p>
97     </div>
```

```
98      <div>
99          <p class="font-weight-bold text-center">每日免费领水 </p>
100             <p class="text-muted text-center">奖励 10-20g, 剩余 2 次 </p>
101     </div>
102     <div>
103         <p class="font-weight-bold text-center">浏览商品 1 分钟 </p>
104             <p class="text-primary text-center">奖励 20g, 剩余 2 次 </p>
105     </div>
106     <div>
107         <p class="font-weight-bold text-center">收集水滴雨 </p>
108             <p class="text-success text-center">已完成 </p>
109     </div>
110     <div>
111         <p class="font-weight-bold text-center">三日水滴礼包 </p>
112             <p class="text-warning text-center">还差一天 </p>
113     </div>
114     <div>
115         <p class="font-weight-bold text-center">拼单领水滴 </p>
116             <p class="text-info text-center">去拼单 </p>
117     </div>
118 </div>
```

上述代码的运行效果如图 10.10 所示。

10.3.3 设置内外边距

（1）设置内外边距的类型

Bootstrap 可以添加对象的所有内外边距，也可以设置单独某个方向的内外边距。以设置内边距为例，若设置对象的上、下、左、右四个方向的内边距，仅需添加类名为 p-* 即可，而设置单独某个方向的内边距的方式如下：

- ↻ .pl-*：该属性值表示设置对象的左边内边距。
- ↻ .pt-*：该属性值表示设置对象的顶部内边距。
- ↻ .pr-*：该属性值表示设置对象的右边内边距。
- ↻ .pb-*：该属性值表示设置对象的底部内边距。
- ↻ .px-*：该属性值表示设置对象的左右两侧的内边距。
- ↻ .py-*：该属性值表示设置对象的上下两侧的内边距。

设置外边距与设置内边距类似，只是需要将上文类名中的"p"修改为"m"，例如 mr-*、mx-* 等。

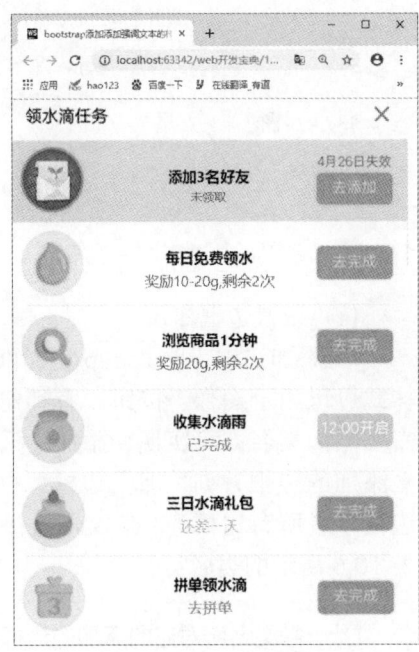

图 10.10　设置文本

（2）设置内外边距的尺寸

上面介绍了设置内外边距的类型，而接下来介绍设置内外边距的尺寸。Bootstrap 中预定义的内外边距的尺寸如下：

- ↻ *-0：该属性值表示设置对象的边距为 0。
- ↻ *-1：该属性值表示设置对象的边距为 0.25rem。
- ↻ *-2：该属性值表示设置对象的边距为 0.5rem。
- ↻ *-3：该属性值表示设置对象的边距为 1rem。
- ↻ *-4：该属性值表示设置对象的左右两侧的内边距为 1.5rem。
- ↻ *-5：该属性值表示设置对象的上下两侧的内边距为 3rem。
- ↻ *-auto：该属性值表示设置 margin 值为 auto，即按浏览器的默认值自由展现。

例如设置目标元素的顶部外边距为 1rem，则直接设置类名为 .mt-3 即可。

实例 10.4　　　　　　　　制作人见人爱奖状页面　　　　👁 **实例位置：资源包 \Code\10\04**

使用 Bootstrap 制作人见人爱奖状的页面效果。关键代码如下：

```
119 <style type="text/css">
120     .cont {
121         background: url("images/53.jpg");
122         background-size: 100% 100%;
123         width: 620px;
124         height: 420px;
125     }
126     .cont > :nth-child(2) {
127         text-indent: 34px;
128     }
129 </style>
130 <div class="p-1 cont bg-info pt-5">
131     <h2 class="text-center mt-2 text-danger font-weight-bold"> 奖状 </h2>
132     <p class=" font-weight-bold m-5"> 鉴于你国际范儿的气质和爆表的颜值，以及源源不绝的回头率，特向你颁发人见人爱奖，
感谢你对优化我市市容形象做出的贡献。</p>
133     <h2 class="font-weight-bolder text-center text-danger pt-3"> 人见人爱奖 </h2>
134     <p class="text-right mt-5 mr-5"> 颁发单位：颜值评委会 </p>
135     <p class="text-right mr-5"> 有效期：永久有效 </p>
136 </div>
```

具体实现效果如图 10.11 所示。

10.3.4　设置边框与浮动

（1）设置边框样式

① 添加边框　Bootstrap 还提供了边框样式。这些样式可以用于图像、按钮或者其他元素。这些样式仅需要添加类名即可实现。添加边框样式时需要分别定义添加的边框方向，即上边框、右边框、下边框、左边框或者所有边框等。定义所要添加的边框可以通过表 10.6 所示的类名实现。

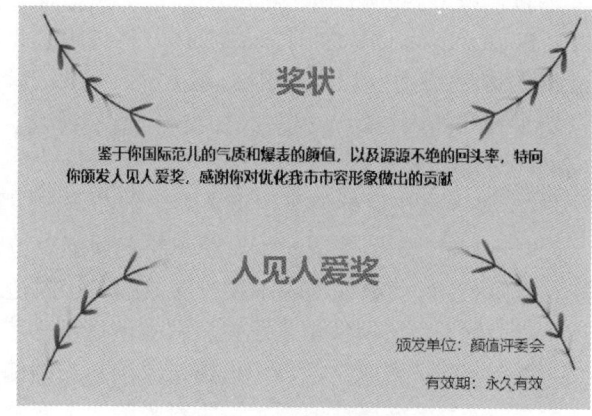

图 10.11　设置内容间距

表 10.6　各类名所对应的添加的边框的方向

类名	含义
.border	为元素的上、右、下、左四个方向都添加边框
.border-top	为元素添加上边框
.border-right	为元素添加右边框
.border-bottom	为元素添加下边框
.border-left	为元素添加左边框

 说明

　　为元素设置边框时，需要设置边框的方向以及边框的颜色，若仅仅设置边框方向而未设置颜色，则其边框的颜色为 #dee2e6；若仅设置边框颜色而未设置边框方向，则设置边框无效。

② 清除边框　使用 Bootstrap 不仅可以添加边框，还可以为元素清除某个方向的边框。具体方法就是在需要清除的边框的类名后面添加 "-0"，例如清除元素的上边框，则可以为元素添加类名 .border-top-0。表 10.7 列举了清除各方向的边框所需要添加的类名。

表 10.7　各类名所对应的清除的边框的方向

类名	含义
.border-0	为元素清除所有边框
.border-top-0	为元素清除上边框
.border-right-0	为元素清除右边框
.border-bottom-0	为元素清除下边框
.border-left-0	为元素清除左边框

③ 设置边框颜色　添加了边框方向后，继续设置边框的颜色。边框颜色的类名由单词 Border 和 Bootstrap 预设的颜色词（如 secondary）组成，例如类名 .border-secondary。表 10.8 列举了 Bootstrap 中预设的边框颜色所对应的十六进制颜色词。

表 10.8　bootstrap 预设的边框颜色所对应的十六进制颜色词

类名	十六进制颜色词
.border-primary	#007bff
.border-secondary	#6c757d
.border-success	#28a745
.border-danger	#dc3545
.border-warning	#ffc107
.border-info	#17a2b8
.border-light	#f8f9fa
.border-dark	#343a40
.border-white	#dee2e6

实例 10.5　　　　　　**仿制简易密码输入器页面**　　　　　👁 **实例位置：资源包 \Code\10\05**

使用 Bootstrap 制作一个简易密码输入器页面，密码输入器包含数字 0 ～ 9 按钮以及 OK 按钮和 Back 按钮。具体代码如下：

```
137    <style>
138        .keyboard{
139            width: 200px;
140            height: 250px;
141            padding: 15px;
142            background-color: #e8f5e9;
143        }
144        .scr{
145            height: 40px;
146        }
147        .keyboard>div>div{
148            width: 40px;
149            height: 30px;
```

```
150                }
151        </style>
152 <div class="keyboard m-auto border-success border">
153        <div class="border border-info scr w-100"></div>
154        <div class="clearfix">
155            <div class="border border-secondary float-left m-2 text-center">7</div>
156            <div class="border border-secondary float-left m-2 text-center">8</div>
157            <div class="border border-secondary float-left m-2 text-center">9</div>
158        </div>
159        <div class="clearfix">
160            <div class="border border-secondary float-left m-2 text-center">4</div>
161            <div class="border border-primary float-left m-2 text-center">5</div>
162            <div class="border border-secondary float-left m-2 text-center">6</div>
163        </div>
164        <div class="clearfix">
165            <div class="border border-secondary float-left m-2 text-center">1</div>
166            <div class="border border-secondary float-left m-2 text-center">2</div>
167            <div class="border border-secondary float-left m-2 text-center">3</div>
168        </div>
169        <div class="clearfix">
170            <div class="border border-danger float-left m-2 text-center small">OK</div>
171            <div class="border border-info float-left m-2 text-center">0</div>
172            <div class="border border-warning float-left m-2 text-center small">Back</div>
173        </div>
174 </div>
```

其运行效果如图 10.12 所示。

（2）设置元素的浮动

Bootstrap 中可以通过类名来快速添加和取消元素的浮动效果。具体的类名如下：

- ♻ .float-left：设置项目向左浮动显示。
- ♻ .float-right：设置项目向右浮动显示。
- ♻ .float-none：设置项目不浮动显示。
- ♻ .clearfix：清除元素的浮动。

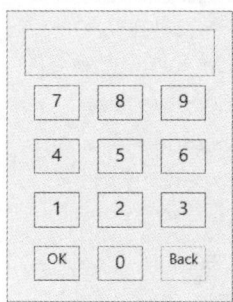

图 10.12　简易密码输入器页面效果

**仿制电商网站首页中
"用券爆款"页面**

◉ 实例位置：资源包 \Code\10\06

实现电商网站中"用券爆款"功能页面，并且使用 Bootstrap 设置页面的样式。具体代码如下：

```
175 <div class="container px-5 pt-2" style="background: #ffd4cd;min-height: 420px">
176        <h3 class="text-center font-weight-bold pb-2">用券爆款 </h3>
177        <div>
178            <dl class="rounded-lg bg-light float-left" style="width: 23%;margin:10px 1%">
179                <dt class="float-left w-50"><img src="images/1.jpg" alt="" class="img-fluid rounded-lg"></dt>
180                <dd class="float-left initialism w-50 font-weight-bold">
181                    <p class="pt-2">清新无异味，强效杀菌 蓝泡泡 20 只 </p>
182                    <p class="pt-2 text-danger">￥9.90</p>
183                    <button class="btn btn-danger rounded-pill btn-sm">立即购买 </button>
184                </dd>
185            </dl>
186            <dl class="rounded-lg bg-light  float-left" style="width: 23%;margin:10px 1%">
187                <dt class="float-left w-50"><img src="images/2.jpg" alt="" class="img-fluid rounded-lg"></dt>
188                <dd class="float-left initialism w-50 font-weight-bold">
189                    <p class="pt-2">花王纸尿裤 S/M/L/XX1 号 </p>
190                    <p class="pt-2 text-danger"> ￥94.90</p>
```

```
191                     <button class="btn btn-danger rounded-pill btn-sm">立即购买</button>
192                 </dd>
193             </dl>
194             <!-- 此处省略其余商品代码,省略部分与上面商品代码类似 -->
195         </div>
196 </div>
```

其运行结果如图 10.13 所示。

图 10.13 "用券爆款"页面效果

10.4 Bootstrap 中的网格布局

10.4.1 网格系统的基本使用

网格系统又叫作栅格系统(也被称作网格化),是以规则的网格系统来指导和规范网页中的版面布局以及信息分布的。具体地说,就是将网页的总宽度分为 12 等份,开发人员可以自由地分配项目中的列所占的份数。例如开发人员自定义每一列的宽度为 2 格,则该行显示 6 列项目;若定义每一列的宽度为 3 格,则一行显示 4 列项目。以此类推,如图 10.14 所示。当然,这并不表示项目中的所有列的总宽度必须完全填充 12 列,而是不超过 12 列就可以,如果超过 12 列,则自动对项目进行换行处理。其具体换行规则,后面将继续讲解。

(1)网格化选项

网格系统主要提供了 5 个网格等级,每个响应式分界点分隔出一个等级。其各等级的屏幕尺寸及其类名前缀如表 10.9 所示。(后面实例中,将使用超小屏幕、小屏幕等词描述网格系统中的屏幕的尺寸)。

图 10.14 网格系统

表 10.9 各等级的屏幕尺寸及其类名前缀

等级	超小屏幕 (新增规格 <576px)	小屏幕 (次小屏 ≥ 576px)	中等屏幕 (窄屏 ≥ 768px)	大屏幕 (桌面显示器 ≥ 992px)	超大屏幕 (大桌面显示器 ≥ 1200px)
.container 最大宽度	None(auto)	540px	720px	960px	1140px
类前缀	.col-	.col-sm-	.col-md-	.col-lg-	.col-xl-

157

当然，需要说明的是，网格布局中断点的媒体查询都是基于宽度的最小值（min-width），这意味着，它们能应用到这一等级之上的所有设备。例如 .col-md-4 的定义可以在中等屏幕、大屏幕以及超大屏幕上呈现效果，但是在小屏幕和超小屏幕上是不会起作用的。这也意味着，如果我们想要一次性定义从最小设备到最大设备都相同的网格系统布局表现，则直接使用 .col 或 .col-* 来实现，而不必依次设置 .col、.col-sm-*、.col-md-* 等。

（2）固定网格与流式网格

网格系统提供了集中内容居中、水平填充网页内容的方法，使用 .container 可以实现在所设置屏幕断点范围内，网页的内容始终在浏览器中以固定的大小在网页中居中显示，这种网格布局被称为固定网格布局。有关各设备类型中 .container 的尺寸大小见表 10.9。当然，如果用户不希望以这种方式呈现网页效果，而希望总是全屏显示网页的话，可以通过 .container-fluid 来实现。这种网格布局被称为流式网格布局。

例如下面的代码可以简单地对比出 .container 与 .container-fluid 的区别。

```
200 <div class="container mt-5" style="background: #7be1e9;border:3px solid #ff5546">
201     <div class="row">
202         <div class="col" style="border-right:3px solid #ff5546 ">col</div>
203         <div class="col">col</div>
204     </div>
205 </div>
206 <div class="container-fluid mt-5" style="background: #7be1e9;border:3px solid #ff5546">
207     <div class="row">
208         <div class="col" style="border-right:3px solid #ff5546 ">col</div>
209         <div class="col">col</div>
210     </div>
211 </div>
```

上述代码的运行效果如图 10.15 所示。

（3）间距的处理

在使用网格布局时，默认情况下网格的列之间一般会由左右 15px 的 margin 或 padding 处理。如果不需要这些间隙（无边缝设计），可以通过类名 .no-gutters 来清除，但是，如果设置该类名时，父元素中必须删除类名 .container 或 .container-fluid。下面的代码可以简单演示间隙的清除：

```
212 <div class="container-fluid">
213     <div class="row">
214         <div class="col border border-danger"> 含间隙项目 1</div>
215         <div class="col border border-danger"> 含间隙项目 2</div>
216     </div>
217 </div>
218 <div class="row no-gutters mt-2">
219     <div class="col border border-danger"> 无间隙项目 1</div>
220     <div class="col border border-danger"> 无间隙项目 2</div>
221 </div>
```

上述代码的运行效果如图 10.16 所示。

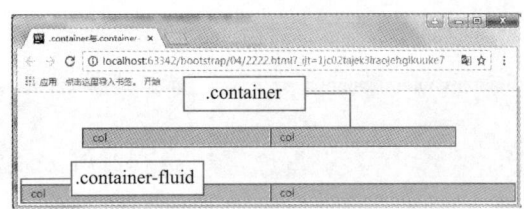

图 10.15　固定网格与流式网格

图 10.16　间距的处理

 **实例 10.7**

使用网格系统来布局一则 👁 **实例位置：资源包 \Code\10\07**
360 每日趣玩消息

使用网格系统来布局一则 360 每日趣玩消息，要求无论缩小或放大浏览器尺寸，页面内容始终整齐地展示。具体代码如下：

```
01  <style type="text/css">
02      .top {
03          background: url("images/1.jpg");
04          background-size: 100% 100%;
05      }
06  </style>
07  </head>
08  <body>
09  <div class="container border border-primary px-0">
10      <div class="top text-center text-white">
11          <p class="h2 p-5 font-weight-bolder">昨夜今晨，发生了哪些大事</p>
12          <p><button class="btn btn-primary">获取资讯</button></p>
13          <ul class="list-unstyled list-inline text-right font-weight-bold">
14              <li class="list-inline-item">趣玩</li>
15              <li class="list-inline-item">资讯</li>
16              <li class="list-inline-item">游戏</li>
17              <li class="list-inline-item">电影</li>
18              <li class="list-inline-item">星座</li>
19          </ul>
20      </div>
21      <p class="h4">脑筋急转弯 <span class="initialism text-muted">做个有趣的人</span></p>
22      <dl class="row">
23          <dt class="col-4 col-md-3 col-lg-2"><img src="images/2.jpg" alt="" class="img-fluid"></dt>
24          <dd class="col-8 col-sm-8 mt-2">
25              <p class="h5 font-weight-bold">话梅、杨梅、草莓选美</p>
26              <p class="font-weight-bold text-muted">问题描述：如果话梅、草莓、杨梅是人的话，他们谁的打扮最不时尚？</p>
27              <p><a class="btn btn-primary text-white">查看答案</a></p>
28          </dd>
29      </dl>
30  </div>
```

上述代码的运行效果如图 10.17 所示。

10.4.2 自动布局列

在 Bootstrap3 的网格系统中，需要严格定义列的宽度，但是 Bootstrap4 中仅需要简单设置一些类名即可自动设置列的宽度。设置列的宽度时，有以下几种情况：

（1）等宽布局

在 Bootstrap3 中，如果我们要实现一行中的各列元素等宽布局，则需要严格定义各列的宽度，而Bootstrap4 的网格布局与 flexbox 相结合，所以要实现等宽布局时，为各列添加类名 .col 即可。

图 10.17　使用网格布局实现一则 360 每日趣玩消息

例如，在一个 div.row 中有 4 个 div.col，那么每一个 div.col 的宽度都为 div.row 的 25%；如果一个div.row 中有 5 个 div.col，那么每一个 div.col 的宽度都为 div.row 的 20%。

例如，在一个页面中添加三个 div.row，分别向 div.row 中添加 2、3、4 个 div.col，示例代码如下：

```
31 <div class="container">
32    <div class="row">
33        <div class="col border border-success">第 1 行第 1 列 </div>
34        <div class="col border border-success">第 1 行第 2 列 </div>
35    </div>
36    <div class="row">
37        <div class="col border border-danger">第 2 行第 1 列 </div>
38        <div class="col border border-danger">第 2 行第 2 列 </div>
39        <div class="col border border-danger">第 2 行第 3 列 </div>
40    </div>
41    <div class="row">
42        <div class="col border border-primary">第 3 行第 1 列 </div>
43        <div class="col border border-primary">第 3 行第 2 列 </div>
44        <div class="col border border-primary">第 3 行第 3 列 </div>
45        <div class="col border border-primary">第 3 行第 4 列 </div>
46    </div>
47 </div>
```

其运行结果如图 10.18 所示。

📖 **说明**

在使用网格布局时需要注意，列 (.col-*) 是行 (.row) 的直接子元素，而所有的布局内容都必须放置在列 (.col-*) 中。

（2）自定义宽度

网格布局中可以使用 .col-* 来自定义某一列的宽度，而 * 表示具体占用了该行中的几格。例如 .col-6 表示占用了网格系统中的 6 格，那么它的宽度为该行的 50%，而其余未指定宽度的列平分该行剩余的宽度，如图 10.19 所示。

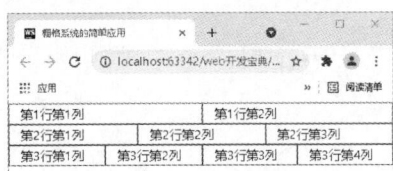

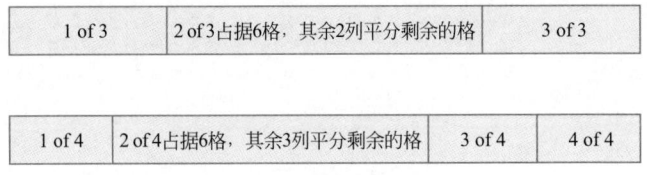

图 10.18　等宽布局示例　　　　　图 10.19　自定义列的宽度

📖 **说明**

使用网格布局时，如果一行中定义的网格总数超过 12 行，那么 Bootstrap 会在保证列完整性的前提下，将不能显示一行里的多余列重置到下一行，并且占用完整的一行。

（3）设置项目为宽度可变的弹性空间

前面介绍了项目的宽度设置，而这里介绍的则是设置项目的宽度为弹性的、可变的空间，即无论放大或缩小屏幕尺寸时，项目的宽度始终能够适应内容。设置其宽度正好能适应内容，是通过类名 .col-auto 来实现的。

（4）混合布局

如果使用 Bootstrap 只能简单地将各屏幕下的网格系统都做成一样的话，那将是非常单调乏味的，并且也无法满足设计师的需求，所以我们可以根据需要对每一个列进行不同的设备定义。简单地说，就是在不同设备中使用不同的布局方式。

在同一个 <div> 中添加多个 .col- 类名可以实现在多个设备中使用不同的布局方式。例如，通过下面的代码可以实现：在小屏幕上时，一行显示 2 列项目（因为添加了类名 .col-sm-6）；在中等屏幕上时，一行显示 3 列项目（因为添加了类名 .col-md-4）；在大屏幕上时，一行显示 4 列项目（因为添加类名 .col-lg-3）。

```
48 <div class="row">
49     <div class="col-sm-6 col-lg-3 col-md-4"></div>
50     <div class="col-sm-6 col-lg-3 col-md-4"></div>
51     <div class="col-sm-6 col-lg-3 col-md-4"></div>
52     <div class="col-sm-6 col-lg-3 col-md-4"></div>
53 </div>
```

上面代码的布局方式如图 10.20 所示。

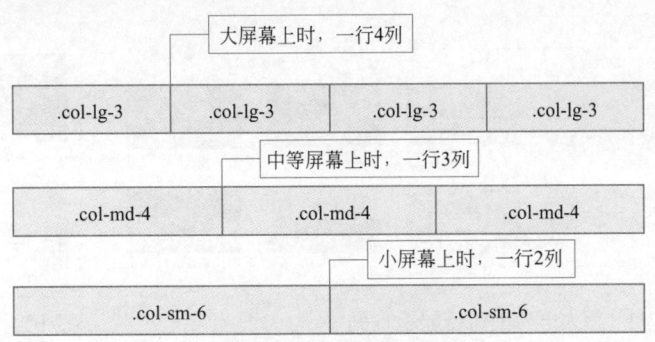

图 10.20　混合布局

设计游戏列表页面的响应式布局　　⊙ 实例位置：资源包 \Code\10\08

使用网格系统设计游戏列表页面，要求在大屏幕和超大屏幕上显示本实例时，每行显示 6 列；中等屏幕上显示本实例时，每行显示 4 列；而小屏幕上每行显示 3 列；超小屏幕上每行显示 2 列游戏。具体代码如下：

```
197 <div class="container-fluid border border-primary">
198     <div class="row">
199         <p class="col-auto text-left text-primary font-weight-bold h4">精品游戏 </p>
200         <p class="col text-muted text-right"> 更多 </p>
201     </div>
202     <div class="row">
203         <dl class="col-6 col-sm-4 col-md-3 col-lg-2">
204             <dt class=""><img src="images/13.jpg" alt="" class="img-fluid"></dt>
205             <dd class="text-muted text-center"> 血饮传说 </dd>
206         </dl>
207         <dl class="col-6 col-sm-4 col-md-3 col-lg-2">
208             <dt class=""><img src="images/14.jpg" alt="" class="img-fluid"></dt>
209             <dd class="text-muted text-center"> 休闲游戏 </dd>
210         </dl>
211         <!-- 省略其余游戏列表 -->
212     </div>
213 </div>
```

在浏览器上运行本实例，大屏幕上的运行效果如图 10.21 所示，而超小屏幕上的运行效果如图 10.22 所示。

10.4.3　项目的对齐处理

（1）项目的水平对齐

Bootstrap 还可以对网格系统中的项目进行对齐处理，包括网格布局可以设置项目在水平方向和垂直方向上的对齐方式。具体项目的对齐方式及其对应的类名如表 10.10 所示。

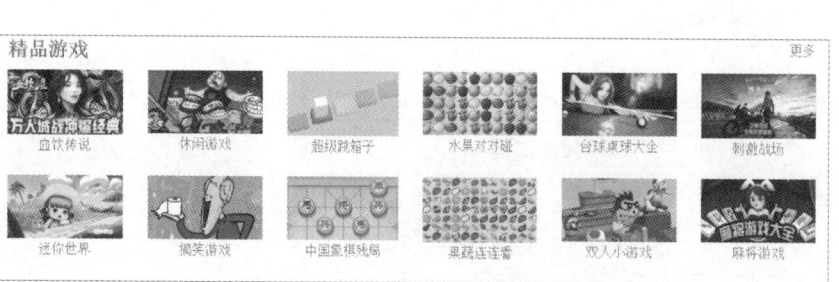

图 10.21　超大屏幕上每行显示 6 列

图 10.22　超小屏幕上每行显示 2 列

表 10.10　项目的对齐方式及其对应的类名

类名	对齐方式
.justify-content-start	项目与起始位置对齐
.justify-content-center	项目居中对齐
.justify-content-end	项目与结束位置对齐
.justify-content-betweent	项目之间等间距对齐
.justify-content-around	项目两端等间距

各对齐方式的作用效果如图 10.23 所示。

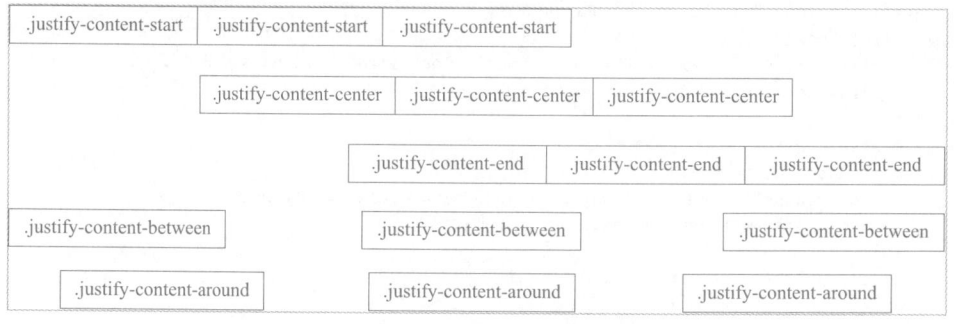

图 10.23　网格布局中项目的水平对齐方式

如果要设置项目在不同的设备中显示为不同的对齐方式，那么需要将上述类名修改为 .justify-content{-sm | md |lg | xl}-start | center | end | between | around，例如设置项目在小屏幕汇总居中对齐，那么设置类名为 .justify-content-sm-center。

实例 10.9　设计游戏列表的响应式水平对齐方式　　👁 **实例位置：资源包 \Code\10\09**

使用网格系统实现游戏列表页面，要求在超小屏幕和小屏幕上运行本实例时，网页中第一行游戏列表左对齐，第二行游戏列表右对齐，而中等屏幕上、大屏幕以及超大屏幕上运行本实例时，第一行游戏列表居中对齐，第二行列表等间距对齐。具体代码如下：

```
214 <div class="container text-center border border-secondary">
215     <div class="row justify-content-between">
216         <p class="text-left float-left text-primary font-weight-bold h3"> 精品游戏 </p>
217         <p class="text-right float-right text-muted"> 查看更多 </p>
218     </div>
219     <div class="row justify-content-start justify-content-md-center">
220         <!-- 游戏列表 -->
221         <dl class="col-3 border border-primary m-2 p-2">
222             <dt class=""><img src="images/13.jpg" alt="" class="img-fluid"></dt>
223             <dd class="text-muted text-center"> 血饮传说 </dd>
224         </dl>
225         <dl class="col-3 border border-primary m-2 p-2">
226             <dt class=""><img src="images/14.jpg" alt="" class="img-fluid"></dt>
227             <dd class="text-muted text-center"> 休闲游戏 </dd>
228         </dl>
229         <dl class="col-3 border border-primary m-2 p-2">
230             <dt class=""><img src="images/3.jpg" alt="" class="img-fluid"></dt>
231             <dd class="text-muted text-center"> 超级跳箱子 </dd>
232         </dl>
233     </div>
234     <div class="row justify-content-end justify-content-md-around">
235         <!-- 省略其余游戏列表，省略代码与上面游戏列表代码类似 -->
236     </div>
237 </div>
```

编写完代码后，在浏览器中运行本实例，如图 10.24 为小屏幕上显示的本实例效果，而图 10.25 为中等屏幕上显示的本实例效果。

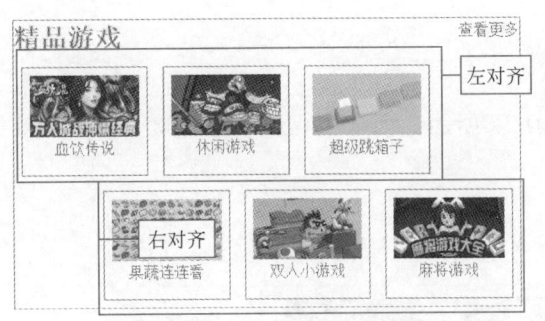

图 10.24　小屏幕上的实例效果

图 10.25　中等屏幕上的实例效果

(2) 项目的垂直对齐

网格布局中若要对项目进行垂直方向上的对齐，可以使用 .align-items-* 来实现，具体方法与设置项目的水平对齐方式类似，在父元素（.row）上添加类名 .align-items-*。网格系统主要提供了 3 种对齐方式，具体如图 10.26 所示。

当然，开发者也可以自定义列垂直方向上的对齐方式。具体方法是，在 .col 或 .col-* 上添加类名 .align-self-* 来自定义该列的垂直对齐方式。

.align-items-start	.align-items-start
.align-items-center	.align-items-center
.align-items-end	.align-items-end

图 10.26　项目的垂直对齐方式

实例 10.10

设计游戏列表的响应式垂直对齐方式

👁 **实例位置：** 资源包 \Code\10\10

设计游戏列表布局，要求在小屏幕和超小屏幕上浏览本实例时，第一行列表与顶部对齐，第二行列表与底部对齐，而中等及以上屏幕上运行本实例时，两行游戏列表垂直居中对齐。具体代码如下：

```
238 <div class="container text-center">
239     <div class="row justify-content-between">
240         <p class="text-left float-left text-primary font-weight-bold h3">精品游戏 </p>
241         <p class="text-right float-right text-muted">查看更多 </p>
242     </div>
243     <div class="row align-items-start align-items-md-center border border-secondary"
244         style="min-height: 200px">
245         <!-- 游戏列表 -->
246         <dl class="col border border-primary m-2 p-2">
247             <dt><img src="images/13.jpg" alt="" class="img-fluid"></dt>
248             <dd class="text-muted text-center">血饮传说 </dd>
249         </dl>
250         <dl class="col border border-primary m-2 p-2">
251             <dt><img src="images/14.jpg" alt="" class="img-fluid"></dt>
252             <dd class="text-muted text-center">休闲游戏 </dd>
253         </dl>
254         <dl class="col border border-primary m-2 p-2">
255             <dt><img src="images/3.jpg" alt="" class="img-fluid"></dt>
256             <dd class="text-muted text-center">超级跳箱子 </dd>
257         </dl>
258     </div>
259     <div class="row align-items-end align-items-md-center border border-secondary"
260         style="min-height: 200px">
261         <!-- 省略雷同代码，省略部分与上面游戏列表代码类似 -->
262     </div>
263 </div>
```

上述代码在小型以及超小型屏幕上的运行效果如图 10.27 所示，而在中等及以上屏幕上的运行效果如图 10.28 所示。

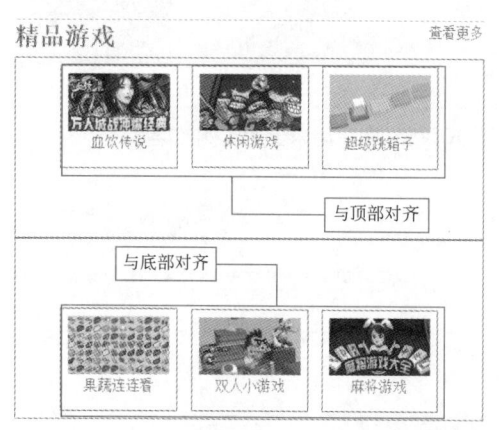
图 10.27　小屏幕及超小屏幕上的运行效果

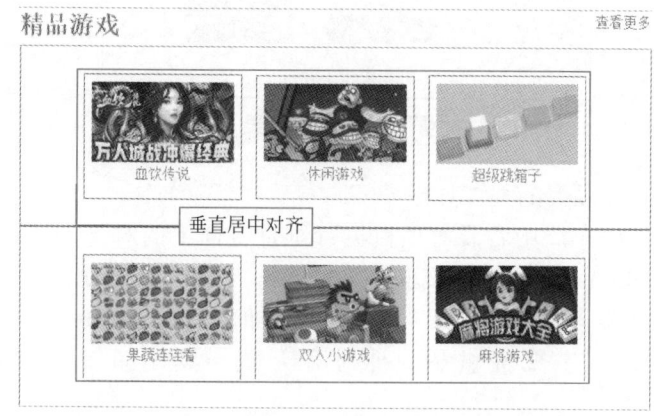
图 10.28　中等及以上屏幕上的运行效果

10.4.4　列的偏移、嵌套和重排序

使用网格布局时，同样可以进行嵌套、重排序以及设置列的偏移，这使得网格布局可以更加地方便。

（1）列的偏移

前面的实例中，都是通过 p-* 和 m-* 来设置列的偏移，网格系统中还有一种方式来设置列的偏移，即通过 .offset-* 来实现。

网格布局提供了 12 个偏移等级。分别是 .offset-0 ～ .offset-11。例如 .offset-md-2 表示中等屏幕上显示该列时，向右偏移 2 格。图 10.29 所示为各偏移的等级。

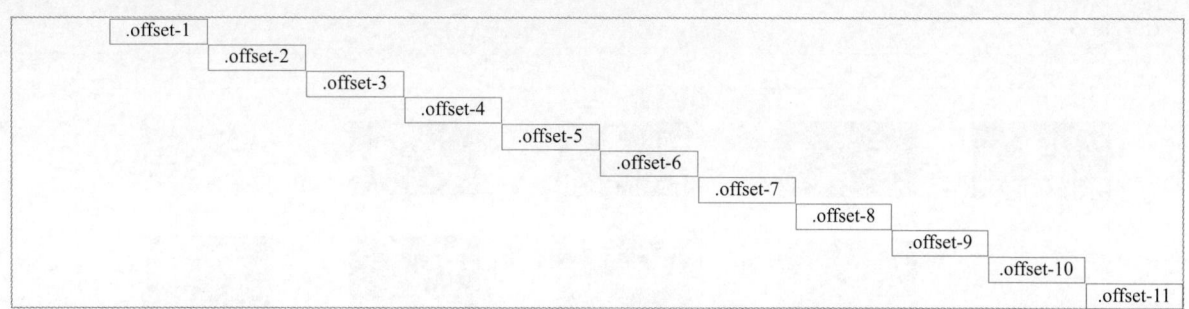

图 10.29　各偏移的等级

 实例 10.11

使用列偏移等间距对齐游戏列表

⊙ 实例位置：资源包 \Code\10\11

同样还是实现游戏列表页面，要求在小屏幕以及超小屏幕上运行本实例时，每列占据 5 格，并且第 2 列向右偏移 1 格；在中等及以上屏幕运行本实例时，商品列表每列占据 3 格，并且第 2 列和第 3 列分别向右偏移 1 格。具体代码如下：

```
264 <div class="container-fluid border border-primary">
265     <div class="row">
266         <p class="col-auto text-left text-primary font-weight-bold h4">精品游戏 </p>
267         <p class="col text-muted text-right"> 更多 </p>
268     </div>
269     <div class="row text-muted text-center">
270         <dl class="col-5 col-md-3">
271             <dt><img src="images/13.jpg" alt="" class="img-fluid"></dt>
272             <dd> 血饮传说 </dd>
273         </dl>
274         <dl class="col-5 col-md-3 offset-md-1 offset-1">
275             <dt><img src="images/14.jpg" alt="" class="img-fluid"></dt>
276             <dd> 休闲游戏 </dd>
277         </dl>
278         <dl class="col-5 col-md-3 offset-md-1">
279             <dt><img src="images/3.jpg" alt="" class="img-fluid"></dt>
280             <dd> 超级跳箱子 </dd>
281         </dl>
282         <!-- 省略其余游戏列表代码 -->
283 </div>
```

在小屏幕及超小屏幕的浏览器中运行本实例时，其浏览效果如图 10.30 所示；而中等及以上屏幕的浏览器中运行本实例时，其浏览效果如图 10.31 所示。

（2）列的嵌套

使用网格布局时，还可以对列进行再次嵌套，当然被嵌套的行所包括的列宽度依然不能超过 12 格。例如下面的代码就可以实现一个简单的嵌套。

```
01 <div class="container">
02     <div class="row p-2 border border-danger">
```

```
03              <div class="col-7">
04                  <div class="row p-2 border border-secondary">
05                      <div class="col-6 border border-primary">第二层网格 </div>
06                      <div class="col-6 border border-primary">第二层网格 </div>
07                  </div>
08              </div>
09              <div class="col-5 border border-secondary">第一层网格 </div>
10      </div>
11 </div>
```

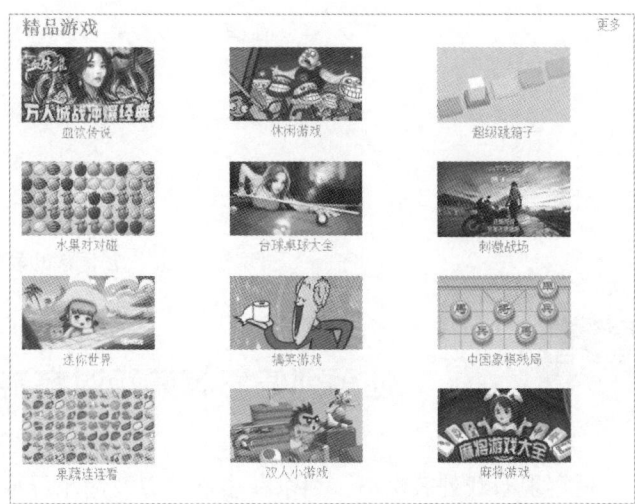

图 10.30　小型及超小型屏幕上的运行效果　　图 10.31　中等及以上屏幕上的运行效果

上面代码的嵌套效果如图 10.32 所示。

（3）列的重排序

网格系统中还可以对项目进行重排序，使用的类名就是 .order-n，其中 n 的取值为 1 ～ 12，表示当前列位于该行中的第几列。使用时可以直接为 .col 或 .col-* 添加类名 .col-n。

图 10.32　网格系统的嵌套

实例 10.12

实现为商品列表按价格进行排序

● **实例位置：资源包 \Code\10\12**

实现手机商城中商品列表页面，并且将商品按价格从高到低进行排序。具体代码如下：

```
284 <div class="box container">
285     <div class="row text-center">
286         <dl class="border border-secondary col-3 m-1 order-3">
287             <dt><img src="images/50.png" class="img-fluid" alt=""></dt>
288             <dd class="m-0">
289                 <p class="initialism">HUAWEI nova 4e</p>
290                 <p class="text-muted"> 最高直降 300</p>
291                 <p class="m-0 text-danger">¥1799</p>
292             </dd>
293         </dl>
294         <dl class="border border-secondary col-3 m-1 order-2">
295             <dt><img src="images/51.png" class="img-fluid" alt=""></dt>
296             <dd class="m-0">
297                 <p class="initialism">HUAWEI P30</p>
298                 <p class="text-muted">6 期免息 V3-V5 加赠游礼 </p>
```

```
299                    <p class="m-0 text-danger">¥3998</p>
300                </dd>
301            </dl>
302            <!-- 省略其余商品列表 -->
303        </div>
304 </div>
```

上述代码的运行效果如图 10.33 所示。

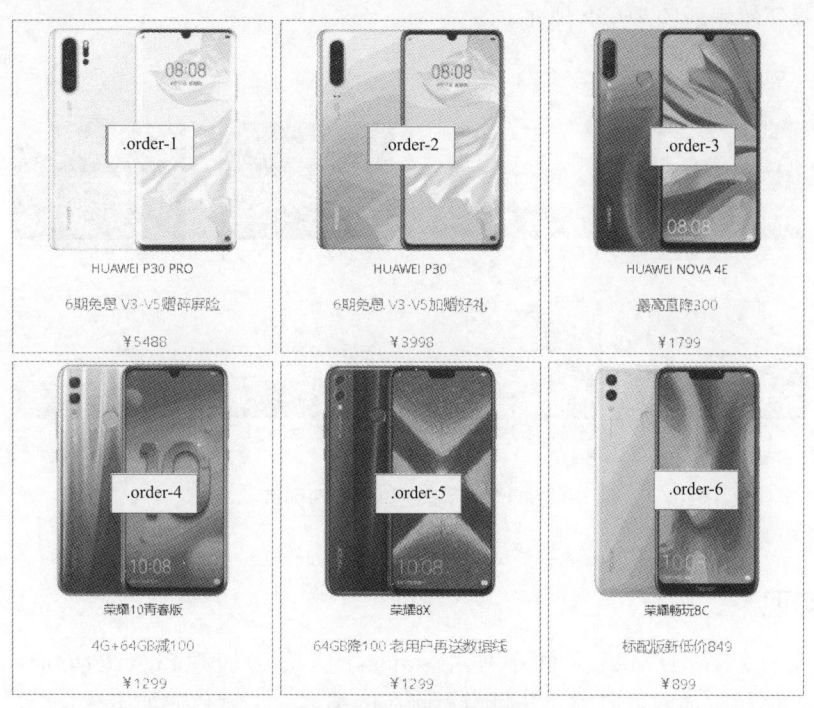

图 10.33　列的重排序

📑 **说明**

> 　　如果一行中并不是为所有列都定义了顺序，那么定义了顺序的列将会呈现在未定义顺序的列后面，也就是未定义顺序的列的位置不会发生改变。例如下面的代码：
>
> ```
> 01 <div class="container">
> 02     <div class="row border border-danger p-2">
> 03         <div class="col border border-primary">我没有定义顺序</div>
> 04         <div class="col order-1 border border-primary">我的顺序 .order1</div>
> 05         <div class="col border border-primary">我没有定义顺序</div>
> 06         <div class="col order-2 border border-primary">我的顺序 .order2</div>
> 07     </div>
> 08 </div>
> ```

上述代码中定义了 4 列，其中两列并没有定义顺序，其运行效果如图 10.34 所示。

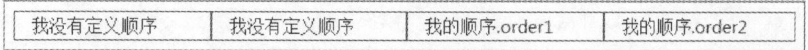

图 10.34　列的重排序

10.5　综合案例——制作音乐网站的热门推荐列表

本章学习了 Bootstrap 的简单使用，主要包括 Bootstrap 中的通用样式设置以及 Bootstrap 中的网格布局，接下来使用 Bootstrap 来实现一个音乐网站热门推荐列表。(实例位置:资源包 \Code\10\13\ 综合案例)

10.5.1 案例分析

本案例的内容主要分为两部分,即导航菜单和播放列表。导航菜单部分使用了 Bootstrap 中的弹性布局,并且设置最后一项菜单项向右偏移;而播放列表选择页面中则使用网格布局,将列表设置为两行,每行设置为 4 列。具体效果如图 10.35 所示。

图 10.35 实现热门推荐列表

10.5.2 案例实现

新建 HTML5 文件,在 HTML5 文件中使用 <meta> 标签添加视口(viewport)属性,并且引入 Bootstrap 相关文件,然后添加网页内容,并且设置响应的类名。关键代码如下:

```
305 <div class="container">
306     <ul class="list-unstyled d-flex border-bottom border-danger mx-2 align-items-center">
307         <li class="mx-2"><h4> 热门推荐 </h4></li>
308         <li class="mx-2"> 华语 </li>
309         <li class="mx-2"> 流行 </li>
310         <li class="mx-2"> 摇滚 </li>
311         <li class="mr-auto mx-2"> 电子 </li>
312         <li> 更多 </li>
313     </ul>
314     <div class="row my-2">
315         <div class="col">
316             <div class="position-relative">
317                 <img src="image/1.jpeg" class="img-fluid">
318                 <div class="position-absolute d-flex py-1 px-2 align-items-center text-white w-100 "
style="bottom: 0;background:rgba(0,0,0,0.3)">
319                     <span class="fa fa-headphones"></span>
320                     <span class="mr-auto mx-2">3234</span>
321                     <span class="fa fa-play-circle-o"></span>
322                 </div>
323             </div>
324             <div class="initialism"> 乡村音乐 | 听见在路上的好心情 </div>
325         </div>
326         <!-- 此处省略该行其余列的雷同代码 -->
327     </div>
328     <!-- 此处省略第二行雷同代码 -->
329 </div>
```

10.6 实战练习

使用 Bootstrap 实现一个可以响应式页面，即浏览器宽度变化时，表单页面也随之放大或缩小。该页面可以切换登录、注册以及重置功能。其中注册页面如图 10.36 所示；登录页面如图 10.37 所示；重置页面如图 10.38 所示。（实例位置：资源包 \Code\10\14\ 实战练习）

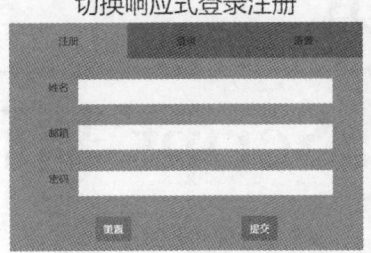
图 10.36 注册页面效果图

图 10.37 登录页面效果图

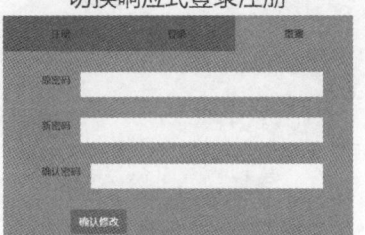
图 10.38 重置页面效果图

▽ 小结

本章简单介绍了 Bootstrap 的基本使用，主要包括 Bootstrap 概述、Bootstrap 的下载与安装、Bootstrap 通用样式以及 Bootstrap 网格布局。本章内容较多，希望读者在学习过程中多多练习，快速掌握。

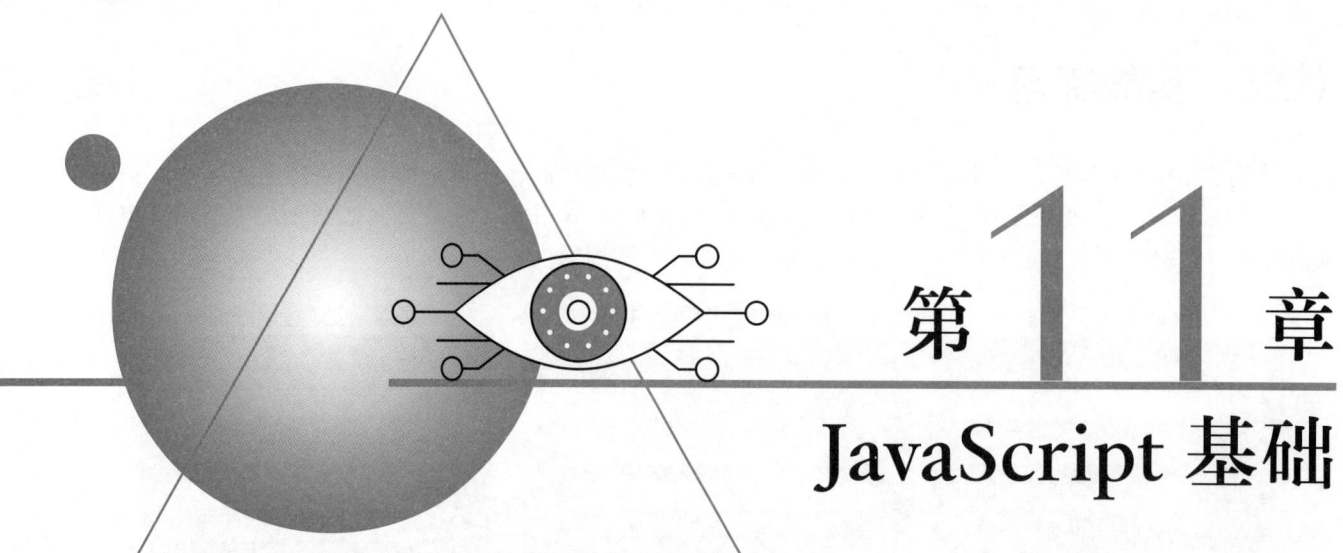

第11章

JavaScript 基础

扫码领取

· 教学视频
· 配套源码
· 练习答案
· ……

熟练掌握一门编程语言，最好的方法就是充分了解、掌握其基础知识。本章从 JavaScript 的基础知识开始，首先介绍什么是 JavaScript，JavaScript 都有哪些特点，以及 JavaScript 在 HTML 中的使用，然后再对 JavaScript 的数据类型、变量以及运算符和表达式进行详细讲解。

11.1　JavaScript 概述

JavaScript 是 Web 页面中的一种脚本编程语言，也是一种通用的、跨平台的、基于对象和事件驱动并具有安全性的脚本语言。它不需要进行编译，而是直接嵌入 HTML5 页面中，将静态页面转变成支持用户交互并响应相应事件的动态页面。

11.1.1　JavaScript 的发展

JavaScript 语言的前身是 LiveScript 语言，由美国 Netscape（网景）公司的布瑞登·艾克（Brendan Eich）为即将在 1995 年发布的 Navigator2.0 浏览器的应用而开发的脚本语言。在与 Sun（升阳）公司联手及时完成了 LiveScript 语言的开发后，就在 Navigator 2.0 即将正式发布前，Netscape 公司将其改名为 JavaScript，也就是最初的 JavaScript 1.0 版本。虽然当时 JavaScript1.0 版本还有很多缺陷，但拥有着 JavaScript 1.0 版本的 Navigator 2.0 浏览器几乎主宰着浏览器市场。

因为 JavaScript 1.0 如此成功，Netscape 公司在 Navigator 3.0 中发布了 JavaScript 1.1 版本。同时微软开始进军浏览器市场，发布了 Internet Explorer 3.0 并搭载了一个 JavaScript 的类似版本，其注册名称为 JScript，这成为 JavaScript 语言发展过程中的重要一步。

在微软进入浏览器市场后，此时有 3 种不同的 JavaScript 版本同时存在：Navigator 中的 JavaScript、IE 中的 JScript 以及 CEnvi 中的 ScriptEase。与其他编程语言不同的是，JavaScript 并没有一个标准来统一其语法或特性，而这 3 种不同的版本恰恰突出了这个问题。1997 年，JavaScript 1.1 版本作为一个草案提交给欧洲计算机制造商协会（ECMA）。最终由来自 Netscape、Sun、微软、Borland 和其他一些对脚本编程感兴趣的公司的程序员组成了 TC39 委员会，该委员会被委派来标准化一个通用、跨平台、中立于厂商的脚本语言的语法和语义。TC39 委员会制定了"ECMAScript 程序语言的规范书"（又称为"ECMA-262 标准"），该标准通过国际标准化组织 (ISO) 采纳通过，作为各种浏览器生产开发所使用的脚本程序的统一标准。

11.1.2　JavaScript 的主要特点

JavaScript 脚本语言的主要特点如下：

① 解释性　JavaScript 不同于一些编译性的程序语言，例如 C、C++ 等，它是一种解释性的程序语言，它的源代码不需要经过编译，而直接在浏览器中运行时被解释。

② 基于对象　JavaScript 是一种基于对象的语言。这意味着它能运用自己已经创建的对象。因此，许多功能可以来自于脚本环境中对象的方法与脚本的相互作用。

③ 事件驱动　JavaScript 可以直接对用户或客户输入做出响应，无须经过 Web 服务程序。它对用户的响应是以事件驱动的方式进行的。所谓事件驱动，就是指在主页中执行了某种操作所产生的动作，此动作称为"事件"。比如按下鼠标、移动窗口、选择菜单等都可以视为事件。当事件发生后，可能会引起相应的事件响应。

④ 跨平台　JavaScript 依赖于浏览器本身，与操作环境无关，只要是能运行浏览器的计算机，并安装了支持 JavaScript 的浏览器，就可以正确地执行。

⑤ 安全性　JavaScript 是一种安全性语言，它不允许访问本地的硬盘，并不能将数据存入服务器上，不允许对网络文档进行修改和删除，只能通过浏览器实现信息浏览或动态交互。这样可有效地防止数据的丢失。

11.1.3　JavaScript 的应用

使用 JavaScript 脚本实现的动态页面，在 Web 上随处可见。下面介绍几种 JavaScript 常见的应用。

（1）验证用户输入的内容

使用 JavaScript 脚本语言可以在客户端对用户输入的数据进行验证。例如在制作用户注册信息页面时，要求用户输入确认密码，以确定用户输入密码是否正确。如果用户在"确认密码"文本框中输入的信息与"密码"文本框中输入的信息不同，将弹出相应的提示信息，如图 11.1 所示。

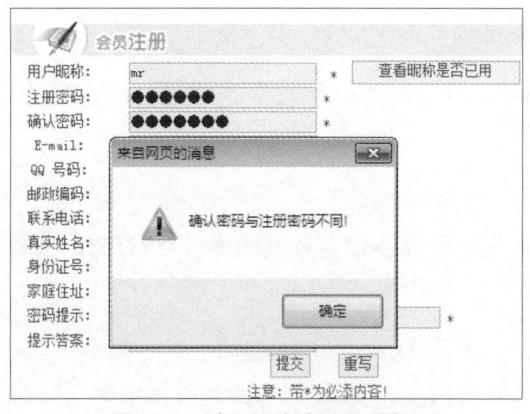

图 11.1　验证两次密码是否相同

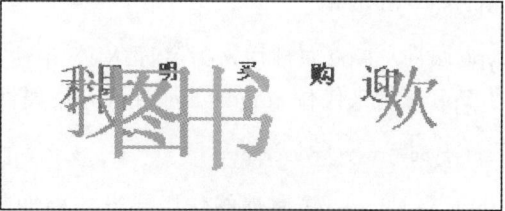

图 11.2　文字特效

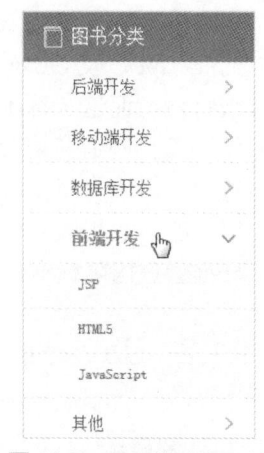

（2）文字特效

使用 JavaScript 脚本语言可以使文字实现多种特效。例如使文字旋转，如图 11.2 所示。

（3）明日学院应用的 jQuery 效果

在明日学院的"读书"栏目中，应用 jQuery 实现了滑动显示和隐藏子菜单的效果。当鼠标单击某个主菜单时，将滑动显示相应的子菜单，而其他子菜单将会滑动隐藏，如图 11.3 所示。

图 11.3　明日学院应用的 jQuery 效果

11.1.4　JavaScript 在 HTML 中的使用

通常情况下，在 Web 页面中使用 JavaScript 有以下三种方法：第一种是在页面中直接嵌入 JavaScript 代码；第二种是链接外部 JavaScript 文件；第三种是作为特定标签的属性值使用。下面分别对这三种方法进行介绍。

（1）在页面中直接嵌入 JavaScript 代码

在 HTML5 文档中可以使用 <script>…</script> 标签将 JavaScript 脚本嵌入其中。在 HTML5 文档中可以使用多个 <script> 标签，每个 <script> 标签中可以包含多个 JavaScript 的代码集合，并且各个 <script> 标签中的 JavaScript 代码之间可以相互访问，如同将所有代码放在一对 <script>…</script> 标签之中的效果。<script> 标签常用的属性及说明如表 11.1 所示。

表 11.1　<script> 标签常用的属性及说明

属性	说明
language	设置所使用的脚本语言及版本
src	设置一个外部脚本文件的路径位置
type	设置所使用的脚本语言，此属性已代替 language 属性
defer	此属性表示当 HTML5 文档加载完毕后再执行脚本语言

① language 属性　language 属性指定在 HTML 中使用的脚本语言及其版本。language 属性使用的格式如下。

```
<script language="JavaScript1.5">
```

📖 **说明**

> 如果不定义 language 属性，浏览器默认脚本语言为 JavaScript 1.0 版本。

② src 属性　src 属性用来指定外部脚本文件的路径。外部脚本文件通常使用 JavaScript 脚本，其扩展名为 .js。src 属性使用的格式如下。

```
<script src="01.js">
```

③ type 属性　type 属性用来指定 HTML5 中使用的是哪种脚本语言及其版本。自 HTML4.0 标准开始，推荐使用 type 属性来代替 language 属性。type 属性使用格式如下。

```
<script type="text/javascript">
```

④ defer 属性　defer 属性的作用是当文档加载完毕后再执行脚本。当脚本语言不需要立即运行时，设置 defer 属性后，浏览器将不必等待脚本语言装载。这样页面加载会更快。但当有一些脚本需要在页面

加载过程中或加载完成后立即执行时，就不需要使用 defer 属性。defer 属性使用格式如下。

```
<script defer>
```

编写第一个 JavaScript 程序   ◉ **实例位置：资源包 \Code\11\01**

编写第一个 JavaScript 程序，在 WebStorm 工具中直接嵌入 JavaScript 代码，在页面中输出"我喜欢学习 JavaScript"。代码如下：

```
54 <!DOCTYPE html>
55 <html lang="en">
56 <head>
57     <meta charset="UTF-8">
58     <title>第一个 JavaScript 程序 </title>
59 </head>
60 <body>
61 <script type="text/javascript">
62     document.write("我喜欢学习 JavaScript");
63 </script>
64 </body>
65 </html>
```

运行结果如图 11.4 所示。

说明

① <script> 标签可以放在 Web 页面的 <head>...</head> 标签中，也可以放在 <body>...</body> 标签中。
② 脚本中使用的 document.write 是 JavaScript 语句，其功能是直接在页面中输出括号中的内容。

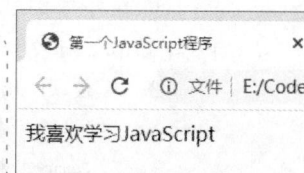

图 11.4   程序运行结果

（2）链接外部 JavaScript 文件

在 Web 页面中引入 JavaScript 的另一种方法是采用链接外部 JavaScript 文件的形式。如果代码比较复杂或是同一段代码可以被多个页面所使用，则可以将这些代码放置在一个单独的文件中（保存文件的扩展名为 .js），然后在需要使用该代码的 Web 页面中链接该 JavaScript 文件即可。在 Web 页面中链接外部 JavaScript 文件的语法格式如下：

```
<script type="text/javascript" src="javascript.js"></script>
```

说明

如果外部 JavaScript 文件保存在本机中，src 属性可以是绝对路径或是相对路径；如果外部 JavaScript 文件保存在其他服务器中，src 属性需要指定绝对路径。

调用外部 JavaScript 文件   ◉ **实例位置：资源包 \Code\11\02**

在 HTML5 文件中调用外部 JavaScript 文件，运行时在页面中显示对话框，对话框中输出"我喜欢学习 JavaScript"。具体步骤如下：

① 创建 index.js 文件，在 index.js 文件中编写 JavaScript 代码。代码如下：

```
alert("我喜欢学习 JavaScript");
```

📋 说明

> 代码中使用的 alert 是 JavaScript 语句，其功能是在页面中弹出一个对话框，对话框中显示括号中的内容。

② 创建 index.html 文件，在该文件中调用外部 JavaScript 文件 index.js。代码如下：

```
66 <!DOCTYPE html>
67 <html lang="en">
68 <head>
69     <meta charset="UTF-8">
70 <title> 链接外部 JavaScript 文件 </title>
71 </head>
72 <body>
73 <script type="text/javascript" src="index.js"></script>
74 </body>
75 </html>
```

运行结果如图 11.5 所示。

💡 注意

> ① 在外部 JavaScript 文件中，不能将代码用 <script> 和 </script> 标签括起来。
>
> ② 在使用 src 属性引用外部 JavaScript 文件时，<script>...</script> 标签中不能包含其他 JavaScript 代码。
>
> ③ 在 <script> 标签中使用 src 属性引用外部 JavaScript 文件时，</script> 尾标签不能省略。

图 11.5　程序运行结果

（3）作为标签的属性值使用

在 JavaScript 脚本程序中，有些 JavaScript 代码可能需要立即执行，而有些 JavaScript 代码可能需要单击某个超链接或者触发了一些事件（如单击按钮）之后才会执行。下面介绍将 JavaScript 代码作为标签的属性值使用。

① 通过 "javascript:" 调用　在 HTML 中，可以通过 "javascript:" 的方式来调用 JavaScript 的函数或方法。示例代码如下：

```
<a href="javascript:alert(' 您单击了这个超链接 ')"> 请单击这里 </a>
```

在上述代码中通过使用 "javascript:" 来调用 alert() 方法，但该方法并不是在浏览器解析到 "javascript:" 时就立刻执行，而是在单击该超链接时才会执行。

② 与事件结合调用　JavaScript 可以支持很多事件，事件可以影响用户的操作。如单击鼠标左键、按下键盘或移动鼠标等。与事件结合，可以调用执行 JavaScript 的方法或函数。示例代码如下：

```
<input type="button" value=" 单击按钮 " onclick="alert(' 您单击了这个按钮 ')" />
```

在上述代码中，onclick 是单击事件，意思是当单击对象时将会触发 JavaScript 的方法或函数。

11.1.5　基本语法

JavaScript 作为一种脚本语言，其语法规则和其他语言有相同之处，也有不同之处。下面简单介绍

JavaScript 的一些基本语法。

（1）执行顺序

JavaScript 程序按照在 HTML5 文件中出现的顺序逐行执行。如果需要在整个 HTML5 文件中执行（如函数、全局变量等），最好将其放在 HTML5 文件的 <head>...</head> 标签中。某些代码，如函数体内的代码，不会被立即执行，只有当所在的函数被其他程序调用时，该代码才会被执行。

（2）大小写敏感

JavaScript 对字母大小写是敏感（严格区分字母大小写）的，也就是说，在输入语言的关键字、函数名、变量以及其他标识符时，都必须采用正确的大小写形式。例如，变量 username 与变量 userName 是两个不同的变量，这一点要特别注意，因为同属于与 JavaScript 紧密相关的 HTML5 是不区分大小写的，所以很容易混淆。

💡 **注意**

> HTML5 并不区分大小写。由于 JavaScript 和 HTML5 紧密相连，这一点很容易混淆。许多 JavaScript 对象和属性都与其代表的 HTML5 标签或属性同名，在 HTML5 中，这些名称可以以任意的大小写方式输入而不会引起混乱，但在 JavaScript 中，这些名称通常都是小写的。例如，HTML5 中的事件处理器属性 ONCLICK 通常被声明为 onClick 或 Onclick，而在 JavaScript 中只能使用 onclick。

（3）空格与换行

在 JavaScript 中会忽略程序中的空格、换行和制表符，除非这些符号是字符串或正则表达式中的一部分。因此，可以在程序中随意使用这些特殊符号来进行排版，使代码更加易于阅读和理解。

JavaScript 中的换行有"断句"的意思，即换行能判断一个语句是否已经结束。如以下代码表示两个不同的语句。

```
76 m = 10
77 return true
```

如果将第二行代码写成：

```
78 return
79 true
```

此时，JavaScript 会认为这是两个不同的语句，这样一来将会产生错误。

（4）每行结尾的分号可有可无

与 Java 语言不同，JavaScript 并不要求必须以英文分号（;）作为语句的结束标记。如果语句的结束处没有分号，JavaScript 会自动将该行代码的结尾作为语句的结尾。例如，下面的两行代码都是正确的。

```
80 alert("欢迎访问明日学院！")
81 alert("欢迎访问明日学院！");
```

⚡ **注意**

> 最好的代码编写习惯是在每行代码的结尾处加上分号，这样可以保证每行代码的准确性。

（5）注释

为程序添加注释可以起到以下两种作用。

① 可以解释程序某些语句的作用和功能，使程序更易于理解。其通常用于代码的解释说明。

② 可以用注释来暂时屏蔽某些语句，使浏览器对其暂时忽略，等需要时再取消注释，这些语句就会

发挥作用。其通常用于代码的调试。

 JavaScript 提供了两种注释符号："//"和"/*...*/"。其中，"//"用于单行注释，"/*...*/"用于多行注释。多行注释符号分为开始和结束两部分，即在需要注释的内容前输入"/*"，同时在注释内容结束后输入"*/"表示注释结束。下面是单行注释和多行注释的示例。

```
82 // 这是单行注释
83 /* 多行注释的第一行
84    多行注释的第二行
85    ……
86 */
87 /* 多行注释在一行 */
```

11.2 数据类型

 每一种编程语言都有自己所支持的数据类型。JavaScript 的数据类型分为基本数据类型和复合数据类型。关于复合数据类型中的对象、数组和函数等，将在后面的章节进行介绍。在本节中，将详细介绍 JavaScript 的基本数据类型。JavaScript 的基本数据类型有数值型、字符串型、布尔型以及两个特殊的数据类型。

11.2.1 数值型

 数值型（number）是 JavaScript 中最基本的数据类型。在 JavaScript 中，和其他程序设计语言（如 C 和 Java）的不同之处在于，它并不区别整型数值和浮点型数值。在 JavaScript 中，所有的数值都是由浮点型表示的。JavaScript 采用 IEEE 754 标准定义的 64 位浮点格式表示数字，这意味着它能表示的最大值是 $\pm 1.7976931348623157e+308$，最小值是 $5e-324$。

 当一个数字直接出现在 JavaScript 程序中时，我们称它为数值直接量（numericliteral）。JavaScript 支持数值直接量的形式有以下几种。

 （1）十进制

 在 JavaScript 程序中，十进制的整数是一个由 0～9 组成的数字序列。例如：

```
0
165
-12
```

 JavaScript 的数字格式允许精确地表示 -9007199254740992（-2^{53}）和 9007199254740992（2^{53}）之间的所有整数 [包括 -9007199254740992（-2^{53}）和 9007199254740992（2^{53}）]。但是使用超过这个范围的整数，就会失去尾数的精确性。需要注意的是，JavaScript 中的某些整数运算是对 32 位的整数执行的，它们的范围从 -2147483648（-2^{31}）到 2147483647（$2^{31}-1$）。

 （2）十六进制

 JavaScript 不但能够处理十进制的整型数据，还能识别十六进制（以 16 为基数）的数据。所谓十六进制数据，是以"0X"或"0x"开头，其后跟随十六进制的数字序列。十六进制的数字可以是 0 到 9 中的某个数字，也可以是 a（A）到 f（F）中的某个字母，它们用来表示 0 到 15 之间（包括 0 和 15）的某个值。下面是十六进制整型数据的例子：

```
0xffc
0X123456
0xCCDD66
```

 （3）八进制

 尽管 ECMAScript 标准不支持八进制数据，但是 JavaScript 的某些实现却允许采用八进制（基数为 8）

格式的整型数据。八进制数据以数字 0 开头，其后跟随一个数字序列，这个序列中的每个数字都在 0 和 7 之间（包括 0 和 7）。例如：

```
07
0362
```

由于某些 JavaScript 实现支持八进制数据，而有些则不支持，所以最好不要使用以 0 开头的整型数据，因为不知道某个 JavaScript 的实现是将其解释为十进制，还是解释为八进制。

（4）浮点型数据

浮点型数据可以具有小数点，它的表示方法有以下两种：

① 传统记数法　传统记数法是将一个浮点数分为整数部分、小数点和小数部分，如果整数部分为 0，可以省略整数部分。例如：

```
1.75
56.32  69
.263
```

② 科学记数法　此外，还可以使用科学记数法表示浮点型数据，即实数后跟随字母 e 或 E，后面加上一个带正号或负号的整数指数，其中正号可以省略。例如：

```
5e+6
3.65  e10
1.23  E-9
```

📋 **说明**

> 在科学记数法中，e（或 E）后面的整数表示 10 的指数次幂，因此，这种记数法表示的数值等于前面的实数乘以 10 的指数次幂。

（5）特殊值 Infinity

在 JavaScript 中有一个特殊的数值 Infinity（无穷大），如果一个数值超出了 JavaScript 所能表示的最大值的范围，JavaScript 就会输出 Infinity；如果一个数值超出了 JavaScript 所能表示的最小值的范围，JavaScript 就会输出 -Infinity。例如：

```
88 document.write(1/0);                        // 输出 1 除以 0 的值
89 document.write("<br>");                      // 输出换行标签
90 document.write(-1/0);                        // 输出 -1 除以 0 的值
```

⏱ **运行结果为：**

```
Infinity
-Infinity
```

（6）特殊值 NaN

JavaScript 中还有一个特殊的数值 NaN（Not a Number 的简写），即"非数字"。在进行数学运算时产生了未知的结果或错误，JavaScript 就会返回 NaN。它表示该数学运算的结果是一个非数字。例如，用 0 除以 0 的输出结果就是 NaN，代码如下：

```
document.write(0/0);                           // 输出 0 除以 0 的值
```

⏱ **运行结果为：**

```
NaN
```

11.2.2 字符串型

字符串（string）是由 0 个或多个字符组成的序列，它可以包含大小写字母、数字、标点符号或其他字符，也可以包含汉字。它是 JavaScript 用来表示文本的数据类型。程序中的字符串型数据是包含在单引号或双引号中的，由单引号定界的字符串中可以含有双引号，由双引号定界的字符串中也可以含有单引号。

📑 说明

> 空字符串不包含任何字符，也不包含任何空格，用一对引号表示，即 "" 或 '。

例如：

① 单引号括起来的字符串，代码如下：

```
'Hello world'
'mingrisoft@mingrisoft.com'
```

② 双引号括起来的字符串，代码如下：

```
" "
"Hello JavaScript"
```

③ 单引号定界的字符串中可以含有双引号，代码如下：

```
'abc"def'
'Hello "JavaScript"'
```

④ 双引号定界的字符串中可以含有单引号，代码如下：

```
"I'm a legend"
"You can call me 'Jerry'!"
```

⚡ 注意

> 包含字符串的引号必须匹配，如果字符串前面使用的是双引号，那么在字符串后面也必须使用双引号，反之都使用单引号。

有的时候，字符串中使用的引号会产生匹配混乱的问题。例如：

```
" 字符串是包含在单引号 ' 或双引号 " 中的 "
```

对于这种情况，必须使用转义字符。JavaScript 中的转义字符是 "\"，通过转义字符可以在字符串中添加不可显示的特殊字符，或者防止引号匹配混乱的问题。例如，字符串中的单引号可以使用 "\'" 来代替，双引号可以使用 "\"" 来代替。因此，上面一行代码可以写成如下的形式：

```
" 字符串是包含在单引号 \' 或双引号 \" 中的 "
```

JavaScript 常用的转义字符如表 11.2 所示。

表 11.2　JavaScript 常用的转义字符

转义字符	描述	转义字符	描述
\b	退格	\v	垂直制表符
\n	换行符	\r	回车符
\t	水平制表符，Tab 空格	\\	反斜杠
\f	换页	\OOO	八进制整数，范围 000 ~ 777
\'	单引号	\xHH	十六进制整数，范围 00 ~ FF
\"	双引号	\uhhhh	十六进制编码的 Unicode 字符

例如，在 alert 语句中使用转义字符 "\n" 的代码如下：

```
alert(" 网站前端核心技术: \nHTML\nCSS\nJavaScript");          // 输出换行字符串
```

运行结果如图 11.6 所示。

由图 11.6 可知，转义字符 "\n" 在警告框中会产生换行，但是在 document.write(); 语句中使用转义字符时，只有将其放在格式化文本块中才会起作用，所以脚本必须放在 <pre> 和 </pre> 的标签内。

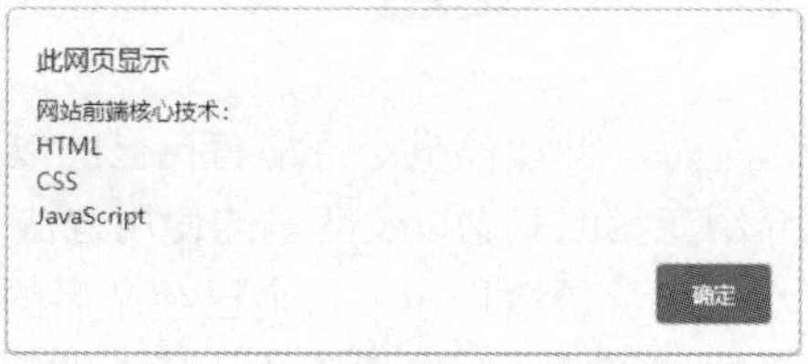

例如，应用转义字符使字符串换行，程序代码如下：

图 11.6　**输出换行字符串**

```
91 document.write("<pre>");                           // 输出 <pre> 标签
92 document.write(" 轻松学习 \nJavaScript 语言! ");        // 输出换行字符串
93 document.write("</pre>");                          // 输出 </pre> 标签
```

⟳ **运行结果为：**

```
轻松学习
JavaScript 语言!
```

如果上述代码不使用 <pre> 和 </pre> 的标签，则转义字符不起作用，代码如下：

```
document.write(" 轻松学习 \nJavaScript 语言! ");          // 输出字符串
```

⟳ **运行结果为：**

```
轻松学习 JavaScript 语言!
```

11.2.3　布尔型

数值数据类型和字符串数据类型的值都无穷多，但是布尔数据类型只有两个值，一个是 true（真），一个是 false（假），它说明了某个事物是真还是假。

布尔值通常在 JavaScript 程序中用来作为比较所得的结果。例如：

```
n==10
```

这行代码测试了变量 *n* 的值是否和数值 1 相等。如果相等，比较的结果就是布尔值 true，否则结果就是 false。

有时候可以把两个可能的布尔值看作是 "on（true）" 和 "off（false）"，或者看作是 "yes（true）" 和 "no（false）"，这样比将它们看作是 "true" 和 "false" 更为直观。有时候把它们看作是 "1（true）" 和 "0（false）" 会更加有用（实际上 JavaScript 确实是这样做的，在必要时会将 true 转换成 1，将 false 转换成 0）。

11.2.4　特殊数据类型

（1）未定义值

未定义值就是 undefined，表示变量还没有赋值（如 var a;）。

（2）空值（null）

JavaScript 中的关键字 null 是一个特殊的值，它表示为空值，用于定义空的或不存在的引用。这里必须要注意的是：null 不等同于空的字符串（""）或 0。当使用对象进行编程时可能会用到这个值。

由此可见，null 与 undefined 的区别是，null 表示一个变量被赋予了一个空值，而 undefined 则表示该变量尚未被赋值。

11.3 变量

每一种计算机语言都有自己的数据结构。在 JavaScript 中，变量是数据结构的重要组成部分。本节将介绍变量的概念以及变量的使用方法。

变量是指程序中一个已经命名的存储单元，它的主要作用就是为数据操作提供存放信息的容器。变量的值可能会随着程序的执行而改变。变量有两个基本特征，即变量名和变量值。为了便于理解，可以把变量看作是一个贴着标签的盒子，标签上的名字就是这个变量的名字（即变量名），而盒子里面的东西就相当于变量的值。对于变量的使用，首先必须明确变量的命名、变量的声明、变量的赋值以及变量的类型。

11.3.1 变量的命名

JavaScript 变量的命名规则如下：

- 必须以字母或下划线开头，其他字符可以是数字、字母或下划线。
- 变量名不能包含空格或加号、减号等符号。
- JavaScript 的变量名是严格区分大小写的。例如，UserName 与 username 代表两个不同的变量。
- 不能使用 JavaScript 中的关键字。JavaScript 中的关键字如表 11.3 所示。

📖 **说明**

> JavaScript 中的关键字（Reserved Words）是指在 JavaScript 语言中有特定含义，成为 JavaScript 语法中一部分的那些字。JavaScript 中的关键字是不能作为变量名和函数名使用的。使用 JavaScript 中的关键字作为变量名或函数名，会使 JavaScript 在载入过程中出现语法错误。

表 11.3 JavaScript 中的关键字

abstract	continue	finally	instanceof	private	this
boolean	default	float	int	public	throw
break	do	for	interface	return	typeof
byte	double	function	long	short	true
case	else	goto	native	static	var
catch	extends	implements	new	super	void
char	false	import	null	switch	while
class	final	in	package	synchronized	with

📖 **说明**

> 虽然 JavaScript 的变量可以任意命名，但是在进行编程的时候，最好还是使用便于记忆且有意义的变量名称，以增加程序的可读性。

11.3.2 变量的声明

在 JavaScript 中，使用变量前需要先声明变量，所有的 JavaScript 变量都由关键字 var 声明。语法格式如下：

```
var variablename;
```

variablename 是声明的变量名。例如，声明一个变量 username，代码如下：

```
var username;                                          // 声明变量 username
```

另外，可以使用一个关键字 var 同时声明多个变量，例如：

```
var i,j,k;                                             // 同时声明 i、j 和 k 三个变量
```

11.3.3　变量的赋值

在声明变量的同时也可以使用等于号（=）对变量进行初始化赋值。例如，声明一个变量 lesson 并对其进行赋值，值为一个字符串"前端开发宝典"，代码如下：

```
var lesson=" 前端开发宝典 ";                            // 声明变量并进行初始化赋值
```

另外，还可以在声明变量之后再对变量进行赋值，例如：

```
94 var lesson;                                         // 声明变量
95 lesson=" 前端开发宝典 ";                             // 对变量进行赋值
```

在 JavaScript 中，变量可以不先声明而直接对其进行赋值。例如，给一个未声明的变量赋值，然后输出这个变量的值，代码如下：

```
96 str = " 这是未声明的变量 ";                          // 给未声明的变量赋值
97 document.write(str);                                // 输出变量的值
```

⏻ **运行结果为：**

这是未声明的变量

虽然在 JavaScript 中可以给一个未声明的变量直接进行赋值，但是建议在使用变量前就对其声明，因为声明变量的最大好处就是能及时发现代码中的错误。由于 JavaScript 是采用动态编译的，而动态编译是不易于发现代码中的错误的，特别是变量命名方面的错误。

📑 **说明**

①如果只是声明了变量，并未对其赋值，则其值默认为 undefined。
②可以使用 var 语句重复声明同一个变量，也可以在重复声明变量时为该变量赋一个新值。

例如，定义一个未赋值的变量 a 和一个进行重复声明的变量 b，并输出这两个变量的值，代码如下：

```
98  var a;                                             // 声明变量 a
99  var b = "Hello JavaScript";                        // 声明变量 b 并初始化
100 var b = " 前端开发宝典 ";                           // 重复声明变量 b
101 document.write(a);                                 // 输出变量 a 的值
102 document.write("<br>");                            // 输出换行标签
103 document.write(b);                                 // 输出变量 b 的值
```

⏻ **运行结果为：**

undefined
前端开发宝典

11.3.4 变量的类型

变量的类型是指变量的值所属的数据类型，可以是数值型、字符串型和布尔型等。因为 JavaScript 是一种弱类型的程序语言，所以可以把任意类型的数据赋值给变量。

例如，先将一个数值型数据赋值给一个变量，在程序运行过程中，可以将一个字符串型数据赋值给同一个变量，代码如下：

```
104 var num=100;                        // 定义数值型变量
105 num=" 笑书神侠倚碧鸳 " ;             // 定义字符串型变量
```

实例 11.3　输出球员信息　👁 实例位置：资源包 \Code\11\03

沙奎尔·奥尼尔是前 NBA 著名的篮球运动员之一。将奥尼尔的别名、身高、总得分、主要成就以及场上位置分别定义在不同的变量中，并输出这些信息。关键代码如下：

```
106 <h1 style="font-size:24px;">沙奎尔·奥尼尔 </h1>
107 <script type="text/javascript">
108 var alias = " 大鲨鱼 ";              // 定义别名变量
109 var height = 216;                    // 定义身高变量
110 var score = 28596;                   // 定义总得分变量
111 var achievement = "4 届 NBA 总冠军 "; // 定义主要成就变量
112 var position = " 中锋 ";             // 定义场上位置变量
113 document.write(" 别名: ");           // 输出字符串
114 document.write(alias);               // 输出变量 alias 的值
115 document.write("<br>身高: ");        // 输出换行标签和字符串
116 document.write(height);              // 输出变量 height 的值
117 document.write(" 厘米 <br>总得分: "); // 输出换行标签和字符串
118 document.write(score);               // 输出变量 score 的值
119 document.write(" 分 <br>主要成就: "); // 输出换行标签和字符串
120 document.write(achievement);         // 输出变量 achievement 的值
121 document.write("<br>场上位置: ");    // 输出换行标签和字符串
122 document.write(position);            // 输出变量 position 的值
123 </script>
```

实例运行结果如图 11.7 所示。

图 11.7　输出球员信息

11.4　运算符和表达式

运算符也称为操作符，它是完成一系列操作的符号。运算符用于将一个或几个值进行计算而生成一个新的值。对其进行计算的值称为操作数。操作数可以是一个值或变量。

JavaScript 的运算符按操作数的个数可以分为单目运算符、双目运算符和三目运算符；按运算符的功能可以分为算术运算符、字符串运算符、比较运算符、赋值运算符、逻辑运算符、条件运算符和其他运算符。

11.4.1　算术运算符

算术运算符用于在程序中进行加、减、乘、除等运算。在 JavaScript 中常用的算术运算符如表 11.4 所示。

表 11.4　JavaScript 中常用的算术运算符

运算符	描述	示例
+	加运算符	3+2　// 返回值为 5
–	减运算符	9–3　// 返回值为 6
*	乘运算符	3*6　// 返回值为 18
/	除运算符	21/3　// 返回值为 7
%	求模运算符	10%3　// 返回值为 1
++	自增运算符。该运算符有两种情况：i++（在使用 i 之后，使 i 的值加 1）；++i（在使用 i 之前，先使 i 的值加 1）	i=1; j=i++　//j 的值为 1，i 的值为 2 i=1; j=++i　//j 的值为 2，i 的值为 2
––	自减运算符。该运算符有两种情况：i––（在使用 i 之后，使 i 的值减 1）；––i（在使用 i 之前，先使 i 的值减 1）	i=6; j=i––　//j 的值为 6，i 的值为 5 i=6; j=––i　//j 的值为 5，i 的值为 5

实例 11.4

将华氏度转换为摄氏度

👁 **实例位置：资源包 \Code\11\04**

美国使用华氏度来作为计量温度的单位。将华氏度转换为摄氏度的公式为"摄氏度 = 5 / 9×(华氏度 – 32)"。假设纽约市的当前气温为 77 华氏度，分别输出该城市以华氏度和摄氏度表示的气温。关键代码如下：

```
124 <h2> 纽约市当前气温 </h2>
125 <script type="text/javascript">
126 var degreeF=77;                              // 定义表示华氏度的变量
127 var degreeC=0;                               // 初始化表示摄氏度的变量
128 degreeC=5/9*(degreeF-32);                    // 将华氏度转换为摄氏度
129 document.write(" 华氏度: "+degreeF+"&deg;F"); // 输出华氏度表示的气温
130 document.write("<br> 摄氏度: "+degreeC+"&deg;C"); // 输出摄氏度表示的气温
131 </script>
```

本实例运行结果如图 11.8 所示。

⚡ **注意**

> 在使用 "/" 运算符进行除法运算时，如果被除数不是 0，除数是 0，得到的结果为 Infinity；如果被除数和除数都是 0，得到的结果为 NaN。

纽约市当前气温

华氏度: 77°F
摄氏度: 25°C

图 11.8　输出以华氏度和
摄氏度表示的气温

11.4.2　字符串运算符

字符串运算符是用于两个字符串型数据之间的运算符，它的作用是将两个字符串连接起来。在 JavaScript 中，可以使用 + 和 += 运算符对两个字符串进行连接运算。其中，+ 运算符用于连接两个字符串，而 += 运算符则连接两个字符串，并将结果赋给第一个字符串。表 11.5 给出了 JavaScript 中的字符串运算符。

表 11.5　JavaScript 中的字符串运算符

运算符	描述	示例
+	连接两个字符串	"HTML"+" JavaScript"
+=	连接两个字符串并将结果赋给第一个字符串	var name = "HTML" name += "JavaScript"// 相当于 name = name+"JavaScript"

实例 11.5　　　　　　　　　字符串运算符的使用　　　　　👁 实例位置：资源包 \Code\11\05

将电影《百变星君》的影片名称、导演、类型、主演和票房分别定义在变量中，应用字符串运算符对多个变量和字符串进行连接并输出。代码如下：

```
132 <script type="text/javascript">
133 var movieName,director,type,actor,boxOffice;        // 声明变量
134 movieName = " 百变星君 ";                           // 定义影片名称
135 director = " 叶伟民 ";                              // 定义影片导演
136 type = " 喜剧、科幻、奇幻 ";                         // 定义影片类型
137 actor = " 周星驰、梁咏琪、吴孟达 ";                   // 定义影片主演
138 boxOffice = 3500;                                   // 定义影片票房
139 alert(" 影片名称: "+movieName+"\n 导演: "+director+"\n 类型: "+type+"\n 主演: "+actor+"\n 票房: "+boxOffice+" 万元 ");
    // 连接字符串并输出
140 </script>
```

运行代码，结果如图 11.9 所示。

📑 说明

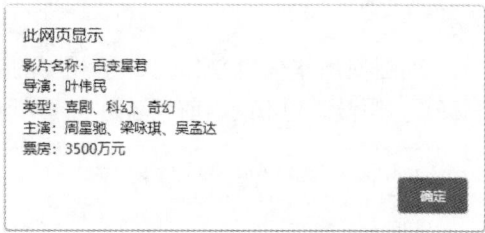

JavaScript 脚本会根据操作数的数据类型来确定表达式中的 "+" 是算术运算符还是字符串运算符。在两个操作数中只要有一个是字符串类型，那么这个 "+" 就是字符串运算符，而不是算术运算符。

图 11.9　对多个字符串进行连接

11.4.3　比较运算符

比较运算符的基本操作过程是：首先对操作数进行比较，这个操作数可以是数字也可以是字符串，然后返回一个布尔值 true 或 false。在 JavaScript 中常用的比较运算符如表 11.6 所示。

表 11.6　JavaScript 中常用的比较运算符

运算符	描述	示例
<	小于	5<6 // 返回值为 true
>	大于	7>10 // 返回值为 false
<=	小于等于	10<=10 // 返回值为 true
>=	大于等于	23>=26 // 返回值为 false
==	等于。只根据表面值进行判断，不涉及数据类型	"18"==18 // 返回值为 true
===	绝对等于。根据表面值和数据类型同时进行判断	"18"===18 // 返回值为 false
!=	不等于。只根据表面值进行判断，不涉及数据类型	"18"!=18 // 返回值为 false
!==	不绝对等于。根据表面值和数据类型同时进行判断	"18"!==18 // 返回值为 true

📁 常见错误

对操作数进行比较时，将比较运算符 "==" 写成 "="。例如下面的代码：

```
141 var m=100;                          // 声明变量并初始化
142 document.write(m=100);              // 正确代码: document.write(m==100);
```

上述代码中，在对操作数进行比较时使用了赋值运算符 "="，而正确的比较运算符应该是 "=="。

实例 11.6

比较运算符的使用

● 实例位置：资源包 \Code\11\06

应用比较运算符实现两个数值之间的大小比较。代码如下：

```
143 <script type="text/javascript">
144 var age = 16;                                    // 定义变量
145 document.write("age 变量的值为: "+age);           // 输出字符串和变量的值
146 document.write("<p>");                            // 输出换行标签
147 document.write("age>18: ");                       // 输出字符串
148 document.write(age>18);                           // 输出比较结果
149 document.write("<br>");                           // 输出换行标签
150 document.write("age<18: ");                       // 输出字符串
151 document.write(age<18);                           // 输出比较结果
152 document.write("<br>");                           // 输出换行标签
153 document.write("age==18: ");                      // 输出字符串
154 document.write(age==18);                          // 输出比较结果
155 </script>
```

运行本实例，结果如图 11.10 所示。

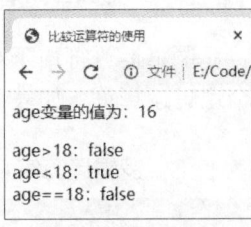

图 11.10　输出比较结果

11.4.4　赋值运算符

JavaScript 中的赋值运算可以分为简单赋值运算和复合赋值运算。简单赋值运算是将赋值运算符（=）右边表达式的值保存到左边的变量中；而复合赋值运算混合了其他操作（例如算术运算操作）和赋值操作。例如：

```
sum+=i;                                              // 等同于 sum=sum+i;
```

JavaScript 中的赋值运算符如表 11.7 所示。

表 11.7　JavaScript 中的赋值运算符

运算符	描述	示例
=	将右边表达式的值赋给左边的变量	userName="Johnson"
+=	将运算符左边的变量加上右边表达式的值赋给左边的变量	m+=n // 相当于 m=m+n
-=	将运算符左边的变量减去右边表达式的值赋给左边的变量	m-=n // 相当于 m=m-n
*=	将运算符左边的变量乘以右边表达式的值赋给左边的变量	m*=n // 相当于 m=m*n
/=	将运算符左边的变量除以右边表达式的值赋给左边的变量	m/=n // 相当于 m=m/n
%=	将运算符左边的变量用右边表达式的值求模，并将结果赋给左边的变量	m%=n // 相当于 m=m%n

实例 11.7

赋值运算符的使用

● 实例位置：资源包 \Code\11\07

应用赋值运算符实现两个数值之间的运算并输出结果。代码如下：

```
156 <script type="text/javascript">
157 var a = 7;                                        // 定义变量
158 var b = 8;                                        // 定义变量
159 document.write("a=7,b=8");                         // 输出 a 和 b 的值
160 document.write("<p>");                            // 输出段落标签
161 document.write("a+=b 运算后: ");                   // 输出字符串
```

```
162 a+=b;                                        // 执行运算
163 document.write("a="+a);                       // 输出此时变量 a 的值
164 document.write("<br>");                        // 输出换行标签
165 document.write("a-=b 运算后: ");                 // 输出字符串
166 a-=b;                                         // 执行运算
167 document.write("a="+a);                        // 输出此时变量 a 的值
168 document.write("<br>");                         // 输出换行标签
169 document.write("a*=b 运算后: ");                  // 输出字符串
170 a*=b;                                          // 执行运算
171 document.write("a="+a);                         // 输出此时变量 a 的值
172 document.write("<br>");                          // 输出换行标签
173 document.write("a/=b 运算后: ");                   // 输出字符串
174 a/=b;                                           // 执行运算
175 document.write("a="+a);                          // 输出此时变量 a 的值
176 document.write("<br>");                           // 输出换行标签
177 document.write("a%=b 运算后: ");                    // 输出字符串
178 a%=b;                                            // 执行运算
179 document.write("a="+a);                           // 输出此时变量 a 的值
180 </script>
```

运行本实例，结果如图 11.11 所示。

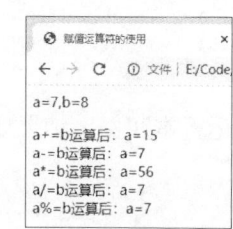

图 11.11　输出赋值运算结果

11.4.5　逻辑运算符

逻辑运算符用于对一个或多个布尔值进行逻辑运算。在 JavaScript 中有 3 个逻辑运算符，如表 11.8 所示。

表 11.8　逻辑运算符

运算符	描述	示例
&&	逻辑与	m && n // 当 m 和 n 都为真时，结果为真，否则为假
||	逻辑或	m || n // 当 m 为真或者 n 为真时，结果为真，否则为假
!	逻辑非	!m // 当 m 为假时，结果为真，否则为假

逻辑运算符的使用

👁 实例位置：资源包 \Code\11\08

应用逻辑运算符对逻辑表达式进行运算并输出结果。代码如下：

```
181 <script type="text/javascript">
182 var num = 50;                                   // 定义变量
183 document.write("num="+num);                      // 输出变量的值
184 document.write("<p>num>100 && num<200 的结果: ");   // 输出字符串
185 document.write(num>100 && num<200);               // 输出运算结果
186 document.write("<br>num>100 || num<200 的结果: ");   // 输出字符串
187 document.write(num>100 || num<200);                // 输出运算结果
188 document.write("<br>!num<200 的结果: ");             // 输出字符串
189 document.write(!num<200);                          // 输出运算结果
190 </script>
```

本实例运行结果如图 11.12 所示。

11.4.6　条件运算符

条件运算符是 JavaScript 支持的一种特殊的三目运算符。其语法格式如下：

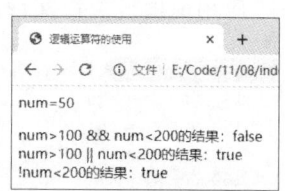

图 11.12　输出逻辑运算结果

表达式 ? 结果 1 : 结果 2

如果"表达式"的值为 true，则整个表达式的结果为"结果 1"，否则为"结果 2"。

例如，定义两个变量，值都为 50，然后判断两个变量是否相等，如果相等则输出"相等"，否则输出"不相等"，代码如下：

```
191 var a=50;                                            // 定义变量
192 var b=50;                                            // 定义变量
193 document.write(a==b?"相等":"不相等");                  // 应用条件运算符进行判断并输出结果
```

⟳ 运行结果为：

相等

实例 11.9

条件运算符的使用

👁 实例位置：资源包 \Code\11\09

如果某年的年份值是 4 的倍数并且不是 100 的倍数，或者该年份值是 400 的倍数，那么这一年就是闰年。应用条件运算符判断 2021 年是否是闰年。代码如下：

```
194 <script type="text/javascript">
195 var year = 2021;                                     // 定义年份变量
196 // 应用条件运算符进行判断
197 result = (year%4 == 0 && year%100 != 0) || (year%400 == 0)?"是闰年":"不是闰年";
198 alert(year+"年"+result);                             // 输出判断结果
199 </script>
```

本实例运行结果如图 11.13 所示。

11.4.7 其他运算符

（1）逗号运算符

逗号运算符用于将多个表达式排在一起，整个表达式的值为最后一个表达式的值。例如：

```
200 var a,b,c;                                           // 声明变量
201 a=(b=5,c=6);                                         // 使用逗号运算符为变量 a 赋值
202 alert("a 的值为"+a);                                  // 输出变量 a 的值
```

执行上面的代码，运行结果如图 11.14 所示。

图 11.13　判断 2021 年是否是闰年　　　　图 11.14　输出变量 a 的值

（2）typeof 运算符

typeof 运算符用于判断操作数的数据类型。它可以返回一个字符串，该字符串说明了操作数是什么数据类型。这对于判断一个变量是否已被定义特别有用。其语法格式如下：

typeof 操作数

不同类型的操作数使用 typeof 运算符的返回值如表 11.9 所示。

表 11.9 不同类型的操作数使用 typeof 运算符的返回值

数据类型	返回值	数据类型	返回值
数值	number	null	object
字符串	string	对象	object
布尔值	boolean	函数	function
undefined	undefined		

例如，应用 typeof 运算符分别判断 4 个变量的数据类型，代码如下：

```
203 var a,b,c,d;                                          // 声明变量
204 a=12;                                                 // 为变量赋值
205 b="Hello JavaScript";                                 // 为变量赋值
206 c=false;                                              // 为变量赋值
207 d=null;                                               // 为变量赋值
208 alert("a 的类型为 "+(typeof a)+"\nb 的类型为 "+(typeof b)+"\nc 的类型为 "+(typeof c)+"\nd 的类型为 "+(typeof d));
// 输出变量的类型
```

执行上面的代码，运行结果如图 11.15 所示。

（3）new 运算符

在 JavaScript 中有很多内置对象，如字符串对象、日期对象和数值对象等，通过 new 运算符可以创建一个新的内置对象实例。

语法：

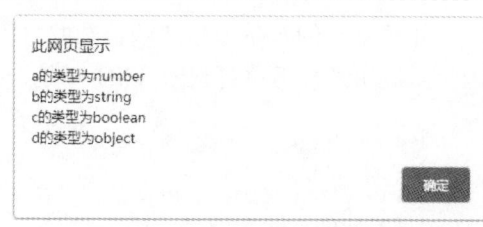

图 11.15 输出不同的数据类型

```
对象实例名称 = new 对象类型 (参数)
对象实例名称 = new 对象类型
```

当创建对象实例时，如果没有用到参数，则可以省略圆括号，这种省略方式只限于 new 运算符。

例如，应用 new 运算符来创建新的对象实例，代码如下：

```
209 myObj = new Object;                                   // 创建自定义对象
210 arr = new Array();                                    // 创建数组对象
211 date = new Date("2021/11/11");                        // 创建日期对象
```

11.4.8 运算符优先级

JavaScript 运算符都有明确的优先级与结合性。优先级较高的运算符将先于优先级较低的运算符进行运算。结合性则是指具有同等优先级的运算符将按照怎样的顺序进行运算。JavaScript 运算符的优先级顺序及其结合性如表 11.10 所示。

表 11.10 JavaScript 运算符的优先级与结合性

优先级	结合性	运算符
最高	向左	.、[ ]、( )
由高到低依次排列	向左	++、--、-、!、delete、new、typeof、void
	向左	*、/、%
	向左	+、-
	向左	<<、>>、>>>

续表

优先级	结合性	运算符
	向左	<、<=、>、>=、in、instanceof
	向左	==、!=、===、!==
	向左	&
	向左	^
由高到低依次排列	向左	|
	向左	&&
	向左	||
	向右	?:
	向右	=
	向右	*=、/=、%=、+=、-=、<<=、>>=、>>>=、&=、^=、|=
最低	向左	,

例如，下面的代码显示了运算符优先顺序的作用。

```
212 var a;                                      // 声明变量
213 a = 10-(3+6)<5&&10>9;                        // 为变量赋值
214 alert(a);                                    // 输出变量的值
```

运行结果如图 11.16 所示。

当在表达式中连续出现的几个运算符优先级相同时，其运算的优先顺序由其结合性决定。结合性有向左结合和向右结合，例如，由于运算符"+"是左结合的，所以在计算表达式"a+b+c"的值时，会先计算"a+b"，即"(a+b)+c"；而赋值运算符"="是右结合的，所以在计算表达式"a=b=1"的值时，会先计算"b=1"。下面的代码说明了"="的右结合性。

```
215 var a = 1;                                   // 声明变量并赋值
216 a = b = 10;                                  // 对变量 a 赋值
217 alert("a=" + a);                             // 输出变量 a 的值
```

运行结果如图 11.17 所示。

图 11.16　输出结果

图 11.17　输出结果（优先级相同时）

运算符优先级的使用

👁 **实例位置：资源包 \Code\11\10**

假设手机原来的话费余额是 10 元，通话资费为 0.1 元 / 分钟，流量资费为 0.3 元 / 兆，在使用了 30 兆流量后，计算手机话费余额还可以进行多长时间的通话。代码如下：

```
218 <script type="text/javascript">
219 var balance = 10;                            // 定义手机话费余额变量
220 var call = 0.1;                              // 定义通话资费变量
```

```
221 var traffic = 0.3;                                    // 定义流量资费变量
222 var minutes = (balance-traffic*30)/call;              // 计算余额可通话分钟数
223 document.write(" 手机话费余额还可以通话 "+minutes+" 分钟 ");   // 输出字符串
224 </script>
```

运行结果如图 11.18 所示。

11.4.9 表达式

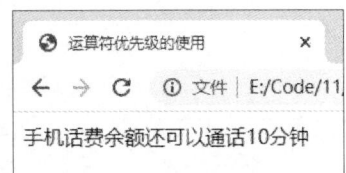

图 11.18 输出手机话费余额
可以进行通话的时间

表达式是运算符和操作数组合而成的式子，表达式的值就是对操作数进行运算后的结果。

表达式是以运算为基础的，因此表达式按其运算结果可以分为如下 3 种：

- 算术表达式：运算结果为数字的表达式称为算术表达式。
- 字符串表达式：运算结果为字符串的表达式称为字符串表达式。
- 逻辑表达式：运算结果为布尔值的表达式称为逻辑表达式。

说明

> 表达式是一个相对的概念，在表达式中可以含有若干个子表达式，而且表达式中的一个值或变量都可以看作是一个表达式。

11.5 数据类型的转换规则

在对表达式进行求值时，通常需要所有的操作数都属于某种特定的数据类型。例如，进行算术运算要求操作数都是数值型，进行字符串连接运算要求操作数都是字符串型，而进行逻辑运算则要求操作数都是布尔型。

然而，JavaScript 语言并没有对此进行限制，而且允许运算符对不匹配的操作数进行计算。在代码执行过程中，JavaScript 会根据需要进行自动类型转换，但是在转换时也要遵循一定的规则。下面介绍几种数据类型之间的转换规则。

① 其他数据类型转换为数值型数据，如表 11.11 所示。

表 11.11 **转换为数值型数据**

类型	转换后的结果
undefined	NaN
null	0
逻辑型	若其值为 true，则结果为 1；若其值为 false，则结果为 0
字符串型	若内容为数字，则结果为相应的数字，否则为 NaN
其他对象	NaN

② 其他数据类型转换为逻辑型数据，如表 11.12 所示。

表 11.12 **转换为逻辑型数据**

类型	转换后的结果
undefined	false
null	false
数值型	若其值为 0 或 NaN，则结果为 false，否则为 true
字符串型	若其长度为 0，则结果为 false，否则为 true
其他对象	true

③ 其他数据类型转换为字符串型数据，如表 11.13 所示。

表 11.13　转换为字符串型数据

类型	转换后的结果
undefined	"undefined"
null	"null"
数值型	NaN、0 或者与数值相对应的字符串
逻辑型	若其值 true，则结果为 "true"，若其值为 false，则结果为 "false"
其他对象	若存在，则其结果为 toString() 方法的值，否则其结果为 "undefined"

例如，根据不同数据类型之间的转换规则输出以下表达式的结果：10+"8"、10-"8"、true+1、true+"1"、true+false 和 "a"-1。代码如下：

```
225 document.write(10+"8");                    // 输出表达式的结果
226 document.write("<br>");                      // 输出换行标签
227 document.write(10-"8");                     // 输出表达式的结果
228 document.write("<br>");                      // 输出换行标签
229 document.write(true+1);                     // 输出表达式的结果
230 document.write("<br>");                      // 输出换行标签
231 document.write(true+"1");                    // 输出表达式的结果
232 document.write("<br>");                      // 输出换行标签
233 document.write(true+false);                 // 输出表达式的结果
234 document.write("<br>");                      // 输出换行标签
235 document.write("a"-1);                       // 输出表达式的结果
```

🔅 运行结果为：

```
108
2
2
true1
1
NaN
```

11.6　综合案例——判断员工收入

假设某员工张三的月薪为 6500 元，专项扣除费用共 500 元，个人所得税起征点是 5000 元，税率为 3%，计算张三的实际收入，并判断张三一个月的收入是否能购买一部华为 Mate 40 手机（假设手机价格是 5799 元）。（实例位置：资源包 \Code\11\11\ 综合案例）

11.6.1　案例分析

计算员工实际收入的公式如下：

实际收入 =（月薪 - 专项扣除）-（月薪 - 专项扣除 - 个税起征点）* 税率

由公式可知，计算张三的实际收入需要使用 JavaScript 中的算术运算符，将案例中给出的各个数据代入公式即可计算出张三的实际收入。另外，判断张三一个月的收入是否能购买一部华为 Mate 40 手机需要使用比较运算符和条件运算符。

11.6.2　实现过程

实现的具体步骤如下：

①将月薪、专项扣除费用、个税起征点和税率分别保存在变量中，根据计算实际收入的公式和算术运算符计算张三的实际收入。代码如下：

```
236  <script type="text/javascript">
237      var salary = 6500;                                      // 定义月薪
238      var insurance = 500;                                    // 定义专项扣除费用
239      var threshold = 5000;                                   // 定义个税起征点
240      var tax = 0.03;                                         // 定义税率
241      salary -= insurance;                                    // 月薪 - 专项扣除
242      var salary1 = salary;                                   // 重新赋值一个变量
243      salary1 -= threshold;                                   // 月薪 - 专项扣除 - 个税起征点
244      salary1 *= tax;                                         // （月薪 - 专项扣除 - 个税起征点）* 税率
245      salary -= salary1;                                      // （月薪 - 专项扣除）- （月薪 - 专项扣除 - 个税起征点）* 税率
246      document.write( " 张三的实际收入为 "+salary+" 元 ");      // 输出结果
247  </script>
```

②将判断结果和手机的价格分别保存在变量中，使用条件运算符获取判断结果，最后将结果输出在页面中。代码如下：

```
248      var result = "";                                        // 定义判断结果
249      var price = 5799;                                       // 定义手机价格
250      result = salary > price ? " 能 " : " 不能 ";            // 使用条件运算符判断
251      // 输出结果
252      document.write( "<p>张三一个月的收入 "+result+" 购买一部华为 Mate 40 手机 ");
```

运行结果如图 11.19 所示。

11.7　实战练习

闰年 2 月份的天数是 29 天，非闰年 2 月份的天数是 28 天。应用条件运算符判断 2020 年 2 月的天数，结果如图 11.20 所示。（实例位置：资源包 \Code\11\12\ 实战练习）

图 11.19　输出实际收入和判断结果

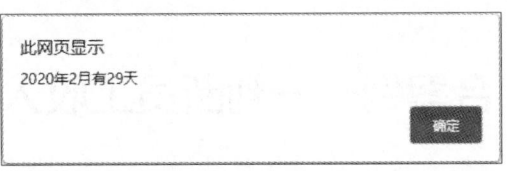
图 11.20　输出 2020 年 2 月的天数

▽ 小结

本章主要对 JavaScript 基础知识进行了详细介绍，包括 JavaScript 的特点、JavaScript 在 HTML5 中的使用、基本语法、数据类型、变量以及运算符和表达式等相关内容。这些内容是使用 JavaScript 进行编程的基础，希望读者可以熟练掌握这些内容，只有掌握扎实的基础，才可以学好后面的知识。

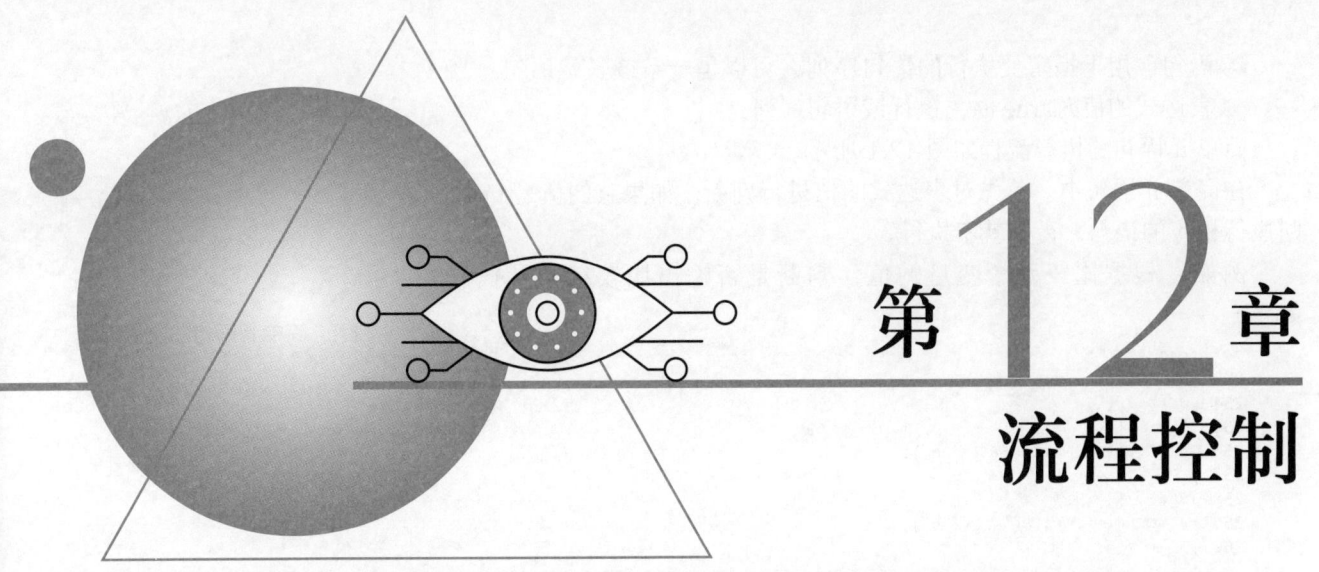

第12章

流程控制

鼠扫码领取
· 教学视频
· 配套源码
· 练习答案
· ……

流程控制语句对于任何一门编程语言都是至关重要的，JavaScript也不例外。JavaScript提供了if条件判断语句、switch多路分支语句、for循环语句、while循环语句、do...while循环语句、break语句和continue语句等7种流程控制语句，本章将分别对它们进行详细介绍。

12.1　条件判断语句

在日常生活中，人们可能会根据不同的客观条件做出不同的选择。例如，根据路标选择走哪条路，根据第二天的天气情况选择做什么事情。在编写程序的过程中也经常会遇到这样的情况，这时就需要使用条件判断语句。所谓条件判断语句就是对语句中不同条件的值进行判断，进而根据不同的条件执行不同的语句。条件判断语句主要包括两类：一类是if语句，另一类是switch语句。下面对这两种类型的条件判断语句进行详细讲解。

12.1.1　if语句

if语句是最基本、最常用的条件判断语句，通过判断条件表达式的值来确定是否执行一段语句，或者选择执行哪部分语句。

（1）简单if语句

在实际应用中，if语句有多种表现形式。简单if语句的语法格式如下：

```
if( 表达式 ){
    语句
}
```

💬 **参数说明：**

　🔁 表达式：必选项，用于指定条件表达式，可以使用逻辑运算符。

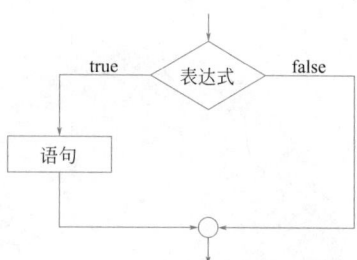

♻ 语句：用于指定要执行的语句序列，可以是一条或多条语句。当
表达式的值为 true 时，执行该语句序列。

简单 if 语句的执行流程如图 12.1 所示。

在简单 if 语句中，首先对表达式的值进行判断，如果它的值是 true,
则执行相应的语句，否则就不执行。

例如，根据比较两个变量的值，判断是否输出比较结果。代码
如下：

图 12.1　简单 if 语句的执行流程

```
253 var a=20;                                // 定义变量 a，值为 20
254 var b=10;                                // 定义变量 b，值为 10
255 if(a>b){                                 // 判断变量 a 的值是否大于变量 b 的值
256     document.write("a 大于 b");          // 输出 a 大于 b
257 }
258 if(a<b){                                 // 判断变量 a 的值是否小于变量 b 的值
259     document.write("a 小于 b");          // 输出 a 小于 b
260 }
```

🔄 运行结果为：

a 大于 b

📋 说明

当要执行的语句为单一语句时，其两边的大括号可以省略。

例如，下面的这段代码和上面代码的执行结果是一样的，都可以输出"a 大于 b"。

```
261 var a=20;                                // 定义变量 a，值为 20
262 var b=10;                                // 定义变量 b，值为 10
263 if(a>b)                                  // 判断变量 a 的值是否大于变量 b 的值
264     document.write("a 大于 b");          // 输出 a 大于 b
265 if(a<b)                                  // 判断变量 a 的值是否小于变量 b 的值
266     document.write("a 小于 b");          // 输出 a 小于 b
```

📁 常见错误

在 if 语句的条件表达式中，应用比较运算符"=="对操作数进行比较时，将比较运算符
"=="写成"="。例如下面的代码。

```
267 var a=2;
268 if(a=1){                                 // 正确代码: if(a==1)
269     alert("a 的值是 1");
270 }
```

上述代码中，在对操作数进行比较时使用了赋值运算符"="，而正确的比较运算符应该是"=="。

获取 3 个数中的最大值

👁 **实例位置：资源包 \Code\12\01**

将 3 个数字 5、6、9 分别定义在变量中，应用简单 if 语句获取这 3 个数中的最大值。代码如下：

```
271 <script type="text/javascript">
272     var a,b,c,maxValue;                  // 声明变量
```

```
273     a=5;                                            // 为变量赋值
274     b=6;                                            // 为变量赋值
275     c=9;                                            // 为变量赋值
276     maxValue=a;                                      // 假设 a 的值最大，定义 a 为最大值
277     if(maxValue<b){                                  // 如果最大值小于 b
278         maxValue=b;                                  // 定义 b 为最大值
279     }
280     if(maxValue<c){                                  // 如果最大值小于 c
281         maxValue=c;                                  // 定义 c 为最大值
282     }
283     alert(a+"、"+b+"、"+c+" 三个数的最大值为 "+maxValue);   // 输出结果
284 </script>
```

运行结果如图 12.2 所示。

（2）if...else 语句

if...else 语句是 if 语句的标准形式，在 if 语句简单形式的基础之上增加一个 else 从句，当表达式的值是 false 时则执行 else 从句中的内容。

语法：

```
if( 表达式 ){
      语句 1
}else{
      语句 2
}
```

💬 **参数说明**：

🔄 表达式：必选项，用于指定条件表达式，可以使用逻辑运算符。

🔄 语句 1：用于指定要执行的语句序列。当表达式的值为 true 时，执行该语句序列。

🔄 语句 2：用于指定要执行的语句序列。当表达式的值为 false 时，执行该语句序列。

if...else 语句的执行流程如图 12.3 所示。

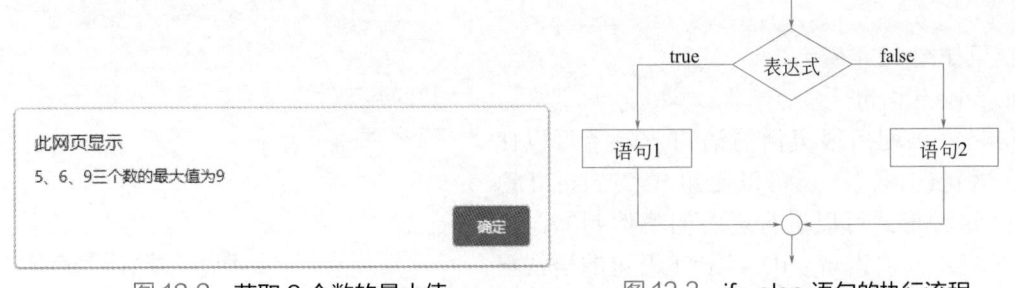

图 12.2　获取 3 个数的最大值　　　　图 12.3　if...else 语句的执行流程

在 if...else 语句的标准形式中，首先对表达式的值进行判断，如果它的值是 true，则执行语句 1 中的内容，否则执行语句 2 中的内容。

例如，根据比较两个变量的值，输出比较的结果。代码如下：

```
285 var a=10;                                      // 定义变量 a，值为 10
286 var b=20;                                      // 定义变量 b，值为 20
287 if(a>b){                                        // 判断变量 a 的值是否大于变量 b 的值
288     document.write("a 大于 b");                  // 输出 a 大于 b
289 }else{
290     document.write("a 小于 b");                  // 输出 a 小于 b
291 }
```

运行结果为：

a 小于 b

说明

上述 if...else 语句是典型的二路分支结构。当语句 1、语句 2 为单一语句时，其两边的大括号也可以省略。

例如，上面代码中的大括号也可以省略，程序的执行结果是不变的。代码如下：

```
292 var a=10;                              // 定义变量 a，值为 10
293 var b=20;                              // 定义变量 b，值为 20
294 if(a>b)                                // 判断变量 a 的值是否大于变量 b 的值
295    document.write("a 大于 b");         // 输出 a 大于 b
296 else
297    document.write("a 小于 b");         // 输出 a 小于 b
```

实例 12.2

判断 3 是奇数还是偶数

👁 **实例位置：资源包 \Code\12\02**

应用 if...else 语句判断数字 3 是奇数还是偶数。代码如下：

```
298 <script type="text/javascript">
299    var num = 3;                        // 定义变量
300    if(num % 2 != 0){                   // 如果 num 的值是奇数
301        alert(" 数字 " + num + " 是奇数 ");
302    }else{
303        alert(" 数字 " + num + " 是偶数 ");
304    }
305 </script>
```

运行结果如图 12.4 所示。

（3）if...else if 语句

if 语句是一种使用很灵活的语句，除了可以使用 if...else 语句的形式，还可以使用 if ... else if 语句的形式。这种形式可以进行更多的条件判断，不同的条件对应不同的语句。if...else if 语句的语法格式如下：

此网页显示

数字3是奇数

确定

图 12.4　输出"数字 3 是奇数"

```
if ( 表达式 1){
    语句 1
}else if( 表达式 2){
    语句 2
}
……
else if( 表达式 n){
    语句 n
}else{
    语句 n+1
}
```

if...else if 语句的执行流程如图 12.5 所示。

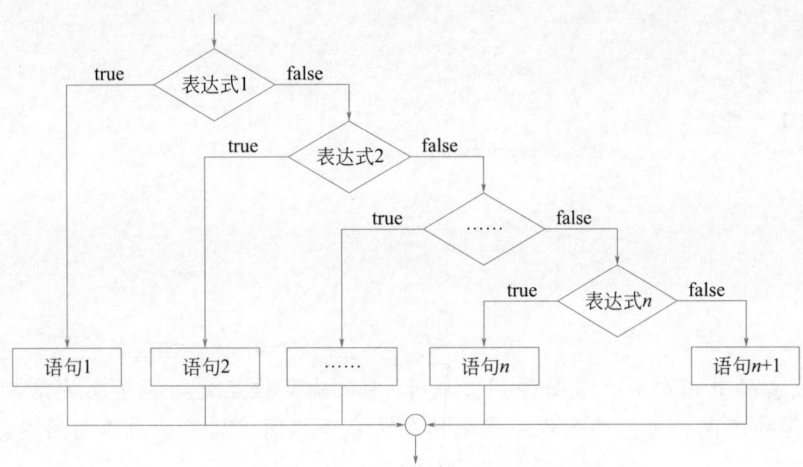

图 12.5　if...else if 语句的执行流程

实例 12.3

输出考试成绩对应的等级

👁 **实例位置：资源包 \Code\12\03**

将某学校的学生成绩转化为不同等级，划分标准如下：
① "优秀"，大于等于 90 分；
② "良好"，大于等于 75 分；
③ "及格"，大于等于 60 分；
④ "不及格"，小于 60 分。
假设张无忌的考试成绩是 96 分，输出该成绩对应的等级。其关键代码如下：

```
306 <script type="text/javascript">
307 var grade = "";                         // 定义表示等级的变量
308 var score = 96;                         // 定义表示分数的变量 score 值为 96
309 if(score>=90){                          // 如果分数大于等于 90
310     grade = "优秀";                      // 将"优秀"赋值给变量 grade
311 }else if(score>=75){                     // 如果分数大于等于 75
312     grade = "良好";                      // 将"良好"赋值给变量 grade
313 }else if(score>=60){                     // 如果分数大于等于 60
314     grade = "及格";                      // 将"及格"赋值给变量 grade
315 }else{                                   // 如果 score 的值不符合上述条件
316     grade = "不及格";                    // 将"不及格"赋值给变量 grade
317 }
318 alert("张无忌的考试成绩"+grade);          // 输出考试成绩对应的等级
319 </script>
```

运行结果如图 12.6 所示。
（4）if 语句的嵌套
if 语句不但可以单独使用，而且可以嵌套应用，即在 if 语句的从句部分嵌套另外一个完整的 if 语句。基本语法格式如下：

图 12.6　输出考试成绩对应的等级

```
if (表达式 1){
    if( 表达式 2){
        语句 1
    }else{
```

12

```
            语句 2
        }
    }else{
        if( 表达式 3){
            语句 3
        }else{
            语句 4
        }
    }
```

📑 **说明**

在使用嵌套的 if 语句时，最好使用大括号 {} 来确定相互之间的层次关系。否则，由于大括号 {} 使用位置的不同，可能导致程序代码的含义完全不同，从而输出不同的内容。

实例 12.4   判断女职工是否已经退休   👁 **实例位置：资源包 \Code\12\04**

假设某工种的男职工 60 岁退休，女职工 55 岁退休，应用 if 语句的嵌套来判断一个 53 岁的女职工是否已经退休。代码如下：

```
320 <script type="text/javascript">
321 var sex=" 女 ";                                // 定义表示性别的变量
322 var age=53;                                    // 定义表示年龄的变量
323 if(sex==" 男 "){                               // 如果是男职工就执行下面的内容
324     if(age>=60){                               // 如果男职工在 60 岁以上
325         alert(" 该男职工已经退休 "+(age-60)+" 年 ");  // 输出字符串
326     }else{                                     // 如果男职工在 60 岁以下
327         alert(" 该男职工并未退休 ");              // 输出字符串
328     }
329 }else{                                         // 如果是女职工就执行下面的内容
330     if(age>=55){                               // 如果女职工在 55 岁以上
331         alert(" 该女职工已经退休 "+(age-55)+" 年 ");  // 输出字符串
332     }else{                                     // 如果女职工在 55 岁以下
333         alert(" 该女职工并未退休 ");              // 输出字符串
334     }
335 }
336 </script>
```

运行结果如图 12.7 所示。

12.1.2　switch 语句

switch 是典型的多路分支语句，其作用与 if ... else if 语句基本相同，但 switch 语句比 if ... else if 语句更具有可读性，它根据一个表达式的值，选择不同的分支执行。而且 switch 语句允许在找不到一个匹配条件的情况下执行默认的一组语句。switch 语句的语法格式如下：

图 12.7　输出该女职工是否已退休

```
switch ( 表达式 ){
    case 常量表达式 1:
        语句 1;
        break;
    case 常量表达式 2:
        语句 2;
```

```
        break;
        ……
    case 常量表达式 n:
        语句 n;
        break;
    default:
        语句 n+1;
        break;
}
```

💬 **参数说明：**

🔁 表达式：任意的表达式或变量。

🔁 常量表达式：任意的常量或常量表达式。当表达式的值与某个常量表达式的值相等时，就执行此 case 后相应的语句；如果表达式的值与所有的常量表达式的值都不相等，则执行 default 后面相应的语句。

🔁 break：用于结束 switch 语句，从而使 JavaScript 只执行匹配的分支。如果没有了 break 语句，则该匹配分支之后的所有分支都将被执行，switch 语句也就失去了使用的意义。

switch 语句的执行流程如图 12.8 所示。

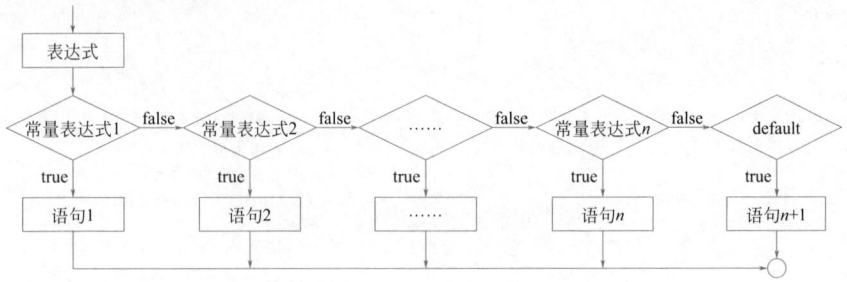

图 12.8　switch 语句的执行流程

📖 **说明**

default 语句可以省略。在表达式的值不能与任何一个 case 语句中的值相匹配的情况下，JavaScript 会直接结束 switch 语句，不进行任何操作。

⚡ **注意**

case 后面常量表达式的数据类型必须与表达式的数据类型相同，否则匹配会全部失败，而去执行 default 语句中的内容。

📁 **常见错误**

在 switch 语句中漏写 break 语句。例如下面的代码：

```
337 var a=20;                                      // 定义变量值为 20
338 switch(a){
339     case 10:                                   // 如果变量 a 的值为 10
340         alert("a 的值是 1");                    // 输出 a 的值
341     case 20:                                   // 如果变量 a 的值为 20
342         alert("a 的值是 2");                    // 输出 a 的值
343     case 30:                                   // 如果变量 a 的值为 30
344         alert("a 的值是 3");                    // 输出 a 的值
345 }
```

上述代码中，由于在每条 case 语句的最后都漏写了 break，因此程序在找到匹配分支之后仍然会向下执行。

实例 12.5

输出奖项级别及奖品

实例位置：资源包 \Code\12\05

某公司年会举行抽奖活动，中奖号码及其对应的奖品设置如下：
① "1" 代表 "一等奖"，奖品是 "华为 Mate 40 手机"；
② "2" 代表 "二等奖"，奖品是 "海尔洗衣机"；
③ "3" 代表 "三等奖"，奖品是 "美的微波炉"；
④ 其他号码代表 "安慰奖"，奖品是 "无线鼠标"。
假设某员工抽中的奖号为 2，输出该员工抽中的奖项级别以及所获得的奖品。代码如下：

```
346 <script type="text/javascript">
347 var grade="";                                        // 定义表示奖项级别的变量
348 var prize="";                                        // 定义表示奖品的变量
349 var code=2;                                          // 定义表示中奖号码的变量值为 2
350 switch(code){
351     case 1:                                          // 如果中奖号码为 1
352         grade=" 一等奖 ";                             // 定义奖项级别
353         prize=" 华为 Mate 40 手机 ";                  // 定义获得的奖品
354         break;                                       // 退出 switch 语句
355     case 2:                                          // 如果中奖号码为 2
356         grade=" 二等奖 ";                             // 定义奖项级别
357         prize=" 海尔洗衣机 ";                         // 定义获得的奖品
358         break;                                       // 退出 switch 语句
359     case 3:                                          // 如果中奖号码为 3
360         grade=" 三等奖 ";                             // 定义奖项级别
361         prize=" 美的微波炉 ";                         // 定义获得的奖品
362         break;                                       // 退出 switch 语句
363     default:                                         // 如果中奖号码为其他号码
364         grade=" 安慰奖 ";                             // 定义奖项级别
365         prize=" 无线鼠标 ";                           // 定义获得的奖品
366         break;                                       // 退出 switch 语句
367 }
368 document.write(" 该员工获得了 "+grade+"<br> 奖品是 "+prize);   // 输出奖项级别和获得的奖品
369 </script>
```

运行结果如图 12.9 所示。

📑 **说明**

> 在程序开发的过程中，使用 if 语句还是使用 switch 语句可以根据实际情况而定，尽量做到物尽其用，不要因为 switch 语句的效率高就一味地使用，也不要因为 if 语句常用就不使用 switch 语句。要根据实际的情况，具体问题具体分析，使用最适合的条件语句。一般情况下对于判断条件较少的可以使用 if 条件语句，但是在实现一些多条件的判断中，就应该使用 switch 语句。

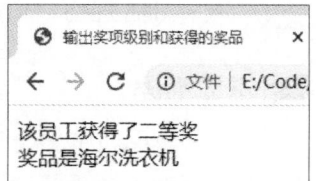

图 12.9　输出奖项和奖品

12.2　循环语句

在日常生活中，有时需要反复地执行某些事物。例如，运动员要完成 10000 米的比赛，需要在跑道上跑 25 圈，这就是循环的一个过程。类似这样反复执行同一操作的情况，在程序设计中经常会遇到，为了满足这样的开发需求，JavaScript 提供了循环语句。所谓循环语句，就是在满足条件的情况下反复地执行某一个操作。循环语句主要包括：while 语句、do...while 语句和 for 语句，下面分别进行讲解。

12.2.1 while 语句

while 循环语句也称为前测试循环语句，它利用一个条件来控制是否要继续重复执行这个语句。while 循环语句与 for 循环语句相比，无论是语法还是执行的流程，都较为简明易懂。while 循环语句的语法格式如下：

```
while( 表达式 ){
    语句
}
```

💬 **参数说明**：
- ♻ 表达式：一个包含比较运算符的条件表达式，用来指定循环条件。
- ♻ 语句：用来指定循环体，在循环条件的结果为 true 时，重复执行。

📋 **说明**

> while 循环语句之所以命名为前测试循环，是因为它要先判断此循环的条件是否成立，然后才进行重复执行的操作。也就是说，while 循环语句执行的过程是先判断条件表达式，如果条件表达式的值为 true，则执行循环体，并且在循环体执行完毕后，进入下一次循环，否则退出循环。

while 循环语句的执行流程如图 12.10 所示。

例如，应用 while 语句输出 1 ~ 10 这 10 个数字的代码如下：

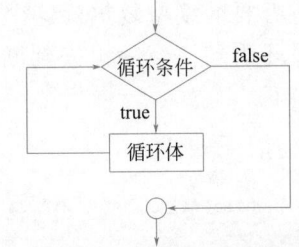

```
370 var m = 1;                    // 声明变量
371 while(m<=10){                 // 定义 while 语句
372     document.write(m+"\n");   // 输出变量 m 的值
373     m++;                      // 变量 m 自加 1
374 }
```

图 12.10 while 循环语句的执行流程

⚙ **运行结果为**：

```
1 2 3 4 5 6 7 8 9 10
```

💡 **注意**

> 在使用 while 语句时，一定要保证循环可以正常结束，即必须保证条件表达式的值存在为 false 的情况，否则将形成死循环。

📁 **常见错误**

> 定义的循环条件永远为真，程序陷入死循环。例如，下面的循环语句就会造成死循环，原因是 m 永远都小于 2。

```
375 var m=1;          // 声明变量
376 while(m<=2){      // 定义 while 语句
377     alert(m);     // 输出 m 的值
378 }
```

> 上述代码中，为了防止程序陷入死循环，可以在循环体中加入 "m++" 这条语句，目的是使条件表达式的值存在为 false 的情况。

实例 12.6　　　　　　　　　计算 3000 米障碍比赛的　👁 **实例位置：资源包 \Code\12\06**
　　　　　　　　　　　　　　　　　　完整圈数

运动员参加 3000 米障碍比赛，已知标准的体育场跑道一圈是 400 米，应用 while 语句计算出在标准的体育场跑道上完成比赛需要跑完整的多少圈。代码如下：

```
379 <script type="text/javascript">
380    var distance=400;                      // 定义表示距离的变量
381    var count=0;                           // 定义表示圈数的变量
382    while(distance<=3000){
383        count++;                           // 圈数加 1
384        distance=(count+1)*400;            // 每跑一圈就重新计算距离
385    }
386    document.write("3000 米障碍比赛需要跑完整的 "+count+" 圈 "); // 输出最后的圈数
387 </script>
```

运行本实例，结果如图 12.11 所示。

12.2.2　do...while 语句

do...while 循环语句也称为后测试循环语句，它也是利用一个条件来控制是否要继续重复执行这个语句。与 while 循环所不同的是，它先执行一次循环语句，然后再去判断是否继续执行。do...while 循环语句的语法格式如下：

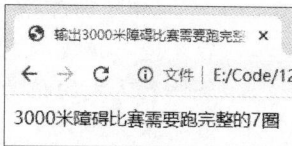

图 12.11　输出 3000 米障碍比赛的完整圈数

```
do{
    语句
} while( 表达式 );
```

💬 **参数说明：**

　🔄 语句：用来指定循环体，循环开始时首先被执行一次，然后在循环条件的结果为 true 时，重复执行。

　🔄 表达式：一个包含比较运算符的条件表达式，用来指定循环条件。

📋 **说明**

　　　do...while 循环语句执行的过程是，先执行一次循环体，然后再判断条件表达式，如果条件表达式的值为 true，则继续执行，否则退出循环。也就是说，do...while 循环语句中的循环体至少被执行一次。

do...while 循环语句的执行流程如图 12.12 所示。

do...while 循环语句同 while 循环语句类似，也常用于循环执行的次数不确定的情况下。

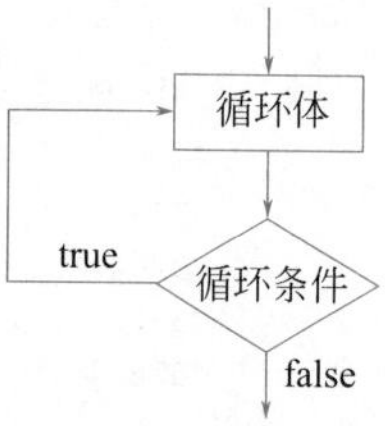

⚡ **注意**

　　　do...while 语句结尾处的 while 语句括号后面有一个分号 "；"，为了养成良好的编程习惯，建议读者在书写的过程中不要将其遗漏。

例如，应用 do...while 语句输出 1 ～ 10 这 10 个数字的代码如下：

（流程图）
　循环体
　↓
true　循环条件
　↓ false

图 12.12　do...while 循环语句的执行流程

```
388 var m = 1;                          // 声明变量
389 do{                                 // 定义 do...while 语句
390     document.write(m+"\n");         // 输出变量 m 的值
391     m++;                            // 变量 m 自加 1
392 }while(m<=10);
```

⚙ **运行结果为：**

```
1 2 3 4 5 6 7 8 9 10
```

do...while 语句和 while 语句的执行流程很相似。do...while 语句在对条件表达式进行判断之前就执行一次循环体，因此 do...while 语句中的循环体至少被执行一次。

实例 12.7　　　　　　　　计算 1+2+…+100 的和　　　　👁 **实例位置：资源包 \Code\12\07**

使用 do…while 语句计算 1+2+…+100 的和，并在页面中输出计算后的结果。代码如下：

```
393 <script type="text/javascript">
394     var i = 1;                          // 声明变量并对变量初始化
395     var sum = 0;                        // 声明变量并对变量初始化
396     do{
397         sum+=i;                         // 对变量 i 的值进行累加
398         i++;                            // 变量 i 自加 1
399     }while(i<=100);                     // 指定循环条件
400     document.write("1+2+…+100="+sum);   // 输出计算结果
401 </script>
```

运行本实例，结果如图 12.13 所示。

12.2.3　for 语句

for 循环语句也称为计次循环语句，一般用于循环次数已知的情况，在 JavaScript 中应用比较广泛。for 循环语句的语法格式如下：

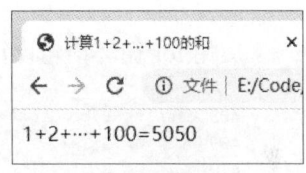

图 12.13　**计算 1+2+…+ 100 的和**

```
for( 初始化表达式 ; 条件表达式 ; 迭代表达式 ){
    语句
}
```

💬 **参数说明：**

- 初始化表达式：初始化语句，用来对循环变量进行初始化赋值。
- 条件表达式：循环条件，一个包含比较运算符的表达式，用来限定循环变量的边限。如果循环变量超过了该边限，则停止该循环语句的执行。
- 更新表达式：用来改变循环变量的值，从而控制循环的次数，通常是对循环变量进行增大或减小的操作。
- 语句：用来指定循环体，在循环条件的结果为 true 时，重复执行。

📘 **说明**

for 循环语句执行的过程是，先执行初始化语句，然后判断循环条件，如果循环条件的结果为 true，则执行一次循环体，否则直接退出循环，最后执行迭代语句，改变循环变量的值，至此完成一次循环；接下来将进行下一次循环，直到循环条件的结果为 false，才结束循环。

12

for 循环语句的执行流程如图 12.14 所示。

例如，应用 for 语句输出 1 ～ 10 这 10 个数字的代码如下：

```
402  for(var m=1;m<=10;m++){                              // 定义 for 循环语句
403      document.write(m+"\n");                          // 输出变量 m 的值
404  }
```

⏱ 运行结果为：

```
1 2 3 4 5 6 7 8 9 10
```

⚡ 注意

在使用 for 语句时，也一定要保证循环可以正常结束，也就是必须保证循环条件的结果存在为 false 的情况，否则循环体将无休止地执行下去，从而形成死循环。例如，下面的循环语句就会造成死循环，原因是 m 永远大于等于 1。

```
405  for(m=1;m>=1;m++){                                   // 定义 for 循环语句
406      alert(m);                                        // 输出变量 m 的值
407  }
```

为使读者更好地了解 for 语句的使用，下面通过一个具体的实例来介绍 for 语句的使用方法。

实例 12.8

计算 50 以内所有奇数的和

⊙ **实例位置**：资源包 \Code\12\08

应用 for 循环语句计算 50 以内所有奇数的和，并在页面中输出计算后的结果。代码如下：

```
408  <script type="text/javascript">
409      var i,sum;                                       // 声明变量
410      sum = 0;                                         // 对变量初始化
411      for(i=1;i<50;i+=2){
412          sum=sum+i;                                   // 计算 50 以内各奇数之和
413      }
414      alert("50 以内所有奇数的和为: "+sum);              // 输出计算结果
415  </script>
```

运行程序，在对话框中会显示计算结果，如图 12.15 所示。

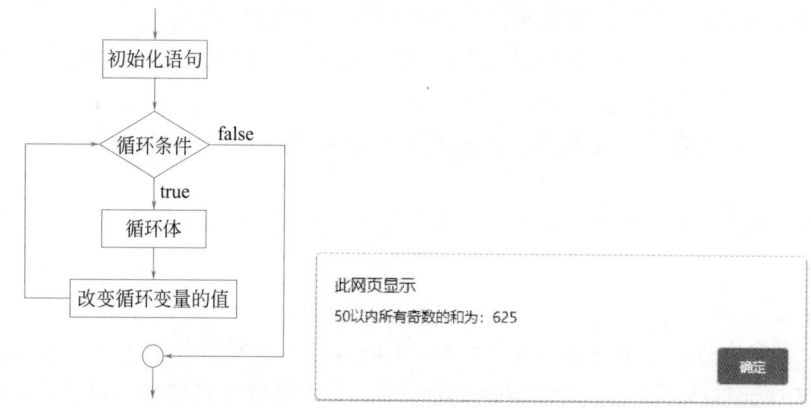

图 12.14　for 循环语句的执行流程　　图 12.15　输出 50 以内所有奇数的和

12.2.4 循环语句的嵌套

在一个循环语句的循环体中也可以包含其他的循环语句，这称为循环语句的嵌套。上述 3 种循环语句（while 循环语句、do...while 循环语句和 for 循环语句）都是可以互相嵌套的。

如果循环语句 A 的循环体中包含循环语句 B，而循环语句 B 中不包含其他循环语句，那么就把循环语句 A 叫作外层循环，而把循环语句 B 叫作内层循环。

例如，在 while 循环语句中包含 for 循环语句的代码如下：

```
416    var m,n;                                  // 声明变量
417    m = 1;                                    // 对变量赋初值
418    while(m<4) {                              // 定义外层循环
419        document.write(" 第 " + m + " 次循环: ");  // 输出循环变量 m 的值
420        for (n = 1; n <= 10; n++) {            // 定义内层循环
421            document.write(n + "\n");          // 输出循环变量 n 的值
422        }
423        document.write("<br>");                // 输出换行标签
424        m++;                                   // 对变量 m 自加 1
425    }
```

⟳ **运行结果为：**

```
第 1 次循环: 1 2 3 4 5 6 7 8 9 10
第 2 次循环: 1 2 3 4 5 6 7 8 9 10
第 3 次循环: 1 2 3 4 5 6 7 8 9 10
```

 **实例 12.9**

输出乘法口诀表

👁 **实例位置：资源包 \Code\12\09**

用嵌套的 for 循环语句输出乘法口诀表。代码如下：

```
426 <h3> 乘法口诀表 </h3>
427 <script type="text/javascript">
428     var i,j;                                 // 声明变量
429     document.write("<pre>");                 // 输出 <pre> 标签
430     for(i=1;i<10;i++){                       // 定义外层循环
431         for(j=1;j<=i;j++){                   // 定义内层循环
432             if(j>1) document.write("\t");     // 如果 j 大于 1 就输出一个 Tab 空格
433             document.write(j+"x"+i+"="+j*i);  // 输出乘法算式
434         }
435         document.write("<br>");               // 输出换行标签
436     }
437     document.write("</pre>");                 // 输出 </pre> 标签
438 </script>
```

运行本实例，结果如图 12.16 所示。

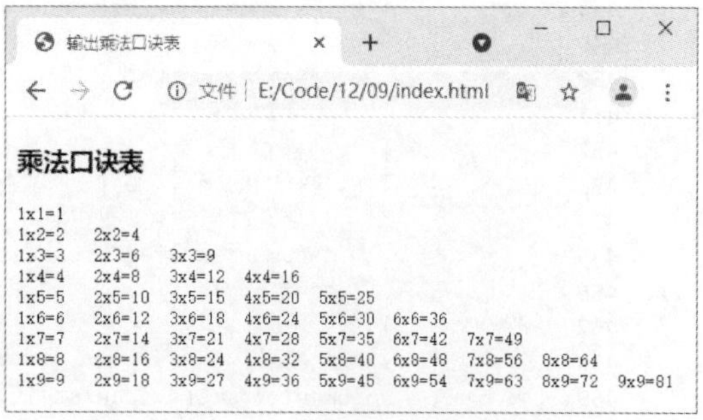

12.3 跳转语句

假设在一个书架中寻找一本《新华字典》，如果在第二排第三个位置找到了这本书，那么就不需要去看第三排、第四排的书了。同样，在编写一个循环语句时，当循环还未结束就已经处理完了所有的任务，就没有必要让循环继

图 12.16 输出乘法口诀表

续执行下去，继续执行下去既浪费时间又浪费内存资源。JavaScript 提供了两种用来控制循环的跳转语句：continue 语句和 break 语句。

12.3.1　continue 语句

continue 语句用于跳过本次循环，并开始下一次循环。其语法格式如下：

```
continue;
```

⚡ **注意**

> continue 语句只能应用在 while、for、do...while 语句中。

例如，在 for 语句中通过 continue 语句输出 10 以内不包括 4 的自然数的代码如下：

```
439  for(m=1;m<=10;m++){
440      if(m==4) continue;                              // 如果 m 等于 4 就跳过本次循环
441      document.write(m+"\n");                         // 输出变量 m 的值
442  }
```

⟳ **运行结果为：**

```
1 2 3 5 6 7 8 9 10
```

📋 **说明**

> 当使用 continue 语句跳过本次循环后，如果循环条件的结果为 false，则退出循环，否则继续下一次循环。

实例 12.10　　　　　　　**输出影厅座位图**　　　　　　👁 **实例位置：资源包 \Code\12\10**

万达影城 3 号影厅的观众席有 3 排，每排有 10 个座位。其中，2 排 5 座和 2 排 6 座已经出售，在页面中输出该影厅当前的座位图。关键代码如下：

```
443  <script type="text/javascript">
444      document.write("<div>");
445      for(var i = 1; i <= 3; i++){                          // 定义外层 for 循环语句
446          document.write("<div style='width:auto;text-align:center;margin:0 auto;'>");
447          for(var j = 1; j <= 10; j++){                     // 定义内层 for 循环语句
448              if(i == 2 && j == 5){                         // 如果当前是 2 排 5 座
449                  // 将座位标记为 " 已售 "
450                  document.write("<span style='background:url(yes.png);'> 已售 </span>");
451                  continue;                                 // 应用 continue 语句跳过本次循环
452              }
453              if(i == 2 && j == 6){                         // 如果当前是 2 排 6 座
454                  // 将座位标记为 " 已售 "
455                  document.write("<span style='background:url(yes.png);'> 已售 </span>");
456                  continue;                                 // 应用 continue 语句跳过本次循环
457              }
458              // 输出排号和座位号
459              document.write("<span style='background:url(no.png);'>"+i+" 排 "+j+" 座 "+"</span>");
460          }
```

```
461        document.write("</div>");
462    }
463    document.write("</div>");
464 </script>
```

运行本实例，结果如图 12.17 所示。

图 12.17　输出影厅当前座位图

12.3.2　break 语句

12.1.2 节的 switch 语句中已经用到了 break 语句，当程序执行到 break 语句时就会跳出 switch 语句。除了 switch 语句之外，在循环语句中也经常会用到 break 语句。

在循环语句中，break 语句用于跳出循环。break 语句的语法格式如下：

```
break;
```

📘 **说明**

> break 语句通常用在 for、while、do...while 或 switch 语句中。

例如，在 for 语句中通过 break 语句跳出循环的代码如下：

```
465 for(m=1;m<=10;m++){
466    if(m==4) break;              // 如果 m 等于 4 就跳出整个循环
467    document.write(m+"\n");       // 输出变量 m 的值
468 }
```

⏱ **运行结果为：**

```
1 2 3
```

⚡ **注意**

> 在嵌套的循环语句中，break 语句只能跳出当前这一层的循环语句，而不是跳出所有的循环语句。

例如，应用 break 语句跳出当前循环的代码如下：

```
469    var m,n;                      // 声明变量
470    for(m=1;m<=3;m++){            // 定义外层循环语句
```

```
471        document.write(m+"\n");                              // 输出变量 m 的值
472        for(n=1;n<=3;n++){                                   // 定义内层循环语句
473            if(n==2)                                         // 如果变量 n 的值等于 2
474                break;                                       // 跳出内层循环
475            document.write(n);                               // 输出变量 n 的值
476        }
477        document.write("<br>");                              // 输出换行标签
478    }
```

运行结果为：

```
1 1
2 1
3 1
```

由运行结果可以看出，外层 for 循环语句一共执行了 3 次（输出 1、2、3），而内层循环语句在每次外层循环里只执行了一次（只输出 1）。

12.4　综合案例——输出表格

应用嵌套的循环语句输出 5 行 6 列的表格，在单元格中输出对应的数字，并实现表格隔行变色的功能。（实例位置：资源包 \Code\12\11\ 综合案例）

12.4.1　案例分析

生成一个 5 行 6 列的表格需要使用嵌套的循环语句。将表格的行作为外层的循环变量，将表格的列作为内层的循环变量。另外，要实现表格隔行变色的功能，需要使用 if…else 语句判断当前是奇数行还是偶数行，根据判断结果为表格行设置不同的背景颜色。

12.4.2　实现过程

编写两层 for 语句，外层 for 语句的作用是循环表格行，内层 for 语句的作用是循环表格列。在外层循环中使用 if…else 语句判断当前行是奇数行还是偶数行，并设置奇数行和偶数行的背景颜色。在循环时对生成表格的字符串进行连接，最后输出连接后的完整字符串。代码如下：

```
479 <script type="text/javascript">
480     var show = '<table style="border-collapse: collapse">';
481     var bgcolor;                                            // 声明背景颜色的变量
482     for(var i = 0; i < 5; i++){                             // 指定外层循环
483         if( i % 2 == 0){                                    // 设置奇数行和偶数行的背景颜色
484             bgcolor = "#FFFFFF";
485         }else{
486             bgcolor = "#DDDDDD";
487         }
488         show += '<tr style="background-color: '+bgcolor+'">';   // 行标签及其背景颜色
489         for(var j = 1; j <= 6;j++){                         // 指定内层循环
490             show += '<td style="width: 50px;text-align: center;border: 1px solid">'+(i*6+j)+'</td>';  // 单
元格标签和显示的数字
491         }
492         show += '</tr>';                                    // 行的结束标签
493     }
494     document.write( show);
495 </script>
```

运行结果如图 12.18 所示。

12.5　实战练习

为了使用户能够方便地选择年、月、日等日期方面的信息,可以把它们放在下拉菜单中输出。通过循环语句输出年份和月份,并且默认显示的年份是 1995 年,结果如图 12.19 所示。(实例位置:资源包\Code\12\12\ 实战练习)

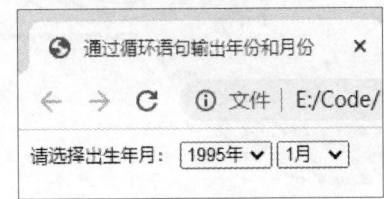

图 12.18　输出 5 行 6 列的表格　　　　图 12.19　循环输出年份和月份

▽ 小结 ─────────

本章主要讲解了 JavaScript 中的流程控制语句。通过本章的学习,读者可以掌握条件判断语句、循环控制语句及跳转语句的使用。流程控制语句在实际编程过程中非常常用,所以读者一定要熟练掌握。

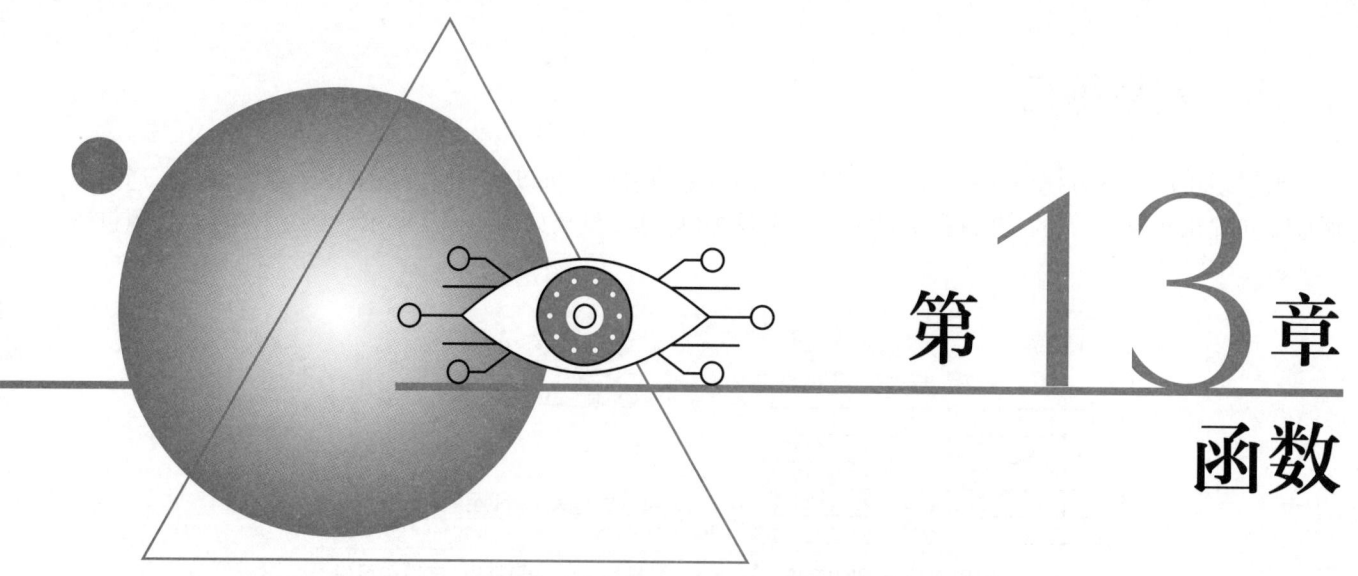

第13章

函数

扫码领取
- 教学视频
- 配套源码
- 练习答案
- ……

函数实质上就是可以作为一个逻辑单元对待的一组 JavaScript 代码。使用函数最大的好处是可以使代码更为简洁。如果一段具有特定功能的程序代码需要在程序中多次使用，就可以先把它定义成函数，然后在所有需要这个功能的地方调用它，这样就不必多次重写这段代码。另外，将实现特定功能的代码段组织为一个函数也有利于编写大的程序。在 JavaScript 中，大约 95% 的代码都是包含在函数中的。由此可见，函数在 JavaScript 中是非常重要的。

13.1 函数的定义和调用

在程序中要使用自己定义的函数，必须首先对函数进行定义，而在定义函数的时候，函数本身是不会执行的，只有在调用函数时才会执行。下面介绍函数的定义和调用的方法。

13.1.1 函数的定义

在 JavaScript 中，可以使用 function 语句来定义一个函数。这种形式是由关键字 function、函数名加一组参数以及置于大括号中需要执行的一段代码构成的。使用 function 语句定义函数的基本语法如下：

```
function 函数名 ([ 参数 1, 参数 2,……]){
    语句
    [return 返回值 ]
}
```

💬 **参数说明**：

↻ 函数名：必选，用于指定函数名。在同一个页面中，函数名必须是唯一的，并且区分大小写。

- 参数：可选，用于指定参数列表。当使用多个参数时，参数间使用逗号进行分隔。一个函数最多可以有 255 个参数。
- 语句：必选，是函数体，用于实现函数功能的语句。
- 返回值：可选，用于返回函数值。返回值可以是任意的表达式、变量或常量。

例如，定义一个不带参数的函数 welcome()，在函数体中输出"欢迎访问明日学院"字符串。具体代码如下：

```
496 function welcome(){                                    // 定义函数名称为 welcome
497     document.write(" 欢迎访问明日学院 ");              // 定义函数体
498 }
```

例如，定义一个用于计算商品金额的函数 calculate()，该函数有两个参数，用于指定单价和数量，返回值为计算后的金额。具体代码如下：

```
499 function calculate(unitPrice,number){                  // 定义含有两个参数的函数
500     var price=unitPrice*number;                        // 计算金额
501     return price;                                      // 返回计算后的金额
502 }
```

常见错误

在同一页面中定义了两个名称相同的函数。例如，下面的代码中定义了两个同名的函数 welcome()。

```
503 function welcome(){                                    // 定义函数名称为 welcome
504     document.write(" 欢迎访问明日学院 ");              // 定义函数体
505 }
506 function welcome(){                                    // 定义同名的函数
507     alert(" 欢迎访问明日学院 ");                       // 定义函数体
508 }
```

上述代码中，由于两个函数的名称相同，第一个函数被第二个函数所覆盖，所以第一个函数不会执行，因此在同一页面中定义的函数名称必须唯一。

13.1.2 函数的调用

函数定义后并不会自动执行，要执行一个函数需要在特定的位置调用函数。调用函数的过程就像是启动一个机器一样，机器本身是不会自动工作的，只有按下相应的开关来调用这个机器，它才会执行相应的操作。调用函数需要创建调用语句，调用语句包含函数名称、参数具体值。

（1）函数的简单调用

函数调用的语法如下：

函数名 (传递给函数的参数 1，传递给函数的参数 2，……);

函数的定义语句通常被放在 HTML5 文件的 <head> 段中，而函数的调用语句可以放在 HTML5 文件中的任何位置。

例如，定义一个函数 welcome()，这个函数的功能是在页面中弹出一个对话框，然后通过调用这个函数实现内容的输出。代码如下：

```
509 <!DOCTYPE html>
510 <html lang="en">
```

```
511 <head>
512     <meta charSet="UTF-8">
513     <title> 函数的简单调用 </title>
514     <script type="text/javascript">
515         function welcome() {                        // 定义函数
516             alert(" 欢迎访问明日学院 ");              // 定义函数体
517         }
518     </script>
519 </head>
520 <body>
521 <script type="text/javascript">
522     welcome();                                       // 调用函数
523 </script>
524 </body>
525 </html>
```

运行结果如图 13.1 所示。

（2）在事件响应中调用函数

当用户单击某个按钮或某个复选框时都将触发事件，通过编写程序对事件做出反应的行为称为响应事件。在 JavaScript 语言中，将函数与事件相关联就完成了响应事件的过程。例如，按下开关按钮打开电灯就可以看作是

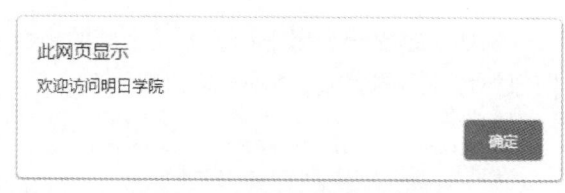

图 13.1　调用函数弹出对话框

一个响应事件的过程，按下开关相当于触发了单击事件，而电灯亮起就相当于执行了相应的函数。例如，当用户单击某个按钮时执行相应的函数，可以使用如下代码实现该功能。

```
526 <script type="text/javascript">
527     function welcome(){                              // 定义函数
528         alert(" 欢迎访问明日学院 ");                  // 定义函数体
529     }
530 </script>
531 <form name="form1">
532     <input type="button" value=" 提交 " onClick="welcome();"><!-- 在事件触发时调用函数 -->
533 </form>
```

在上述代码中可以看出，首先定义一个名为 welcome() 的函数，函数体比较简单，使用 alert() 语句输出一个字符串，最后在按钮 onClick 事件中调用 welcome() 函数。当用户单击"提交"按钮后将弹出相应对话框。运行结果如图 13.2 所示。

（3）通过链接调用函数

函数除了可以在响应事件中被调用之外，还可以在链接中被调用，在 <a> 标签的 href 属性中使用 "javascript: 函数名 ()" 格式来调用函数，当用户单击这个链接时，相关函数将被执行。下面的代码实现了通过链接调用函数。

```
534 <script type="text/javascript">
535     function welcome(){                              // 定义函数
536         alert(" 欢迎访问明日学院 ");                  // 定义函数体
537     }
538 </script>
539 <a href="javascript:welcome();"> 点我 </a>          <!-- 在链接中调用自定义函数 -->
```

运行程序，当用户单击"点我"后将弹出相应对话框。运行结果如图 13.3 所示。

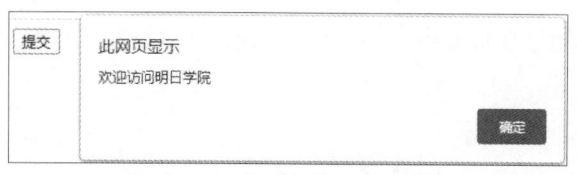

图 13.2　在事件响应中调用函数

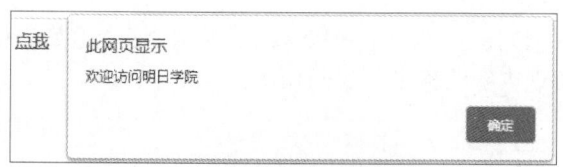

图 13.3　通过单击链接调用函数

13.2 函数的参数和返回值

13.2.1 函数的参数

我们把定义函数时指定的参数称为形式参数，简称形参；而把调用函数时实际传递的值称为实际参数，简称实参。如果把函数比喻成一台生产的机器，那么，运输原材料的通道就可以看作形参，而实际运输的原材料就可以看作是实参。

在 JavaScript 中定义函数参数的格式如下：

```
function 函数名 ( 形参 1, 形参 2,……){
     函数体
}
```

定义函数时，在函数名后面的圆括号内可以指定一个或多个参数（参数之间用逗号 "," 分隔）。指定参数的作用在于，当调用函数时，可以为被调用的函数传递一个或多个值。

如果定义的函数有参数，那么调用该函数的语法格式如下：

```
函数名 ( 实参 1, 实参 2,……)
```

通常，在定义函数时使用了多少个形参，在函数调用时也会给出多少个实参，这里需要注意的是，实参之间也必须用逗号 "," 分隔。例如，定义一个带有两个参数的函数，这两个参数用于指定姓名和年龄，然后对它们进行输出。代码如下：

```
540 function userInfo(name,age){              // 定义含有两个参数的函数
541     alert(" 姓名: "+name+" 年龄: "+age);     // 输出字符串和参数的值
542 }
543 userInfo(" 令狐冲 ",20);                    // 调用函数并传递参数
```

运行结果如图 13.4 所示。

实例 13.1

输出图书名称和图书作者

◉ **实例位置：资源包 \Code\13\01**

定义一个用于输出图书名称和图书作者的函数，在调用函数时将图书名称和图书作者作为参数进行传递。代码如下：

```
544 <script type="text/javascript">
545     function show(bookname,author){             // 定义函数
546         alert(" 图书名称: "+bookname+"\n 图书作者: "+author);   // 在页面中弹出对话框
547     }
548     show(" 前端开发宝典 "," 明日科技 ");          // 调用函数并传递参数
549 </script>
```

运行结果如图 13.5 所示。

此网页显示

姓名: 令狐冲 年龄: 20

确定

此网页显示

图书名称: 前端开发宝典
图书作者: 明日科技

确定

图 13.4　输出函数的参数　　　　图 13.5　输出图书名称和图书作者

213

13.2.2 函数的返回值

对于函数调用，一方面，可以通过参数向函数传递数据；另一方面，也可以从函数中获取数据，也就是说函数可以返回值。在 JavaScript 的函数中，可以使用 return 语句为函数返回一个值。

语法：

```
return 表达式;
```

这条语句的作用是结束函数，并把其后表达式的值作为函数的返回值。例如，定义一个计算两个数的和的函数，并将计算结果作为函数的返回值。代码如下：

```
550 <script type="text/javascript">
551     function sum(a,b){                          // 定义含有两个参数的函数
552         var c=a+b;                              // 获取两个参数的和
553         return c;                               // 将变量 c 的值作为函数的返回值
554     }
555     alert("20+30="+sum(20,30));                 // 调用函数并输出结果
556 </script>
```

运行结果如图 13.6 所示。

函数返回值可以直接赋给变量或用于表达式中，也就是说函数调用可以出现在表达式中。例如，将上面示例中函数的返回值赋给变量 result，然后再进行输出。代码如下：

图 13.6　计算并输出两个数的和

```
557 <script type="text/javascript">
558     function sum(a,b){                          // 定义含有两个参数的函数
559         var c=a+b;                              // 获取两个参数的和
560         return c;                               // 将变量 c 的值作为函数的返回值
561     }
562     var result=sum(20,30);                      // 将函数的返回值赋给变量 result
563     alert(result);                              // 输出结果
564 </script>
```

实例 13.2

计算购物车中商品的总价

👁 实例位置：资源包 \Code\13\02

模拟淘宝网计算购物车中商品总价的功能。假设购物车中有如下商品信息：

① 华为 Mate 40 手机：单价 5799 元，购买数量 2 台；

② 美的微波炉：单价 399 元，购买数量 3 台。

定义一个带有两个参数的函数 price()，将商品单价和商品数量作为参数进行传递。通过调用函数并传递不同的参数分别计算华为 Mate 40 手机和美的微波炉的总价，最后计算购物车中所有商品的总价并输出。代码如下：

```
565 <script type="text/javascript">
566     function price(unitPrice,number){           // 定义函数，将商品单价和商品数量作为参数传递
567         var totalPrice=unitPrice*number;        // 计算单个商品总价
568         return totalPrice;                      // 返回单个商品总价
569     }
570     var phone = price(5799,2);                  // 调用函数，计算手机总价
571     var computer = price(399,3);                // 调用函数，计算微波炉总价
572     var total=phone+computer;                   // 计算所有商品总价
```

```
573    alert(" 购物车中商品总价: "+total+" 元 ");        // 输出所有商品总价
574 </script>
```

运行结果如图 13.7 所示。

图 13.7　输出购物车中的商品总价

13.3　嵌套函数

JavaScript 允许使用嵌套函数，嵌套函数就是在一个函数的
函数体中使用了其他的函数。嵌套函数的使用包括函数的嵌套定义和函数的嵌套调用，下面分别进行介绍。

13.3.1　函数的嵌套定义

函数的嵌套定义就是在函数内部再定义其他的函数。例如，在一个函数内部嵌套定义另一个函数的
代码如下：

```
575 function outFun(){                              // 定义外部函数
576     function inFun(m,n){                        // 定义内部函数
577         alert(m+n);                            // 输出两个参数的和
578     }
579     inFun(6,9);                                // 调用内部函数并传递参数
580 }
581 outFun();                                      // 调用外部函数
```

运行结果如图 13.8 所示。

在上述代码中定义了一个外部函数 outFun()，在该函数的内部又嵌套定义了一个函数 inFun()，它的
作用是输出两个参数的和，最后在外部函数中调用了内部函数。

> ## 💡 注意
>
> 　　虽然 JavaScript 允许函数的嵌套定义，但它会使程序的可读性降低，因此，尽量避免使用这
> 种定义嵌套函数的方式。

13.3.2　函数的嵌套调用

JavaScript 允许在一个函数的函数体中对另一个函数进行调用，这就是函数的嵌套调用。例如，在函
数 n() 中对函数 m() 进行调用。代码如下：

```
582 function m(){                                  // 定义函数 m()
583     alert(" 前端开发宝典 ");                     // 输出字符串
584 }
585 function n(){                                  // 定义函数 n()
586     m();                                       // 在函数 n() 中调用函数 m()
587 }
588 n();                                          // 调用函数 n()
```

运行结果如图 13.9 所示。

图 13.8　输出两个参数的和

图 13.9　函数的嵌套调用并输出结果

实例 13.3

👁 实例位置：资源包 \Code\13\03

获得选手的平均分

《我是歌王》的比赛中有 3 个评委，在选手演唱完毕后，3 位评委分别给出分数，将 3 个分数的平均分作为该选手的最后得分。某参赛选手在演唱完毕后，3 位评委给出的分数分别为 97、93、95 分，通过函数的嵌套调用获取该参赛选手的最后得分。代码如下：

```
589 <script type="text/javascript">
590 function getAverage(score1,score2,score3){          // 定义含有 3 个参数的函数
591     var average=(score1+score2+score3)/3;            // 获取 3 个参数的平均值
592     return average;                                  // 返回 average 变量的值
593 }
594 function getResult(score1,score2,score3){            // 定义含有 3 个参数的函数
595     // 输出传递的 3 个参数值
596     document.write("3 个评委给出的分数分别为："+score1+" 分、"+score2+" 分、"+score3+" 分 <br>");
597     var result=getAverage(score1,score2,score3);     // 调用 getAverage() 函数
598     document.write(" 该参赛选手的最后得分为："+result+" 分 ");    // 输出函数的返回值
599 }
600 getResult(97,93,95);                                 // 调用 getResult() 函数
601 </script>
```

运行结果如图 13.10 所示。

图 13.10　输出选手最后得分

13.4　变量的作用域

变量的作用域是指变量在程序中的有效范围，在该范围内可以使用该变量。变量的作用域取决于该变量是哪一种变量。

13.4.1　全局变量和局部变量

在 JavaScript 中，变量根据作用域可以分为两种：全局变量和局部变量。全局变量是定义在所有函数之外的变量，作用范围是该变量定义后的所有代码；局部变量是定义在函数体内的变量，只有在该函数中，且该变量定义后的代码中才可以使用这个变量，函数的参数也是局部性的，只在函数内部起作用。

例如，下面的程序代码说明了变量的作用域作用不同的有效范围：

```
602 var m=" 这是一个全局变量 ";           // 该变量在函数外声明，作用于整个脚本
603 function send(){                      // 定义函数
604     var n=" 这是一个局部变量 ";        // 该变量在函数内声明，只作用于该函数体
605     document.write(m+"<br>");          // 输出全局变量的值
606     document.write(n);                 // 输出局部变量的值
607 }
608 send();                               // 调用函数
```

⟳ 运行结果为：

```
这是一个全局变量
这是一个局部变量
```

上述代码中，局部变量 n 只作用于函数体，如果在函数之外输出局部变量 n 的值将会出现错误。错误代码如下：

```
609 var m=" 这是一个全局变量 ";           // 该变量在函数外声明，作用于整个脚本
610 function send(){                      // 定义函数
```

```
611    var n=" 这是一个局部变量 ";                              // 该变量在函数内声明，只作用于该函数体
612    document.write(m+"<br>");                            // 输出全局变量的值
613 }
614 send();                                                // 调用函数
615 document.write(n);                                     // 错误代码，不允许在函数外输出局部变量的值
```

13.4.2　变量的优先级

如果在函数体中定义了一个与全局变量同名的局部变量，那么该全局变量在函数体中将不起作用。例如，下面的程序代码将输出局部变量的值：

```
616 var m=" 这是一个全局变量 ";                               // 声明一个全局变量 m
617 function send(){                                        // 定义函数
618    var m=" 这是一个局部变量 ";                             // 声明一个和全局变量同名的局部变量 m
619    document.write(m);                                   // 输出局部变量 m 的值
620 }
621 send();                                                // 调用函数
```

⚙ **运行结果为：**

> 这是一个局部变量

上述代码定义了一个和全局变量同名的局部变量 m，此时在函数中输出变量 m 的值为局部变量的值。

13.5　内置函数

在使用 JavaScript 语言时，除了可以自定义函数之外，还可以使用 JavaScript 的内置函数，这些内置函数是由 JavaScript 语言自身提供的函数。JavaScript 中的一些主要内置函数如表 13.1 所示。

表 13.1　JavaScript 中的一些内置函数

函数	说明
parseInt()	将字符型转换为整型
parseFloat()	将字符型转换为浮点型
isNaN()	判断一个数值是否为 NaN
isFinite()	判断一个数值是否有限
eval()	求字符串中表达式的值
encodeURI()	对 URI 字符串进行编码
decodeURI()	对已编码的 URI 字符串进行解码

13.5.1　数值处理函数

（1）parseInt() 函数

该函数主要将首位为数字的字符串转换成数字，如果字符串不是以数字开头，那么将返回 NaN。语法如下：

```
parseInt(string,[n])
```

💬 **参数说明：**

↻ string：需要转换为整型的字符串。

217

⟳ n：用于指出字符串中的数据是几进制的数据。这个参数在函数中不是必须的。

例如，将字符串转换成数字的示例代码如下：

```
622 var str1="365mn";                              // 定义字符串变量
623 var str2="mn365";                              // 定义字符串变量
624 document.write(parseInt(str1)+"<br>");         // 将字符串 str1 转换成数字并输出
625 document.write(parseInt(str1,8)+"<br>");       // 将字符串 str1 中的八进制数字进行输出
626 document.write(parseInt(str2));                // 将字符串 str2 转换成数字并输出
```

运行结果为：

```
365
245
NaN
```

（2）parseFloat() 函数

该函数主要将首位为数字的字符串转换成浮点型数字，如果字符串不是以数字开头，那么将返回 NaN。语法如下：

```
parseFloat(string)
```

参数说明：

⟳ string：需要转换为浮点型的字符串。

例如，将字符串转换成浮点型数字的示例代码如下：

```
627 var str1="36.5mn";                             // 定义字符串变量
628 var str2="mn36.5";                             // 定义字符串变量
629 document.write(parseFloat(str1)+"<br>");       // 将字符串 str1 转换成浮点数并输出
630 document.write(parseFloat(str2));              // 将字符串 str2 转换成浮点数并输出
```

运行结果为：

```
36.5
NaN
```

（3）isNaN() 函数

该函数主要用于检验某个值是否为 NaN。语法如下：

```
isNaN(num)
```

参数说明：

⟳ num：需要验证的数字。

说明

如果参数 num 为 NaN，函数返回值为 true；如果参数 num 不是 NaN，函数返回值为 false。

例如，判断其参数是否为 NaN 的示例代码如下：

```
631 var num1=56;                                   // 定义数值型变量
632 var num2="56abc";                              // 定义字符串变量
633 document.write(isNaN(num1)+"<br>");            // 判断变量 num1 的值是否为 NaN 并输出结果
634 document.write(isNaN(num2));                   // 判断变量 num2 的值是否为 NaN 并输出结果
```

运行结果为：

```
false
true
```

（4）isFinite() 函数

该函数主要用于检验其参数是否有限。语法如下：

```
isFinite(num)
```

参数说明：

↻ num：需要验证的数字。

说明

如果参数 num 是有限数字（或可转换为有限数字），函数返回值为 true；如果参数 num 是 NaN 或无穷大，函数返回值为 false。

例如，判断其参数是否有限的示例代码如下：

```
635  document.write(isFinite(36596)+"<br>");              // 判断数值 36596 是否为有限并输出结果
636  document.write(isFinite("36596mn")+"<br>");           // 判断字符串 "36596mn" 是否为有限并输出结果
637  document.write(isFinite(1/0));                        // 判断 1/0 的结果是否为有限并输出结果
```

运行结果为：

```
true
false
false
```

13.5.2　字符串处理函数

（1）eval() 函数

该函数的功能是计算字符串表达式的值，并执行其中的 JavaScript 代码。语法如下：

```
eval(string)
```

参数说明：

↻ string：需要计算的字符串，其中含有要计算的表达式或要执行的语句。

例如，应用 eval() 函数计算字符串的示例代码如下：

```
638  document.write(eval("6+9-5"));                        // 计算表达式的值并输出结果
639  document.write("<br>");                               // 输出换行标签
640  eval("m=5;n=6;document.write(m*n)");                  // 执行代码并输出结果
```

运行结果为：

```
10
30
```

（2）encodeURI() 函数

该函数主要用于对 URI 字符串进行编码。语法如下：

```
encodeURI(url)
```

参数说明：

↻ url：需要编码的 URI 字符串。

说明

> URI 与 URL 都可以表示网络资源地址，URI 比 URL 表示的范围更加广泛，但在一般情况下，URI 与 URL 可以是等同的。encodeURI() 函数只对字符串中有意义的字符进行转义。例如将字符串中的空格转换为 "%20"。

例如，应用 encodeURI() 函数对 URI 字符串进行编码的示例代码如下：

```
641 var URI="http://127.0.0.1/index.html?type=前端";        // 定义 URI 字符串
642 document.write(encodeURI(URI));                          // 对 URI 字符串进行编码并输出
```

运行结果为：

```
http://127.0.0.1/index.html?type=%E5%89%8D%E7%AB%AF
```

（3）decodeURI() 函数

该函数主要用于对已编码的 URI 字符串进行解码。语法如下：

```
decodeURI(url)
```

参数说明：

↻ url：需要解码的 URI 字符串。

说明

> 此函数可以将使用 encodeURI() 转码的网络资源地址转换为字符串并返回，也就是说 decodeURI() 函数是 encodeURI() 函数的逆向操作。

例如，应用 decodeURI() 函数对 URI 字符串进行解码的示例代码如下：

```
643 var URI=encodeURI("http://127.0.0.1/index.html?type=前端"); // 对 URI 字符串进行编码
644 document.write(decodeURI(URI));                             // 对编码后的 URI 字符串进行解码并输出
```

运行结果为：

```
http://127.0.0.1/index.html?type=前端
```

13.6 在表达式中定义函数

JavaScript 提供了一种定义匿名函数的方法，就是在表达式中直接定义函数，它的语法和 function 语句非常相似。其语法格式如下：

```
var 变量名 = function( 参数 1, 参数 2,……) {
    函数体
};
```

这种定义函数的方法不需要指定函数名，把定义的函数赋值给一个变量，后面的程序就可以通过这个变量来调用这个函数。这种定义函数的方法有很好的可读性。

例如，在表达式中直接定义一个返回两个数字和的匿名函数。代码如下：

```
645 <script type="text/javascript">
646 var sum = function(m,n){              // 定义匿名函数
647     return m+n;                        // 返回两个参数的和
648 };
649 alert("100+200="+sum(100,200));        // 调用函数并输出结果
650 </script>
```

运行结果如图 13.11 所示。

在以上代码中定义了一个匿名函数，并把对它的引用存储在
变量 sum 中。该函数有两个参数，分别为 m 和 n。该函数的函
数体为 "return m+n"，即返回参数 m 与参数 n 的和。

图 13.11　输出两个数字的和

实例 13.4　　　　　　**输出星号金字塔形图案**　　　　👁 **实例位置：资源包 \Code\13\04**

编写一个带有一个参数的匿名函数，该参数用于指定显示多少层星号 "*"，通过传递的参数在页面
中输出 6 层星号的金字塔形图案。代码如下：

```
651 <script type="text/javascript">
652 var star=function(n){                  // 定义匿名函数
653   for(var i=1; i<=n; i++){             // 定义外层 for 循环语句
654     for(var j=1; j<=n-i; j++){         // 定义内层 for 循环语句
655       document.write(" ");        // 输出空格
656     }
657     for(var k=1; k<=i; k++){           // 定义内层 for 循环语句
658       document.write("* ");       // 输出 * 和空格
659     }
660     document.write("<br>");            // 输出换行标签
661   }
662 }
663 star(6);                               // 调用函数并传递参数
664 </script>
```

运行结果如图 13.12 所示。

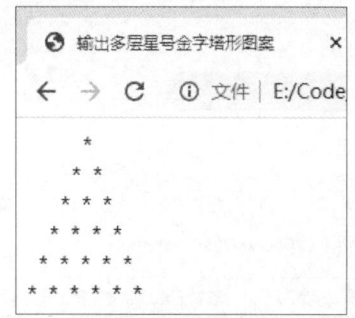

图 13.12　输出多层星号金字塔形图案

13.7　综合案例——输出自定义的表格

利用自定义函数向页面中输出自定义的表格，在调用函数时通过传递的参数指定表格的行数、列数、

宽度和高度。(实例位置:资源包 \Code\13\05\ 综合案例)

13.7.1　案例分析

本案例中,要生成一个指定行数、列数、宽度和高度的表格,可以将这 4 个表示表格特征的数字作为参数进行传递。将传递的行数和列数作为两层嵌套循环的循环变量,将传递的宽度和高度作为表格样式中的 width 属性和 height 属性的值,在循环时将生成表格的字符串连接在一起,最后输出自定义的表格。

13.7.2　实现过程

① 创建一个含有 4 个参数的函数 table(),这 4 个参数分别用来指定表格的行数、列数、宽度和高度,然后应用嵌套的 for 循环语句将生成表格的字符串连接在一起。函数 table() 的代码如下:

```
665 function table(row,col,width,height){
666     var show = '';                                        // 声明变量并初始化
667     show = '<table style="border-collapse: collapse;width: '+width+'px;height: '+height+'px">';
        // 定义要输出的字符串
668     var bgcolor;// 声明变量
669     for(i=1;i<=row;i++){                                   // 外层循环,输出表格的行
670         if(i%2 != 0){
671             bgcolor = '#FFFFFF';                           // 如果是奇数行将行背景定义为白色
672         }else{
673             bgcolor = '#DDDDFF';                           // 如果是偶数行将行背景定义为浅蓝色
674         }
675         show += '<tr style="background-color: '+bgcolor+'">';// 连接字符串
676         for(j=1;j<=col;j++){                               // 内层循环,输出表格的列
677             show += '<td style="border: 1px solid;text-align: center"> 第 '+i+' 行第 '+j+' 列 </td>';
            // 定义要输出的表格文字
678         }
679         show += '</tr>';                                   // 连接字符串
680     }
681     show += '</table>';                                    // 连接字符串
682     return show;                                           // 返回变量的值
683 }
```

② 在页面中对函数 table() 进行调用,并传递 4 个参数 6、5、600 和 200,然后输出函数的返回值。代码如下:

```
684 var result = table(6,5,600,200);                          // 调用函数并传递参数
685 document.write(result);                                   // 输出函数的返回值
```

运行结果如图 13.13 所示。

图 13.13　输出自定义的表格

13.8　实战练习

编写一个判断某个整数是否能同时被 3 和 5 整除的匿名函数，在页面中输出 1000 以内所有能同时被 3 和 5 整除的正整数，要求每行显示 6 个数字，结果如图 13.14 所示。（实例位置：资源包 \Code\13\06\ 实战练习）

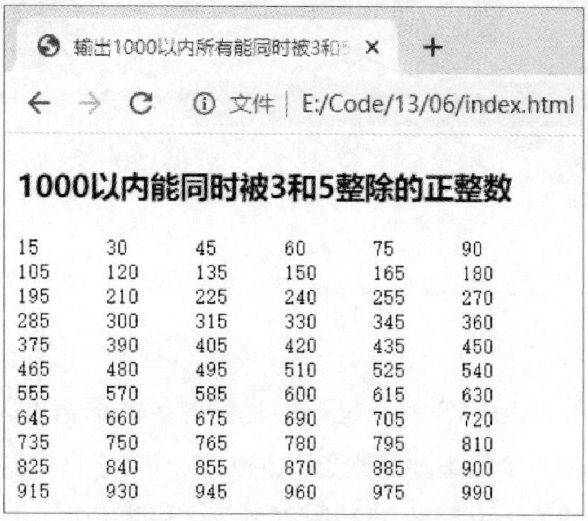

图 13.14　输出 1000 以内能同时被 3 和 5 整除的正整数

🎔 小结

本章主要讲解了 JavaScript 中函数的使用，包括定义函数、调用函数、使用函数的参数和返回值、嵌套函数、变量的作用域、内置函数以及在表达式中定义函数的方法。函数在 JavaScript 中非常重要，JavaScript 程序的任何位置，都可以通过引用其名称来执行。在程序中可以建立很多函数，这有利于组织自己的应用程序的结构，使程序代码的维护与修改更加容易。

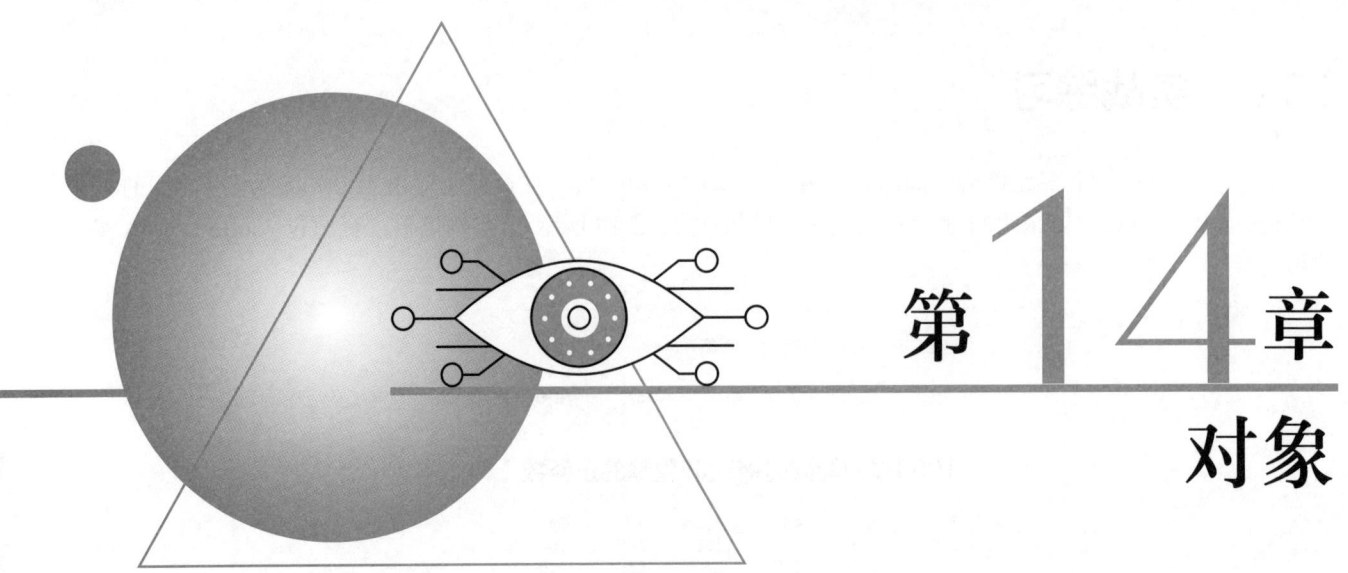

第14章

对象

JavaScript 是一种基于对象的语言，因此对象在 JavaScript 中是一个很重要的概念。JavaScript 语言本身提供了多种内部对象，例如 Array 对象、Date 对象等。除此之外，JavaScript 还允许用户自定义对象。本章将对对象的基本概念、自定义对象以及四种常用内部对象（Array、String、Math、Date）的知识进行介绍。

扫码领取
· 教学视频
· 配套源码
· 练习答案
· ……

14.1　对象简介

对象是 JavaScript 中的数据类型之一，是一种复合的数据类型，它将多种数据类型集中在一个数据单元中，并允许通过对象来存取这些数据的值。

14.1.1　什么是对象

对象的概念首先来自于对客观世界的认识，它用于描述客观世界存在的特定实体。例如，"人"就是一个典型的对象，"人"包括身高、体重等特性，同时又包含吃饭、睡觉等动作。在计算机的世界里，不仅存在来自客观世界的对象，也包含为解决问题而引入的比较抽象的对象。例如，一个用户可以被看作一个对象，它包含用户名、用户密码等特性，也包含注册、登录等动作。其中，用户名和用户密码等特性，可以用变量来描述；而注册、登录等动作，可以用函数来定义。因此，对象实际上就是一些变量和函数的集合。

14.1.2　对象的属性和方法

在 JavaScript 中，对象包含两个要素：属性和方法。通过访问或设置对象的属性，并且调用对象的方法，就可以对对象进行各种操作，从而获得需要的功能。

（1）对象的属性

将包含在对象内部的变量称为对象的属性，它是用来描述对象特性的一组数据。在程序中使用对象的一个属性类似于使用一个变量，就是在属性名前加上对象名和一个句点"."。获取或设置对象的属性值的语法格式如下：

```
对象名 . 属性名
```

以"用户"对象为例，该对象有用户名和密码两个属性，以下代码可以分别获取该对象的这两个属性值：

```
var name = 用户 . 用户名 ;
var pwd = 用户 . 密码 ;
```

也可以通过以下代码来设置"用户"对象的这两个属性值。

```
用户 . 用户名 = "Terry";
用户 . 密码 = "559988";
```

（2）对象的方法

将包含在对象内部的函数称为对象的方法，它可以用来实现某个功能。在程序中调用对象的一个方法类似于调用一个函数，就是在方法名前加上对象名和一个句点"."。语法格式如下：

```
对象名 . 方法名 ( 参数 )
```

与函数一样，在对象的方法中有可能使用一个或多个参数，也可能不需要使用参数。同样以"用户"对象为例，该对象有注册和登录两个方法，以下代码可以分别调用该对象的这两个方法：

```
用户 . 注册 ();
用户 . 登录 ();
```

📝 **说明**

> 在 JavaScript 中，对象就是属性和方法的集合，这些属性和方法也叫作对象的成员。方法是作为对象成员的函数，表明对象所具有的行为；而属性是作为对象成员的变量，表明对象的状态。

14.1.3 JavaScript 对象的种类

JavaScript 可以使用 3 种对象，即自定义对象、内置对象和浏览器对象。内置对象和浏览器对象又称为预定义对象。

JavaScript 将一些常用的功能预先定义成对象，用户可以直接使用这些对象，这种对象就是内置对象。这些内置对象可以帮助用户在编写程序时实现一些最常用、最基本的功能，例如 Math、Date、String、Array、Number、Boolean、Global、Object 和 RegExp 对象等。

浏览器对象是浏览器根据系统当前的配置和所装载的页面为 JavaScript 提供的一些对象。例如 document、window 对象等。

自定义对象就是指用户根据需要自己定义的新对象。

14.2 自定义对象的创建

创建自定义对象主要有 3 种方法：一种是直接创建自定义对象，一种是通过自定义构造函数来创建，还有一种是通过系统内置的 Object 对象创建。

14.2.1　直接创建自定义对象

直接创建自定义对象的语法格式如下：

```
var 对象名 = { 属性名 1: 属性值 1, 属性名 2: 属性值 2, 属性名 3: 属性值 3,……}
```

由语法格式可以看出，直接创建自定义对象时，所有属性都放在大括号中，属性之间用逗号分隔；每个属性都由属性名和属性值两部分组成，属性名和属性值之间用冒号隔开。

例如，创建一个学生对象 student，并设置 3 个属性，分别为 name、sex 和 age，然后输出这 3 个属性的值。代码如下：

```
686 var student = {                                    // 创建 student 对象
687     name:" 周星星 ",
688     sex:" 男 ",
689     age:25
690 }
691 document.write(" 姓名: "+student.name+"<br>");       // 输出 name 属性值
692 document.write(" 性别: "+student.sex+"<br>");        // 输出 sex 属性值
693 document.write(" 年龄: "+student.age+"<br>");        // 输出 age 属性值
```

运行结果如图 14.1 所示。

另外，还可以使用数组的方式对属性值进行输出。代码如下：

```
694     var student = {                                // 创建 student 对象
695         name:" 周星星 ",
696         sex:" 男 ",
697         age:25
698     }
699     document.write(" 姓名: "+student['name']+"<br>");   // 输出 name 属性值
700     document.write(" 性别: "+student['sex']+"<br>");    // 输出 sex 属性值
701     document.write(" 年龄: "+student['age']+"<br>");    // 输出 age 属性值
```

姓名：周星星
性别：男
年龄：25

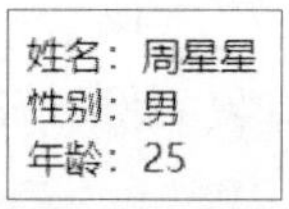

图 14.1　创建学生对象并输出属性值

14.2.2　通过自定义构造函数创建对象

虽然直接创建自定义对象很方便也很直观，但是如果要创建多个相同的对象，使用这种方法就显得很烦琐。在 JavaScript 中可以自定义构造函数，通过调用自定义的构造函数可以创建并初始化一个新的对象。与普通函数不同，调用构造函数必须要使用 new 运算符。构造函数也可以和普通函数一样使用参数，其参数通常用于初始化新对象。在构造函数的函数体内通过 this 关键字初始化对象的属性与方法。

例如，要创建一个学生对象 student，可以定义一个名称为 Student 的构造函数。代码如下：

```
702 function Student(name,sex,age){                    // 定义构造函数
703     this.name = name;                              // 初始化对象的 name 属性
704     this.sex = sex;                                // 初始化对象的 sex 属性
705     this.age = age;                                // 初始化对象的 age 属性
706 }
```

上述代码中，在构造函数内部对 3 个属性 name、sex 和 age 进行了初始化，其中，this 关键字表示对对象自己属性、方法的引用。利用该函数，可以用 new 运算符创建一个新对象。代码如下：

```
var student1 = new Student(" 周星星 "," 男 ",25);        // 创建对象实例
```

上述代码创建了一个名为 student1 的新对象，新对象 student1 称为对象 student 的实例。使用 new 运算符创建一个对象实例后，JavaScript 会接着自动调用所使用的构造函数，执行构造函数中的程序。

另外，还可以创建多个 student 对象的实例，每个实例都是独立的。代码如下：

```
707 var student2 = new Student("韦小宝","男",20);          // 创建其他对象实例
708 var student3 = new Student("沐剑屏","女",18);          // 创建其他对象实例
```

对象不但可以拥有属性，还可以拥有方法。在定义构造函数时，也可以定义对象的方法。与对象的属性一样，在构造函数中也需要使用 this 关键字来初始化对象的方法。例如，在 student 对象中定义 3 个方法 showName()、showAge() 和 showSex()，代码如下：

```
709 function Student(name,sex,age){          // 定义构造函数
710     this.name = name;                    // 初始化对象的属性
711     this.sex = sex;                      // 初始化对象的属性
712     this.age = age;                      // 初始化对象的属性
713     this.showName = showName;            // 初始化对象的方法
714     this.showSex = showSex;              // 初始化对象的方法
715     this.showAge = showAge;              // 初始化对象的方法
716 }
717 function showName(){                      // 定义 showName() 方法
718     alert(this.name);                     // 输出 name 属性值
719 }
720 function showSex(){                       // 定义 showSex() 方法
721     alert(this.sex);                      // 输出 sex 属性值
722 }
723 function showAge(){                       // 定义 showAge() 方法
724     alert(this.age);                      // 输出 age 属性值
725 }
```

另外，也可以在构造函数中直接使用表达式来定义方法。代码如下：

```
726 function Student(name,sex,age){          // 定义构造函数
727     this.name = name;                    // 初始化对象的属性
728     this.sex = sex;                      // 初始化对象的属性
729     this.age = age;                      // 初始化对象的属性
730     this.showName=function(){            // 应用表达式定义 showName() 方法
731         alert(this.name);                 // 输出 name 属性值
732     };
733     this.showSex=function(){             // 应用表达式定义 showSex() 方法
734         alert(this.sex);                  // 输出 sex 属性值
735     };
736     this.showAge=function(){             // 应用表达式定义 showAge() 方法
737         alert(this.age);                  // 输出 age 属性值
738     };
739 }
```

实例 14.1

输出演员个人简介

👁 **实例位置：资源包 \Code\14\01**

应用构造函数创建一个演员对象 Actor，在构造函数中定义对象的属性和方法，通过创建的对象实例调用对象中的方法，输出演员的中文名、代表作品以及主要成就。程序代码如下：

```
740 function Actor(name,work,achievement){        // 对象的 name 属性
741     this.name = name;                          // 对象的 name 属性
742     this.work = work;                          // 对象的 work 属性
743     this.achievement = achievement;            // 对象的 achievement 属性
744     this.introduction = function(){            // 定义 introduction() 方法
745         document.write("中文名："+this.name);   // 输出 name 属性值
746         document.write("<br>代表作品："+this.work);  // 输出 work 属性值
```

```
747        document.write("<br>主要成就: "+this.achievement);        // 输出 achievement 属性值
748    }
749 }
750 var Actor1 = new Actor("布拉德·皮特","《史密斯夫妇》、《生命之树》","奥斯卡金像奖最佳男配角奖");    // 创建对象 Actor1
751 Actor1.introduction();                                        // 调用 introduction() 方法
```

运行结果如图 14.2 所示。

调用构造函数创建对象需要注意一个问题：如果构造函数中定义了多个属性和方法，那么在每次创建对象实例时都会为该对象分配相同的属性和方法，这样会增加对内存的需求。这时可以通过 prototype 属性来解决这个问题。

prototype 属性是 JavaScript 中所有函数都有的一个属性。该属性可以向对象中添加属性或方法。语法格式如下：

```
object.prototype.name=value
```

💬 **参数说明**：

- ♻ object：构造函数名。
- ♻ name：要添加的属性名或方法名。
- ♻ value：添加属性的值或执行方法的函数。

例如，在 student 对象中应用 prototype 属性向对象中添加一个 show() 方法，通过调用 show() 方法输出对象中 3 个属性的值。代码如下：

```
752 function Student(name,sex,age){                        // 定义构造函数
753     this.name = name;                                 // 初始化对象的属性
754     this.sex = sex;                                   // 初始化对象的属性
755     this.age = age;                                   // 初始化对象的属性
756 }
757 Student.prototype.show=function(){                    // 添加 show() 方法
758     alert("姓名: "+this.name+"\n 性别: "+this.sex+"\n 年龄: "+this.age);
759 }
760 var student1=new Student("周星星","男",25);            // 创建对象实例
761 student1.show();                                      // 调用对象的 show() 方法
```

运行结果如图 14.3 所示。

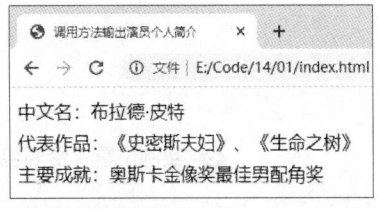

图 14.2　调用对象中的方法输出演员简介

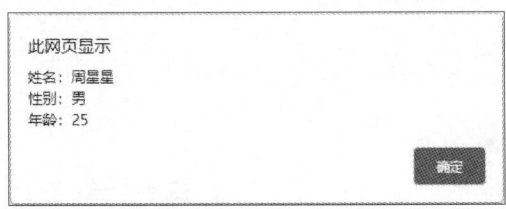

图 14.3　输出 3 个属性值

14.2.3　通过 Object 对象创建自定义对象

Object 对象是 JavaScript 中的内部对象，它提供了对象最基本的功能，这些功能构成了所有其他对象的基础。Object 对象提供了创建自定义对象的简单方式，使用这种方式不需要再定义构造函数。可以在程序运行时为 JavaScript 对象随意添加属性，因此使用 Object 对象能很容易地创建自定义对象。创建 Object 对象的语法如下：

```
obj = new Object([value])
```

💬 **参数说明：**

　　🔁 obj：必选项。要赋值为 Object 对象的变量名。

　　🔁 value：可选项。任意一种 JavaScript 基本数据类型（Number、Boolean、或 String）。如果 value 为一个对象，返回不做改动的该对象。如果 value 为 null、undefined，或者没有给出，则产生没有内容的对象。

　　使用 Object 对象可以创建一个没有任何属性的空对象。如果要设置对象的属性，只需要将一个值赋给对象的新属性即可。例如，使用 Object 对象创建一个自定义对象 student，并设置对象的属性，然后对属性值进行输出。代码如下：

```
762    var student = new Object();              // 创建一个空对象
763    student.name = " 郭靖 ";                 // 设置对象的 name 属性
764    student.sex = " 男 ";                    // 设置对象的 sex 属性
765    student.age = 21;                        // 设置对象的 age 属性
766    document.write(" 姓名: "+student.name+"<br>");   // 输出对象的 name 属性值
767    document.write(" 性别: "+student.sex+"<br>");    // 输出对象的 sex 属性值
768    document.write(" 年龄: "+student.age+"<br>");    // 输出对象的 age 属性值
```

运行结果如图 14.4 所示。

📖 **说明**

　　　　一旦通过给属性赋值创建了该属性，就可以在任何时候修改这个属性的值，只需要赋给它新值即可。

姓名：郭靖
性别：男
年龄：21

图 14.4　创建 Object 对象并输出属性值

　　在使用 Object 对象创建自定义对象时，也可以定义对象的方法。例如，在 student 对象中定义方法 show()，然后对方法进行调用。代码如下：

```
769  var student = new Object();                // 创建一个空对象
770  student.name = " 郭靖 ";                   // 设置对象的 name 属性
771  student.sex = " 男 ";                      // 设置对象的 sex 属性
772  student.age = 21;                          // 设置对象的 age 属性
773  student.show = function(){                 // 定义对象的方法
774      // 输出属性的值
775      alert(" 姓名: "+student.name+"\n 性别: "+student.sex+"\n 年龄: "+student.age);
776  };
777  student.show();                            // 调用对象的方法
```

运行结果如图 14.5 所示。

　　如果在创建 Object 对象时没有指定参数，JavaScript 将会创建一个 Object 实例，但该实例并没有具体指定为哪种对象类型。这种方法多用于创建一个自定义对象。如果在创建 Object 对象时指定了参数，可以直接将 value 参数的值转换为相应的对象。如以下代码就是通过 Object 对象创建了一个字符串对象。

此网页显示

姓名：郭靖
性别：男
年龄：21

确定

图 14.5　调用对象的方法

```
var myObj = new Object("Hello JavaScript");        // 创建一个字符串对象
```

14.3　Array 对象

　　Array 对象即数组对象。数组是 JavaScript 中非常常用的一种数据类型。数组提供了一种快速、方便地管理一组相关数据的方法。它是 JavaScript 程序设计的重要内容。通过数组可以对大量性质相同的数据进行存储、排序、插入及删除等操作，从而有效提高程序开发效率及改善程序的编写方式。

14.3.1 数组介绍

数组是 JavaScript 中的一种复合数据类型。变量中保存单个数据，而数组中则保存的是多个数据的集合。数组与变量的比较效果如图 14.6 所示。

（1）数组概念

数组（Array）就是一组数据的集合。数组是 JavaScript 中用来存储和操作有序数据集的数据结构。可以把数组看作一个单行表格，该表格的每一个单元格中都可以存储一个数据，即一个数组中可以包含多个元素，如图 14.7 所示。

| 变量 | 数组 | | | 元素1 | 元素2 | 元素3 | 元素4 | 元素5 |

图 14.6　数组与变量的比较效果　　　　图 14.7　数组示意图

JavaScript 是一种弱类型的语言，所以在数组中的每个元素的类型可以是不同的。数组中的元素类型可以是数值型、字符串型和布尔型等，甚至也可以是一个数组。

（2）数组元素

数组是数组元素的集合，在图 14.7 中，每个单元格里所存放的就是数组元素。例如，一个班级的所有学生就可以看作是一个数组，每一位学生都是数组中的一个元素。再比如，一个酒店的所有房间就相当于一个数组，每一个房间都是这个数组中的一个元素。

每个数组元素都有一个索引号（数组的下标），通过索引号可以方便地引用数组元素。数组的下标从 0 开始编号，例如，第一个数组元素的下标是 0，第二个数组元素的下标是 1，以此类推。

14.3.2 定义数组

在 JavaScript 中数组也是一种对象，这种对象被称为数组对象。因此在定义数组时，也可以使用构造函数。JavaScript 中定义数组的方法主要有以下 4 种。

（1）定义空数组

使用不带参数的构造函数可以定义一个空数组。顾名思义，空数组中是没有数组元素的，可以在定义空数组后再向数组中添加数组元素。语法格式如下：

```
arrayObject = new Array()
```

💬 **参数说明：**

arrayObject：必选项。新创建的数组对象名。

例如，创建一个空数组，然后向该数组中添加数组元素。代码如下：

```
778 var arr = new Array();                          // 定义一个空数组
779 arr[0] = " 前端开发宝典 ";                        // 向数组中添加第一个数组元素
780 arr[1] = " 从零开始学 JavaScript ";               // 向数组中添加第二个数组元素
781 arr[2] = "JavaScript 从入门到精通 ";              // 向数组中添加第三个数组元素
```

在上述代码中定义了一个空数组，此时数组中元素的个数为 0。在为数组的元素赋值后，数组中才有了数组元素。

（2）指定数组长度

在定义数组的同时可以指定数组元素的个数。此时并没有为数组元素赋值，所有数组元素的值都是

undefined。语法格式如下：

```
arrayObject = new Array(size)
```

参数说明：

- arrayObject：必选项。新创建的数组对象名。
- size：设置数组的长度。由于数组的下标是从零开始，创建元素的下标将从 0 到 size - 1。

例如，创建一个数组元素个数为 3 的数组，并向该数组中存入数据。代码如下：

```
782 var arr = new Array(3);        // 定义一个元素个数为 3 的数组
783 arr[0] = 50;                   // 为第一个数组元素赋值
784 arr[1] = 60;                   // 为第二个数组元素赋值
785 arr[2] = 70;                   // 为第三个数组元素赋值
```

在上述代码中定义了一个元素个数为 3 的数组。在为数组元素赋值之前，这 3 个数组元素的值都是 undefined。

（3）指定数组元素

在定义数组的同时可以直接给出数组元素的值。此时数组的长度就是在括号中给出的数组元素的个数。语法格式如下：

```
arrayObject = new Array(element1, element2, element3, ...)
```

参数说明：

- arrayObject：必选项。新创建的数组对象名。
- element：存入数组中的元素。使用该语法时必须有一个以上元素。

例如，创建数组对象的同时，向该对象中存入数组元素。代码如下：

```
var arr = new Array(50, "前端开发宝典", true);      // 定义一个包含 3 个元素的数组
```

（4）直接定义数组

在 JavaScript 中还有一种定义数组的方式，这种方式不需要使用构造函数，直接将数组元素放在一个中括号中，元素与元素之间用逗号分隔。语法格式如下：

```
arrayObject = [element1, element2, element3, ...]
```

参数说明：

- arrayObject：必选项。新创建的数组对象名。
- element：存入数组中的元素。使用该语法时必须有一个以上元素。

例如，直接定义一个含有 3 个元素的数组。代码如下：

```
var arr = [50, "前端开发宝典", true];              // 直接定义一个包含 3 个元素的数组
```

14.3.3　操作数组元素

数组是数组元素的集合，在对数组进行操作时，实际上是对数组元素进行输出、添加或删除的操作。

（1）数组元素的输出

数组元素的输出即获取数组中元素的值并输出。将数组对象中的元素值进行输出有 3 种方法：

① 用下标获取指定元素值　该方法通过数组对象的下标获取指定的元素值。

例如，获取数组对象中的第 3 个元素的值。代码如下：

```
786 var arr = new Array(" 张无忌 "," 令狐冲 "," 韦小宝 ");    // 定义数组
787 var third = arr[2];                                      // 获取下标为 2 的数组元素
788 document.write(third);                                   // 输出变量的值
```

⟳ 运行结果为：

韦小宝

⚡ 注意

数组对象的元素下标是从 0 开始的。

📁 常见错误

输出数组元素时数组的下标不正确，例如，在开发工具中编写如下代码：

```
789 var arr= new Array("HTML","CSS");    // 定义包含两个元素的数组
790 document.write(arr[2]);              // 输出下标为 2 的元素的值
```

上述代码在运行的时候并不会报错，但是定义的数组中只有两个元素，这两个元素对应的数组下标分别为 0 和 1，而输出的数组元素的下标超过了数组的范围，所以输出结果就是 undefined。

② 用 for 语句获取数组中的元素值　该方法是利用 for 语句获取数组对象中的所有元素值。例如，获取数组对象中的所有元素值。代码如下：

```
791 var str = "";                              // 定义变量并进行初始化
792 var arr = new Array(" 一 "," 二 "," 三 ");  // 定义数组
793 for (var i=0;i<3;i++){                     // 定义 for 循环语句
794     str=str+arr[i];                        // 将各个数组元素连接在一起
795 }
796 document.write(str);                       // 输出变量的值
```

⟳ 运行结果为：

一二三

③ 用数组对象名输出所有元素值　该方法是用创建的数组对象本身显示数组中的所有元素值。例如，显示数组中的所有元素值。代码如下：

```
797 var arr = new Array(" 一 "," 二 "," 三 ");  // 定义数组
798 document.write(arr);                       // 输出数组中所有元素的值
```

⟳ 运行结果为：

一，二，三

实例 14.2

输出 3 个学霸姓名

👁 **实例位置：资源包 \Code\14\02**

某班级里有 3 个学霸，创建一个存储 3 个学霸姓名（郭靖、杨过、胡斐）的数组，然后输出这 3 个数组元素。首先创建一个包含 3 个元素的数组，并为每个数组元素赋值，然后使用 for 循环语句遍历输出

数组中的所有元素。代码如下：

```
799 <script type="text/javascript">
800 var students = new Array(3);                           // 定义数组
801 students[0] = " 郭靖 ";                                  // 为下标为 0 的数组元素赋值
802 students[1] = " 杨过 ";                                  // 为下标为 1 的数组元素赋值
803 students[2] = " 胡斐 ";                                  // 为下标为 2 的数组元素赋值
804 for(var i=0;i<3;i++){
805     document.write(" 第 "+(i+1)+" 个学霸姓名是: "+students[i]+"<br>");// 循环输出数组元素
806 }
807 </script>
```

运行结果如图 14.8 所示。

(2) 数组元素的添加

在定义数组时虽然已经设置了数组元素的个数，但是该数组的元素个数并不是固定的。可以通过添加数组元素的方法来增加数组元素的个数。添加数组元素的方法非常简单，只要对新的数组元素进行赋值就可以了。

例如，定义一个包含两个元素的数组，然后为数组添加 3 个元素，最后输出数组中的所有元素值。代码如下：

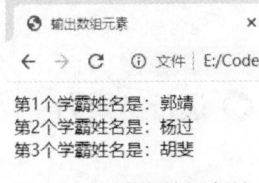

图 14.8　使用数组存储
学霸姓名

```
808 var arr = new Array(" 令狐冲 "," 韦小宝 ");                 // 定义数组
809 arr[2] = " 张无忌 ";                                     // 添加新的数组元素
810 arr[3] = " 郭靖 ";                                       // 添加新的数组元素
811 arr[4] = " 杨过 ";                                       // 添加新的数组元素
812 document.write(arr);                                    // 输出添加元素后的数组
```

⏻ 运行结果为：

令狐冲 , 韦小宝 , 张无忌 , 郭靖 , 杨过

另外，还可以对已经存在的数组元素进行重新赋值。例如，定义一个包含两个元素的数组，将第二个数组元素进行重新赋值并输出数组中的所有元素值。代码如下：

```
813 var arr = new Array(" 令狐冲 "," 韦小宝 ");                 // 定义数组
814 arr[1] = " 张无忌 ";                                     // 为下标为 1 的数组元素重新赋值
815 document.write(arr);                                    // 输出重新赋值后的新数组
```

⏻ 运行结果为：

令狐冲 , 张无忌

(3) 数组元素的删除

使用 delete 运算符可以删除数组元素的值，但是只能将该元素恢复为未赋值的状态，即 undefined，而不能真正地删除一个数组元素，数组中的元素个数也不会减少。

例如，定义一个包含 3 个元素的数组，然后应用 delete 运算符删除下标为 1 的数组元素，最后输出数组中的所有元素值。代码如下：

```
816 var arr = new Array(" 令狐冲 "," 韦小宝 "," 张无忌 ");        // 定义数组
817 delete arr[1];                                          // 删除下标为 1 的数组元素
818 document.write(arr);                                    // 输出删除元素后的数组
```

⏻ 运行结果为：

令狐冲 , , 张无忌

14.3.4 获取数组的长度

获取数组的长度需要使用 Array 对象中的 length 属性。语法格式如下：

```
arrayObject.length
```

💬 **参数说明**：

⟳ arrayObject：数组名称。

例如，获取已创建的数组对象的长度。代码如下：

```
819  var arr=new Array(1,2,3,4,5,6);              // 定义数组
820  document.write(arr.length);                  // 输出数组的长度
```

⏻ **运行结果为**：

```
6
```

💡 **注意**

① 当用 new Array() 创建数组时，并不对其进行赋值，length 属性的返回值为 0。
② 数组的长度是由数组的最大下标决定的。

例如，用不同的方法创建数组，并输出数组的长度。代码如下：

```
821   var arr1 = new Array();                                      // 定义数组 arr1
822   document.write(" 数组 arr1 的长度为: "+arr1.length+"<p>");    // 输出数组 arr1 的长度
823   var arr2 = new Array(3);                                     // 定义数组 arr2
824   document.write(" 数组 arr2 的长度为: "+arr2.length+"<p>");    // 输出数组 arr2 的长度
825   var arr3 = new Array(1,2,3,4,5);                             // 定义数组 arr3
826   document.write(" 数组 arr3 的长度为: "+arr3.length+"<p>");    // 输出数组 arr3 的长度
827   var arr4 = [5,6,9,10,12,15];                                 // 定义数组 arr4
828   document.write(" 数组 arr4 的长度为: "+arr4.length+"<p>");    // 输出数组 arr4 的长度
829   var arr5 = new Array();                                      // 定义数组 arr5
830   arr5[7] = 8;                                                 // 为下标为 7 的元素赋值
831   document.write(" 数组 arr5 的长度为: "+arr5.length+"<p>");    // 输出数组 arr5 的长度
```

运行结果如图 14.9 所示。

数组arr1的长度为: 0

数组arr2的长度为: 3

数组arr3的长度为: 5

数组arr4的长度为: 6

数组arr5的长度为: 8

图 14.9　输出数组的长度

实例 14.3　　　　　　输出省份、省会以及旅游景点　　　　👁 实例位置：资源包 \Code\14\03

将浙江省、陕西省和四川省的省份名称、省会城市名称以及 3 个城市的旅游景点分别定义在数组中，应用 for 循环语句和数组的 length 属性，将省份、省会以及旅游景点循环输出在表格中。代码如下：

```
832 <table>
833   <tr>
834     <td style="width: 50px;"> 序号 </td>
835     <td style="width: 100px;"> 省份 </td>
836     <td style="width: 100px;"> 省会 </td>
837     <td style="width: 260px;"> 旅游景点 </td>
838   </tr>
839 <script type="text/javascript">
840 var province=new Array(" 浙江省 "," 陕西省 "," 四川省 ");        // 定义省份数组
841 var city=new Array(" 杭州市 "," 西安市 "," 成都市 ");              // 定义省会数组
842 var tourist=new Array(" 西湖 灵隐寺 六和塔 京杭大运河 "," 兵马俑 钟鼓楼 大雁塔 大明宫 "," 都江堰 青城山 武侯祠 杜甫草堂 ");
                                                                // 定义旅游景点数组
843 for(var i=0; i<province.length; i++){                        // 定义 for 循环语句
844     document.write("<tr>");                                  // 输出 <tr> 开始标签
845     document.write("<td>"+(i+1)+"</td>");                    // 输出序号
846         document.write("<td>"+province[i]+"</td>");          // 输出省份名称
847     document.write("<td>"+city[i]+"</td>");                  // 输出省会名称
848     document.write("<td>"+tourist[i]+"</td>");               // 输出旅游景点
849     document.write("</tr>");                                 // 输出 </tr> 结束标签
850 }
851 </script>
852 </table>
```

运行结果如图 14.10 所示。

14.3.5　数组的方法

数组是 JavaScript 中的一个内置对象，使用数组对象的方法可以更加方便地操作数组中的数据。下面对数组的常用方法进行介绍。

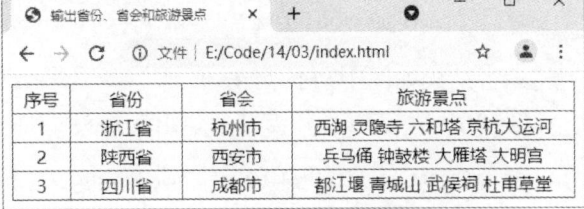

图 14.10　输出省份、省会和旅游景点

（1）数组的添加和删除

数组的添加和删除可以使用 concat()、push()、unshift()、pop()、shift() 和 splice() 方法实现。

① concat() 方法　该方法用于将其他数组连接到当前数组的末尾。语法格式如下：

```
arrayObject.concat(arrayX,arrayX,......,arrayX)
```

💬 **参数说明：**

🔁 arrayObject：必选项。数组名称。

🔁 arrayX：必选项。该参数可以是具体的值，也可以是数组对象。

返回值：返回一个新的数组，而原数组中的元素和数组长度不变。

例如，在数组的尾部添加数组元素。代码如下：

```
853 var arr=new Array(1,2,3,4,5,6);                              // 定义数组
854 document.write(arr.concat(7,8));                            // 输出添加元素后的新数组
```

🔄 **运行结果为：**

```
1,2,3,4,5,6,7,8
```

例如，在数组的尾部添加其他数组。代码如下：

```
855 var arr1=new Array('a','b','c');                            // 定义数组 arr1
856 var arr2=new Array('d','e','f');                            // 定义数组 arr2
857 document.write(arr1.concat(arr2));                         // 输出连接后的数组
```

🕐 **运行结果为：**

```
a,b,c,d,e,f
```

② push() 方法　该方法向数组的末尾添加一个或多个元素，并返回添加后的数组长度。语法格式如下：

```
arrayObject.push(newelement1,newelement2,...,newelementX)
```

💬 **参数说明：**

- ♻ arrayObject：必选项。数组名称。
- ♻ newelement1：必选项。要添加到数组的第一个元素。
- ♻ newelement2：可选项。要添加到数组的第二个元素。
- ♻ newelementX：可选项。可添加的多个元素。

返回值：把指定的值添加到数组后的新长度。

例如，向数组的末尾添加两个数组元素，并输出原数组、添加元素后的数组长度和新数组。代码如下：

```
858    var arr=new Array(5,10,15);                              // 定义数组
859    document.write(' 原数组: '+arr+'<br>');                   // 输出原数组
860    // 向数组末尾添加两个元素并输出数组长度
861    document.write(' 添加元素后的数组长度: '+arr.push(20,25)+'<br>');
862    document.write(' 新数组: '+arr);                          // 输出添加元素后的新数组
```

运行结果如图 14.11 所示。

③ unshift() 方法　该方法向数组的开头添加一个或多个元素。语法格式如下：

```
arrayObject.unshift(newelement1,newelement2,...,newelementX)
```

💬 **参数说明：**

- ♻ arrayObject：必选项。数组名称。
- ♻ newelement1：必选项。向数组添加的第一个元素。
- ♻ newelement2：可选项。向数组添加的第二个元素。
- ♻ newelementX：可选项。可添加的多个元素。

返回值：把指定的值添加到数组后的新长度。

例如，向数组的开头添加两个数组元素，并输出原数组、添加元素后的数组长度和新数组。代码如下：

```
863    var arr=new Array(7,8,9,10);                             // 定义数组
864    document.write(' 原数组: '+arr+'<br>');                   // 输出原数组
865    // 向数组开头添加两个元素并输出数组长度
866    document.write(' 添加元素后的数组长度: '+arr.unshift(5,6)+'<br>');
867    document.write(' 新数组: '+arr);                          // 输出添加元素后的新数组
```

运行程序，会将原数组和新数组中的内容显示在页面中，如图 14.12 所示。

```
原数组: 5,10,15              原数组: 7,8,9,10
添加元素后的数组长度: 5       添加元素后的数组长度: 6
新数组: 5,10,15,20,25        新数组: 5,6,7,8,9,10
```

图 14.11　向数组的末尾添加元素　图 14.12　向数组的开头添加元素

④ pop() 方法　该方法用于将数组中的最后一个元素从数组中删除，并返回删除元素的值。语法格式如下：

```
arrayObject.pop()
```

💬 **参数说明**：

🔄 arrayObject：必选项，数组名称。

🔄 返回值：在数组中删除的最后一个元素的值。

例如，删除数组中的最后一个元素，并输出原数组、删除的元素和删除元素后的数组。代码如下：

```
868    var arr=new Array("HTML","CSS","JavaScript");      // 定义数组
869    document.write(' 原数组: '+arr+'<br>');              // 输出原数组
870    var del=arr.pop();                                 // 删除数组中最后一个元素
871    document.write(' 删除元素为: '+del+'<br>');          // 输出删除的元素
872    document.write(' 删除后的数组为: '+arr);             // 输出删除后的数组
```

运行结果如图 14.13 所示。

⑤ shift() 方法　该方法用于将数组中的第一个元素从数组中删除，并返回删除元素的值。语法格式如下：

```
arrayObject.shift()
```

💬 **参数说明**：

🔄 arrayObject：必选项，数组名称。

🔄 返回值：在数组中删除的第一个元素的值。

例如，删除数组中的第一个元素，并输出原数组、删除的元素和删除元素后的数组。代码如下：

```
873    var arr=new Array("HTML","CSS","JavaScript");      // 定义数组
874    document.write(' 原数组: '+arr+'<br>');              // 输出原数组
875    var del=arr.shift();                               // 删除数组中第一个元素
876    document.write(' 删除元素为: '+del+'<br>');          // 输出删除的元素
877    document.write(' 删除后的数组为: '+arr);             // 输出删除后的数组
```

运行结果如图 14.14 所示。

原数组: HTML,CSS,JavaScript
删除元素为: JavaScript
删除后的数组为: HTML,CSS

原数组: HTML,CSS,JavaScript
删除元素为: HTML
删除后的数组为: CSS,JavaScript

图 14.13　删除数组中最后一个元素　　图 14.14　删除数组中第一个元素

⑥ splice() 方法　pop() 方法的作用是删除数组的最后一个元素，shift() 方法的作用是删除数组的第一个元素，而要想更灵活地删除数组中的元素，可以使用 splice() 方法。通过 splice() 方法可以删除数组中指定位置的元素，还可以向数组中的指定位置添加新元素。语法格式如下：

```
arrayObject.splice(start,length,element1,element2,…)
```

💬 **参数说明**：

🔄 arrayObject：必选项，数组名称。

🔄 start：必选项，指定要删除数组元素的开始位置，即数组的下标。

🔄 length：可选项，指定删除数组元素的个数。如果未设置该参数，则删除从 start 开始到原数组末尾的所有元素。

🔄 element：可选项，要添加到数组的新元素。

例如，在 splice() 方法中应用不同的参数，对相同数组中的元素进行删除操作。代码如下：

237

```
878    var arr1 = new Array(1,2,3,4);              // 定义数组
879    arr1.splice(1);                             // 删除第 2 个元素和之后的所有元素
880    document.write(arr1+"<br>");                // 输出删除后的数组
881    var arr2 = new Array(1,2,3,4);              // 定义数组
882    arr2.splice(1,2);                           // 删除第 2 个和第 3 个元素
883    document.write(arr2+"<br>");                // 输出删除后的数组
884    var arr3 = new Array(1,2,3,4);              // 定义数组
885    arr3.splice(1,2,"5","6");                   // 删除第 2 个和第 3 个元素，并添加新元素
886    document.write(arr3+"<br>");                // 输出删除后的数组
887    var arr4 = new Array(1,2,3,4);              // 定义数组
888    arr4.splice(1,0,"5","6");                   // 在第 2 个元素前添加新元素
889    document.write(arr4+"<br>");                // 输出删除后的数组
```

运行结果如图 14.15 所示。

（2）设置数组的排列顺序

将数组中的元素按照指定的顺序进行排列可以通过 reverse() 和 sort() 方法实现。

① reverse() 方法　该方法用于颠倒数组中元素的顺序。语法格式如下：

```
arrayObject.reverse()
```

💬 **参数说明**：

　　♻ arrayObject：必选项，数组名称。

⚡ **注意**

　　该方法会改变原来的数组，而不创建新数组。

例如，将数组中的元素顺序颠倒后显示。代码如下：

```
890 var arr=new Array(1,2,3,4,5);                  // 定义数组
891 document.write('原数组: '+arr+'<br>');         // 输出原数组
892 arr.reverse();                                 // 对数组元素顺序进行颠倒
893 document.write('颠倒后的数组: '+arr);          // 输出颠倒后的数组
```

运行结果如图 14.16 所示。

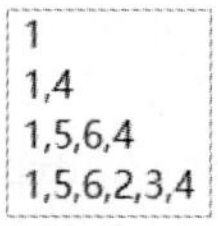

```
1
1,4
1,5,6,4
1,5,6,2,3,4
```

```
原数组: 1,2,3,4,5
颠倒后的数组: 5,4,3,2,1
```

图 14.15　删除数组中指定位置的元素 　图 14.16　将数组颠倒输出

② sort() 方法　该方法用于对数组的元素进行排序。语法格式如下：

```
arrayObject.sort(sortby)
```

💬 **参数说明**：

　　♻ arrayObject：必选项。数组名称。

　　♻ sortby：可选项。规定排序的顺序，必须是函数。

如果调用该方法时没有使用参数，将按字母顺序对数组中的元素进行排序，也就是按照字符的编码顺序进行排序。如果想按照其他标准进行排序，就需要指定 sort() 方法的参数。该参数通常是一个比较函数，该函数应该有两个参数（假设为 a 和 b）。在对元素进行排序时，每次比较两个元素都会执行比较函数，并将这两个元素作为参数传递给比较函数。其返回值有以下两种情况：

如果返回值大于 0，则交换两个元素的位置；如果返回值小于等于 0，则不进行任何操作。

例如，定义一个包含 5 个元素的数组，将数组中的元素按从小到大的顺序进行输出。代码如下：

```
894    var arr=new Array(8,16,9,5,12);                    // 定义数组
895    document.write(' 原数组: '+arr+'<br>');              // 输出原数组
896    function ascOrder(x,y){                            // 定义比较函数
897        if(x>y){                                       // 如果第一个参数值大于第二个参数值
898            return 1;                                  // 返回 1
899        }else{
900            return -1;                                 // 返回 -1
901        }
902    }
903    arr.sort(ascOrder);                                // 对数组进行排序
904    document.write(' 排序后的数组: '+arr);                // 输出排序后的数组
```

运行结果如图 14.17 所示。

(3) 获取某段数组元素

获取数组中的某段数组元素主要用 slice() 方法实现。slice() 方法可从已有的数组中返回选定的元素。语法格式如下：

```
arrayObject.slice(start,end)
```

💬 **参数说明**：

↻ start：必选项。规定从何处开始选取。如果是负数，那么它规定从数组尾部开始算起。也就是说，－1 指最后一个元素，－2 指倒数第二个元素，以此类推。

↻ end：可选项。规定从何处结束选取。该参数是数组片段结束处的数组下标。如果没有指定该参数，那么切分的数组包含从 start 到数组结束的所有元素。如果这个参数是负数，那么它将从数组尾部开始算起。

↻ 返回值：返回截取后的数组元素，该方法返回的数据中不包括 end 索引所对应的数据。例如，获取指定数组中某段数组元素。代码如下：

```
905    var arr=new Array(1,2,3,4,5,6);                         // 定义数组
906    document.write(" 原数组: "+arr+"<br>");                   // 输出原数组
907    // 输出截取后的数组
908    document.write(" 第 4 个元素后的所有元素: "+arr.slice(3)+"<br>");
909    document.write(" 第 2 个到第 5 个元素: "+arr.slice(1,5)+"<br>");// 输出截取后的数组
910    document.write(" 倒数第 2 个元素后的所有元素: "+arr.slice(-2));// 输出截取后的数组
```

运行程序，会将原数组以及截取数组中元素后的数据输出，运行结果如图 14.18 所示。

```
原数组: 8,16,9,5,12
排序后的数组: 5,8,9,12,16
```

```
原数组: 1,2,3,4,5,6
第4个元素后的所有元素: 4,5,6
第2个到第5个元素: 2,3,4,5
倒数第2个元素后的所有元素: 5,6
```

图 14.17　输出排序前与排序后的数组元素　　图 14.18　获取数组中某段数组元素

(4) 数组转换成字符串

将数组转换成字符串主要通过 toString() 和 join() 方法实现。

① toString() 方法　该方法可把数组转换为字符串，并返回结果。语法格式如下：

```
arrayObject.toString()
```

💬 **参数说明**：

↻ arrayObject：必选项，数组名称。

↻ 返回值：以字符串显示数组对象。返回值与没有参数的 join() 方法返回的字符串相同。

💡 注意

> 在转换成字符串后，数组中的各元素以逗号分隔。

例如，将数组转换成字符串。代码如下：

```
911  var arr=new Array("a","b","c");                    // 定义数组
912  document.write(arr.toString());                    // 输出转换后的字符串
```

⟳ 运行结果为：

```
a,b,c
```

② join() 方法　该方法将数组中的所有元素放入一个字符串中。语法格式如下：

```
arrayObject.join(separator)
```

💬 参数说明：

↻ arrayObject：必选项，数组名称。

↻ separator：可选项。指定要使用的分隔符。如果省略该参数，则使用逗号作为分隔符。

↻ 返回值：返回一个字符串。该字符串是将 arrayObject 的每个元素转换为字符串，然后把这些字符串用指定的分隔符连接起来。

例如，以指定的分隔符将数组中的元素转换成字符串。代码如下：

```
913      var arr=new Array("HTML","CSS","JavaScript");       // 定义数组
914      document.write(arr.join("+"));                       // 输出转换后的字符串
```

⟳ 运行结果为：

```
HTML+CSS+JavaScript
```

14.4　String 对象

在 JavaScript 中，使用 String 对象可以对字符串进行处理。通过 String 对象可以对字符串进行查找、截取、大小写转换等操作。

14.4.1　String 对象的创建

String 对象是动态对象，使用构造函数可以显式创建字符串对象。String 对象用于操纵和处理文本串，可以通过该对象在程序中获取字符串长度、提取子字符串，以及将字符串转换为大写或小写字符。语法格式如下：

```
var newstr=new String(StringText)
```

💬 参数说明：

↻ newstr：创建的 String 对象名。

↻ StringText：可选项。字符串文本。

例如，创建一个 String 对象。代码如下：

```
var newstr=new String(" 前端开发宝典 ");                              // 创建字符串对象
```

实际上，JavaScript 会自动地在字符串与字符串对象之间进行转换。因此，任何一个字符串常量（用单引号或双引号括起来的字符串）都可以看作是一个 String 对象，可以将其直接作为对象来使用，只要在字符变量的后面加 "."，便可以直接调用 String 对象的属性和方法。字符串与 String 对象的不同在于返回的 typeof 值，前者返回的是 string 类型，后者返回的是 object 类型。

14.4.2 获取字符串的长度

获取字符串的长度需要使用 String 对象中的 length 属性。字符串的长度为字符串中所有字符的个数，而不是字节数（一个英文字符占一个字节，一个中文字符占两个字节）。语法格式如下：

```
stringObject.length
```

💬 **参数说明**：

♺ stringObject：当前获取长度的 String 对象名，也可以是字符变量名。

📋 **说明**

> 通过 length 属性返回的字符串长度包括字符串中的空格。

例如，获取已创建的字符串对象 newString 的长度。代码如下：

```
915 var newString=new String("Hello JavaScript");              // 创建字符串对象
916 var p=newString.length;                                     // 获取字符串对象的长度
917 document.write(p);                                          // 输出字符串对象的长度
```

⏼ **运行结果为**：

```
16
```

例如，获取自定义的字符变量 newStr 的长度。代码如下：

```
918 var newStr="Hello JavaScript";                              // 定义一个字符串变量
919 var p=newStr.length;                                        // 获取字符串变量的长度
920 document.write(p);                                          // 输出字符串变量的长度
```

⏼ **运行结果为**：

```
16
```

14.4.3 String 对象的方法

String 对象提供了很多处理字符串的方法，通过这些方法可以对字符串进行查找、截取、大小写转换等一些操作。下面分别对这些方法进行详细介绍。

📋 **说明**

> String 对象中的方法与属性，字符串变量也可以使用，为了便于读者用字符串变量执行 String 对象中的方法与属性，下面的例子都用字符串变量进行操作。

（1）查找字符串

字符串对象提供了几种用于查找字符串中的字符或子字符串的方法。下面对这几种方法进行详细介绍。

① charAt() 方法　该方法可以返回字符串中指定位置的字符。语法格式如下：

```
stringObject.charAt(index)
```

💬 **参数说明**：

⟳ stringObject：String 对象名或字符变量名。

⟳ index：必选参数。表示字符串中某个位置的数字，即字符在字符串中的下标。

📑 **说明**

> 字符串中第一个字符的下标是 0，因此，index 参数的取值范围是 0 ～ string.length-1。如果参数 index 超出了这个范围，则返回一个空字符串。

例如，在字符串"十四是十四,四十是四十"中返回下标为 2 的字符。代码如下：

```
921  var str="十四是十四,四十是四十";                     // 定义字符串
922  document.write(str.charAt(2));                      // 输出字符串中下标为 2 的字符
```

⏱ **运行结果为**：

```
是
```

② indexOf() 方法　该方法可以返回某个子字符串在字符串中首次出现的位置。语法格式如下：

```
stringObject.indexOf(substring,startindex)
```

💬 **参数说明**：

⟳ stringObject：String 对象名或字符变量名。

⟳ substring：必选参数。要在字符串中查找的子字符串。

⟳ startindex：可选参数。用于指定在字符串中开始查找的位置。它的取值范围是 0 ～ stringObject.length - 1。如果省略该参数，则从字符串的首字符开始查找。如果要查找的子字符串没有出现，则返回-1。

例如，在字符串"十四是十四,四十是四十"中进行不同的检索。代码如下：

```
923      var str="十四是十四,四十是四十";                        // 定义字符串
924      document.write(str.indexOf("四")+"<br>");            // 输出字符"四"在字符串中首次出现的位置
925      // 输出字符"四"在下标为 5 的字符后首次出现的位置
926      document.write(str.indexOf("四",5)+"<br>");
927      document.write(str.indexOf("四十四"));                // 输出字符"四十四"在字符串中首次出现的位置
```

⏱ **运行结果为**：

```
1
6
-1
```

实例 14.4　　　　　获取字符"兵"在绕口令中　👁 **实例位置：资源包 \Code\14\04**
　　　　　　　　　　　　　　　出现的次数

有这样一句绕口令：炮兵怕把标兵碰，标兵怕碰炮兵炮。应用 String 对象中的 indexOf() 方法获取字

符"兵"在绕口令中出现的次数。代码如下：

```
928 var str=" 炮兵怕把标兵碰，标兵怕碰炮兵炮 ";          // 定义字符串
929 var position=0;                                      // 字符在字符串中出现的位置
930 var num=-1;                                          // 字符在字符串中出现的次数
931 var index=0;                                         // 开始查找的位置
932 while(position!=-1){
933     position=str.indexOf(" 兵 ",index);             // 获取指定字符在字符串中出现的位置
934     num+=1;                                          // 将指定字符出现的次数加 1
935     index=position+1;                                // 指定下次查找的位置
936 }
937 document.write(" 定义的字符串: "+str+"<br>");        // 输出定义的字符串
938 document.write(" 字符串中有 "+num+" 个兵 ");          // 输出结果
```

运行程序，结果如图 14.19 所示。

③ lastIndexOf() 方法　该方法可以返回某个子字符串在字符串中最后出现的位置。语法格式如下：

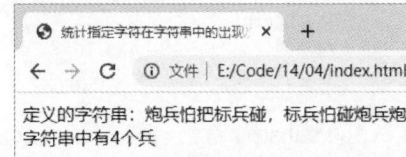

定义的字符串: 炮兵怕把标兵碰，标兵怕碰炮兵炮
字符串中有4个兵

图 14.19　输出指定字符在字符串中出现的次数

```
stringObject.lastIndexOf(substring,startindex)
```

💬 **参数说明**：

↻ stringObject : String 对象名或字符变量名。

↻ substring ： 必选参数。要在字符串中查找的子字符串。

↻ startindex ： 可选参数。用于指定在字符串中开始查找的位置，在这个位置从后向前查找。它的取值范围是 0 ～ stringObject.length – 1。如果省略该参数，则从字符串的最后一个字符开始查找。如果要查找的子字符串没有出现，则返回 – 1。

例如，在字符串 "十四是十四,四十是四十" 中进行不同的检索。代码如下：

```
939 var str=" 十四是十四,四十是四十 ";                      // 定义字符串
940 document.write(str.lastIndexOf(" 四 ")+"<br>");        // 输出字符 " 四 " 在字符串中最后出现的位置
941 // 输出字符 " 四 " 在下标为 5 的字符前最后出现的位置
942 document.write(str.lastIndexOf(" 四 ",5)+"<br>");       // 输出字符 " 四十四 " 在字符串中最后出现的位置
943 document.write(str.lastIndexOf(" 四十四 "));
```

⭕ **运行结果为**：

```
9
4
-1
```

（2）截取字符串

字符串对象提供了几种截取字符串的方法，分别是 slice() 方法、substr() 方法和 substring() 方法。

① slice() 方法　该方法可以提取字符串的片段，并在新的字符串中返回被提取的部分。语法格式如下：

```
stringObject.slice(startindex,endindex)
```

💬 **参数说明**：

↻ stringObject : String 对象名或字符变量名。

↻ startindex ： 必选参数。指定要提取的字符串片段的开始位置。该参数可以是负数，如果是负数，则从字符串的尾部开始算起。也就是说，– 1 指字符串的最后一个字符，– 2 指倒数第二个字符，以此类推。

↻ endindex ： 可选参数。指定要提取的字符串片段的结束位置。如果省略该参数，表示结束位置为字符串的最后一个字符。如果该参数是负数，则从字符串的尾部开始算起。

 **说明**

> 使用 slice() 方法提取的字符串片段中不包括 endindex 下标所对应的字符。

例如，在字符串"Hello JavaScript"中提取子字符串。代码如下：

```
944 var str="Hello JavaScript";                        // 定义字符串
945 document.write(str.slice(6)+"<br>");                // 从下标为 6 的字符提取到字符串末尾
946 document.write(str.slice(6,10)+"<br>");             // 从下标为 6 的字符提取到下标为 9 的字符
947 document.write(str.slice(0,-6));                    // 从第一个字符提取到倒数第 7 个字符
```

运行结果为：

```
JavaScript
Java
Hello Java
```

② substr() 方法 该方法可以从字符串的指定位置开始提取指定长度的子字符串。语法格式如下：

```
stringObject.substr(startindex,length)
```

参数说明：

- stringObject：String 对象名或字符变量名。
- startindex：必选参数。指定要提取的字符串片段的开始位置。该参数可以是负数，如果是负数，则从字符串的尾部开始算起。
- length：可选参数。用于指定提取的子字符串的长度。如果省略该参数，表示结束位置为字符串的最后一个字符。

例如，在字符串"Hello JavaScript"中提取指定个数的字符。代码如下：

```
948 var str="Hello JavaScript";                        // 定义字符串
949 document.write(str.substr(10)+"<br>");              // 从下标为 10 的字符提取到字符串末尾
950 document.write(str.substr(6,4));                    // 从下标为 6 的字符开始提取 4 个字符
```

运行结果：

```
Script
Java
```

实例 14.5

截取网站公告标题

👁 **实例位置：资源包 \Code\14\05**

在开发 Web 程序时，为了保持整个页面的合理布局，经常需要对一些超长输出的字符串内容（例如：公告标题、公告内容、文章的标题、文章的内容等）进行截取，并通过"…"代替省略内容。本实例将应用 substr() 方法对网站公告标题进行截取并输出。代码如下：

```
951 <script type="text/javascript">
952 var str1="欧亚卖场店庆前三天力度超大 ";            // 定义公告标题字符串
953 var str2="小家电专场部分商品买一送一 ";            // 定义公告标题字符串
954 var str3="天之蓝年末大促低至两件五折 ";            // 定义公告标题字符串
955 var str4="商城与长春市签署战略合作协议 ";          // 定义公告标题字符串
956 function subStr(str){
```

```
957    if(str.length>10){                                    // 如果字符串长度大于 10
958        return str.substr(0,10)+"...";                    // 返回字符串前 10 个字符，然后输出省略号
959    }else{                                                // 如果字符串长度不大于 10
960        return str;                                       // 直接返回该字符串
961    }
962 }
963 </script>
964 <body>
965 <div class="public">
966   <ul>
967   <script type="text/javascript">
968       document.write("<li>"+subStr(str1)+"</li>");       // 输出截取后的公告标题
969       document.write("<li>"+subStr(str2)+"</li>");       // 输出截取后的公告标题
970       document.write("<li>"+subStr(str3)+"</li>");       // 输出截取后的公告标题
971       document.write("<li>"+subStr(str4)+"</li>");       // 输出截取后的公告标题
972   </script>
973   </ul>
974 </div>
975 </body>
```

运行程序，结果如图 14.20 所示。

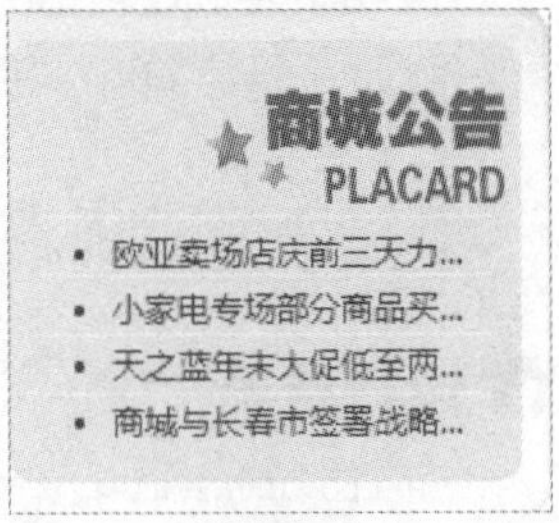

③ substring() 方法　该方法用于提取字符串中两个指定的索引号之间的字符。语法格式如下：

```
stringObject.substring(startindex,endindex)
```

图 14.20　截取网站公告标题

参数说明：

- stringObject：String 对象名或字符变量名。
- startindex：必选参数。一个非负整数，指定要提取的字符串片段的开始位置。
- endindex：可选参数。一个非负整数，指定要提取的字符串片段的结束位置。如果省略该参数，表示结束位置为字符串的最后一个字符。

说明

> 使用 substring() 方法提取的字符串片段中不包括 endindex 下标所对应的字符。

例如，在字符串"Hello JavaScript"中提取子字符串。代码如下：

```
976 var str="Hello JavaScript";                             // 定义字符串
977 document.write(str.substring(3)+"<br>");                // 从下标为 3 的字符提取到字符串末尾
978 document.write(str.substring(3,10)+"<br>");             // 从下标为 3 的字符提取到下标为 9 的字符
```

运行结果为：

```
lo JavaScript
lo Java
```

（3）大小写转换

字符串对象提供了两种用于对字符串进行大小写转换的方法，分别是 toLowerCase() 方法和 toUpperCase() 方法。下面对这两种方法进行详细介绍。

① toLowerCase() 方法　该方法用于将字符串转换为小写。语法格式如下：

```
stringObject.toLowerCase()
```

参数说明：

♻ stringObject：String 对象名或字符变量名。

例如，将字符串"Hello JavaScript"中的大写字母转换为小写。代码如下：

```
979 var str="Hello JavaScript";                          // 定义字符串
980 document.write(str.toLowerCase());                    // 将字符串转换为小写
```

运行结果为：

```
hello javascript
```

② toUpperCase() 方法　该方法用于将字符串转换为大写。语法格式如下：

```
stringObject.toUpperCase()
```

参数说明：

♻ stringObject：String 对象名或字符变量名。

例如，将字符串"Hello JavaScript"中的小写字母转换为大写。代码如下：

```
981 var str="Hello JavaScript";                          // 定义字符串
982 document.write(str.toUpperCase());                    // 将字符串转换为大写
```

运行结果：

```
HELLO JAVASCRIPT
```

（4）连接和拆分

字符串对象还提供了两种用于连接和拆分字符串的方法，分别是 concat() 方法和 split() 方法。下面对这两种方法进行详细介绍。

① concat() 方法　该方法用于连接两个或多个字符串。语法格式如下：

```
stringObject.concat(stringX,stringX,...)
```

参数说明：

♻ stringObject：String 对象名或字符变量名。

♻ stringX：必选参数。将被连接的字符串，可以是一个或多个。

注意

使用 concat() 方法可以返回连接后的字符串，而原字符串对象并没有改变。

例如，定义两个字符串，然后应用 concat() 方法对两个字符串进行连接。代码如下：

```
983 var nicknames=new Array("及时雨","玉麒麟","行者","豹子头");      // 定义人物别名数组
984 var names=new Array("宋江","卢俊义","武松","林冲");             // 定义人物姓名数组
985 for(var i=0;i<nicknames.length;i++){
986     document.write(nicknames[i].concat(names[i])+"<br>");  // 对人物别名和人物姓名进行连接
987 }
```

运行结果为：

```
及时雨宋江
玉麒麟卢俊义
行者武松
豹子头林冲
```

② split() 方法　该方法用于将一个字符串分割成字符串数组。语法格式如下：

```
stringObject.split(separator,limit)
```

💬 **参数说明**：

- ⟳ stringObject：String 对象名或字符变量名。
- ⟳ separator：必选参数。指定的分割符。如果将空字符串（""）作为分割符，那么字符串对象中的每个字符都会被分割。
- ⟳ limit：可选参数。该参数可指定返回数组的最大长度。如果设置了该参数，返回的数组元素个数不会多于这个参数。如果省略该参数，整个字符串都会被分割，不考虑数组元素的个数。

例如，将字符串"How do you do"按照不同方式进行分割。代码如下：

```
988 var str="How do you do";                              // 定义字符串
989 document.write(str.split(" ")+"<br>");                // 以空格为分割符对字符串进行分割
990 document.write(str.split("")+"<br>");                 // 以空字符串为分割符对字符串进行分割
991 document.write(str.split(" ",2));                     // 以空格为分割符对字符串进行分割并返回 2 个元素
```

⚙ **运行结果**：

```
How,do,you,do
H,o,w, ,d,o, ,y,o,u, ,d,o
How,do
```

14.5　Math 对象

Math 对象提供了大量的数学常量和数学函数。在使用 Math 对象时，不能使用 new 关键字创建对象实例，而应直接使用"对象名 . 成员"的格式来访问其属性或方法。下面将对 Math 对象的属性和方法进行介绍。

14.5.1　Math 对象的属性

Math 对象的属性是数学中常用的常量，如表 14.1 所示。

表 14.1　**Math 对象的属性**

属性	描述	属性	描述
E	欧拉常数（2.718281828459045）	LOG2E	以 2 为底数的 e 的对数（1.4426950408889633）
LN2	2 的自然对数（0.6931471805599453）	LOG10E	以 10 为底数的 e 的对数（0.4342944819032518）
LN10	10 的自然对数（2.302585092994046）	PI	圆周率常数 π（3.141592653589793）
SQRT2	2 的平方根（1.4142135623730951）	SQRT1_2	0.5 的平方根（0.7071067811865476）

例如，已知一个圆的半径是 10，计算这个圆的周长和面积。代码如下：

```
992   var r = 10;                                          // 定义圆的半径
993   var circumference = 2*Math.PI*r;                     // 定义圆的周长
994   var area = Math.PI*r*r;                              // 定义圆的面积
995   document.write(" 圆的半径为 "+r+"<br>");              // 输出圆的半径
996   document.write(" 圆的周长为 "+parseInt(circumference)+"<br>");  // 输出圆的周长
997   document.write(" 圆的面积为 "+parseInt(area));        // 输出圆的面积
```

⚙ **运行结果为**：

```
圆的半径为 10
圆的周长为 62
圆的面积为 314
```

14.5.2　Math 对象的方法

Math 对象的方法是数学中常用的函数，如表 14.2 所示。

表 14.2　Math 对象的方法

方法	描述	示例
abs(x)	返回 x 的绝对值	Math.abs(-9);　　// 返回值为 9
acos(x)	返回 x 弧度的反余弦值	Math.acos(1);　　// 返回值为 0
asin(x)	返回 x 弧度的反正弦值	Math.asin(1);　// 返回值为 1.5707963267948965
atan(x)	返回 x 弧度的反正切值	Math.atan(1);　// 返回值为 0.7853981633974483
atan2(x,y)	返回从 x 轴到点（x,y）的角度，其值在 -PI 与 PI 之间	Math.atan2(10,5); // 返回值为 1.1071487177940904
ceil(x)	返回大于或等于 x 的最小整数	Math.ceil(1.36);　　// 返回值为 2 Math.ceil(-1.36);　　// 返回值为 -1
cos(x)	返回 x 的余弦值	Math.cos(0);　　// 返回值为 1
exp(x)	返回 e 的 x 乘方	Math.exp(4);　// 返回值为 54.598150033144236
floor(x)	返回小于或等于 x 的最大整数	Math.floor(1.36);　　// 返回值为 1 Math.floor(-1.36);　// 返回值为 -2
log(x)	返回 x 的自然对数	Math.log(1);　　// 返回值为 0
max(n1,n2…)	返回参数列表中的最大值	Math.max(13,16,15);　　// 返回值为 16
min(n1,n2…)	返回参数列表中的最小值	Math.min(13,16,15);　　// 返回值为 13
pow(x,y)	返回 x 对 y 的次方	Math.pow(3,4);　// 返回值为 81
random()	返回 0 和 1 之间的随机数	Math.random();// 返回值为类似 0.3569076595832916 的随机数
round(x)	返回最接近 x 的整数，即四舍五入函数	Math.round(1.85);　// 返回值为 2 Math.round(-1.85);　// 返回值为 -2
sin(x)	返回 x 的正弦值	Math.sin(0);　　// 返回值为 0
sqrt(x)	返回 x 的平方根	Math.sqrt(2);　// 返回值为 1.4142135623730951
tan(x)	返回 x 的正切值	Math.tan(90);　// 返回值为 -1.995200412208242

实例 14.6

生成指定位数的随机数

👁 **实例位置：资源包 \Code\14\06**

应用 Math 对象中的方法实现生成指定位数的随机数的功能。实现步骤如下：

① 在页面中创建表单，在表单中添加一个用于输入随机数位数的文本框和一个"生成"按钮。代码如下：

```
998   生成随机数的位数: <p>
999   <form name="form">
1000    <input type="text" name="digit">
1001    <input type="button" value=" 生成 ">
1002  </form>
```

② 编写生成指定位数的随机数的函数 ran()，该函数只有一个参数 digit，用于指定生成的随机数的位

数。代码如下：

```
1003 function ran(digit){
1004     var result="";                                      // 声明变量并初始化
1005     for(i=0;i<digit;i++){
1006         result=result+(Math.floor(Math.random()*10));   // 将生成的单个随机数连接起来
1007     }
1008     alert(result);                                       // 输出随机数
1009 }
```

③在"生成"按钮的 onclick 事件中调用 ran() 函数生成随机数。代码如下：

```
<input type="button" value=" 生成 " onclick="ran(form.digit.value)" />
```

运行程序，结果如图 14.21 所示。

14.6　Date 对象

在 Web 开发过程中，可以使用 JavaScript 的
Date 对象（日期对象）来实现对日期和时间的控
制。如果想在网页中显示计时时钟，就得重复生

图 14.21　生成指定位数的随机数

成新的 Date 对象来获取当前计算机的时间。用户可以使用 Date 对象执行各种使用日期和时间的过程。

14.6.1　创建 Date 对象

日期对象是对一个对象数据类型求值，该对象主要负责处理与日期和时间有关的数据信息。在使用
Date 对象前，首先要创建该对象，其语法格式如下：

```
dateObj = new Date()
dateObj = new Date(dateVal)
dateObj = new Date(year, month, date[, hours[, minutes[, seconds[,ms]]]])
```

Date 对象语法中各参数的说明如表 14.3 所示。

表 14.3　Date 对象的参数说明

参数	说明
dateObj	必选项。要赋值为 Date 对象的变量名
dateVal	必选项。如果是数值，dateVal 表示指定日期与 1970 年 1 月 1 日午夜间全球标准时间的毫秒数。如果是字符串，常用的格式为"月 日, 年 小时 : 分钟 : 秒"，其中月份用英文表示，其余用数字表示，时间部分可以省略；另外，还可以使用"年 / 月 / 日 小时 : 分钟 : 秒"的格式
year	必选项。四位完整的年份
month	必选项。表示月份，从 0 到 11 的整数（1 月至 12 月）
date	必选项。表示日期，从 1 到 31 的整数
hours	可选项。如果提供了 minutes 则必须给出。表示小时，从 0 到 23 的整数（午夜到 11pm）
minutes	可选项。如果提供了 seconds 则必须给出。表示分钟，从 0 到 59 的整数
seconds	可选项。如果提供了 ms 则必须给出。表示秒钟，从 0 到 59 的整数
ms	可选项。表示毫秒，从 0 到 999 的整数

下面以示例的形式来介绍如何创建日期对象。

① 输出当前的日期和时间。代码如下：

```
1010 var newDate=new Date();                                          // 创建当前日期对象
1011 document.write(newDate);                                         // 输出当前日期和时间
```

⚙ **运行结果为：**

Tue Jul 13 2021 14:46:56 GMT+0800（中国标准时间）

② 用年、月、日（2021-10-26）来创建日期对象。代码如下：

```
1012 var newDate=new Date(2021,9,26);                                 // 创建指定年月日的日期对象
1013 document.write(newDate);                                         // 输出指定日期和时间
```

⚙ **运行结果为：**

Tue Oct 26 2021 00:00:00 GMT+0800（中国标准时间）

③ 用年、月、日、小时、分钟、秒（2021-10-26 15:17:26）来创建日期对象。代码如下：

```
1014 var newDate=new Date(2021,9,26,15,17,26);                        // 创建指定时间的日期对象
1015 document.write(newDate);                                         // 输出指定日期和时间
```

⚙ **运行结果为：**

Tue Oct 26 2021 15:17:26 GMT+0800（中国标准时间）

④ 以字符串形式创建日期对象（2021-10-26 15:17:26）。代码如下：

```
1016 var newDate=new Date("Oct 26,2021 15:17:26");                    // 以字符串形式创建日期对象
1017 document.write(newDate);                                         // 输出指定日期和时间
```

⚙ **运行结果为：**

Tue Oct 26 2021 15:17:26 GMT+0800（中国标准时间）

⑤ 以另一种字符串的形式创建日期对象（2021-10-26 15:17:26）。代码如下：

```
1018 var newDate=new Date("2021/10/26 15:17:26");                     // 以字符串形式创建日期对象
1019 document.write(newDate);                                         // 输出指定日期和时间
```

⚙ **运行结果为：**

Tue Oct 26 2021 15:17:26 GMT+0800（中国标准时间）

14.6.2 Date 对象的方法

Date 对象是 JavaScript 的一种内部对象。该对象没有可以直接读写的属性，所有对日期和时间的操作都是通过方法完成的。Date 对象的方法如表 14.4 所示。

表 14.4　**Date 对象的方法**

方法	说明
getDate()	从 Date 对象返回一个月中的某一天 (1 ~ 31)
getDay()	从 Date 对象返回一周中的某一天 (0 ~ 6)
getMonth()	从 Date 对象返回月份 (0 ~ 11)

方法	说明
getFullYear()	从 Date 对象以四位数字返回年份
getHours()	返回 Date 对象的小时 (0 ~ 23)
getMinutes()	返回 Date 对象的分钟 (0 ~ 59)
getSeconds()	返回 Date 对象的秒数 (0 ~ 59)
getMilliseconds()	返回 Date 对象的毫秒 (0 ~ 999)
getTime()	返回 1970 年 1 月 1 日至今的毫秒数
setDate()	设置 Date 对象中月的某一天 (1 ~ 31)
setMonth()	设置 Date 对象中月份 (0 ~ 11)
setFullYear()	设置 Date 对象中的年份（四位数字）
setHours()	设置 Date 对象中的小时 (0 ~ 23)
setMinutes()	设置 Date 对象中的分钟 (0 ~ 59)
setSeconds()	设置 Date 对象中的秒数 (0 ~ 59)
setMilliseconds()	设置 Date 对象中的毫秒 (0 ~ 999)
setTime()	通过从 1970 年 1 月 1 日午夜添加或减去指定数目的毫秒来计算日期和时间
toString()	将 Date 对象转换为字符串
toTimeString()	将 Date 对象的时间部分转换为字符串
toDateString()	将 Date 对象的日期部分转换为字符串
toUTCString()	根据世界时，将 Date 对象转换为字符串
toLocaleString()	根据本地时间格式，将 Date 对象转换为字符串
toLocaleTimeString()	根据本地时间格式，将 Date 对象的时间部分转换为字符串
toLocaleDateString()	根据本地时间格式，将 Date 对象的日期部分转换为字符串

说明

UTC 是协调世界时（Coordinated Universal Time）的简称，GMT 是格林尼治标准时（Greenwich Mean Time）的简称。

注意

应用 Date 对象中的 getMonth() 方法获取的值要比系统中实际月份的值小 1。

常见错误

在获取系统中当前月份的值时出现错误。错误代码如下：

```
1020 var date = new Date();              // 创建当前日期对象
1021 alert("现在是: "+date.getMonth()+" 月 ");    // 输出现在的月份
```

运行上述代码，在输出结果中月份的值比系统中实际月份的值小 1。由此可见，在使用 getMonth() 方法获取当前月份的值时要加上 1。正确代码如下：

```
1022 var date = new Date();              // 创建当前日期对象
1023 alert("现在是: "+(date.getMonth()+1)+" 月 ");  // 输出现在的月份
```

实例 14.7　　　　　　　　　　**输出当前的日期和时间**　　　👁 **实例位置：资源包 \Code\14\07**

应用 Date 对象中的方法获取当前的完整年份、月份、日期、星期、小时数、分钟数和秒数，将当前的日期和时间分别连接在一起并输出。程序代码如下：

```
1024 var now=new Date();                                    // 创建日期对象
1025 var year=now.getFullYear();                            // 获取当前年份
1026 var month=now.getMonth()+1;                            // 获取当前月份
1027 var date=now.getDate();                                // 获取当前日期
1028 var day=now.getDay();                                  // 获取当前星期
1029 var weekArr=[" 星期日 "," 星期一 "," 星期二 "," 星期三 "," 星期四 "," 星期五 "," 星期六 "];// 星期数组
1030 var week=weekArr[day];                                 // 获取当前中文星期
1031 var hour=now.getHours();                               // 获取当前小时数
1032 var minute=now.getMinutes();                           // 获取当前分钟数
1033 var second=now.getSeconds();                           // 获取当前秒数
1034                                                        // 为字体设置样式
1035 document.write("<span style='font-size:18px;color:#9900FF'>");
1036 document.write(" 今天是: "+year+" 年 "+month+" 月 "+date+" 日 "+week);// 输出当前的日期和星期
1037 document.write("<br> 现在是: "+hour+":"+minute+":"+second); // 输出当前的时间
1038 document.write("</span>");                             // 输出 </span> 结束标签
```

运行结果如图 14.22 所示。

应用 Date 对象的方法除了可以获取日期和时间之外，还可以设置日期和时间。在 JavaScript 中只要定义了一个日期对象，就可以针对该日期对象的日期部分或时间部分进行设置。示例代码如下：

```
1039    var myDate=new Date();              // 创建当前日期对象
1040    myDate.setFullYear(2021);          // 设置完整的年份
1041    myDate.setMonth(10);               // 设置月份
1042    myDate.setDate(20);                // 设置日期
1043    myDate.setHours(10);               // 设置小时
1044    myDate.setMinutes(18);             // 设置分钟
1045    myDate.setSeconds(28);             // 设置秒钟
1046    document.write(myDate);            // 输出日期对象
```

图 14.22　输出当前的日期和时间

🔄 **运行结果为：**

```
Wed Oct 20 2021 10:18:28 GMT+0800 ( 中国标准时间 )
```

在脚本编程中可能需要处理许多对日期的计算，例如计算经过固定天数或星期之后的日期或计算两个日期之间的天数。在这些计算中，JavaScript 日期值都是以毫秒为单位的。

实例 14.8　　　　**获取当前日期距离明年**　　👁 **实例位置：资源包 \Code\14\08**
　　　　　　　　　　　　元旦的天数

应用 Date 对象中的方法获取当前日期距离明年元旦的天数。程序代码如下：

```
1047 var date1=new Date();                      // 创建当前的日期对象
1048 var theNextYear=date1.getFullYear()+1;     // 获取明年的年份
1049 date1.setFullYear(theNextYear);            // 设置日期对象 date1 中的年份
1050 date1.setMonth(0);                         // 设置日期对象 date1 中的月份
1051 date1.setDate(1);                          // 设置日期对象 date1 中的日期
```

```
1052 var date2=new Date();                             // 创建当前的日期对象
1053 var date3=date1.getTime()-date2.getTime();        // 获取两个日期相差的毫秒数
1054 var days=Math.ceil(date3/(24*60*60*1000));         // 将毫秒数转换成天数
1055 alert(" 今天距离明年元旦还有 "+days+" 天 ");          // 输出结果
```

运行结果如图 14.23 所示。

在 Date 对象的方法中还提供了一些以 "to" 开头的方法，这些方法可以将 Date 对象转换为不同形式的字符串。示例代码如下：

```
1056 <h3> 将 Date 对象转换为不同形式的字符串 </h3>
1057 <script type="text/javascript">
1058     var newDate=new Date();                        // 创建当前日期对象
1059     document.write(newDate.toString()+"<br>");     // 将 Date 对象转换为字符串
1060     document.write(newDate.toTimeString()+"<br>"); // 将 Date 对象的时间部分转换为字符串
1061     document.write(newDate.toDateString()+"<br>"); // 将 Date 对象的日期部分转换为字符串
1062     document.write(newDate.toLocaleString()+"<br>");// 将 Date 对象转换为本地格式的字符串
1063     // 将 Date 对象的时间部分转换为本地格式的字符串
1064     document.write(newDate.toLocaleTimeString()+"<br>");
1065     // 将 Date 对象的日期部分转换为本地格式的字符串
1066     document.write(newDate.toLocaleDateString());
1067 </script>
```

运行结果如图 14.24 所示。

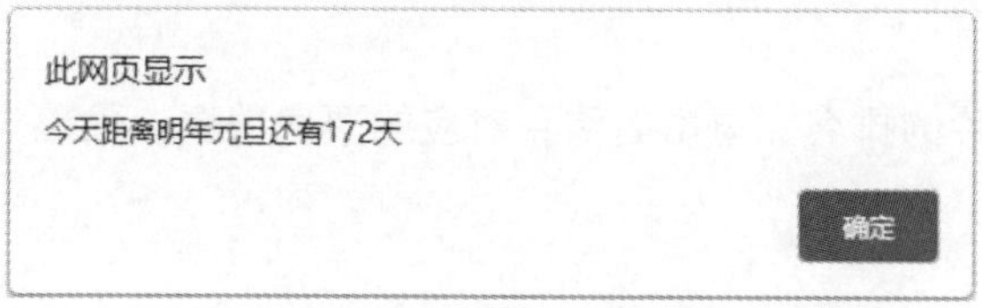

此网页显示

今天距离明年元旦还有172天

确定

图 14.23　输出当前日期距离明年元旦的天数

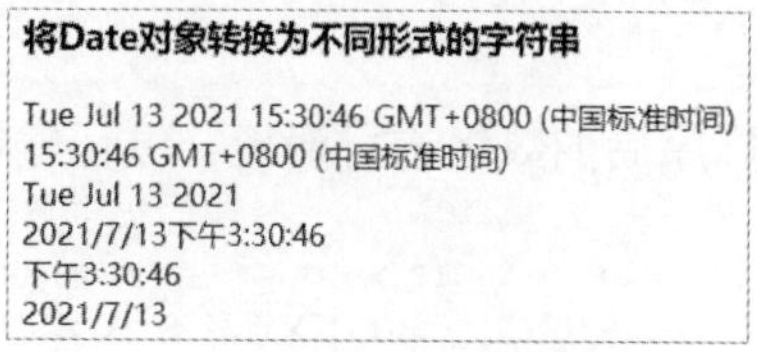

将Date对象转换为不同形式的字符串

Tue Jul 13 2021 15:30:46 GMT+0800 (中国标准时间)
15:30:46 GMT+0800 (中国标准时间)
Tue Jul 13 2021
2021/7/13下午3:30:46
下午3:30:46
2021/7/13

图 14.24　将日期对象转换为不同
形式的字符串

14.7　综合案例——2020 年内地电影票房排行

将 2020 年内地电影票房排行榜前十名的影片名称和票房定义在数组中，对数组按影片票房进行降序排序，将排序后的影片排名、影片名称和票房输出在页面中。（实例位置：资源包 \Code\14\09\ 综合案例）

14.7.1　案例分析

本案例中，要实现十部电影票房的排序，可以将十部电影的信息定义在一个数组中，每一部影片信息都是一个对象，对象中包括电影名称和电影票房。再通过数组对象的 sort() 方法按影片票房对数组中的所有对象进行降序排序。例如，定义一个由学生对象组成的数组，每个对象包含学生的姓名和年龄，按学生年龄进行降序排序的代码如下：

```
1068 var arr = [// 定义学生信息数组
1069     { name : ' 张无忌 ',age : 20 },
1070     { name : ' 令狐冲 ',age : 22 },
1071     { name : ' 韦小宝 ',age : 21 }
1072 ];
1073 arr.sort(function(a,b){
1074     var x = a.age;
1075     var y = b.age;
1076     return x < y ? 1 : -1;
1077 });
```

14.7.2 实现过程

① 首先定义一个包含十部影片信息的数组，每个元素都是一个对象，对象中包括电影名称和该电影的票房。然后使用数组对象的 sort() 方法按照影片票房进行降序排序。代码如下：

```
1078 <script type="text/javascript">
1079     var movie = [// 定义影片信息数组
1080         { name : ' 姜子牙 ',boxoffice : 16.03 },
1081         { name : ' 宠爱 ',boxoffice : 5.1 },
1082         { name : ' 除暴 ',boxoffice : 5.38 },
1083         { name : ' 我和我的家乡 ',boxoffice : 28.3 },
1084         { name : ' 拆弹专家 2',boxoffice : 6.02 },
1085         { name : ' 夺冠 ',boxoffice : 8.36 },
1086         { name : ' 我在时间尽头等你 ',boxoffice : 5.05 },
1087         { name : ' 八佰 ',boxoffice : 31.09 },
1088         { name : ' 误杀 ',boxoffice : 5.01 },
1089         { name : ' 金刚川 ',boxoffice : 11.23 }
1090     ];
1091     movie.sort(function(a,b){
1092         var x = a.boxoffice;
1093         var y = b.boxoffice;
1094         return x < y ? 1 : -1;
1095     });
1096 </script>
```

② 对排序后的数组进行遍历，循环输出影片的排名、电影名称和对应的票房数据。代码如下：

```
1097 <div class="title">
1098     <div class="col-1"> 排名 </div>
1099     <div class="col-2"> 电影名称 </div>
1100     <div class="col-1"> 票房 </div>
1101 </div>
1102 <script type="text/javascript">
1103     for( var i=0; i<movie.length; i++){
1104         document.write("<div class='content'>");
1105         document.write("<div class='col-1'>"+(i+1)+"</div>");
1106         document.write("<div class='col-2'>"+movie[i].name+"</div>");
1107         document.write("<div class='col-1'>"+movie[i].boxoffice+"</div>");
1108         document.write("</div>");
1109     }
1110 </script>
```

运行结果如图 14.25 所示。

排名	电影名称	票房
1	八佰	31.09
2	我和我的家乡	28.3
3	姜子牙	16.03
4	金刚川	11.23
5	夺冠	8.36
6	拆弹专家2	6.02
7	除暴	5.38
8	宠爱	5.1
9	我在时间尽头等你	5.05
10	误杀	5.01

图 14.25　输出 2020 年内地电影票房排行榜

14.8　实战练习

在开发网络应用程序时，经常会遇到由系统自动生成指定位数的随机字符串的情况，例如，生成随机密码或验证码等。实现生成指定位数的随机字符串的功能，结果如图 14.26 所示。（实例位置：资源包 \Code\14\10\ 实战练习）

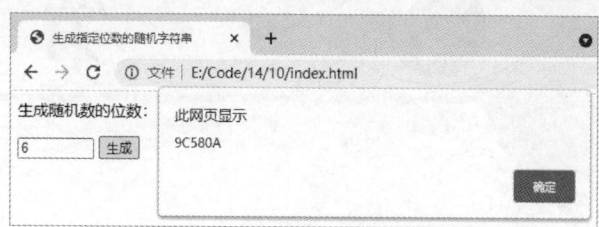

图 14.26　生成指定位数的随机字符串

▽ 小结

本章主要讲解了自定义对象的创建以及四种常用内部对象——Array 对象、String 对象、Math 对象和 Date 对象的应用。通过本章的学习，读者可以了解对象的创建以及对象属性和方法的使用。

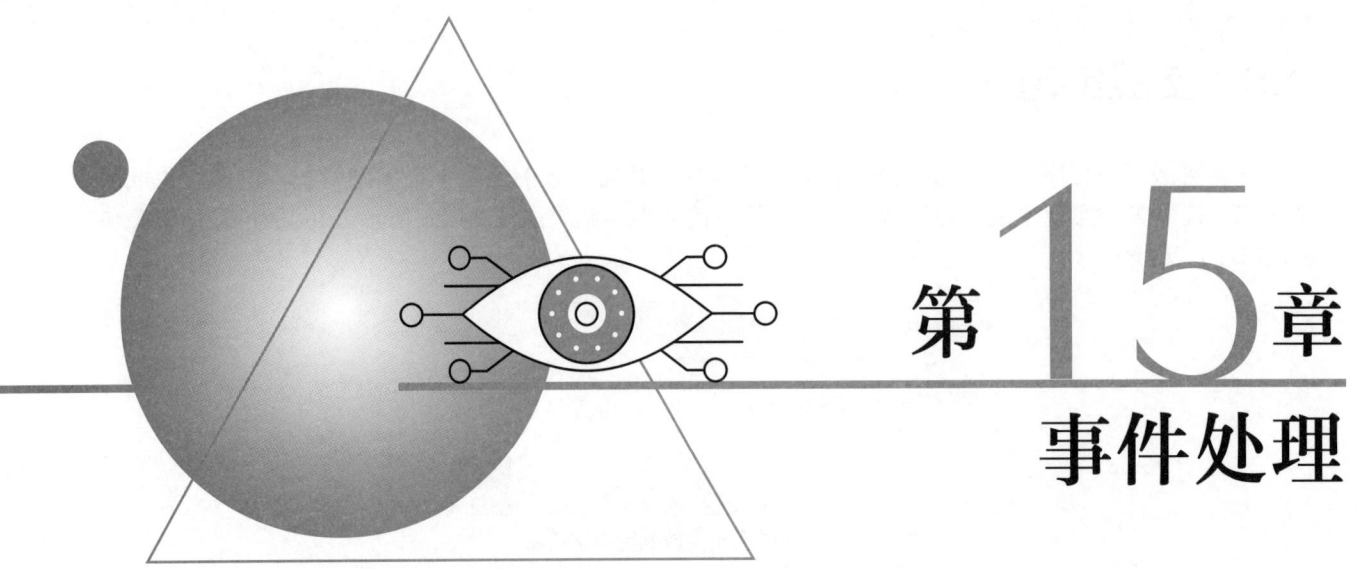

第 15 章

事件处理

JavaScript 是基于对象 (Object-based) 的语言。它的一个最基本的特征就是采用事件驱动 (Event-driven)。它可以使在图形界面环境下的一切操作变得简单。通常鼠标或热键的动作称为事件（Event）。由鼠标或热键引发的一连串程序动作，称为事件驱动（Event Driver）。而对事件进行处理的程序或函数，称为事件处理程序（Event Handler）。

鼠扫码领取
· 教学视频
· 配套源码
· 练习答案
· ……

15.1　事件与事件处理概述

事件处理是对象化编程中一个很重要的环节，它可以使程序的逻辑结构更加清晰，使程序更具有灵活性，提高了程序的开发效率。事件处理的过程分为三步：①发生事件；②启动事件处理程序；③事件处理程序做出反应。其中，要使事件处理程序能够启动，必须通过指定的对象来调用相应的事件，然后通过该事件调用事件处理程序。事件处理程序可以是任意的 JavaScript 语句，但是我们一般用特定的自定义函数（function）来对事件进行处理。

15.1.1　什么是事件

事件是一些可以通过脚本响应的页面动作。当用户按下鼠标键或者提交一个表单，甚至在页面上移动鼠标时，事件就会出现。事件处理是一段 JavaScript 代码，总是与页面中的特定部分以及一定的事件相关联。当与页面特定部分关联的事件发生时，事件处理器就会被调用。

绝大多数事件的命名都是描述性的，很容易理解。例如 click、submit、mouseover 等，通过名称就可以猜测其含义。但也有少数事件的名称不易理解，例如 blur（英文的字面意思为"模糊"），表示一个域或者一个表单失去焦点。通常，事件处理器的命名原则是，在事件名称前加上前缀 on。例如，对于 click 事件，其处理器名为 onClick。

15.1.2　事件的调用

在使用事件处理程序对页面进行操作时，最主要的是如何通过对象的事件来指定事件处理程序。指定方式主要有以下两种：

（1）在 HTML 中调用

在 HTML 中分配事件处理程序，只需要在 HTML 标签中添加相应的事件，并在其中指定要执行的代码或是函数名即可。例如：

```
<input name="start" type="button" value=" 开始 " onclick="alert(' 单击了开始按钮 ');">
```

在页面中添加如上代码，会在页面中显示"开始"按钮，当单击该按钮时，将弹出"单击了开始按钮"对话框。上面的示例也可以通过调用函数来实现。代码如下：

```
1111 <input name="start" type="button" value=" 开始 " onclick="clickFunction();">
1112 <script type="text/javascript">
1113     function clickFunction(){                        // 定义 clickFunction() 函数
1114         alert(" 单击了开始按钮 ");                      // 弹出对话框
1115     }
1116 </script>
```

（2）在 JavaScript 中调用

在 JavaScript 中调用事件处理程序，首先需要获得要处理对象的引用，然后将要执行的处理函数赋值给对应的事件。例如，当单击"开始"按钮时将弹出提示对话框。代码如下：

```
1117 <input id="start" name="start" type="button" value=" 开始 ">
1118 <script type="text/javascript">
1119     var b_start=document.getElementById("start");    // 获取 id 属性值为 start 的元素
1120     b_start.onclick=function(){                       // 为按钮绑定单击事件
1121         alert(" 单击了开始按钮 ");                      // 弹出对话框
1122     }
1123 </script>
```

💡 **注意**

在上面的代码中，一定要将 <input id="start" name="start" type="button" value=" 开始 "> 放在 JavaScript 代码的上方，否则将无法正确弹出对话框。

上面的示例也可以通过以下代码来实现：

```
1124 <form id="form1" name="form1">
1125     <input id="start" name="start" type="button" value=" 开始 ">
1126 </form>
1127 <script type="text/javascript">
1128     form1.start.onclick=function(){                   // 为按钮绑定单击事件
1129         alert(" 单击了开始按钮 ");                      // 弹出对话框
1130     }
1131 </script>
```

💡 **注意**

在 JavaScript 中指定事件处理程序时，事件名称必须小写，这样才能正确响应事件。

15.1.3　Event 对象

JavaScript 的 Event 对象用来描述 JavaScript 的事件。Event 对象代表事件状态，如事件发生的元素、键盘状态、鼠标位置和鼠标按钮状态。一旦事件发生，便会生成 Event 对象。例如，单击一个按钮，浏览器的内存中就会产生相应的 Event 对象。

在 W3C 事件模型中，需要将 Event 对象作为一个参数传递到事件处理函数中。Event 对象也可自动作为参数传递，这取决于事件处理函数与对象绑定的方式。

如果使用原始方法将事件处理函数与对象绑定（通过元素标签的一个属性），则必须将 Event 对象作为参数进行传递，例如：

```
onKeyUp="example(event)"
```

这是 W3C 模型中唯一可像全局引用一样明确引用 Event 对象的方式。这个引用只作为事件处理函数的参数，在别的内容中不起作用。如果有多个参数，则 Event 对象引用可以以任意顺序排列，例如：

```
onKeyUp="example(this,event)"
```

与元素绑定的函数定义中，应该有一个参数变量来"捕获" Event 对象参数，例如：

```
function example(widget,evt){...}
```

还可以通过其他方式将事件处理函数绑定到对象，将这些事件处理函数的引用赋给文档中所需的对象，例如：

```
1132 document.forms[0].someButton.onkeyup=example;
1133 document.getElementById("myButton").addEventListener("keyup",example,false);
```

通过这些方式进行事件绑定，可以防止自己的参数直接到达调用的函数，但是，W3C 浏览器自动传送 Event 对象的引用并将它作为唯一参数。这个 Event 对象是为响应激活事件的用户或系统行为而创建的，也就是说，函数需要用一个参数变量来接收传递的 Event 对象。例如：

```
function example(evt){...}
```

事件对象包含作为事件目标的对象（如包含表单控件对象的表单对象）的引用，从而可以访问该对象的任何属性。

15.2　表单相关事件

表单事件实际上就是对元素获得或失去焦点的动作进行控制。可以利用表单事件来改变获得或失去焦点的元素样式。这里所指的元素可以是同一类型，也可以是多个不同类型的元素。

15.2.1　获得焦点与失去焦点事件

获得焦点事件（onFocus）是当某个元素获得焦点时触发事件处理程序。失去焦点事件（onBlur）是当前元素失去焦点时触发事件处理程序。在一般情况下，这两个事件是同时使用的。

实例 15.1

👁 **实例位置：资源包 \Code\15\01**

改变文本框的背景颜色

当用户选择页面中的文本框时，改变选中文本框的背景颜色，当选择其他文本框时，将失去焦点的

文本框恢复为原来的颜色。代码如下:

```
1134 <form name="form1">
1135    <div class="title">用户注册</div>
1136    <div class="one">
1137      <label>用户名: </label>
1138      <input type="text" onFocus="txtfocus()" onBlur="txtblur()">
1139    </div>
1140    <div class="one">
1141      <label>密码: </label>
1142      <input type="text" onFocus="txtfocus()" onBlur="txtblur()">
1143    </div>
1144    <div class="one">
1145      <label>邮箱: </label>
1146      <input type="text" onFocus="txtfocus()" onBlur="txtblur()">
1147    </div>
1148 </form>
1149 <script type="text/javascript">
1150    function txtfocus(){
1151      var obj=event.target;                    // 获取触发事件的元素
1152      obj.style.background="#FFFF66";
1153    }
1154    function txtblur(){
1155      var obj=event.target;                    // 获取触发事件的元素
1156      obj.style.background="";
1157    }
1158 </script>
```

运行程序,可以看到当文本框获得焦点时,该文本框的背景颜色发生了改变,如图 15.1 所示。当文本框失去焦点时,该文本框的背景又恢复为原来的颜色,如图 15.2 所示。

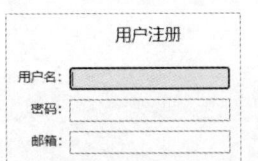
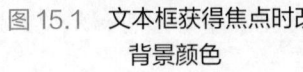

图 15.1　文本框获得焦点时改变　　图 15.2　文本框失去焦点时恢复
　　　　　背景颜色　　　　　　　　　　　　　背景颜色

📑 **说明**

> 在 HTML 中添加事件时,是不区分大小写的,以实例 15.1 的代码中的 onfocus 事件为例,读者可以将实例中的"onFocus"修改为"onfocus""ONFOCUS"或者"onFocus",这些写法都可以成功添加事件,但是最常见的写法为"onFocus"和"onfocus"。

15.2.2　失去焦点内容改变事件

失去焦点内容改变事件(onChange)是当前元素失去焦点并且元素的内容发生改变时触发事件处理程序。该事件一般在下拉菜单中使用。

实例 15.2

改变文本框的字体颜色

👁 **实例位置:资源包 \Code\15\02**

当用户选择下拉菜单中的颜色时,通过 onChange 事件来相应地改变文本框中的字体颜色。代码如下:

259

```
1159 <form name="form1">
1160   <input name="textfield" type="text" size="18" value=" 机会是留给有准备的人 ">
1161   <select name="menu1" onChange="Fcolor()">
1162     <option value="black"> 黑色 </option>
1163     <option value="yellow"> 黄色 </option>
1164     <option value="blue"> 蓝色 </option>
1165     <option value="green"> 绿色 </option>
1166     <option value="red"> 红色 </option>
1167     <option value="purple"> 紫色 </option>
1168   </select>
1169 </form>
1170 <script type="text/javascript">
1171 function Fcolor(){
1172   var obj=event.target;                       // 获取触发事件的元素
1173   form1.textfield.style.color=obj.value;      // 设置文本框中的字体颜色
1174 }
1175 </script>
```

运行结果如图 15.3 所示。

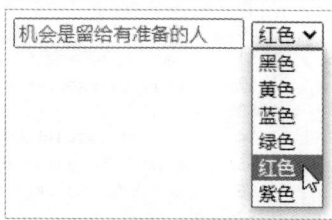

图 15.3　改变文本框中的字体
颜色

15.2.3　表单提交与重置事件

表单提交事件（onsubmit）是在用户提交表单时（通常使用 "提交" 按钮，也就是将按钮的 type 属性设为 submit），在表单提交之前被触发，因此，该事件的处理程序通过返回 false 值来阻止表单的提交。该事件可以用来验证表单输入项的正确性。

表单重置事件（onreset）与表单提交事件的处理过程相同。该事件只是将表单中的各元素的值设置为原始值，一般用于清空表单中的文本框。

下面给出这两个事件的使用格式：

```
<form name="formname" onsubmit="return Funname" onreset="return Funname"></form>
```

♺ formname：表单名称。
♺ Funname：函数名或执行语句，如果是函数名，在该函数中必须有布尔型的返回值。

⚡ 注意

> 如果在 onsubmit 和 onreset 事件中调用的是自定义函数名，那么，必须在函数名的前面加 return 语句，否则，不论在函数中返回的是 true，还是 false，当前事件所返回的值一律是 true 值。

实例 15.3　　**验证提交表单中是否有空值**　👁 **实例位置：资源包 \Code\15\03**

在提交表单时，通过 onsubmit 事件来判断提交的表单中是否有空文本框，如果有空文本框，则不允许提交。代码如下：

```
1176 <form name="form1" onsubmit="return AllSubmit()">
1177   <div class="title"> 用户注册 </div>
1178   <div class="one">
1179     <label> 用户名: </label>
1180     <input type="text" name="txt1" id="txt1">
1181   </div>
1182   <div class="one">
```

```
1183        <label> 密码: </label>
1184        <input type="password" name="txt2" id="txt2">
1185      </div>
1186      <div class="one">
1187        <label> 邮箱: </label>
1188        <input type="text" name="txt3" id="txt3">
1189      </div>
1190      <div class="two">
1191        <input type="submit" id="send" value=" 提交 ">
1192        <input type="reset" id="res" value=" 重置 ">
1193      </div>
1194    </form>
1195    <script type="text/javascript">
1196    function AllSubmit(){
1197      var T=true;                              // 初始化变量
1198      var obj=event.target;                    // 获取发生事件的元素
1199      for (var i=1;i<=3;i++){
1200        if (eval("obj."+"txt"+i).value==""){    // 如果表单元素有空值
1201          T=false;                             // 为变量 T 进行重新赋值
1202          break;                               // 跳出 for 循环语句
1203        }
1204      }
1205      if (!T){                                  // 如果变量 T 的值为 false
1206        alert(" 提交信息不允许为空 ");            // 弹出对话框
1207      }
1208      return T;                                 // 返回变量 T 的值
1209    }
1210    </script>
```

运行实例，当表单中有空文本框时，单击"提交"按钮将弹出提示信息，结果如图 15.4 所示。

15.3 鼠标键盘事件

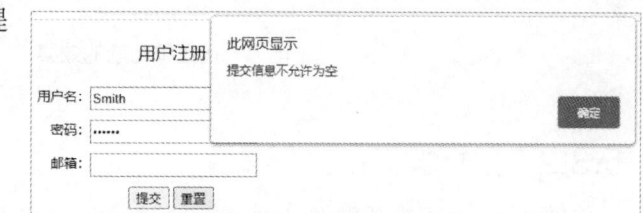

图 15.4 表单提交的验证

鼠标和键盘事件是在页面操作中使用最频繁的操作，可以利用鼠标事件在页面中实现鼠标移动、单击时的特殊效果，也可以利用键盘事件来制作页面的快捷键等。

15.3.1 鼠标单击事件

单击事件（onclick）是在鼠标单击时被触发的事件。单击是指鼠标停留在对象上，按下鼠标键，在没有移动鼠标的同时放开鼠标键的这一完整过程。

单击事件一般应用于 Button 对象、Checkbox 对象、Image 对象、Link 对象、Radio 对象、Reset 对象和 Submit 对象。Button 对象一般只会用到 onclick 事件处理程序，因为该对象不能从用户那里得到任何信息，如果没有 onclick 事件处理程序，Button 对象将不会有任何作用。

注意

在使用对象的单击事件时，如果在对象上按下鼠标键，然后移动鼠标到对象外再松开鼠标，单击事件无效，单击事件必须在对象上松开鼠标后，才会执行单击事件的处理程序。

实例 15.4

动态改变页面的背景颜色

实例位置：资源包 \Code\15\04

通过单击"变换背景"按钮，动态地改变页面的背景颜色，当用户再次单击按钮时，页面背景将以

261

不同的颜色进行显示。代码如下：

```
1211 <script type="text/javascript">
1212 var Arraycolor=["teal","red","blue","maroon","navy","lime","fuschia","green"];// 定义颜色数组
1213 var n=0;                                    // 为变量赋初值
1214 function turncolors(){                       // 自定义函数
1215    if (n==Arraycolor.length) n=0;            // 判断数组下标是否指向最后一个元素
1216    document.body.style.backgroundColor = Arraycolor[n];  // 设置背景颜色为对应数组元素的值
1217     n++;                                     // 变量自加 1
1218 }
1219 </script>
1220 <form name="form1">
1221 <p>
1222    <input type="button" name="Submit" value=" 变换背景 " onclick="turncolors()">
1223 </p>
1224 </form>
```

运行实例，结果如图 15.5 所示。当单击"变换背景"按钮时，页面的背景颜色就会发生变化，如图 15.6
所示。

图 15.5　按钮单击前的效果

图 15.6　按钮单击后的效果

15.3.2　鼠标按下和松开事件

鼠标的按下和松开事件分别是 onmousedown 和 onmouseup 事件。其中，onmousedown 事件用于在
鼠标按下时触发事件处理程序，onmouseup 事件是在鼠标松开时触发事件处理程序。在用鼠标单击对象
时，可以用这两个事件实现其动态效果。

实例 15.5
用事件模拟超链接标签的功能

◉ 实例位置：资源包 \Code\15\05

用 onmousedown 和 onmouseup 事件将文本制作成类似于 <a>（超链接）标签的功能，也就是在文本
上按下鼠标时，改变文本的颜色，当在文本上松开鼠标时，恢复文本的默认颜色。代码如下：

```
1225 <p id="p1" style="color:#00CC00; cursor:pointer" onmousedown="mousedown()"
onmouseup="mouseup()"><u> 成功永远属于马上行动的人 </u></p>
1226 <script type="text/javascript">
1227 function mousedown(){                        // 定义 mousedown() 函数
1228    var obj=document.getElementById('p1');    // 获取包含文本的元素
1229    obj.style.color='#FF0000;                 // 为文本设置颜色
1230 }
1231 function mouseup(){                          // 定义 mouseup() 函数
1232    var obj=document.getElementById('p1');    // 获取包含文本的元素
1233    obj.style.color='#00CC00;                 // 将文本恢复为原来的颜色
1234 }
1235 </script>
```

运行实例，在文本上按下鼠标时的结果如图 15.7 所示，在文本上松开鼠标时的结果如图 15.8 所示。

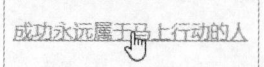

图 15.7　按下鼠标时改变字体颜色　　图 15.8　松开鼠标时恢复字体颜色

15.3.3　鼠标移入移出事件

鼠标的移入和移出事件分别是 onmouseover 和 onmouseout 事件。其中，onmouseover 事件在鼠标移动到对象上方时触发事件处理程序，onmouseout 事件在鼠标移出对象上方时触发事件处理程序。可以用这两个事件在指定的对象上移动鼠标时，实现其对象的动态效果。

实例 15.6

动态改变图片的透明度

👁 **实例位置：资源包 \Code\15\06**

应用 onmouseover 事件和 onmouseout 事件实现动态改变图片透明度的功能。当鼠标移入图片上时，改变图片的透明度，当鼠标移出图片时，将图片恢复为初始的效果。代码如下：

```
1236 <script type="text/javascript">
1237 function visible(cursor,i){              // 定义 visible() 函数
1238     if (i==0)                            // 如果参数 i 的值为 0
1239        cursor.style.opacity=1;           // 将图片不透明度设置为 1
1240     else
1241        cursor.style.opacity=0.3;         // 将图片不透明度设置为 0.3
1242 }
1243 </script>
1244 <img src="images/temp.jpg" width="400" onMouseOver="visible(this,1)"
onMouseOut="visible(this,0)">
```

运行结果如图 15.9 和图 15.10 所示。

图 15.9　鼠标移入时改变透明度

图 15.10　鼠标移出时恢复初始效果

15.3.4　鼠标移动事件

鼠标移动事件（onmousemove）是鼠标在页面上进行移动时触发事件处理程序，可以在该事件中用 document 对象实时读取鼠标在页面中的位置。

例如，当鼠标在页面中移动时，在页面中显示鼠标的当前位置，也就是（x,y）值。代码如下：

```
1245 <script type="text/javascript">
1246 var x=0,y=0;                             // 初始化变量的值
1247 function MousePlace(){
1248     x=window.event.x;                    // 获取横坐标 X 的值
1249     y=window.event.y;                    // 获取纵坐标 Y 的值
1250                                          // 输出鼠标的当前位置
1251     document.getElementById('position').innerHTML="当前位置的横坐标 X："+x
```

```
       +" 纵坐标 Y : "+y;
1252 }
1253 document.onmousemove=MousePlace;   // 鼠标在页面中移动时调用函数
1254 </script>
1255 <span id="position"></span>
```

运行结果如图 15.11 所示。

```
当前位置的横坐标X: 158 纵坐标Y: 78



                        ⌖
```

图 15.11 **在页面中显示鼠标的
当前位置**

15.3.5 键盘事件

键盘事件包含 onkeypress、onkeydown 和 onkeyup 事件。其中 onkeypress 事件是在键盘上的某个字母或数字键被按下时触发事件处理程序，onkeydown 事件是在键盘上的任一按键被按下时触发事件处理程序，onkeyup 事件是在键盘上的某个键被按下后松开时触发事件处理程序。为了便于读者对键盘上的按键进行操作，下面以表格的形式给出其键码值。键盘上字母和数字键的键码值如表 15.1 所示。

表 15.1 **字母和数字键的键码值**

按键	键值	按键	键值	按键	键值	按键	键值
A	65	Q	81	g	103	w	119
B	66	R	82	h	104	x	120
C	67	S	83	i	105	y	121
D	68	T	84	j	106	z	122
E	69	U	85	k	107	0	48
F	70	V	86	l	108	1	49
G	71	W	87	m	109	2	50
H	72	X	88	n	110	3	51
I	73	Y	89	o	111	4	52
J	74	Z	90	p	112	5	53
K	75	a	97	q	113	6	54
L	76	b	98	r	114	7	55
M	77	c	99	s	115	8	56
N	78	d	100	t	116	9	57
O	79	e	101	u	117		
P	80	f	102	v	118		

数字键盘上按键的键码值如表 15.2 所示。

表 15.2 **数字键盘上按键的键码值**

按键	键值	按键	键值	按键	键值	按键	键值
0	96	8	104	F1	112	F9	120
1	97	9	105	F2	113	F10	121
2	98	*	106	F3	114	F11	122
3	99	+	107	F4	115	F12	123
4	100	Enter	108	F5	116		
5	101	–	109	F6	117		
6	102	.	110	F7	118		
7	103	/	111	F8	119		

键盘上控制键的键码值如表 15.3 所示。

表 15.3 控制键的键码值

按键	键值	按键	键值	按键	键值	按键	键值
Back Space	8	Esc	27	Right Arrow(→)	39	-_	189
Tab	9	Spacebar	32	Down Arrow(↓)	40	.>	190
Clear	12	Page Up	33	Insert	45	/?	191
Enter	13	Page Down	34	Delete	46	`~	192
Shift	16	End	35	Num Lock	144	[{	219
Control	17	Home	36	;:	186	|	220
Alt	18	Left Arrow(←)	37	=+	187	]}	221
Cape Lock	20	Up Arrow(↑)	38	,<	188	'"	222

例如，利用键盘中的 A 键实现对页面进行刷新的功能。代码如下：

```
1256 <script type="text/javascript">
1257 function Refurbish(){                              // 定义 Refurbish() 函数
1258    if (window.event.keyCode==65){                  // 如果按下了键盘上的 A 键
1259       location.reload();                           // 对页面进行刷新
1260    }
1261 }
1262 document.onkeydown=Refurbish;                       // 当按下键盘上的按键时调用函数
1263 </script>
```

15.4 页面事件

页面事件是在页面加载或改变浏览器大小、位置，以及对页面中的滚动条进行操作时，所触发的事件处理程序。本节将通过页面事件对浏览器进行相应的控制。

15.4.1 页面加载事件

加载事件（onload）是在网页加载完毕后触发相应的事件处理程序，它可以在网页加载完成后对网页中的表格样式、字体、背景颜色等进行设置。

在制作网页时，为了便于网页资源的利用，可以在网页加载事件中对网页中的元素进行设置。下面以实例的形式讲解如何在页面中合理利用图片资源。

实例 15.7

动态改变图片大小

👁 实例位置：资源包 \Code\15\07

在网页加载时，将图片缩小成指定的大小，当鼠标移动到图片上时，将图片大小恢复成原始大小，这样可以避免使用两个图片进行切换。代码如下：

```
1264 <body onload="reduce()">
1265 <img src="demo.jpg" id="img1" onmouseout="reduce()" onmouseover="blowup()"><!-- 在图片标签中调用相关事件 -->
1266 <script type="text/javascript">
1267    var h=0;                                         // 初始化高度
1268    var w=0;                                         // 初始化宽度
```

```
1269    function reduce(){                                  // 缩小图片
1270        h=img1.height;                                   // 获取图片的原始高度
1271        w=img1.width;                                    // 获取图片的原始宽度
1272        img1.width=w-100;                                // 缩小图片的宽度
1273    }
1274    function blowup(){                                   // 恢复图片的原始大小
1275        img1.width=w;                                    // 恢复图片为原始宽度
1276    }
1277 </script>
1278 </body>
```

运行实例，结果如图 15.12 所示。当鼠标移入图片时，图片会恢复为原始大小，结果如图 15.13 所示。

图 15.12　网页加载后的效果

图 15.13　鼠标移入图片时的效果

15.4.2　页面大小事件

页面大小事件（onresize）是用户改变浏览器的大小时触发事件处理程序。例如，当浏览器窗口被调整大小时，弹出一个对话框。代码如下：

```
1279 <body onresize="showMsg()">
1280 <script type="text/javascript">
1281 function showMsg(){
1282     alert("浏览器窗口大小被改变");                       // 弹出对话框
1283 }
1284 </script>
1285 </body>
```

运行上述代码，当用户试图改变浏览器窗口的大小时，将弹出如图 15.14 所示的对话框。

图 15.14　弹出对话框

15.5　综合案例——二级联动菜单

在商品信息添加页面制作一个二级联动菜单，通过二级联动菜单选择商品的所属类别，当第一个菜单选项改变时，第二个菜单中的选项也会随之改变。（实例位置：资源包 \Code\15\08\ 综合案例）

15.5.1　案例分析

本案例中，实现二级联动菜单的功能需要使用 onchange 事件，当触发该事件时调用自定义函数。当第一个菜单选项改变时，第二个菜单中的选项也随之改变，要实现该功能可以在调用函数时将选项的值作为参数进行传递。在函数中，根据传递的参数值为第二个下拉菜单设置相应的菜单项。设置菜单项使用了 DOM 中的 innerHTML 属性，该属性可以设置元素的 HTML5 内容。这样就可以实现二级联动菜单的功能。

15.5.2　实现过程

① 编写用户输入表单，在表单中添加两个下拉菜单、三个文本框和两个按钮，在第一个下拉菜单中应用 onchange 事件，当触发该事件时执行自定义函数 selectType()。代码如下：

```
1286 <div id="box">
1287  <form name="form">
1288   <div class="title"> 添加商品信息 </div>
1289   <div class="one">
1290    <label> 所属类别: </label>
1291    <select onchange="selectType(this.value)">
1292     <option value="1"> 数码设备 </option>
1293     <option value="2"> 家用电器 </option>
1294     <option value="3"> 电脑办公 </option>
1295    </select>
1296    <select id="smalltype">
1297     <option value=" 数码相机 "> 数码相机 </option>
1298     <option value=" 摄像机 "> 摄像机 </option>
1299     <option value=" 三脚架 "> 三脚架 </option>
1300    </select>
1301   </div>
1302   <div class="one">
1303    <label> 商品名称: </label>
1304    <input type="text" name="goodsname">
1305   </div>
1306   <div class="one">
1307    <label> 会员价: </label>
1308    <input type="text" name="price">
1309   </div>
1310   <div class="one">
1311    <label> 商品数量: </label>
1312    <input type="text" name="number">
1313   </div>
1314   <div class="two">
1315    <input type="button" value=" 添加 ">
1316    <input type="reset" value=" 重置 ">
1317   </div>
1318  </form>
1319 </div>
```

② 编写自定义函数 selectType()，根据传递的参数值为第二个下拉菜单设置菜单项，实现二级联动菜单的功能。代码如下：

```
1320 <script type="text/javascript">
1321  function selectType(num){
1322   var smalltype = document.getElementById("smalltype"); // 获取指定 id 的元素
1323   if(num == 1){
1324    smalltype.innerHTML = `<option value=" 数码相机 "> 数码相机 </option>
1325     <option value=" 摄像机 "> 摄像机 </option>
1326     <option value=" 三脚架 "> 三脚架 </option>`;           // 设置元素的 HTML 内容
1327   }else if(num == 2){
1328    smalltype.innerHTML = `<option value=" 电视机 "> 电视机 </option>
1329     <option value=" 电冰箱 "> 电冰箱 </option>
1330     <option value=" 洗衣机 "> 洗衣机 </option>`;           // 设置元素的 HTML 内容
1331   }else{
```

```
1332      smalltype.innerHTML = `<option value=" 笔记本 "> 笔记本 </option>
1333        <option value=" 台式机 "> 台式机 </option>
1334        <option value=" 平板电脑 "> 平板电脑 </option>`;       // 设置元素的 HTML 内容
1335    }
1336  }
1337 </script>
```

运行结果如图 15.15 所示。

15.6　实战练习

实现抽屉风格的滑出菜单。在页面中输出一个竖向的导航菜单，当鼠标移到某个菜单项时，该菜单项会向右滑出，当鼠标移出菜单项时，该菜单项会恢复为初始状态，结果如图 15.16 所示。(实例位置：资源包 \Code\15\09\ 实战练习)

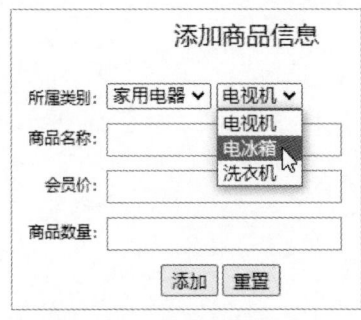

图 15.15　输出二级联动菜单

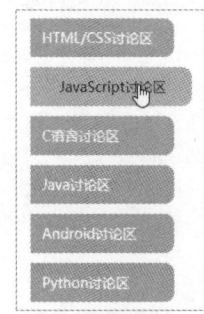

图 15.16　抽屉风格的滑出菜单

▼ 小结

本章主要讲解了事件与事件处理相关内容。通过本章的学习，读者可以熟悉事件与事件处理的概念，并应该熟练掌握鼠标、键盘、页面、表单等事件的处理技术，从而实现各种网站效果。

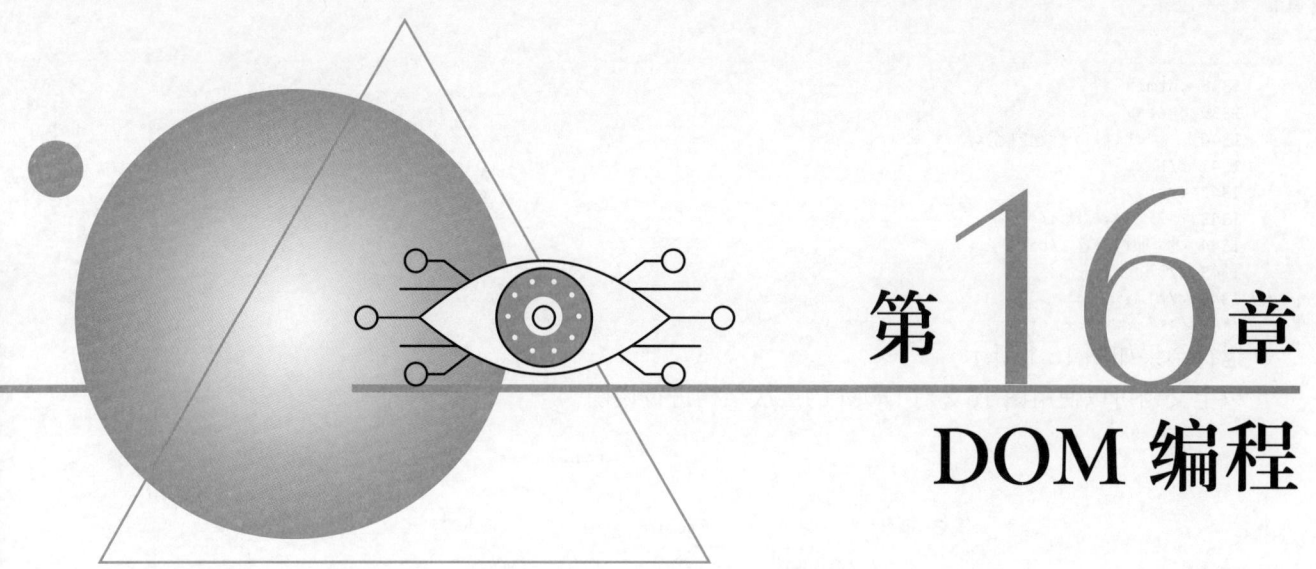

第 16 章

DOM 编程

DOM 是文档对象模型的简称，它表示 Web 页面（也可以称为文档）中元素的层次关系。通过它能够以编程方式访问和操作 Web 页面。学习文档对象模型有助于对 JavaScript 程序的开发和理解。

16.1 DOM 概述

DOM 是 Document Object Model（文档对象模型）的缩写，它是由 W3C(World Wide Web 委员会) 定义的。下面分别介绍每个单词的含义。

（1）Document（文档）

创建一个网页并将该网页添加到 Web 中，DOM 就会根据这个网页创建一个文档对象。如果没有 document（文档），DOM 也就无从谈起。

（2）Object（对象）

对象是一种独立的数据集合。例如文档对象，即是文档中元素与内容的数据集合。与某个特定对象相关联的变量被称为这个对象的属性。可以通过某个特定对象去调用的函数被称为这个对象的方法。

（3）Model（模型）

模型代表将文档对象表示为树状模型。在这个树状模型中，网页中的各个元素与内容表现为一个个相互连接的节点。

DOM 是与浏览器或平台的接口，使其可以访问页面中的其他标准组件。DOM 解决了 Javascript 与 Jscript 之间的冲突，给开发者定义了一个标准的方法，使他们能访问站点中的数据、脚本和表现层对象。

文档对象模型采用的分层结构为树形结构，以树节点的方式表示文档中的各种内容。先以一个简单的 HTML5 文档说明一下。代码如下：

```
1338 <html>
1339 <head>
1340    <title>标题内容</title>
1341 </head>
1342 <body>
1343 <h3>三号标题</h3>
1344 <b>加粗内容</b>
1345 </body>
1346 </html>
```

运行结果如图 16.1 所示。

以上文档可以使用图 16.2 对 DOM 的层次结构进行说明。

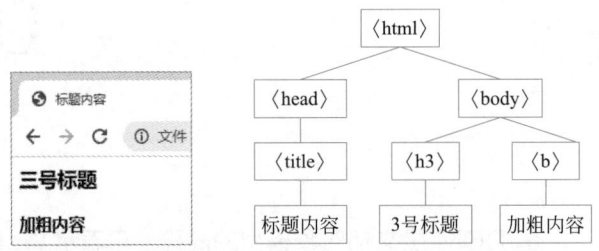

图 16.1　输出标题和加粗的文本　　　图 16.2　文档的层次结构

通过图 16.2 可以看出，在文档对象模型中，每一个对象都可以称为一个节点（Node）。下面将介绍一下几种节点的概念。

① 根节点　在最顶层的 <html> 节点，称为根节点。

② 父节点　一个节点之上的节点是该节点的父节点（Parent）。例如，<html> 就是 <head> 和 <body> 的父节点，<head> 就是 <title> 的父节点。

③ 子节点　位于一个节点之下的节点就是该节点的子节点。例如，<head> 和 <body> 就是 <html> 的子节点，<title> 就是 <head> 的子节点。

④ 兄弟节点　如果多个节点在同一个层次，并拥有着相同的父节点，这几个节点就是兄弟节点（sibling）。例如，<head> 和 <body> 就是兄弟节点，<h3> 和 <b> 就是兄弟节点。

⑤ 后代　一个节点的子节点的结合可以称为是该节点的后代（Descendant）。例如，<head> 和 <body> 就是 <html> 的后代，<h3> 和 <b> 就是 <body> 的后代。

⑥ 叶子节点　在树形结构最底部的节点称为叶子节点。例如，"标题内容""3 号标题"和"加粗内容"都是叶子节点。

在了解了节点后，下面将介绍文档模型中节点的三种类型。

① 元素节点：在 HTML5 中，<body>、<p>、<a> 等一系列标签，是这个文档的元素节点。元素节点组成了文档模型的语义逻辑结构。

② 文本节点：包含在元素节点中的内容部分，如 <p> 标签中的文本等。一般情况下，不为空的文本节点都是可见并呈现于浏览器中的。

③ 属性节点：元素节点的属性，如 <a> 标签的 href 属性与 title 属性等。一般情况下，大部分属性节点都是隐藏在浏览器背后，并且是不可见的。属性节点总是被包含于元素节点当中。

16.2　获取 HTML 元素

要操作文档中的元素首先需要获取该元素。常见的获取元素的方法有三种，分别是通过元素 id、通过元素标签名和通过元素的类名来获取。下面分别进行介绍。

16.2.1　通过元素的 id 属性获取元素

通过元素的 id 属性获取元素使用的是 Document 对象的 getElementById() 方法。例如，获取文档中 id 属性值为 username 的元素的代码如下：

```
document.getElementById("username");                    // 获取 id 属性值为 username 的元素
```

在页面的指定位置显示当前日期

实例位置：资源包 \Code\16\01

在浏览网页时，经常会看到在页面的某个位置显示当前日期。这种方式既可填充页面效果，也可以方便用户。本实例使用 getElementById() 方法实现在页面的指定位置显示当前日期。具体步骤如下：

① 编写一个 HTML5 文件，在该文件的 <body> 标签中添加一个 id 为 clock 的 <div> 标签，用于显示当前日期。关键代码如下：

```
<div id="clock"> 当前日期: </div>
```

② 编写自定义的 JavaScript 函数，用于获取当前日期，并显示到 id 为 clock 的 <div> 标签中。具体代码如下：

```
1347 function clockon(){
1348     var now=new Date();                          // 创建日期对象
1349     var year=now.getFullYear();                  // 获取年份
1350     var month=now.getMonth();                    // 获取月份
1351     var date=now.getDate();                      // 获取日期
1352     var day=now.getDay();                        // 获取星期
1353     var week;                                    // 声明表示星期的变量
1354     month=month+1;                               // 获取实际月份
1355     var arr_week=[" 星期日 "," 星期一 "," 星期二 "," 星期三 "," 星期四 "," 星期五 "," 星期六 "];// 定义星期数组
1356     week=arr_week[day];                          // 获取中文星期
1357     time=year+" 年 "+month+" 月 "+date+" 日 "+week;  // 组合当前日期
1358     document.getElementById("clock").innerHTML+=time;  // 显示当前日期
1359 }
```

③ 编写 JavaScript 代码，在页面载入后调用 clockon() 函数。具体代码如下：

```
window.onload=clockon;                               // 页面载入后调用函数
```

运行本实例，将显示如图 16.3 所示的效果。

16.2.2　通过元素的标签名获取元素

通过元素的标签名获取元素使用的是 Document 对象的 getElementsByTagName() 方法。与 getElementById() 方法不同的是，使用该方法的返回值为一个数组，而不是一个元素。如果想通过标签名获取页面中唯一的元素，可以通过返回数组的下标 0 进行获取。

例如，页面中有一组单选按钮，通过 getElementsByTagName() 方法获取第二个单选按钮的值的代码如下：

```
1360 <input type="radio" value=" 运动 "> 运动
1361 <input type="radio" value=" 电影 "> 电影
1362 <input type="radio" value=" 音乐 "> 音乐
1363 <script type="text/javascript">
1364     alert(document.getElementsByTagName("input")[1].value);// 获取第二个单选按钮的值
1365 </script>
```

271

运行结果如图 16.4 所示。

图 16.3　在页面的指定位置显示当前日期　　　图 16.4　获取第二个单选按钮的值

16.2.3　通过元素的类名获取元素

通过元素的类名获取元素使用的是 Document 对象的 getElementsByClassName() 方法。使用该方法返回的同样是一个数组，而不是一个元素。如果想通过类名获取页面中唯一的元素，可以通过返回数组的下标 0 进行获取。

例如，页面中有一个类名是 test 的 <div> 元素，通过 getElementsByClassName() 方法获取该元素的内容的代码如下：

```
1366 <div class="test"> 坚持就是胜利 </div>
1367 <script type="text/javascript">
1368     alert(document.getElementsByClassName("test")[0].innerHTML);
1369 </script>
```

运行结果如图 16.5 所示。

16.3　DOM 对象节点属性

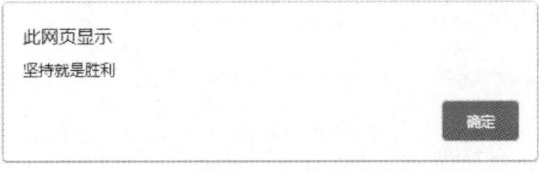

在 DOM 中通过使用节点属性可以对各节点进行查询，查询出各节点的名称、类型、节点值、子节点和兄弟节点等。DOM 常用的节点属性如表 16.1 所示。

图 16.5　获取 <div> 元素的内容

表 16.1　DOM 常用的节点属性

属性	说明
nodeName	节点的名称
nodeValue	节点的值，通常只应用于文本节点
nodeType	节点的类型
parentNode	返回当前节点的父节点
childNodes	子节点列表
firstChild	返回当前节点的第一个子节点
lastChild	返回当前节点的最后一个子节点
previousSibling	返回当前节点的前一个兄弟节点
nextSibling	返回当前节点的后一个兄弟节点
attributes	元素的属性列表

在对节点进行查询时，首先使用 getElementById() 方法来访问指定 id 的节点，然后应用 nodeName 属性、nodeType 属性和 nodeValue 属性来获取该节点的名称、节点类型和节点的值。另外，通过使用 parentNode 属性、firstChild 属性、lastChild 属性、previousSibling 属性和 nextSibling 属性可以实现遍历文档树。

16.4　节点的操作

对节点的操作主要有创建节点、插入节点、复制节点、删除节点和替换节点。下面分别对这些操作进行详细介绍。

16.4.1　创建节点

创建节点先通过使用文档对象中的 createElement() 方法和 createTextNode() 方法，生成一个新元素，并生成文本节点。最后通过使用 appendChild() 方法将创建的新节点添加到当前节点的末尾处。appendChild() 方法将新的子节点添加到当前节点的末尾。语法如下：

```
obj.appendChild(newChild)
```

💬 **参数说明：**

　♻ newChild：表示新的子节点。

实例 16.2

👁 **实例位置：资源包 \Code\16\02**

补全古诗

补全古诗《黄鹤楼送孟浩然之广陵》的最后一句。实现步骤如下：

① 在页面中首先定义一个 <div> 元素，其 id 属性值为 poemDiv。在该 <div> 元素中再定义 4 个 <div> 元素，分别用来输出古诗的标题和古诗的前 3 句。然后创建一个表单，在表单中添加一个用于输入古诗最后一句的文本框和一个"添加"按钮。代码如下：

```
1370 <div id="poemDiv">
1371   <div class="poemtitle">黄鹤楼送孟浩然之广陵 </div>
1372   <div class="poem">故人西辞黄鹤楼 </div>
1373   <div class="poem">烟花三月下扬州 </div>
1374   <div class="poem">孤帆远影碧空尽 </div>
1375 </div>
1376 <p>
1377 <form name="myform">
1378   请输入最后一句: <input type="text" name="last">
1379   <input type="button" value=" 添加 " onClick="completePoem()">
1380 </form>
```

② 编写 JavaScript 代码，定义函数 completePoem()，在函数中分别应用 createElement() 方法、createTextNode() 方法和 appendChild() 方法将创建的节点添加到指定的 <div> 元素中。代码如下：

```
1381 <script type="text/javascript">
1382 function completePoem(){                              // 定义 completePoem() 函数
1383   var div = document.createElement('div');           // 创建 <div> 元素
1384   div.className = 'poem';                             // 为 <div> 元素添加 CSS 类
1385   var last = myform.last.value;                       // 获取用户输入的古诗最后一句
1386   txt=document.createTextNode(last);                 // 创建文本节点
1387   div.appendChild(txt);                              // 将文本节点添加到创建的 <div> 元素中
1388   // 将创建的 <div> 元素添加到 id 为 poemDiv 的 <div> 元素中
1389   document.getElementById('poemDiv').appendChild(div);
1390 }
1391 </script>
```

运行结果如图 16.6 和图 16.7 所示。

16

图 16.6　补全古诗之前的效果　　图 16.7　补全古诗之后的效果

16.4.2　插入节点

插入节点通过使用 insertBefore() 方法来实现。insertBefore() 方法将新的子节点添加到指定子节点的前面。语法如下：

```
obj.insertBefore(new,ref)
```

参数说明：

- new：表示新的子节点。
- ref：指定一个节点，在这个节点前插入新的节点。

实例 16.3

向页面中插入文本

● 实例位置：资源包 \Code\16\03

在页面的文本框中输入需要插入的文本，然后通过单击"插入"按钮将文本插入页面中。程序代码如下：

```
1392 <script type="text/javascript">
1393     function crNode(str){                            // 创建节点的函数
1394         var newP=document.createElement("p");         // 创建 <p> 元素
1395         var newTxt=document.createTextNode(str);      // 创建文本节点
1396         newP.appendChild(newTxt);                     // 将文本节点添加到创建的 <p> 元素中
1397         return newP;                                  // 返回创建的 <p> 元素
1398     }
1399     function insetNode(nodeId,str){                  // 插入节点的函数
1400         var node=document.getElementById(nodeId);     // 获取指定 id 的元素
1401         var newNode=crNode(str);                      // 创建节点
1402         if(node.parentNode)                           // 判断是否拥有父节点
1403             node.parentNode.insertBefore(newNode,node); // 将创建的节点插入指定元素的前面
1404     }
1405 </script>
1406 <body>
1407     <p id="h"> 除却巫山不是云。</p>
1408     <form id="frm" name="frm">
1409     输入文本: <input type="text" name="txt" />
1410     <input type="button" value=" 插入 " onclick="insetNode('h',document.frm.txt.value);" />
1411     </form>
1412 </body>
```

运行结果如图 16.8、图 16.9 所示。

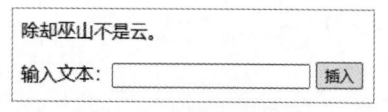

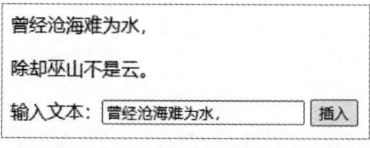

图 16.8　插入节点前　　　　　　图 16.9　插入节点后

16.4.3　复制节点

复制节点可以使用 cloneNode() 方法来实现。语法如下：

```
obj.cloneNode(deep)
```

💬 参数说明：

♻ deep：该参数是一个 Boolean 值，表示是否为深度复制。深度复制是将当前节点的所有子节点全部复制，当值为 true 时表示深度复制。当值为 false 时表示简单复制，简单复制只复制当前节点，不复制其子节点。

实例 16.4　　　　　　　　　　**复制下拉菜单**　　　　👁 **实例位置：资源包 \Code\16\04**

在页面中显示一个下拉菜单和两个按钮，单击两个按钮分别实现下拉菜单的简单复制和深度复制。程序代码如下：

```
1413 <script type="text/javascript">
1414    function AddRow(bl){
1415        var sel=document.getElementById("city");          // 获取指定 id 的元素
1416        var newSelect=sel.cloneNode(bl);                   // 复制节点
1417        var b=document.createElement("br");                // 创建 <br> 元素
1418        di.appendChild(newSelect);                         // 将复制的新节点添加到指定节点的末尾
1419        di.appendChild(b);                                 // 将创建的 <br> 元素添加到指定节点的末尾
1420    }
1421 </script>
1422 <form>
1423    <select name="city" id="city">
1424        <option value="%"> 请选择城市 </option>
1425        <option value="0"> 长春市 </option>
1426        <option value="1"> 沈阳市 </option>
1427        <option value="2"> 哈尔滨市 </option>
1428    </select>
1429    <p><div id="di"></div></p>
1430    <input type="button" value=" 复制 " onClick="AddRow(false)">
1431    <input type="button" value=" 深度复制 " onClick="AddRow(true)">
1432 </form>
```

运行实例，当单击"复制"按钮时只复制了一个新的下拉菜单，并未复制其选项，结果如图 16.10 所示。当单击"深度复制"按钮时将会复制一个新的下拉菜单并包含其选项，结果如图 16.11 所示。

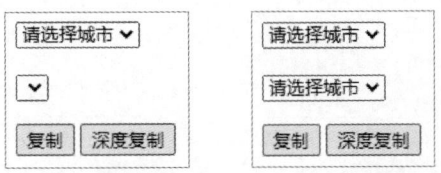

图 16.10　普通复制后　　图 16.11　深度复制后

16.4.4　删除节点

删除节点通过使用 removeChild() 方法来实现。该方法用来删除一个子节点。语法如下：

```
obj.removeChild(oldChild)
```

 **参数说明：**

↻ oldChild：表示需要删除的节点。

实例 16.5　　　　　　　　**动态删除选中的文本**　　　　👁 **实例位置：资源包 \Code\16\05**

通过 DOM 对象的 removeChild() 方法，动态删除页面中所选中的文本。程序代码如下：

```
1433 <script type="text/javascript">
1434   function delNode(){
1435     var deleteN=document.getElementById('di');        // 获取指定 id 的元素
1436     if(deleteN.hasChildNodes()){                      // 判断是否有子节点
1437       deleteN.removeChild(deleteN.lastChild);         // 删除节点
1438     }
1439   }
1440 </script>
1441 <h2> 删除节点 </h2>
1442 <div id="di"><p> 前端开发宝典 </p><p>Python 开发宝典 </p><p>Java 开发宝典 </p></div>
1443 <form>
1444   <input type="button" value=" 删除 " onclick="delNode()" />
1445 </form>
```

运行结果如图 16.12、图 16.13 所示。

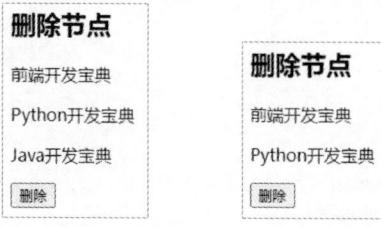

图 16.12　**删除节点前**　图 16.13　**删除节点后**

16.4.5　替换节点

替换节点可以使用 replaceChild() 方法来实现。该方法用来将旧的节点替换成新的节点。语法如下：

```
obj.replaceChild(new,old)
```

 **参数说明：**

↻ new：替换后的新节点。
↻ old：需要被替换的旧节点。

实例 16.6　　　　　　　　**选择头像**　　　　👁 **实例位置：资源包 \Code\16\06**

将用户头像定义在下拉菜单中，通过改变下拉菜单中的头像选项实现更换头像的功能。程序代码如下：

```
1446 <script type="text/javascript">
1447   function changeface(){
```

```
1448            var oldface = document.getElementById('myface');        // 获取指定 id 的元素
1449            var face = myform.face.value;                              // 获取选择选项的值
1450            var img = document.createElement('img');                  // 创建节点
1451            img.id = 'myface';                                        // 设置节点的 id 属性值
1452            img.src = face;                                           // 设置节点的 src 属性值
1453            document.body.replaceChild(img,oldface);                  // 替换节点
1454        }
1455 </script>
1456 <img id="myface" src="pic/1.jpg"><p>
1457 <form name="myform">
1458    选择头像: <select name="face" onChange="changeface()">
1459    <option value="pic/1.jpg"> 头像 1</option>
1460    <option value="pic/2.jpg"> 头像 2</option>
1461    <option value="pic/3.jpg"> 头像 3</option>
1462 </select>
1463 </form>
```

运行结果如图 16.14、图 16.15 所示。

图 16.14　更换头像前　图 16.15　更换头像后

16.5　获取或设置元素内容

获取或设置元素内容使用的是 innerHTML 属性。该属性声明了元素含有的 HTML 文本，不包括元素本身的开始标签和结束标签。例如，通过 innerHTML 属性设置 <div> 元素的内容的代码如下：

```
1464 <div id="clock"></div>
1465 <script type="text/javascript">
1466    // 修改 <div> 标签的内容
1467    document.getElementById("clock").innerHTML="2021-<b>10</b>-26";
1468 </script>
```

⊘ 运行结果为：

2021-10-26

显示时间和问候语

👁 实例位置：资源包 \Code\16\07

在网页的合适位置显示当前的时间和分时问候语。实现步骤如下：
① 在页面的适当位置添加两个 <div> 标签，这两个标签的 id 属性值分别为 time 和 greet。代码如下：

```
1469 <div id="time"> 显示当前时间 </div>
1470 <div id="greet"> 显示问候语 </div>
```

② 编写自定义函数 ShowTime()，用于在 id 为 time 的 <div> 标签中显示当前时间，在 id 为 greet 的 <div> 标签中显示问候语。ShowTime() 函数的具体代码如下：

```
1471 function ShowTime(){
1472    var strgreet = "";
1473    var datetime = new Date();                                // 获取当前时间
1474    var hour = datetime.getHours();                           // 获取小时
1475    var minu = datetime.getMinutes();                         // 获取分钟
1476    var seco = datetime.getSeconds();                         // 获取秒钟
1477    strtime =hour+":"+minu+":"+seco+" ";                      // 组合当前时间
1478    if(hour >= 0  && hour < 8){                               // 判断是否为早上
1479       strgreet ="早上好，美好的一天开始了";
1480    }
1481    if(hour >= 8  && hour < 11){                              // 判断是否为上午
1482       strgreet =" 上午好，努力工作，每天进步一点点 ";
1483    }
1484    if(hour >= 11  && hour < 13){                             // 判断是否为中午
1485       strgreet = " 中午好，到吃饭时间了 ";
1486    }
1487    if(hour >= 13  && hour < 17){                             // 判断是否为下午
1488       strgreet =" 下午好，打起精神继续努力工作 ";
1489    }
1490    if(hour >= 17  && hour < 24){                             // 判断是否为晚上
1491       strgreet =" 晚上好，一天要结束了，早点休息 ";
1492    }
1493    document.getElementById("time").innerHTML=" 现在是: <b>"+strtime+"</b>";
1494    document.getElementById("greet").innerHTML=strgreet;
1495 }
```

③ 在页面的载入事件中调用 ShowTime() 函数，显示当前时间和问候语。具体代码如下：

```
window.onload=ShowTime;                                         // 在页面载入后调用 ShowTime() 函数
```

运行本实例，将显示如图 16.16 所示的运行结果。

现在是: **10:19:58**
上午好，努力工作，每天进步一点点

图 16.16　分时问候

16.6　综合案例——歌曲置顶和删除

模拟点歌系统的歌曲置顶和删除的功能，单击歌曲和歌手名称右侧的"置顶"按钮置顶该歌曲，单击歌曲和歌手名称右侧的"删除"按钮删除该歌曲。（实例位置：资源包 \Code\16\08\ 综合案例）

16.6.1　案例分析

本案例中，实现歌曲置顶和删除的功能使用的是 DOM 中插入节点和删除节点的操作。应用 insertBefore() 方法将当前操作的歌曲插入到歌曲列表中第一首歌曲的前面，从而实现歌曲的置顶，应用 removeChild() 方法将当前操作的歌曲从歌曲列表中移除，从而实现歌曲的删除。

16.6.2　实现过程

① 在页面中创建一个 <div> 元素，在 <div> 中添加几个 <ul> 列表，每个列表都表示一首歌曲，在列表中定义歌曲的编号、歌曲名称、歌手名称、一个"置顶"按钮和一个"删除"按钮，单击"置顶"和"删除"都调用相应的函数。代码如下：

```
1496 <div id="song">
1497    <div class="title"> 已点歌曲 </div>
1498    <ul>
1499       <li><span>1</span><span> 江南 </span><span> 林俊杰 </span></li>
1500       <li onClick="setTop(this)"> 置顶 </li>
1501       <li onClick="del(this)"> 删除 </li>
1502    </ul>
1503    <ul>
1504       <li><span>2</span><span> 让我欢喜让我忧 </span><span> 周华健 </span></li>
1505       <li onClick="setTop(this)"> 置顶 </li>
1506       <li onClick="del(this)"> 删除 </li>
1507    </ul>
1508    <ul>
1509       <li><span>3</span><span> 喜欢你 </span><span>Beyond 乐队 </span></li>
1510       <li onClick="setTop(this)"> 置顶 </li>
1511       <li onClick="del(this)"> 删除 </li>
1512    </ul>
1513    <ul>
1514       <li><span>4</span><span> 九百九十九朵玫瑰 </span><span> 邰正宵 </span></li>
1515       <li onClick="setTop(this)"> 置顶 </li>
1516       <li onClick="del(this)"> 删除 </li>
1517    </ul>
1518    <ul>
1519       <li><span>5</span><span> 你的样子 </span><span> 林志炫 </span></li>
1520       <li onClick="setTop(this)"> 置顶 </li>
1521       <li onClick="del(this)"> 删除 </li>
1522    </ul>
1523    <ul>
1524       <li><span>6</span><span> 我只在乎你 </span><span> 邓丽君 </span></li>
1525       <li onClick="setTop(this)"> 置顶 </li>
1526       <li onClick="del(this)"> 删除 </li>
1527    </ul>
1528 </div>
```

② 创建自定义函数 setTop()，在函数中应用 insertBefore() 方法实现歌曲的置顶功能；创建自定义函数 del()，在函数中应用 removeChild() 方法实现歌曲的删除功能；创建自定义函数 numSort()，该函数用于对歌曲进行重新编号。代码如下：

```
1529 <script type="text/javascript">
1530    function setTop(obj){
1531       var song=document.getElementById("song");          // 获取指定 id 的元素
1532       var ul=obj.parentNode;                             // 获取父节点
1533       song.insertBefore(ul,song.getElementsByTagName("ul")[0]);    // 实现歌曲置顶
1534       numSort();                                          // 歌曲序号重新排序
1535    }
1536    function del(obj){
1537       var song=document.getElementById("song");          // 获取指定 id 的元素
1538       var ul=obj.parentNode;                             // 获取父节点
1539       song.removeChild(ul);                              // 实现歌曲的删除
1540       numSort();                                          // 歌曲编号重新排序
1541    }
1542    function numSort(){
1543       var oUl=document.getElementsByTagName("ul");        // 获取所有 <ul> 元素
1544       for(var i=0;i<oUl.length;i++){
1545          var oLi=oUl[i].getElementsByTagName("li")[0];    // 获取当前 <ul> 下的第一个 <li> 元素
1546          var oSpan=oLi.getElementsByTagName("span")[0];   // 获取 <li> 元素下的第一个 <span> 元素
1547          oSpan.innerHTML=i+1;                             // 歌曲编号
1548       }
1549    }
1550 </script>
```

运行结果如图 16.17、图 16.18 和图 16.19 所示。

16

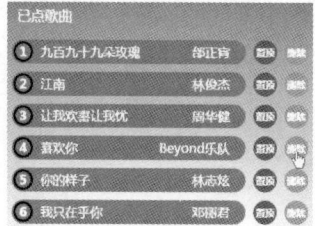

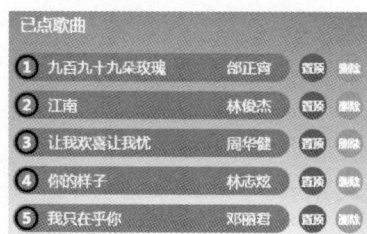

图 16.17　初始效果　　　　图 16.18　歌曲置顶效果　　　　图 16.19　歌曲删除效果

16.7　实战练习

实现年月日的联动的功能。当改变"年"菜单和"月"菜单的值时，"日"菜单的值的范围也会相应地改变，结果如图 16.20 所示。（实例位置：资源包 \Code\16\09\ 实战练习）

图 16.20　年月日的联动

▽ 小结

本章主要讲解了文档对象模型的节点、级别以及如何获取文档中的元素和操作节点等相关内容。通过本章的学习，读者可以掌握页面中元素的层次关系，对今后使用 JavaScript 语言编程很有帮助。

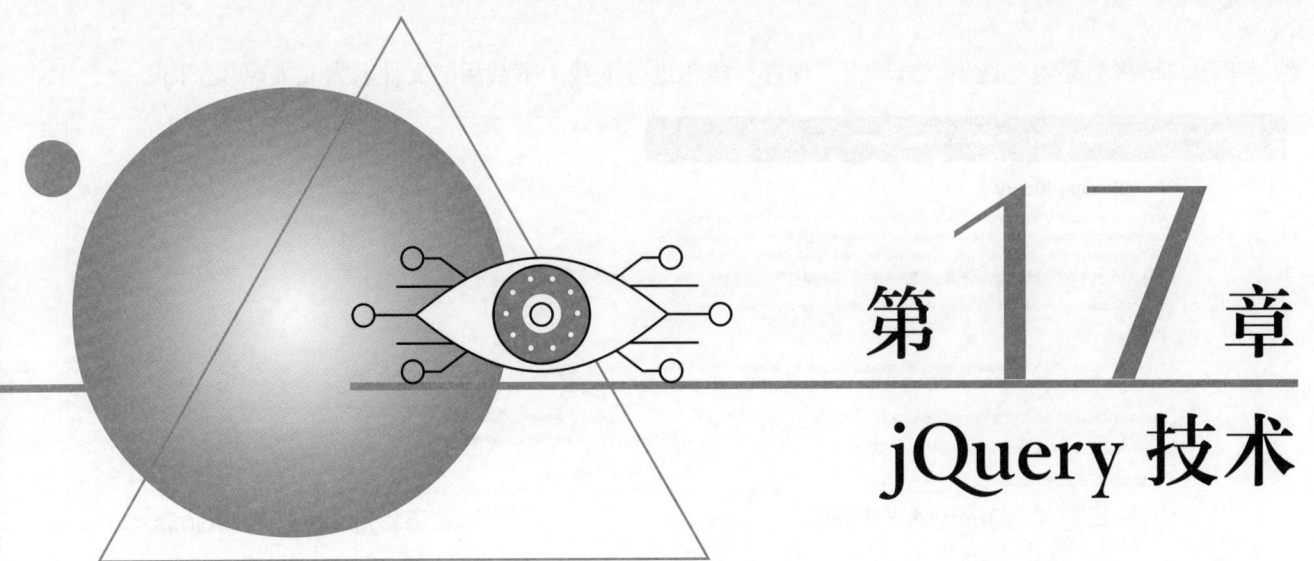

第 17 章

jQuery 技术

眼扫码领取

- 教学视频
- 配套源码
- 练习答案
- ……

jQuery 是一套简洁、快速、灵活的 JavaScript 脚本库，由 John Resig 于 2006 年创建。它帮助开发人员简化了 JavaScript 代码。它能使开发人员在网页上简单地操作文档、处理事件、运行动画效果或者添加异步交互。jQuery 的设计改变了开发人员编写 JavaScript 代码的方式，提高了编程效率。

17.1 jQuery 下载与配置

要在网站中应用 jQuery 库，需要下载并配置它，下面将介绍如何下载与配置 jQuery。

17.1.1 下载 jQuery

jQuery 是一个开源的脚本库，可以从它的官方网站中下载。下面介绍具体的下载步骤。

① 在浏览器的地址栏中输入官方网站地址，并按下 Enter 键，将进入 jQuery 的下载页面，如图 17.1 所示。

② 在下载页面中，可以下载最新版本的 jQuery 库。目前，jQuery 的最新版本是 jQuery 3.5.1。在图 17.1 中的 "Download the compressed, production jQuery 3.5.1" 超链接上单击鼠标右键，然后单击 "链接另存为" 选项，将弹出如图 17.2 所示的下载对话框。

③ 单击 "保存" 按钮，将 jQuery 库下载到本地计算机上。下载后的文件名为 jquery-3.5.1.min.js。

此时下载的文件为压缩后的版本（主要用于项目与产品）。如果想下载完整不压缩的版本，可以在图 17.1 中的 "Download the uncompressed, development jQuery 3.5.1" 超链接上单击鼠标右键，然后单击"链接另存为"选项，再单击"保存"按钮进行下载。下载后的文件名为 jquery-3.5.1.js。

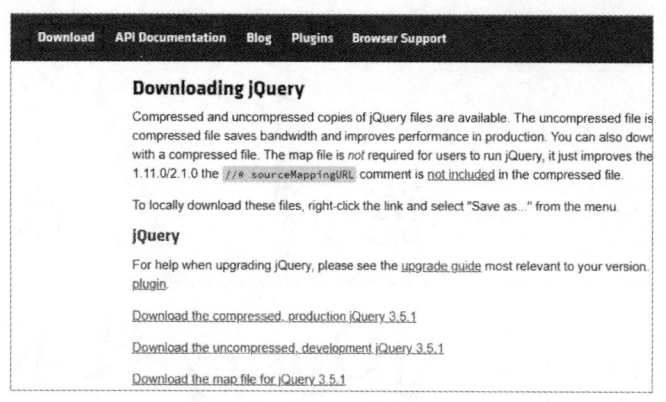

图 17.1　jQuery 的下载页面

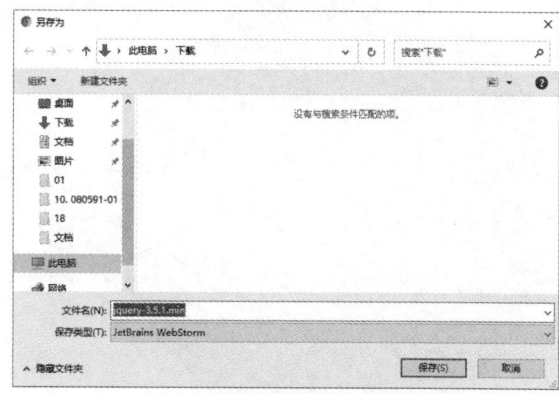

图 17.2　下载 jquery-3.5.1.min.js

 说明

> 在项目中通常使用压缩后的文件，即 jquery-3.5.1.min.js。

17.1.2　配置 jQuery

将 jQuery 库下载到本地计算机后，还需要在项目中配置 jQuery 库。即将下载后的 jquery-3.5.1.min.js 文件放置到项目的指定文件夹中，通常放置在 JS 文件夹中，然后在需要应用 jQuery 的页面中使用下面的语句，将其引用到文件中。

```
<script type="text/javascript" src="JS/jquery-3.5.1.min.js"></script>
```

注意

> 引用 jQuery 的 <script> 标签，必须放在所有的自定义脚本文件的 <script> 之前，否则在自定义的脚本代码中应用不到 jQuery 脚本库。

17.2　jQuery 选择器

开发人员在实现页面的业务逻辑时，必须操作相应的对象或是数组，这个时候就需要利用选择器选择匹配的元素，以便进行下一步的操作，所以选择器是一切页面操作的基础，没有它，开发人员将无所适从。在传统的 JavaScript 中，只能根据元素的 id 和 TagName 来获取相应的 DOM 元素。但是 jQuery 却提供了许多功能强大的选择器帮助开发人员获取页面上的 DOM 元素，获取到的每个对象都将以 jQuery 包装集的形式返回。本节将介绍如何应用 jQuery 的选择器选择匹配的元素。

17.2.1　jQuery 的工厂函数

在介绍 jQuery 的选择器之前，先来介绍一下 jQuery 的工厂函数"$"。在 jQuery 中，无论使用哪种类型的选择器都需要从一个"$"符号和一对"()"开始。在"()"中通常使用字符串参数，参数中可以包含任何 CSS 选择符表达式。下面介绍几种比较常见的用法。

↻　在参数中使用标签名。

$("div")：用于获取文档中全部的 <div>。

↻ 在参数中使用 id。

$("#demo")：用于获取文档中 id 属性值为 demo 的一个元素。

↻ 在参数中使用 CSS 类名。

$(".red")：用于获取文档中使用 CSS 类名为 red 的所有元素。

17.2.2　基本选择器

基本选择器在实际应用中比较广泛，建议重点掌握 jQuery 的基本选择器。它是其他类型选择器的基础，是 jQuery 选择器中最为重要的部分。jQuery 基本选择器包括 ID 选择器、元素选择器、类名选择器、复合选择器和通配符选择器。jQuery 提供的基本选择器如表 17.1 所示。

表 17.1　jQuery 的基本选择器

选择器	说明	示例
ID 选择器	利用 DOM 元素的 id 属性值来筛选匹配的元素	$("#box")　// 匹配 id 属性值为 box 的元素
元素选择器	根据元素名称匹配相应的元素	$("input")　// 匹配全部 input 元素
类名选择器	通过元素的 CSS 类的名称查找匹配的 DOM 元素	$(".orange")　// 匹配使用 CSS 类名为 orange 的元素
复合选择器	将多个选择器（可以是 ID 选择器、元素选择器或是类名选择器）组合在一起，两个选择器之间以逗号","分隔	$("span,p.red") // 匹配文档中的全部的 <span> 标签和使用 CSS 类 red 的 <p> 标签
通配符选择器	指符号 "*"，它代表着页面上的每一个元素	$("*") // 取得页面上所有的 DOM 元素集合的 jQuery 包装集

实例 17.1

筛选元素并添加新的样式

👁 实例位置：资源包 \Code\17\01

在页面添加 3 种不同元素并统一设置样式。使用基本选择器筛选元素，并为它们添加新的样式。关键步骤如下：

① 创建 index.html 文件，在该文件的 <head> 标签中应用下面的语句引入 jQuery 库。

```
<script type="text/javascript" src="../JS/jquery-3.5.1.min.js"></script>
```

② 在页面的 <body> 标签中，添加一个 <p> 标签、一个 <div> 标签、一个 id 为 span 的 <span> 标签和一个按钮，并为除按钮以外的 3 个标签指定 CSS 类名。代码如下：

```
1551 <p class="default">p 元素 </p>
1552 <div class="default">div 元素 </div>
1553 <span class="default" id="span">id 为 span 的元素 </span>
1554 <input type="button" value=" 为元素换肤 ">
```

③ 编写 CSS 样式，用于控制页面元素的显示样式。具体代码如下：

```
1555 <style type="text/css">
1556    .default{
1557       border:1px solid #003a75;          /* 设置边框 */
1558       background-color:yellow;           /* 设置背景颜色 */
1559       margin:0 5px;                      /* 设置外边距 */
1560       width:90px;                        /* 设置宽度 */
```

```
1561        float:left;                              /* 设置左浮动 */
1562        font-size:12px;                          /* 设置文字大小 */
1563        padding:5px;                             /* 设置内边距 */
1564    }
1565    .red{
1566        background-color:#CC0000;                /* 设置背景颜色 */
1567        color:#FFF;                              /* 设置文字颜色 */
1568    }
1569    .green{
1570        background-color:#00CC00;                /* 设置背景颜色 */
1571        color:#FFF;                              /* 设置文字颜色 */
1572    }
1573    .blue{
1574        background-color:#0000CC;                /* 设置背景颜色 */
1575        color:#FFF;                              /* 设置文字颜色 */
1576    }
1577 </style>
```

④ 在引入 jQuery 库的代码下方编写 jQuery 代码，当单击按钮时，应用不同的基本选择器筛选元素，并为它们添加新的样式。具体代码如下：

```
1578 <script type="text/javascript">
1579 $(document).ready(function() {
1580    $("input[type=button]").click(function(){      // 绑定按钮的单击事件
1581        $(".default").addClass("red");             // 添加所使用的 CSS 类
1582        $("div").addClass("green");                // 添加所使用的 CSS 类
1583        $("#span").addClass("blue");               // 添加所使用的 CSS 类
1584    });
1585 });
1586 </script>
```

在上面的代码中，第 3 行使用了 jQuery 中的属性选择器匹配文档中的按钮，并且为按钮绑定单击事件。关于属性选择器的详细介绍请参见 17.2.5 节；为按钮绑定单击事件，请参见 17.4.2 节。

运行本实例，将显示如图 17.3 所示的页面，单击"为元素换肤"按钮，将为页面中的元素换肤，如图 17.4 所示。

图 17.3　单击按钮前　　　　　　　　　　　　　　图 17.4　单击按钮后

17.2.3　层级选择器

所谓的层级选择器，就是根据页面 DOM 元素之间的父子关系作为匹配的筛选条件。首先来看什么是页面上元素的关系。例如，下面的代码是最为常用也是最简单的 DOM 元素结构。

```
1587 <html>
1588  <head></head>
1589  <body></body>
1590 </html>
```

在这段代码所示的页面结构中，<html> 元素是页面上其他所有元素的祖先元素，那么 <head> 元素就是 <html> 元素的子元素，同时 <html> 元素也是 <head> 元素的父元素。页面上的 <head> 元素与 <body> 元素就是同辈元素。也就是说，<html> 元素是 <head> 元素和 <body> 元素的"爸爸"，<head> 元素和 <body> 元素是 <html> 元素的"儿子"，<head> 元素与 <body> 元素是"兄弟"。具体关系如图 17.5 所示。

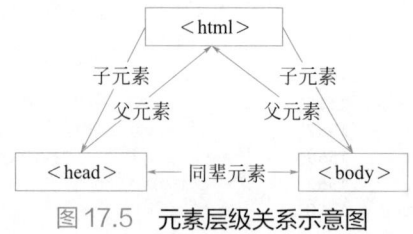

图 17.5　元素层级关系示意图

在了解了页面上元素的关系后，再来介绍 jQuery 提供的层级选择器。jQuery 提供了 ancestor descendan 选择器、parent > child 选择器、prev + next 选择器和 prev ~ siblings 选择器，如表 17.2 所示。

表 17.2　jQuery 的层级选择器

选择器	说明	示例
ancestor descendant	ancestor 代表祖先，descendant 代表子孙，用于在给定的祖先元素下匹配所有的后代元素	$("ul li")　// 匹配 <ul> 元素下的全部 <li> 元素
parent > child	parent 代表父元素，child 代表子元素。使用该选择器只能选择父元素的直接子元素	$("form > input")// 匹配表单中的直接子元素 <input>
prev + next	匹配所有紧接在 prev 元素后的 next 元素。其中，prev 和 next 是两个相同级别的元素	$("p + span") // 匹配 <p> 标签后的 <span> 标签
prev ~ siblings	匹配 prev 元素之后的所有 siblings 元素。其中，prev 和 siblings 是两个同辈元素	$("div ~ img") // 匹配 <div> 元素的同辈元素 <img>

实例 17.2

为指定元素添加样式

👁 **实例位置：资源包 \Code\17\02**

本实例将应用层级选择器筛选页面中的指定元素，并为其添加 CSS 样式。关键代码如下：

```
1591 <style type="text/css">
1592    body{
1593        font-size:12px;                          /* 设置字体大小 */
1594    }
1595    .green{
1596        background-color:#00CC00;                 /* 设置背景颜色 */
1597        color:#FFF;                               /* 设置文字颜色 */
1598    }
1599    .blue{
1600        background-color:#0000CC;                 /* 设置背景颜色 */
1601        color:#FFF;                               /* 设置文字颜色 */
1602    }
1603 </style>
1604 <script type="text/javascript">
1605    $(document).ready(function() {
1606        $("div p").addClass("green");             // 为匹配的元素添加 CSS 类
1607        $("div~p").addClass("blue");              // 为匹配的元素添加 CSS 类
1608    });
1609 </script>
1610 <div>
1611    <p> 第一个 p 标记 </p>
1612    <p> 第二个 p 标记 </p>
1613 </div>
1614 <p>div 外面的 p 标记 </p>
```

运行本实例，将显示如图 17.6 所示的效果。

图 17.6　为指定元素 设置样式

17.2.4　过滤选择器

过滤选择器包括简单过滤器、内容过滤器、可见性过滤器、表单对象属性过滤器和子元素选择器等。下面分别进行详细介绍。

（1）简单过滤器

简单过滤器是指以冒号开头，通常用于实现简单过滤效果的过滤器。例如，匹配找到的第一个元素等。jQuery 提供的简单过滤器如表 17.3 所示。

285

表17.3 jQuery 的简单过滤器

过滤器	说明	示例
:first	匹配找到的第一个元素，它是与选择器结合使用的	$("li:first")　// 匹配第一个列表项
:last	匹配找到的最后一个元素，它是与选择器结合使用的	$("li:last")　// 匹配最后一个列表项
:even	匹配所有索引值为偶数的元素，索引值从 0 开始计数	$("li:even")　// 匹配索引值为偶数的列表项
:odd	匹配所有索引值为奇数的元素，索引值从 0 开始计数	$("li:odd")　// 匹配索引值为奇数的列表项
:eq(index)	匹配一个给定索引值的元素	$("div:eq(1)")　// 匹配第二个 <div> 元素
:gt(index)	匹配所有大于给定索引值的元素	$("div:gt(0)") // 匹配第二个及以上的 <div> 元素
:lt(index)	匹配所有小于给定索引值的元素	$("div:lt(2)") // 匹配第二个及以下的 <div> 元素
:header	匹配如 h1, h2, h3……之类的标题元素	$(":header")　// 匹配全部的标题元素
:not(selector)	去除所有与给定选择器匹配的元素	$("input:not(:checked)")　// 匹配没有被选中的 <input> 元素
:animated	匹配所有正在执行动画效果的元素	$(":animated")　// 匹配所有正在执行的动画

（2）内容过滤器

内容过滤器就是通过 DOM 元素包含的文本内容以及是否含有匹配的元素进行筛选。内容过滤器共包括 :contains(text)、:empty、:has(selector) 和 :parent 四种，如表 17.4 所示。

表17.4 jQuery 的内容过滤器

过滤器	说明	示例
:contains(text)	匹配包含给定文本的元素	$("span:contains(' 明日科技 ')")　// 匹配含有"明日科技"文本内容的 <span> 元素
:empty	匹配所有不包含子元素或者文本的空元素	$("li:empty")　// 匹配不包含子元素或者文本的列表项
:has(selector)	匹配含有选择器所匹配元素的元素	$("li:has(p)")　// 匹配含有 <p> 标签的列表项
:parent	匹配含有子元素或者文本的元素	$("span:parent") // 匹配含有子元素或者文本的 <span> 元素

实例 17.3　实现带表头的双色表格　　实例位置：资源包 \Code\17\03

本实例将应用简单过滤器和内容过滤器实现一个带表头的双色表格，并匹配为空的单元格和包含指定文本的单元格。关键代码如下：

```
1615 <script type="text/javascript">
1616   $(document).ready(function() {
1617     $("tr:even").addClass("even");          // 设置奇数行所用的 CSS 类
1618     $("tr:odd").addClass("odd");            // 设置偶数行所用的 CSS 类
1619     $("tr:first").removeClass("even");      // 移除 even 类
1620     $("tr:first").addClass("th");           // 添加 th 类
1621       $("td:empty").html(" 暂无内容 ");      // 为空的单元格添加默认内容
1622       // 将含有文本威尔 . 史密斯的单元格的文字颜色设置为红色
1623       $("td:contains(' 威尔 . 史密斯 ')").css("color","red");
1624   });
1625 </script>
```

运行本实例将显示如图 17.7 所示的效果。

（3）可见性过滤器

元素的可见状态有两种，分别是隐藏状态和显示状态。可见性过滤器就是利用元素的可见状态匹配元素的。因此，可见性过滤器也有两种，一种是匹配所有可见元素的 :visible 过滤器，另一种是匹配所有不可见元素的 :hidden 过滤器。

📋 **说明**

> 在应用 :hidden 过滤器时，display 属性是 none 以及 <input> 元素中 type 属性为 hidden 的元素都会被匹配到。

例如，在页面中添加 3 个 <input> 元素，其中第一个为显示的文本框，第二个为不显示的文本框，第 3 个为隐藏域。代码如下：

```
1626 <input type="text" value=" 显示的 input 元素 ">
1627 <input type="text" value=" 隐藏的 input 元素 " style="display:none">
1628 <input type="hidden" value=" 隐藏域的值 ">
```

通过可见性过滤器获取页面中显示和隐藏的 <input> 元素的值。代码如下：

```
1629 <script type="text/javascript">
1630     $(document).ready(function() {
1631         var visibleVal = $("input:visible").val();        // 获取显示的 <input> 的值
1632         var hiddenVal1 = $("input:hidden:eq(0)").val();   // 获取第一个隐藏的 <input> 的值
1633         var hiddenVal2 = $("input:hidden:eq(1)").val();   // 获取第二个隐藏的 <input> 的值
1634         alert(visibleVal+"\n"+hiddenVal1+"\n"+hiddenVal2);// 弹出获取的信息
1635     });
1636 </script>
```

运行结果如图 17.8 所示。

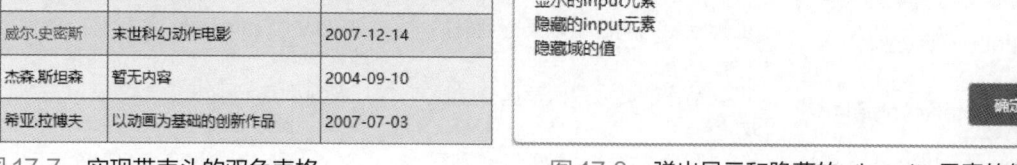

电影编号	电影名称	电影主演	电影简介	发行时间
1	飓风营救	连姆.尼森	老特工重出山	2008-04-09
2	我是传奇	威尔.史密斯	末世科幻动作电影	2007-12-14
3	一线声机	杰森.斯坦森	暂无内容	2004-09-10
4	变形金刚	希亚.拉博夫	以动画为基础的创新作品	2007-07-03

图 17.7　实现带表头的双色表格

此网页显示

显示的input元素
隐藏的input元素
隐藏域的值

确定

图 17.8　弹出显示和隐藏的 <input> 元素的值

（4）表单对象的属性过滤器

表单对象的属性过滤器通过表单元素的状态属性（例如选中、不可用等状态）匹配元素，包括 :checked 过滤器、:disabled 过滤器、:enabled 过滤器和 :selected 过滤器 4 种，如表 17.5 所示。

表 17.5　jQuery 的表单对象的属性过滤器

过滤器	说明	示例
:checked	匹配所有被选中元素	$("input:checked") // 匹配 checked 属性为 checked 的 input 元素
:disabled	匹配所有不可用元素	$("input:disabled") // 匹配 disabled 属性为 disabled 的 input 元素
:enabled	匹配所有可用的元素	$("input:enabled ") // 匹配 enabled 属性为 enabled 的 input 元素
:selected	匹配所有选中的 option 元素	$("select option:selected") // 匹配 select 元素中被选中的 option 元素

17

（5）子元素选择器

子元素选择器就是筛选给定元素的某个子元素，具体的过滤条件由选择器的种类而定。jQuery 提供的子元素选择器如表 17.6 所示。

表 17.6　jQuery 的子元素选择器

选择器	说明	示例
:first-child	匹配所有给定元素的第一个子元素	$("div span:first-child") // 匹配 \<div\> 元素中的第一个 \<span\> 子元素
:last-child	匹配所有给定元素的最后一个子元素	$("div span:last-child") // 匹配 \<div\> 元素中的最后一个 \<span\> 子元素
:only-child	匹配元素中唯一的子元素	$("div span:only-child") // 匹配只含有一个 \<span\> 元素的 \<div\> 元素中的 span
:nth-child(index/even/odd/equation)	匹配其父元素下的第 N 个子或奇偶元素，index 从 1 开始，而不是从 0 开始	$("div span:nth-child(even)") // 匹配 \<div\> 中索引值为偶数的 \<span\> 元素 $("div span:nth-child(3)") // 匹配 \<div\> 中第 3 个 \<span\> 元素

17.2.5　属性选择器

属性选择器就是通过元素的属性作为过滤条件来筛选对象。jQuery 提供的属性选择器如表 17.7 所示。

表 17.7　jQuery 的属性选择器

选择器	说明	示例
[attribute]	匹配包含给定属性的元素	$("div[id]") // 匹配含有 id 属性的 \<div\> 元素
[attribute=value]	匹配给定的属性是某个特定值的元素	$("div[id='test']") // 匹配 id 属性是 test 的 \<div\> 元素
[attribute!=value]	匹配所有含有指定的属性，但属性不等于特定值的元素	$("div[id!='test']") // 匹配 id 属性不是 test 的 \<div\> 元素
[attribute*=value]	匹配给定的属性是包含某些值的元素	$("div[id*='test']") // 匹配 id 属性中含有 test 值的 \<div\> 元素
[attribute^=value]	匹配给定的属性是以某些值开始的元素	$("div[id^='test']") // 匹配 id 属性以 test 开头的 \<div\> 元素
[attribute$=value]	匹配给定的属性是以某些值结尾的元素	$("div[id$='test']") // 匹配 id 属性以 test 结尾的 \<div\> 元素
[selector1][selector2][selectorN]	复合属性选择器，需要同时满足多个条件时使用	$("div[class][id^='test']") // 匹配具有 class 属性并且 id 属性是以 test 开头的 \<div\> 元素

17.2.6　表单选择器

表单选择器是匹配经常在表单中出现的元素，但是匹配的元素不一定在表单中。jQuery 提供的表单选择器如表 17.8 所示。

表 17.8　jQuery 的表单选择器

选择器	说明	示例
:input	匹配所有的 \<input\> 元素	$(":input") // 匹配所有的 \<input\> 元素 $("form :input") // 匹配 \<form\> 标签中的所有 \<input\> 元素，需要注意，在 form 和 : 之间有一个空格
:button	匹配所有的普通按钮，即 type="button" 的 \<input\> 元素	$(":button") // 匹配所有的普通按钮

选择器	说明	示例
:checkbox	匹配所有的复选框	$(":checkbox") // 匹配所有的复选框
:file	匹配所有的文件域	$(":file")　　// 匹配所有的文件域
:hidden	匹配所有的不可见元素，或者 type 属性为 hidden 的元素	$(":hidden")　// 匹配所有的不可见元素
:image	匹配所有的图像域	$(":image")　// 匹配所有的图像域
:password	匹配所有的密码域	$(":password") // 匹配所有的密码框
:radio	匹配所有的单选按钮	$(":radio")　// 匹配所有的单选按钮
:reset	匹配所有的重置按钮，即 type="reset" 的 <input> 元素	$(":reset")　// 匹配所有的重置按钮
:submit	匹配所有的提交按钮，即 type="submit" 的 <input> 元素	$(":submit")　// 匹配所有的提交按钮
:text	匹配所有的单行文本框	$(":text")　// 匹配所有的单行文本框

17.3　jQuery 控制页面

　　jQuery 提供了对页面元素进行操作的方法，这些方法相比 JavaScript 操作页面元素的方法会更加方便灵活。

17.3.1　对元素内容和值进行操作

　　jQuery 提供了对元素的内容和值进行操作的方法。其中，元素的值是元素的一种属性，大部分元素的值都对应 value 属性。下面我们再来对元素的内容进行介绍。

　　元素的内容是指定义元素的首标签和尾标签中间的内容，又可分为文本内容和 HTML 内容。下面通过一段代码来说明。

```
1637 <div>
1638     <span>前端开发宝典</span>
1639 </div>
```

　　在这段代码中，<div> 元素的文本内容就是"前端开发宝典"，文本内容不包含元素的子元素，只包含元素的文本内容。而"前端开发宝典"就是 <div> 元素的 HTML 内容，HTML 内容不仅包含元素的文本内容，而且还包含元素的子元素。

　　（1）对元素内容的操作

　　由于元素内容可分为文本内容和 HTML 内容，那么，对元素内容的操作也可以分为对文本内容的操作和对 HTML 内容的操作。下面分别进行详细介绍。

　　① 对文本内容的操作　jQuery 提供了 text() 和 text(val) 两个方法用于对文本内容的操作。其中，text() 方法用于获取全部匹配元素的文本内容，text(val) 方法用于设置全部匹配元素的文本内容。例如，在一个 HTML 页面中，包括下面 3 行代码。

```
1640 <div>
1641     <span id="clock">当前时间: 2021-10-20 星期三 10:58:58</span>
1642 </div>
```

　　要获取并输出 <div> 元素的文本内容，可以使用下面的代码：

```
alert($("div").text());                                    // 输出 <div> 元素的文本内容
```

得到的结果如图 17.9 所示。

要重新设置 <div> 元素的文本内容，可以使用下面的代码：

```
$("div").text(" 新的文本内容 ");                            // 重新设置 <div> 元素的文本内容
```

💡 注意

使用 text(val) 方法重新设置 <div> 元素的文本内容后，<div> 元素原来的内容将被新设置的内容替换掉，包括 HTML 内容。

② 对 HTML 内容的操作　jQuery 提供了 html() 和 html(val) 两个方法用于对 HTML 内容的操作。其中，html() 方法用于获取第一个匹配元素的 HTML 内容，text(val) 方法用于设置全部匹配元素的 HTML 内容。例如，在一个 HTML 页面中，包括下面 3 行代码。

```
1643 <div>
1644     <span id="clock"> 当前时间: 2021-10-20 星期三 10:58:58</span>
1645 </div>
```

要获取并输出 <div> 元素的 HTML 内容，可以使用下面的代码：

```
alert($("div").html());                                    // 输出 <div> 元素的 HTML 内容
```

得到的结果如图 17.10 所示。

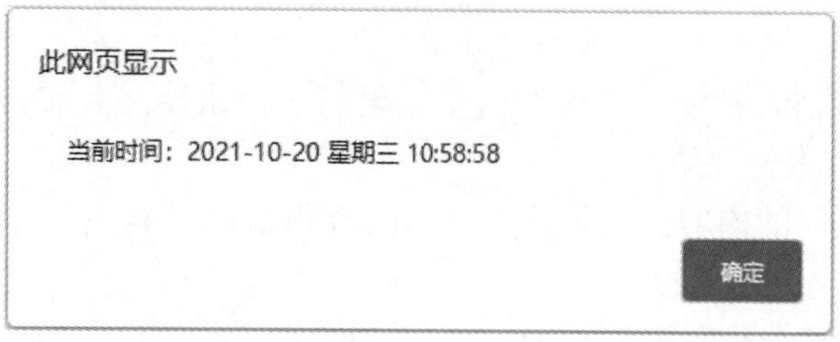

图 17.9　获取到的 <div> 元素的文本内容 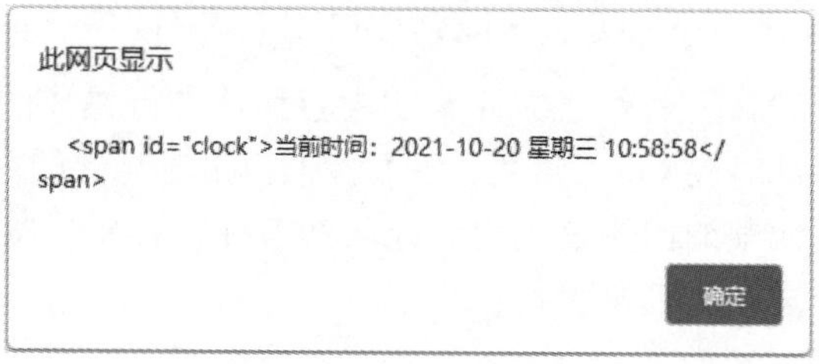　　　图 17.10　获取到的 <div> 元素的 HTML 内容

要重新设置 <div> 元素的 HTML 内容，可以使用下面的代码：

```
$("div").html("<span style='color:#FF0000'> 新的 HTML 内容 </span>");// 重新设置 <div> 元素的 HTML 内容
```

（2）对元素的值的操作

jQuery 提供了 3 种对元素的值进行操作的方法，如表 17.9 所示。

表 17.9　对元素的值进行操作的方法

方法	说明	示例
val()	用于获取第一个匹配元素的当前值，返回值可能是一个字符串，也可能是一个数组。例如，当 select 元素有两个选中值时，返回结果就是一个数组	$("#box").val();// 获取 id 为 box 的元素的值
val(val)	用于设置所有匹配元素的值	$("input:text").val(" 新值 ") // 为全部文本框设置值
val(arrVal)	用于为 <checkbox>、<select> 和 <radio> 等元素设置值，参数为字符串数组	$("select").val(['手机 ','电脑 ']); // 为下拉列表框设置多选值

实例 17.4

为多行列表框设置并获取值

● **实例位置：资源包 \Code\17\04**

将列表框中的第一个和第二个列表项设置为选中状态，并获取该多行列表框的值。实现代码如下：

```
1646 <script type="text/javascript">
1647     $(document).ready(function(){
1648         $("select").val(['流行音乐','摇滚音乐']);          // 设置多行列表框的值
1649         alert($("select").val());                          // 获取并输出多行列表框的值
1650     });
1651 </script>
1652 </head>
1653 <body>
1654 <select name="like" size="3" multiple="multiple" id="like">
1655   <option>流行音乐</option>
1656   <option selected="selected">摇滚音乐</option>
1657   <option selected="selected">民族音乐</option>
1658 </select>
```

运行实例，结果如图 17.11 所示。

17.3.2 对 DOM 节点进行操作

了解 JavaScript 的读者应该知道，通过 JavaScript 可以实现对 DOM 节点的操作，例如查找节点、创建节点、插入节点或者删除节点，不过比较复杂。

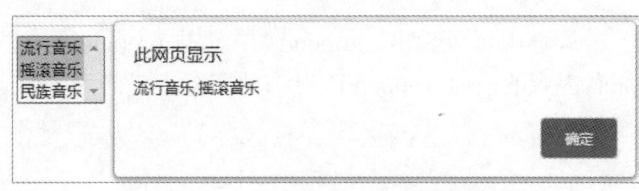

图 17.11 获取到的多行列表框的值

jQuery 为了简化开发人员的工作，也提供了对 DOM 节点进行操作的方法，其中，查找节点可以通过 jQuery 提供的选择器实现。下面对节点的其他操作进行详细介绍。

（1）创建节点

创建元素节点包括两个步骤，一是创建新元素，二是将新元素插入文档中（即父元素中）。例如，要在文档的 <body> 元素中创建一个新的段落节点，可以使用下面的代码：

```
1659 <script type="text/javascript">
1660     $(document).ready(function(){
1661         // 方法一
1662         var $p=$("<p></p>");
1663         $p.html("<span style='color:#FF0000'>前端开发宝典</span>");
1664         $("body").append($p);
1665         // 方法二
1666         var $txtP=$("<p><span style='color:#FF0000'>前端开发宝典</span></p>");
1667         $("body").append($txtP);
1668         // 方法三
1669         $("body").append("<p><span style='color:#FF0000'>前端开发宝典</span></p>");
1670     });
1671 </script>
```

📖 **说明**

在创建节点时，浏览器会将所添加的内容视为 HTML 内容进行解释执行，无论是否是使用 html() 方法指定的 HTML 内容。上面所使用的 3 种方法都将在文档中添加一个颜色为红色的段落文本。

（2）插入节点

在创建节点时，应用了 append() 方法将定义的节点内容插入指定的元素。实际上，该方法是用于插

入节点的方法。除了 append() 方法外, jQuery 还提供了几种插入节点的方法。在 jQuery 中, 插入节点可以分为在元素内部插入和在元素外部插入两种, 下面分别进行介绍。

① 在元素内部插入　在元素内部插入就是向一个元素中添加子元素和内容。jQuery 提供了如表 17.10 所示的在元素内部插入的方法。

表 17.10　**在元素内部插入的方法**

方法	说明	示例
append(content)	为所有匹配的元素的内部追加内容	$("#second").append("<p>first</p>"); // 向 id 为 second 的元素中追加一个段落
appendTo(content)	将所有匹配元素添加到另一个元素的元素集合中	$("#second").appendTo("#first"); // 将 id 为 second 的元素追加到 id 为 first 的元素后面
prepend(content)	为所有匹配的元素的内部前置内容	$("#second").prepend("<p>first</p>"); // 向 id 为 second 的元素内容前添加一个段落
prependTo(content)	将所有匹配元素前置到另一个元素的元素集合中	$("#second").prependTo("#first"); // 将 id 为 second 的元素添加到 id 为 first 的元素前面

从表中可以看出, append() 方法与 prepend() 方法类似, 不同的是 prepend() 方法将添加的内容插入原有内容的前面。appendTo() 方法实际上是颠倒了 append() 方法, 例如下面这行代码:

```
$("<p>first</p>").appendTo("#second");          // 将指定内容追加到 id 为 second 的元素中
```

等同于:

```
$("#second").append("<p>first</p>");            // 向 id 为 second 的元素中追加指定内容
```

 说明

> prepend() 方法是向所有匹配元素内部的开始处插入内容的最佳方法。prepend() 方法与 prependTo() 的区别同 append() 方法与 appendTo() 方法的区别。

② 在元素外部插入　在元素外部插入就是将要添加的内容添加到元素之前或元素之后。jQuery 提供了如表 17.11 所示的在元素外部插入的方法。

表 17.11　**在元素外部插入的方法**

方法	说明	示例
after(content)	在每个匹配的元素之后插入内容	$("#second").after("<p>first</p>"); // 向 id 为 second 的元素的后面添加一个段落
insertAfter(content)	将所有匹配的元素插入另一个指定元素的元素集合的后面	$("<p>first</p>").insertAfter("#second"); // 将要添加的段落插入 id 为 second 的元素的后面
before(content)	在每个匹配的元素之前插入内容	$("#second").before("<p>first</p>"); // 向 id 为 second 的元素前添加一个段落
insertBefore(content)	将所有匹配的元素插入到另一个指定元素的元素集合的前面	$("#second").insertBefore("#first"); // 将 id 为 second 的元素添加到 id 为 first 的元素前面

（3）删除与替换节点

在页面上只执行插入和移动元素的操作是远远不够的, 在实际开发的过程中还经常需要删除和替换相应的元素。下面将介绍如何应用 jQuery 实现删除和替换节点。

① 删除节点　jQuery 提供了两种删除节点的方法, 分别是 empty() 方法和 remove([expr]) 方法。其

中，empty() 方法用于删除匹配的元素集合中所有的子节点，并不删除该元素；remove([expr]) 方法用于从 DOM 中删除所有匹配的元素。例如，在文档中存在下面的内容：

```
1672  div1:
1673  <div id="div1" style="border: 1px solid #0000FF; height: 26px">
1674     <span> 欢迎访问明日学院 </span>
1675  </div>
1676  div2:
1677  <div id="div2" style="border: 1px solid #0000FF; height: 26px">
1678     <span> 欢迎访问明日学院 </span>
1679  </div>
```

执行下面的 jQuery 代码后，将得到如图 17.12 所示的运行结果。

```
1680  <script type="text/javascript">
1681      $(document).ready(function(){
1682          $("#div1").empty();                    // 删除 div1 中的所有子节点
1683          $("#div2").remove();                   // 删除 id 为 div2 的元素
1684      });
1685  </script>
```

② 替换节点　jQuery 提供了两个替换节点的方法，分别是 replaceAll(selector) 方法和 replaceWith(content) 方法。其中，replaceAll(selector) 方法用于使用匹配的元素替换掉所有 selector 匹配到的元素；replaceWith(content) 方法用于将所有匹配的元素替换成指定的 HTML 或 DOM 元素。这两种方法的功能相同，只是两者的表现形式不同。

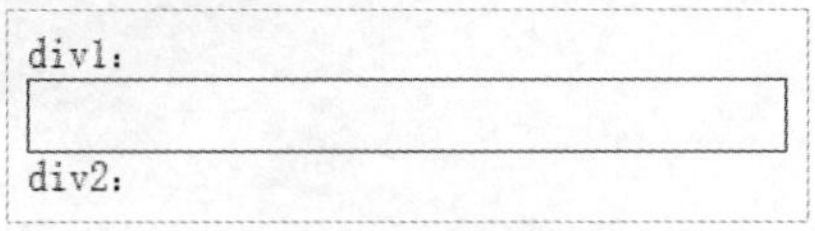

例如，使用 replaceWith(content) 方法替换页面中 id 为 div1 的元素，以及使用 replaceAll(selector) 方法替换 id 为 div2 的元素可以使用下面的代码：

图 17.12　删除节点

```
1686  <script type="text/javascript">
1687      $(document).ready(function() {
1688          // 替换 id 为 div1 的 <div> 元素
1689          $("#div1").replaceWith("<div> 替换后的新内容 </div>");
1690          // 替换 id 为 div2 的 <div> 元素
1691          $("<div> 替换后的新内容 </div>").replaceAll("#div2");
1692      });
1693  </script>
```

实例 17.5　开心小农场

👁 **实例位置：资源包 \Code\17\05**

本实例将应用 jQuery 提供的对 DOM 节点进行操作的方法制作开心小农场。关键代码如下：

```
1694  <script type="text/javascript">
1695      $(document).ready(function(){
1696          $("#seed").bind("click",function(){        // 绑定播种按钮的单击事件
1697              $("img").remove();                      // 移除 <img> 元素
1698              $("#bg").prepend("<img src='images/seed.png' />");
1699          });
1700          $("#grow").bind("click",function(){        // 绑定生长按钮的单击事件
1701              $("img").remove();                      // 移除 <img> 元素
1702              $("#bg").append("<img src='images/grow.png' />");
1703          });
1704          $("#bloom").bind("click",function(){        // 绑定开花按钮的单击事件
1705              $("img").replaceWith("<img src='images/bloom.png' />");
```

```
1706        });
1707        $("#fruit").bind("click",function(){          // 绑定结果按钮的单击事件
1708            $("<img src='images/fruit.png' />").replaceAll("img");
1709        });
1710    });
1711 </script>
1712 <div id="bg">
1713    <span id="seed"></span>
1714    <span id="grow"></span>
1715    <span id="bloom"></span>
1716    <span id="fruit"></span>
1717 </div>
```

运行本实例，单击"播种"按钮，将显示如图 17.13 所示的效果；单击"生长"按钮，将显示如图 17.14 所示的效果；单击"开花"按钮，将显示如图 17.15 所示的效果；单击"结果"按钮，将显示一棵结满果实的草莓秧，效果如图 17.16 所示。

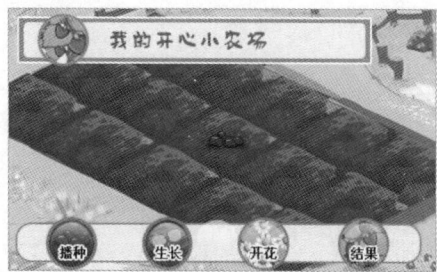

图 17.13　单击"播种"按钮的结果

图 17.14　单击"生长"按钮的结果

图 17.15　单击"开花"按钮的结果

图 17.16　单击"结果"按钮的结果

17.3.3　对元素属性进行操作

jQuery 提供了如表 17.12 所示的对元素属性进行操作的方法。

表 17.12　对元素属性进行操作的方法

方法	说明	示例
attr(name)	获取匹配的第一个元素的属性值（无值时返回 undefined）	$("img").attr('src'); // 获取页面中第一个 <img> 元素的 src 属性的值
attr(key,value)	为所有匹配的元素设置一个属性值（value 是设置的值）	$("img").attr("title","OPPO Reno5"); // 为图片添加一标题属性，属性值为 "OPPO Reno5"
attr(key,fn)	为所有匹配的元素设置一个函数返回值的属性值（fn 代表函数）	$("#app").attr("value", function() { return this.name; // 将元素的名称作为其 value 属性值 });
attr(properties)	为所有匹配元素以集合（{名:值, 名:值}）形式同时设置多个属性	$("img").attr({src:"oppo.jpg",title:"OPPO Reno5"});// 为图片同时添加两个属性，分别是 src 和 title
removeAttr(name)	为所有匹配元素删除一个属性	$("img").removeAttr("title"); // 移除所有图片的 title 属性

在表 17.12 所列的这些方法中，key 和 name 都代表元素的属性名称，properties 代表一个集合。

实例 17.6　　　　　**改变图片大小**　　　　　◉ 实例位置：资源包 \Code\17\06

设计一个单击按钮改变图片大小的效果。在页面中显示一张表情图片和一个"改变图片大小"按钮，当鼠标单击该按钮时，将改变图片的大小。关键代码如下：

```
1718 <script type="text/javascript">
1719   $(document).ready(function(){
1720     $("input").click(function(){
1721       $("img").attr("width",300);              // 设置图片宽度
1722     });
1723   });
1724 </script>
1725 <img src="images/1.png" style="border: 1px solid"><br>
1726 <input type="button" value=" 改变图片大小 ">
```

运行实例，结果如图 17.17 和图 17.18 所示。

图 17.17　图片原始大小　　　图 17.18　改变图片大小

17.3.4　对元素的 CSS 样式进行操作

在 jQuery 中，对元素 CSS 样式的操作可以通过修改 CSS 类或者 CSS 的属性来实现。下面进行详细介绍。

（1）通过修改 CSS 类实现

在网页中，如果想改变一个元素的整体效果，例如，在实现网站换肤时，就可以通过修改该元素所使用的 CSS 类来实现。jQuery 提供了如表 17.13 所示的几种用于修改 CSS 类的方法。

表 17.13　修改 CSS 类的方法

方法	说明	示例
addClass(class)	为所有匹配的元素添加指定的 CSS 类名	$("span").addClass("one two"); // 为全部 <span> 元素添加 one 和 two 两个 CSS 类
removeClass(class)	从所有匹配的元素中删除全部或者指定的 CSS 类	$("span").removeClass("one"); // 删除全部 <span> 元素中名称为 one 的 CSS 类

续表

方法	说明	示例
toggleClass(class)	如果存在（不存在）就删除（添加）一个 CSS 类	$("span").toggleClass("blue"); // 当 \<span\> 元素中存在名称为 blue 的 CSS 类时，则删除该类，否则添加该类

toggleClass(class,switch)	如果 switch 参数为 true 则添加对应的 CSS 类，否则就删除，通常 switch 参数为一个布尔型的变量	$("img").toggleClass("big",true);
		// 为 \<img\> 元素添加 CSS 类 big
		$("img").toggleClass("big",false);
		// 为 \<img\> 元素删除 CSS 类 big

📖 **说明**

> 在使用 addClass() 方法添加 CSS 类时，并不会删除现有的 CSS 类。同时，在使用上表所列的方法时，其 class 参数都可以设置多个类名，类名与类名之间用空格分隔。

（2）通过修改 CSS 属性实现

如果需要获取或修改某个元素的具体样式（即修改元素的 style 属性），jQuery 也提供了相应的方法，如表 17.14 所示。

表 17.14　获取或修改 CSS 属性的方法

方法	说明	示例
css(name)	返回第一个匹配元素的样式属性	$("div").css("color");　// 获取第一个匹配的 \<div\> 元素的 color 属性值
css(name,value)	为所有匹配元素的指定样式设置值	$("img").css("border","1px solid #0000FF"); // 为全部 \<img\> 元素设置边框样式
css(properties)	以 { 属性 : 值 , 属性 : 值 , ……} 的形式为所有匹配的元素设置样式属性	$("tr").css({ 　　"background-color":"#DDDDDD",// 设置背景颜色 　　"font-size":"24px",　　// 设置字体大小 　　"color":"blue"　　// 设置字体颜色 });

📖 **说明**

> 在使用 css() 方法设置属性时，既可以解释连字符形式的 CSS 表示法（如 background-color），也可以解释大小写形式的 DOM 表示法（如 backgroundColor）。

实例 17.7

为图片添加和去除边框

👁 **实例位置：资源包 \Code\17\07**

设计一个单击按钮为图片添加和去除边框的效果。在页面中显示一张图片、一个"添加边框"按钮和一个"去除边框"按钮，当鼠标单击"添加边框"按钮时，为图片添加一个绿色的边框，当鼠标单击"去除边框"按钮时，为图片去除边框。关键代码如下：

```
1727 <script type="text/javascript">
1728 $(document).ready(function() {
1729     $(".add").click(function(){
```

```
1730            $("#pic").css("border","3px solid green");        // 为图片添加边框
1731        });
1732        $(".del").click(function(){
1733            $("#pic").css("border","");                       // 去除图片边框
1734        });
1735    });
1736    </script>
1737    <img id="pic" src="images/mr.gif"><br>
1738    <input type="button" class="add" value="添加边框">
1739    <input type="button" class="del" value="去除边框">
```

运行本实例，效果如图 17.19 和图 17.20 所示。

图 17.19　页面初始效果　图 17.20　为图片添加边框

17.4　jQuery 的事件处理

虽然在传统的 JavaScript 中内置了一些事件响应的方式，但是 jQuery 增强、优化并扩展了基本的事件处理机制。

17.4.1　页面加载响应事件

$(document).ready() 方法是事件模块中最重要的一个函数，它极大地提高了 Web 响应速度。$(document) 是获取整个文档对象，从这个方法名称来理解，就是获取文档就绪的时候。该方法的书写格式为：

```
$(document).ready(function(){
    // 在这里写代码
});
```

可以简写成：

```
$().ready(function(){
    // 在这里写代码
});
```

当 $() 不带参数时，默认的参数就是 document，所以 $() 是 $(document) 的简写形式。

还可以进一步简写成：

```
$(function(){
    // 在这里写代码
});
```

虽然语法可以更短一些，但是不提倡使用简写的方式，因为较长的代码更具可读性，也可以防止与其他方法混淆。

通过上面的介绍可以看出，在 jQuery 中，可以使用 $(document).ready() 方法代替传统的 window.onload() 方法，不过两者之间还是有些细微的区别的，主要表现在以下两方面。

① 在一个页面上可以无限制地使用 $(document).ready() 方法，各个方法间并不冲突，会按照在代码

中的顺序依次执行。而一个页面中只能使用一个 window.onload() 方法。

② 在一个文档完全下载到浏览器时（包括所有关联的文件，例如图片等）就会响应 window.onload() 方法。而 $(document).ready() 方法是在所有的 DOM 元素完全就绪以后就可以调用，不包括关联的文件。例如在页面上还有图片没有加载完毕但是 DOM 元素已经完全就绪，这样就会执行 $(document).ready() 方法。在相同条件下，window.onload() 方法是不会执行的，它会继续等待图片加载，直到图片及其他的关联文件都下载完毕时才执行。所以说，$(document).ready() 方法优于 window.onload() 方法。

17.4.2　jQuery 中的事件

只有页面加载显然是不够的，程序在其他时候也需要完成某个任务。例如鼠标单击（onclick）事件、敲击键盘（onkeypress）事件以及失去焦点（onblur）事件等。jQuery 中的事件如表 17.15 所示。

表 17.15　jQuery 中的事件

方法	说明
blur()	触发元素的 blur 事件
blur(fn)	在每一个匹配元素的 blur 事件中绑定一个处理函数，在元素失去焦点时触发
change()	触发元素的 change 事件
change(fn)	在每一个匹配元素的 change 事件中绑定一个处理函数，在元素的值改变并失去焦点时触发
click()	触发元素的 chick 事件
click(fn)	在每一个匹配元素的 click 事件中绑定一个处理函数，在元素上单击时触发
dblclick()	触发元素的 dblclick 事件
dblclick(fn)	在每一个匹配元素的 dblclick 事件中绑定一个处理函数，在元素上双击时触发
error()	触发元素的 error 事件
error(fn)	在每一个匹配元素的 error 事件中绑定一个处理函数，当 JavaScript 发生错误时触发
focus()	触发元素的 focus 事件
focus(fn)	在每一个匹配元素的 focus 事件中绑定一个处理函数，当匹配的元素获得焦点时触发
keydown()	触发元素的 keydown 事件
keydown(fn)	在每一个匹配元素的 keydown 事件中绑定一个处理函数，当键盘按下时触发
keyup()	触发元素的 keyup 事件
keyup(fn)	在每一个匹配元素的 keyup 事件中绑定一个处理函数，在按键释放时触发
keypress()	触发元素的 keypress 事件
keypress(fn)	在每一个匹配元素的 keypress 事件中绑定一个处理函数，按下并抬起按键时触发
load(fn)	在每一个匹配元素的 load 事件中绑定一个处理函数，匹配的元素内容完全加载完毕后触发
mousedown(fn)	在每一个匹配元素的 mousedown 事件中绑定一个处理函数，在元素上按下鼠标时触发
mousemove(fn)	在每一个匹配元素的 mousemove 事件中绑定一个处理函数，鼠标在元素上移动时触发
mouseout(fn)	在每一个匹配元素的 mouseout 事件中绑定一个处理函数，鼠标从元素上离开时触发
mouseover(fn)	在每一个匹配元素的 mouseover 事件中绑定一个处理函数，鼠标移入元素时触发
mouseup(fn)	在每一个匹配元素的 mouseup 事件中绑定一个处理函数，鼠标在元素上按下并松开时触发
resize(fn)	在每一个匹配元素的 resize 事件中绑定一个处理函数，当文档窗口改变大小时触发
scroll(fn)	在每一个匹配元素的 scroll 事件中绑定一个处理函数，当滚动条发生变化时触发
select()	触发元素的 select 事件
select(fn)	在每一个匹配元素的 select 事件中绑定一个处理函数，在元素上选中某段文本时触发
submit()	触发元素的 submit 事件
submit(fn)	在每一个匹配元素的 submit 事件中绑定一个处理函数，在表单提交时触发
unload(fn)	在每一个匹配元素的 unload 事件中绑定一个处理函数，在元素卸载时触发

这些都是对应的 jQuery 事件，和传统的 JavaScript 中的事件几乎相同，只是名称不同。方法中的 fn 参数表示一个函数，事件处理程序就写在这个函数中。

17.4.3　事件绑定

在页面加载完毕时，程序可以通过为元素绑定事件完成相应的操作。在 jQuery 中，事件绑定通常可以分为为元素绑定事件、移除绑定和绑定一次性事件处理 3 种情况，下面分别进行介绍。

（1）为元素绑定事件

在 jQuery 中，为元素绑定事件可以使用 on() 方法。该方法的语法格式如下：

```
$(selector).on(event,childSelector,data,function)
```

- ♻ event：事件类型，就是表 17.15（jQuery 中的事件）中所列的事件。
- ♻ childSelector：可选参数，规定只能添加到指定的子元素上的事件处理程序。
- ♻ data：可选参数，规定传递给事件对象的额外数据对象。大多数情况下不使用该参数。
- ♻ function：绑定的事件处理程序。

例如，为普通按钮绑定一个单击事件，在单击该按钮时弹出一个对话框，可以使用下面的代码：

```
$("button").on("click",function(){alert('Hello JavaScript');});// 为普通按钮绑定单击事件
```

（2）移除绑定

在 jQuery 中，为元素移除绑定事件可以使用 off() 方法。该方法的语法格式如下：

```
$(selector).off(event,selector,function(eventObj),map)
```

- ♻ event：可选参数，用于指定为元素移除的事件类型。
- ♻ selector：可选参数，用于规定添加事件处理程序时传递给 on() 方法的选择器。
- ♻ function(eventObj)：可选参数，用于规定当事件发生时运行的函数。
- ♻ map：可选参数，用于规定事件映射。

📋 **说明**

> 在 off() 方法中，几个参数都是可选的，如果不填参数，将会移除匹配元素上所有绑定的事件。

例如，要移除为普通按钮绑定的单击事件，可以使用下面的代码：

```
$("button").off("click");        // 移除为普通按钮绑定的单击事件
```

（3）绑定一次性事件处理

在 jQuery 中，为元素绑定一次性事件处理可以使用 one() 方法。该方法的语法格式如下：

```
$(selector).one(event,data,function)
```

- ♻ event：用于指定事件类型。
- ♻ data：可选参数，规定传递给事件对象的额外数据对象。
- ♻ function：绑定到匹配元素的事件处理函数。

例如，要实现只有当用户第一次单击匹配的 <div> 元素时，弹出对话框显示 <div> 元素的内容，可以使用下面的代码：

```
1740 $("div").one("click", function(){
1741     alert($(this).text());                    // 在弹出的对话框中显示 <div> 元素的内容
1742 });
```

17.4.4 模拟用户操作

jQuery 提供了模拟用户的操作触发事件和模仿悬停事件两种模拟用户操作的方法，下面分别进行介绍。

（1）模拟用户的操作触发事件

jQuery 一般常用 triggerHandler() 方法和 trigger() 方法来模拟用户的操作触发事件。这两个方法的语法格式完全相同，所不同的是：triggerHandler() 方法不会导致浏览器同名的默认行为被执行，而 trigger() 方法会导致浏览器同名的默认行为被执行，例如使用 trigger() 方法触发一个名称为 submit 的事件，同样会导致浏览器执行提交表单的操作。要阻止浏览器的默认行为，只需返回 false。另外，使用 trigger() 方法和 triggerHandler() 方法还可以触发 bind() 绑定的事件，并且还可以为事件传递参数。例如，在页面载入完成就执行按钮的 click 事件，而不需要用户自己执行单击的操作。代码如下：

```
1743 <script type="text/javascript">
1744 $(document).ready(function(){
1745     $("input:button").bind("click",function(event,msg){
1746         alert(msg);                              // 弹出对话框
1747     }).trigger("click","明日科技欢迎您");        // 页面加载触发单击事件
1748 });
1749 </script>
1750 <input type="button" name="button" id="button" value=" 普通按钮 ">
```

运行结果如图 17.21 所示。

（2）模仿悬停事件

模仿悬停事件是指模仿鼠标移动到一个对象上面又从该对象上面移出的事件，可以通过 jQuery 提供的 hover(over,out) 方法实现。该方法的语法格式如下：

图 17.21　页面加载时触发按钮的单击事件

```
hover(over,out)
```

⟳ over：用于指定当鼠标移动到匹配元素上时触发的函数。

⟳ out：用于指定当鼠标移出匹配元素时触发的函数。

实例 17.8

切换表情图片

👁 实例位置：资源包 \Code\17\08

设计一个切换表情图片的效果。在页面中显示一张表情图片，当鼠标移入该图片时，将其变换为另外一张表情图片，当鼠标移出图片时恢复为原来的表情图片。关键代码如下：

```
1751 <script type="text/javascript">
1752 $(document).ready(function(){
1753     $("img").hover(function(){
1754         $(this).attr("src","images/2.png");    // 鼠标移入显示另一张图片
1755     },function(){
1756         $(this).attr("src","images/1.png");    // 鼠标移出显示原来的图片
1757     });
1758 });
1759 </script>
1760 <img src="images/1.png" style="border: 1px solid">
```

运行实例，结果如图 17.22 和图 17.23 所示。

图 17.22　默认图片　　图 17.23　显示另一张图片

17.5　jQuery 的动画效果

17.5.1　基本的动画效果

基本的动画效果指的就是元素的隐藏和显示。jQuery 提供了两种控制元素隐藏和显示的方法。一种是分别隐藏和显示匹配元素。另一种是切换元素的可见状态，也就是如果元素是可见的，切换为隐藏；如果元素是隐藏的，切换为可见。

（1）隐藏匹配元素

使用 hide() 方法可以隐藏匹配的元素。hide() 方法相当于将元素 CSS 样式属性 display 的值设置为 none，它会记住原来的 display 的值。hide() 方法有两种语法格式，一种是不带参数的形式，用于实现不带任何效果的隐藏匹配元素。其语法格式如下：

```
hide()
```

例如，要隐藏页面中全部的 <h1> 元素，可以使用下面的代码：

```
$("h1").hide();                                    // 隐藏全部 <h1> 元素
```

另一种是带参数的形式，用于以优雅的动画隐藏所有匹配的元素，并在隐藏完成后可选地触发一个回调函数。其语法格式如下：

```
hide(speed,[callback])
```

- speed：用于指定动画的时长。可以是数字，也就是元素经过多少毫秒（1000ms=1s）后完全隐藏。也可以是默认参数 slow（600ms）、normal（400ms）和 fast（200ms）。
- callback：可选参数，用于指定隐藏完成后要触发的回调函数。

例如，要在 300ms 内隐藏页面中的 id 为 app 的元素，可以使用下面的代码：

```
$("#app").hide(300);                               // 在 300ms 内隐藏 id 为 app 的元素
```

📖 说明

> jQuery 的任何动画效果，都可以使用默认的 3 个参数，即 slow（600ms）、normal（400ms）和 fast(200ms)。在使用默认参数时需要加引号，例如 show("fast")；使用自定义参数时，不需要加引号，例如 show(600)。

（2）显示匹配元素

使用 show() 方法可以显示匹配的元素。show() 方法相当于将元素 CSS 样式属性 display 的值设置为

block 或者 inline，或除了 none 以外的值，它会恢复为应用 display:none 之前的可见属性。show() 方法有两种语法格式，一种是不带参数的形式，用于实现不带任何效果的显示匹配元素。其语法格式如下：

```
show()
```

例如，要显示页面中的全部图片，可以使用下面的代码：

```
$("img").show();                                            // 显示全部图片
```

另一种是带参数的形式，用于以优雅的动画显示所有匹配的元素，并在显示完成后可选择地触发一个回调函数。其语法格式如下：

```
show(speed,[callback])
```

⌁ speed：用于指定动画的时长。可以是数字，也就是元素经过多少毫秒（1000ms=1s）后完全显示。也可以是默认参数 slow（600ms）、normal（400ms）和 fast（200ms）。

⌁ callback：可选参数，用于指定显示完成后要触发的回调函数。

例如，要在 300ms 内显示页面中的 id 为 app 的元素，可以使用下面的代码：

```
$("#app").show(300);                                        // 在 300ms 内显示 id 为 app 的元素
```

实例 17.9　实现自动隐藏式菜单

实例位置：资源包 \Code\17\09

在设计网页时，可以在页面中添加自动隐藏式菜单，这种菜单简洁易用，在不使用时能自动隐藏，保持页面的整洁。本实例将介绍如何通过 jQuery 实现自动隐藏式菜单。关键代码如下：

```
01 <script type="text/javascript">
02   $(document).ready(function(){
03     $("#box").hover(function(){
04       $("#menu").show(300);                    // 显示菜单
05     },function(){
06       $("#menu").hide(300);                    // 隐藏菜单
07     });
08   });
09 </script>
10 <span id="box">
11   <img src="images/title.gif" width="30" height="80" id="flag">
12   <div id="menu">
13     <ul>
14       <li><a href="#">运动鞋包</a></li>
15       <li><a href="#">运动服饰</a></li>
16       <li><a href="#">健身训练</a></li>
17       <li><a href="#">骑行运动</a></li>
18       <li><a href="#">体育用品</a></li>
19       <li><a href="#">户外装备</a></li>
20       <li><a href="#">垂钓用品</a></li>
21       <li><a href="#">户外鞋服</a></li>
22     </ul>
23   </div>
24 </span>
```

运行本实例，将显示如图 17.24 所示的效果；将鼠标移到"隐藏菜单"图片上时，将显示如图 17.25 所示的菜单；将鼠标从该菜单上移出后，又将显示为图 17.24 所示的效果。

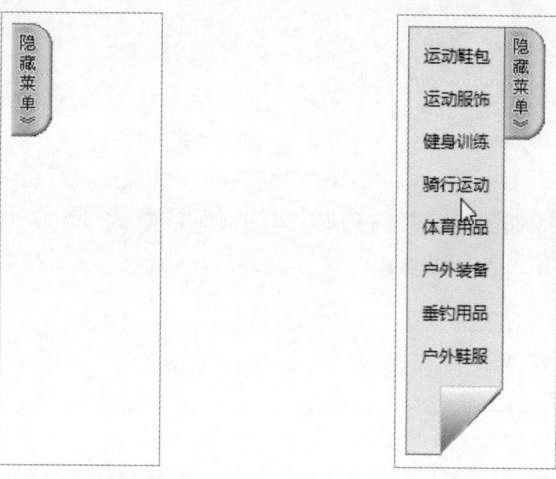

图 17.24　鼠标移出隐藏菜单的效果　　图 17.25　鼠标移入隐藏菜单的效果

17.5.2　滑动效果

jQuery 提供了 slideDown() 方法（用于滑动显示匹配的元素）、slideUp() 方法（用于滑动隐藏匹配的元素）和 slideToggle() 方法（用于通过高度的变化动态切换元素的可见性）来实现滑动效果。下面分别进行介绍。

（1）滑动显示匹配的元素

使用 slideDown() 方法可以向下增加元素高度动态显示匹配的元素。slideDown() 方法会逐渐向下增加匹配的隐藏元素的高度，直到元素完全显示为止。该方法的语法格式如下：

```
slideDown(speed,[callback])
```

↻ speed：用于指定动画的时长。可以是数字，也就是元素经过多少毫秒（1000ms=1s）后完全显示。也可以是默认参数 slow（600ms）、normal（400ms）和 fast（200ms）。

↻ callback：可选参数，用于指定元素显示完成后要触发的回调函数。

例如，要在 300ms 内滑动显示页面中的 id 为 app 的元素，可以使用下面的代码：

```
$("#app").slideDown(300);                          // 在 300ms 内滑动显示 id 为 app 的元素
```

（2）滑动隐藏匹配的元素

使用 slideUp() 方法可以向上减少元素高度动态隐藏匹配的元素。slideUp() 方法会逐渐向上减少匹配的显示元素的高度，直到元素完全隐藏为止。该方法的语法格式如下：

```
slideUp(speed,[callback])
```

↻ speed：用于指定动画的时长。可以是数字，也就是元素经过多少毫秒（1000ms =1s）后完全隐藏。也可以是默认参数 slow（600ms）、normal（400ms）和 fast（200ms）。

↻ callback：可选参数，用于指定元素隐藏完成后要触发的回调函数。

例如，要在 300ms 内滑动隐藏页面中的 id 为 app 的元素，可以使用下面的代码：

```
$("#app").slideUp(300);                            // 在 300ms 内滑动隐藏 id 为 app 的元素
```

（3）通过高度的变化动态切换元素的可见性

通过 slideToggle() 方法可以实现通过高度的变化动态切换元素的可见性。在使用 slideToggle() 方法时，如果元素是可见的，就通过减小元素的高度使元素全部隐藏，如果元素是隐藏的，就通过增加元素的高度使元素最终全部可见。该方法的语法格式如下：

17

```
slideToggle(speed,[callback])
```

⊃ speed：用于指定动画的时长。可以是数字，也就是元素经过多少毫秒（1000ms =1s）后完全显示或隐藏。也可以是默认参数 slow（600ms）、normal（400ms）和 fast（200ms）。

⊃ callback：可选参数，用于指定动画完成时触发的回调函数。

例如，要实现单击 id 为 flag 的图片时，控制菜单的显示或隐藏（默认为不显示，奇数次单击时显示，偶数次单击时隐藏），可以使用下面的代码：

```
1785 $("#flag").click(function(){
1786    $("#menu").slideToggle(300);                         // 显示或隐藏菜单
1787 });
```

17.5.3 自定义的动画效果

前面已经介绍了 3 种类型的动画效果，但是有些时候，开发人员会需要一些更加高级的动画效果，这时候就需要采取高级的自定义动画来解决这个问题。在 jQuery 中，要实现自定义动画效果，主要应用 animate() 方法创建自定义动画，应用 stop() 方法停止动画。下面分别进行介绍。

（1）使用 animate() 方法创建自定义动画

animate() 方法的操作更加自由，可以随意控制元素的属性，实现更加绚丽的动画效果。animate() 方法的基本语法格式如下：

```
animate(params,speed,callback)
```

⊃ params：表示一个包含属性和值的映射，可以同时包含多个属性，例如 {left:"300px",top:"200px"}。

⊃ speed：表示动画运行的速度，参数规则同其他动画效果的 speed 一致，它是一个可选参数。

⊃ callback：表示一个回调函数，当动画效果运行完毕后执行该回调函数，它也是一个可选参数。

⚡ 注意

在使用 animate() 方法时，必须设置元素的定位属性 position 为 relative 或 absolute，元素才能动起来。如果没有明确定义元素的定位属性，并试图使用 animate() 方法移动元素时，它们只会静止不动。

例如，要实现将 id 为 flower 的元素在页面移动一圈并回到原点，可以使用下面的代码：

```
1788 <script type="text/javascript">
1789    $(document).ready(function(){
1790       $("#flower").animate({left:100},300)
1791          .animate({top:100},300)
1792          .animate({left:0},300)
1793          .animate({top:0},300);
1794    });
1795 </script>
```

在上面的代码中，使用了连缀方式的排队效果，这种排队效果，只对 jQuery 的动画效果函数有效，对于 jQuery 其他的功能函数无效。

实例 17.10

实现幕帘的效果

👁 **实例位置：资源包 \Code\17\10**

本实例将使用 jQuery 中的 animate() 方法创建自定义动画，实现拉开幕帘的效果。该效果可以用作广告特效，也可以用于个人主页。关键代码如下：

```
1796 <script type="text/javascript">
1797 $(document).ready(function() {
1798    var curtainopen = false;                              // 定义布尔型变量
1799    $(".rope").click(function(){                          // 当单击超链接时
1800       $(this).blur();                                    // 使超链接失去焦点
1801       if (!curtainopen){                                 // 判断变量值是否为 false
1802          $(this).text(" 关闭幕帘 ");                       // 设置超链接文本
1803          $(".leftcurtain").animate({width:'60px'}, 2000 ); // 设置左侧幕帘动画
1804          $(".rightcurtain").animate({width:'60px'},2000 ); // 设置右侧幕帘动画
1805          curtainopen = true;                             // 变量值设为 true
1806       }else{
1807          $(this).text(" 拉开幕帘 ");                       // 设置超链接文本
1808          $(".leftcurtain").animate({width:'50%'}, 2000 ); // 设置左侧幕帘动画
1809          $(".rightcurtain").animate({width:'51%'}, 2000 ); // 设置右侧幕帘动画
1810          curtainopen = false;                            // 变量值设为 false
1811       }
1812    });
1813 });
1814 </script>
1815 欢迎光临金港影城 <hr />
1816 <div class="leftcurtain"><img src="images/frontcurtain.jpg"/></div>
1817 <div class="rightcurtain"><img src="images/frontcurtain.jpg"/></div>
1818 <a class="rope" href="#">拉开幕帘 </a>
```

运行实例，效果如图 17.26 所示，此时幕帘是关闭的。当单击"拉开幕帘"超链接时，幕帘会向两边拉开，效果如图 17.27 所示。

图 17.26　关闭幕帘效果　　　　图 17.27　拉开幕帘效果

（2）使用 stop() 方法停止动画

stop() 方法也属于自定义动画函数，它会停止匹配元素正在运行的动画，并立即执行动画队列中的下一个动画。stop() 方法的语法格式如下：

```
stop(clearQueue,gotoEnd)
```

☯ clearQueue：表示是否清空尚未执行完的动画队列（值为 true 时表示清空动画队列）。

☯ gotoEnd：表示是否让正在执行的动画直接到达动画结束时的状态（值为 true 时表示直接到达动画结束时状态）。

例如，页面中有一个 id 为 flower 的元素和一个 id 为 btn 的"停止动画"按钮，当单击"停止动画"按钮时停止 id 为 flower 的元素正在执行的动画效果，清空动画序列并直接到达动画结束时的状态。若要实现这种效果，只需在 $(document).ready() 方法中加入下面这句代码即可：

```
1819 $("#btn").click(function(){
1820    $("#flower").stop("true","true");                     // 停止动画效果
1821 });
```

17.6   综合案例——验证用户注册信息

设计一个简单的用户注册页面，应用 jQuery 对页面元素的操作实现对用户注册信息的验证。当用户输入正确或错误时，在右侧会给出相应的提示信息。（实例位置：资源包 \Code\17\11\ 综合案例）

17.6.1   案例分析

本案例主要实现以下两个功能：

① 当输入框失去焦点时，在右侧给出用户注册信息验证的结果。实现该功能主要使用了 jQuery 中的 blur 事件，在表单中的任意一个输入框失去焦点时都会触发该事件，并执行绑定的事件处理函数，在函数中实现对用户注册信息的验证。

② 当单击"注册"按钮时，对每一个输入框的值进行验证。实现该功能需要自动触发输入框的 blur 事件，因此需要使用 jQuery 中的 trigger() 方法。如果某个输入框的值不正确就给出相应的提示信息，否则就弹出"注册成功"的对话框。

17.6.2   实现过程

① 创建一个名称为 index.html 的文件，在该文件中引入 jQuery 库以及 index.js 文件。代码如下：

```
1822 <script type="text/javascript" src="../JS/jquery-3.5.1.min.js"></script>
1823 <script type="text/javascript" src="index.js"></script>
```

② 在页面中创建用户注册表单，在表单中添加"用户名"文本框、"密码"和"确认密码"密码框以及"注册"和"重置"按钮。代码如下：

```
1824 <form name="form" method="post">
1825    <div class="title">用户注册 </div>
1826    <div class="one">
1827      <label for="name">用户名: </label>
1828      <input type="text" id="name" name="name" class="a" />
1829      <strong class='red'>*</strong>
1830    </div>
1831    <div class="one">
1832      <label for="password"> 密码: </label>
1833      <input type="password" id="password" name="password" class="a" />
1834      <strong class='red'>*</strong>
1835    </div>
1836    <div class="one">
1837      <label for="passwords"> 确认密码: </label>
1838      <input type="password" id="passwords" name="passwords"  class="a"/>
1839      <strong class='red'>*</strong>
1840    </div>
1841    <div class="two">
1842      <input type="submit" id="send" value=" 注册 " />
1843      <input type="reset" id="res" value=" 重置 " />
1844    </div>
1845 </form>
```

③ 编写 jQuery 代码，在表单元素的 blur 事件中应用 jQuery 对页面元素的操作实现对用户注册信息的验证，在"注册"按钮的 click 事件中判断用户是否注册成功，在"重置"按钮的 click 事件中执行移除页面元素的操作。具体代码如下：

```
1846 $(document).ready(function(){
1847    $("form :input").blur(function(){
```

```
1848        $(this).parent().find("span").remove();
1849        if($(this).is("#name")){
1850            if(this.value==""){
1851                var show=$("<span class='error'>用户名不能为空</span>");
1852                    $(this).parent().append(show);
1853            }else if(this.value.length<3){
1854                var show=$("<span class='error'>用户名不能小于 3 位</span>");
1855                    $(this).parent().append(show);
1856            }else{
1857                var show=$("<span class='right'>正确</span>");
1858                    $(this).parent().append(show);
1859            }
1860        }
1861        if($(this).is("#password")){
1862            if(this.value==""){
1863                var show=$("<span class='error'>密码不能为空</span>");
1864                    $(this).parent().append(show);
1865            }else if(this.value.length<6){
1866                var show=$("<span class='error'>密码不能小于 6 位</span>");
1867                    $(this).parent().append(show);
1868            }else{
1869                var show=$("<span class='right'>正确</span>");
1870                    $(this).parent().append(show);
1871            }
1872        }
1873        if($(this).is("#passwords")){
1874            if(this.value==""){
1875                var show=$("<span class='error'>确认密码不能为空</span>");
1876                    $(this).parent().append(show);
1877            }else if(this.value!=$("#password").val()){
1878                var show=$("<span class='error'>两次密码不相等</span>");
1879                    $(this).parent().append(show);
1880            }else{
1881                var show=$("<span class='right'>正确</span>");
1882                    $(this).parent().append(show);
1883            }
1884        }
1885    });
1886    $("#send").click(function(){
1887            $("form :input").trigger("blur");
1888        if($(".error").length){
1889            return false;
1890        }else{
1891            alert("注册成功！");
1892        }
1893    });
1894    $("#res").click(function(){
1895        $("span").remove();
1896    });
1897 });
```

运行结果如图 17.28 所示。

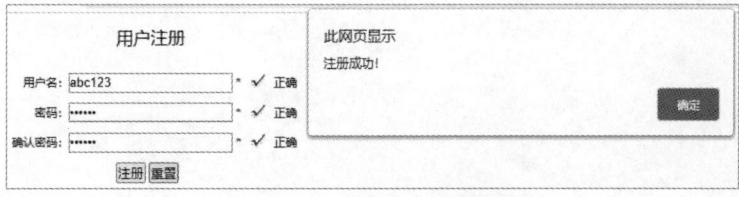

图 17.28　验证用户注册信息

17.7　实战练习

实现选项卡滑动切换图片的效果。页面左侧有 5 个表示图书语言种类的选项卡，默认显示第一个选项卡以及对应的图片。当鼠标指向其他选项卡时，选项卡会产生滑动效果，同时页面右侧会显示该选项卡对应的图片，在切换图片的时候也会有一个动画效果。结果如图 17.29 和图 17.30 所示。（实例位置：资源包 \Code\17\12\ 实战练习）

图 17.29　显示第一个选项卡内容　　　　图 17.30　显示其他选项卡内容

⚖ 小结

本章主要介绍了 jQuery 技术的应用，包括 jQuery 选择器、使用 jQuery 控制页面和处理事件，以及使用 jQuery 实现动画效果。相对于传统的 JavaScript 而言，jQuery 操作元素的方法更多样、更简洁、更方便。通过本章的学习，读者可以对 jQuery 有一个比较深入的了解。

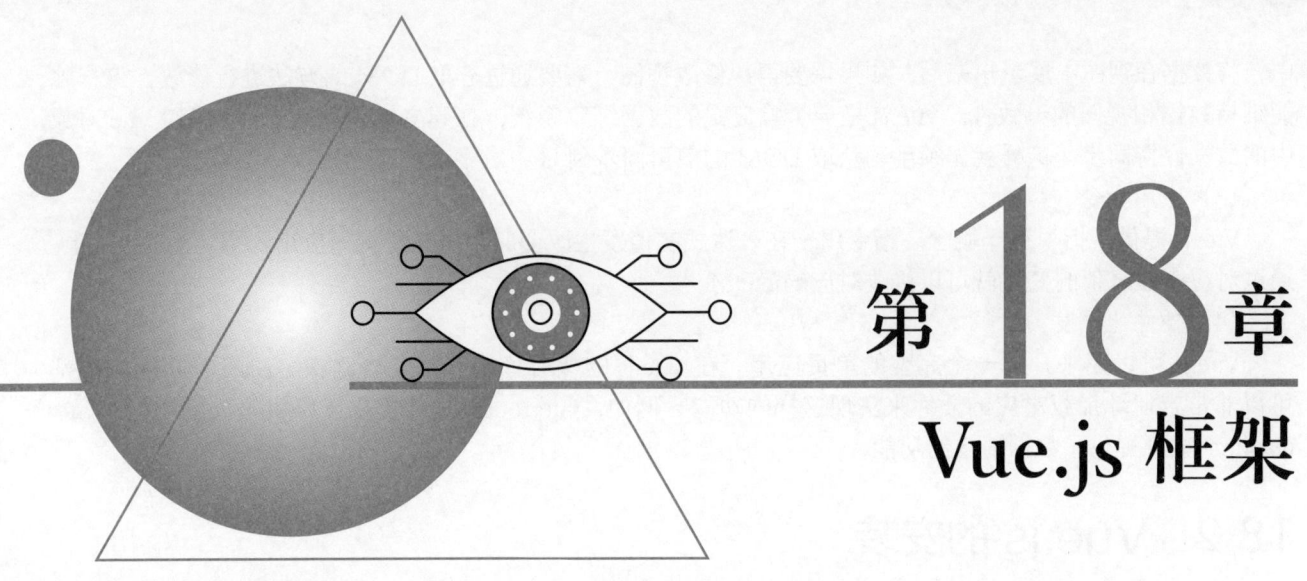

第 **18** 章

Vue.js 框架

扫码领取
- 教学视频
- 配套源码
- 练习答案
- ……

为了改变传统的前端开发方式，进一步提高用户体验，越来越多的前端开发者开始使用框架来构建前端页面。本章将要介绍的 Vue.js 就是一款目前比较受欢迎的前端框架。与其他重量级框架不同的是，它只关注视图层，采用自底向上增量开发的设计。Vue.js 的目标是通过尽可能简单的 API 实现响应的数据绑定和组合的视图组件。它不仅容易上手，还非常容易与其他库或已有项目进行整合。

18.1　什么是 Vue.js

Vue.js 是一套用于构建用户界面的渐进式框架。它实际上是一个用于开发 Web 前端界面的库，其本身具有响应式编程和组件化的特点。所谓响应式编程，即保持状态和视图的同步。响应式编程允许将相关模型的变化自动反映到视图上，反之亦然。Vue.js 采用的是 MVVM（Model-View-ViewModel）的开发模式。与传统的 MVC 开发模式不同，MVVM 将 MVC 中的 Controller 改成了 ViewModel。在这种模式下，View 的变化会自动更新到 ViewModel，而 ViewModel 的变化也会自动同步到 View 上进行显示。ViewModel 模式如图 18.1 所示。

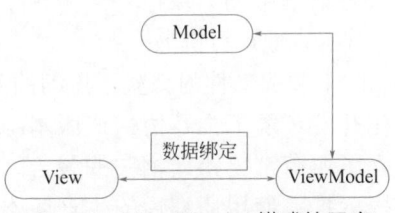

图 18.1　ViewModel 模式的示意

下面介绍 Vue.js 的主要特性：

（1）轻量级

与 ReactJS 相比，Vue.js 是一个更轻量级的前端库，不但容量非常小，而且没有其他的依赖。

（2）数据绑定

Vue.js 最主要的特点就是双向的数据绑定。在传统的 Web 项目中，将数据在视图中展示出来后，如果需要再次修改视图，需要通过获取 DOM 的方法进行修改，这样才能维持数据和视图的一致性。Vue.js 是一个响应式的数据绑定系统，在建立绑定后，DOM 将和 Vue 对象中的数据保持同步，这样就无须手动获取 DOM 的值再同步到 js 中。

（3）应用指令

Vue.js 提供了指令这一概念。指令用于在表达式的值发生改变时，将某些行为应用到绑定的 DOM 上，通过对应表达式值的变化就可以修改对应的 DOM。

（4）插件化开发

Vue.js 可以用来开发一个完整的单页应用。在 Vue.js 的核心库中并不包含路由、Ajax 等功能，但都可以非常方便地加载对应的插件来实现这样的功能。例如，vue-router 插件提供了路由管理的功能，vue-resource 插件提供了数据请求的功能。

18.2　Vue.js 的安装

在 Vue.js 的官方网站中可以直接下载 vue.js 文件并使用 <script> 标签引入。下面将介绍如何下载与引入 Vue.js。

（1）下载 Vue.js

Vue.js 是一个开源的库，可以从它的官方网站中下载到。下面介绍具体的下载步骤。

① 在浏览器的地址栏中输入官方网站地址，并按下 Enter 键，打开页面后，拖动浏览器右侧的滚动条，找到如图 18.2 所示的内容。

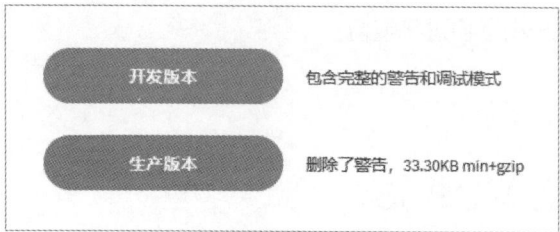

图 18.2　根据实际情况选择版本

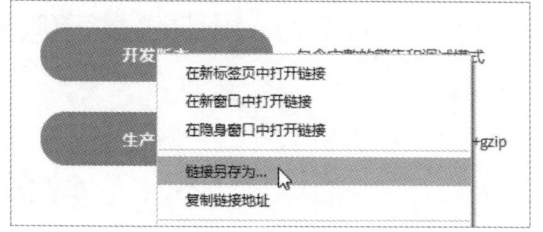

图 18.3　在"开发版本"按钮上单击鼠标右键

② 根据开发者的实际情况选择不同的版本进行下载。这里以下载开发版本为例，在"开发版本"按钮上单击鼠标右键，如图 18.3 所示。

③ 在弹出的右键菜单中单击"链接另存为 ..."选项，弹出下载对话框，如图 18.4 所示。单击该对话框中的"保存 (S)"按钮，将 Vue.js 文件下载到本地计算机上。

此时下载的文件为完整不压缩的开发版本。如果在开发环境下推荐使用该版本，因为该版本包含了所有常见错误相关的警告。如果在生产环境下推荐使用压缩后的生产版本，因为使用生产版本可以带来比开发环境下更快的速度体验。

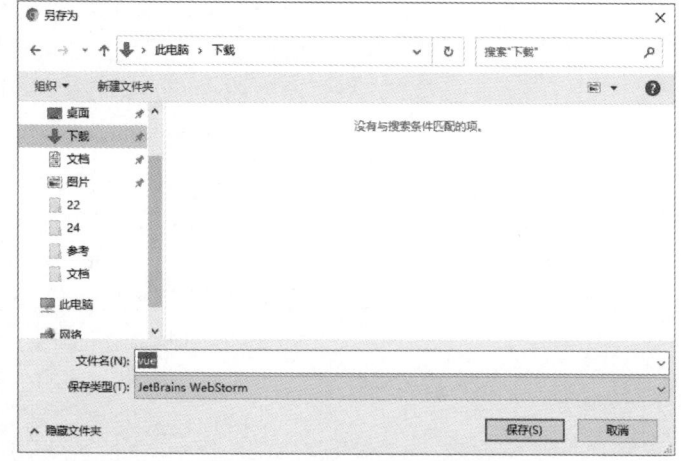

图 18.4　下载 Vue.js 文件

（2）引入 Vue.js

将 Vue.js 下载到本地计算机后，还需要在项目中引入 Vue.js。即将下载后的 Vue.js 文件放置到项目的指定文件夹中，通常放置在 JS 文件夹中，然后在需要应用 vue.js 文件的页面中使用下面的语句，将其引入文件中。

```
<script type="text/javascript" src="JS/vue.js"></script>
```

> **注意**
>
> 引入 Vue.js 的 <script> 标签，必须放在所有的自定义脚本文件的 <script> 之前，否则在自定义的脚本代码中应用不了 Vue.js。

18.3　Vue 实例及选项

每个 Vue.js 应用都需要通过构造函数创建一个 Vue 实例。创建一个 Vue 实例的代码格式如下：

```
var vm = new Vue({
    // 选项
})
```

在创建对象实例时，可以在构造函数中传入一个选项对象。选项对象中包括挂载元素、数据、方法、生命周期、钩子 (Hook) 函数等选项。下面分别对其中几个选项进行介绍。

18.3.1　挂载元素

在 Vue.js 的构造函数中有一个 el 选项，该选项的作用是为 Vue 实例提供挂载元素。定义挂载元素后，接下来的全部操作都在该元素内进行，元素外部不受影响。该选项的值可以使用 CSS 选择符，也可以使用原生的 DOM 元素名称。例如，页面中定义了一个 <div> 元素。代码如下：

```
<div id="app" class="app"></div>
```

如果将该元素作为 Vue 实例的挂载元素，可以设置为 el:'#app'、el:'.app' 或 el:'div'。挂载元素成功后，可以通过 vm.$el 来访问该元素。

18.3.2　数据

在 Vue 实例中，通过 data 选项可以定义数据，Vue 实例本身会代理 data 选项中的所有数据。示例代码如下：

```
1898 <script type="text/javascript">
1899    var vm = new Vue({
1900        el : '#app',
1901        data : {
1902            text : '天才出于勤奋',              // 定义数据
1903        }
1904    });
1905    document.write('<h1>'+vm.text+'</h1>');
1906 </script>
```

运行结果如图 18.5 所示。

在上述代码中创建了一个 Vue 实例 vm，在实例的 data 选项中定义了一个属性 text。通过 vm.text 即可访问该属性。

在创建 Vue 实例时，除了显式地声明数据外，还可以指向一个预先定义的变量，并且它们之间会默认建立双向绑定，当任意一个发生变化时，另一个也

天才出于勤奋

图 18.5　输出 data 对象属性值

311

会随之变化。因此，data 选项中定义的属性被称为响应式属性。示例代码如下：

```
1907 <script type="text/javascript">
1908    var data = {type : ' 手机 ', name : 'OPPO Reno6 6400万四摄'};
1909    var vm = new Vue({
1910        el : '#app',
1911        data : data
1912    });
1913    vm.name = 'OPPO K9 65W 超级闪充 ';        // 重新设置 Vue 属性
1914    document.write(data.name);              // 原数据也会随之修改
1915    data.name = 'OPPO A95 256GB 大内存 ';    // 重新设置原数据属性
1916    document.write('<br>'+vm.name);         //Vue 属性也随之修改
1917 </script>
```

运行结果如图 18.6 所示。

在上述代码中，通过实例 vm 就可以调用 data 对象中的属性。当重新设置 Vue 实例的 name 属性值时，原数据属性也会随之改变，反之亦然。

OPPO K9 65W超级闪充
OPPO A95 256GB大内存

图 18.6　修改属性

需要注意的是，只有在创建 Vue 实例时，传入 data 选项中的属性才是响应式的。如果不能确定某些属性的值，可以为它们设置一些初始值。例如：

```
1918 data : {
1919    name : '',
1920    number : 0,
1921    address : [],
1922    flag : true
1923 }
```

除了 data 数据属性，Vue.js 还提供了一些有用的实例属性与方法。这些属性和方法的名称都有前缀 $，以便与用户定义的属性进行区分。例如，可以通过 Vue 实例中的 $data 属性来获取声明的数据。示例代码如下：

```
1924 <script type="text/javascript">
1925    var data = {type : ' 手机 ', name : 'OPPO Reno6 6400万四摄'};
1926    var vm = new Vue({
1927        el : '#app',
1928        data : data
1929    });
1930    document.write(vm.$data === data);       // 输出 true
1931 </script>
```

18.3.3　方法

在 Vue 实例中，通过 methods 选项可以定义方法。Vue 实例本身也会代理 methods 选项中的所有方法，因此也可以像访问 data 数据那样来调用方法。示例代码如下：

```
1932 <script type="text/javascript">
1933    var vm = new Vue({
1934        el : '#app',
1935        data : {
1936            text : ' 敏而好学，不耻下问。',
1937            author : ' —— 孔子 '
1938        },
1939        methods : {
1940            showInfo : function(){
1941                return this.text + this.author;     // 连接字符串
1942            }
1943        }
1944    });
1945    document.write('<h2>'+vm.showInfo()+'</h2>');
1946 </script>
```

运行结果如图 18.7 所示。

在上述代码中，在实例的 methods 选项中定义了一个 showInfo() 方法，通过 vm.showInfo() 调用该方法，从而输出 data 对象中的属性值。

图 18.7　输出方法的
返回值

18.4　数据绑定

数据绑定是 Vue.js 最核心的一个特性。建立数据绑定后，数据和视图会相互关联，当数据发生变化时，视图会自动进行更新。这样就无须手动获取 DOM 的值再同步到 js 中，从而使代码更加简洁，开发效率更高。下面介绍 Vue.js 中数据绑定的语法。

18.4.1　插值

(1) 文本插值

文本插值是数据绑定最基本的形式，使用的是双大括号标签 {{}}。它会自动将绑定的数据实时显示出来。

实例 18.1　　　　　　　　　　**插入文本**　　　　　　　👁 **实例位置：资源包 \Code\18\01**

使用双大括号标签将文本插入 HTML 中。代码如下：

```
1947 <div id="app">
1948     <h3>{{text}}</h3>
1949 </div>
1950 <script type="text/javascript">
1951     var vm = new Vue({
1952         el : '#app',
1953         data : {
1954             text : ' 一寸光阴一寸金，寸金难买寸光阴。'        // 定义数据
1955         }
1956     });
1957 </script>
```

运行结果如图 18.8 所示。

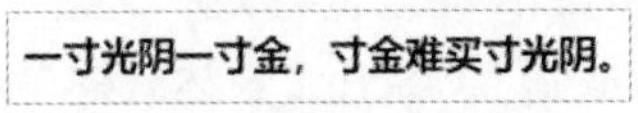

上述代码中，{{text}} 标签将会被相应的数据对象中 text 属性的值所替代，而且将 DOM 中的 text 与 data 中的 text 属性进行了绑定。当数据对象中的 text 属性值发生改变时，文本中的值也会相应地发生变化。

一寸光阴一寸金，寸金难买寸光阴。

图 18.8　输出插入的文本

(2) 插入 HTML

双大括号标签会将里面的值当作普通文本来处理。如果要输出真正的 HTML 内容，需要使用 v-html 指令。

实例 18.2　　　　　　　　　　**插入 HTML 内容**　　　　　　👁 **实例位置：资源包 \Code\18\02**

使用 v-html 指令将 HTML 内容插入标签中。代码如下：

```
1958 <div id="app">
1959     <p v-html="message"></p>
1960 </div>
```

18

```
1961 <script type="text/javascript">
1962     var vm = new Vue({
1963         el : '#app',
1964         data : {
1965             message : '<h1>天生我材必有用</h1>'                // 定义数据
1966         }
1967     });
1968 </script>
```

运行结果如图 18.9 所示。

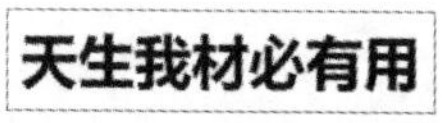

上述代码中，为 <p> 标签应用 v-html 指令后，数据对象中 message 属性的值将作为 HTML 元素插入 <p> 标签中。

天生我材必有用

图 18.9 输出插入
的 HTML 内容

（3）表达式

在双大括号标签中进行数据绑定，标签中可以是一个 JavaScript 表达式。这个表达式可以是常量或者变量，也可以是常量、变量、运算符组合而成的式子。表达式的值是其运算后的结果。示例代码如下：

```
1969 <div id="app">
1970     {{number + 10}}<br>
1971     {{boo ? number + 20 : number + 30}}<br>
1972     {{str.toLowerCase()}}
1973 </div>
1974 <script type="text/javascript">
1975     var vm = new Vue({
1976         el : '#app',
1977         data : {
1978             number : 10,
1979             boo : true,
1980             str : 'MJH My Love'
1981         }
1982     });
1983 </script>
```

运行结果如图 18.10 所示。

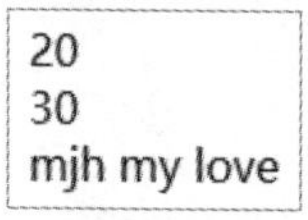

18.4.2 过滤器

对于一些需要经过复杂计算的数据绑定，简单的表达式可能无法实现，这时可以使用 Vue.js 的过滤器进行处理。通过自定义的过滤器可以对文本进行格式化。过滤器需要被添加到 JavaScript 表达式的尾部，由管道符号 "|" 表示。格式如下：

```
{{ message | myfilter }}
```

20
30
mjh my love

图 18.10 输
出绑定的表达
式的值

过滤器可以应用选项对象中的 filters 选项进行定义。应用 filters 选项定义的过滤器包括过滤器名称和过滤器函数两部分，过滤器函数以表达式的值作为第一个参数。

实例 18.3

截取新闻标题

👁 **实例位置：资源包 \Code\18\03**

应用 filters 选项定义过滤器，对商城头条的标题进行截取并输出。代码如下：

```
1984 <div id="box">
1985     <ul>
1986         <li><a href="#"><span>[ 特惠 ]</span>{{title1 | subStr}}</a></li>
1987         <li><a href="#"><span>[ 公告 ]</span>{{title2 | subStr}}</a></li>
```

```
1988            <li><a href="#"><span>[ 特惠 ]</span>{{title3 | subStr}}</a></li>
1989            <li><a href="#"><span>[ 公告 ]</span>{{title4 | subStr}}</a></li>
1990            <li><a href="#"><span>[ 特惠 ]</span>{{title5 | subStr}}</a></li>
1991    </ul>
1992 </div>
1993 <script type="text/javascript">
1994    var demo = new Vue({
1995        el : '#box',
1996        data : {
1997         title1 : ' 新品首发直降 300 再赢好礼 ',
1998         title2 : ' 跨店购物每满 200 减 30',
1999         title3 : ' 大牌男装爆款速递百元直降 ',
2000         title4 : ' 暑期充电站满 99 减 20 满 159 减 30',
2001         title5 : ' 品牌盛宴超值精品大汇聚 '
2002        },
2003      filters : {
2004        subStr : function(value){
2005           if(value.length > 10){                   // 如果字符串长度大于 10
2006                return value.substr(0,10)+"...";     // 返回字符串前 10 个字符，然后输出省略号
2007           }else{                                    // 如果字符串长度不大于 10
2008                return value;                         // 直接返回该字符串
2009           }
2010        }
2011      }
2012    });
2013 </script>
```

运行结果如图 18.11 所示。

多个过滤器可以串联使用。格式如下：

```
{{ message | filterA | filterB }}
```

在串联使用过滤器时，首先调用过滤器 filterA 对应的函数，然后调用过滤器 filterB 对应的函数。其中，filterA 对应的函数以 message 作为参数，filterB 对应的函数以 filterA 的结果作为参数。

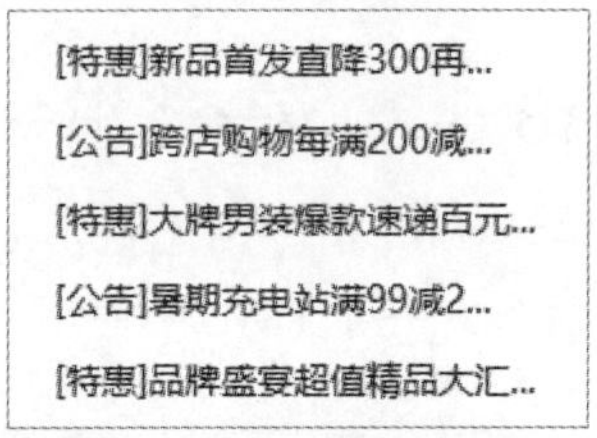

[特惠]新品首发直降300再...
[公告]跨店购物每满200减...
[特惠]大牌男装爆款速递百元...
[公告]暑期充电站满99减2...
[特惠]品牌盛宴超值精品大汇...

图 18.11 输出截取后的
标题

18.5 指令

指令是 Vue.js 的重要特性之一，它是带有 v- 前缀的特殊属性。从写法上来说，指令的值限定为绑定表达式。指令用于在绑定表达式的值发生改变时，将这种数据的变化应用到 DOM 上。当数据变化时，指令会根据指定的操作对 DOM 进行修改，这样就无须手动去管理 DOM 的变化和状态，提高了程序的可维护性。下面介绍 Vue.js 中的几个常用指令。

18.5.1 v-bind 指令

v-bind 指令可以为 HTML 元素绑定属性。示例代码如下：

```
<img v-bind:src="imageSrc">
```

上述代码中，通过 v-bind 指令将 <img> 元素的 src 属性与表达式 imageSrc 的值进行绑定。

实例 18.4　　　　　　　　　　　　　设置文字样式　　　　　　　👁 实例位置：资源包 \Code\18\04

使用 v-bind 指令为 HTML 元素绑定 class 属性，设置元素中文字的样式。代码如下：

```
2014 <style type="text/css">
2015 .title{
2016     color:#00CC00;
2017     border:1px solid #FF00FF;
2018     display:inline-block;
2019     padding:6px;
2020 }
2021 </style>
2022 <div id="box">
2023     <span v-bind:class="value">书是人类进步的阶梯</span>
2024 </div>
2025 <script type="text/javascript">
2026     var demo = new Vue({
2027         el : '#box',
2028         data : {
2029             value : 'title'                          // 定义绑定的属性值
2030         }
2031     });
2032 </script>
```

运行结果如图 18.12 所示。

上述代码中，为 <span> 标签应用 v-bind 指令，将该标签的 class 属性与数据对象中的 value 属性进行绑定。这样，数据对象中 value 属性的值将作为 <span> 标签的 class 属性值。

书是人类进步的阶梯

图 18.12　通过绑定属性设置元素样式

18.5.2　v-on 指令

v-on 指令用于监听 DOM 事件。该指令通常在模板中直接使用，在触发事件时会执行一些 JavaScript 代码。在 HTML 中使用 v-on 指令，其后面可以是所有的原生事件名称。代码如下：

```
<button v-on:click="count">统计</button>
```

上述代码将 click 单击事件绑定到了 count() 方法中。当单击"统计"按钮时，将执行 count() 方法。该方法在 Vue 实例中进行定义。

动态改变图片透明度

⊙ 实例位置：资源包 \Code\18\05

实现动态改变图片透明度的功能。当鼠标移入图片时，改变图片的透明度；当鼠标移出图片时，将图片恢复为初始的效果。代码如下：

```
2033 <div id="app">
2034     <img id="pic" v-bind:src="url" v-on:mouseover="visible(1)" v-on:mouseout="visible(0)">
2035 </div>
2036 <script type="text/javascript">
2037 var vm = new Vue({
2038     el:'#app',
2039     data:{
2040         url : 'images/banner.jpg'                        // 图片 URL
2041     },
2042     methods : {
2043         visible : function(i){
2044             var pic = document.getElementById('pic');
2045             if(i == 1){
2046                 pic.style.opacity = 0.5;
2047             }else{
```

```
2048              pic.style.opacity = 1;
2049            }
2050        }
2051    }
2052 })
2053 </script>
```

运行结果如图 18.13 和图 18.14 所示。

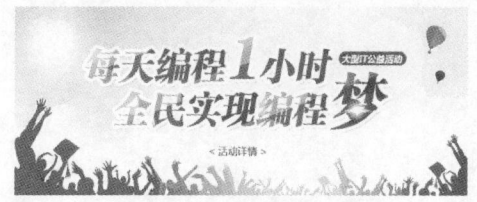
图 18.13　图片初始效果

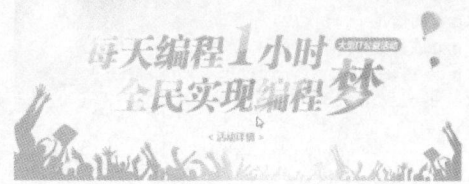
图 18.14　鼠标移入时改变图片透明度

18.5.3　v-if 指令

v-if 指令可以根据表达式的值来判断是否输出 DOM 元素及其包含的子元素。如果表达式的值为 true，就输出 DOM 元素及其包含的子元素；否则，就将 DOM 元素及其包含的子元素移除。

例如，输出数据对象中的属性 m 和 n 的值，并比较两个属性的值，判断是否输出比较结果。代码如下：

```
2054 <div id="app">
2055    <p>m 的值是 {{m}}</p>
2056    <p>n 的值是 {{n}}</p>
2057    <p v-if="m<n">m 小于 n</p>
2058 </div>
2059 <script type="text/javascript">
2060    var vm = new Vue({
2061        el : '#app',
2062        data : {
2063            m : 50,
2064            n : 80
2065        }
2066    });
2067 </script>
```

运行结果如图 18.15 所示。

v-if 是一个指令，必须将它添加到一个元素上，根据表达式的结果判断是否输出该元素。如果需要对一组元素进行判断，需要使用 <template> 元素作为包装元素，并在该元素上使用 v-if，最后的渲染结果中不会包含 <template> 元素。例如，根据表达式的结果判断是否输出一组单选按钮。代码如下：

m的值是50

n的值是80

m小于n

图 18.15　输出
比较结果

```
2068 <div id="app">
2069    <template v-if="show">
2070        <input type="radio" value="男">男
2071        <input type="radio" value="女">女
2072    </template>
2073 </div>
2074 <script type="text/javascript">
2075    var vm = new Vue({
2076        el : '#app',
2077        data : {
2078            show : true
2079        }
2080    });
2081 </script>
```

运行结果如图 18.16 所示。

○男 ○女

图 18.16 **输出一组单选按钮**

18.5.4 v-else 指令

v-else 指令的作用相当于 JavaScript 中的 else 语句部分。可以将 v-else 指令配合 v-if 指令一起使用。例如，输出数据对象中的属性 m 和 n 的值，并比较两个属性的值，输出比较的结果。代码如下：

```
2082 <div id="app">
2083    <p>m 的值是 {{m}}</p>
2084    <p>n 的值是 {{n}}</p>
2085    <p v-if="m<n">m 小于 n</p>
2086    <p v-else>m 大于 n</p>
2087 </div>
2088 <script type="text/javascript">
2089    var vm = new Vue({
2090       el : '#app',
2091       data : {
2092          m : 80,
2093          n : 50
2094       }
2095    });
2096 </script>
```

运行结果如图 18.17 所示。

18.5.5 v-for 指令

Vue.js 提供了列表渲染功能，可将数组或对象中的数据循环渲染到 DOM 中。在 Vue.js 中，列表渲染使用的是 v-for 指令，其效果类似于 JavaScript 中的遍历。

m的值是80

n的值是50

m大于n

图 18.17 **输出比较的结果**

v-for 指令遍历数组使用 item in items 形式的语法。其中，items 为数据对象中的数组名称，item 为数组元素的别名，通过别名可以获取当前数组遍历的每个元素。例如，应用 v-for 指令输出数组中存储的小说名称。代码如下：

```
2097 <div id="box">
2098    <ul>
2099       <li v-for="item in items">{{item.novel}}</li>
2100    </ul>
2101 </div>
2102 <script type="text/javascript">
2103    var demo = new Vue({
2104       el : '#box',
2105       data : {
2106          items : [// 定义小说信息数组
2107             {novel: ' 倚天屠龙记 ', name: ' 张无忌 '},
2108             {novel: ' 笑傲江湖 ', name: ' 令狐冲 '},
2109             {novel: ' 鹿鼎记 ', name: ' 韦小宝 '}
2110          ]
2111       }
2112    });
2113 </script>
```

运行结果如图 18.18 所示。

在应用 v-for 指令遍历数组时，还可以指定一个参数作为当前数组元素的索引，语法格式为 (item,index) in items。其中，items 为数组名称，item 为数组元素的别名，index 为数组元素的索引。例如，应用 v-for 指令输出数组中存储的小说名称和相应的索引。代码如下：

- 倚天屠龙记
- 笑傲江湖
- 鹿鼎记

图 18.18 **输出小说名称**

```
2114 <div id="box">
2115    <ul>
2116       <li v-for="(item,index) in items">{{index}} - {{item.novel}}</li>
2117    </ul>
2118 </div>
2119 <script type="text/javascript">
2120    var demo = new Vue({
2121       el : '#box',
2122       data : {
2123          items : [// 定义小说信息数组
2124             {novel: ' 倚天屠龙记 ', name: ' 张无忌 '},
2125             {novel: ' 笑傲江湖 ', name: ' 令狐冲 '},
2126             {novel: ' 鹿鼎记 ', name: ' 韦小宝 '}
2127          ]
2128       }
2129    });
2130 </script>
```

运行结果如图 18.19 所示。

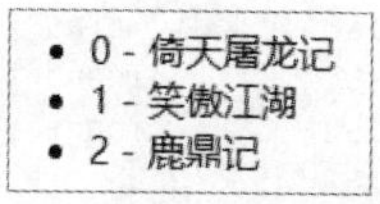

- 0 - 倚天屠龙记
- 1 - 笑傲江湖
- 2 - 鹿鼎记

18.5.6 v-model 指令

图 18.19　输出小说名称和索引

v-model 指令可以对表单元素进行双向数据绑定，在修改表单元素值的
同时，Vue 实例中对应的属性值也会随之更新，反之亦然。v-model 会根据控件类型自动选取正确的方法
来更新元素。应用 v-model 指令对单行文本框进行数据绑定的示例代码如下：

```
2131 <div id="box">
2132    <input v-model="message" placeholder=" 单击此处进行编辑 ">
2133    <p> 当前输入: {{message}}</p>
2134 </div>
2135 <script type="text/javascript">
2136    var vm = new Vue({
2137       el : '#box',
2138       data : {
2139          message : ''
2140       }
2141    });
2142 </script>
```

运行结果如图 18.20 所示。

上述代码中，应用 v-model 指令将单行文本框的值和 Vue 实例中的
message 属性值进行了绑定。当单行文本框中的内容发生变化时，message
属性值也会相应进行更新。

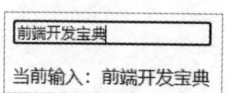

图 18.20　单行文本框数据绑定

18.6　综合案例——选择职位

制作一个简单的选择职位的程序，用户可以在"可选职位"列表框和"已选职位"列表框之间进行
选项的移动。（实例位置：资源包 \Code\18\06\ 综合案例）

18.6.1　案例分析

本案例主要实现的功能和应用的知识点如下：
① 使用 v-for 指令分别对可选职位列表和已选职位列表进行渲染。
② 使用 v-model 指令对多行列表框进行数据绑定，在进行多选时，应用 v-model 绑定的是一个数组。

③ 当单击 ">>" 或 "<<" 按钮时，应用 v-on 指令监听按钮的 click 事件，在事件触发时调用相应的方法，在方法中对可选职位列表和已选职位列表进行操作，实现用户选择职位的功能。

18.6.2　实现过程

① 定义挂载元素，并设置其 id 属性值为 app，在挂载元素中定义 3 个 <div> 元素。在第 1 个 <div> 中定义可选职位列表框，使用 v-for 指令对可选职位列表进行渲染；在第 2 个 <div> 中定义用于移动职位的 ">>" 和 "<<" 按钮；在第 3 个 <div> 中定义已选职位列表框，使用 v-for 指令对已选职位列表进行渲染。代码如下：

```
2143 <div id="app">
2144   <div class="left">
2145     <span> 可选职位 </span>
2146     <select size="6" multiple="multiple" v-model="job">
2147       <option v-for="value in joblist" :value="value">{{value}}</option>
2148     </select>
2149   </div>
2150   <div class="middle">
2151     <input type="button" value=">>" v-on:click="toMyjob">
2152     <input type="button" value="<<" v-on:click="toJob">
2153   </div>
2154   <div class="right">
2155     <span> 已选职位 </span>
2156     <select size="6" multiple="multiple" v-model="myjob">
2157       <option v-for="value in myjoblist" :value="value">{{value}}</option>
2158     </select>
2159   </div>
2160 </div>
```

② 创建 Vue 实例，在实例中定义挂载元素、数据和方法。其中，toMyjob() 方法的作用是将选择的职位添加到已选职位列表，并将选择的职位从可选职位列表中移除；toJob() 方法的作用是将已选的职位添加到可选职位列表，并将已选的职位从可选职位列表中移除。代码如下：

```
2161 <script type="text/javascript">
2162 var vm = new Vue({
2163   el: '#app',
2164   data: {
2165     joblist : [' 项目经理 ',' 财务专员 ',' 酒店管理 ',' 大学教师 ',' 公司职员 ',' 销售经理 '], // 所有职位列表
2166     myjoblist : [],                                  // 已选职位列表
2167     job : [],                                        // 可选职位列表选中的选项
2168     myjob : []                                       // 已选职位列表选中的选项
2169   },
2170   methods: {
2171     toMyjob : function(){
2172       for(var i = 0; i < this.job.length; i++){
2173         this.myjoblist.push(this.job[i]);            // 添加到已选职位列表
2174         var index = this.joblist.indexOf(this.job[i]); // 获取选项索引
2175         this.joblist.splice(index,1);                // 从可选职位列表移除
2176       }
2177       this.job = [];
2178     },
2179     toJob : function(){
2180       for(var i = 0; i < this.myjob.length; i++){
2181         this.joblist.push(this.myjob[i]);            // 添加到可选职位列表
2182         var index = this.myjoblist.indexOf(this.myjob[i]); // 获取选项索引
2183         this.myjoblist.splice(index,1);              // 从已选职位列表移除
2184       }
2185       this.myjob = [];
2186     }
2187   }
2188 })
2189 </script>
```

运行结果如图 18.21 所示。

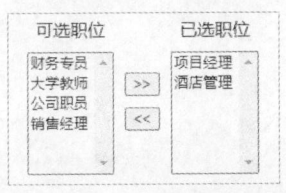

图 18.21　用户选择职位

18.7　实战练习

设置一个选择页面主题的下拉菜单，当选择某个选项时可以更换主题，实现文档的背景色和文本颜色变换的功能，结果如图 18.22 和图 18.23 所示。（实例位置：资源包 \Code\18\07\ 实战练习）

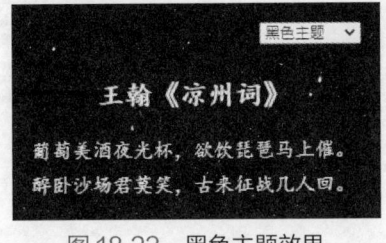

图 18.22　黑色主题效果

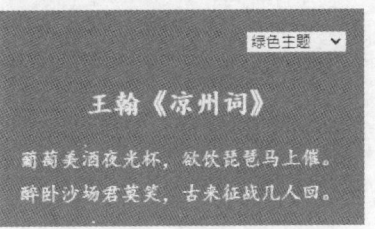

图 18.23　绿色主题效果

▽ 小结

本章主要介绍了 Vue.js 的安装方法、Vue.js 构造函数的选项对象中的基本选项、建立数据绑定，以及一些常用指令的使用方法。通过这些内容，读者对 Vue.js 会有一个初步的了解，为以后学习 Vue.js 奠定基础。

18

Html5+JavaScript+Css3

Html5+JavaScript+Css3

开发手册

基础·案例·应用

案例篇

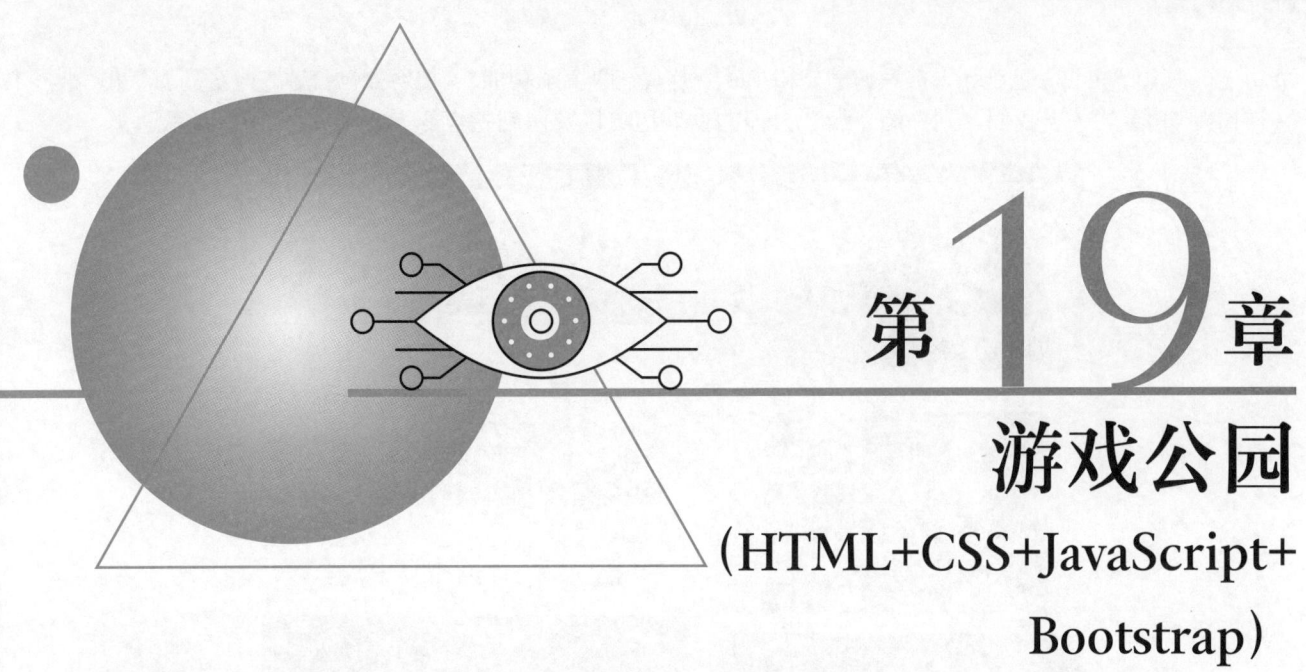

第 **19** 章

游戏公园

(HTML+CSS+JavaScript+ Bootstrap)

扫码领取
· 教学视频
· 配套源码
· 练习答案
· ……

如今的互联网时代，很多人都喜欢玩电子游戏。电子游戏种类繁多，如熟知的主机游戏、电脑游戏和手机游戏等。本章将以电子游戏为类型主题，设计并制作一个电子游戏资讯网站——游戏公园。整个设计制作过程旨在帮助学习人员全面了解网站制作流程，熟练应用 HTML 相关技术，为今后真正的网站制作奠定基础。整个案例循序渐进，由简入难，帮助学习人员逐步了解和掌握网站制作的全部流程细节。

19.1 系统预览

本案例一共由四个页面组成，分别是"主页""博客列表""博客详情"和"关于我们"，其运行效果分别如图 19.1 ～图 19.4 所示。

19.2 案例准备

本系统的软件开发及运行环境具体如下：
⮂ 网站开发环境：WebStorm。
⮂ 网站开发语言：HTML 5、CSS、JavaScript。
⮂ 开发环境运行平台：Windows 7 及以上。

19.3 功能结构

本案例从功能上可以划分为"主页""博客"和"关于我们"3

个功能。其中"主页"包含了"推荐游戏"和"最新游戏"两个子功能;"博客"包含了"博客列表"和"博客详情"功能;"关于我们"则介绍了游戏公园的发展历史以及网站特点等。具体如图 19.5 所示。

图 19.1　游戏公园主页效果　　　　　图 19.2　博客列表页面

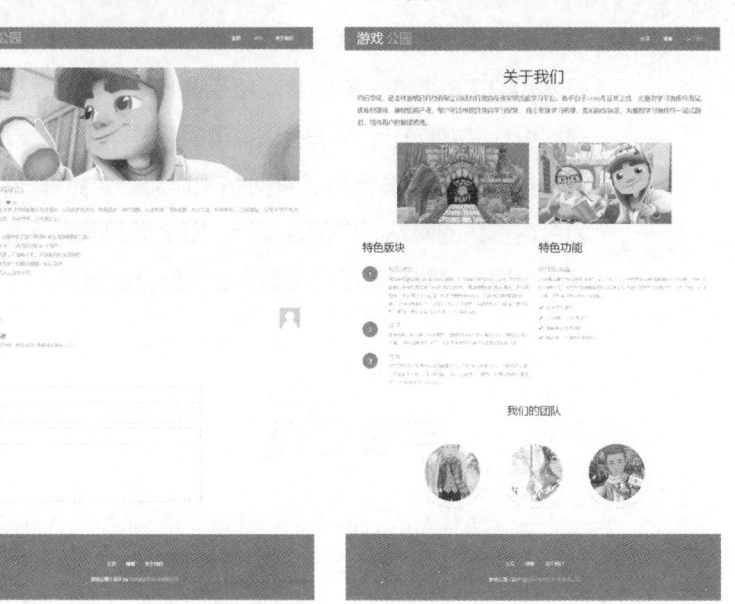

图 19.3　博客详情页面　　　　　　图 19.4　关于我们

19.4　实现过程

19.4.1　"主页"的设计与实现

　　主页主要包含三部分,分别是页头页尾区、推荐游戏和最新游戏。其中,本案例中各页面的页头页尾区是类似的;推荐游戏部分通过轮播动画显示游戏内容,如图 19.6 所示;最新游戏显示游戏列表,当鼠标悬停在游戏上时,就会显示游戏简介,如图 19.7 所示。

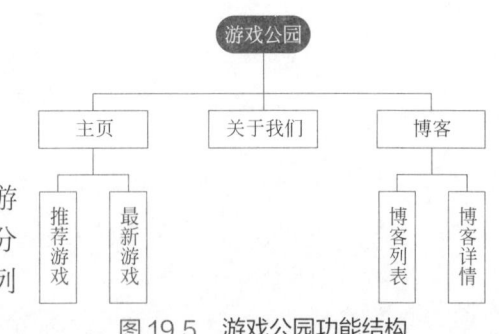

图 19.5　游戏公园功能结构

图 19.6　主页的顶部区域和推荐游戏区域

图 19.7　主页的最新游戏区域和底部区域

下面依次实现上述功能。

① 首先创建 index.html 页面，在该页面中添加页头页尾区的内容代码。关键代码如下：

```
2190 <!DOCTYPE html>
2191 <html>
2192 <head>
2193 <title> 首页 -- 游戏公园 </title>
2194 <meta name="viewport" content="width=device-width, initial-scale=1">
2195 <meta http-equiv="Content-Type" content="text/html; charset=utf-8" />
2196 <link href="css/bootstrap.css" rel="stylesheet" type="text/css" media="all" />
2197 <link href="css/style.css" rel="stylesheet" type="text/css" media="all" />
2198 </head>
2199 <body>
2200 <!--header-->
2201 <div class="header" >
2202     <div class="header-top">
2203        <div class="container">
2204           <div class="head-top">
2205              <div class="logo">
2206                 <h1><a href="index.html"> 游戏 <span> 公园 </span></a></h1>
2207              </div>
2208              <div class="top-nav">
2209                <span class="menu"><img src="images/menu.png"> </span>
2210                <ul>
2211                     <li class="active"><a  href="index.html"> 主页 </a></li>
2212                        <li><a  href="blog.html"> 博客 </a></li>
2213                     <li><a  href="about.html"> 关于我们 </a></li>
2214                     <div class="clearfix"> </div>
2215                 </ul>
2216               <!--script-->
2217              </div>
2218              <div class="clearfix"> </div>
2219        </div>
2220     </div>
2221    </div>
2222 </div>
2223 <!--footer-->
2224 <div class="footer">
2225     <div class="container">
2226        <ul class="footer-grid">
2227              <li class="active"><a  href="index.html"   >主页 </a></li>
2228              <li><a  href="blog.html"   >博客 </a></li>
2229              <li><a  href="about.html"  >关于我们 </a></li>
2230        </ul>
2231        <p> 游戏公园  |  设计 by  <a href="http://www.mingrisoft.com/" target="_blank">吉林省明日科技有限公司 </a></p>
2232     </div>
2233    </div>
2234 </body>
2235 </html>
```

19

② 然后添加推荐游戏以及最新游戏功能，在步骤①的第 23 行代码后添加代码。关键代码如下：

```
01 <!--banner-->
02 <!--banner-->
03 <div class="banner">
04     <div class="container">
05         <h2> 推荐游戏 </h2>
06         <div class="banner-matter">
07             <div class="slider">
08                 <div id="wrap">
09                     <ul id="slider">
10                         <li><img src="images/slider.png" /></li>
11                         <li><img src="images/slider.png" /></li>
12                         <li><img src="images/slider.png" /></li>
13                     </ul>
14                 </div>
15                 <input type="radio" checked name="slider" id="l01">
16                 <input type="radio" name="slider" id="l02">
17                 <input type="radio" name="slider" id="l03">
18                 <div id="opts">
19                     <label for="l01">1</label>
20                     <label for="l02">2</label>
21                     <label for="l03">3</label>
22                 </div>
23             </div>
24         </div>
25     </div>
26 </div>
27 <!--games-->
28 <div class="container">
29     <div class="games">
30     <h3 > 最新游戏 </h3>
31         <section>
32             <ul id="da-thumbs" class="da-thumbs">
33                 <li>
34                     <a href="single.html" rel="title" class="b-link-stripe b-animate-go  thickbox"
onmouseover="mouseOver(this)" onmouseout="mouseOut(this)" >
35                         <img src="images/a1.jpg" alt="" />
36                             <div style="left: -100%; display: block; top: 0px; transition: all 300ms ease;">
37                                 <h5>Games</h5>
38                                 <span> 领先的在线休闲游戏平台 </span>
39                             </div>
40                 </a>
41             </li>
42             <!-- 省略其余游戏列表 -->
43             <div class="clearfix"> </div>
44         </ul>
45     </section>
46     </div>
47 </div>
48 <!--//games-->
```

③ 实现推荐游戏的动画效果，在步骤②的第 6 行代码后面添加代码。关键代码如下：

```
2236            <style>
2237                /* 创建三种动画策略 */
2238                @keyframes slide1 {
2239                    0% { margin-left:0;}
2240                    23% { margin-left:0;}
2241                    33% { margin-left:-1000px;}
2242                    56% { margin-left:-1000px;}
2243                    66% { margin-left:-2000px;}
2244                    90% { margin-left:-2000px;}
2245                    100% {margin-left:0;}
```

```
2246                    }
2247                    /* 修改动画名称 */
2248                    #l01:checked ~ #wrap #slider {
2249                        -webkit-animation-name:slide1;
2250                    }
2251            </style>
```

④ 添加 JavaScript 代码，实现最新游戏中鼠标悬停时的动画。具体在步骤①的第 44 行代码后面添加如下代码。

```
01 <script>
02    // 鼠标滑入
03    function mouseOver(obj){
04        var menu=obj.children;                    // 获取对象子节点
05        menu[1].style.left='0px';                 // 节点的样式属性 left 值设置为 0px
06    }
07    // 鼠标滑出
08    function mouseOut(obj){
09        var menu=obj.children;                    // 获取对象子节点
10        menu[1].style.left='-100%';               // 节点的样式属性 left 值设置为 -100%
11    }
12 </script>
```

19.4.2 "博客列表"的设计与实现

博客列表功能是游戏公园资讯平台的核心功能，主要展示相关游戏名称、缩略图以及游戏简介，以及"更多信息"按钮。单击"更多信息"按钮，页面会跳转到博客详情页面。博客列表页面效果如图 19.8 所示。

具体实现步骤如下：

① 创建 blog.html 文件，在该文件中引入 CSS 文件以及 Bootstrap 文件，然后添加页头页尾区。此部分代码与 19.4.1 节步骤①代码类似，故省略。

② 实现博客列表页面的布局。关键代码如下：

```
01 <div class="blog">
02    <div class="container">
03        <h3>博客 </h3>
04        <div class="blog-head">
05            <div class="col-md-4 blog-top">
06                <div class="blog-in">
07                    <a href="single.html" target="_blank"><img class="img-responsive" src="images/b1.jpg" alt=" "></a>
08                    <div class="blog-grid">
09                        <h4><a href="single.html">超凡蜘蛛侠 2</a></h4>
10                        <p>《超凡蜘蛛侠 2 The Amazing Spider-Man 2》是一款 Gameloft 出品的动作游戏，
11                                又名《蜘蛛人惊奇再起 2》。游戏中，你将化身为惊奇蜘蛛人，
12                                面对这位蛛丝射手最大的挑战！......
13                        </p>
14
15                        <div class="date">
16                            <span class="date-in"><i class="glyphicon glyphicon-calendar"> </i>22.02.2015</span>
17                            <a href="single.html" class="comments"><i class="glyphicon glyphicon-comment"></i>24</a>
18                            <div class="clearfix"> </div>
19                        </div>
20                        <div class="more-top">
21                            <a class=" hvr-wobble-top" href="single.html">更多信息 </a>
22                        </div>
23                    </div>
24                </div>
25            </div>
26            <!-- 省略其他博客列表的代码 -->
27        </div>
28 </div>
```

19

19.4.3 "博客详情"的设计与实现

用户在博客列表页单击"更多信息"按钮时，就可以进入博客详情页面。博客详情页面包括游戏介绍资讯和评论页面，具体如图 19.9 所示。

图 19.8　博客列表页面效果　　　　　图 19.9　博客详情页面效果

具体实现步骤如下：

① 新建 single.html 页面，在 single.html 文件中实现博客详情页面的设计布局。首先引入 CSS 文件以及 Bootstrap 文件，然后添加页头页尾区。此处代码与主页的页头页尾区代码类似，故省略。

② 实现博客详情页面中的游戏资讯功能。具体代码如下：

```
01
02 <!--content-->
03 <div class="container">
04     <div class="single">
05         <a href="#"><img class="img-responsive" src="images/si.jpg" alt=" "></a>
06         <div class=" single-grid" style="font-size: 16px">
07             <h4> 地铁跑酷（周年庆） </h4>
08             <div class="cal">
09                 <ul>
10                     <li><span><i class="glyphicon glyphicon-calendar"> </i>2016/12-08</span></li>
11                     <li><a href="#"><i class="glyphicon glyphicon-comment"></i>24</a></li>
12                 </ul>
13             </div>
14             <p> 全球超人气跑酷手游《地铁跑酷》给你精彩、好玩的游戏体验。画面精致、操作流畅、玩法刺激、滑板炫酷、角色丰富、特效绚丽……全民皆玩，全球 3 亿用户的共同选择，一路狂奔，环游世界，你会爱上它!
15             </p>
16             <p> 更新提示 <br/>
```

```
17              1.圣诞节快乐！尽情享受圣诞节在雪中参加地铁跑酷的乐趣；<br/>
18              2.欢迎极地探索者——马利克和他的长牙装扮；<br/>
19              3.沿着奇妙的玩具工厂滑板冲浪，探索美丽的冰雪洞窟；<br/>
20              4.来和拥有着冰雪装扮的精灵琪琪一起玩耍吧；<br/>
21              5.在新的冰川滑板上滑雪冲浪！<br/>
22          </p>
23      </div>
24  </div>
25 </div>
```

③ 实现评论内容以及评论表单内容。具体代码如下：

```
01          <div class="comments-top">
02              <h3>评论</h3>
03              <div class="media">
04                  <div class="media-body">
05                      <h4 class="media-heading">李文</h4>
06                      <p>如何升级城堡呢？</p>
07                  </div>
08                  <div class="media-right">
09                      <a href="#">
10                          <img src="images/si.png" alt=""></a>
11                  </div>
12              </div>
13              <div class="media">
14                  <div class="media-left">
15                      <a href="#">
16                          <img src="images/si.png" alt="">
17                      </a>
18                  </div>
19                  <div class="media-body">
20                      <h4 class="media-heading">王强</h4>
21                      <p>好好玩哦，就是有的时候断线链接连不上！</p>
22                  </div>
23              </div>
24          </div>
25          <div class="comment-bottom">
26              <h3>回复</h3>
27              <form>
28                  <input type="text" placeholder="姓名">
29                  <input type="text" placeholder="邮件">
30                  <input type="text" placeholder="主题">
31                  <textarea type="text" placeholder="内容" required></textarea>
32                  <input type="submit" value="提交">
33              </form>
34          </div>
```

19.4.4 "关于我们"的设计与实现

"关于我们"主要介绍网站的特色版块、特色功能和团队人员。一般网站都会设立关于我们的功能，是网站设计必备的模块。内容和形式因网站主题而异，不外乎网站的发展历史和网站特色等。关于我们的页面效果如图 19.10 所示。

具体实现步骤如下：

① 新建一个 about.html 文件，引入 bootstrap.css 文件和 style.css 文件，搭建页面框架，然后添加页头页尾区。此处代码与 19.4.1 节步骤①代码相似，故省略。

关于我们

明日学院，是吉林省明日科技有限公司倾力打造的在线实用技能学习平台，该平台于2016年正式上线，主要为学习者提供海量、优质的课程，课程结构严谨，用户可以根据自身的学习程度，自主安排学习进度，我们的宗旨是，为编程学习者提供一站式服务，培养用户的编程思维。

特色版块   **特色功能**

1　视频课程   在线编辑器
视频课程涵盖明日科技上线的所有课程，针对不同用户的学习需求，用户   在线编辑器是为实战练习而专门设计的。在让您用户不需要搭建基本开发环境，就
可以根据自身情况选择适合自己的学习方式。视频课程配备高体系课   可以在线编辑练习，使用户快速地掌握和运用知识。同时还提供了在线问答、资料下
程，实战课程较，体系课程可以让用户的学习更具有系统性，同时帮助   载、名师答疑、案例讲解等多种实用功能。
缩减课程的周期，更有效地提升学习效果，优化学习效率。实战课
程可以让用户通过实战、项目、模块等实训训练练习，让学习更实效。   ✔ 边学习边提问
                               ✔ 3天完成一个实项目
2　读书   ✔ 各国电话在线答程
读书是明日科技新上线的板块，也是明日科技多年编程项目、编程经   ✔ 移动端、PC端国步网路学习
验的积累，旨在帮用户学习，更有不断更新的电子书源陆陆续续
上线。

3　社区
社区是明日科技用户交流的重要部分，可以进行技术讨论、下载相关
资源以及灌水交流等，互动交流时，可以上传图片、附件，投票支
持或反对，更可以好友一起玩乐…

我们的团队

图 19.10　关于我们的页面效果

② 添加关于我们页面中的文字简述、图片以及特色板块和特色功能。具体代码如下：

```html
01 <!--start-about-->
02 <div class="about">
03     <div class="container">
04         <div class="about-top">
05             <h3> 关于我们 </h3>
06         </div>
07         <div class="about-bottom">
08             <p style="text-align: left;font-size: 20px"><strong> 明日学院，是吉林省明日科技有限公司倾力打造的在线实用技能学习平台，该平台于 2016 年正式上线，主要为学习者提供海量、优质的课程，课程结构严谨，用户可以根据自身的学习程度，
09                 自主安排学习进度。我们的宗旨是，为编程学习者提供一站式服务，培养用户的编程思维。</strong></p>
10             <div class="about-btm">
11                 <div class="col-md-6 about-left">
12                     <a href="single.html"><img class="img-responsive" src="images/bt.jpg" alt=""/></a>
13                 </div>
14                 <div class="col-md-6 about-right">
15                     <a href="single.html"><img class="img-responsive" src="images/bt1.jpg" alt=""/></a>
16                 </div>
17                 <div class="clearfix"></div>
18             </div>
19         </div>
20         <!--advantages-->
21         <div class="advantages">
22             <div class="col-md-6 advantages-left ">
23                 <h3> 特色版块 </h3>
24                 <div class="advn-one">
25                     <div class="ad-mian">
26                         <div class="ad-left">
27                             <p>1</p>
28                         </div>
```

```
29                      <div class="ad-right">
30                          <h4><a href="single.html"> 视频课程 </a></h4>
31                              <p> 视频课程涵盖明日科技的所有课程，针对不同用户的学习需求，用户可以根据自身情况选择适合
自己的学习方式。视频课程包括体系课程、实战课程等，体系课程可以让用户的学习更具有系统性，同时能根据课程的周期，更有效地提高
学习效率，优化学习效果。实战课程可以让用户通过实例、项目、模块等实训来练习，让学习更有效。 </p>
32                      </div>
33                      <div class="clearfix"></div>
34                  </div>
35              <div class="ad-mian">
36                  <div class="ad-left">
37                      <p>2</p>
38                  </div>
39                  <div class="ad-right">
40                      <h4><a href="single.html"> 读书 </a></h4>
41                          <p> 读书是明日科技新上线的模块，也是明日科技多年编程项目、编程经验的积累，适应各种用户学
习，更有不断更新的电子书资源将陆续上线。 </p>
42                  </div>
43                  <div class="clearfix"></div>
44              </div>
45              <div class="ad-mian">
46                  <div class="ad-left">
47                      <p>3</p>
48                  </div>
49                  <div class="ad-right">
50                      <h4><a href="single.html"> 社区 </a></h4>
51                          <p> 社区是明日科技用户交流的重要部分，可以进行技术讨论、下载相关资源以及灌水交流等。互动
交流时，可以上传图片、附件、投票支持或投票反对，更可以 @ 好友一起玩耍 ~</p>
52                  </div>
53                  <div class="clearfix"></div>
54              </div>
55          </div>
56      </div>
57      <div class="col-md-6 advantages-left ">
58          <h3> 特色功能 </h3>
59          <div class="advn-two">
60              <h4><a href="single.html"> 在线编辑器 </a></h4>
61                  <p> 在线编辑器是为实践练习而专门设计的。在这里用户不需要搭建基本开发环境，就可以在线做练习，使用
户快速地掌握和运用知识。同时还提供了在线问答、资料下载、名师点播、实例讲解等多种实用功能。</p>
62              <ul>
63                  <li><a href="#"><i class="glyphicon glyphicon-ok"></i> 边学习边提问 </a></li>
64                  <li><a href="#"><i class="glyphicon glyphicon-ok"></i>3 天完成一个实用项目 </a></li>
65                  <li><a href="#"><i class="glyphicon glyphicon-ok"></i> 客服电话在线答疑 </a></li>
66                  <li><a href="#"><i class="glyphicon glyphicon-ok"></i> 移动端、PC 端同步网络学习 </a></li>
67
68              </ul>
69          </div>
70      </div>
71      <div class="clearfix"></div>
72  </div>
73  <!--advantages-->
74  <!--team-->
75  </div>
76 </div>
```

③ 实现团队介绍页面的布局。具体代码如下：

```
01      <div class="team-us">
02          <div class="team-top ">
03              <h3> 我们的团队 </h3>
04          </div>
05          <div class="team-bottom">
06              <ul class="ch-grid">
07                  <li>
```

```
08                              <div class="ch-item">
09                                  <div class="ch-info-wrap">
10                                      <div class="ch-info">
11                                          <div class="ch-info-front ch-img-1"></div>
12                                          <div class="ch-info-back">
13                                              <h3>Jonsen</h3>
14                                              <p> 前端工程师 </p>
15                                          </div>
16                                      </div>
17                                  </div>
18                              </div>
19                          </li>
20                          <li>
21                              <div class="ch-item">
22                                  <div class="ch-info-wrap">
23                                      <div class="ch-info">
24                                          <div class="ch-info-front ch-img-2"></div>
25                                          <div class="ch-info-back">
26                                              <h3>Livina</h3>
27
28                                              <p> 网页设计师 </p>
29                                          </div>
30                                      </div>
31                                  </div>
32                              </div>
33                          </li>
34                          <li>
35                              <div class="ch-item ">
36                                  <div class="ch-info-wrap">
37                                      <div class="ch-info">
38                                          <div class="ch-info-front ch-img-3"></div>
39                                          <div class="ch-info-back">
40                                              <h3>Jefe</h3>
41                                              <p> 后端工程师 </p>
42                                          </div>
43                                      </div>
44                                  </div>
45                              </div>
46                          </li>
47                      </ul>
48                  </div>
49              </div>
```

🔖 小结

　　本章使用 HTML5、CSS3 和 JavaScript 技术，制作完成了一个相对简单的游戏资讯网站——游戏公园。从功能划分，网站由"主页""博客"和"关于我们"3 个功能构成。从知识点分析，涉及 HTML5 常用标签的使用、CSS3 动画属性的展示和 JavaScript 控制页面样式的能力等内容。

　　相信通过对网站的设计和代码的实现，读者能更容易理解网站制作的流程，对今后的工作实践大有益处。

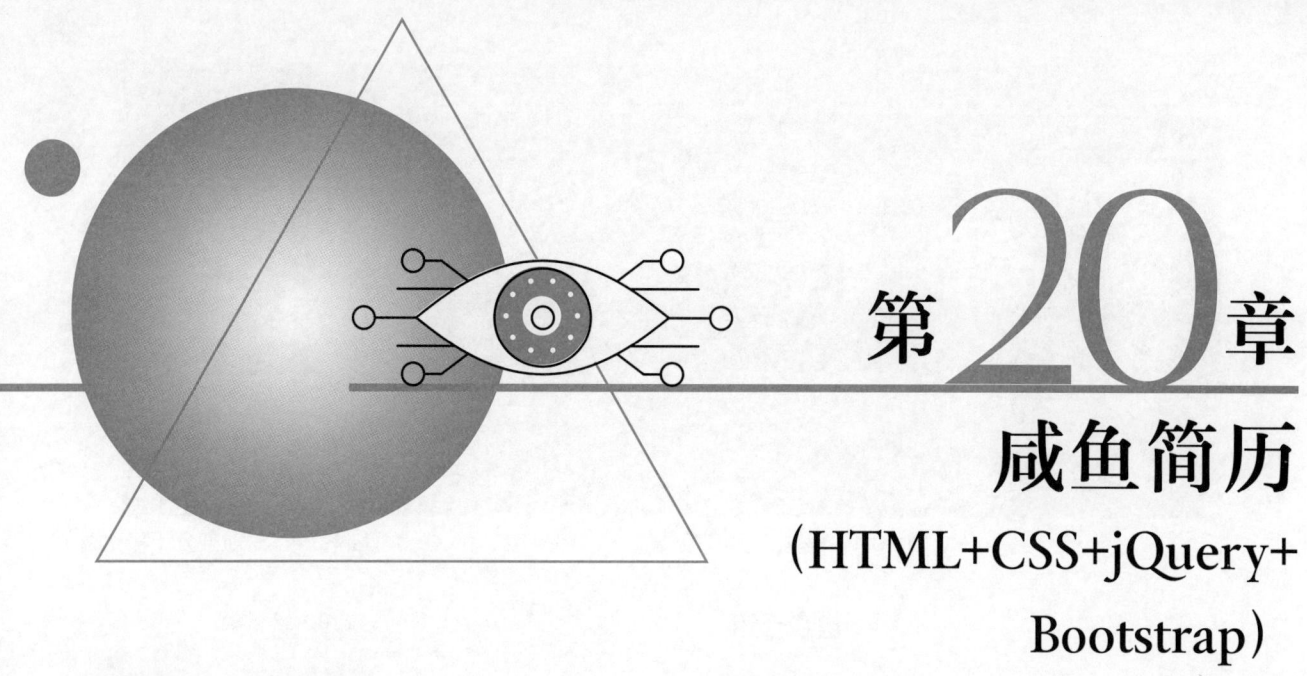

第 20 章

咸鱼简历

(HTML+CSS+jQuery+ Bootstrap)

响应式网站设计 (Responsive Web Design) 的理念是：页面的设计与开发应当根据用户行为以及设备环境（系统平台、屏幕尺寸、屏幕定向等）进行相应的响应和调整。具体的实践方式由多方面组成，包括弹性网格和布局、图片、CSS 媒体查询的使用等。本章以响应式网页咸鱼简历为例来介绍响应式网页的制作过程。

20.1 系统预览

本案例为响应式网站，所以网页中各部分内容在不同 PC 端和移动端的效果不尽相同，具体如下。

导航部分包括导航菜单以及导航下方的图片，其在 PC 端和手机端的效果如图 20.1 和图 20.2 所示。

自我介绍部分的效果在 PC 端和手机端的效果分别如图 20.3 和图 20.4 所示。

工作经验部分在 PC 端和移动端的效果分别如图 20.5 和图 20.6 所示。

参与项目部分在 PC 端和移动端的效果分别如图 20.7 和图 20.8 所示。

联系方式部分在 PC 端和移动端的效果分别如图 20.9 和图 20.10 所示。

图 20.1　导航部分（PC 端）　　　　　　　　图 20.2　导航部分（移动端）

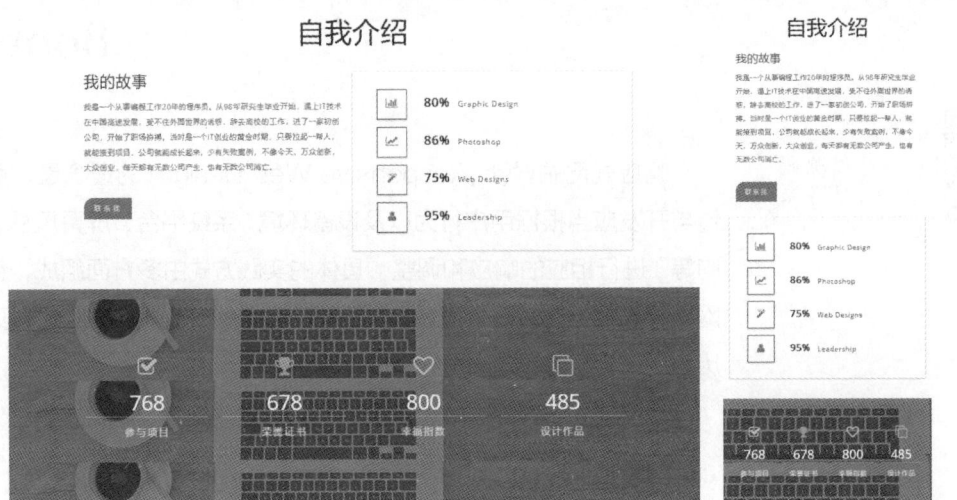

图 20.3　自我介绍（PC 端）　　　　　　　　图 20.4　自我介绍（移动端）

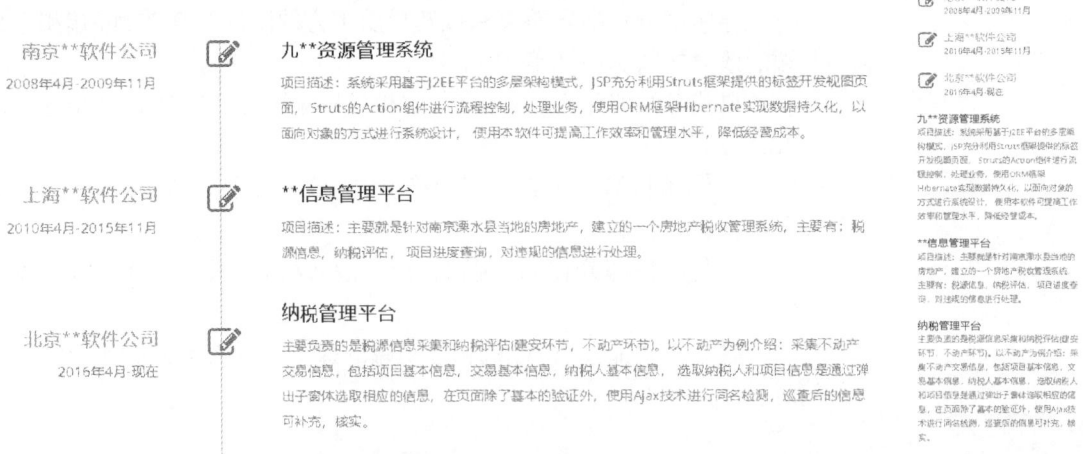

图 20.5　工作经验（PC 端）　　　　　　　　图 20.6　工作经验（移动端）

图 20.7　参与项目（PC 端）　　图 20.8　参与项目（移动端）

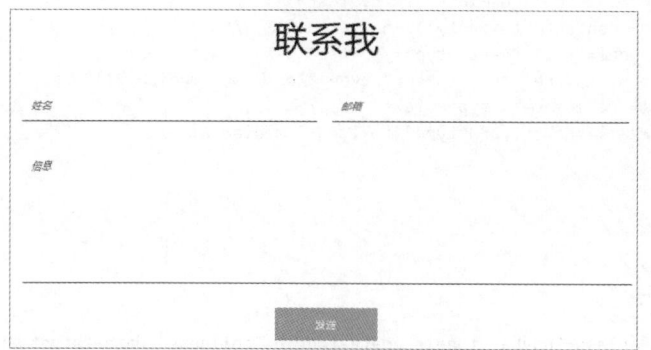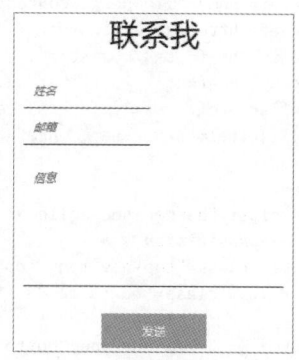

图 20.9　联系方式（PC 端）　　图 20.10　联系方式（移动端）

20.2　案例准备

本系统的软件开发及运行环境具体如下：

- ♻ 网站开发环境：WebStorm。
- ♻ 网站开发语言：HTML5、CSS、JavaScript。
- ♻ 开发环境运行平台：Windows 7 及以上。

20.3　功能结构

本案例为制作响应式页面——咸鱼简历。该页面中主要有以下功能：

- ♻ 自我介绍。简历中，自我介绍是必不可少的项目。用户可以通过自我介绍，大致了解人物概况。
- ♻ 工作经验。工作经验可以体现一个人的技能水平。这里通过时间轴的方式，使用户了解人物的历史工作情况。
- ♻ 参与项目。参与项目可以说明一个人的技能涉及广度。这里使用列表 + 图片动画的方式展示呈现。
- ♻ 联系方式。简历最后提供一个表单，用于向简历作者发送联系方式以及添加留言。

功能结构图如图 20.11 所示。

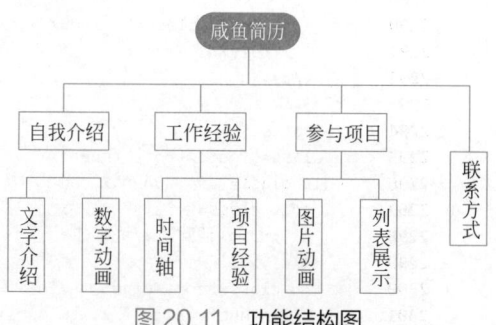

图 20.11　功能结构图

20.4　实现流程

20.4.1　导航菜单

实现导航以及图片部分的具体步骤如下：

① 首先新建 index.html 文件，在该文件中引入相关的 CSS 文件和 JavaScript 文件。然后添加主页的页头和页尾区内容。具体代码如下：

```
2252 <!DOCTYPE html>
2253 <html lang="zxx">
2254 <head>
2255    <title> 咸鱼简历 </title>
2256    <meta name="viewport" content="width=device-width, initial-scale=1">
2257    <meta http-equiv="Content-Type" content="text/html; charset=utf-8" />
2258    <link href="css/bootstrap.css" rel='stylesheet' type='text/css' />
2259    <link href="css/font-awesome.min.css" rel="stylesheet" type="text/css" media="all" />
2260    <link href="css/style.css" rel='stylesheet' type='text/css' />
2261    <link rel="stylesheet" href="css/lightbox.css" type="text/css" media="all">
2262 </head>
2263 <body>
2264 <div class="banner-sec-agile">
2265    <!-- navigation -->
2266    <div class="top-nav menu-top">
2267       <div class="container">
2268          <div class="navbar-header">
2269             <button type="button" class="navbar-toggle" data-toggle="collapse" data-target="#bs-example-
navbar-collapse-1">
2270                <span class="sr-only">Toggle navigation</span>
2271                <span class="icon-bar"></span>
2272                <span class="icon-bar"></span>
2273                <span class="icon-bar"></span>
2274             </button>
2275             <h1>
2276                <a href="index.html"> 咸鱼简历 </a>
2277             </h1>
2278          </div>
2279          <!-- Collect the nav links, forms, and other content for toggling -->
2280          <div class="collapse navbar-collapse" id="bs-example-navbar-collapse-1">
2281             <div class="menu-left navbar-right">
2282                <ul class="nav navbar">
2283                   <li><a href="index.html" class="active"> 主页 </a></li>
2284                   <li><a href="#about" class="scroll"> 自我介绍 </a></li>
2285                   <li><a href="#education" class="scroll"> 工作经验 </a></li>
2286                   <li><a href="#gallery" class="scroll"> 参与项目 </a></li>
2287                   <li><a href="#contact" class="scroll"> 联系方式 </a></li>
2288                </ul>
2289             </div>
2290             <div class="clearfix"> </div>
2291          </div>
2292       </div>
2293    </div>
2294 <!-- footer -->
2295 <div class="footer-bot-wthree">
2296    <div class="container">
2297       <div class="visit-w3ls">
2298          <h3> 欢迎阅读 </h3>
2299       </div>
2300       <p class="copy-right-agile">   Design by
2301          <a href="http://www.mingrisoft.com/"> 明日科技 </a>
2302       </p>
```

```
2303        </div>
2304    </div>
2305    <!-- //footer -->
2306    <!-- //footer -->
2307    <script type="text/javascript" src="js/jquery-2.1.4.min.js"></script>
2308    <script type="text/javascript" src="js/bootstrap.js"></script>
2309    <script src="js/lightbox-plus-jquery.min.js"></script>
2310    <script type="text/javascript" src="js/numscroller-1.0.js"></script>
2311    <script src="js/bars.js"></script>
2312    <script type="text/javascript" src="js/SmoothScroll.min.js"></script>
2313    <script type="text/javascript" src="js/move-top.js"></script>
2314    <script type="text/javascript" src="js/easing.js"></script>
2315  </body>
2316  </html>
```

② 添加导航菜单以及图片和文字等内容，在步骤①的第 42 行代码后面添加代码。具体代码如下：

```
01    <!-- //navigation -->
02    <!-- banner -->
03    <section class="banner-w3l">
04        <div class="container">
05            <div class="banner-left-agile">
06                <img src="images/people.png" alt="" />
07            </div>
08            <div class="banner-left-wthree">
09                <h6>Hi，我的名字是 </h6>
10                <h2> 程序员 </h2>
11                <div class="sentence">
12                    <div class="popEffect">
13                        <span> 网页设计师 </span>
14                        <span>Ui/Ux 设计师 </span>
15                        <span> 项目经理 </span>
16                    </div>
17                </div>
18                <p> 这是一个最好的时代，这是一个最坏的时代。而我，必须再次出发。 </p>
19                <a href="#contact" class="wthree-btn btn-6 scroll">联系我
20                    <span></span>
21                </a>
22            </div>
23        </div>
24    </section>
```

20.4.2 自我介绍

自我介绍页面包括文字内容和技能数字动画。其 PC 端效果如图 20.3 所示，移动端效果如图 20.4 所示。
① 在 20.4.1 节步骤②代码的后面添加代码，实现自我介绍的内容。具体代码如下：

```
01  <div class="banner-bottom-agileits" id="about">
02      <div class="container">
03          <h3 class="tittle-w3ls">
04              自我介绍
05          </h3>
06          <div class="welcome-sub-agileits">
07              <div class="col-md-6 banner_bottom_left-w3ls">
08                  <h4> 我的故事 </h4>
09                      <p> 我是一个从事编程工作 20 年的程序员。从 98 年研究生毕业开始，遇上 IT 技术在中国高速发展，受不住外面世界的
诱惑，辞去高校的工作，进了一家初创公司，开始了职场拼搏。当时是一个 IT 创业的黄金时期，只要拉起一帮人，就能接到项目，公司就
能成长起来，少有失败案例，不像今天，万众创新，大众创业，每天都有无数公司产生，也有无数公司消亡。
10                  </p>
11                  <a href="#contact" class="wthree-btn btn-6 scroll">联系我
12                      <span></span>
```

```
13              </a>
14          </div>
15          <div class="col-md-6 banner_bottom_right-w3l">
16              <ul class="some_facts">
17                  <li>
18                      <span class="fa fa-bar-chart" aria-hidden="true"></span>
19                      <label>80%</label> Graphic Design</li>
20                  <li>
21                      <span class="fa fa-line-chart" aria-hidden="true"></span>
22                      <label>86%</label> Photoshop</li>
23                  <li>
24                      <span class="fa fa-magic" aria-hidden="true"></span>
25                      <label>75%</label> Web Designs</li>
26                  <li>
27                      <span class="fa fa-user" aria-hidden="true"></span>
28                      <label>95%</label> Leadership</li>
29              </ul>
30          </div>
31          <div class="clearfix"> </div>
32      </div>
33   </div>
34 </div>
35 <!-- //about -->
36 <!-- Stats-->
37 <div class="stats-w3layouts">
38    <div class="container">
39       <div class="stats-info">
40          <div class="col-xs-3 stats-grid-w3-agile">
41             <div class="stats-img">
42                <span class="fa fa-check-square-o" aria-hidden="true"></span>
43             </div>
44             <div class='numscroller numscroller-big-bottom' data-slno='1' data-min='0' data-max='768' data-delay='.5' data-increment="1">768</div>
45             <p> 参与项目 </p>
46          </div>
47          <div class="col-xs-3 stats-grid-w3-agile">
48             <div class="stats-img">
49                <span class="fa fa-trophy" aria-hidden="true"></span>
50             </div>
51             <div class='numscroller numscroller-big-bottom' data-slno='1' data-min='0' data-max='678' data-delay='.5' data-increment="1">678</div>
52             <p> 荣誉证书 </p>
53          </div>
54          <div class="col-xs-3 stats-grid-w3-agile">
55             <div class="stats-img">
56                <span class="fa fa-heart-o" aria-hidden="true"></span>
57             </div>
58             <div class='numscroller numscroller-big-bottom' data-slno='1' data-min='0' data-max='800' data-delay='.5' data-increment="1">800</div>
59             <p> 幸福指数 </p>
60          </div>
61          <div class="col-xs-3 stats-grid-w3-agile">
62             <div class="stats-img">
63                <span class="fa fa-clone" aria-hidden="true"></span>
64             </div>
65             <div class='numscroller numscroller-big-bottom' data-slno='1' data-min='0' data-max='485' data-delay='.5' data-increment="1">485</div>
66             <p> 设计作品 </p>
67          </div>
68          <div class="clearfix"></div>
69       </div>
70    </div>
71 </div>
72 <!-- //Stats -->
```

② 关于数字动画的实现，使用了 numscroller-1.0.js 文件实现。关键代码如下，其中 numberRoll 函数作为重要的方法，控制数字动画的显示。

```
01 function numberRoll(slno,min,max,increment,timeout){
02     if(min<=max){
03         $('.roller-title-number-'+slno).html(min);
04         min=parseInt(min)+parseInt(increment);
05         setTimeout(function(){
06 numberRoll(eval(slno),eval(min),eval(max),eval(increment),eval(timeout))},
07         timeout);
08     }else{
09         $('.roller-title-number-'+slno).html(max);
10     }
11 }
```

20.4.3 工作经验

工作经验部分以时间轴形式显示自己的工作经历。具体如图 20.5 和图 20.6 所示。具体实现步骤如下：
① 继续在 20.4.2 节步骤①代码的后面添加代码，实现工作经验部分的内容。具体代码如下：

```
01 <!-- Education -->
02 <div class="education-agileinfo" id="education">
03     <h3 class="tittle-w3ls"> 工作经验 </h3>
04     <div class="container">
05         <div class="col-xs-4 eduleft-agileinfo">
06             <div class="left1-w3ls">
07                 <h3> 南京 ** 软件公司 </h3><p>2008 年 4 月 -2009 年 11 月 </p>
08                 <span class="fa fa-pencil-square-o" aria-hidden="true"></span>
09             </div>
10             <div class="left1-w3ls">
11                 <h3> 上海 ** 软件公司 </h3><p>2010 年 4 月 -2015 年 11 月 </p>
12                 <span class="fa fa-pencil-square-o" aria-hidden="true"></span>
13             </div>
14             <div class="left1-w3ls">
15                 <h3> 北京 ** 软件公司 </h3><p>2016 年 4 月 - 现在 </p>
16                 <span class="fa fa-pencil-square-o" aria-hidden="true"></span>
17             </div>
18         </div>
19         <div class="col-xs-8 eduright-agileinfo">
20             <div class="right1-w3ls">
21                 <h3> 九 ** 资源管理系统 </h3>
22                 <p> 项目描述：系统采用基于 J2EE 平台的多层架构模式，JSP 充分利用 Struts 框架提供的标签开发视图页面，
23                     Struts 的 Action 组件进行流程控制，处理业务，使用 ORM 框架 Hibernate 实现数据持久化，以面向对象的方式进
行系统设计，
24                     使用本软件可提高工作效率和管理水平，降低经营成本。</p>
25             </div>
26             <div class="right1-w3ls">
27                 <h3>** 信息管理平台 </h3>
28                 <p> 项目描述：主要就是针对南京溧水区当地的房地产，建立的一个房地产税收管理系统，主要有：税源信息，纳税评估，
29                     项目进度查询，对违规的信息进行处理。</p>
30             </div>
31             <div class="right1-w3ls">
32                 <h3> 纳税管理平台 </h3>
33                 <p> 主要负责的是税源信息采集和纳税评估（建安环节，不动产环节）。以不动产为例介绍：采集不动产交易信息，包括
项目基本信息，交易基本信息，纳税人基本信息，
34                     选取纳税人和项目信息是通过弹出子窗体选取相应的信息，在页面除了基本的验证外，使用 Ajax 技术进行同名检测，
巡查后的信息可补充，核实。</p>
35             </div>
36         </div>
37         <div class="clearfix"></div>
38     </div>
39 </div>
40 <!-- //Education -->
```

② 使用 JavaScript 实现时间轴展示效果。具体在 </body> 的前面（20.4.1 节步骤①的第 63 行代码后面）添加如下代码：

```
01 <script type="text/javascript">
02   $(document).ready(function () {
03     $().UItoTop({
04       easingType: 'easeOutQuart'
05     });
06   });
07 </script>
```

20.4.4　参与项目

接下来，实现简历的参与项目，包括图片动画和列表展示。这里的列表我们将使用 <div> 标签和 <p> 标签进行布局实现。PC 端的页面效果如图 20.7 所示。

① 继续在 20.4.3 节步骤①代码的后面添加代码，实现参与项目的内容。具体代码如下：

```
2317 <div class="gallery-agile" id="gallery">
2318   <div class="container">
2319     <h3 class="tittle-w3ls">参与项目 </h3>
2320     <div class="gallery-agile-kmsrow">
2321       <div class="col-xs-4 gallery-agile-grids">
2322         <div class="portfolio-hover">
2323           <a href="images/g1.png" data-lightbox="example-set">
2324             <img src="images/g1.png" class="img-responsive zoom-img" alt="" />
2325           </a>
2326         </div>
2327       </div>
2328       <!--省略区域参与项目的代码 -->
2329       <div class="clearfix"> </div>
2330     </div>
2331   </div>
2332 </div>
```

② 编写 JavaScript 代码，实现单击图片时的动画效果。具体在 20.4.3 节步骤②代码的后面添加如下代码：

```
08 <script type="text/javascript">
09   jQuery(document).ready(function ($) {
10     $(".scroll").click(function (event) {
11       event.preventDefault();
12       $('html,body').animate({
13         scrollTop: $(this.hash).offset().top
14       }, 1000);
15     });
16   });
17 </script>
```

20.4.5　联系方式

联系方式页面用于在页面中添加作者的姓名、邮箱以及信息内容，其效果分别如图 20.9 和图 20.10 所示。

具体在 20.4.4 节步骤①代码的后面添加如下代码：

```
01  <!-- contact -->
02  <div class="contact-w3l" id="contact">
03      <div class="container">
04          <h3 class="tittle-w3ls"> 联系我 </h3>
05          <form action="#" method="post">
06              <input type="text" placeholder=" 姓名 " name="Name" required="">
07              <input type="email" placeholder=" 邮箱 " name="Email" required="">
08              <textarea name="Message" placeholder=" 信息 " required=""></textarea>
09              <div class="con-form text-center">
10                  <input type="submit" value=" 发送 ">
11              </div>
12          </form>
13      </div>
14  </div>
```

▼ 小结

本章通过使用 HTML5、CSS3 和 JavaScript 技术，设计并完成了一个支持响应式显示效果的简历模板主页。下面总结各个功能使用的关键技术点，希望对日后的工作实践有所帮助。

↻ 自我介绍。自我介绍使用 Bootstrap 中的网格布局，实现不同的宽度中显示不同的样式效果。

↻ 工作经验。工作经验中的动画数字，使用了 jQuery 的动画插件，通过特定的样式类，实现随页面滑动而不断滚动的数字效果。

↻ 参与项目。参与项目使用 <div> 标签和 <span> 标签，完成了列表内容的布局，而没有使用 <ul> 和 <li> 标签来实现，这一点请读者学习掌握。

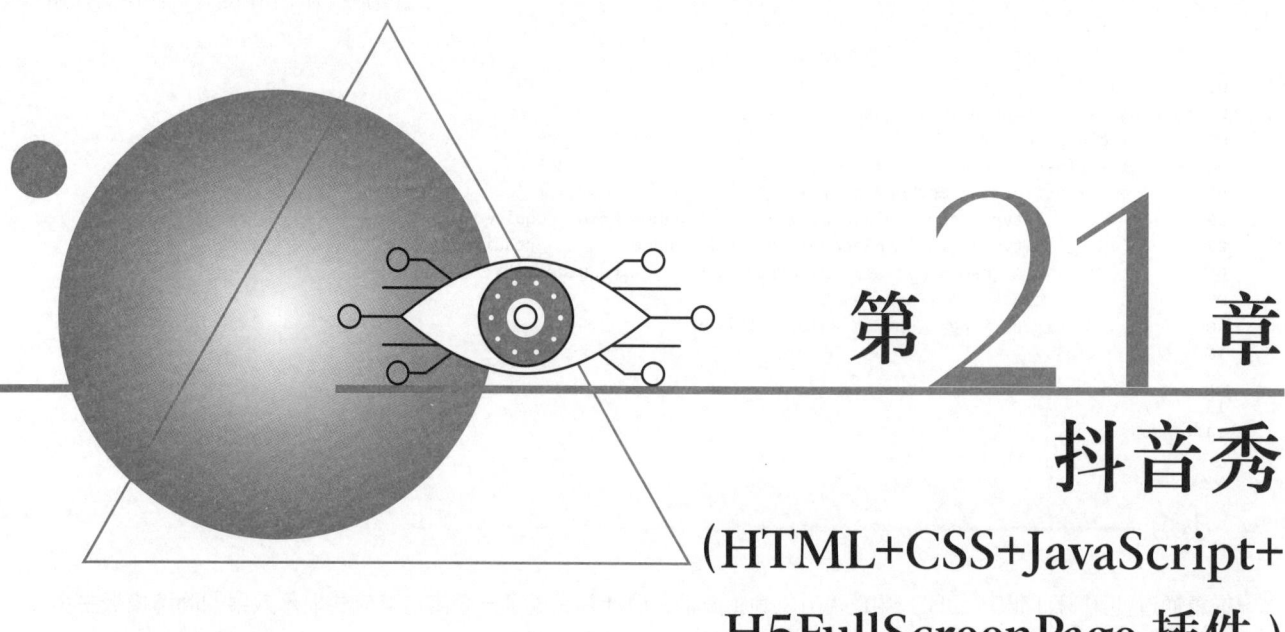

第21章

抖音秀

(HTML+CSS+JavaScript+
H5FullScreenPage 插件)

扫码领取
- 教学视频
- 配套源码
- 练习答案
- ……

抖音是一款可以拍短视频的音乐创意短视频社交软件。该软件于2016年9月上线，是一个专注年轻人的音乐短视频社区平台。用户可以通过这款软件选择歌曲，拍摄音乐短视频，形成自己的作品。

21.1　系统预览

本章我们来模仿抖音 App，做一个响应式页面。该页面中的主要功能划分如下：

- 页头页尾区。在抖音秀页面中，页头页尾区是固定不变的区域。视频的拖拽不会影响该区域的布局。
- 视频功能区。视频功能区是指连续拖拽播放视频的区域，包括视频的播放和暂停。
- 挂件功能区。挂件功能是指悬浮在视频功能区上的一些功能，例如图片 logo、点赞、留言、分享等功能。

抖音秀的页面效果如图 21.1 所示，切换视频的效果如图 21.2 所示。

21.2　案例准备

本系统的软件开发及运行环境具体如下：

- 网站开发环境：WebStorm。
- 网站开发语言：HTML5、CSS、JavaScript。
- 开发环境运行平台：Windows 7 及以上。

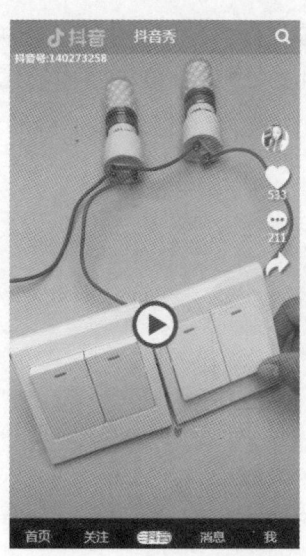 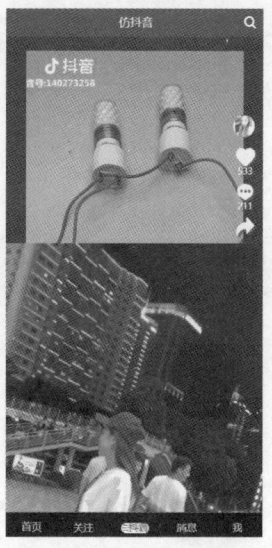

图 21.1　抖音秀的页面效果　　图 21.2　切换视频效果

21.3　功能结构

抖音秀的功能结构图如图 21.3 所示。

21.4　实现过程

21.4.1　页头页尾区

首先制作页头页尾区域，这部分区域是固定区域。页头包含标题"抖音秀"和一个搜索图标，页尾则是显示导航菜单，如图 21.4 所示。

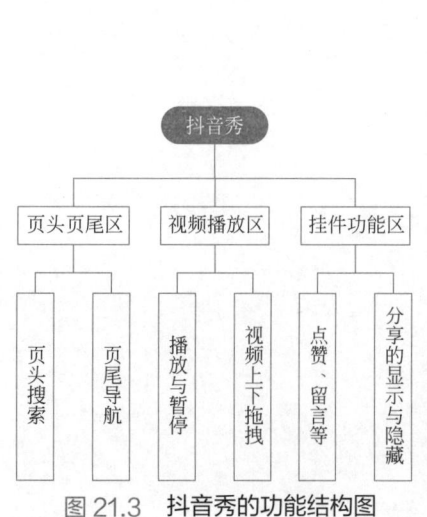

图 21.3　抖音秀的功能结构图

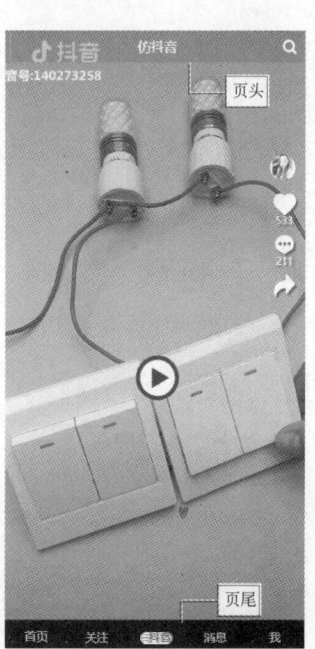

图 21.4　页头页尾区

① 打开 WebStorm 开发工具，新建一个 HTML5 文件，在页面中引入相关 CSS 文件和 JS 文件，然后添加页头内容，并且在 CSS 中使用 position 属性来固定页头。HTML 页面的代码如下：

```
2333 <!DOCTYPE html>
2334 <html>
2335 <head>
2336     <meta charset="utf-8">
2337     <meta content="width=device-width, initial-scale=1" name="viewport">
2338     <title> 仿抖音 </title>
2339     <link rel="stylesheet" href="assets/css/H5FullscreenPage.css">
2340     <link rel="stylesheet" href="assets/css/page-animation.css">
2341     <link rel="stylesheet" href="assets/css/app.css">
2342     <link rel="stylesheet" href="assets/css/video.css">
2343 </head>
2344 <body >
2345 <!-- 页头区域 -->
2346 <div class="m-header">
2347     <div  class="header-nav" style="background-color: #58575761"><h1  class="text">
2348         仿抖音 </h1>
2349         <div  class="mine"><i  class="icon-tubiao11"></i>
2350         </div>
2351     </div>
2352 </div>
2353 <!-- 页头区域 -->
2354 <script src="assets/js/bideo.js"></script>
2355 <script src="assets/js/main.js"></script>
2356 <script src="assets/js/zepto.min.js"></script>
2357 <script type="text/javascript" src="assets/js/H5FullscreenPage.js"></script>
2358 </body>
2359 </html>
```

② 继续在 HTML 文件中编写 HTML5 代码，实现页尾区的导航，然后使用 CSS 将其定位方式（position）设置为固定定位（fixed）。HTML 页面的代码如下：

```
01 <!-- 页脚区域 -->
02 <style>
03    .appFoot {
04        position: fixed;
05        left: 0;
06        bottom: 0;
07        width: 100%;
08        height: 40px;
09        display: -webkit-box;
10        display: -ms-flexbox;
11        display: flex;
12        background-color: black;
13        border-top: thin solid #555454;
14        box-sizing: border-box;
15        padding: 0;
16        margin: 0;
17        outline: 0;
18        color: inherit;
19        font-size: inherit;
20    }
21    .appFoot {
22        position: fixed;
23        left: 0;
24        bottom: 0;
25        width: 100%;
26        height: 40px;
27        display: -webkit-box;
28        display: -ms-flexbox;
29        display: flex;
```

```
30          background-color: black;
31          border-top: thin solid #555454;
32          box-sizing: border-box;
33          padding: 0;
34          margin: 0;
35          outline: 0;
36          color: inherit;
37          font-size: inherit;
38      }
39  .appFoot a.on {
40          color: #c7c7c7;
41      }
42  .appFoot a {
43          -webkit-box-flex: 1;
44          -ms-flex: 1;
45          flex: 1;
46          display: -webkit-box;
47          display: -ms-flexbox;
48          display: flex;
49          -webkit-box-orient: vertical;
50          -webkit-box-direction: normal;
51          -ms-flex-direction: column;
52          flex-direction: column;
53          -webkit-box-align: center;
54          -ms-flex-align: center;
55          align-items: center;
56          -webkit-box-pack: end;
57          -ms-flex-pack: end;
58          justify-content: flex-end;
59          color: #c7c7c7;
60      }
61  a {
62          text-decoration: none;
63      }
64  .g_wrap {
65          text-shadow: -2px 0 rgba(0, 255, 255, .5), 2px 0 rgba(255, 0, 0, .5);
66      }
67  .main {
68          position: relative;
69          color: #362132;
70          background: #fff;
71          border-radius: 8px;
72          border-left: 2px solid rgba(23, 255, 232, .7);
73          border-right: 2px solid rgba(254, 44, 85, .7);
74      }
75  </style>
76  <div class="appFoot">
77      <a href="#/" class="router-link-exact-active router-link-active on">
78          <span style="padding-bottom: 7px">首页 </span></a>
79      <a href="#/category" class="">
80          <span style="padding-bottom: 7px"> 关注 </span></a>
81      <a href="#/more" class="">
82          <span style="padding-bottom: 7px"><div class="main">
83              <div class="g_wrap">☒抖音 </div>
84          </div></span></a>
85      <a href="#/more" class="">
86          <span style="padding-bottom: 7px"> 消息 </span></a>
87      <a href="#/more" class="">
88          <span style="padding-bottom: 7px"> 我 </span></a>
89  </div>
90  <!-- 页脚区域 -->
```

21.4.2 视频功能区

接下来，实现拖拽视频的页面功能，包括视频的播放与暂停、视频的上下拖拽等功能，如图 21.5 所示。

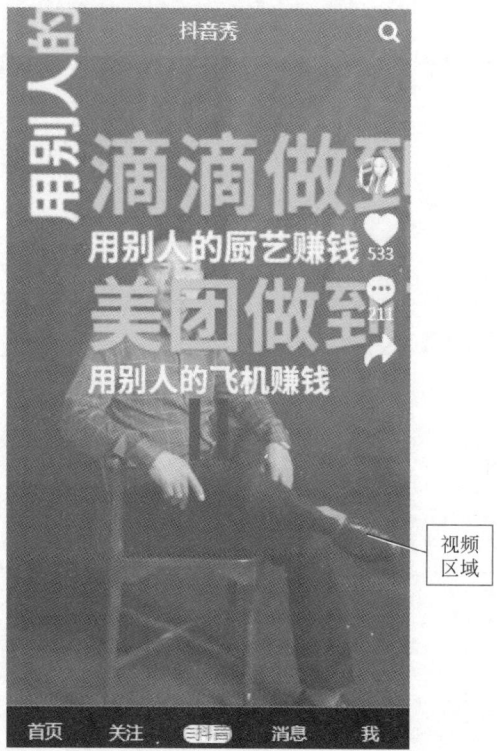

视频区域

图 21.5　视频功能区的页面效果

① 继续添加 HTML 代码，实现视频的播放与暂停和拖拽切换视频功能。具体 HTML 代码如下：

```
01  <!-- 视频区域 -->
02  <div class="H5FullscreenPage-wrap">
03      <div class="item item1">
04          <video class="background_video" loop="loop">
05              <source src="video/1.mp4" type="video/mp4">
06          </video>
07          <div class="overlay"></div>
08          <div class="video_controls">
09                  <span class="play" title="0">
10                      <img src="assets/play.png">
11                  </span>
12                  <span class="pause" title="0">
13                      <img src="assets/pause.png">
14                  </span>
15          </div>
16      </div>
17      <div class="item item2">
18          <video class="background_video" loop="loop">
19              <source src="video/2.mp4" type="video/mp4">
20          </video>
21          <div class="overlay"></div>
22          <div class="video_controls">
23                  <span class="play" title="1">
24                      <img src="assets/play.png">
25                  </span>
26                  <span class="pause" title="1">
27                      <img src="assets/pause.png">
28                  </span>
29          </div>
30      </div>
31      <div class="item item3">
32          <video class="background_video" loop="loop">
```

```
33              <source src="video/3.mp4" type="video/mp4">
34          </video>
35      <div class="overlay"></div>
36      <div class="video_controls">
37              <span class="play" title="2">
38                  <img src="assets/play.png">
39              </span>
40              <span class="pause" title="2">
41                  <img src="assets/pause.png">
42              </span>
43          </div>
44      </div>
45  </div>
46  <!-- 视频区域 -->
```

② 编写 JavaScript 代码，实现视频的播放、暂停和拖拽视频功能。创建 main.js 文件，在该文件中初始化一个 Bideo 对象，用来控制视频的各种参数。

```
01  (function () {
02      var bv = new Bideo();
03      bv.init({
04          videoEl: document.querySelectorAll('.background_video'),
05          container: document.querySelectorAll('body'),
06          resize: true,
07          isMobile: window.matchMedia('(max-width: 768px)').matches,
08          playButton: document.querySelectorAll('.play'),
09          pauseButton: document.querySelectorAll('.pause'),
10      });
11  }());
```

③ 在 HTML5 文件中继续添加 JavaScript 代码，因为步骤②以及设置了播放视频的相关参数，所以此处仅需要实现切换视频的相关参数（例如上下滑动视频时，视频缩小的比例以及滑动多少距离可以切换视频等参数），而这些参数在 H5FullScreenPage 插件中已经封装完成，可以直接使用。使用时，只需要在 init 对象中设置 type 参数即可。具体代码如下：

```
01  <script type="text/javascript">
02      H5FullscreenPage.init({
03          'type': 2,
08      });
09  </script>
```

21.4.3　挂件功能区

① 在上一个 HTML 文件的基础上，继续编写参与项目的 HTML 代码。关键代码如下，代码 04 行到 15 行，使用 <ul> 标签和 <li> 标签，将各个功能的挂件显示出来，如点赞、留言等。

```
01  <!-- 挂件区域 -->
02  <div  class="play-page">
03      <div class="turnoff">
04          <ul>
05              <li><a class="control-icon"><img id="avatar" src="assets/people.jpeg"
06                                  class="author-avatar"></a></li>
07              <li class="control-icon"><i class="icon-xin"><p class="statistics-num">533</p></i> <span></span></li>
08              <li class="control-icon"><i class="icon-wodepinglun"><p class="statistics-num">211</p></i> <span></span>
09              </li>
10              <li onclick="shareId();"><a  class="icon-fenxiang control-icon"></a></li>
```

21

```
11            </ul>
12        </div>
13      <div class="share-background" style="display: none;">
14          <div class="share-pannel"><h4>分享 </h4>
15              <div style="height: 60%;">
16                  <ul>
17                      <li class="share-item">
18                          <div id="share-url"><a><i class="icon-lianjie"></i>
19                              <p>复制链接 </p></a></div>
20                      </li>
21                  </ul>
22              </div>
23              <div onclick="shareCancel();" class="share-cancel"><p>取消 </p></div>
24          </div>
25      </div>
26  </div>
27  <!-- 挂件区域 -->
```

② 编写配套的 JavaScript 代码，实现分享功能的显示与隐藏。代码 04 行，通过控制 display 的属性值，达到显示和隐藏的效果。代码如下：

```
01  <script type="text/javascript">
02      function shareId(){
03          var shareDOM=document.querySelector('.share-background');
04          shareDOM.style.display= 'block';
05      }
06      function shareCancel(){
07          var shareDOM=document.querySelector('.share-background');
08          shareDOM.style.display= 'none';
09      }
10  </script>
```

☷ 小结

本章通过使用 HTML5、CSS3 和 JavaScript 技术，模仿了抖音 App 的主页页面效果。下面总结各个功能使用的关键技术点，希望对日后的工作实践有所帮助。

- ↻ 页头页尾区。通过使用 CSS3 中的 position 属性，达到控制页头页尾区域固定不动的布局效果。
- ↻ 视频功能区。主要使用了 JavaScript 技术，达到了视屏的全屏播放，以及上下拖拽的效果。
- ↻ 挂件功能区。完成了点赞、留言等功能布局，使用 CSS3 的 display 属性，实现分享功能的显示与隐藏功能。

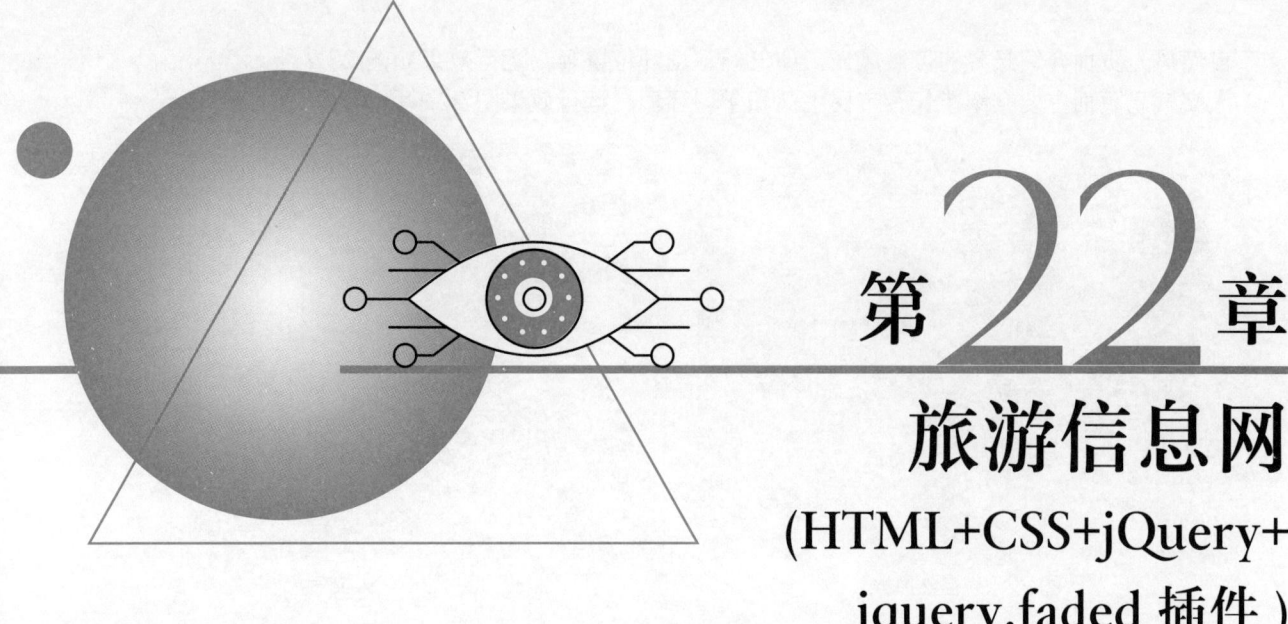

第22章

旅游信息网
(HTML+CSS+jQuery+ jquery.faded 插件)

鼠扫码领取
· 教学视频
· 配套源码
· 练习答案
· ……

本章以一个旅游信息网为例来讲解如何综合运用 HTML5 中的结构元素。具体讲解时，会将实现页面的 HTML5 及 CSS 样式代码一起讲解，以便读者在学习的同时，不仅能掌握 HTML5 的结构元素在网页设计中所起的作用，还能了解在 HTML5 实现的网页中如何使用 CSS 样式来对页面中的元素进行页面布局视觉美化。

22.1　案例效果预览

旅游信息网是关于长春的旅游介绍网站，该网站主要包括主页、自然风光页、人文气息页、美食页、旅游景点页、名校简介页及留下足迹页等页面。

主页主要展示旅游信息网的介绍以及图片，其运行效果如图 22.1 所示。

图 22.1　主页

自然风光页面介绍长春的自然风光，如气候、地理位置等，运行效果如图 22.2 所示。

人文气息页面主要介绍了长春市民生活和学习环境，运行效果图 22.3 所示。

图 22.2 自然风光

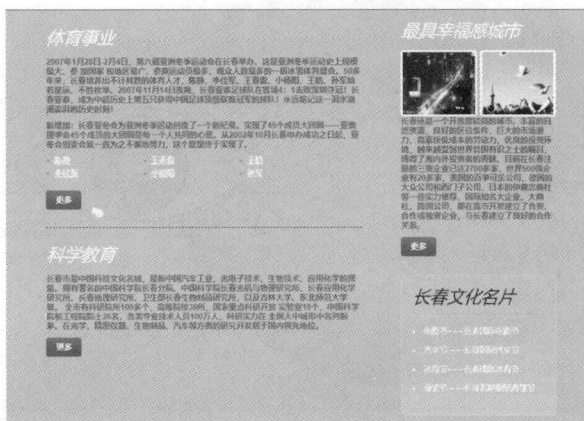

图 22.3 人文气息

美食页面介绍了长春的一些特色美食，其运行效果如图 22.4 所示。

旅游景点页面主要介绍了长春的一些旅游景点，其运行效果如图 22.5 所示。

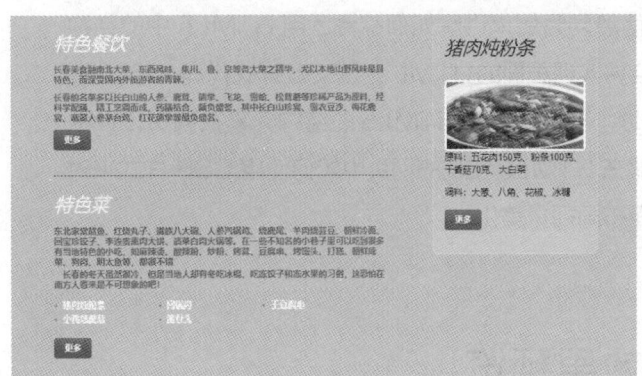

图 22.4 美食

图 22.5 旅游景点

名校简介主要介绍坐落于长春的一些名校，其运行效果如图 22.6 所示。

留下足迹页面主要显示了一张 .gif 格式的图片，以及添加了一段音频，打开文件时，会自动播放音乐，然后右侧添加一张表单，便于读者留言。具体如图 22.7 所示。

图 22.6 名校简介

图 22.7 留下足迹

 **说明**

> 由于歌曲属于第三方，所以在程序中没有提供，请读者自行下载，并将下载后的歌曲命名成
> "xr.mp3" 存储于 music 文件夹中，然后打开本网页即可在浏览器中播放音乐。

22.2　案例准备

本系统的软件开发及运行环境具体如下：
- 网站开发环境：WebStorm。
- 网站开发语言：HTML5、CSS、JavaScript。
- 开发环境运行平台：Windows 7 及以上。

22.3　功能结构

旅游信息网的网站结构如图 22.8 所示。

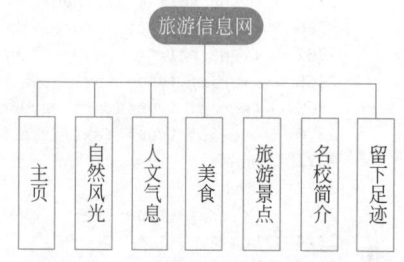

图 22.8　旅游信息网所有页面主题结构图

22.4　实现过程

22.4.1　实现网站公共 header 和 footer

在本网站的网页中，有两个公共部分，分别是 header 元素中的内容和 footer 元素中的内容。这两部分是本站每个网页中都包含的内容，其中 header 包括企业名称、企业 logo 图片、整个网站的导航条、flash 形式的广告条，以及通过 jQuery 技术来循环显示的特色图片，同时还为这些图片添加了说明性关键字。其运行效果如图 22.9 所示。

图 22.9　网站公共 header

而 footer 实现网站、网页或内容区块的脚注信息，在企业网站中的 footer 结构元素通常用来显示版权声明、备案信息、企业联系电话及网站制作单位等内容。其效果如图 22.10 所示。

351

图 22.10　网站公共 footer

实现网站的 header 与 footer 的步骤如下：

① 新建 index.html 文件（网站主页），然后引入相关 CSS 文件与 JavaScript 文件。具体代码如下：

```
2360 <!DOCTYPE html>
2361 <html xmlns="http://www.w3.org/1999/xhtml">
2362 <head>
2363  <title> 主页 </title>
2364  <meta charset="utf-8">
2365  <link rel="stylesheet" href="css/reset.css" type="text/css" media="all">
2366  <link rel="stylesheet" href="css/grid.css" type="text/css" media="all">
2367  <link rel="stylesheet" href="css/style.css" type="text/css" media="all">
2368  <script type="text/javascript" src="js/jquery-1.4.2.min.js" ></script>
2369  <script type="text/javascript" src="js/jquery.faded.js"></script>
2370  <script type="text/javascript" src="js/script.js"></script>
2371 </head>
2372 <body>
2373   <script type="text/javascript"> Cufon.now(); </script>
2374 </body>
2375 </html>
```

② 添加网站 header 和 footer 部分的内容。具体代码如下：

```
01 <header>
02  <div class="container_16">
03   <div class="logo">
04    <h2> 我爱 <strong> 长春 </strong> </h2>
05   </div>
06    <nav>
07     <ul>
08      <li><a href="index.html" class="current"> 主页 </a></li>
09      <li><a href="index-1.html"> 自然风光 </a></li>
10      <li><a href="index-2.html"> 人文气息 </a></li>
11      <li><a href="index-3.html"> 美食 </a></li>
12      <li><a href="index-4.html"> 旅游景点 </a></li>
13      <li><a href="index-5.html"> 名校简介 </a></li>
14      <li><a href="index-6.html"> 留下足迹 </a></li>
15     </ul>
16    </nav>
17    <div id="faded">
18     <div class="rap">
19      <a href="#"><img src="images/big-img1.jpg" alt="" width="571" height="398"></a>
20      <a href="#"><img src="images/big-img2.jpg" alt="" width="571" height="398"></a>
21      <a href="#"><img src="images/big-img3.jpg" alt="" width="571" height="398"></a>
22     </div>
23     <ul class="pagination">
24      <li>
25       <a href="#" rel="0">
26       <img src="images/f_thumb1.png" alt="">
27        <span class="left"> 北国风光 <br /> 万里雪飘 <br /></span>
28        <span class="right"> 堆雪人 <br /> 溜爬犁 <br /></span>
29       </a>
30      </li>
31      <li>
32       <a href="#" rel="1">
33       <img src="images/f_thumb2.png" alt="">
34        <span class="left"> 净月潭 <br />33568 平方米 <br /> 樟子松 </span>
```

```
35          <span class="right">夏避暑 <br /> 秋赏叶 <br /> 冬玩雪 </span>
36        </a>
37      </li>
38      <li>
39        <a href="#" rel="2">
40        <img src="images/f_thumb3.png" alt="">
41          <span class="left">伪满洲国 <br /> 红色旅游 <br /> 跑马场 </span>
42          <span class="right">中和门 <br /> 同德殿 <br /> 怀远楼 </span>
43        </a>
44      </li>
45    </ul>
46    <img src="images/extra-banner.png" alt="" class="extra-banner">
47  </div>
48  </div>
49 </header>
```

③ 在 style.css 文件中添加 CSS 代码，实现网站的 header 部分的 CSS 样式。关键代码如下：

```
01 /* Logo */
02 header .logo {
03     position: absolute;
04     left: 45px;
05     top: 70px;
06     background: url(../images/logo.png) no-repeat 0 0;
07     padding: 20px 0 0 20px;
08     width: 156px;
09 }
10 header .logo h1 {
11     font-size: 38px;
12     line-height: 1.2em;
13     color: #c3c3c3;
14     font-weight: normal;
15     font-style: italic;
16     letter-spacing: -1px;
17 }
18 header .logo h1 a {
19     color: #c3c3c3;
20     text-decoration: none;
21 }
22 header .logo h1 a strong {
23     color: #fff;
24 }
25 /* Navigation */
26 header nav {
27     position: absolute;
28     right: 25px;
29     top: 97px;
30 }
31 header nav ul li {
32     float: left;
33     padding-left: 6px;
34 }
35 header nav ul li a {
36     float: left;
37     color: #fff;
38     text-decoration: none;
39     width: 80px;
40     text-align: center;
41     line-height: 31px;
42     font-size: 14px;
43 }
44 header nav ul li a:hover,
45 header nav ul li a.current {
46     background: url(../images/nav-bg.gif) 0 0 repeat-x;
```

22

```
47        border-radius: 5px;
48        -moz-border-radius: 5px;
49        -webkit-border-radius: 5px;
50 }
```

④ 继续在 HTML5 文件中添加网站 footer。具体代码如下：

```
01 <!-- footer -->
02 <footer>
03   <div class="container_16">
04      <div id="main">
05           版权所有: <strong> 吉林省明日科技有限公司 </strong>   
06           地址: 长春市二道区东盛大街 89 号亚泰广场 C 座 **** 室    
07           电话: 400-675-1066
08      </div>
09   </div>
10 </footer>
```

⑤ 实现网站 footer 的样式，继续在 style.css 文件中添加如下代码：

```
01 /*===== footer =====*/
02 footer .container_16 {font-size: .625em;}
03 footer .copy span {text-transform: uppercase;color: #e1e1e1;}
04 footer .copy a {color: #777;}
```

22.4.2 网站主页设计

① 网站主页的主体内容由 section 元素实现。其包含左右两部分，左侧内容有长春欢迎你和魅力长春，由 section 元素实现；右侧内容有长春美誉和长春地图，由 aside 元素实现。具体 HTML5 代码如下：

```
01 <!-- content -->
02   <section id="content">
03     <div class="container_16">
04        <div class="clearfix">
05        <section id="mainContent" class="grid_10">
06           <article>
07              <h2>长春欢迎你 </h2>
08              <h3>长春，吉林省省会，全省政治、经济、文化和交通中心，中国最大的汽车工业城市，有 " 东方底特律 " 之称。中国
建成区面积和建成区人口第九大城市。中国特大城市之一。</h3>
09              <h4>长春地处东北平原中央，是东北地区天然地理中心，东北亚几何中心，东北亚十字经济走廊核心。总面积 20604 平
方公里。新的长春，宛若一颗镶嵌在中国东北平原腹地的明珠，在二百余年近代城市历史的发展变化中，以其年轻而美丽跻身于国内特大城
市之列！而已经湮没的长春古代历史又相似饱经风霜的老者，讲述这里曾经的跌跌撞撞、大起大落、大喜大悲。从古都到新城，悠远和年轻
这两种不同的力量，都注定了长春必定辉煌！</h4>
10              <a href="#" class="button"> 更多 </a>
11           </article>
12           <article class="last">
13             <h2>魅力长春 </h2>
14              <h5>长春素有 " 汽车城 "" 电影城 "" 光电之城 "" 科技文化城 "" 大学之城 "" 森林城 "" 雕塑城 " 的美誉，是中国汽车、
电影、光学、生物制药、轨道客车等行业的发源地。</h5>
15              <ul class="img-list clearfix">
16                <li><a href="#"><img src="images/thumb1.jpg" alt=""></a></li>
17                <li><a href="#"><img src="images/thumb2.jpg" alt=""></a></li>
18                <li><a href="#"><img src="images/thumb3.jpg" alt=""></a></li>
19                <li><a href="#"><img src="images/thumb4.jpg" alt=""></a></li>
20                <li><a href="#"><img src="images/thumb5.jpg" alt=""></a></li>
21                <li><a href="#"><img src="images/thumb6.jpg" alt=""></a></li>
22                <li><a href="#"><img src="images/thumb7.jpg" alt=""></a></li>
23                <li><a href="#"><img src="images/thumb8.jpg" alt=""></a></li>
24                <li><a href="#"><img src="images/thumb9.jpg" alt=""></a></li>
25              </ul>
26              <a href="#" class="button"> 更多 </a>
```

```
27            </article>
28          </section>
29      <aside class="grid_6">
30          <div class="prefix_1">
31          <article>
32              <!-- .box -->
33          <div class="box">
34              <h2> 长春美誉 </h2>
35          <dl class="accordion">
36              <dt><img src="images/icon1.gif" alt=""><a href="#"> 汽车城 </a></dt>
37                  <dd> 中国第一汽车集团公司是中国最大的汽车工业科研生产基地，汽车产量占全国总产量的五分之一 </dd>
38              <dt><img src="images/icon2.gif" alt=""><a href="#"> 电影城 </a></dt>
39              <dd> 长春电影制片厂是新中国电影事业的 " 摇篮 "，为弘扬电影文化，长春市政府自九二年以来，每两年举办一
届长春电影节，邀请国内外电影界知名人士和电影厂商汇聚长春，共创电影辉煌 </dd>
40              <dt><img src="images/icon3.gif" alt=""><a href="#"> 光电城 </a></dt>
41              <dd> 在光学电子、激光技术、高分子材料、生物工程等方面的研究居全国领先地位，有的已经达到国际先进水平
</dd>
42              <dt><img src="images/icon4.gif" alt=""><a href="#"> 雕塑城 </a></dt>
43              <dd> 长春雕塑公园 </dd>
44              <dt><img src="images/icon5.gif" alt=""><a href="#"> 森林城 </a></dt>
45              <dd> 著名的净月潭森林旅游区总面积 478.7 平方公里，有亚洲最大的人工森林 </dd>
46          </dl>
47          </div>
48              <!-- /.box -->
49          </article>
50          <article class="last">
51              <h2> 长春地图 </h2>
52              <p><img src="images/map.jpg" alt=""></p>
53          <div class="wrapper">
54          <ul class="list1 grid_3 alpha">
55              <li><a href="#"> 农安市 </a></li>
56              <li><a href="#"> 德惠市 </a></li>
57              <li><a href="#"> 九台市 </a></li>
58          </ul>
59          <ul class="list1 grid_2 omega">
60              <li><a href="#"> 长春市区 </a></li>
61              <li><a href="#"> 榆树市 </a></li>
62          </ul>
63          </div>
64          </article>
65          </div>
66      </aside>
67      </div>
68      </div>
69  </section>
```

② 在 style.css 文件中添加代码，设置主体内容的 CSS 样式。关键代码如下：

```
01 #mainContent article {
02     padding: 0 0 32px 0;
03     margin-bottom: 30px;
04     border-bottom: 1px dashed #323232;
05 }
06 #mainContent article.last {
07     padding-bottom: 0;
08     margin-bottom: 0;
09     border: none;
10 }
11 /* Aside */
12 aside article {
13     padding-bottom: 0;
14     margin-bottom: 35px;
15 }
16 aside article.last {
17     margin-bottom: 0;
18 }
```

③ 使用 jQuery 实现。单击长春美誉中的项目时，展开具体内容，具体在 index.html 文件中添加如下代码：

```
01 <script type="text/javascript">
02    $(function(){
03         $(".accordion dt").toggle(function(){
04             $(this).next().slideDown();
05         }, function(){
06             $(this).next().slideUp();
07         });
08    })
09 </script>
```

22.4.3 "留下足迹"页面设计

该网站中，自然风光、人文气息、美食页面、旅游景点以及名校简介页面的布局都与主页的布局方式相同，故省略这些页面的具体实现步骤和代码。而在留下足迹页面中，主要借助 section 元素和 aside 元素实现了播放音乐机添加留言的功能，页面主体内容也分为左右两部分，左侧内容为一张 .gif 格式图片和播放音乐，右侧为编者语和留言表单。

具体实现步骤如下：

① 新建 index-9.html 文件，在该文件中引入相关 CSS 文件和 JS 文件，然后添加页面的 header 和 footer，代码与 22.4.1 节步骤①、步骤②类似，故省略。

② 添加留下足迹页面的主体内容，具体 index-9.html 文件中添加如下代码：

```
01 <!-- content -->
02 <section id="content">
03    <div class="container_16">
04    <div class="clearfix">
05        <section id="mainContent" class="grid_10">
06        <article>
07           <h2> 雪景 </h2>
08           <img src="images/7page-img1.gif" alt="" width="600">
09           <h2> 听一首关于雪的歌曲 </h2>
10            <audio src="music/xr.mp3" controls="controls"  autoplay="autoplay" ></audio>
11         </article>
12        </section>
13        <aside class="grid_6">
14        <div class="prefix_1">
15          <article>
16          <!-- .box -->
17           <div class="box">
18             <h2> 编者语 </h2>
19             <p>  长春，一座拥有七千年历史、四千年古典建城史和二百余年近代城市发展史的东北核心城市；长春，一座承载了中国太多梦想与期待的北国之都；长春，一座日益繁荣开放富强的国际化大都会，正以其愈来愈勃发的英姿，迎来更加崭新美好的明天! </p>
20           </div>
21           <!-- /.box -->
22          </article>
23          <article class="last">
24            <h2> 留下足迹 </h2>
25            <form action="" id="contacts-form">
26               <h3><label><span> 姓名: </span><input type="text" /></label></h3>
27               <h3><label><span>E-mail : </span><input type="text" /></label></h3>
28               <h3><div class="wrapper"><span> 留言: </span><textarea></textarea></div></h3>
29               <div class="wrapper"><a href="#" onClick="document.getElementById('contacts-form').submit()" class="button"> 提交 </a><a href="#" onClick="document.getElementById('contacts-form').submit()" class="button"> 重置 </a></div>
30            </form>
```

```
31              </article>
32            </div>
33          </aside>
34        </div>
35      </div>
36    </section>
```

③ 在 style.css 文件中，添加代码设置播放音乐和留言表单的样式。设置表单页面样式的关键代码如下：

```
01  /*----- forms -----*/
02  #contacts-form fieldset {
03      border: none;
04  }
05  #contacts-form label {
06      display: block;
07      height: 26px;
08      overflow: hidden;
09  }
10  #contacts-form span {
11      float: left;width: 66px;
12  }
13  #contacts-form .button {
14      float: right;
15      margin-left: 16px;
16      margin-top: 14px;
17  }
18  #contacts-form input {
19      float: left;
20      background: #FFFFFF;
21      border: 1px solid #a4a4a4;
22      width: 210px;
23      padding: 1px 5px 1px 5px;
24      color: #333333;
25  }
26  #contacts-form textarea {
27      float: left;
28      width: 210px;
29      padding: 1px 5px 1px 5px;
30      height: 195px;
31      background: # #FFFFFF;
32      border: 1px solid #a4a4a4;
33      overflow: auto;
34      color: #fff;
35  }
```

▽ 小结

本章使用 HTML5 结合 CSS 样式文件制作了一个旅游信息网。通过对本章的学习，读者应该能够掌握常用的 HTML5 结构元素的使用，并能够使用这些结构元素，结合 CSS 样式文件制作简单的前台网页。

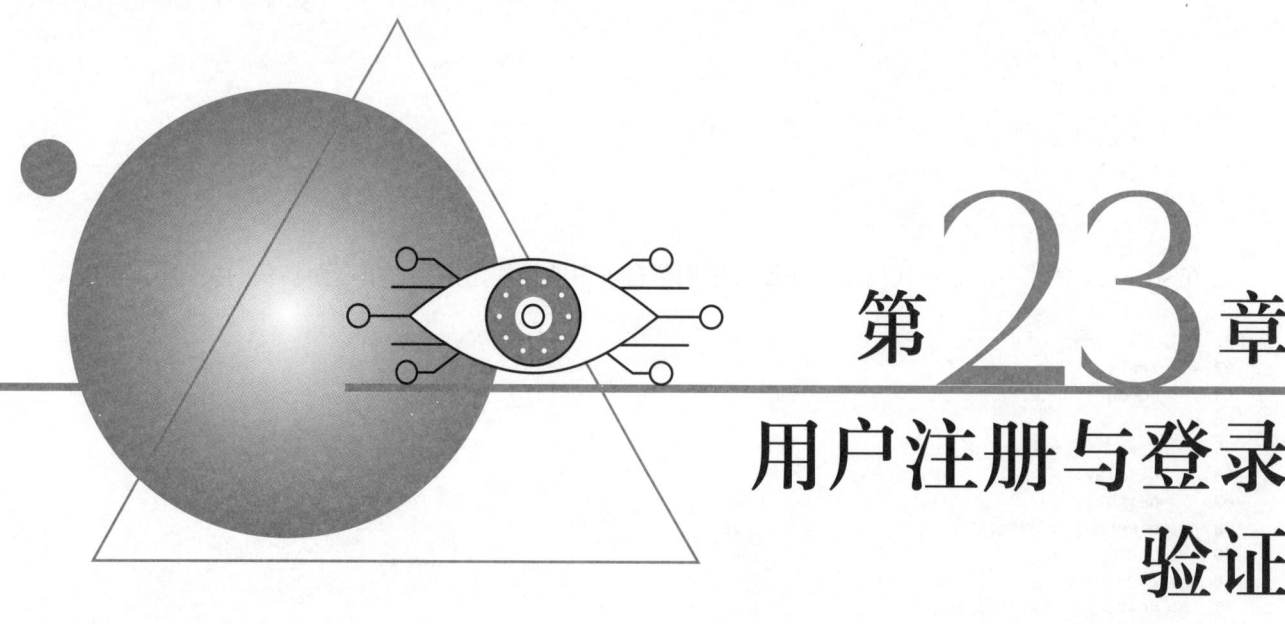

第23章

用户注册与登录
验证

（HTML+CSS+JavaScript+
jQuery）

扫码领取
· 教学视频
· 配套源码
· 练习答案
· ……

注册登录模块是网站开发中必不可少的组成部分，因为其功能单一，
实现相对简单。除了实现验证用户信息的有效性和一些必要的安全设置
外，还可以提高程序的可操作性，更好地方便用户。本章将开发一个有着
良好交互性的注册登录模块。该模块由用户注册和用户登录两部分组成。

23.1 案例效果预览

在用户注册页面，如果输入的内容不合法，页面将给出相应的提
示信息，效果如图 23.1 所示。用户注册成功的效果如图 23.2 所示。

在用户登录页面需要拖动滑块进行验证。如果用户未将验证滑
块拖动到最右边，页面会给出相应的提示信息，效果如图 23.3 所示。
用户登录成功的效果如图 23.4 所示。

23.2 案例准备

本案例应用的技术及运行环境具体如下：

- 开发环境：WebStorm。
- 应用技术：HTML5+CSS+JavaScript+jQuery。
- 操作系统：Windows 10。

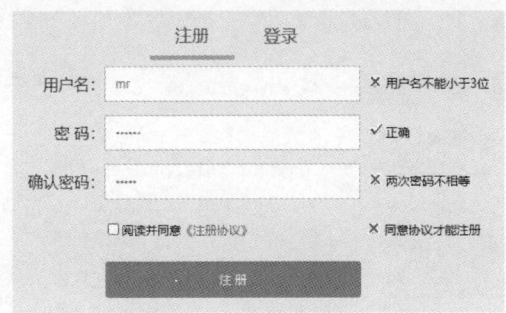

图 23.1　用户输入的内容不合法

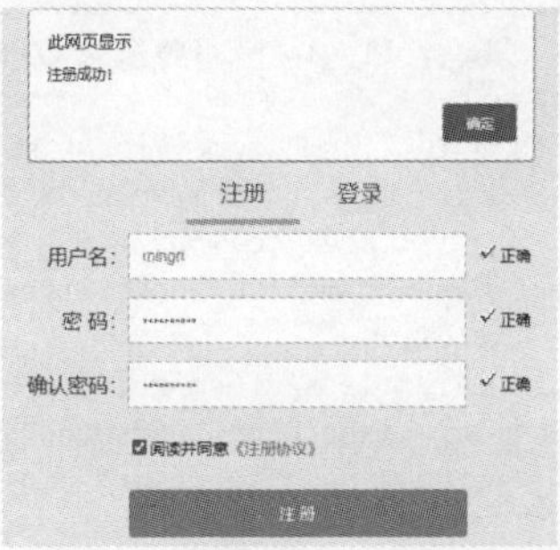

图 23.2　注册成功运行效果

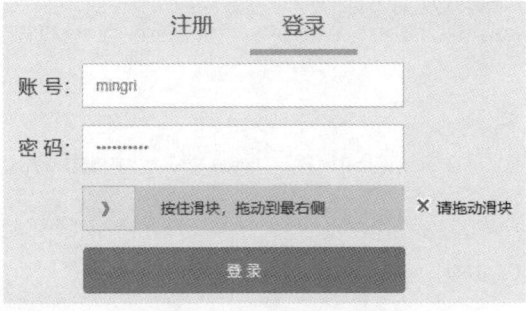

图 23.3　未拖动滑块

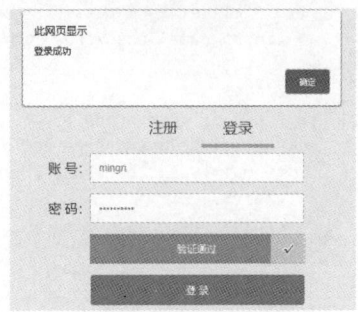

图 23.4　登录成功运行效果

23.3　业务流程

在编写用户注册登录模块的程序前，需要先了解实现用户注册和登录功能的业务流程。根据该模块的业务需求，设计如图 23.5 所示的业务流程图。

23.4　实现过程

23.4.1　注册页面设计

在注册登录模块中，首先需要对用户注册页面进行设计，实现步骤如下：

① 创建 register.html 文件，在文

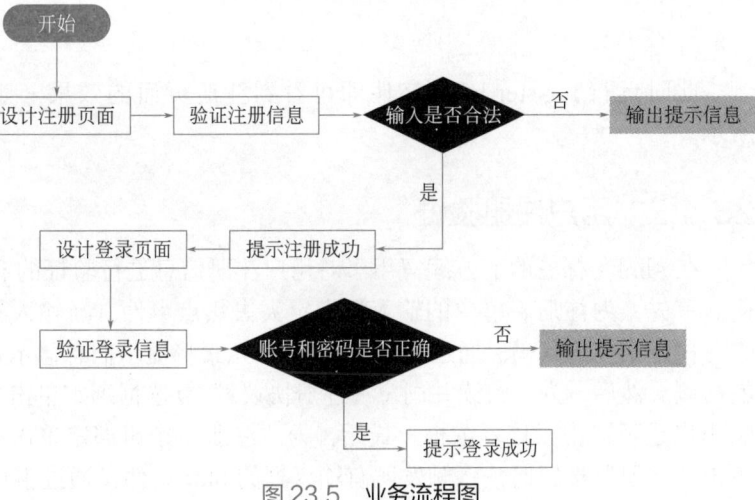

图 23.5　业务流程图

件中定义用户注册表单，包括用户名文本框、密码框、确认密码框、"阅读并同意《注册协议》"复选框以及"注册"按钮。具体代码如下：

```
2376  <div class="middle-box">
2377    <div>
2378      <div>
2379        <h1 class="logo-name">MR</h1>
2380      </div>
2381    <span>
2382      <a class="active" href="register.html">注册 </a>
```

```
2383              <a href="login.html">登录</a>
2384          </span>
2385        <form id="form" name="form" method="post" action=""  autocomplete="off">
2386          <div class="form-group">
2387             <label for="name">用户名: </label>
2388        <input name="name" id="name" type="text"  class="form-control" placeholder="用户名">
2389          </div>
2390          <div class="form-group">
2391             <label for="password">密 码: </label>
2392          <input name="password" id="password" type="password" class="form-control"
placeholder="密码">
2393          </div>
2394         <div class="form-group">
2395             <div class="form-group">
2396          <input name="passwords" id="passwords" type="password" class="form-control"
placeholder="确认密码">
2397          </div>
2398         <div class="form-group">
2399             <div class="agreement">
2400          <input type="checkbox" checked="checked">阅读并同意<a href="#">《注册协议》</a>
2401          </div>
2402          </div>
2403        <div>
2404          <button type="submit" id="send" class="btn-primary">注 册</button>
2405        </div>
2406       </form>
2407     </div>
2408 </div>
```

② 创建 css 文件夹, 在文件夹中创建 index.css 文件, 在文件中编写 CSS 代码, 然后在 register.html 文件中链接 index.css 文件, 为注册页面中的元素添加 CSS 样式。代码如下:

```
<link rel="stylesheet" type="text/css" href="css/index.css">
```

此时运行 register.html 文件即可看到注册页面的效果, 如图 23.6 所示。

23.4.2 用户注册验证

在 <link> 标签的下方编写用于对用户注册信息进行验证的 jQuery 代码。首先, 为注册表单中的输入框绑定失去焦点事件, 当输入框失去焦点时执行相应的代码, 通过创建的 <span> 元素将提示信息显示在输入框的右侧。然后, 为 "阅读并同意《注册协议》" 复选框绑定单击事件, 判断用户是否选中了该复选框。最后, 为 "注册" 按钮绑定单击事件, 当

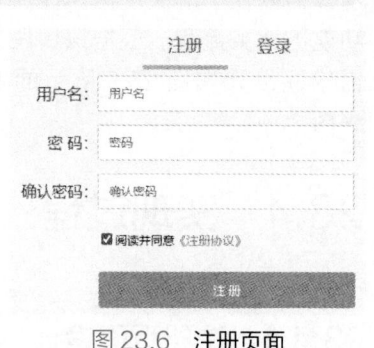

图 23.6 注册页面

单击 "注册" 按钮时, 将触发所有输入框的 blur 事件, 通过事件处理程序判断用户是否注册成功。具体代码如下:

```
2409 <script src="Js/jquery-3.5.1.min.js"></script>
2410 <script type="text/javascript">
2411 $(document).ready(function(){
2412     // 文本框失去焦点事件
2413     $("form :input[type!='checkbox']").blur(function(){
2414        $(this).parent().find("span").remove();              // 移除 <span> 元素
2415        if($(this).is("#name")){                              // 如果用户名文本框失去焦点
2416           if(this.value==""){                                // 如果用户名文本框为空
2417              var show=$("<span class='error'>用户名不能为空</span>");        // 创建 <span> 元素
2418              $(this).parent().append(show);                  // 向页面添加元素
2419           }else if(this.value.length<3){                     // 如果用户名小于 3 位
```

```
2420              var show=$("<span class='error'> 用户名不能小于 3 位 </span>");        // 创建 <span> 元素
2421              $(this).parent().append(show);                                       // 向页面添加元素
2422          }else{
2423              var show=$("<span class='right'> 正确 </span>");                       // 创建 <span> 元素
2424              $(this).parent().append(show);                                       // 向页面添加元素
2425          }
2426      }
2427      if($(this).is("#password")){                                                // 如果密码框失去焦点
2428          if(this.value==""){                                                     // 如果密码框为空
2429              var show=$("<span class='error'> 密码不能为空 </span>");               // 创建 <span> 元素
2430              $(this).parent().append(show);                                       // 向页面添加元素
2431          }else if(this.value.length<6){                                          // 如果密码小于 6 位
2432              var show=$("<span class='error'> 密码不能小于 6 位 </span>");          // 创建 <span> 元素
2433              $(this).parent().append(show);                                       // 向页面添加元素
2434          }else{
2435              var show=$("<span class='right'> 正确 </span>");                       // 创建 <span> 元素
2436              $(this).parent().append(show);                                       // 向页面添加元素
2437          }
2438      }
2439      if($(this).is("#passwords")){                                              // 如果确认密码框失去焦点
2440          if(this.value==""){                                                     // 如果确认密码框为空
2441              var show=$("<span class='error'> 确认密码不能为空 </span>");           // 创建 <span> 元素
2442              $(this).parent().append(show);                                       // 向页面添加元素
2443          }else if(this.value!=$("#password").val()){                             // 如果两次输入密码不一致
2444              var show=$("<span class='error'> 两次密码不相等 </span>");            // 创建 <span> 元素
2445              $(this).parent().append(show);                                       // 向页面添加元素
2446          }else{
2447              var show=$("<span class='right'> 正确 </span>");                       // 创建 <span> 元素
2448              $(this).parent().append(show);                                       // 向页面添加元素
2449          }
2450      }
2451  });
2452  // 复选框单击事件
2453  $("form :checkbox").click(function(){
2454      if(!$(this).prop('checked')){                                              // 如果未选中复选框
2455          var show=$("<span class='error'> 同意协议才能注册 </span>");            // 创建 <span> 元素
2456          $(this).parent().append(show);                                          // 向页面添加元素
2457      }else{
2458          $(this).parent().find("span").remove();                                // 移除 <span> 元素
2459      }
2460  });
2461  // 注册按钮单击事件
2462  $("#send").click(function(){
2463      $("input").trigger("blur");                                                // 所有输入框触发 blur 事件
2464      if($(".error").length){                                                    // 如果页面中有错误提示
2465          return false;                                                          // 不提交表单
2466      }else{
2467          alert(" 注册成功！ ");                                                   // 提示注册成功
2468      }
2469  });
2470 });
2471 </script>
```

23.4.3 登录页面设计

在用户注册页面，单击"登录"超链接可以跳转到登录页面。设计登录页面的实现步骤如下：

① 创建 login.html 文件，在文件中定义用户登录表单，包括登录账号文本框、密码框、验证滑块和"登录"按钮。具体代码如下：

```
2472 <div class="middle-box">
2473     <div>
```

```
2474        <div>
2475            <h1 class="logo-name">MR</h1>
2476        </div>
2477        <span>
2478            <a href="register.html">注册 </a>
2479            <a class="active" href="login.html"> 登录 </a>
2480        </span>
2481        <form id="form" name="form" method="post" action=""  autocomplete="off">
2482            <div class="form-group">
2483                <label> 账 号: </label>
2484                <input name="username" id="username" type="text"  class="form-control" placeholder=" 用户名 " >
2485            </div>
2486            <div class="form-group">
2487                <label> 密 码: </label>
2488                <input name="password" id="password" type="password" class="form-control" placeholder=" 密码 ">
2489            </div>
2490            <!-- 滑块区域 -->
2491            <div class="form-group">
2492                <div class="drag-out">
2493                    <span> 按住滑块，拖动到最右侧 </span>
2494                    <div class="drag-area">》 </div>
2495                    <div class="drag-code"></div>
2496                </div>
2497            </div>
2498            <button type="submit" id="login" class="btn-primary"> 登 录 </button>
2499        </form>
2500    </div>
2501 </div>
```

② 在 login.html 文件中链接 index.css 文件，为登录页面中的元素添加 CSS 样式。代码如下：

```
<link rel="stylesheet" type="text/css" href="css/index.css">
```

此时运行 login.html 文件即可看到登录页面的效果，如图 23.7 所示。

23.4.4 验证滑块设计

在页面中定义 dragFun() 函数，在函数中编写验证滑块的代码。分别通过触发 mousedown、mousemove 和 mouseup 事件来验证滑块是否被拖动到最右边。代码如下：

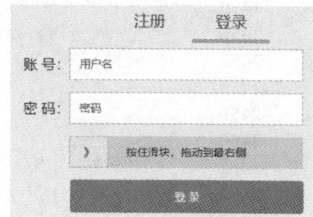

图 23.7 登录页面

```
2502 <script type="text/javascript">
2503    var dragFun = function(){
2504        var maxWidth ;                                  // 可拖动最大距离
2505        var move = false;                               // 设置拖动区域是否可以拖动
2506        var leftArae;                                   // 拖动区域距左边的距离
2507        var dragOut = $(".drag-out");
2508        var dragArea = $(".drag-out .drag-area");
2509        var dragCode = $(".drag-out .drag-code");
2510        // 鼠标按下事件
2511        dragArea.mousedown(function(){
2512            move = true ;
2513            maxWidth = dragOut.width() - dragArea.width() ; // 可以移动的最大距离
2514            leftArae= parseInt(dragOut.offset().left);      // 获取拖动区域距左边的距离
2515        })
2516        // 鼠标拖动事件
2517        $(document).mousemove(function(e){
2518            movePx = e.pageX - leftArae ;                 // 获取滑块移动的距离
2519            if(move == true){
2520                if(movePx > 0 && movePx <= maxWidth){     // 如果滑块未拖动到最右边
```

```
2521                    dragArea.css({"left":movePx});
2522                    dragCode.css({"width":movePx});
2523                }else if(movePx > maxWidth){          // 如果滑块拖动到最右边
2524                    dragArea.unbind("mousedown");
2525                    $(document).unbind("mousemove");
2526                    $(document).unbind("mouseup");
2527                    dragOut.find("span").html(" 验证通过 ").css({"color":"#fff"});
2528                    dragArea.html("");
2529                    dragArea.css("background","url(images/ok.gif) no-repeat center");
2530                }
2531            }
2532        })
2533        // 鼠标松开事件
2534        $(document).mouseup(function(){
2535            if(move == true){
2536                move = false;
2537                if(maxWidth > movePx){                 // 如果滑块未拖动到最右边
2538                    dragArea.css({"left":0});
2539                    dragCode.css({"width":0});
2540                }
2541            }
2542        })
2543    }
2544    $(function(){
2545        dragFun();                                     // 执行函数
2546    })
2547 </script>
```

滑块验证通过的运行效果如图 23.8 所示。

23.4.5 用户登录验证

图 23.8 滑块验证通过

在 <link> 标签的下方编写用于对用户登录信息进行验证的 jQuery 代码。首先，为登录表单中的输入框绑定失去焦点事件，当输入框失去焦点时执行相应的代码，通过创建的 <span> 元素将提示信息显示在输入框的右侧。然后，为"登录"按钮绑定单击事件，当单击"登录"按钮时，依次对账号文本框、密码框以及拖动滑块进行验证，如果账号为"mingri"，密码为"mingrisoft"，并且滑块验证通过，将提示登录成功。具体代码如下：

```
2548 <script src="Js/jquery-3.5.1.min.js"></script>
2549 <script type="text/javascript">
2550 $(document).ready(function(){
2551    // 文本框失去焦点事件
2552    $("input").blur(function(){
2553        $(this).parent().find("span").remove();        // 移除 <span> 元素
2554        if($(this).is("#username")){                     // 如果账号文本框失去焦点
2555            if(this.value==""){                          // 如果账号文本框为空
2556                var show=$("<span class='error'> 请输入账号 </span>");  // 创建 <span> 元素
2557                $(this).parent().append(show);           // 向页面添加元素
2558            }
2559        }
2560        if($(this).is("#password")){                     // 如果密码框失去焦点
2561            if(this.value==""){                          // 如果密码框为空
2562                var show=$("<span class='error'> 请输入密码 </span>");  // 创建 <span> 元素
2563                $(this).parent().append(show);           // 向页面添加元素
2564            }
2565        }
2566    });
2567    // 登录按钮单击事件
2568    $("#login").click(function(){
2569        $(".form-group>span").remove();                  // 移除 <span> 元素
2570        var username=$("input[name='username']");
```

```
2571        var password=$("input[name='password']");
2572        var result=$(".drag-out").find("span").html();              // 获取拖动区域文本
2573        if(username.val()==""){                                      // 如果账号文本框为空
2574          var show=$("<span class='error'>请输入账号</span>");        // 创建 <span> 元素
2575          username.parent().append(show);                            // 向页面添加元素
2576          username.focus();                                          // 账号文本框获取焦点
2577          return false;
2578        }else if(username.val()!="mingri"){
2579          var show=$("<span class='error'>账号不正确</span>");        // 创建 <span> 元素
2580          username.parent().append(show);                            // 向页面添加元素
2581          return false;
2582        }
2583        if(password.val()==""){                                      // 如果密码框为空
2584          var show=$("<span class='error'>请输入密码</span>");        // 创建 <span> 元素
2585          password.parent().append(show);                            // 向页面添加元素
2586          password.focus();                                          // 密码框获取焦点
2587          return false;
2588        }else if(password.val()!="mingrisoft"){
2589          var show=$("<span class='error'>密码不正确</span>");        // 创建 <span> 元素
2590          password.parent().append(show);                            // 向页面添加元素
2591          return false;
2592        }
2593        if(result!="验证通过"){
2594          var show=$("<span class='error'>请拖动滑块</span>");        // 创建 <span> 元素
2595          $(".drag-out").after(show);                                // 向页面添加元素
2596          return false;
2597        }
2598        // 验证登录是否成功
2599        if(username.val()=="mingri" && password.val()=="mingrisoft" && result=="验证通过"){
2600          alert("登录成功");                                          // 提示登录成功
2601        }
2602    });
2603 });
2604 </script>
```

小结

　　本章主要介绍了用户注册登录模块的实现过程，包括用户注册页面的设计、用户注册信息的验证、用户登录页面的设计，以及用户登录信息的验证。其中的难点是登录页面中验证滑块的设计，希望读者能够掌握验证的方法。

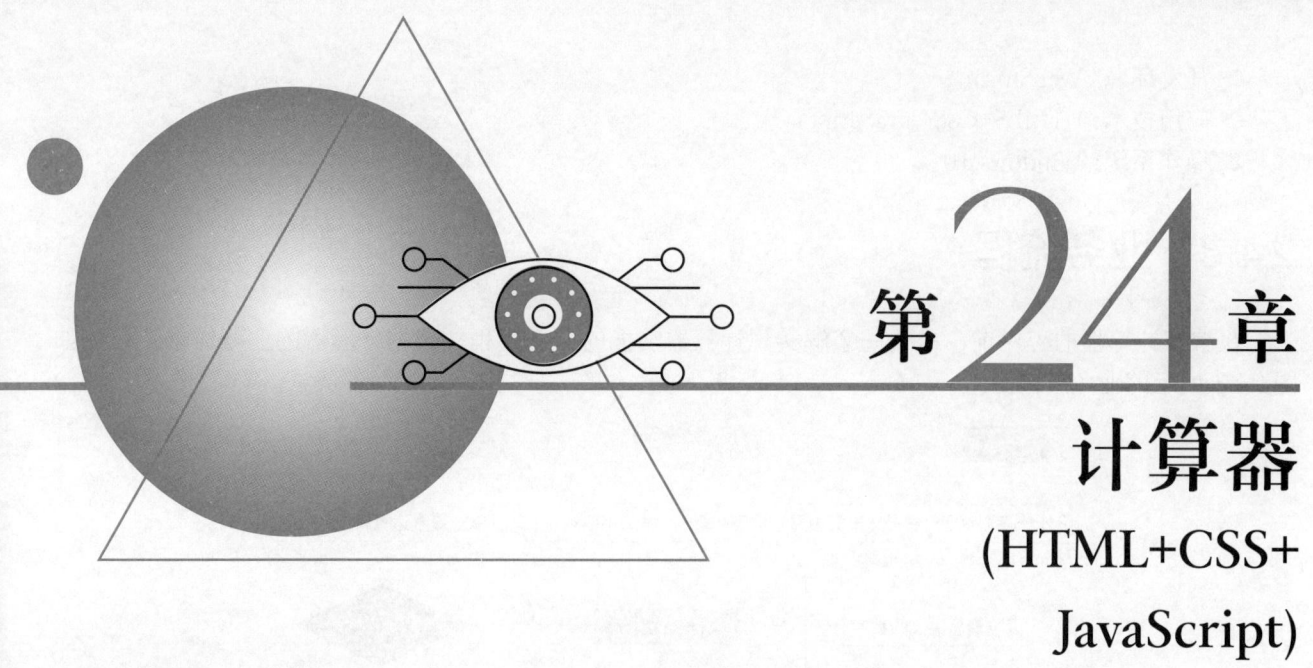

第 24 章

计算器

(HTML+CSS+
JavaScript)

在浏览一些网络数据时，经常要对数据进行计算，如果每次计算都打开 Windows 系统中的计算器，将会非常烦琐，因此可以在页面中调用自制的计算器。本章将使用 JavaScript 脚本制作一个计算器，它与 Windows 系统中的标准型计算器实现的功能基本相同。

24.1 案例效果预览

运行程序后，计算器页面上方显示的默认数字是 0，效果如图 24.1 所示。单击页面中的数字和运算符进行计算，单击"="输出计算结果，计算后的效果如图 24.2 所示。

0			
CE	C		Backspace
sqrt	%	1/x	÷
7	8	9	×
4	5	6	-
1	2	3	+
+/-	0	.	=

30			
CE	C		Backspace
sqrt	%	1/x	÷
7	8	9	×
4	5	6	-
1	2	3	+
+/-	0	.	=

图 24.1 初始效果　　　图 24.2 计算后的效果

24.2 案例准备

本案例应用的技术及运行环境具体如下：

- 开发环境：WebStorm。
- 应用技术：HTML5+CSS+JavaScript。
- 操作系统：Windows 10。

24.3 业务流程

在编写计算器的程序前，需要先了解实现计算器功能的业务流程。根据计算器的业务需求，设计如图 24.3 所示的业务流程图。

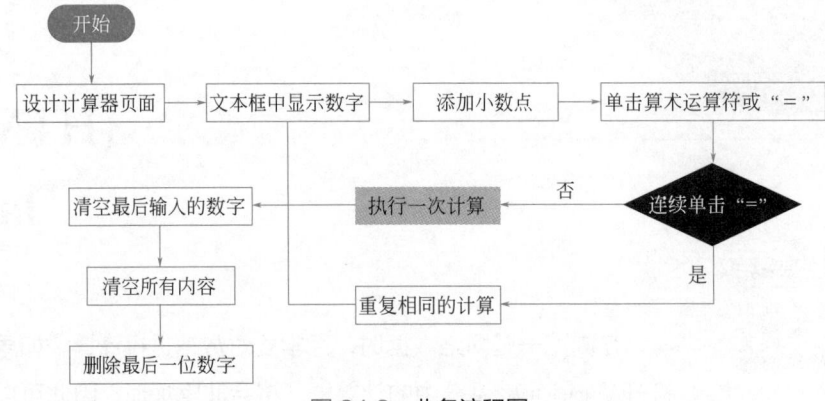

图 24.3 业务流程图

24.4 实现过程

24.4.1 计算器页面设计

编写计算器程序，首先需要对计算器的页面进行设计，实现步骤如下：

① 创建 index.html 文件，在文件中定义一个文本框和两个 <div> 元素，文本框用于显示需要计算的数字，第一个 <div> 元素用于定义 3 个特殊功能按键，第二个 <div> 元素用于定义数字按键和一些运算符按键。具体代码如下：

```
2605 <input id="zhi" type="text" value="0">
2606 <div class="fun">
2607     <div onClick="ce()">CE</div>
2608     <div onClick="Aclose()">C</div>
2609     <div onClick="backspace()">Backspace</div>
2610 </div>
2611 <div class="cal">
2612     <div onClick="kfang()">sqrt</div>
2613     <div onClick="bai()">%</div>
2614     <div onClick="ji()">1/x</div>
2615     <div class="operator" onClick="js('/')">÷</div>
2616     <div class="num" onClick="num(7)">7</div>
2617     <div class="num" onClick="num(8)">8</div>
2618     <div class="num" onClick="num(9)">9</div>
2619     <div class="operator" onClick="js('*')">×</div>
2620     <div class="num" onClick="num(4)">4</div>
2621     <div class="num" onClick="num(5)">5</div>
```

```
2622      <div class="num" onClick="num(6)">6</div>
2623      <div class="operator" onClick="js('-')">-</div>
2624      <div class="num" onClick="num(1)">1</div>
2625      <div class="num" onClick="num(2)">2</div>
2626      <div class="num" onClick="num(3)">3</div>
2627      <div class="operator" onClick="js('+')">+</div>
2628      <div onClick="zf()">+/-</div>
2629      <div class="num" onClick="num(0)">0</div>
2630      <div class="num" onClick="dian()">.</div>
2631      <div class="operator" onClick="js('=')">=</div>
2632  </div>
```

② 在文件中编写 CSS 代码，为页面中的元素添加 CSS 样式。代码如下：

```
2633 <style type="text/css">
2634     input{
2635         width:360px;                                /* 设置宽度 */
2636         height: 55px;                               /* 设置高度 */
2637         line-height: 55px;                          /* 设置行高 */
2638         background-color: #f3f3f4;                  /* 设置背景颜色 */
2639         font-size: 28px;                            /* 设置文字大小 */
2640         border: 0;                                  /* 设置无边框 */
2641         cursor:text;                                /* 设置鼠标光标样式 */
2642         margin: 0 1px;                              /* 设置外边距 */
2643         padding-left: 5px;                          /* 设置左内边距 */
2644     }
2645     .fun,.cal{
2646         width:370px;                                /* 设置宽度 */
2647         font-size: 18px;                            /* 设置文字大小 */
2648     }
2649     .fun div,.cal div{
2650         float: left;                                /* 设置左浮动 */
2651         width: 90px;                                /* 设置宽度 */
2652         height: 55px;                               /* 设置高度 */
2653         line-height: 55px;                          /* 设置行高 */
2654         text-align: center;                         /* 设置文字居中显示 */
2655         background-color: #f3f3f4;                  /* 设置背景颜色 */
2656         margin: 1px;                                /* 设置外边距 */
2657     }
2658     .fun div:hover,.cal div:hover{
2659         background-color: #CCCCCC;                  /* 设置背景颜色 */
2660         cursor: default;                            /* 设置鼠标光标样式 */
2661     }
2662     .fun div:last-child{
2663         width: 182px;                               /* 设置宽度 */
2664     }
2665     .cal .num{
2666         font-size: 23px;                            /* 设置文字大小 */
2667     }
2668     .cal .operator{
2669         font-size: 30px;                            /* 设置文字大小 */
2670     }
2671     .cal .operator:hover{
2672         background-color: #3399FF;                  /* 设置背景颜色 */
2673         color: white;                               /* 设置文字颜色 */
2674         cursor: default;                            /* 设置鼠标光标样式 */
2675     }
2676 </style>
```

此时运行 index.html 文件即可看到计算器页面的效果，如图 24.4 所示。

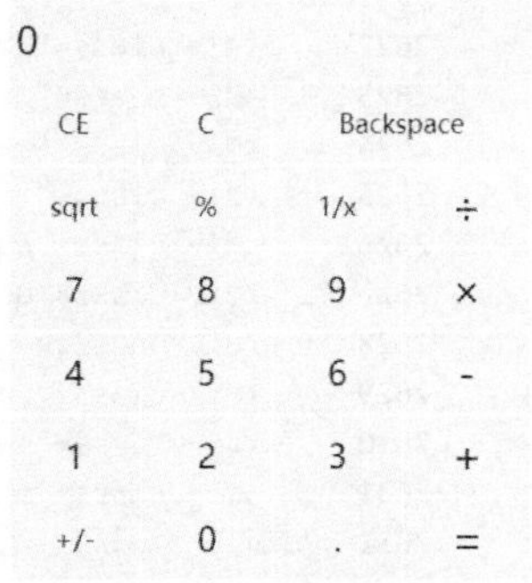

24.4.2 基本计算功能的实现

基本计算功能包括对数字进行加、减、乘、除、开方等运算，实现过程如下：

① 首先定义几个全局变量，然后创建几个自定义函数。其中，num() 函数的作用是在单击按键时，将数字和小数点显示在文本框中；dian() 函数用于为数字添加小数点；isxiao() 函数用于判断计算的结果是否为小数。具体代码如下：

0			
CE	C	Backspace	
sqrt	%	1/x	÷
7	8	9	×
4	5	6	-
1	2	3	+
+/-	0	.	=

图 24.4 计算器页面

```
2677 <script type="text/javascript">
2678     var isnum=false;                              // 是否单击过运算符
2679     var flag=false;                               // 是否单击过数字
2680     var n1=0;                                     // 要计算的操作数
2681     var fu="";                                    // 单击过的运算符
2682     var zong=0;                                   // 计算结果
2683     var isdian=false;                             // 是否有小数点
2684     var lin = 0;                                  // 后一个数字
2685     function num(n){                              // 显示数字
2686         if(isnum==true){
2687             if(zhi.value=='0.'){
2688                 zhi.value=zhi.value+n;
2689             }else{
2690                 zhi.value=n;
2691             }
2692             isnum=false;
2693         }else{
2694             if(zhi.value=='0'){
2695                 zhi.value=n;
2696             }else{
2697                 zhi.value=zhi.value+n;
2698             }
2699         }
2700         flag=true;
2701         n1=parseFloat(zhi.value);
2702     }
2703     function dian(){                              // 添加小数点
2704         var isfirst=isxiao(zhi.value);
2705         if((isnum == true)||(zhi.value=='0')){
2706             zhi.value='0.';
2707         }
2708         if((isdian==false)&&(isfirst==true)){
2709             zhi.value='0.';
2710         }else if(isdian==false){
2711             if(parseFloat(zhi.value)=='0'){
2712                 zhi.value='0.';
2713             }else if(isfirst==true){
2714                 zhi.value=zhi.value;
2715             }else{
2716                 zhi.value=zhi.value+'.';
2717             }
2718             isdian=true;
2719         }
2720     }
2721 function isxiao(n){                                // 判断是否是小数
2722     var int1=parseFloat(n);
2723     var int2=Math.floor(int1);
2724     if(int1>int2){
2725         return true;
2726     }else{
2727         return false;
2728     }
2729 }
```

② 自定义函数 js()。该函数用于对数字进行加、减、乘、除的计算，可以用"="号对同一运算进行重复操作，与计算器中运算符的功能相同。代码如下：

```
2730 var base;
2731 function js(s){
2732     lin = parseFloat(n1);
2733     if((s=="=")&&(fu=="=")){                              // 连续单击 "=" 按钮
2734         if((base=="+")||(base=="-")||(base=="*")||(base=="/")){
2735             zong =eval(zong+base+lin);
2736             if(isxiao(zong)==true){
2737                 zhi.value = zong.toString().length <= 10 ? zong : zong.toFixed(10);
2738             }else{
2739                 zhi.value = zong;
2740             }
2741         }
2742     }else{
2743         if(flag){
2744             if( fu == '+' )
2745                 zong += lin;                                // 执行加法运算
2746             else if( fu == '-' )
2747                 zong =zong- lin;                            // 执行减法运算
2748             else if( fu == '/' )
2749                 zong /= lin;                                // 执行除法运算
2750             else if( fu == '*' )
2751                 zong *= lin;                                // 执行乘法运算
2752             else
2753                 zong = lin;
2754             flag=false;
2755             if(isxiao(zong)==true){
2756                 zhi.value = zong.toString().length <= 10 ? zong : zong.toFixed(10);
2757             }else{
2758                 zhi.value = zong;
2759             }
2760         }
2761         base=fu;
2762         fu = s;
2763     }
2764     isnum = true;
2765 }
```

③ 自定义函数 bai()，用于计算数字的百分数，相当于一般计算器中的 "%" 功能。自定义函数 kfang()，对文本框中的数字进行开方计算，相当于一般计算器中的 sqrt 功能。自定义函数 zf()，使数字进行正负值的切换。自定义函数 ji()，用于计算数字的倒数，相当于计算器中一般的 "1/x" 功能。代码如下：

```
2766 function bai(){                                           // 转换为百分数
2767     zhi.value = (parseFloat(zhi.value) / 100);
2768     n1 = zhi.value;
2769     if(!flag) zong = parseFloat(zhi.value);
2770     isdian=false;
2771 }
2772 function kfang(){                                         // 计算开方
2773     if(zhi.value!="0"||zhi.value!=""){
2774         zhi.value=Math.sqrt(parseFloat(zhi.value));
2775         n1 = zhi.value;
2776         if(!flag) zong = parseFloat(zhi.value);
2777         isnum=true;
2778         isdian=false;
2779     }
2780 }
2781 function zf(){                                            // 为数字加上正号或负号
2782     var pp=parseFloat(zhi.value);
2783     if(pp>0){
2784         zhi.value="-"+pp;
2785     }
2786     if(pp<0){
2787         zhi.value=Math.abs(pp);
```

```
2788         }
2789         n1 = zhi.value;
2790         if(!flag) zong = parseFloat(zhi.value);
2791    }
2792    function ji(){                                          // 计算倒数
2793         var pp=parseFloat(zhi.value);
2794         zhi.value=parseFloat(1/pp);
2795         n1 = zhi.value;
2796         if(!flag) zong = parseFloat(zhi.value);
2797         isnum=true;
2798         isdian=false;
2799    }
```

24.4.3　特殊功能的实现

本案例中，计算器的特殊功能包括清空最后输入的数字、清空所有内容和删除最后一位数字 3 个功能。具体实现方法如下：

① 自定义函数 ce()，用于将最后输入的数字清零，相当于计算器中的"CE"。自定义函数 Aclose()，用于将计算器设为初始状态，相当于计算器中的"C"。具体代码如下：

```
2800    function ce(){                                          // 清空最后输入的内容
2801        zhi.value="0";
2802        isnum=true;
2803        isdian=false;
2804    }
2805    function Aclose(){                                      // 清空所有内容
2806        isdian=isnum=false;
2807        ce();
2808        fu=base="";
2809        zong=n1=0;
2810    }
```

② 自定义函数 backspace()，用于将文本框中的数字从低位向高位递减，当文本框中数字的绝对值为个位数时，该函数将文本框清零，相当于一般计算器中的 Backspace 功能。代码如下：

```
2811    function backspace(){                                   // 删除最后一位数字
2812        var bstr=zhi.value;
2813        if(bstr!="0"){
2814            var isabs=String(Math.abs(bstr));
2815            if((bstr.length==1)||(isabs.length==1)){
2816                zhi.value="0";
2817                isdian=false;
2818            }else{
2819                zhi.value=bstr.substr(0,bstr.length-1);
2820            }
2821        }
2822    }
2823    </script>
```

▽ 小结

本章主要介绍了计算器的实现过程，包括计算器页面的设计和各种计算功能的实现方法，对数字进行加、减、乘、除的运算，通过"Backspace"按钮对数字进行删除，以及对数字进行正负值的切换等方法。

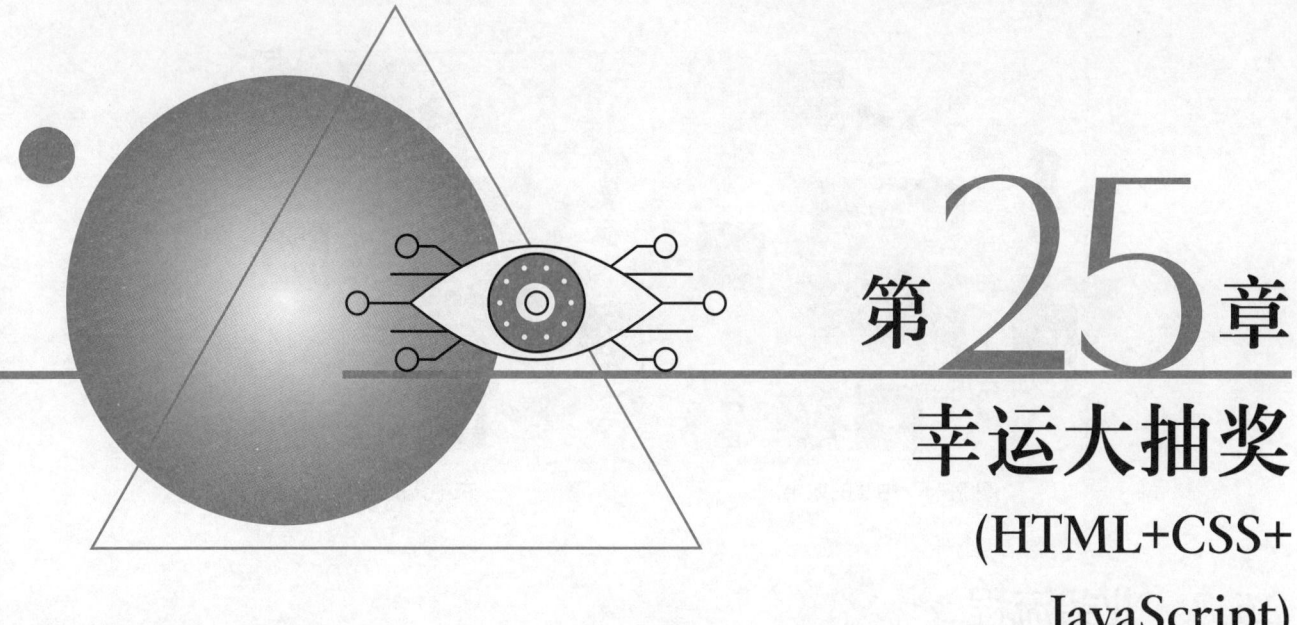

第 **25** 章
幸运大抽奖
(HTML+CSS+ JavaScript)

为了吸引用户，各大网站在节假日都会举行一些抽奖活动。在众多抽奖活动中，比较常见的是"幸运大转盘"。"幸运大转盘"的表现形式主要有圆形转盘和多宫格转盘。本章应用 JavaScript 开发一个多宫格转盘的幸运大抽奖游戏。

25.1　案例效果预览

在游戏主页面，单击转盘中央的"幸运大抽奖"图片按钮，光标开始转动，速度由慢到快，再由快到慢，最后停留在中奖图片上，效果如图 25.1 所示。在转盘中除了设置的奖品图片外，还设置了 4 个未中奖的"谢谢参与"图片，如果光标最后停留在"谢谢参与"图片上，则说明未中奖，效果如图 25.2 所示。

25.2　案例准备

本案例应用的技术及运行环境具体如下：
- 开发环境：WebStorm。
- 应用技术：HTML5+CSS+JavaScript。
- 操作系统：Windows 10。

图 25.1　中奖的效果

图 25.2　未中奖的效果

25.3　业务流程

在编写幸运大抽奖的程序前，需要先了解实现抽奖功能的业务流程。根据抽奖程序的业务需求，设计如图 25.3 所示的业务流程图。

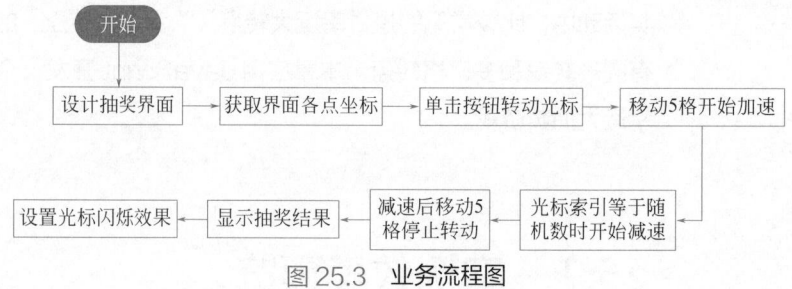

图 25.3　业务流程图

25.4　实现过程

25.4.1　抽奖页面设计

编写幸运大抽奖程序，首先需要对抽奖页面进行设计，实现步骤如下：

① 创建 index.html 文件，在文件中创建一个按钮和一个 5 行 5 列的表格，将表格中央的 9 个单元格内容设置为空，其他的每个单元格中放置一张奖品对应的图片，将 <img> 标签的 title 属性值设置为奖品的名称。具体代码如下：

```
2824 <div>
2825   <div class="header"></div>
2826   <div class="play">
2827     <div class="box"></div>
2828     <p class="btn_arr">
2829       <input id="btn1" type="button" onClick="StartGame()" class="play_btn" >
2830     </p>
2831     <table class="playtab" id="tb">
2832       <tr>
```

```
2833          <td><img width="130" src="images/1.jpg" title="【芭比娃娃】"></td>
2834          <td><img width="130" src="images/2.jpg" title="【Java 开发实战】"></td>
2835          <td><img width="130" src="images/3.jpg" title="零食收纳盒】"></td>
2836          <td><img width="130" src="images/thanks.jpg" title="感谢您的参与"></td>
2837          <td><img width="130" src="images/5.jpg" title="【卡通毛巾】"></td>
2838       </tr>
2839       <tr>
2840           <td><img width="130" src="images/16.jpg" title="【剃须刀】"></td>
2841          <td></td><td></td><td></td>
2842          <td><img width="130" src="images/6.jpg" title="【C 语言开发实战】"></td>
2843       </tr>
2844       <tr>
2845           <td><img width="130" src="images/15.jpg" title="【自拍杆】"></td>
2846          <td></td><td></td><td></td>
2847          <td><img width="130" src="images/thanks.jpg" title="感谢您的参与"></td>
2848       </tr>
2849       <tr>
2850           <td><img width="130" src="images/thanks.jpg" title="感谢您的参与"></td>
2851          <td></td><td></td><td></td>
2852          <td><img width="130" src="images/8.jpg" title="【平板电脑】"></td>
2853       </tr>
2854       <tr>
2855          <td><img width="130" src="images/13.jpg" title="【Java Web 开发实战】"></td>
2856          <td><img width="130" src="images/12.jpg" title="【移动硬盘】"></td>
2857          <td><img width="130" src="images/thanks.jpg" title="感谢您的参与"></td>
2858          <td><img width="130" src="images/10.jpg" title="【网络机顶盒】"></td>
2859          <td><img width="130" src="images/9.jpg" title="【扫地机器人】"></td>
2860       </tr>
2861    </table>
2862  </div>
2863 </div>
```

② 创建 index.css 文件，在文件中编写 CSS 代码，然后在 index.html 文件中引入 index.css 文件，为抽奖页面中的元素添加 CSS 样式。代码如下：

```
<link rel="stylesheet" type="text/css" href="index.css">
```

此时运行 index.html 文件即可看到抽奖页面的运行效果，如图 25.4 所示。

图 25.4　抽奖页面

25.4.2　抽奖功能的实现

创建 index.js 文件，在文件中编写实现抽奖功能的 JavaScript 代码，具体步骤如下：

① 创建 GetSide() 函数，在函数中应用 while 语句将转盘上所有位置的坐标定义在数组中。代码如下：

```
2864 function GetSide(m,n){
2865     var resultArr=[];                                      // 定义坐标数组
2866     var tempX=0;                                            // 定义转动光标横坐标
2867     var tempY=0;                                            // 定义转动光标纵坐标
2868     var direction="RightDown";                             // 定义初始转动方向
2869     while(tempX>=0 && tempX<n && tempY>=0 && tempY<m){
2870         resultArr.push([tempY,tempX]);                     // 添加数组元素
2871         if(direction=="RightDown"){                        // 如果光标向右或向下转动
2872             if(tempX==n-1){
2873                 tempY++;
2874             }else{
2875                 tempX++;
2876             }
2877             if(tempX==n-1&&tempY==m-1){
2878                 direction="LeftUp"
2879             }
2880         }else{                                             // 如果光标向左或向上转动
2881             if(tempX==0){
2882                 tempY--;
2883             }else{
2884                 tempX--;
2885             }
2886             if(tempX==0&&tempY==0){                         // 如果横纵坐标都为 0 则结束循环
2887                 break;
2888             }
2889         }
2890     }
2891     return resultArr;                                       // 返回坐标数组
2892 }
```

② 定义抽奖过程中应用的一些主要变量。代码如下：

```
2893 var index=0;                                               // 转动光标当前索引
2894 var prevIndex=0;                                           // 转动光标前一位置索引
2895 var Speed=300;                                             // 初始速度
2896 var Time;                                                  // 设置超时返回的 ID
2897 var Light;                                                 // 设置超时返回的 ID
2898 var arr = GetSide(5,5);                                    // 初始化数组
2899 var SlowIndex=0;                                           // 变慢位置索引
2900 var EndIndex=0;                                            // 结束转动位置索引
2901 var tb = document.getElementById("tb");                   // 获取表格对象
2902 var cycle=0;                                               // 计算转动第几圈
2903 var EndCycle=2;                                            // 转动的圈数
2904 var flag=false;                                            // 结束转动标志
2905 var quick=0;                                               // 控制加速
2906 var btn = document.getElementById("btn1");                // 获取抽奖按钮
2907 var resultDiv;                                             // 显示结果的元素
2908 var selected;                                              // 结束转动位置的单元格
```

③ 创建单击"幸运大抽奖"图片按钮后执行的函数 StartGame()，在函数中应用 clearInterval() 方法取消超时设置，并应用 Math 对象中的 random() 方法和 floor() 方法获取随机数作为光标转动速度变慢位置的索引，再应用 setInterval() 方法设置超时。然后定义 Star() 函数，在函数中通过设置单元格的背景色实现游戏光标的转动效果，当转动光标移动到结束位置时，应用 clearInterval() 方法取消 setInterval() 方法设置的超时，实现停止转动光标的功能。代码如下：

```
2909 function StartGame(){
2910     if(document.getElementById("prizeDiv")){               // 如果存在该元素
2911         document.body.removeChild(resultDiv);              // 移除元素
2912     }
```

```
2913    clearInterval(Time);                                    // 取消超时设置
2914    clearInterval(Light);                                   // 取消超时设置
2915    cycle=0;                                                // 圈数重新设置为0
2916    flag=false;
2917    SlowIndex=Math.floor(Math.random()*16);                 // 随机获取变慢位置索引
2918    Time = setInterval(Star,Speed);                         // 设置超时
2919 }
2920 function Star(num){
2921    if(index>=arr.length){                                  // 如果转动光标当前索引大于等于数组长度
2922        index=0;                                            // 转动光标索引重新设置为0
2923        cycle++;                                            // 转动圈数加1
2924    }
2925    if(flag==false){
2926        if(quick==5){                                       // 走5格开始加速
2927            clearInterval(Time);                            // 取消超时设置
2928            Speed=50;                                       // 速度加快
2929            Time=setInterval(Star,Speed);                   // 设置超时
2930        }
2931        // 如果到达指定圈数并且当前光标索引等于变慢位置索引
2932        if(cycle==EndCycle && index==parseInt(SlowIndex)){
2933            clearInterval(Time);                            // 取消超时设置
2934            Speed=300;                                      // 速度变慢
2935            flag=true;                                      // 触发结束
2936            Time=setInterval(Star,Speed);                   // 设置超时
2937        }
2938    }
2939    tb.rows[arr[index][0]].cells[arr[index][1]].className="light1";
                                                               // 设置转动光标所在单元格样式
2940    if(index>0){                                            // 如果转动光标索引大于0
2941        prevIndex=index-1;                                 // 获取前一位置索引
2942    }else{                                                  // 如果转动光标索引等于0
2943        prevIndex=arr.length-1;                            // 获取前一位置索引
2944    }
2945    tb.rows[arr[prevIndex][0]].cells[arr[prevIndex][1]].className="playnormal";
                                                               // 设置前一单元格样式
2946    if(parseInt(SlowIndex)+5<arr.length){                   // 如果变慢位置索引加5小于数组长度
2947        EndIndex=parseInt(SlowIndex)+5;                     // 获取结束转动位置索引
2948    }else{                                                  // 如果变慢位置索引加5大于等于数组长度
2949        EndIndex=parseInt(SlowIndex)+5-arr.length;          // 获取结束转动位置索引
2950    }
2951    if(flag==true && index==EndIndex){ // 如果结束转动标志为true并且转动光标索引等于结束转动位置索引
2952        quick=0;
2953        clearInterval(Time);                               // 取消超时设置
2954        setTimeout(showResult,100);                        // 设置超时并显示抽奖结果
2955    }
2956    index++;                                                // 转动光标索引加1
2957    quick++;
2958 }
```

④ 创建显示抽奖结果的函数 showResult()，在函数中创建一个 <div> 元素，将抽奖结果作为 <div> 元素的内容显示在页面中。代码如下：

```
2959 function showResult(){
2960    selected=tb.rows[arr[EndIndex][0]].cells[arr[EndIndex][1]];   // 获取结束转动位置的单元格
2961    resultDiv = document.createElement("div");              // 创建 <div> 元素
2962    resultDiv.id="prizeDiv";                                // 设置元素id
2963    resultDiv.className = "prizeDiv";                        // 为 <div> 设置class属性值
2964    var prize=selected.firstChild.title;                    // 获取抽中的奖品
2965    if(prize!=" 感谢您的参与 "){
2966        resultDiv.innerHTML = " 恭喜您获得 "+prize;          // 显示的内容
2967    }else{
2968        resultDiv.innerHTML = prize;                        // 显示的内容
2969    }
2970    document.body.appendChild(resultDiv);                   // 向 <body> 中添加 <div> 元素
2971    Light=setInterval(flash,100);
2972 }
```

此时单击抽奖页面中的"幸运大抽奖"图片按钮，当游戏光标停止转动后将在页面中显示出抽奖结果，如图 25.5 所示。

图 25.5　显示抽奖结果

⑤ 为抽中奖品图片添加闪烁效果。创建 flash() 函数，在函数中通过为单元格设置不同的样式实现游戏光标的闪烁功能。代码如下：

```
2973 function flash(){                                // 设置光标闪烁效果
2974     if(selected.className=="light1"){            // 如果结束转动位置的单元格 class 属性值为 light1
2975         selected.className="light2";             // 设置 class 属性值为 light2
2976     }else{
2977         selected.className="light1";             // 设置 class 属性值为 light1
2978     }
2979 }
```

⑥ 在 index.html 文件中引入 index.js 文件。代码如下：

```
<script type="text/javascript" src="index.js"></script>
```

重新运行程序，单击抽奖页面中的"幸运大抽奖"图片按钮，当游戏光标停止转动后可以看到光标的闪烁效果。

▽ 小结

本章主要介绍了幸运大抽奖的实现过程，包括抽奖页面的设计和抽奖功能的实现方法。实现抽奖功能的关键是确定每个奖品图片所在的坐标，当游戏光标经过加速和减速并停止转动后，根据光标的当前位置就可以判断出抽奖结果。

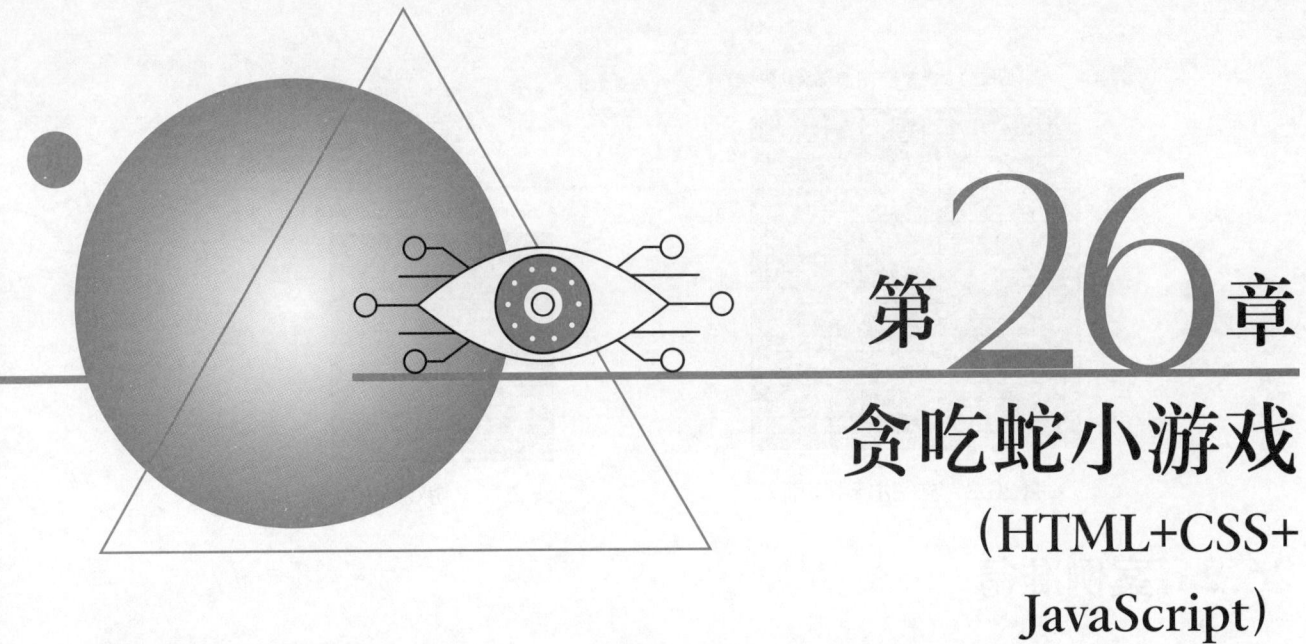

第 26 章

贪吃蛇小游戏
（HTML+CSS+
JavaScript）

　　贪吃蛇游戏是一款老少皆宜的大众游戏，它因操作简单、娱乐性强而受到广大游戏爱好者的欢迎。目前该游戏有 PC 端和移动端等多平台版本。本章将应用 JavaScript 实现一个网页版的贪吃蛇小游戏。

26.1　案例效果预览

　　游戏初始页面主要用于显示贪吃蛇的可移动区域、游戏初始分数和用于选择速度的下拉菜单，效果如图 26.1 所示。单击空格键开始游戏。该游戏通过控制蛇头方向吃食物，每吃一个食物，蛇的身体就会变长，效果如图 26.2 所示。当蛇头撞到边界或自己的身体时，会弹出游戏结束的对话框，效果如图 26.3 所示。

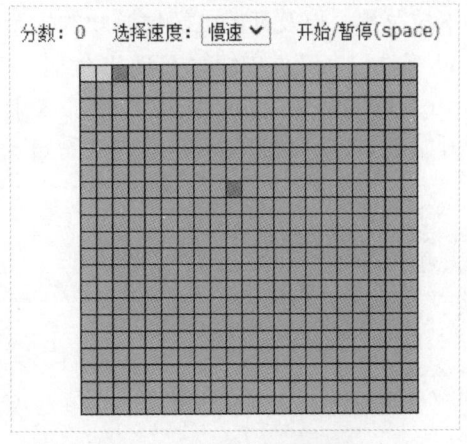

图 26.1　游戏初始页面

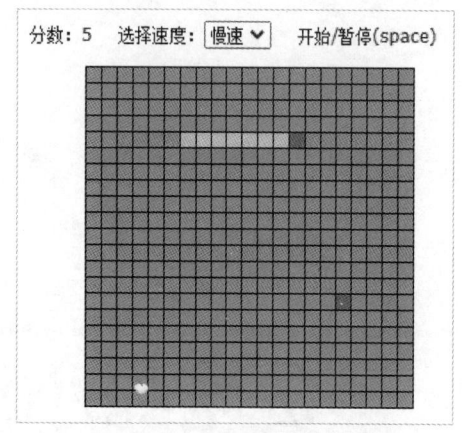

图 26.2　游戏进行中页面

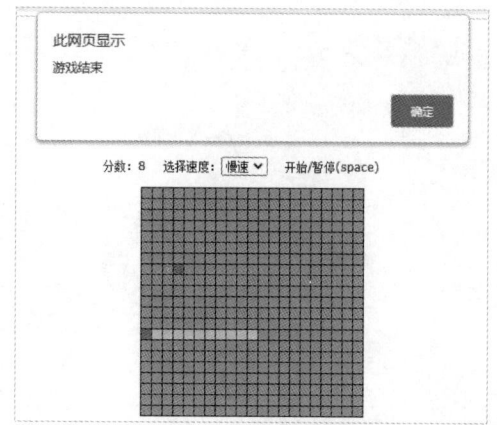

图 26.3　游戏结束页面

26.2　案例准备

本案例应用的技术及运行环境具体如下：

↻ 开发环境：WebStorm。

↻ 应用技术：HTML5+CSS+JavaScript。

↻ 操作系统：Windows 10。

26.3　业务流程

根据贪吃蛇小游戏要实现的功能，设计如图 26.4 所示的业务流程图。

26.4　实现过程

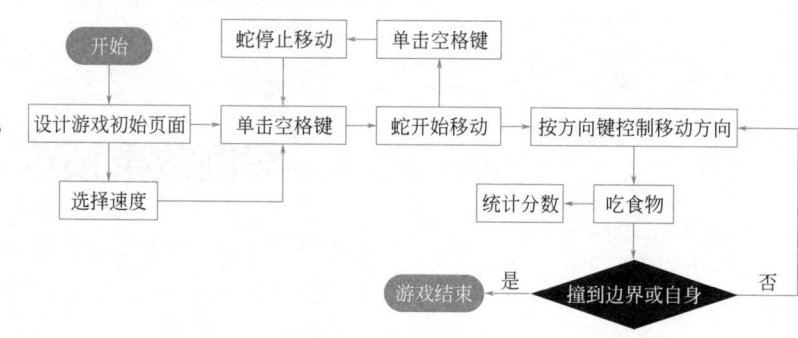

图 26.4　业务流程图

26.4.1　游戏初始页面设计

在游戏初始页面，贪吃蛇的可移动区域是一个 21 行 21 列的表格。表格上方的内容包括游戏初始分数、用于选择速度的下拉菜单，以及开始或暂停游戏的提示按键。游戏初始页面的实现过程如下：

① 新建 index.html 文件，在文件中编写 HTML 代码。首先定义一个 class 属性值为 box 的 <div> 元素和一个 id 属性值为 map 的表格，在 <div> 元素中添加 3 个 <span> 元素，分别用于显示游戏分数、设置游戏速度，以及显示开始或暂停游戏的提示按键。代码如下：

```
2980 <div class="box">
2981   <span> 分数: <span id="foodNum"></span></span>
2982   <span> 选择速度: <select id="setSpeed">
2983     <option value="200"> 慢速 </option>
2984     <option value="100"> 中速 </option>
2985     <option value="50"> 快速 </option>
2986   </select></span>
2987   <span> 开始 / 暂停 (space)</span>
2988 </div>
2989 <table id="map"></table>
```

② 新建 css 文件夹，在文件夹中创建 snake.css 文件，在文件中编写游戏页面的样式，然后在 index. html 文件中引入 snake.css 文件。引入 CSS 文件的代码如下：

```
<link rel="stylesheet" href="css/snake.css">
```

③ 新建 js 文件夹，在文件夹中创建 snake.js 文件，在文件中编写 JavaScript 代码。首先定义构造函数 Snake()，在函数中对多个属性进行初始化；然后定义创建贪吃蛇可移动区域的方法 map()，在方法中应用 insertRow() 方法和 insertCell() 方法创建表格行和单元格；接下来定义生成食物的方法 food()；之后定义 init() 方法，在该方法中调用 map() 方法和 food() 方法实现游戏的初始化。代码如下：

```
2990 function Snake(){
2991     this.rows = 21;                                    //21 行
2992     this.cols = 21;                                    //21 列
2993     this.speed = 200;                                  // 前进速度
2994     this.curKey = 0;                                   // 当前方向按键键码值
2995     this.timer = 0;
2996     this.pos = [];                                     // 蛇身位置
2997     this.foodPos = {"x":-1,"y":-1};
2998     this.foodNum = 0;                                  // 吃掉食物数量
2999     this.dom = document.getElementById("map");         // 地图元素
3000     this.pause = 1;                                    //1 表示暂停，-1 表示开始
3001 }
3002 Snake.prototype.map = function(){                       // 创建地图
3003     if(this.dom.firstChild){
3004         this.dom.removeChild(this.dom.firstChild);      // 重新开始 删除之前创建的 tbody
3005     }
3006     for( j = 0; j < this.rows; j++ ){
3007         var tr = this.dom.insertRow(-1);                // 插入一行
3008         for( i = 0; i < this.cols; i++ ){
3009             tr.insertCell(-1);                          // 插入一列
3010         }
3011     }
3012 }
3013 Snake.prototype.food = function(){                      // 生成食物
3014     do{
3015         this.foodPos.y = Math.floor( Math.random()*this.rows );
3016         this.foodPos.x = Math.floor( Math.random()*this.cols );
3017     }while( this.dom.rows[this.foodPos.y].cells[this.foodPos.x].className != "" ) // 防止食物生成在蛇身上
3018     this.dom.rows[this.foodPos.y].cells[this.foodPos.x].className="snakefood"; // 设置食物样式
3019     document.getElementById("foodNum").innerHTML=this.foodNum++;// 设置分数
3020 }
3021 Snake.prototype.init = function(){
3022     this.map();                                         // 创建地图
3023     arguments[0] ? this.speed=arguments[0] : false;     // 选择速度
3024     window.clearInterval(this.timer);                   // 停止
3025     this.pos = [{"x":2,"y":0},{"x":1,"y":0},{"x":0,"y":0}];// 定义蛇身位置
3026     for(var j=0; j<this.pos.length; j++ ){              // 显示蛇身
3027         this.dom.rows[this.pos[j].y].cells[this.pos[j].x].className="snakebody";
3028     }
3029     this.dom.rows[this.pos[0].y].cells[this.pos[0].x].className="snakehead";// 为蛇头设置样式
3030     this.curKey = 0;                                    // 当前方向按键键码值
3031     this.foodNum = 0;                                   // 吃掉食物数量
3032     this.food();                                        // 生成食物
3033     this.pause = 1;                                     //1 表示暂停，-1 表示开始
3034 }
```

④ 在页面加载完成后创建对象实例，并调用 init() 方法对游戏进行初始化。代码如下：

```
3035 window.onload = function(){
3036     var snake = new Snake();                            // 创建对象实例
3037     snake.init();                                       // 调用初始化方法
3038 }
```

⑤ 在 index.html 文件中引入 snake.js 文件。代码如下：

```
<script type="text/javascript" src="js/snake.js"></script>
```

⑥ 在游戏初始页面，通过贪吃蛇可移动区域上方的下拉菜单可以设置游戏速度。在该游戏中有 3 种游戏速度可以选择，分别为慢速、中速和快速。在页面加载完成后，当下拉菜单触发 onchange 事件时执行相应的事件处理函数，代码如下：

```
3039 document.getElementById("setSpeed").onchange = function(){
3040    this.blur();
3041    snake.init(this.value);
3042 }
```

26.4.2 游戏操作

在对游戏进行初始化后，单击空格键，贪吃蛇开始移动，通过键盘中的方向键控制蛇的移动方向。在贪吃蛇的移动过程中，单击空格键可以暂停移动，再次单击空格键，贪吃蛇会继续移动。实现游戏操作的具体步骤如下：

① 在 snake.js 文件中定义方法 trigger()，通过该方法控制蛇头的移动方向，以及控制游戏的开始和暂停。代码如下：

```
3043 Snake.prototype.trigger = function(){
3044    var _t=this;
3045    var eKey = event.keyCode;                               // 获取按键键码值
3046    if( eKey>=37 && eKey<=40 && eKey!=this.curKey && !( (this.curKey == 37 && eKey == 39) || (this.curKey
== 38 && eKey == 40) || (this.curKey == 39 && eKey == 37) || (this.curKey == 40 && eKey == 38) ) && this.
pause==-1 ){// 如果按下的是方向键，并且不是当前方向，也不是反方向和暂停状态
3047        this.curKey = eKey;                                  // 设置当前方向按键键码值
3048    }else if( eKey==32 ){
3049        this.curKey = (this.curKey==0) ? 39 : this.curKey;
3050     this.pause*=-1;
3051     if(this.pause==-1){
3052       this.timer=window.setInterval(function(){_t.move()},this.speed);// 蛇身移动
3053     }else{
3054        window.clearInterval(this.timer);                    // 停止
3055     }
3056    }
3057 }
```

② 在 snake.js 文件中定义方法 move()，在方法中实现贪吃蛇的移动、贪吃蛇吃食物，以及判断蛇头是否撞到边界或自身的操作。代码如下：

```
3058 Snake.prototype.move = function(){                           // 移动
3059    switch(this.curKey){
3060        case 37:                                              // 左方向
3061            if( this.pos[0].x <= 0 ){                          // 蛇头撞到边界
3062            this.over();
3063            return;
3064         }else{
3065            this.pos.unshift( {"x":this.pos[0].x-1,"y":this.pos[0].y}); // 添加元素
3066         }
3067            break;
3068        case 38:                                              // 上方向
3069            if( this.pos[0].y <= 0 ){
3070            this.over();
3071            return;
3072         }else{
3073            this.pos.unshift( {"x":this.pos[0].x,"y":this.pos[0].y-1});
```

```
3074            }
3075                break;
3076        case 39:                                        // 右方向
3077            if( this.pos[0].x >= this.cols-1 ){
3078                this.over();
3079                return;
3080            }else{
3081                this.pos.unshift( {"x":this.pos[0].x+1,"y":this.pos[0].y});
3082            }
3083                break;
3084        case 40:                                        // 下方向
3085            if( this.pos[0].y >= this.rows-1 ){
3086                this.over();
3087                return;
3088            }else{
3089                this.pos.unshift( {"x":this.pos[0].x,"y":this.pos[0].y+1});
3090            }
3091                break;
3092    }
3093    if( this.pos[0].x == this.foodPos.x && this.pos[0].y == this.foodPos.y ){// 蛇头位置与食物重叠
3094        this.food();                                    // 生成食物
3095    }else if( this.curKey != 0 ){
3096        this.dom.rows[this.pos[this.pos.length-1].y].cells[this.pos[this.pos.length-1].x].className="";
3097        this.pos.pop();                                 // 删除蛇尾
3098    }
3099    for(i=3;i<this.pos.length;i++){                     // 从蛇身的第四节开始判断是否撞到自己
3100        if( this.pos[i].x == this.pos[0].x && this.pos[i].y == this.pos[0].y ){
3101            this.over();                                // 游戏结束
3102            return;
3103        }
3104    }
3105    this.dom.rows[this.pos[0].y].cells[this.pos[0].x].className="snakehead";// 画新蛇头
3106    this.dom.rows[this.pos[1].y].cells[this.pos[1].x].className="snakebody";// 原蛇头变为蛇身
3107 }
```

在页面加载完成后，当触发 onkeydown 事件时调用 trigger() 方法。代码如下：

```
3108 document.onkeydown = function(){
3109    snake.trigger();                                    // 按下按键时调用方法
3110 }
```

③ 在贪吃蛇移动时，如果蛇头撞到可移动区域的边界或自己的身体则游戏结束。在 snake.js 文件中定义游戏结束时执行的方法 over()。代码如下：

```
3111 Snake.prototype.over = function(){
3112    alert(" 游戏结束 ");
3113    window.clearInterval(this.timer);                   // 停止
3114    this.init();                                        // 重置游戏
3115 }
```

▽ 小结

本章主要通过 JavaScript 编写了一个网页版的贪吃蛇小游戏。该游戏的核心功能是通过键盘中的方向键来控制贪吃蛇的移动，在移动过程中实现吃食物和判断游戏是否结束的操作。

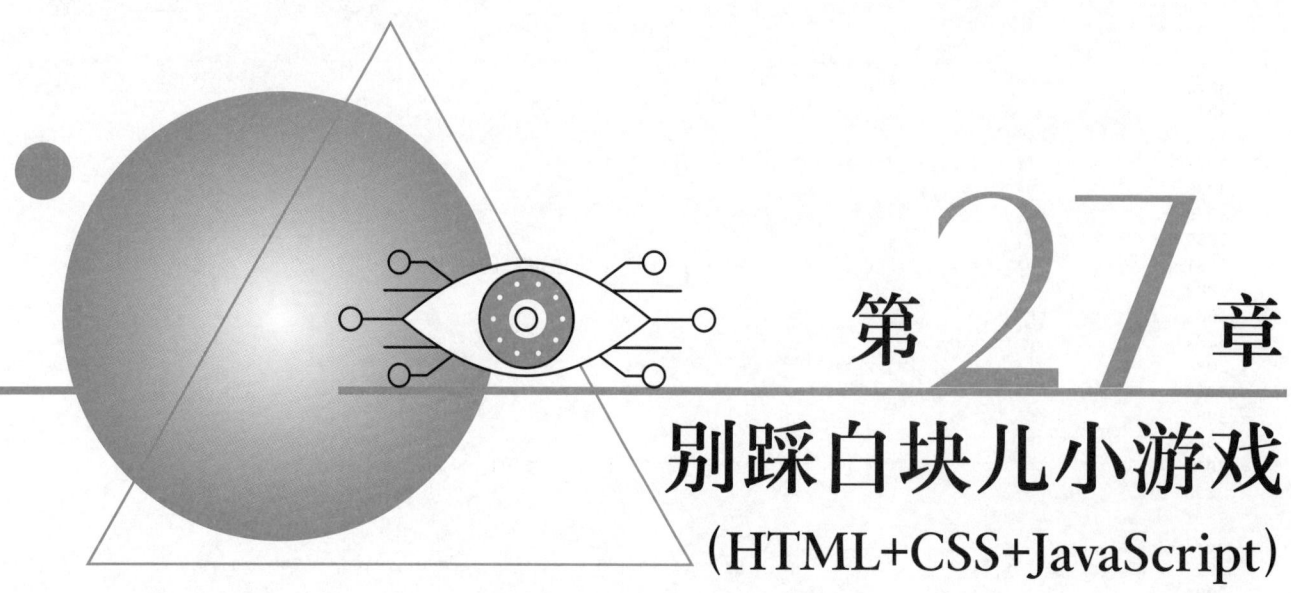

第 27 章
别踩白块儿小游戏
（HTML+CSS+JavaScript）

鼠扫码领取
· 教学视频
· 配套源码
· 练习答案
· ……

别踩白块儿是一款简单易玩、老少皆宜的休闲益智游戏。在游戏时，玩家只需要不断踩着黑色方块前进即可。游戏开始后，页面中的黑块儿会向下移动，单击黑块儿的个数即为所得的分数。当单击了游戏页面中的白块儿，或者黑块儿移动到页面的最下端就代表游戏结束。本章将通过 JavaScript 脚本语言来模拟这个小游戏。

27.1 案例效果预览

游戏初始页面主要用于显示游戏的名称、游戏初始分数和"开始"按钮，效果如图 27.1 所示。单击"开始"按钮开始游戏，此时，页面中的黑块儿会向下移动，单击黑块儿可以统计游戏分数。游戏进行中的页面效果如图 27.2 所示。

在游戏过程中，如果单击了游戏页面中的白块儿，或者黑块儿移动到页面的最下端就表示游戏结束。游戏结束的页面效果如图 27.3 所示。

27.2 案例准备

本案例应用的技术及运行环境具体如下：
🗘 开发环境：WebStorm。
🗘 应用技术：HTML5+CSS+JavaScript。
🗘 操作系统：Windows 10。

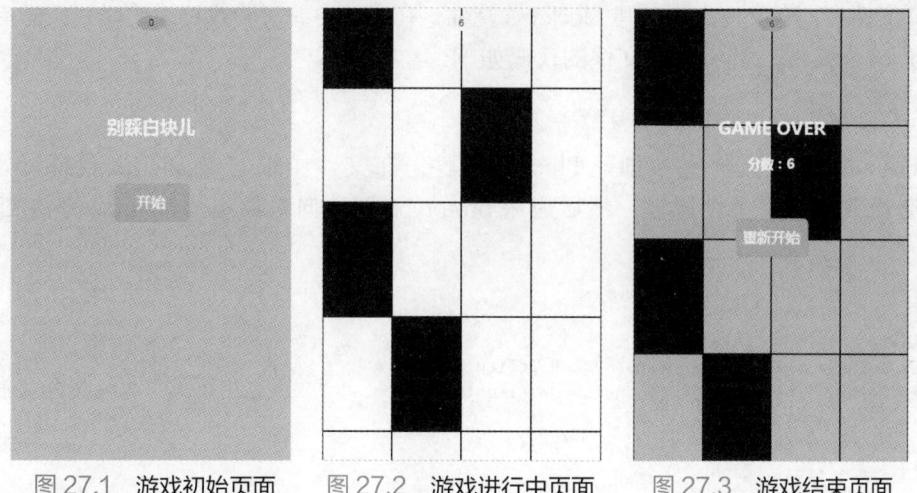

图 27.1　游戏初始页面　　图 27.2　游戏进行中页面　　图 27.3　游戏结束页面

27.3　业务流程

根据别踩白块儿小游戏要实现的功能，设计如图 27.4 所示的业务流程图。

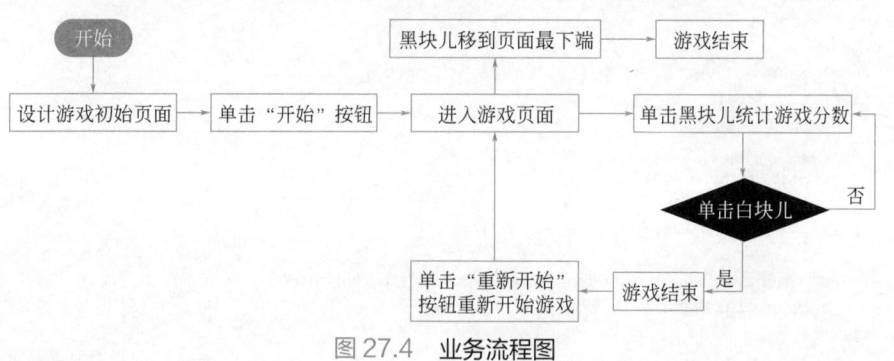

图 27.4　业务流程图

27.4　实现过程

27.4.1　游戏初始页面设计

游戏初始面主要包括游戏的名称、游戏初始分数和"开始"按钮。游戏的名称和"开始"按钮在 HTML5 中定义，而游戏初始分数需要在 JavaScript 脚本中设置。游戏初始页面的实现过程如下：

① 新建 index.html 文件，在文件中编写 HTML5 代码。首先定义一个 id 属性值为 main 的 <div> 元素。在该元素中添加两个 <div> 元素，第一个 <div> 元素用于定义黑白块儿的显示区域，第二个 <div> 元素用于定义游戏名称和游戏"开始"按钮。代码如下：

```
3116 <div class="main" id="main">
3117   <div class="block_box" id="block_box"></div>
3118   <div class="cover" id="cover">
3119     <h1>别踩白块儿</h1>
3120     <span id="start">开始</span>
3121   </div>
3122 </div>
```

② 新建 css 文件夹，在文件夹中创建 Block.css 文件，在文件中编写游戏页面的样式，然后在 index.html 文件中引入 Block.css 文件。引入 CSS 文件的代码如下：

```
<link rel="stylesheet" href="css/Block.css">
```

③ 新建 js 文件夹，在文件夹中创建 Block.js 文件，在文件中编写 JavaScript 代码。定义构造函数 Block()，在构造函数中定义多个属性，然后应用 prototype 属性向对象中添加 init() 方法和 mark() 方法。代码如下：

```
3123 function Block(container){
3124   this.container = container;                                  // 定义容器 div
3125   this.mainW = this.container.parentNode.clientWidth;          // 定义父元素宽度
3126   this.mainH = this.container.parentNode.clientHeight;         // 定义父元素高度
3127   this.scale = 1.58;                                           // 黑块的高宽比
3128   this.height = parseInt(this.mainW/4*this.scale);             // 定义黑块儿高度
3129   this.top = -this.height;
3130   this.speed = 2;                                              // 定义速度
3131   this.maxSpeed = 20;                                          // 定义最大速度
3132   this.timer = null;                                           // 定时器 id
3133   this.state = true;                                           // 游戏状态
3134   this.sum = 0;                                                // 分数
3135 }
3136 Block.prototype = {
3137   init:function(){
3138     var _t = this;
3139     _t.mark();                                                 // 显示初始分数
3140     _t.container.addEventListener("click",function(e){
3141       if(!_t.state){
3142         return false;
3143       }
3144       e = e || window.event;                                   // 获取事件对象
3145       var target = e.target;                                   // 获取触发事件的元素
3146       if(target.className.indexOf('block')!=-1){
3147         _t.sum++;                                              // 分数加 1
3148         document.getElementsByClassName("mark")[0].innerHTML = _t.sum;  // 显示分数
3149         target.className = 'blank';                            // 设置类名
3150       }else{
3151         _t.state = false;                                      // 变量赋值
3152         clearInterval(_t.timer);                               // 停止移动
3153         _t.end();                                              // 游戏结束
3154         return false;
3155       }
3156     });
3157   },
3158   // 显示分数
3159   mark:function(){
3160     var oMark = document.createElement("div");                 // 创建 <div> 元素
3161     oMark.className = "mark";                                   // 设置类名
3162     oMark.innerHTML = this.sum;                                // 设置 HTML5 内容
3163     this.container.parentNode.appendChild(oMark);              // 添加元素
3164   }
3165 }
```

④ 在 index.html 文件中引入 Block.js 文件，然后编写 JavaScript 代码。创建对象实例并调用 init() 方法对游戏进行初始化。代码如下：

```
3166 <script src="js/Block.js"></script>
3167 <script type="text/javascript">
3168   var block_box = document.getElementById('block_box');   // 获取元素
3169   var block = new Block(block_box);                        // 创建对象实例
3170   block.init();                                            // 调用初始化方法
3171 </script>
```

27

27.4.2　游戏页面设计

该游戏页面共分为 4 行 4 列，每一行都只有一个黑色色块儿。游戏开始后，画面会从上到下进行移动。初始移动速度并不快，随着单击黑块儿数量的增加，会逐渐增加向下移动的速度。游戏页面的实现步骤如下：

① 在 prototype 属性中添加 addRow() 方法。通过该方法可以在页面中创建一行色块儿，在该行中有3 个白块儿和一个黑块儿。代码如下：

```
3172 addRow:function(){
3173   var oRow = document.createElement('div');          // 创建 <div> 元素
3174   oRow.className = 'row';                             // 设置类名
3175   oRow.style.height = this.height + 'px';             // 设置元素高度
3176   var blanks = ['blank','blank','blank','blank'];     // 定义数组
3177   var s = Math.floor(Math.random()*4);                // 获取 0~3 的随机数
3178   blanks[s] = "blank block";                          // 为指定下标的数组元素赋值
3179   var oBlank = null;
3180   for (var i=0; i<4; i++) {
3181     oBlank = document.createElement('div');           // 创建 <div> 元素
3182     oBlank.className = blanks[i];                      // 设置类名
3183     oRow.appendChild(oBlank);                         // 添加元素
3184   }
3185   var fChild = this.container.firstChild;             // 获取第一个子元素
3186   if( fChild == null ){
3187     this.container.appendChild(oRow);                 // 在末尾添加元素
3188   }else{
3189     this.container.insertBefore(oRow , fChild);       // 在最前面添加元素
3190   }
3191 },
```

② 在 prototype 属性中添加 move() 方法，该方法主要用于实现游戏页面的向下移动功能。代码如下：

```
3192 move:function(){
3193   this.top += this.speed;                             // 设置 top 值
3194   this.container.style.top = this.top +'px';          // 设置元素位置
3195 },
```

③ 在 prototype 属性中添加 judge() 方法。通过该方法判断是否向页面中添加一行色块儿，并判断是否有黑块儿移动到页面底部。代码如下：

```
3196 judge:function(){
3197   var _t = this;
3198   if(_t.top >= 0){
3199     _t.top = -this.height;                            // 设置 top 值
3200     _t.container.style.top = _t.top +'px';            // 设置元素位置
3201     _t.addRow();                                      // 添加一行
3202   }
3203   _t.speed = (parseInt(_t.sum/5)+1)*2;                // 根据单击的黑块总数提高速度
3204   if( _t.speed >=_t.maxSpeed ){ _t.speed = _t.maxSpeed; } // 设置移动速度为最大速度
3205   var blocks = document.getElementsByClassName('block'); // 获取黑块儿
3206   for (var j=0; j<blocks.length; j++){
3207     if ( blocks[j].offsetTop >= _t.mainH ){            // 如果黑块儿移动到底部
3208       _t.state = false;                               
3209       clearInterval(_t.timer);                        // 停止移动
3210       _t.end();                                       // 游戏结束
3211     }
3212   }
3213 },
```

④ 在 prototype 属性中添加 start() 方法。在该方法中分别执行创建色块儿、游戏页面向下移动和判断游戏状态的操作。代码如下：

```
3214 start:function(){
3215    var _t = this;
3216    for( var i=0; i<4; i++ ){
3217      _t.addRow();                                    // 添加一行
3218    }
3219    _t.timer = setInterval(function(){
3220      _t.move();                                      // 向下移动
3221      _t.judge();                                     // 游戏判断
3222    },30);
3223 },
```

⑤ 在 index.html 文件中编写 JavaScript 代码，在"开始"按钮的单击事件中调用 start() 方法开始游戏。代码如下：

```
3224 var cover = document.getElementById('cover');        // 获取元素
3225 var start = document.getElementById('start');        // 获取元素
3226 start.onclick = function(){                           // 单击开始
3227    block.start();                                     // 调用方法开始游戏
3228    cover.style.display = 'none';                      // 隐藏元素
3229 }
```

27.4.3　游戏结束与重新开始游戏

在游戏过程中，如果玩家单击了游戏页面中的白块儿，或者黑块儿移动到页面的最下端就表示游戏结束。在游戏结束页面有一个"重新开始"按钮，单击该按钮可以重新开始游戏。生成游戏结束页面和重新开始游戏的实现方法如下：

① 在 prototype 属性中添加 end() 方法。该方法主要用于生成游戏结束页面，包括游戏最后得分和"重新开始"按钮。代码如下：

```
3230 end:function(){
3231    var _t = this;
3232    if( !document.getElementById("result") ){
3233      var result = document.createElement('div');        // 创建 <div> 元素
3234      result.className = 'result';                        // 设置类名
3235      result.id = 'result';                               // 设置 id
3236      result.innerHTML = '<h1>GAME OVER</h1><h2 id="score"> 分数: '+_t.sum+'</h2><span id="restart"> 重新开始
</span>';                                                    // 设置 HTML 内容
3237      _t.container.parentNode.appendChild(result);       // 添加元素
3238    }else{
3239      var result = document.getElementById("result");    // 获取元素
3240      result.style.display = "block";                     // 显示元素
3241      var score = document.getElementById("score");       // 获取元素
3242      score.innerHTML = " 分数: "+_t.sum;                 // 设置 HTML 内容
3243    }
3244    var restart = document.getElementById("restart");    // 获取元素
3245    restart.onclick = function(){
3246      _t.again();                                         // 重新游戏
3247      result.style.display = "none";                      // 隐藏元素
3248      return false;
3249    }
3250 },
```

② 在 prototype 属性中添加 again() 方法。在该方法中对多个属性进行重新初始化，并调用 start() 方法重新开始游戏。代码如下：

```
3251    again:function(){
3252      this.mainW = this.container.parentNode.clientWidth; // 定义父元素宽度
3253      this.mainH = this.container.parentNode.clientHeight;// 定义父元素高度
```

```
3254        this.scale = 1.58;                                    // 黑块的高宽比
3255        this.height = parseInt(this.mainW/4*this.scale);      // 定义黑块儿高度
3256        this.top = -this.height;
3257        this.speed = 2;                                       // 定义速度
3258        this.timer = null;                                    // 定时器 id
3259        this.state = true;                                    // 游戏状态
3260        this.sum = 0;                                         // 分数
3261        var _t = this;
3262        _t.container.innerHTML = "";                          // 清空 HTML 内容
3263        document.getElementsByClassName('mark')[0].innerHTML = _t.sum;// 显示初始分数
3264        _t.start();                                           // 开始游戏
3265    }
3266 }
```

小结

　　本章主要通过 JavaScript 编写了一个简单的别踩白块儿小游戏。为了使程序便于理解和维护，将游戏的各种操作通过对象联系在一起。通过本章的学习，读者可以熟悉 JavaScript 对象编程。

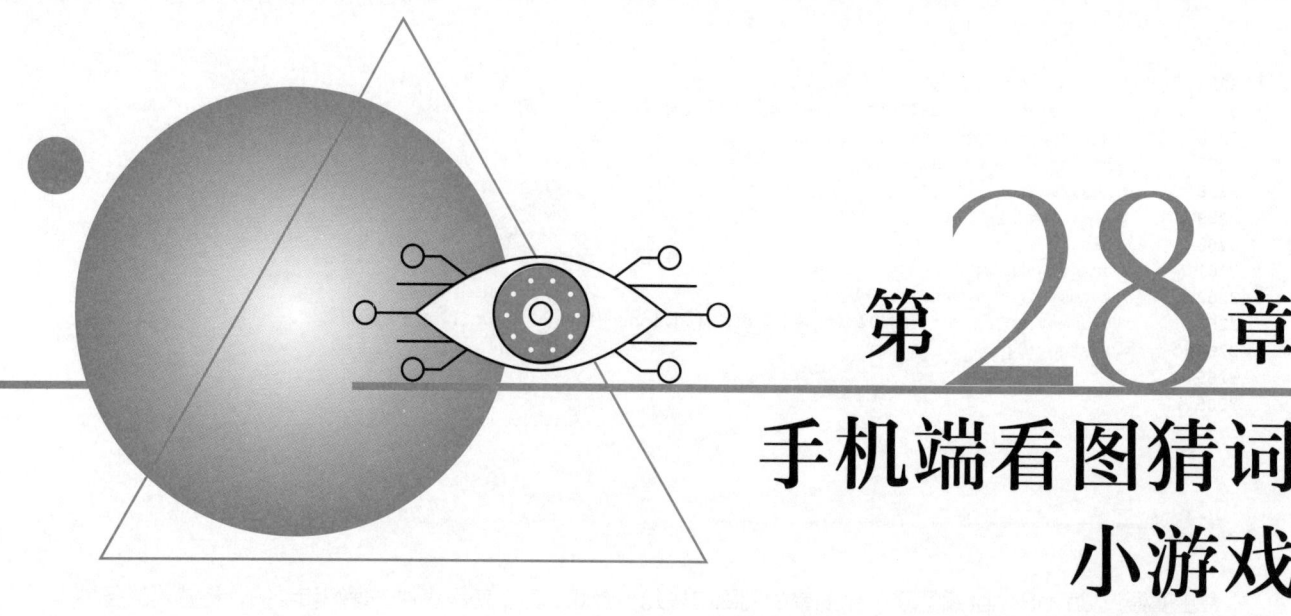

第 28 章

手机端看图猜词
小游戏
(HTML+CSS+JavaScript+ jQuery)

看图猜词是一款运行在手机端的益智小游戏。在游戏时，玩家需要通过给出的标题和图片从下方显示的文字中猜出词语，猜中词语后会进入下一关。本章将通过 JavaScript 脚本语言来实现这个小游戏。

28.1　案例效果预览

运行程序，在页面中会显示看图猜词的标题、猜词图片、显示结果区域和一个文字列表，效果如图 28.1 所示。单击文字列表中的文字进行选择，猜中词语后会显示进入下一关的文字，效果如图 28.2 所示。

28.2　案例准备

本案例应用的技术及运行环境具体如下：
- 开发环境：WebStorm。
- 应用技术：HTML5+CSS+JavaScript+jQuery。
- 操作系统：Windows 10。

28.3　业务流程

根据看图猜词小游戏要实现的功能，设计如图 28.3 所示的业务流程图。

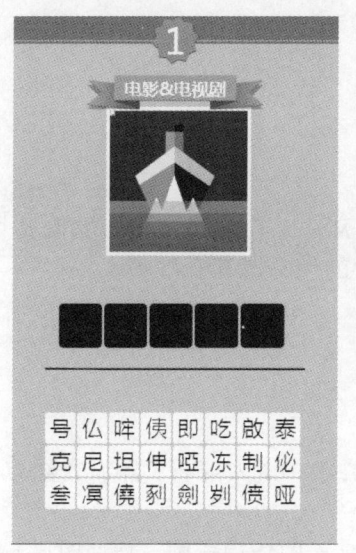
图 28.1　看图猜词页面

图 28.2　猜中词语显示下一关

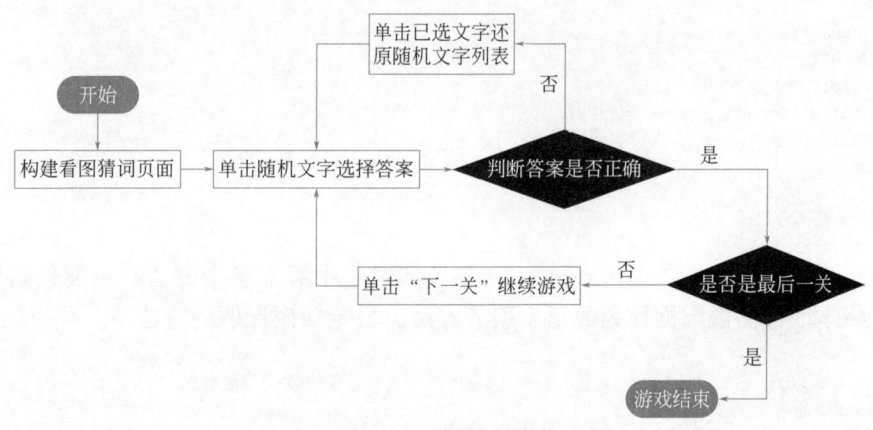
图 28.3　业务流程图

28.4　实现过程

28.4.1　构建看图猜词页面

看图猜词页面主要包括看图猜词的标题、猜词图片、显示结果区域和一个文字列表。看图猜词页面的实现过程如下：

① 新建 index.html 文件，在文件中编写 HTML5 代码，构建看图猜词页面。首先定义一个 id 属性值为 wrap 的 <div> 元素，在该元素中添加一个用于定义序号的 <header> 元素和一个 <div> 元素，在 <div> 元素中分别定义看图猜词标题、猜词图片、显示结果列表、分隔线和生成随机文字列表。代码如下：

```
3267 <div id="wrap">
3268   <header>
3269     <span class="number">1</span>
3270   </header>
3271   <div class="content">
3272     <span class="title">电影 & 电视 </span>
```

```
3273        <img class="img" src=""/>
3274        <ul class="result"></ul>
3275        <span class="line"></span>
3276        <ul class="randomText"></ul>
3277    </div>
3278 </div>
```

② 新建 css 文件夹，在文件夹中创建 word.css 文件，在文件中编写看图猜词页面的样式，然后在 index.html 文件中引入 word.css 文件。引入 CSS 文件的代码如下：

```
<link rel="stylesheet" href="css/word.css">
```

28.4.2 看图猜词功能的实现

看图猜词的主要功能包括生成随机文字、选择文字、进入下一关和游戏结束的实现方法。具体实现步骤如下：

① 定义看图猜词数据数组，每个数组元素中包括看图猜词标题、猜词图片 URL、正确答案的文字数组和正确答案的文字个数。关键代码如下：

```
3279 <script type="text/javascript">
3280    var arr=[{
3281        title:' 电影 & 电视剧 ',
3282        data:'url(img/1.png) no-repeat',
3283        result:[' 泰 ',' 坦 ',' 尼 ',' 克 ',' 号 '],
3284        num:5
3285    },
3286    // 此处省略部分代码
```

② 定义构造函数 Guess()，并应用 prototype 属性向对象中添加多个方法，主要包括设置随机文字列表长度的方法、将本地存储的数据作为数组索引的方法、显示猜图标题的方法等。代码如下：

```
3287 function Guess(){                                    // 定义构造函数
3288    this.curIndex = "curIndex";
3289        this.storage = window.localStorage;
3290    this.wordList=[];
3291    this.selectNum=0;                                // 已选择的字数
3292    this.arrIndex=0;                                 // 数据的索引
3293 }
3294 // 设置随机文字列表长度
3295 Guess.prototype.len=function(){
3296    this.wordList=arr[this.arrIndex].result.slice();
3297    this.wordList.length=24;
3298 };
3299 // 读取数据作为数组索引
3300 Guess.prototype.onStart=function(){
3301    if(this.storage.getItem(this.curIndex)!=null){
3302        this.arrIndex=Number.parseInt(this.storage.getItem(this.curIndex));
3303    }
3304 }
3305 // 保存数据
3306 Guess.prototype.setCach=function(){
3307    this.storage.setItem(this.curIndex, this.arrIndex);
3308 }
3309 // 设置显示结果列表
3310 Guess.prototype.setResult=function(){
3311    for(var i=0;i<arr[this.arrIndex].num;i++){
3312        $('.result')[0].innerHTML+='<li></li>';
3313    }
3314    // 设置元素位置
```

```
3315        $('.result').css('left',(document.body.clientWidth/2)-($('.result').width()/2)+'px')
3316    };
3317    // 显示猜图标题
3318    Guess.prototype.showTitle=function(){
3319        $('.title').html(arr[this.arrIndex].title);
3320    };
3321    // 显示猜词图片
3322    Guess.prototype.showImg=function(){
3323        $('.number').html(this.arrIndex+1);                    // 显示序号为当前数组索引加 1
3324        $('.img').css('background',arr[this.arrIndex].data);   // 设置显示的图片
3325        $('.img').css('background-size','100% 100%');          // 设置背景图像大小
3326    };
3327    // 生成随机文字
3328    Guess.prototype.makeRandomText=function(){
3329        for(var i=0;i<24;i++){
3330            $('.randomText')[0].innerHTML+='<li></li>';
3331        }
3332        for(var i=0;i<this.wordList.length;i++){
3333            if(typeof this.wordList[i]=='undefined'){
3334                this.wordList[i]=this.charCode();
3335            }
3336        }
3337        // 数组元素随机排序
3338        this.wordList.sort(function (){
3339            return 0.5-Math.random();
3340        })
3341        // 页面中显示随机排序的结果
3342        for(var i=0;i<this.wordList.length;i++){
3343            $('.randomText li')[i].innerHTML=this.wordList[i];
3344        }
3345    }
3346    // 生成随机文字的方法
3347    Guess.prototype.charCode=function(){
3348        var _str = "";
3349        var _base = 20000;
3350        var _range = 1999;
3351        var _lower = parseInt(Math.random() * _range);
3352        _str = String.fromCharCode(_base + _lower);
3353        return _str;
3354    }
```

③ 定义 init() 方法，在方法中调用其他方法实现看图猜词游戏的初始化，然后定义单击随机文字触发的 touchstart 事件的事件处理程序，以及单击显示结果文字触发的 click 事件的事件处理程序。代码如下：

```
3355    Guess.prototype.init=function(){
3356        var _t = this;
3357        $('body')[0].onload=_t.onStart();
3358        _t.len();                                              // 设置随机文字列表长度
3359        _t.showTitle();                                        // 显示猜图标题
3360        _t.setResult();                                        // 设置显示结果列表
3361        _t.makeRandomText();                                   // 生成随机文字
3362        _t.showImg();                                          // 显示猜词图片
3363        // 单击下面随机文字并显示在答案列表中
3364        $(".randomText li").on('touchstart',function (){
3365            if(_t.selectNum<$('.result li').length){
3366                $(this).css('opacity','0');                    // 设置透明度为 0
3367                var _thisHtml=$(this).html();                  // 获取选择的文字
3368                for(var i=0;i<$('.result li').length;i++){
3369                    if($('.result li').eq(i).html()==''){
3370                        $('.result li').eq(i).html(_thisHtml);  // 显示选择的文字
3371                        _t.selectNum++;                         // 已选择的字数加 1
3372                        break;
3373                    }
```

28

```
3374                 }
3375             }
3376         // 判断答案是否正确，如果正确就调用 goNext() 函数进入下一关
3377         if(_t.selectNum==$(".result li").length){
3378             for(var i=0;i<$(".result li").length;i++){
3379                 if($(".result li").eq(i).html()==arr[_t.arrIndex].result[i]){
3380                     if(i==$(".result li").length-1){
3381                         if(_t.storage.getItem(_t.curIndex)<arr.length-1){
3382                             var str='<div class="zg"></div>';          // 定义背景元素
3383                             var div=$('<div class="next"> 下一关 </div>');  // 定义文字
3384                             $('body').append(str);                      // 添加元素
3385                             $('body').append(div);                      // 添加元素
3386                             _t.goNext();                                // 进入下一关
3387                         }else{
3388                             var str='<div class="zg"></div>';          // 定义背景元素
3389                             var div=$('<div class="next"> 游戏结束 </div>');  // 定义文字
3390                             $('body').append(str);                      // 添加元素
3391                             $('body').append(div);                      // 添加元素
3392                             _t.gameover();                              // 游戏结束
3393                         }
3394                     }
3395                 }else{
3396                     $('.result li').css('color','red');                // 设置文字颜色
3397                     $('.result li').animate({'left':'+=30px'},50);     // 设置动画
3398                     $('.result li').animate({'left':'-=60px'},100);    // 设置动画
3399                     $('.result li').animate({'left':'+=30px'},50);     // 设置动画
3400                     break;
3401                 }
3402             }
3403         }
3404     })
3405     // 清空上面的文字并还原到文字列表
3406     $(".result li").click(function (){
3407         if($(this).html()!=""){                                        // 如果要清除的文字不为空
3408             var _thisHtml=$(this).html();                              // 获取要清除的文字
3409             $('.result li').css('color','');                           // 设置文字颜色
3410             $(this).html('');                                          // 清空当前的文字
3411             _t.selectNum--;                                            // 已选择的字数减 1
3412             for(var i=0;i<$(".randomText li").length;i++){
3413                 if($(".randomText li").eq(i).html()==_thisHtml){
3414                     $(".randomText li").eq(i).css('opacity',1);        // 设置透明度为 1
3415                     break;
3416                 }
3417             }
3418         }
3419     })
3420 }
```

④ 创建对象实例并调用 init() 方法对游戏进行初始化，然后在对象中添加进入下一关的方法 goNext() 和游戏结束的方法 gameover()。代码如下：

```
3421     var guess=new Guess();                                           // 创建对象
3422     guess.init();                                                    // 执行初始化方法
3423     Guess.prototype.goNext=function(){
3424         var _t = this;
3425         $('.next').click(function (){
3426             $('div').remove('.zg');                                  // 移除背景元素
3427             $('div').remove('.next');                                // 移除 <div>
3428             $('.result').empty();                                    // 清空答案
3429             $('.randomText').empty();                                // 清空页面中的随机文字
3430             _t.arrIndex=_t.arrIndex+1;                               // 数组索引加 1
3431             _t.setCach();                                            // 重新保存数据
3432             _t.selectNum=0;                                          // 重置变量
```

```
3433            _t.wordList=[];                              // 清空文字列表
3434            _t.init();                                   // 执行初始化方法
3435        })
3436    }
3437    Guess.prototype.gameover=function(){
3438        var _t = this;
3439        $('.next').click(function (){
3440            $('div').remove('.zg');                      // 移除背景元素
3441            $('div').remove('.next');                    // 移除 <div>
3442            $('.result').empty();                        // 清空答案
3443            $('.randomText').empty();                    // 清空页面中的随机文字
3444            _t.arrIndex=0;                               // 重置变量
3445            _t.storage.clear();                          // 删除数据
3446            _t.selectNum=0;                              // 重置变量
3447            _t.wordList=[];                              // 清空文字列表
3448            _t.init();                                   // 执行初始化方法
3449        })
3450    }
3451 </script>
```

💡 小结

　　本章主要通过 JavaScript 编写了一个看图猜词的小游戏。在游戏实现过程中应用了 Web 存储技术，应用 localStorage 对象存储看图猜词游戏的进度。localStorage 会将数据保存在客户端本地的硬件设备中，即使浏览器被关闭了，该数据仍然存在，下次打开浏览器访问网页时仍然可以继续使用。

28

Html5+JavaScript+Css3

Html5+JavaScript+Css3

开发手册

基础 · 案例 · 应用

应用篇

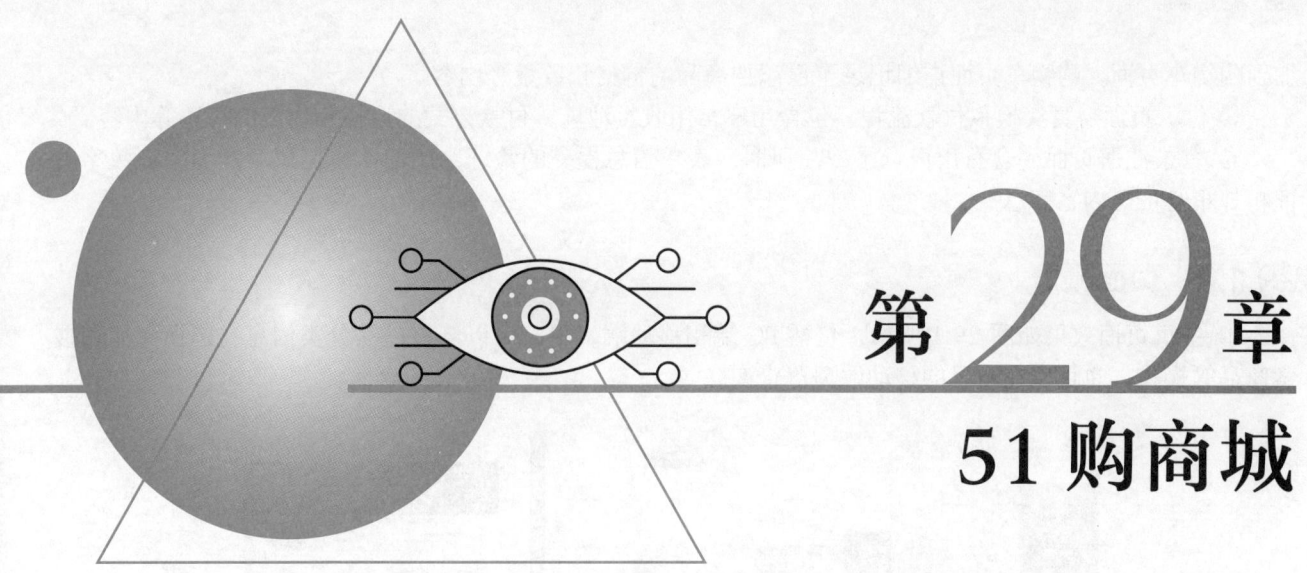

第29章

51购商城

网络购物已经不再是什么新鲜事，无论是企业，还是个人，都可以很方便地在网上交易商品，批发零售。如在淘宝上开网店，在微信上做微店等。本章将设计并制作一个综合的电子商城项目——51购商城。循序渐进，由浅入深，不仅实现传统PC端的页面功能，而且适配移动端（手机和平板设备等），使网站的页面布局和购物功能具有更好的用户体验。

29.1　项目的设计思路

良好的项目设计是一个优秀网页项目成功的前提条件。接下来，项目的设计思路将从项目概述、页面预览、系统功能结构、系统业务流程和文件夹组织结构五个方面进行说明。

29.1.1　项目概述

51购商城，从整体设计上看，具有通用电子商城的购物功能流程。比如商品的推荐、商品详情的展示、购物车等功能。网站的功能具体划分如下：

① 商城主页：是用户访问网站的入口页面。介绍重点的推荐商品和促销商品等信息，具有分类导航功能，方便用户继续搜索商品。

② 商品列表页面：根据某种分类商品，比如手机类商品，会将商城所有的手机以列表的方式展示。按照商品的某种属性特征，比如手机内存或手机颜色等，可以进一步检索感兴趣的手机信息。

③ 商品详情页面：全面详情地展示具体某一种商品信息，包括商品本身的介绍，比如商品生产场地、购买商品后的评价、相似商品的推荐等内容。

④ 购物车页面：对某种商品产生消费意愿后，则可以将商品添

加到购物车页面。购物车页面详细记录了已添加商品的价格和数量等内容。

⑤ 付款页面：真实模拟付款流程。包含用户常用收货地址、付款方式的选择和物流的挑选等内容。

⑥ 登录注册页面：含有用户登录或注册时，表单信息提交的验证，比如账户密码不能为空、数字验证和邮箱验证等内容信息。

29.1.2 页面预览

① 主页页面效果如图 29.1 所示，包括 PC 端和移动端。用户可以浏览商品分类信息、选择商品和搜索商品等操作，也可以在自己的移动端浏览查询。

图 29.1 51 购商城主页页面（PC 端和移动端）

② 商品列表页面展示同类别商品信息，效果如图 29.2 所示。根据商品的具体类别，如手机运行内存、屏幕尺寸和颜色等类别，可对手机商品进行更加细分的搜索；支持兼容移动端展示，方便手持设备用户浏览查询。

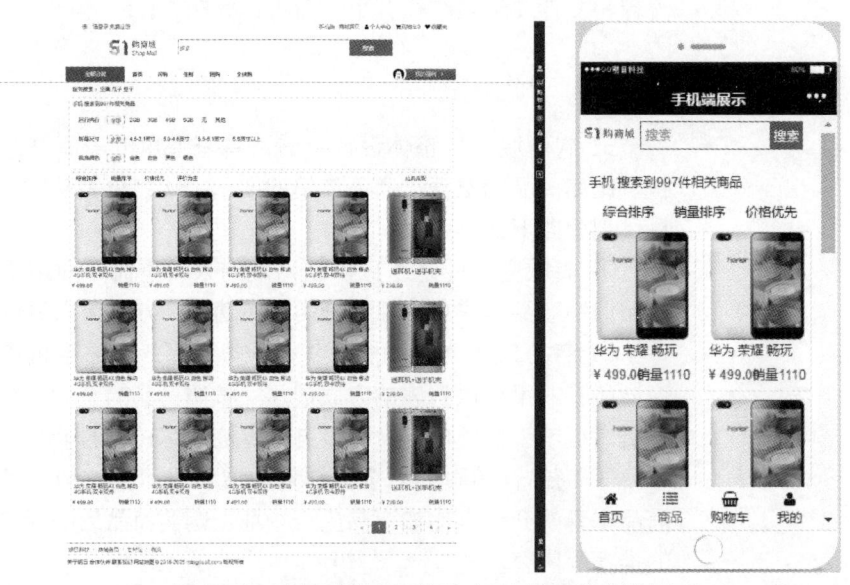

图 29.2 商品列表页面效果（PC 端和移动端）

③ 付款页面效果如图 29.3 所示。用户选择完商品，加入购物车后，则进入付款页面。付款页面包含收货地址、物流方式和支付方式等内容，符合通用电商网站的付款流程。同时也支持移动端的付款体验。

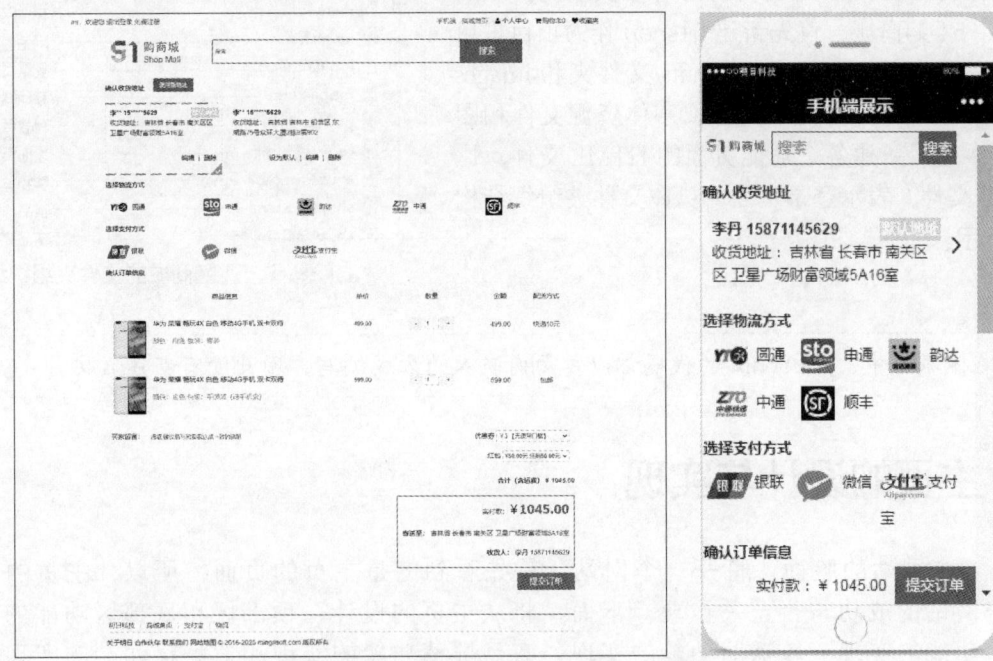

图 29.3　付款页面效果（PC 端和移动端）

29.1.3　系统功能结构

51 购商城从功能上划分，由主页、商品、购物车、付款、登录和注册 6 个功能组成。其中，登录和注册的页面布局基本相似，可以当作一个功能。详细的功能结构如图 29.4 所示。

29.1.4　系统业务流程

在开发 51 购商城之前，需要先了解网站的业务流程。根据 51 购商城的需求及功能结构，设计出如图 29.5 所示的系统业务流程图。

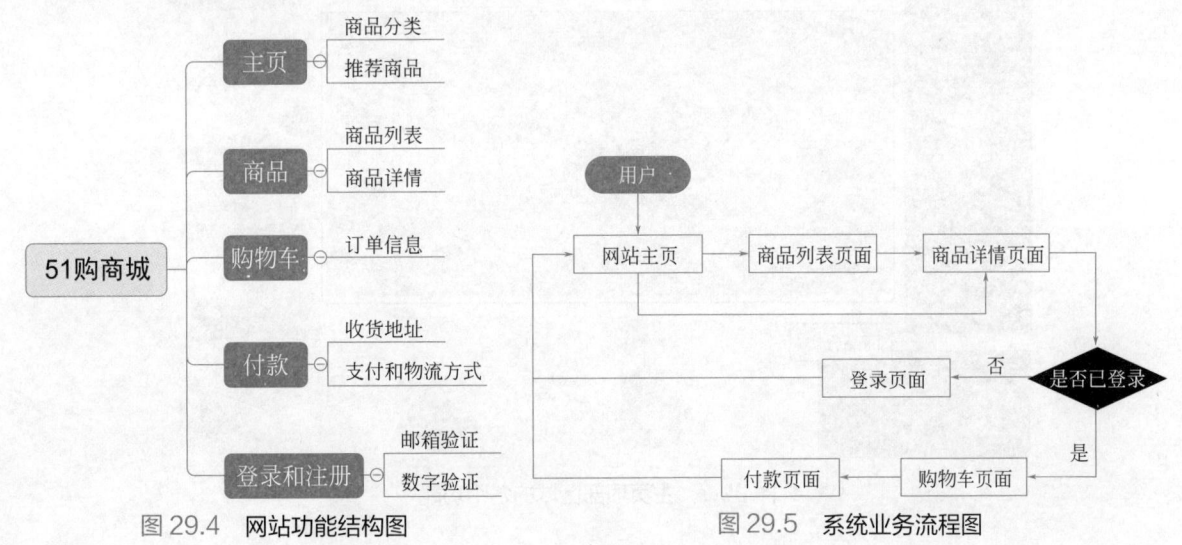

图 29.4　网站功能结构图　　　　　图 29.5　系统业务流程图

29.1.5　文件夹组织结构

设计规范合理的文件夹组织结构，可以方便日后的维护和管理。51 购商城，首先新建 51shop 作为项目根目录文件夹，然后新建 css 文件夹、fonts 文件夹和 images 文件夹，分别保存 CSS 样式类文件、字体资源文件和图片资源文件，最后新建各个功能页面的 HTML 文件，比如 login.html 文件，表示登录页面。具体文件夹组织结构如图 29.6 所示。

📁 **51shop**		项目根目录
📁 css		保存网站CSS样式类文件
📁 fonts		保存网站CSS字体文件
📁 images		保存网站图片资源文件
📄 index.html		网站主页
📄 login.html		登录页面
📄 mobile.html		移动端主页
📄 pay.html		付款页面
📄 register.html		注册页面
📄 shopCart.html		购物车页面
📄 shopInfo.html		商品详情页面
📄 shopList.html		商品列表页面

图 29.6　51 购商城的文件夹组织结构

 **说明**

在本项目中，JavaScript 的代码都以页面内嵌入的方式编写，因此没有新建 js 文件夹。

29.2　主页的设计与实现

主页是一个网站的脸面。打开一个网站，首先看到的是主页的页面，所以，主页的设计与实现对于一个网站的成功与否至关重要。下面，将从主页的设计、顶部区和底部区功能的实现、商品分类导航功能的实现、轮播图功能的实现、商品推荐功能的实现和适配移动端的实现分别进行详细讲解。

29.2.1　主页的设计

在越来越重视用户体验的今天，主页的设计非常重要和关键。视觉效果优秀的页面设计和方便个性化的使用体验，会让用户印象深刻，流连忘返。因此，51 购商城的主页特别设计了推荐商品和促销活动两个功能，为用户推荐最新最好的商品和活动。主页的页面效果如图 29.7 和图 29.8 所示。

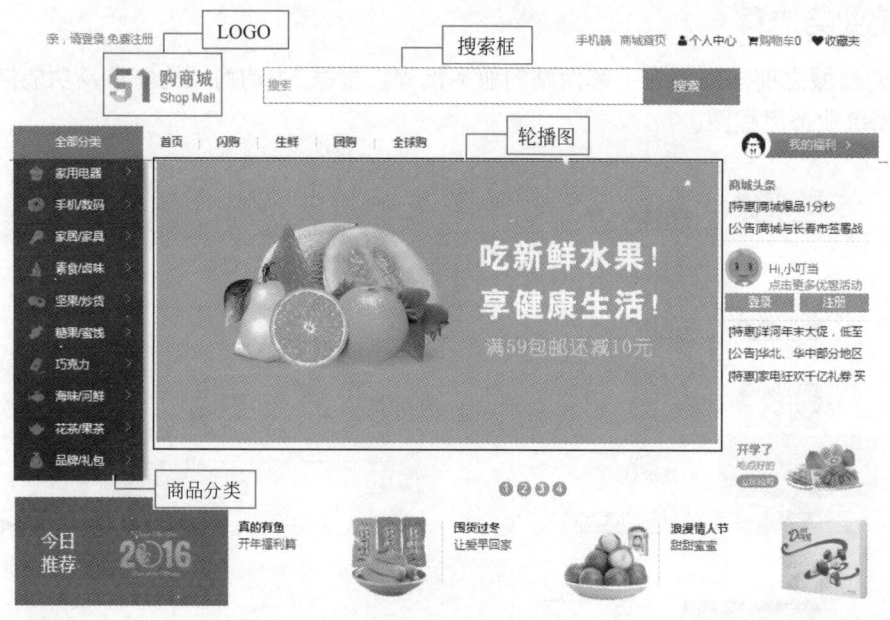

图 29.7　主页顶部区域的各个功能

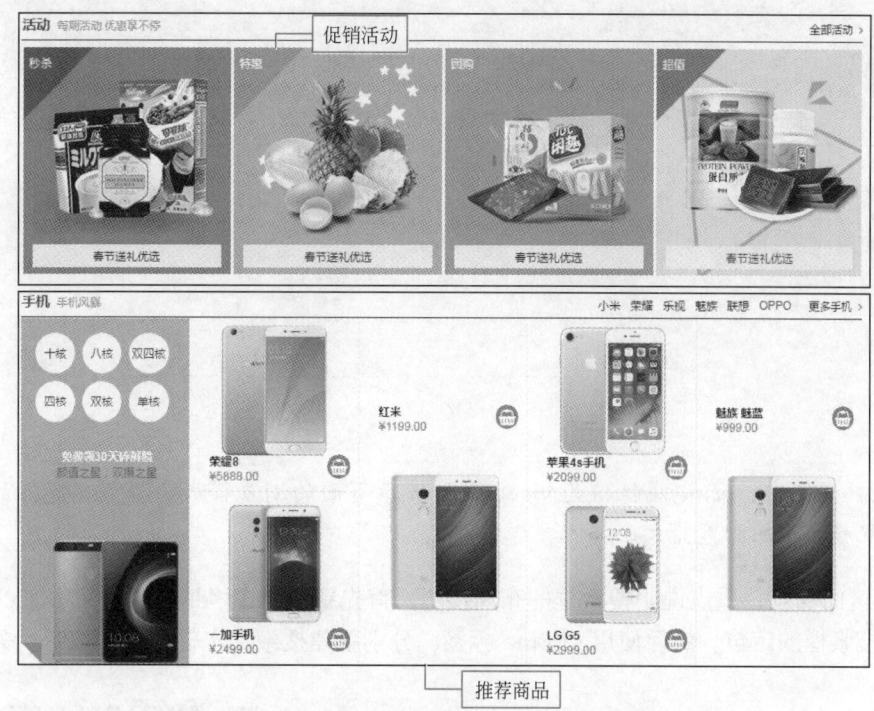

图 29.8　主页的促销活动区域和推荐商品区域

29.2.2　顶部区和底部区功能的实现

　　根据由简到繁的原则，首先实现网站顶部区和底部区的功能。顶部区主要由网站的 logo 图片、搜索框和导航菜单（登录、注册、手机端和商城首页等链接）组成，方便用户跳转到其他页面。底部区由制作公司和导航栏组成，链接到技术支持的官网。功能实现后的页面如图 29.9 所示。

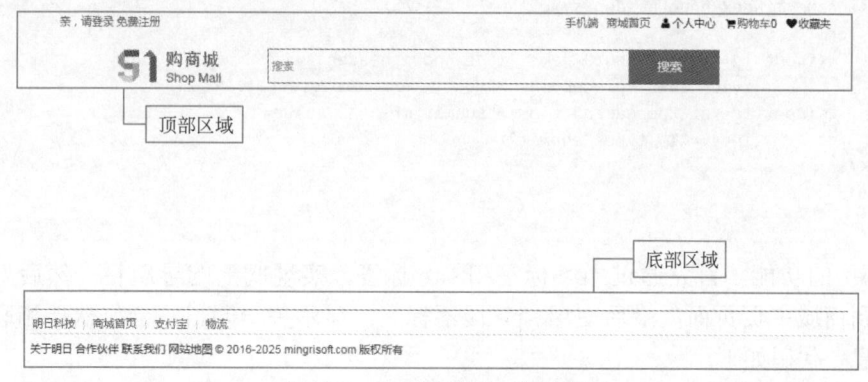

图 29.9　主页的顶部区和底部区

　　具体实现的步骤如下：

　　① 新建一个 HTML5 文件，命名为 index.html。引入 bootstrap.css 文件、admin.css 文件、demo.css 文件和 hmstyle.css 文件，构建页面整体布局。关键代码如下：

源码位置　　　　　　　　　　　　　　　　　　　👁 资源包 \Code\29\Shop\index.html

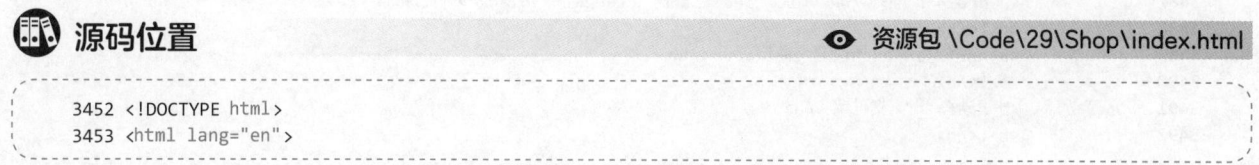

```
3452 <!DOCTYPE html>
3453 <html lang="en">
```

```
3454 <head>
3455     <meta http-equiv="Content-Type" content="text/html; charset=utf-8"/>
3456     <meta name="viewport" content="width=device-width, initial-scale=1.0,
3457       minimum-scale=1.0, maximum-scale=1.0, user-scalable=no">
3458     <title> 首页 </title>
3459     <link rel="stylesheet" type="text/css" href="css/basic.css"/>
3460     <link rel="stylesheet" type="text/css" href="css/admin.css"/>
3461     <link rel="stylesheet" type="text/css" href="css/demo.css"/>
3462     <link rel="stylesheet" type="text/css" href="css/hmstyle.css"/>
3463 </head>
3464 <body>
3465 </body>
3466 </html>
```

📋 **说明**

　　<meta> 标签中，name 属性值为 viewport，表示页面的浏览模式会根据浏览器的大小动态调节，即适配移动端的浏览器大小。

　　② 实现顶部区的功能。重点说明搜索框的布局技巧，首先新建一个 <div> 标签，添加 class 属性，值为 search-bar，确定搜索框的定位。然后使用 <form> 标签，分别新建搜索文本框和搜索按钮。关键代码如下：

🎵 **源码位置**　　　　　　　　　　　　　　　　　👁 资源包 \Code\29\Shop\index.html

```
3467 <div class="nav white">
3468     <!--网站 LOGO-->
3469     <div class="logo"><a href="index.html"><img src="images/logo.png"/></a></div>
3470     <div class="logoBig">
3471         <li><img src="images/logobig.png"/></li>
3472     </div>
3473     <!-- 搜索框 -->
3474     <div class="search-bar pr">
3475         <a name="index_none_header_sysc" href="#"></a>
3476         <form>
3477             <input id="searchInput" name="index_none_header_sysc"
3478                 type="text" placeholder=" 搜索 " autocomplete="off">
3479             <input id="ai-topsearch" class="submit mr-btn" value=" 搜索 "
3480                 index="1" type="submit">
3481         </form>
3482     </div>
3483 </div>
```

　　③ 实现底部区的功能。首先通过 <p> 标签和 <a> 标签，实现底部的导航栏。然后为 <a> 标签添加 href 属性，链接到商城主页页面。最后使用 <p> 段落标签，显示关于明日、合作伙伴和联系我们等网站制作团队相关信息。代码如下：

🎵 **源码位置**　　　　　　　　　　　　　　　　　👁 资源包 \Code\29\Shop\index.html

```
3484 <div class="footer">
3485     <div class="footer-hd ">
3486         <p>
3487             <a href="http://www.mingrisoft.com/" target="_blank"> 明日科技 </a>
3488             <b>|</b>
3489             <a href="index.html"> 商城首页 </a>
3490             <b>|</b>
3491             <a href="#"> 支付宝 </a>
3492             <b>|</b>
```

```
3493              <a href="#">物流 </a>
3494          </p>
3495      </div>
3496      <div class="footer-bd ">
3497          <p>
3498              <a href="http://www.mingrisoft.com/Index/ServiceCenter/aboutus.html"
3499                  target="_blank">关于明日 </a>
3500              <a href="#">合作伙伴 </a>
3501              <a href="#">联系我们 </a>
3502              <a href="#">网站地图 </a>
3503              <em>©2016-2025 mingrisoft.com 版权所有 </em>
3504          </p>
3505      </div>
3506 </div>
```

29.2.3 商品分类导航功能的实现

主页商品分类导航功能将商品分门别类，便于用户检索查找。用户使用鼠标滑入某一商品分类时，页面会继续弹出商品的子类别内容；鼠标滑出时，子类别内容消失。因此，商品分类导航功能可以使商品信息更清晰易查，井井有条。实现后的页面效果如图 29.10 所示。

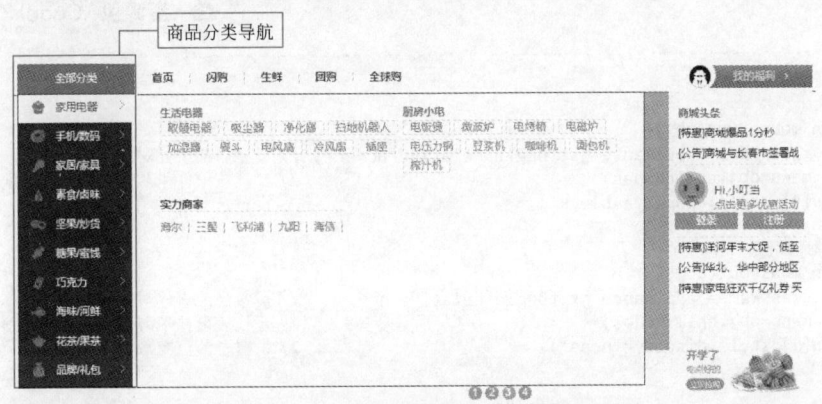

图 29.10　商品分类导航功能的页面效果

具体实现的步骤如下：

① 编写 HTML5 的布局代码。通过 <li> 标签，显示商品分类信息。在 <li> 标签中，分别添加了 onmouseover 属性和 onmouseout 属性，为 <li> 标签增加鼠标滑入事件和鼠标滑出事件。关键代码如下：

源码位置　　　　　　　　　　　　　　　　　　　　　👁 资源包 \Code\29\Shop\index.html

```
3507 <li class="appliance js_toggle relative"
3508     onmouseover="mouseOver(this)" onmouseout="mouseOut(this)">
3509     <div class="category-info">
3510         <h3 class="category-name b-category-name">
3511             <i><img src="images/cake.png"></i>
3512             <a class="ml-22" title="家用电器">家用电器 </a></h3>
3513         <em>&gt;</em></div>
3514     <div class="menu-item menu-in top" >
3515         <div class="area-in">
3516             <div class="area-bg">
3517                 <div class="menu-srot">
3518                     <div class="sort-side">
3519                         <dl class="dl-sort">
3520                             <dt><span >生活电器 </span></dt>
3521                             <dd><a href="shopInfo.html"><span>取暖电器 </span></a></dd>
3522                             <dd><a href="shopInfo.html"><span>吸尘器 </span></a></dd>
```

```
3523                              <dd><a href="shopInfo.html"><span> 净化器 </span></a></dd>
3524                              <dd><a href="shopInfo.html"><span> 扫地机器人 </span></a></dd>
3525                              <dd><a href="shopInfo.html"><span> 加湿器 </span></a></dd>
3526                              <dd><a href="shopInfo.html"><span> 熨斗 </span></a></dd>
3527                              <dd><a href="shopInfo.html"><span> 电风扇 </span></a></dd>
3528                              <dd><a href="shopInfo.html"><span> 冷风扇 </span></a></dd>
3529                              <dd><a href="shopInfo.html"><span> 插座 </span></a></dd>
3530                          </dl>
3531                      </div>
3532                  </div>
3533              </div>
3534          </div>
3535      </div>
3536      <b class="arrow"></b>
3537 </li>
```

② 编写鼠标滑入滑出事件的 JavaScript 逻辑代码。mouseOver() 方法和 mouseOut() 方法分别为鼠标滑入和滑出事件方法，二者实现逻辑相似。以 mouseOver() 方法为例，首先当鼠标滑入 <li> 标签节点时，触发 mouseOver() 事件方法。然后获取事件对象 obj，设置 obj 对象的样式，找到 obj 对象的子节点（子分类信息），最后将子节点内容显示到页面。关键代码如下：

源码位置   ◉ 资源包 \Code\29\Shop\index.html

```
01 <script>
02     // 鼠标滑出事件
03     function mouseOver(obj){
04         obj.className="appliance js_toggle relative hover";   // 设置当前事件对象样式
05         var menu=obj.childNodes;                              // 寻找该事件子节点（商品子类别）
06         menu[3].style.display='block';                        // 设置子节点显示
07     }
08     // 鼠标滑入事件
09     function mouseOut(obj){
10         obj.className="appliance js_toggle relative";        // 设置当前事件对象样式
11         var menu=obj.childNodes;                              // 寻找该事件子节点（商品子类别）
12         menu[3].style.display='none';                        // 设置子节点隐藏
13     }
14 </script>
```

29.2.4 轮播图功能的实现

轮播图功能根据固定的时间间隔，动态地显示或隐藏轮播图片，引起用户的关注和注意。轮播图片一般都是系统推荐的最新商品内容。页面效果如图 29.11 所示。

图 29.11 主页轮播图的页面效果

具体实现步骤如下:

① 编写 HTML5 的布局代码。使用 <ul> 标签和 <li> 标签引入 4 张轮播图,同时也新建了 1、2、3 和 4 的轮播顺序节点。关键代码如下:

源码位置   👁 资源包 \Code\29\Shop\index.html

```
3538 <!-- 轮播图 -->
3539 <div class="mr-slider mr-slider-default scoll"
3540    data-mr-flexslider id="demo-slider-0">
3541    <div id="box">
3542        <ul id="imagesUI" class="list">
3543            <li class="current" style="opacity: 1;"><img src="images/ad1.png"></li>
3544            <li style="opacity: 0;"><img src="images/ad2.png" ></li>
3545            <li style="opacity: 0;"><img src="images/ad3.png" ></li>
3546            <li style="opacity: 0;"><img src="images/ad4.png" ></li>
3547        </ul>
3548        <ul id="btnUI" class="count">
3549            <li class="current">1</li>
3550            <li class="">2</li>
3551            <li class="">3</li>
3552            <li class="">4</li>
3553        </ul>
3554    </div>
3555 </div>
3556 <div class="clear"></div>
```

② 编写播放轮播图的 JavaScript 代码。首先新建 autoPlay() 方法,用于自动轮播图片。然后在 autoPlay() 方法中,调用图片显示或隐藏的 show() 方法。最后编写 show() 方法的逻辑代码,根据设置图片的透明度,显示或隐藏对应的图片。关键代码如下:

源码位置   👁 资源包 \Code\29\Shop\index.html

```
3557 <script>
3558    // 自动轮播方法
3559    function autoPlay(){
3560        play=setInterval(function(){          // 定时器处理
3561            index++;
3562            index>=imgs.length&&(index=0);
3563            show(index);
3564        },3000)
3565    }
3566    // 图片切换方法
3567    function show(a){
3568        for(i=0;i<btn.length;i++ ){
3569            btn[i].className='';              // 显示当前设置按钮
3570            btn[a].className='current';
3571        }
3572        for(i=0;i<imgs.length;i++){            // 把图片的效果设置和按钮相同
3573            imgs[i].style.opacity=0;
3574            imgs[a].style.opacity=1;
3575        }
3576    }
3577    // 切换按钮功能
3578    for(i=0;i<btn.length;i++){
3579        btn[i].index=i;
3580        btn[i].onmouseover=function(){
3581            show(this.index);                 // 触发 show() 方法
3582            clearInterval(play);              // 停止播放
3583        }
3584    }
3585 </script>
```

29

29.2.5 商品推荐功能的实现

商品推荐功能是 51 购商城主要的商品促销形式，此功能可以动态显示推荐的商品信息，包括商品的缩略图、价格等内容。通过商品推荐功能，还能将众多商品信息精挑细选，提高商品的销售率。本页面中商品推荐功能按商品类型分为手机、电脑、甜品、坚果四大模块，四个模块的代码结构类似，下面以电脑模块的商品推荐功能为例，介绍其实现过程。页面效果如图 29.12 所示。

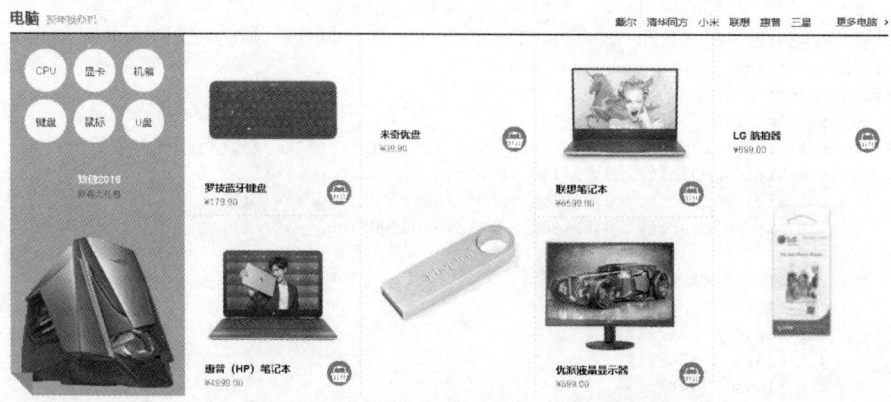

图 29.12 商品推荐功能的页面效果（PC 端）

具体实现步骤如下。

编写 HTML 的布局代码。首先新建一个 <div> 标签，添加 class 属性，值为 word，布局商品的类别内容，如显卡、机箱和键盘等。然后再通过 <div> 标签，显示具体的商品项目内容，如惠普（HP）笔记本和价格信息等内容。关键代码如下：

源码位置　　　　　　　　　　　　　　　　　　　　　👁 资源包 \Code\29\Shop\index.html

```
3586 <div class="mr-u-sm-5 mr-u-md-4 text-one list">
3587     <div class="word">
3588         <a class="outer" href="#">
3589             <span class="inner"><b class="text">CPU</b></span></a>
3590         <a class="outer" href="#">
3591             <span class="inner"><b class="text"> 显卡 </b></span></a>
3592         <a class="outer" href="#">
3593             <span class="inner"><b class="text"> 机箱 </b></span></a>
3594         <a class="outer" href="#">
3595             <span class="inner"><b class="text"> 键盘 </b></span></a>
3596         <a class="outer" href="#">
3597             <span class="inner"><b class="text"> 鼠标 </b></span></a>
3598         <a class="outer" href="#">
3599             <span class="inner"><b class="text">U 盘 </b></span></a>
3600     </div>
3601     <a href="shopList.html">
3602         <div class="outer-con ">
3603             <div class="title ">
3604                 致敬 2016
3605             </div>
3606             <div class="sub-title ">
3607                 新春大礼包
3608             </div>
3609         </div>
3610         <img src="images/computerArt.png" width="120px" height="200px">
3611     </a>
3612     <div class="triangle-topright"></div>
3613 </div>
```

```
3614 <div class="mr-u-sm-7 mr-u-md-4 text-two sug">
3615   <div class="outer-con ">
3616     <div class="title ">
3617         惠普（HP）笔记本
3618     </div>
3619     <div class="sub-title ">
3620         ¥4999.00
3621     </div>
3622     <i class="mr-icon-shopping-basket mr-icon-md  seprate"></i>
3623   </div>
3624   <a href="shopList.html"><img src="images/computer1.jpg"/></a>
3625 </div>
```

📖 **说明**

> 鼠标滑入某具体的商品图片时，图片会呈现闪动效果，引入读者的注意和兴趣。

29.2.6 适配移动端的实现

当前，手机用户越来越多，而且已经培养成手机浏览网站的习惯。为此，51 购商城设计并实现了适配移动终端的功能页面。实现的方式采用了第 9 章讲解的知识内容，使用 CSS3 的 @media 关键字，根据移动终端浏览器的不同宽度，适配不同的功能页面。页面效果如图 29.13 所示。

图 29.13 **商品推荐功能的页面效果（移动端）**

具体实现步骤如下：

① 添加适配浏览器大小的 <meta> 标签。首先添加 name 属性，值为 viewport，表示浏览器在读取此页面代码时，会适配当前浏览器的大小。然后添加 content 属性，其中属性值为 width=device-width，表示页面内容的宽度等于当前浏览器的宽度。代码如下：

 **源码位置**　　　　　　　　　　　　　　◉ 资源包 \Code\29\Shop\index.html

```
<meta name="viewport" content="width=device-width, initial-scale=1.0, minimum-scale=1.0, maximum-scale=1.0,
user-scalable=no">
```

② 根据 CSS3 的 @media 关键字，动态调整页面大小。比如针对 \<body\> 标签，@media 关键字会检测当前浏览器的宽度，根据宽度的不同，动态调整 \<body\> 标签的 CSS 属性值。关键代码如下：

源码位置　　　　　　　　　　　　　　◉ 资源包 \Code\29\Shop\css\basic.css

```
3626 <style>
3627     /* 适配移动端 */
3628     @media only screen and (max-width: 640px) {
3629         /**
3630          * 如果当前浏览器的宽度小于等于 640px 时，body< 标签 > 的 word-wrap 属性值为 break-word
3631          */
3632         body {
3633             word-wrap: break-word;
3634             hyphens: auto;
3635         }
3636     }
3637 </style>
```

说明

请参考 css 文件夹内的 basic.css 文件，包含适配移动端的 CSS3 样式代码。

29.3　商品列表页面的设计与实现

商品列表页面将商品分类分组，更好地展示商品信息。下面将从商品列表页面的设计、分类选项功能的实现和商品列表区的实现分别进行详细讲解。

29.3.1　商品列表页面的设计

商品列表页面是一般电子商城通用的功能页面；可以根据销量、价格和评价检索商品信息；可根据某种分类商品，比如手机类商品，按照商品的某种属性特征，比如手机内存或手机颜色等，进一步检索手机信息。页面效果如图 29.14 所示。

说明

关于适配移动端的部分，请参考 29.2.6 节的内容，本节不再讲解。

29.3.2　分类选项功能的实现

商品分类选项功能是电商网站通用的一个功能，可以对商品进一步检索分类范围，如手机的颜色，分成金色、白色和黑色等颜色分类，方便用户快速挑选商品，提升用户使用体验。页面效果如图 29.15 所示。

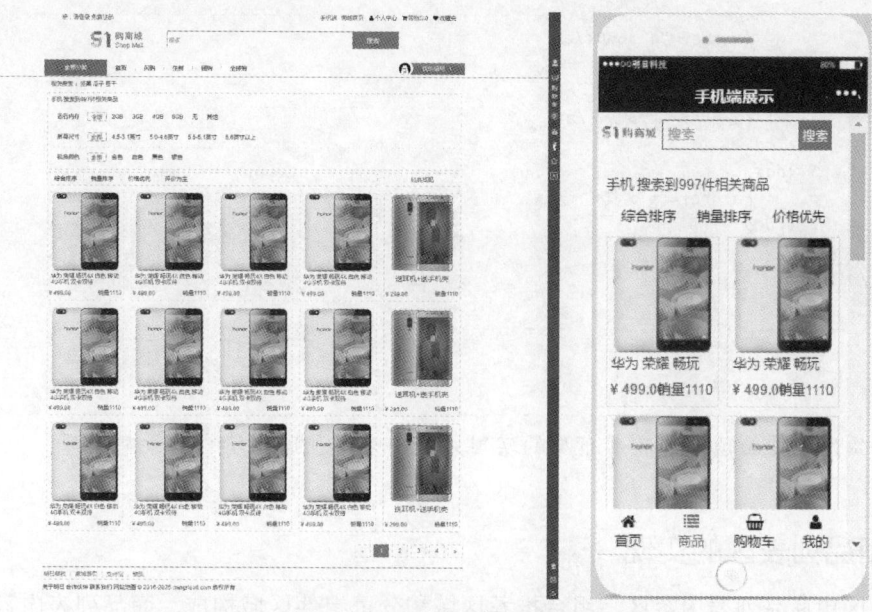

图 29.14　商品列表页面效果（PC 端和移动端）

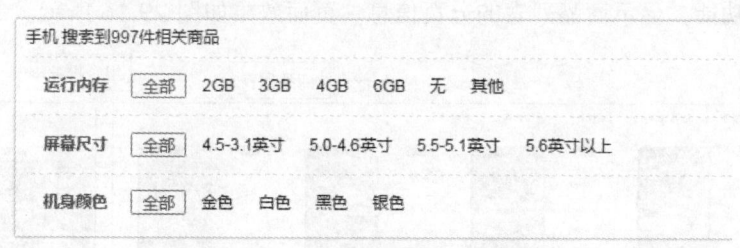

图 29.15　分类选项功能的页面效果

具体实现步骤如下。

使用 <li> 标签，显示细分的分类选项。其中 class 属性值 selected，表示当前选中项目的样式为白底红色。关键代码如下：

 **源码位置**　　　　　　　　　　　　　　　　　👁 资源包 \Code\29\Shop\shopList.html

```
3638 <li class="select-list">
3639     <dl id="select1">
3640         <dt class="mr-badge mr-round">
3641             运行内存
3642         </dt>
3643         <div class="dd-conent">
3644             <dd class="select-all selected">
3645                 <a href="#"> 全部 </a>
3646             </dd>
3647             <dd>
3648                 <a href="#">2GB</a>
3649             </dd>
3650             <dd>
3651                 <a href="#">3GB</a>
3652             </dd>
3653             <dd>
3654                 <a href="#">4GB</a>
3655             </dd>
3656             <dd>
```

```
3657                    <a href="#">6GB</a>
3658                </dd>
3659                <dd>
3660                    <a href="#"> 无 </a>
3661                </dd>
3662                <dd>
3663                    <a href="#"> 其他 </a>
3664                </dd>
3665            </div>
3666        </dl>
3667    </li>
```

📋 **说明**

商品列表页面顶部和底部布局的实现方法与主页相同，请自行编码实现。

29.3.3 商品列表区的实现

商品列表区由商品列表内容区、组合推荐区域和分页组件区域构成。商品列表内容区可以根据销量、价格和评价等参数动态检索商品信息；组合推荐区域方便用户购买配套商品，而且布局美观；分页组件区域是商品列表必备功能，显示商品列表的分页信息。页面效果如图 29.16 所示。

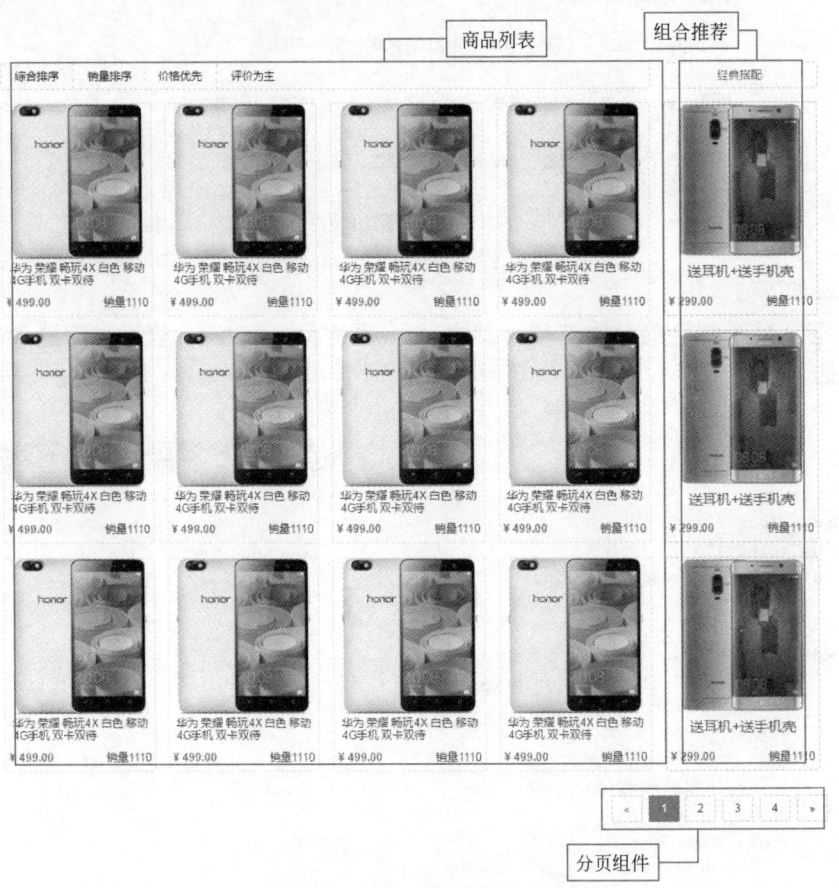

图 29.16 商品列表区的页面效果

具体实现步骤如下：

① 编写商品列表区域的 HTML5 布局代码。使用 <ul> 标签和 <li> 标签，显示单个手机商品的信息，

包括手机名称、价格和销量等内容。关键代码如下：

源码位置 资源包 \Code\29\Shop\shopList.html

```
3668 <ul class="mr-avg-sm-2 mr-avg-md-3 mr-avg-lg-4 boxes">
3669    <li>
3670        <div class="i-pic limit">
3671            <a href="shopInfo.html"><img src="images/shopcartImg.jpg" /></a>
3672            <p class="title fl"> 华为 荣耀 畅玩 4X 白色 移动 4G 手机 双卡双待 </p>
3673            <p class="price fl"> <b>&yen;</b> <strong>499.00</strong> </p>
3674            <p class="number fl"> 销量 <span>1110</span> </p>
3675        </div> </li>
3676    <li>
3677        <div class="i-pic limit">
3678            <a href="shopInfo.html"><img src="images/shopcartImg.jpg" /></a>
3679            <p class="title fl"> 华为 荣耀 畅玩 4X 白色 移动 4G 手机 双卡双待 </p>
3680            <p class="price fl"> <b>&yen;</b> <strong>499.00</strong> </p>
3681            <p class="number fl"> 销量 <span>1110</span> </p>
3682        </div> </li>
3683 </ul>
```

② 编写组合推荐区域的 HTML5 布局代码。使用 <li> 标签，显示组合推荐功能的图片、内容和价格等信息内容。方便用户购买相关配套商品，同时布局效果美观。关键代码如下：

源码位置 资源包 \Code\29\Shop\shopList.html

```
3684 <li>
3685    <div class="i-pic check">
3686        <a href="shopInfo.html"><img src="images/shopcartImg-01.jpg" /></a>
3687        <p class="check-title"> 送耳机 + 送手机壳 </p>
3688        <p class="price fl"> <b>&yen;</b> <strong>299.00</strong> </p>
3689        <p class="number fl"> 销量 <span>1110</span> </p>
3690    </div>
3691 </li>
```

③ 编写分页组件的 HTML5 布局代码。使用 <ul> 和 <li> 标签，显示商品分页数。class 属性值为 mr-pagination-right，表示分组组件的定位信息。代码如下：

源码位置 资源包 \Code\29\Shop\shopList.html

```
3692 <ul class="mr-pagination mr-pagination-right">
3693    <li class="mr-disabled"><a href="#">&laquo;</a></li>
3694    <li class="mr-active"><a href="#">1</a></li>
3695    <li><a href="#">2</a></li>
3696    <li><a href="#">3</a></li>
3697    <li><a href="#">4</a></li>
3698    <li><a href="#">&raquo;</a></li>
3699 </ul>
```

29.4 商品详情页面的设计与实现

在商品详情页面中，用户可以查看商品的详细信息。商品详情页面设计的好坏，直接关系到商品转换率（下单率）的成败。下面将从商品详情页面的设计、图片放大镜效果的实现、商品概要功能的实现、商品评价功能的实现和猜你喜欢功能的实现分别进行讲解。

29.4.1 商品详情页面的设计

商品详情是商品列表的子页面。用户单击商品列表的某一项商品后，则进入商品详情的页面。商品详情页面对用户而言，是至关重要的功能页面。商品详情页面及其功能直接影响用户的购买意愿。为此，51 购商城设计并实现了一系列的功能，包括商品概要信息、宝贝详情和评价等功能模块，方便用户消费决策，增加商品销售量。商品详情的页面效果如图 29.17 和图 29.18 所示。

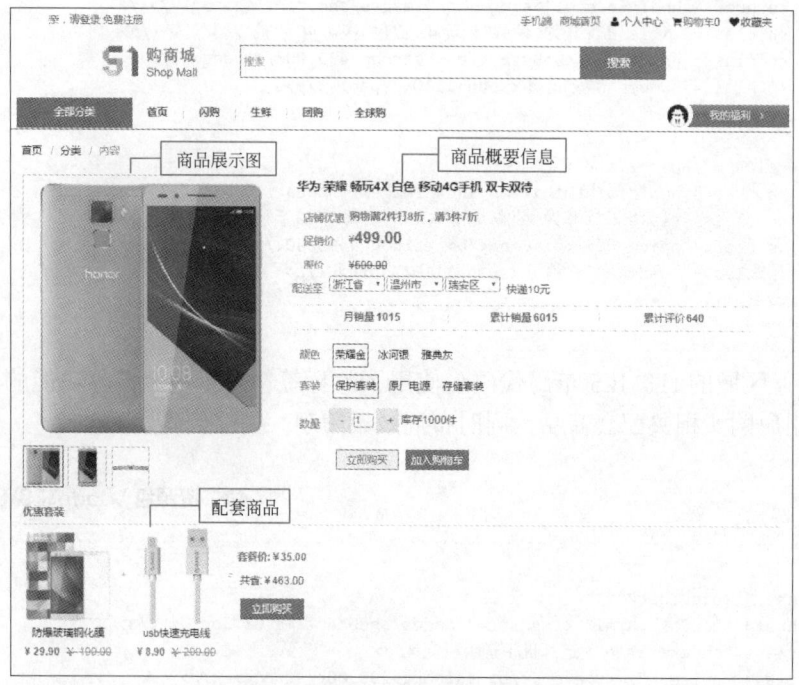

图 29.17　商品详情页面的顶部效果

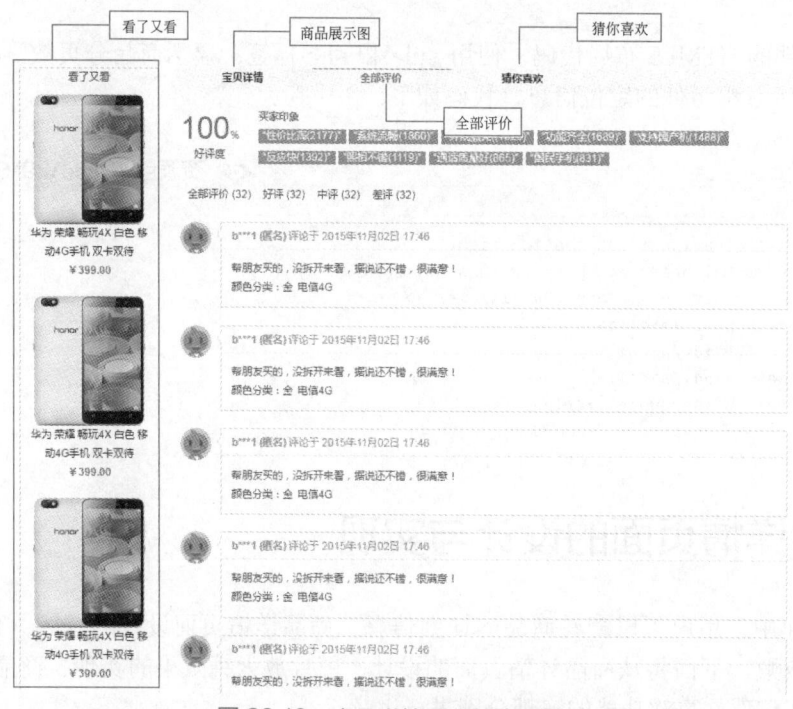

图 29.18　商品详情页面的底部效果

📖 **说明**

关于适配移动端的部分，请参考29.2.6节的内容，本节不再讲解。

29.4.2 图片放大镜效果的实现

在商品展示图区域底部有一个缩略图列表，当鼠标指向某个缩略图时，上方会显示对应的商品图片，当鼠标移入图片时，右侧会显示该图片对应区域的放大效果。页面效果如图29.19所示。

具体实现步骤如下：

① 在 <div> 标签中分别定义商品图片、图片放大工具、放大的图片和商品缩略图，通过在商品图片上触发mouseenter事件、mouseleave事件和mousemove事件执行相应的方法。关键代码如下：

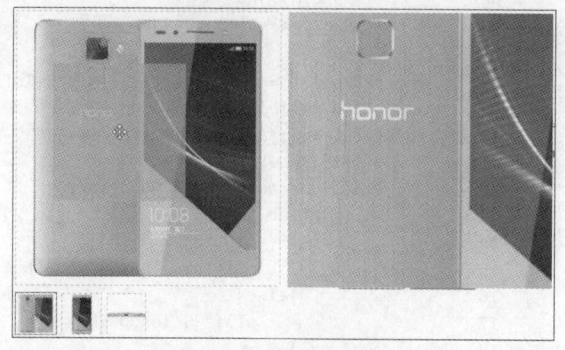

图 29.19 图片放大镜效果

🎵 **源码位置**　　　　　　　　　　　　　　　　　👁 资源包 \Code\29\Shop\shopInfo.html

```
01 <div class="clearfixLeft" id="clearcontent">
02     <div class="box">
03         <div class="enlarge" onmouseenter="mouseEnter()" onmouseleave="mouseLeave()" onmousemove="mouseMove()">
04             <img width="398" id="bigImg" src="images/01.jpg" title=" 细节展示放大镜特效 ">
05             <span class="tool"></span>
06             <div class="bigbox">
07                 <img src="images/01.jpg" class="bigimg">
08             </div>
09         </div>
10         <ul class="tb-thumb" id="thumblist">
11             <li class="selected">
12                 <div class="tb-pic">
13                     <a href="javascript:void(0)"><img src="images/01_small.jpg"></a>
14                 </div>
15             </li>
16             <li>
17                 <div class="tb-pic">
18                     <a href="javascript:void(0)"><img src="images/02_small.jpg"></a>
19                 </div>
20             </li>
21             <li>
22                 <div class="tb-pic">
23                     <a href="javascript:void(0)"><img src="images/03_small.jpg"></a>
24                 </div>
25             </li>
26         </ul>
27     </div>
28     <div class="clear"></div>
29 </div>
```

② 在 <script> 标签中编写鼠标在商品图片上移入、移出和移动时调用的函数。在 mouseEnter() 函数中，设置图片放大工具和放大的图片显示；在 mouseLeave() 函数中，设置图片放大工具和放大的图片隐藏；在 mouseMove() 函数中，通过元素的定位属性设置图片放大工具和放大的图片位置，实现图片的放大效果。关键代码如下：

 **源码位置**

👁 资源包 \Code\29\Shop\shopInfo.html

```
01 <script>
02     var n = 0;                                          // 缩略图索引
03     var bigImgUrl = [                                   // 商品图片数组
04         'images/01.jpg',
05         'images/02.jpg',
06         'images/03.jpg'
07     ];
08     var thumblist = document.getElementById("thumblist");
09     var oLi = thumblist.getElementsByTagName("li");
10     for(var i = 0; i < oLi.length; i++){
11         oLi[i].index = i;
12         oLi[i].onmouseover = function(){
13             for(var j = 0; j < oLi.length; j++){
14                 if(this.index == j){
15                     oLi[this.index].className = "selected";
16                 }else{
17                     oLi[j].className = "";
18                 }
19             }
20             document.getElementById("bigImg").src = bigImgUrl[this.index];
21         }
22     }
23     function mouseEnter() {                              // 鼠标进入图片的效果
24         document.querySelector('.tool').style.display='block';
25         document.querySelector('.bigbox').style.display='block';
26     }
27     function mouseLeave() {                              // 鼠标移出图片的效果
28         document.querySelector('.tool').style.display='none';
29         document.querySelector('.bigbox').style.display='none';
30     }
31     function mouseMove(e) {
32         var enlarge=document.querySelector('.enlarge');
33         var tool=document.querySelector('.tool');
34         var bigimg=document.querySelector('.bigimg');
35         var ev=window.event || e;                        // 获取事件对象
36         // 获取图片放大工具到商品图片左端距离
37         var x=ev.clientX-enlarge.offsetLeft-tool.offsetWidth/2+document.documentElement.scrollLeft;
38         // 获取图片放大工具到商品图片顶端距离
39         var y=ev.clientY-enlarge.offsetTop-tool.offsetHeight/2+document.documentElement.scrollTop;
40         if(x<0) x=0;
41         if(y<0) y=0;
42         if(x>enlarge.offsetWidth-tool.offsetWidth){
43             x=enlarge.offsetWidth-tool.offsetWidth;       // 图片放大工具到商品图片左端最大距离
44         }
45         if(y>enlarge.offsetHeight-tool.offsetHeight){
46             y=enlarge.offsetHeight-tool.offsetHeight;      // 图片放大工具到商品图片顶端最大距离
47         }
48         // 设置图片放大工具定位
49         tool.style.left = x+'px';
50         tool.style.top = y+'px';
51         // 设置放大图片定位
52         bigimg.style.left = -x * 2+'px';
53         bigimg.style.top = -y * 2+'px';
54     }
55 </script>
```

29.4.3 商品概要功能的实现

商品概要功能包含商品的名称、价格和配送地址等信息。用户快速浏览商品概要信息，可以了解商品的销量、可配送地址和库存等内容，方便用户快速决策，节省浏览时间。页面效果如图 29.20 所示。

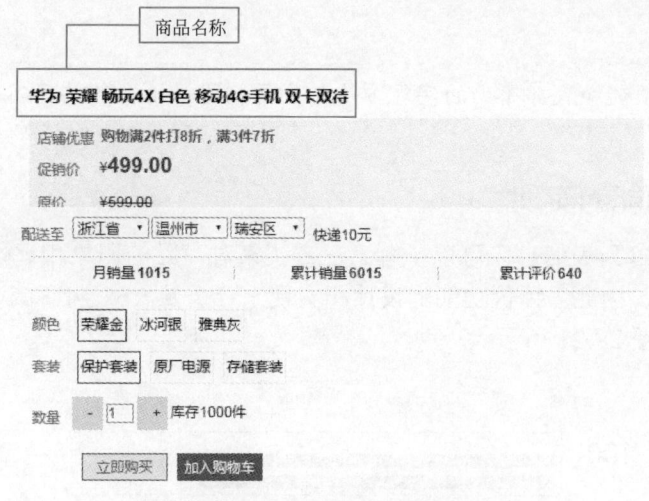

图 29.20 商品概要页面的顶部效果

具体实现步骤如下。

首先使用 <li> 标签，显示价格信息，class 属性值为 sys_item_price，表示对价格进行加粗处理。然后通过 <select> 标签和 <option> 标签，读取配送地址信息。关键代码如下：

源码位置   👁 资源包 \Code\29\Shop\shopInfo.html

```
3700 <div class="tb-detail-price">
3701     <!-- 价格 -->
3702     <li class="price iteminfo_price">
3703         <dt>促销价</dt>
3704         <dd><em>¥</em><b class="sys_item_price">499.00</b></dd>
3705     </li>
3706     <li class="price iteminfo_mktprice">
3707         <dt>原价</dt>
3708         <dd><em>¥</em><b class="sys_item_mktprice">599.00</b></dd>
3709     </li>
3710     <div class="clear"></div>
3711 </div>
3712 <!-- 地址 -->
3713 <dl class="iteminfo_parameter freight">
3714     <dt>配送至</dt>
3715     <div class="iteminfo_freprice">
3716         <div class="mr-form-content address">
3717             <select data-mr-selected>
3718                 <option value="a">浙江省</option>
3719                 <option value="b">吉林省</option>
3720             </select>
3721             <select data-mr-selected>
3722                 <option value="a">温州市</option>
3723                 <option value="b">长春市</option>
3724             </select>
3725             <select data-mr-selected>
3726                 <option value="a">瑞安区</option>
3727                 <option value="b">南关区</option>
3728             </select>
3729         </div>
3730         <div class="pay-logis">
3731             快递 <b class="sys_item_freprice">10</b> 元
3732         </div>
3733     </div>
3734 </dl>
3735 <div class="clear"></div>
```

 **说明**

> 商品详情页面顶部和底部布局的实现方法与主页相同，请自行编码实现。

29.4.4　商品评价功能的实现

用户通过浏览商品评价列表信息，可以了解第三方买家对商品的印象和评价内容等信息。如今的消费者越来越看重评价信息，因此，评价功能的设计和实现十分重要。51 购商城设计了买家印象和评价列表两项功能。页面效果如图 29.21 所示。

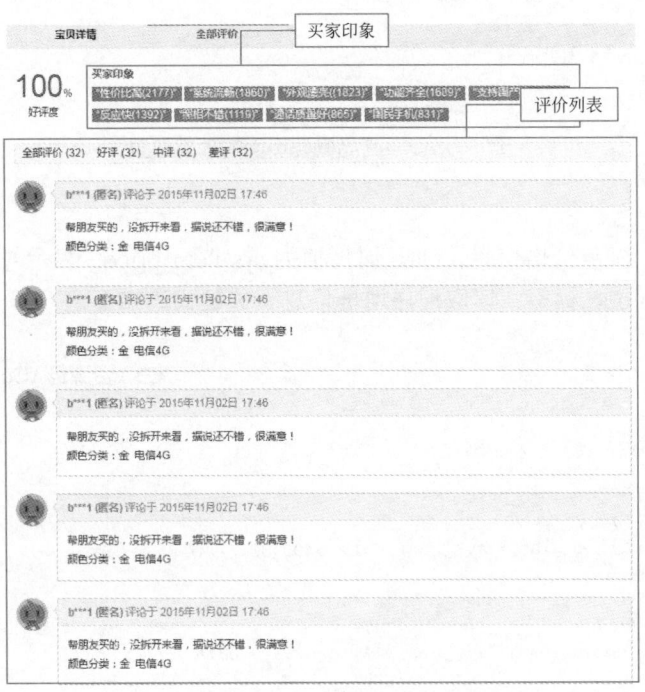

图 29.21　商品评价的页面效果

具体实现步骤如下：

① 编写买家印象的 HTML5 布局代码。使用 <dl> 标签和 <dd> 标签，显示买家印象内容，包括性价比高、系统流畅和外观漂亮等内容。关键代码如下：

源码位置　　　　　　　　　　　　　　　👁 资源包 \Code\29\Shop\shopInfo.html

```
3736 <dl>
3737     <dt> 买家印象 </dt>
3738     <dd class="p-bfc">
3739         <q class="comm-tags"><span> 性价比高 </span><em>(2177)</em></q>
3740         <q class="comm-tags"><span> 系统流畅 </span><em>(1860)</em></q>
3741         <q class="comm-tags"><span> 外观漂亮 (</span><em>(1823)</em></q>
3742         <q class="comm-tags"><span> 功能齐全 </span><em>(1689)</em></q>
3743         <q class="comm-tags"><span> 支持国产机 </span><em>(1488)</em></q>
3744         <q class="comm-tags"><span> 反应快 </span><em>(1392)</em></q>
3745         <q class="comm-tags"><span> 照相不错 </span><em>(1119)</em></q>
3746         <q class="comm-tags"><span> 通话质量好 </span><em>(865)</em></q>
3747         <q class="comm-tags"><span> 国民手机 </span><em>(831)</em></q>
3748     </dd>
3749 </dl>
```

② 编写评价列表的 HTML 布局代码。首先新建一个 <header> 标签，显示评论者和评论时间。然后新建一个 <div> 标签，增加 class 属性值为 mr-comment-bd，布局评论内容区域。关键代码如下：

源码位置　　　　　　　　　　　　　　　　👁 资源包 \Code\29\Shop\shopInfo.html

```
3750 <div class="mr-comment-main">
3751    <!-- 评论内容容器 -->
3752    <header class="mr-comment-hd">
3753        <!--<h3 class="mr-comment-title">评论标题</h3>-->
3754        <div class="mr-comment-meta">
3755            <!-- 评论数据 -->
3756            <a href="#link-to-user" class="mr-comment-author">b***1（匿名）</a>
3757            <!-- 评论者 -->
3758            评论于
3759            <time datetime="">2015 年 11 月 02 日 17:46</time>
3760        </div>
3761    </header>
3762    <div class="mr-comment-bd">
3763        <div class="tb-rev-item " data-id="255776406962">
3764            <div class="J_TbcRate_ReviewContent tb-tbcr-content ">
3765                帮朋友买的，没拆开来看，据说还不错，很满意！
3766            </div>
3767            <div class="tb-r-act-bar">
3768                颜色分类: 金    电信 4G
3769            </div>
3770        </div>
3771    </div>
3772    <!-- 评论内容 -->
3773 </div>
```

29.4.5　猜你喜欢功能的实现

猜你喜欢功能为用户推荐最佳相似商品。实现的方式与商品列表页面相似，不仅方便用户立即挑选商品，也增加了商品详情页面内容的丰富性，用户体验良好。页面效果如图 29.22 所示。

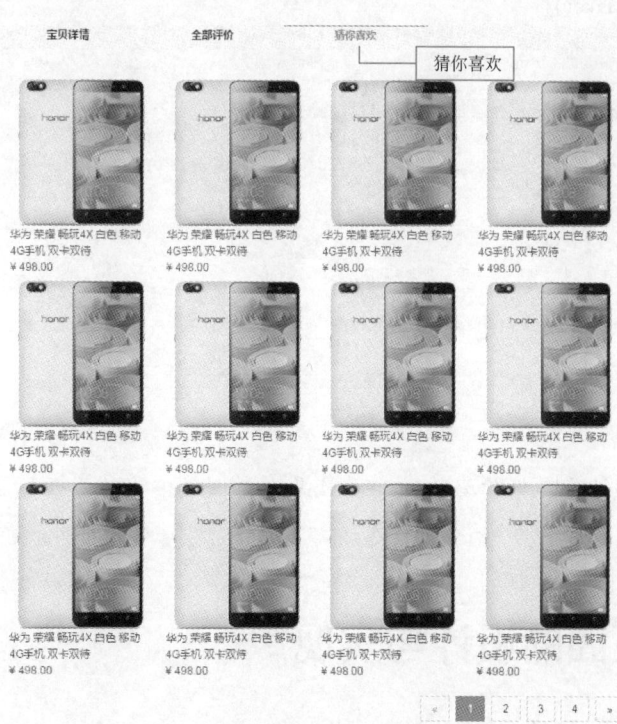

图 29.22　猜你喜欢的页面效果

具体实现步骤如下：

① 编写商品列表区域的 HTML 布局代码。使用 <li> 标签，显示商品概要信息，包括商品缩略图、商品价格和商品名称等内容。关键代码如下：

源码位置 👁 资源包 \Code\29\Shop\shopInfo.html

```
3774  <li>
3775     <div class="i-pic limit">
3776        <img src="images/shopcartImg.jpg" />
3777        <p> 华为 荣耀 畅玩 4X 白色 移动 4G 手机 双卡双待 </p>
3778        <p class="price fl">
3779           <b>¥</b>
3780           <strong>498.00</strong>
3781        </p>
3782     </div>
3783  </li>
```

② 编写控制动画效果的 JavaScript 代码。用户单击顶部的"宝贝详情""全部评价"或"猜你喜欢"页面节点时，页面会动态显示和隐藏对应的页面节点内容。如单击"猜你喜欢"节点时，会显示"猜你喜欢"页面功能的内容。

因此，新建 goToYoulike() 方法，首先获取对应的页面节点元素，然后设置节点元素的样式属性。当单击"猜你喜欢"页面节点时，触发 goToYoulike() 方法，会显示"猜你喜欢"内容，隐藏其他节点。关键代码如下：

源码位置 👁 资源包 \Code\29\Shop\shopInfo.html

```
3784  <script>
3785     // 显示猜你喜欢内容区域
3786     function goToYoulike(){
3787        var info=document.getElementById("info");                          // 获取宝贝详情节点
3788        var comment=document.getElementById("comment");                    // 获取全部评价节点
3789        var youLike=document.getElementById("youLike");                    // 获取猜你喜欢节点
3790        var infoTitle=document.getElementById("infoTitle");
3791        var commentTitle=document.getElementById("commentTitle");
3792        var youLikeTitle=document.getElementById("youLikeTitle");
3793        infoTitle.className="";
3794        commentTitle.className="";
3795        youLikeTitle.className="mr-active";
3796        info.className="mr-tab-panel mr-fade ";                             // 隐藏宝贝详情节点
3797        comment.className="mr-tab-panel mr-fade ";                          // 隐藏全部评价节点
3798        youLike.className="mr-tab-panel mr-fade mr-in mr-active";           // 显示猜你喜欢节点
3799  </script>
```

📑 **说明**

宝贝详情、全部评价和猜你喜欢的动画效果，类似菜单栏的页面切换，由于篇幅的限制，不再详细讲解。具体内容请参考源代码部分。

29.5 购物车页面的设计与实现

购物车页面实现用户将选择的商品归类汇总的功能。下面将从购物车页面的设计和购物车页面的实现进行详细讲解。

29.5.1　购物车页面的设计

电商网站都具有购物车的功能。用户一般先将自己挑选好的商品放到购物车中，然后统一付款，交易结束。购物车的页面要求包含订单商品的型号、数量和价格等信息内容，方便用户统一确认购买。购物车的页面效果如图 29.23 所示。

图 29.23　购物车的页面效果

📄 **说明**

> 在该网站中，只有用户登录网站之后才可以访问购物车页面。

29.5.2　购物车页面的实现

购物车页面的顶部和底部布局请参考 29.2.2 节的内容，实现方法相同。本小节重点讲解购物车页面中，商品订单信息的布局技巧。页面效果如图 29.24 所示。

图 29.24　商品订单明细的页面效果

具体实现步骤如下：

① 编写商品类型和价格信息的 HTML 代码。使用 <li> 标签，显示商品类型信息，如颜色和包装等内容。新建 <div> 标签，读取商品价格信息。关键代码如下：

🎵 **源码位置**　　　　　　　　　　👁 资源包 \Code\29\Shop\shopCart.html

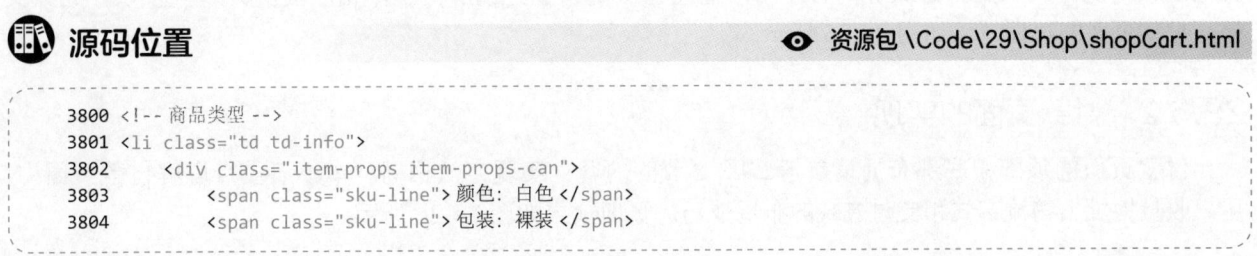

```
3800 <!-- 商品类型 -->
3801 <li class="td td-info">
3802     <div class="item-props item-props-can">
3803         <span class="sku-line">颜色: 白色 </span>
3804         <span class="sku-line">包装: 裸装 </span>
```

417

```
3805            <span tabindex="0" class="btn-edit-sku theme-login">修改</span>
3806            <i class="theme-login mr-icon-sort-desc"></i>
3807        </div>
3808    </li>
3809    <!-- 价格信息 -->
3810    <li class="td td-price">
3811        <div class="item-price price-promo-promo">
3812            <div class="price-content">
3813                <div class="price-line">
3814                    <em class="price-original">499.00</em>
3815                </div>
3816                <div class="price-line">
3817                    <em class="J_Price price-now" tabindex="0">399.00</em>
3818                </div>
3819            </div>
3820        </div>
3821    </li>
```

② 实现增减商品数量的 HTML5 代码。使用 3 个 <input> 标签，显示数量增减的表单按钮，value 属性值分别为 "−" 和 "+"。关键代码如下：

源码位置　　　　　　　　　　　　　👁 资源包 \Code\29\Shop\shopCart.html

```
3822    <li class="td td-amount">
3823        <div class="amount-wrapper ">
3824            <div class="item-amount ">
3825                <div class="sl">
3826                    <input class="min mr-btn" name="" type="button" value="-" />
3827                    <input class="text_box" name="" type="text"
3828                            value="1" style="width:30px;" />
3829                    <input class="add mr-btn" name="" type="button" value="+" />
3830                </div>
3831            </div>
3832        </div>
3833    </li>
```

29.6　付款页面的设计与实现

付款页面实现用户编辑收货地址、选择物流公司等功能。下面将从付款页面的设计和付款页面的实现分别进行讲解。

29.6.1　付款页面的设计

用户在购物车页面单击"结算"按钮后，则进入付款页面。付款页面包括收货人姓名、手机号、收货地址、物流方式和支付方式等内容。用户需要再次确认上述内容后，单击"提交订单"按钮，完成交易。付款页面的页面效果如图 29.25 所示。

29.6.2　付款页面的实现

付款页面的顶部和底部布局请参考 29.2.2 节的内容，实现方法相同。本小节重点讲解付款页面中，用户收货地址、物流方式和支付方式的布局技巧。页面效果如图 29.26 所示。

图 29.25　付款页面效果

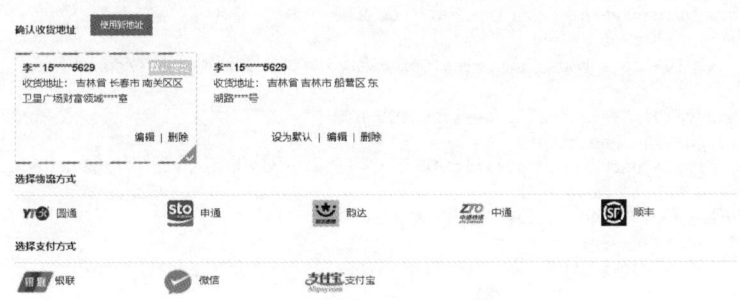

图 29.26　付款功能的页面效果

具体实现步骤如下：

① 编写收货地址的 HTML 代码。使用 <li> 标签，显示用户收货相关信息。包括用户的收货地址、用户的手机号码和用户姓名等内容。关键代码如下：

源码位置　　　　　　　　　　　　　　　　　　　　　　　　👁 资源包 \Code\29\Shop\pay.html

```
3834 <li class="user-addresslist">
3835     <div class="address-left">
3836         <div class="user DefaultAddr">
3837             <span class="buy-address-detail">
3838                 <span class="buy-user">李丹 </span>
```

```
3839                <span class="buy-phone">15*****5629</span>
3840            </span>
3841        </div>
3842        <div class="default-address DefaultAddr">
3843            <span class="buy-line-title buy-line-title-type"> 收货地址: </span>
3844            <span class="buy--address-detail">
3845                        <span class="province"> 吉林 </span> 省
3846                        <span class="city"> 吉林 </span> 市
3847                        <span class="dist"> 船营 </span> 区
3848            <span class="street"> 东湖路 ***** 号 </span>
3849            </span>
3850            </span>
3851        </div>
3852        <ins class="deftip hidden"> 默认地址 </ins>
3853    </div>
3854    <div class="address-right">
3855        <span class="mr-icon-angle-right mr-icon-lg"></span>
3856    </div>
3857    <div class="clear"></div>
3858    <div class="new-addr-btn">
3859        <a href="#"> 设为默认 </a>
3860        <span class="new-addr-bar">|</span>
3861        <a href="#"> 编辑 </a>
3862        <span class="new-addr-bar">|</span>
3863        <a href="javascript:void(0);" onclick="delClick(this);"> 删除 </a>
3864    </div>
3865 </li>
```

② 编写物流信息的 HTML5 代码。使用 `<ul>` 和 `<li>` 标签，显示物流公司的 LOGO 和名称。关键代码如下：

源码位置　　　　　　　　　　　　　　　　　　　　⊙ 资源包 \Code\29\Shop\pay.html

```
3866 <div class="logistics">
3867    <h3> 选择物流方式 </h3>
3868    <ul class="op_express_delivery_hot">
3869        <li data-value="yuantong" class="OP_LOG_BTN  ">
3870            <i class="c-gap-right"
3871                style="background-position:0px -468px"></i> 圆通 <span></span>
3872        </li>
3873        <li data-value="shentong" class="OP_LOG_BTN  ">
3874            <i class="c-gap-right"
3875                style="background-position:0px -1008px"></i> 申通 <span></span>
3876        </li>
3877        <li data-value="yunda" class="OP_LOG_BTN  ">
3878            <i class="c-gap-right" s
3879                tyle="background-position:0px -576px"></i> 韵达 <span></span>
3880        </li>
3881    </ul>
3882 </div>
```

③ 编写支付方式的 HTML 代码。使用 `<ul>` 和 `<li>` 标签，显示支付方式的 logo 和名称。关键代码如下：

源码位置　　　　　　　　　　　　　　　　　　　　⊙ 资源包 \Code\29\Shop\pay.html

```
3883 <div class="logistics">
3884    <h3> 选择支付方式 </h3>
3885    <ul class="pay-list">
3886        <li class="pay card"><img src="images/wangyin.jpg"/> 银联 <span></span></li>
3887        <li class="pay qq"><img src="images/weizhifu.jpg"/> 微信 <span></span></li>
3888        <li class="pay taobao"><img src="images/zhifubao.jpg"/> 支付宝 <span></span></li>
3889    </ul>
3890 </div>
```

29

29.7　登录注册页面的设计与实现

　　登录和注册功能是电商网站最常用的功能。下面，将从登录注册页面的设计、登录页面的实现和注册页面的实现分别进行讲解。

29.7.1　登录注册页面的设计

　　登录和注册页面是通用的功能页面。51 购商城在设计登录和注册页面时，应考虑 PC 端和移动端的适配兼容，同时使用简单的 JavaScript 方法，验证邮箱和数字的格式。登录注册的页面效果分别如图 29.27（PC 端登录页面）、图 29.28（PC 端注册页面）和图 29.29（移动端登录注册页面）所示。

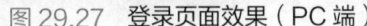
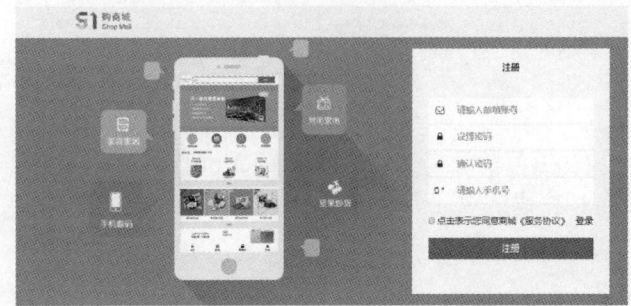

图 29.27　登录页面效果（PC 端）　　　　图 29.28　注册页面效果（PC 端）

29.7.2　登录页面的实现

　　登录页面由 <form> 标签组成的表单和 JavaScript 验证技术实现的非空验证组成。登录页面效果如图 29.30 所示。

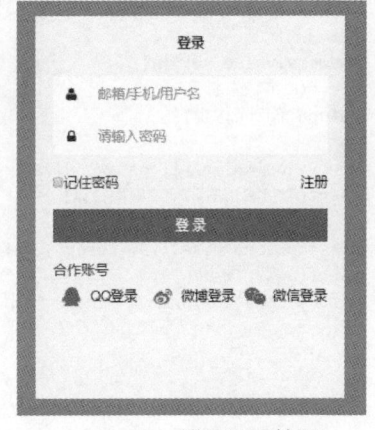

图 29.29　移动端的登录和注册页面效果　　　图 29.30　登录页面效果

　　具体实现步骤如下：

　　① 编写登录页面的 HTML 代码。首先使用 <form> 标签，显示用户名和密码的表单信息。然后通过 <input> 标签，设置一个登录按钮，提交用户名和密码信息。关键代码如下：

 **源码位置**　　　　　　　　　　　　　　　　👁 资源包 \Code\29\Shop\login.html

```
3891 <div class="login-form">
3892     <form>
```

```
3893          <div class="user-name">
3894              <label for="user"><i class="mr-icon-user"></i></label>
3895              <input type="text" name="" id="user" placeholder="邮箱 / 手机 / 用户名">
3896          </div>
3897          <div class="user-pass">
3898              <label for="password"><i class="mr-icon-lock"></i></label>
3899              <input type="password" name="" id="password" placeholder="请输入密码">
3900          </div>
3901      </form>
3902  </div>
3903  <div class="login-links">
3904      <label for="remember-me"><input id="remember-me" type="checkbox"> 记住密码
3905      </label>
3906      <a href="register.html" class="mr-fr">注册 </a>
3907      <br/>
3908  </div>
3909  <div class="mr-cf">
3910      <input type="submit" name="" value="登 录" onclick="login()"
3911          class="mr-btn mr-btn-primary mr-btn-sm">
3912  </div>
```

② 编写验证提交信息的 JavaScript 代码。首先新建 login() 方法，用于验证表单信息。然后分别获取用户名和密码的页面节点信息，最后根据 value 的属性值条件判断，弹出提示信息，登录成功则跳转到主页。代码如下：

源码位置　　　　　　　　　　　　　　　　　　　　👁 资源包 \Code\29\Shop\login.html

```
01  <script>
02      function login(){
03          var user=document.getElementById("user");          // 获取用户名信息
04          var password=document.getElementById("password");   // 获取密码信息
05          if(user.value == ''){
06              alert('请输入用户名! ');
07              return false;
08          }
09          if(password.value == ''){
10              alert('请输入密码! ');
11              return false;
12          }
13          if(user.value!=='mr' || password.value!=='mrsoft' ){
14              alert('您输入的账户或密码错误! ');
15          }else{
16              sessionStorage.setItem('user',user.value);      // 保存用户名
17              alert('登录成功! ');
18              window.location.href = 'index.html';            // 跳转到主页
19          }
20      }
21  </script>
```

说明

> 默认正确账户名为 mr，密码为 mrsoft。若输入错误，则提示"您输入的账户或密码错误！"，否则提示"登录成功！"。

29.7.3　注册页面的实现

注册页面的实现过程与登录页面相似，在验证表单信息的部分稍复杂些，需要验证邮箱格式是否正确，验证手机格式是否正确等。注册页面的页面效果如图 29.31 所示。

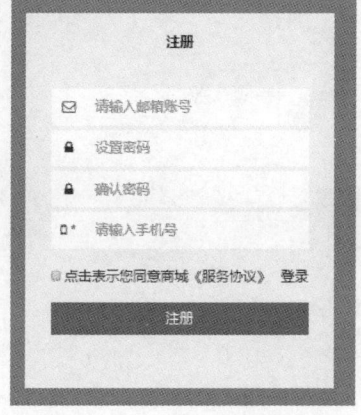

图 29.31　注册页面效果

具体实现步骤如下:

① 编写登录页面的 HTML 代码。首先使用 <form> 标签，显示用户名和密码的表单信息。然后通过 <input> 标签，设置一个注册按钮，提交用户名和密码信息。关键代码如下:

源码位置　　　　　　　　　　　　　　　　　　　　　　👁 资源包 \Code\29\Shop\register.html

```
3913 <form method="post">
3914     <div class="user-email">
3915         <label for="email"><i class="mr-icon-envelope-o"></i></label>
3916         <input type="email" name="" id="email" placeholder=" 请输入邮箱账号">
3917     </div>
3918     <div class="user-pass">
3919         <label for="password"><i class="mr-icon-lock"></i></label>
3920         <input type="password" name="" id="password" placeholder=" 设置密码 ">
3921     </div>
3922     <div class="user-pass">
3923         <label for="passwordRepeat"><i class="mr-icon-lock"></i></label>
3924         <input type="password" name="" id="passwordRepeat" placeholder=" 确认密码 ">
3925     </div>
3926 </form>
```

② 编写验证提交信息的 JavaScript 代码。首先新建 mr_verify () 方法，用于验证表单信息。然后分别获取邮箱、密码、确认密码和手机号码的页面节点信息，最后根据 value 的属性值条件判断，弹出提示信息。代码如下:

源码位置　　　　　　　　　　　　　　　　　　　　　　👁 资源包 \Code\29\Shop\register.html

```
3927 <script>
3928     function mr_verify(){
3929         // 获取表单对象
3930         var email=document.getElementById("email");
3931         var password=document.getElementById("password");
3932         var passwordRepeat=document.getElementById("passwordRepeat");
3933         var tel=document.getElementById("tel");
3934         // 验证项目是否为空
3935         if(email.value==='' || email.value===null){
3936             alert(" 邮箱不能为空! ");
3937             return;
3938         }
3939         if(password.value==='' || password.value===null){
3940             alert(" 密码不能为空! ");
3941             return;
3942         }
3943         if(passwordRepeat.value==='' || passwordRepeat.value===null){
```

```
3944            alert(" 确认密码不能为空! ");
3945            return;
3946        }
3947        if(tel.value==='' || tel.value===null){
3948            alert(" 手机号码不能为空! ");
3949            return;
3950        }
3951        if(password.value!==passwordRepeat.value ){
3952            alert(" 密码设置前后不一致! ");
3953            return;
3954        }
3955        // 验证邮件格式
3956        apos = email.value.indexOf("@")
3957        dotpos = email.value.lastIndexOf(".")
3958        if (apos < 1 || dotpos - apos < 2) {
3959            alert(" 邮箱格式错误! ");
3960        }
3961        else {
3962            alert(" 邮箱格式正确! ");
3963        }
3964        // 验证手机号格式
3965        if(isNaN(tel.value)){
3966            alert(" 手机号请输入数字! ");
3967            return;
3968        }
3969        if(tel.value.length!==11){
3970            alert(" 手机号是 11 个数字! ");
3971            return;
3972        }
3973        alert(' 注册成功! ');
3974    }
3975 </script>
```

📋 **说明**

JavaScript 验证手机号格式是否正确的原理是，通过 isNaN() 方法验证数字格式，通过 length 属性值验证数字长度是否等于 11。

🔻 **小结**

51 购商城使用 HTML5、CSS3 和 JavaScript 技术，设计并完成了一个功能相对完整的电子商务网站。下面总结下各个功能使用的关键技术点，希望对日后的工作实践有所帮助。

① 主页。轮播图使用 HTML5 结合 JavaScript 技术，以内嵌 JavaScript 代码的方式，动态控制轮播图片的显示和隐藏。商品分类导航功能使用 onmouseover 属性和 onmouseout 属性，动态控制鼠标滑入和滑出的动画效果。

② 商品列表页面。设计并实现了智能排序（根据销量、评价和综合排序）、推荐组合商品和分页组件等电商网站必备功能模块。

③ 商品详情页面。设计并实现商品概览功能、宝贝详情功能、评价功能和猜你喜欢功能。使用类似 Tab 组件（JavaScript+CSS3）的方式，控制各功能内容的动态显示和隐藏。

④ 购物车和付款页面。实现了订单详情、收货地址、物流方式和支付方式等通用交易流程的布局和功能。

⑤ 登录注册页面。兼容 PC 端和移动端登录注册。使用 JavaScript 的方式，验证表单内容的格式，如邮箱、手机号码和数字等。

29

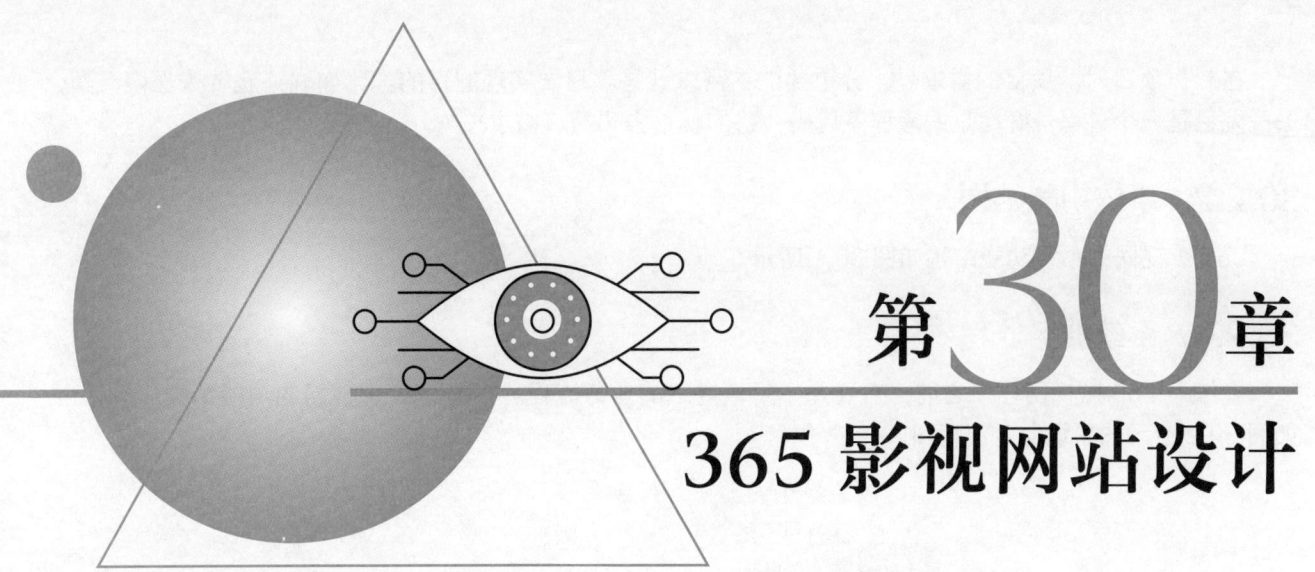

第30章

365影视网站设计

扫码领取
- 教学视频
- 配套源码
- 练习答案
- ......

当今社会进入了一个信息快速发展的社会，网络上也出现了很多备受欢迎的影视网站。未来视听生活的新空间，也必然在宽带互联网上开启。VOD（Video on Demand，视频点播）的概念已经被越来越多的人所接受，逐渐成为网络发展的必然趋势之一。本章将应用JavaScript技术开发一个影视网。

30.1 系统分析

计算机技术、网络通信技术、多媒体技术的飞速发展，对人类的生产和生活方式产生了很大影响。随着多媒体应用技术的不断成熟，以及宽带网络的不断发展，我们有理由相信在线影视点播一定会成为网络内容创新的重头戏。影视网站可以使用户实现查看电影排行、浏览影片资讯、在线观看等功能。

30.2 系统设计

30.2.1 系统目标

结合实际情况及对用户需求的分析，365影视网应该具有如下特点：
- 操作简单方便、页面简洁美观。
- 能够全面展示影片分类，以及影片详细信息。
- 浏览速度快，尽量避免长时间打不开页面的情况发生。
- 影片图片清楚，文字醒目。
- 系统运行稳定、安全可靠。
- 易维护，并提供二次开发支持。

在制作项目时，项目的需求是十分重要的，需求就是项目要实现的目的。比如说：我要去医院买药，去医院只是一个过程，好比是编写程序代码，目的就是去买药（需求）。

30.2.2　系统功能结构

365 影视网的系统功能结构如图 30.1 所示。

30.2.3　系统业务流程

在编写 365 影视网程序之前，需要先了解该网站的业务流程。根据 365 影视网的功能结构，设计出如图 30.2 所示的系统业务流程图。

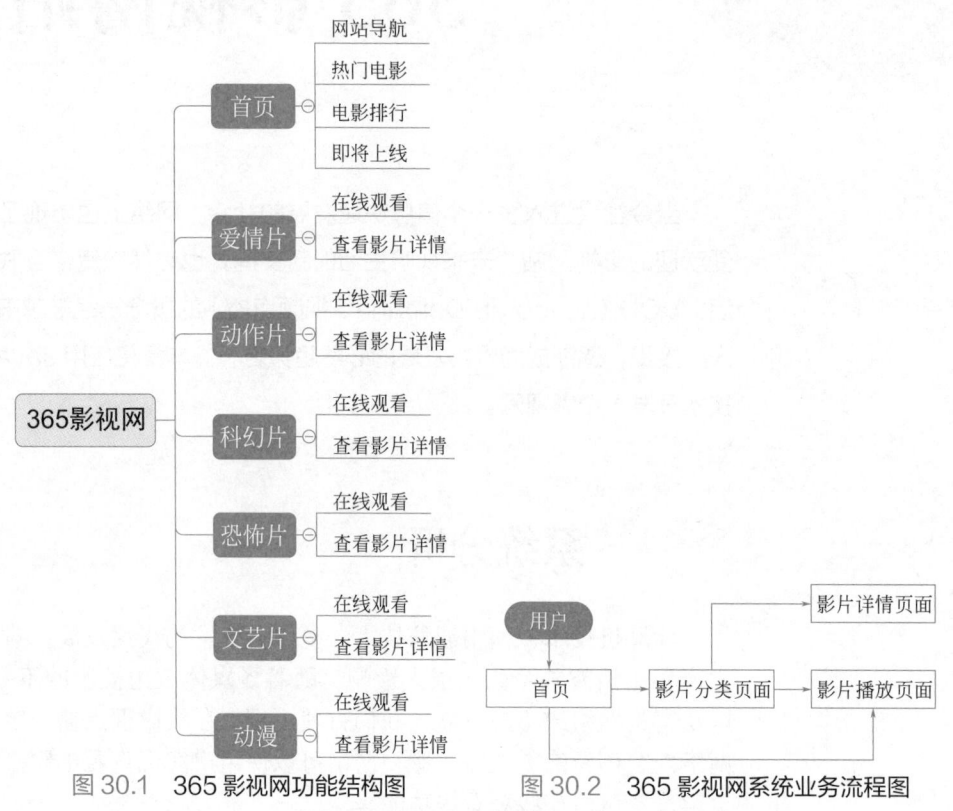

图 30.1　365 影视网功能结构图　　　　图 30.2　365 影视网系统业务流程图

30.2.4　网页预览

在设计 365 影视网的页面时，应用 CSS 样式、<div> 标签、JavaScript 和 jQuery 技术，打造了一个更具有时代气息的网页。其页面效果如下所示。

（1）首页

首页主要用于展示热门影片、电影排行、即将上线影片等信息。首页页面的运行结果如图 30.3 所示。

（2）动作片分类页面

动作片分类页面主要显示动作类型影片的列表信息，运行结果如图 30.4 所示。

（3）查看影片详情页面

查看影片详情页面用于展示该电影的详细信息，运行结果如图 30.5 所示。

（4）影片播放页面

当用户单击电影图片、电影名称或█图标时会打开影片播放页面进行观看，运行结果如图 30.6 所示。

图 30.3　首页页面

图 30.4　动作片分类显示页面

图 30.5　查看影片详情页面

图 30.6　影片播放页面

30.3　系统开发必备

30.3.1　开发环境

在开发 365 影视网时，该项目使用的软件开发环境如下：

- 操作系统：Windows10。
- PHP 运行环境：phpStudy v8.1
- jQuery 版本：jquery-3.5.1.min.js。
- 开发工具：WebStorm 2021.1。

❖ 浏览器：Chrome。

❖ 分辨率：最佳效果 1680×1050 像素。

由于该项目中使用了 Ajax 技术请求 PHP 文件，所以需要在计算机中安装 PHP 运行环境。下面以 PHP 集成环境 phpStudy 为例，介绍 PHP 运行环境的搭建。目前，phpStudy 的最新版是 phpStudy v8.1。

首先需要在 phpStudy 的官方网站中下载最新版 phpStudy 的压缩包，下载后开始执行安装操作。安装步骤如下：

① 对 phpStudy 的压缩包进行解压缩，然后双击"phpstudy_x64_8.1.1.3"安装文件，此时将弹出如图 30.7 所示的对话框。

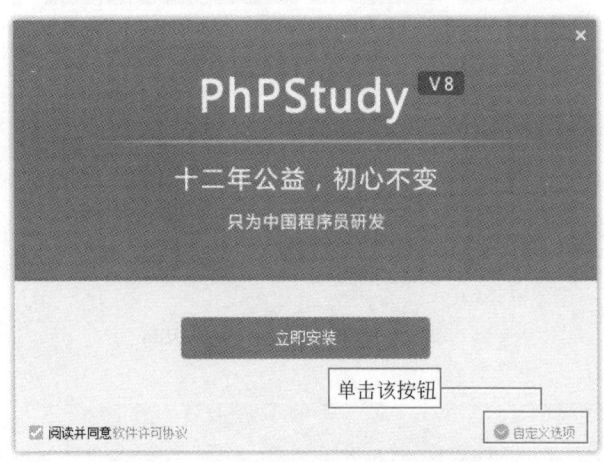

图 30.7　phpStudy 安装对话框

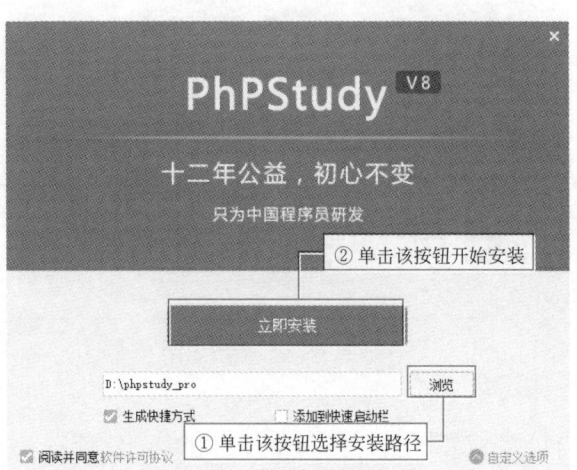

图 30.8　选择安装路径

② 在图 30.7 所示的对话框中单击"自定义选项"按钮，结果如图 30.8 所示。单击图中的"浏览"按钮选择安装路径，然后单击"立即安装"按钮开始安装。安装过程如图 30.9 所示。

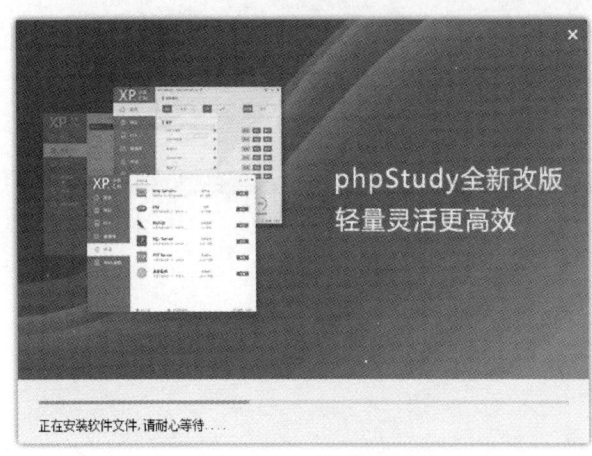

图 30.9　安装过程

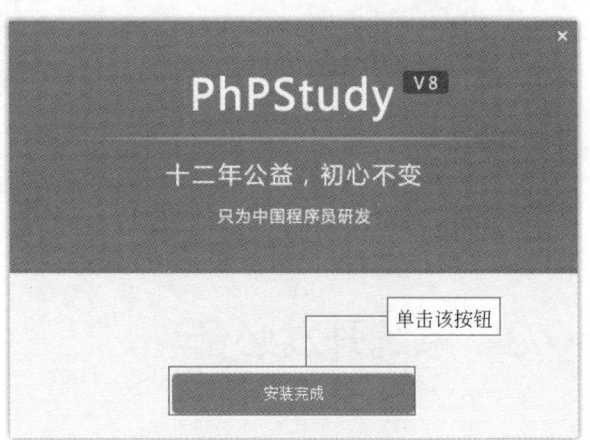

图 30.10　安装完成页面

③ 安装完成页面如图 30.10 所示。单击图中的"安装完成"按钮后进入 phpStudy 的启动页面，如图 30.11 所示。

④ 在启动页面单击 Apache2.4.39 右侧的"启动"按钮启动 Apache 服务，启动成功之后的页面如图 30.12 所示。这时，将项目文件夹 Movie 存储在"D:\phpstudy_pro\WWW"目录下即可。

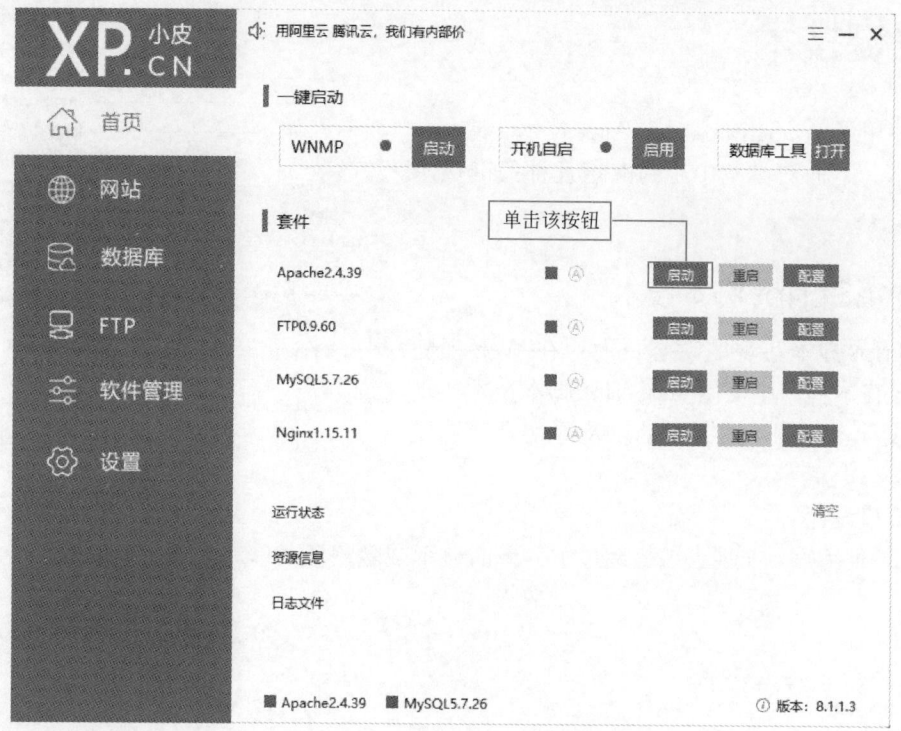

图 30.11　phpStudy 启动页面

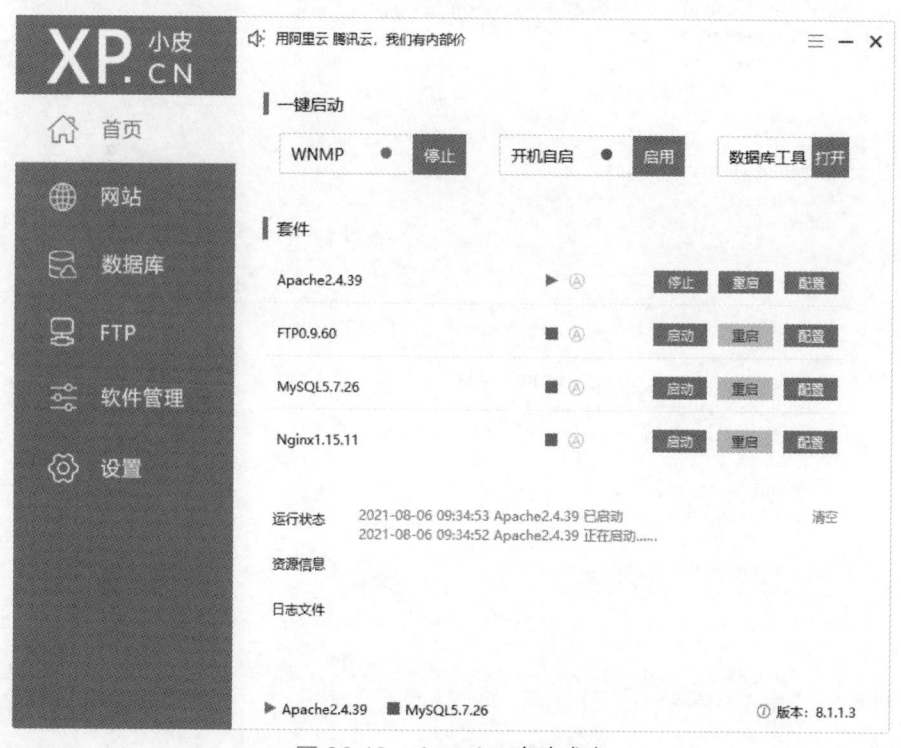

图 30.12　Apache 启动成功

30.3.2　文件夹组织结构

365 影视网的文件夹组织结构如图 30.13 所示。

30.4 关键技术

本章主要使用了 JavaScript 脚本、Ajax 技术、jQuery 技术等关键技术，下面对本章中用到的这几种关键技术进行简单介绍。

30.4.1 JavaScript 脚本技术

使用 JavaScript 脚本实现的动态页面，在 Web 上随处可见。例如，在本程序中使用 JavaScript 脚本技术实现了导航菜单的设计、图片不间断滚动以及浮动窗口的设计等。

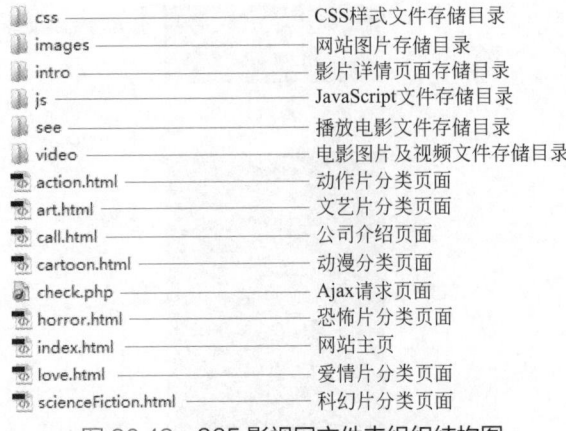

css	CSS样式文件存储目录
images	网站图片存储目录
intro	影片详情页面存储目录
js	JavaScript文件存储目录
see	播放电影文件存储目录
video	电影图片及视频文件存储目录
action.html	动作片分类页面
art.html	文艺片分类页面
call.html	公司介绍页面
cartoon.html	动漫分类页面
check.php	Ajax请求页面
horror.html	恐怖片分类页面
index.html	网站主页
love.html	爱情片分类页面
scienceFiction.html	科幻片分类页面

图 30.13　365 影视网文件夹组织结构图

（1）导航菜单设计

编写 JavaScript 代码，实现当鼠标经过主菜单时显示或隐藏子菜单。关键代码如下：

源码位置　　　　　　　　　　　　　　　　　　　　👁 资源包 \Code\30\Movie\index.html

```
3976 <script type="text/javascript">
3977   window.onload = function(){
3978     var mainmenu = document.getElementsByClassName("mainmenu");    // 获取主菜单
3979     var submenu = document.getElementsByClassName("submenu");      // 获取子菜单
3980     var oLi = mainmenu[0].getElementsByTagName("li");
3981     oLi[0].getElementsByTagName("a")[0].style.color = "#FA4A05";
3982     oLi[0].className = "active";                                    // 为第一个主菜单项设置类名
3983     for(var i = 0; i < oLi.length; i++){
3984       oLi[i].index = i;                                            // 设置主菜单索引
3985       if(i == 0){
3986         submenu[i].style.display = "";
3987       }else{
3988         submenu[i].style.display = "none";
3989       }
3990     }
3991     for(var i = 0; i < oLi.length; i++){
3992       oLi[i].onmouseover = function(){
3993         var curIndex = this.index;                                 // 获取当前主菜单索引
3994         for(var i = 0; i < oLi.length; i++){
3995           submenu[i].style.display = "none";                       // 隐藏子菜单
3996           oLi[i].className="";                                     // 去除类名
3997         }
3998         submenu[curIndex].style.display = "";                      // 显示当前子菜单
3999         this.className = "active";                                 // 为当前主菜单项设置类名
4000       }
4001       oLi[i].onmouseout = function(){
4002         var curIndex = this.index;                                 // 获取当前主菜单索引
4003         submenu[curIndex].style.display = "none";                  // 隐藏子菜单
4004         oLi[curIndex].className="";                                // 去除类名
4005         submenu[0].style.display = "";                             // 显示当前页子菜单
4006         oLi[0].className = "active";                               // 为第一个主菜单项设置类名
4007       }
4008     }
4009   }
4010 </script>
```

（2）电影图片不间断滚动效果设计

编写 JavaScript 代码，定义 Marquee() 方法实现电影图片的滚动效果。关键代码如下：

源码位置

👁 资源包 \Code\30\Movie\index.html

```
4011 <script type="text/javascript">
4012 var speed=30;                                      // 设置超时时间
4013 demo2.innerHTML=demo1.innerHTML;                    // 设置 id 为 demo2 的元素的 HTML5 内容
4014 // 设置图片向左滚动
4015 function Marquee(){
4016     if(demo2.offsetWidth-demo.scrollLeft<=0){
4017         demo.scrollLeft-=demo1.offsetWidth;
4018     }else{
4019         demo.scrollLeft++;
4020     }
4021 }
4022 var MyMar=setInterval(Marquee,speed);              // 实现图片滚动
4023 // 鼠标移入图片时停止滚动
4024 demo.onmouseover=function(){
4025     clearInterval(MyMar);
4026 }
4027 // 鼠标移出图片时继续滚动
4028 demo.onmouseout=function(){
4029     MyMar=setInterval(Marquee,speed);
4030 }
4031 </script>
```

30.4.2　jQuery 技术

　　jQuery 是一套简洁、快速、灵活的 JavaScript 脚本库。它是由 John Resig 于 2006 年创建的，帮助我们简化了 JavaScript 代码。JavaScript 脚本库类似于 Java 的类库，我们将一些工具方法或对象方法封装在类库中，方便用户使用。jQuery 因为其简便易用的优点，已被大量的开发人员推崇。

　　要在自己的网站中应用 jQuery 库，需要下载并配置它。要想在文件中引入 jQuery 库，需要在 <head> 标签中应用下面的语句引入。

源码位置

👁 资源包 \Code\30\Movie\index.htm

```
<script type="text/javascript" src="js/jquery-3.5.1.min.js"></script>
```

　　例如，在本程序中使用 jQuery 实现了滑动门的技术。通过编写 jQuery 代码，实现电影排行中热播影片和经典影片的切换效果。其关键是应用 jQuery 技术，完成网页特效的制作。关键代码如下：

源码位置

👁 资源包 \Code\30\Movie\index.html

```
4032 <script type="text/javascript">
4033 $(document).ready(function() {
4034     $(".tab_content").hide();                      // 将 class 值为 tab_content 的 <div> 隐藏
4035     $("ul.tabs li a:first").addClass("act");        // 为第一个选项卡添加样式
4036     $(".tab_content:first").show();                 // 将第一个 class 值为 tab_content 的 <div> 显示
4037     $("ul.tabs li a").hover(function() {            // 将鼠标移到某选项卡上
4038         $("ul.tabs li a").removeClass("act");       // 移除样式
4039         $(this).addClass("act");                    // 为当前的选项卡添加样式
4040         $(".tab_content").hide();                   // 将所有 class 值为 tab_content 的 <div> 隐藏
4041         var activeTab = $(this).attr("name");       // 获取当前选项卡的 name 属性值
4042         $(activeTab).show();                        // 将相同 id 值的 <div> 显示
4043     });
4044 });
4045 </script>
```

30

431

30.4.3　jQuery 中的 Ajax 请求

Ajax 是 Asynchronous JavaScript and XML 的缩写，意思是异步的 JavaScript 和 XML。Ajax 并不是一门新的语言或技术，它是 JavaScript、XML、CSS、DOM 等多种已有技术的组合，可以实现客户端的异步请求操作，从而实现在不需要刷新页面的情况下与服务器进行通信，提供更好的服务响应。

Ajax 使用的技术中，最核心的技术就是 XMLHttpRequest，它是一个具有应用程序接口的 JavaScript 对象，但是 XMLHttpRequest 对象的很多属性和方法对于想快速对 Ajax 技术入门的开发人员来说并不容易，而使用 jQuery 会使得 Ajax 变得更加简单。在 jQuery 中，实现 Ajax 请求经常使用的是 $.get() 和 $.post() 方法。

（1）使用 $.get() 方法请求数据

$.get() 方法使用 GET 方式进行异步请求。语法格式如下：

```
$.get(url[,data][,callback][,type])
```

💬 **参数说明：**

- ♻ url：请求的 HTML 页面的 URL 地址。
- ♻ data：可选参数。发送到服务器的数据。
- ♻ callback：可选参数。规定当请求成功时运行的函数。
- ♻ type：可选参数。服务器响应的数据类型。

（2）使用 $.post() 方法请求数据

$.post() 方法的使用方式与 $.get() 方法是相同的，不过它们之间仍有以下区别：

① GET 方式　用 GET 方式可以传送简单数据，一般大小限制在 2KB 以下，数据追加到 url 中发送。也就是说，GET 请求会将参数跟在 URL 后面进行传递。最重要的是，它会被客户端浏览器缓存起来，这样，别人就可以从浏览器的历史记录中读取到客户数据，比如账号密码等。因此，某些情况下，get 方法会带来安全隐患。

② POST 方式　使用 POST 方式时，浏览器将表单字段元素以及数据作为 HTTP 消息实体内容发送给 Web 服务器，而不是作为 URL 地址参数进行传递，可以避免数据被浏览器缓存起来，比 GET 方式更加安全。而且使用 POST 方式传递的数据量要比使用 GET 方式传送的数据量也要大得多。

在本程序中使用 $.get() 方法实现了热门专题的显示。关键代码如下：

🎵 **源码位置**　　　　　　　　　　　　　　　👁 资源包 \Code\30\Movie\index.html

```
4046 <script type="text/javascript">
4047 function getInfo(){
4048     $.get("check.php",function(data){
4049         document.getElementById("showInfo").innerHTML = data;
4050     })
4051 }
4052 window.onload=function(){
4053     getInfo();                              // 调用 getInfo() 函数获取最新消息
4054     window.setInterval("getInfo()", 600000);  // 每隔 10min 调用一次 getInfo() 函数
4055 }
4056 </script>
```

30.5　首页技术实现

30.5.1　JavaScript 实现导航菜单

在网站的首页 index.html 中，通过导航菜单实现在不同页面之间的跳转。导航菜单的运行结果如图 30.14 所示。

图 30.14 导航菜单运行结果

导航菜单主要通过 JavaScript 技术实现。具体实现过程如下：

① 首先，在页面中添加显示导航菜单的 <div>，通过 css 控制 <div> 标签的样式，在 <div> 中添加 <ul> 列表，在列表中设置菜单名称和超链接。具体代码如下：

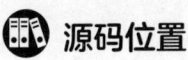 **源码位置**　　　　　　　　　　　　　　　　　👁 资源包 \Code\30\Movie\index.html

```
4057 <div>
4058    <div class="i01w">
4059       <ul class="mainmenu">
4060          <li><a href="index.html"> 首页 </a></li>
4061          <li><a href="love.html"> 爱情片 </a></li>
4062          <li><a href="action.html"> 动作片 </a></li>
4063          <li><a href="scienceFiction.html"> 科幻片 </a></li>
4064          <li><a href="horror.html"> 恐怖片 </a></li>
4065          <li><a href="art.html"> 文艺片 </a></li>
4066          <li><a href="cartoon.html"> 动漫 </a></li>
4067       </ul>
4068    </div>
4069    <div>
4070       <div class="submenu" style="padding-left:12px">
4071          欢迎来到 365 影视网
4072       </div>
4073       <div class="submenu" style="padding-left:96px">
4074          <ul class="i02w">
4075             <li><a href="#"> 爱情喜剧 </a></li>
4076             <li><a href="#"> 古典爱情 </a></li>
4077             <li><a href="#"> 现代爱情 </a></li>
4078          </ul>
4079       </div>
4080       <div class="submenu" style="padding-left:289px">
4081          <ul class="i02w">
4082             <li><a href="#"> 枪战片 </a></li>
4083             <li><a href="#"> 武侠片 </a></li>
4084             <li><a href="#"> 魔幻片 </a></li>
4085          </ul>
4086       </div>
4087       <div class="submenu" style="padding-left:453px">
4088          <ul class="i02w">
4089             <li><a href="#"> 外星人 </a></li>
4090             <li><a href="#"> 自然灾难 </a></li>
4091             <li><a href="#"> 生物变异 </a></li>
4092          </ul>
4093       </div>
4094       <div class="submenu" style="padding-left:631px">
4095          <ul class="i02w">
4096             <li><a href="#"> 惊悚片 </a></li>
4097             <li><a href="#"> 恐怖片 </a></li>
4098             <li><a href="#"> 悬疑片 </a></li>
4099          </ul>
4100       </div>
4101       <div class="submenu" style="padding-left:801px">
4102          <ul class="i03w">
4103             <li><a href="#"> 音乐片 </a></li>
4104             <li><a href="#"> 歌舞片 </a></li>
```

30

```
4105              <li><a href="#">纪录片</a></li>
4106          </ul>
4107       </div>
4108       <div class="submenu" style="padding-left:916px">
4109          <ul class="i03w">
4110             <li><a href="#">历史动漫</a></li>
4111             <li><a href="#">搞笑动漫</a></li>
4112             <li><a href="#">英雄动漫</a></li>
4113          </ul>
4114       </div>
4115    </div>
4116 </div>
```

② 编写 JavaScript 代码，实现当鼠标经过主菜单时显示或隐藏子菜单。具体代码如下：

源码位置
资源包 \Code\30\Movie\index.html

```
4117 <script type="text/javascript">
4118 window.onload = function(){
4119     var mainmenu = document.getElementsByClassName("mainmenu");    // 获取主菜单
4120     var submenu = document.getElementsByClassName("submenu");      // 获取子菜单
4121     var oLi = mainmenu[0].getElementsByTagName("li");
4122     oLi[0].getElementsByTagName("a")[0].style.color = "#FA4A05";
4123     oLi[0].className = "active";                                    // 为第一个主菜单项设置类名
4124     for(var i = 0; i < oLi.length; i++){
4125         oLi[i].index = i;                                          // 设置主菜单索引
4126         if(i == 0){
4127             submenu[i].style.display = "";
4128         }else{
4129             submenu[i].style.display = "none";
4130         }
4131     }
4132     for(var i = 0; i < oLi.length; i++){
4133         oLi[i].onmouseover = function(){
4134             var curIndex = this.index;                             // 获取当前主菜单索引
4135             for(var i = 0; i < oLi.length; i++){
4136                 submenu[i].style.display = "none";                 // 隐藏子菜单
4137                 oLi[i].className="";                               // 去除类名
4138             }
4139             submenu[curIndex].style.display = "";                  // 显示当前子菜单
4140             this.className = "active";                             // 为当前主菜单项设置类名
4141         }
4142         oLi[i].onmouseout = function(){
4143             var curIndex = this.index;                             // 获取当前主菜单索引
4144             submenu[curIndex].style.display = "none";              // 隐藏子菜单
4145             oLi[curIndex].className="";                            // 去除类名
4146             submenu[0].style.display = "";                         // 显示当前页子菜单
4147             oLi[0].className = "active";                           // 为第一个主菜单项设置类名
4148         }
4149     }
4150 }
4151 </script>
```

30.5.2 JavaScript 实现图片的轮换效果

在 index.html 首页中，应用 JavaScript 实现电影图片轮换效果的网页特效，以此来展示近期较热门的电影。其运行效果如图 30.15 所示。

图 30.15　电影图片轮换效果

电影图片轮换效果的实现过程如下：

① 在页面中定义一个 <div> 元素，在该元素中定义两个图片，然后为图片添加超链接。代码如下：

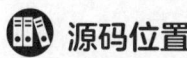 **源码位置**　　　　　　　　　　　　　　　　　👁 资源包 \Code\30\Movie\index.html

```
4152 <div id='tabs'>
4153     <a href="#"><img src="video/13.png" width="100%" height="320" /></a>
4154     <a href="#"><img src="video/14.png" width="100%" height="320" /></a>
4155 </div>
```

② 在页面中定义 CSS 样式，用于控制页面显示效果。具体代码如下：

源码位置　　　　　　　　　　　　　　　　　👁 资源包 \Code\30\Movie\css\style.css

```
4156 <style type="text/css">
4157     #tabs{
4158         width:100%;
4159         height:320px;
4160         overflow:hidden;
4161         float:left;
4162         position:relative;
4163     }
4164 </style>
```

③ 在页面中编写 JavaScript 代码，应用 document 对象的 getElementsByTagName() 方法获取指定 id 元素下的 <a> 元素，然后编写自定义函数 changeimage()，最后应用 setInterval() 方法，每隔 3s 就执行一次 changeimage() 函数。具体代码如下：

源码位置　　　　　　　　　　　　　　　　　👁 资源包 \Code\30\Movie\index.html

```
4165 <script type="text/javascript">
4166     var tabs = document.getElementById("tabs");          // 获取 id 是 tabs 的元素
4167     var len = tabs.getElementsByTagName("a");            // 获取 a 元素
4168     var pos = 0;                                          // 定义变量值为 0
4169     function changeimage(){
4170         len[pos].style.display = "none";                 // 隐藏元素
4171         pos++;                                           // 变量值加 1
4172         if(pos == len.length) pos=0;                     // 变量值重新定义为 0
4173         len[pos].style.display = "block";                // 显示元素
4174     }
4175     setInterval("changeimage()",3000);                   // 每隔 3s 执行一次 changeimage() 函数
4176 </script>
```

30.5.3　Ajax 实现热门专题页面

热门专题页面主要显示热门电影的相关信息，每隔一定时间就会刷新一次，以获取最新的热门专题

30

信息。热门专题信息展示的运行效果如图 30.16 所示。

热门专题信息的展示主要应用 jQuery 中的 Ajax 技术实现。具体实现过程如下：

① 首先，在页面中添加一个 <span> 标签用于显示热门专题标题，再添加一个显示热门专题信息的 <div>。具体代码如下：

热门专题
《愤怒的小鸟》小鸟飞起来
《极度惊悚》胆小者勿入
《黑海夺金》裴德.洛成摸金校尉
《潜伏者》毒师卧底贩毒集团

图 30.16　热门专题信息展示

![源码位置]　👁 资源包 \Code\30\Movie\index.html

```
4177 <span class="hot">热门专题</span>
4178 <div id="showInfo"></div>
```

② 使用 jQuery 中的 $.get() 方法实现 Ajax 请求，将返回的信息显示在 id 是 showInfo 的元素中。具体代码如下：

![源码位置]　👁 资源包 \Code\30\Movie\index.html

```
4179 <script type="text/javascript">
4180 function getInfo(){
4181     $.get("check.php",function(data){
4182         document.getElementById("showInfo").innerHTML = data;
4183     })
4184 }
4185 window.onload=function(){
4186     getInfo();                              // 调用 getInfo() 函数获取最新消息
4187     window.setInterval("getInfo()", 600000);  // 每隔 10min 调用一次 getInfo() 函数
4188 }
4189 </script>
```

30.5.4　JavaScript 实现电影图片不间断滚动

在 index.html 页面中，以图片滚动的形式来展示电影信息。电影图片不间断滚动的运行结果如图 30.17 所示。

图 30.17　电影图片不间断滚动

电影图片不间断滚动的效果主要通过 JavaScript 技术实现。具体实现过程如下：

① 首先，在页面中添加显示电影图片的 <div> 标签，同时插入要输出的影片名称和简介等信息，并且通过 CSS 控制输出内容的样式。其具体代码如下：

![源码位置]　👁 资源包 \Code\30\Movie\index.html

```
4190 <div id="demo" class="top_box" style="overflow: hidden; width: 1206px; height: 264px">
4191     <table width="100%" cellpadding="0" cellspacing="0">
```

```
4192    <tr>
4193      <td id="demo1"><table cellpadding="0" cellspacing="0">
4194        <tr>
4195          <td width="191" height="200" style="padding-right:10px">
4196            <a href="see/see6.html" target="_blank">
4197              <img src="video/6.jpg" width="191" height="200" border="0" />
4198            </a>
4199            <div class="title"><a href="see/see6.html" target="_blank"> 金蝉脱壳 </a></div>
4200            <div class="content"> 两大动作巨星强强联手 </div></td>
4201          <td width="191" height="200" style="padding-right:10px">
4202            <a href="see/see7.html" target="_blank">
4203              <img src="video/7.jpg" width="191" height="200" border="0" />
4204            </a>
4205            <div class="title"><a href="see/see7.html" target="_blank"> 海王 </a></div>
4206            <div class="content"> 多元素一体的超级英雄电影 </div></td>
4207          <td width="191" height="200" style="padding-right:10px">
4208            <a href="see/see8.html" target="_blank">
4209              <img src="video/8.jpg" width="191" height="200" border="0" />
4210            </a>
4211            <div class="title"><a href="see/see8.html" target="_blank"> 阿拉丁 </a></div>
4212            <div class="content"> 超过原版动画的真人电影 </div></td>
4213          <td width="191" height="200" style="padding-right:10px">
4214            <a href="see/see9.html" target="_blank">
4215              <img src="video/9.jpg" width="191" height="200" border="0" />
4216            </a>
4217            <div class="title"><a href="see/see9.html" target="_blank"> 阿甘正传 </a></div>
4218            <div class="content"> 励志而传奇的一生 </div></td>
4219          <td width="191" height="200" style="padding-right:10px">
4220            <a href="see/see10.html" target="_blank">
4221              <img src="video/10.jpg" width="191" height="200" border="0" />
4222            </a>
4223            <div class="title"><a href="see/see10.html" target="_blank"> 机械师 </a></div>
4224            <div class="content"> 杰森·斯坦森硬汉动作片 </div></td>
4225          <td width="191" height="200" style="padding-right:10px">
4226            <a href="see/see11.html" target="_blank">
4227              <img src="video/11.jpg" width="191" height="200" border="0" />
4228            </a>
4229            <div class="title"><a href="see/see11.html" target="_blank"> 傲慢与偏见 </a></div>
4230            <div class="content"> 美景中不失现代气息的爱情 </div></td>
4231        </tr>
4232      </table></td>
4233      <td id="demo2"></td>
4234    </tr>
4235  </table>
4236 </div>
```

② 编写 JavaScript 代码，定义 Marquee() 方法实现图片的滚动效果。代码如下：

源码位置　　　　　　　　　　　　　　　　　　　　资源包 \Code\30\Movie\index.html

```
4237 <script type="text/javascript">
4238 var speed=30;                                    // 设置超时时间
4239 demo2.innerHTML=demo1.innerHTML;                 // 设置 id 为 demo2 的元素的 HTML5 内容
4240 // 设置图片向左滚动
4241 function Marquee(){
4242    if(demo2.offsetWidth-demo.scrollLeft<=0){
4243       demo.scrollLeft-=demo1.offsetWidth;
4244    }else{
4245       demo.scrollLeft++;
4246    }
4247 }
4248 var MyMar=setInterval(Marquee,speed);            // 实现图片滚动
4249 // 鼠标移入图片时停止滚动
```

```
4250 demo.onmouseover=function(){
4251     clearInterval(MyMar);
4252 }
4253 // 鼠标移出图片时继续滚动
4254 demo.onmouseout=function(){
4255     MyMar=setInterval(Marquee,speed);
4256 }
4257 </script>
```

30.5.5 JavaScript 实现浮动窗口

在 index.html 页面中，通过 JavaScript 脚本插入了一个浮动的窗口，通过这个浮动窗口可以实现一些扩展功能。浮动窗口的运行结果如图 30.18 所示。

图 30.18 浮动窗口运行结果

浮动窗口的设计主要使用了 JavaScript 技术实现，代码封装于 float.js 文件中。具体代码如下：

 源码位置　　　　　　　　　　　　　　　　　👁 资源包 \Code\30\Movie\js\float.js

```
4258 var ImgW=parseInt(float.width);                          // 获取浮动窗口的宽度
4259 function permute(tfloor,Top,left){
4260     // 获取纵向滚动条滚动的距离
4261     var scrollTop=document.documentElement.scrollTop || document.body.scrollTop;
4262     buyTop=Top+scrollTop;                                // 获取图片在垂直方向的绝对位置
4263     document.all[tfloor].style.top=buyTop+"px";          // 设置图片在垂直方向的绝对位置
4264     // 获取横向滚动条滚动的距离
4265     var scrollLeft=document.documentElement.scrollLeft || document.body.scrollLeft;
4266     var buyLeft=scrollLeft+document.body.clientWidth-ImgW;// 获取图片在水平方向的绝对位置
4267     document.all[tfloor].style.left=buyLeft-left+"px";   // 设置图片在水平方向的绝对位置
4268 }
4269 setInterval('permute("float",300,50)',1);               // 每隔 1ms 就执行一次 permute() 函数
```

在需要加载浮动窗口的页面中，使用下面的代码来加载 float.js 文件：

源码位置　　　　　　　　　　　　　　　　　👁 资源包 \Code\30\Movie\index.html

```
<script type="text/javascript" src="js/float.js"></script>
```

30.5.6 jQuery 实现滑动门效果

在 index.html 页面中，使用 jQuery 技术实现了滑动门的效果，通过编写 jQuery 代码，实现电影排行中热播影片和经典影片之间的切换。当用户将鼠标移动到"热播"选项卡上时，页面中将显示热播影片列表，效果如图 30.19 所示。当用户将鼠标移动到"经典"选项卡上时，页面中将显示经典影片列表，效果如图 30.20 所示。

图 30.19　显示热播影片列表　图 30.20　显示经典影片列表

在 Web 页面中实现滑动门的效果，原理比较简单，通过隐藏和显示页面中的元素来切换不同的内容。具体步骤如下：

① 在页面中定义一个表格，在表格的单元格中定义一个 <ul> 元素，并设置其 class 属性值为 tabs，在该元素中添加两个 <li> 用于输出"热播"和"经典"两个滑动选项卡。具体代码如下：

源码位置 　　　　　　　　　　　　　　　　　　　　　　👁 资源包 \Code\30\Movie\index.html

```
4270 <table width="100%" border="0" cellpadding="0" cellspacing="0"
         style="margin-top:0px;margin-left:5%;">
4271   <tr>
4272     <td align="left" height="50" style="font-size:22px;" valign="bottom"> 电影排行 </td>
4273     <td align="center" valign="bottom">
4274       <ul class="tabs">
4275       <li><a name="#tab1"> 热播 </a></li>
4276       <li><a name="#tab2"> 经典 </a></li>
4277       </ul>
4278     </td>
4279   </tr>
4280 </table>
```

② 在页面中定义两个 <div> 元素，其 id 值分别为 tab1 和 tab2，在 id 值为 tab1 的 <div> 元素中添加热播影片列表，在 id 值为 tab2 的 <div> 元素中添加经典影片列表。具体代码如下：

源码位置 　　　　　　　　　　　　　　　　　　　　　　👁 资源包 \Code\30\Movie\index.html

```
4281 <div id="tab1" class="tab_content">
4282 <table width="95%" border="0" cellpadding="0" cellspacing="0" style="position:relative; margin-top:
2px;margin-left:5%;">
4283 <script>
4284   var num = 1;// 定义影片排名变量
4285     // 定义影片名称数组
4286   var nameArr = new Array(" 爱乐之城 "," 寻梦环游记 "," 阿拉丁 "," 金蝉脱壳 "," 海王 "," 海上钢琴师 "," 超凡蜘蛛侠 ");
4287     // 定义影片主演数组
4288   var dnumArr = new Array(" 瑞恩·高斯林 "," 安东尼·冈萨雷斯 "," 威尔·史密斯 "," 西尔维斯特·史泰龙 "," 杰森·莫玛 ","
蒂姆·罗斯 "," 安德鲁．加菲尔德 ");
4289   for(var i=0; i<nameArr.length; i++){
4290     document.write('<tr height="43">');
4291     document.write('<td width="26" align="center" class="f_td">'+(num++)+'</td>');// 输出影片排名
4292     document.write('<td width="75" align="left" class="f_td"><a href="#">'+nameArr[i]+'</td>');// 输出影片名称
4293     document.write('<td width="90" align="right" class="f_td">'+dnumArr[i]+'</td></tr>');// 输出影片主演
4294   }
4295 </script>
4296 </table>
4297 </div>
4298 <div id="tab2" class="tab_content">
```

```
4299 <table width="95%" border="0" cellpadding="0" cellspacing="0" style="position:relative; margin-top:
2px;margin-left:5%;">
4300 <script>
4301     var num = 1;// 定义影片排名变量
4302     // 定义影片名称数组
4303     var nameArr = new Array(" 勇敢的心 "," 这个杀手不太冷 "," 阿甘正传 "," 傲慢与偏见 "," 剪刀手爱德华 "," 机器人总动员
"," 雷神 ");
4304     // 定义影片主演数组
4305     var dnumArr = new Array(" 梅尔·吉布森 "," 让·雷诺 "," 汤姆·汉克斯 "," 凯拉·奈特利 "," 约翰尼·德普 "," 本·贝尔
斯 "," 克里斯 . 海姆斯沃斯 ");
4306     for(var i=0; i<nameArr.length; i++){
4307         document.write('<tr height="43">');
4308         document.write('<td width="26" align="center" class="f_td">'+(num++)+'</td>');// 输出影片排名
4309         document.write('<td width="75" align="left" class="f_td"><a href="#">'+nameArr[i]+'</a></td>');// 输出影片名称
4310         document.write('<td width="90" align="right" class="f_td">'+dnumArr[i]+'</td></tr>');// 输出影片主演
4311     }
4312 </script>
4313 </table>
4314 </div>
```

③ 在页面中定义 CSS 样式，用于控制页面显示效果。具体代码如下：

源码位置　　　　　　　　　　　　　　　　　　　　👁 资源包 \Code\30\Movie\css\style.css

```
4315 ul.tabs{
4316     list-style:none;                            /* 设置列表无样式 */
4317     margin-left:70px;                           /* 设置左外边距 */
4318 }
4319 ul.tabs li{
4320     margin: 0;                                  /* 设置外边距 */
4321     padding: 0;                                 /* 设置内边距 */
4322     float:left;                                 /* 设置左浮动 */
4323     width:50px;                                 /* 设置宽度 */
4324     height: 26px;                               /* 设置高度 */
4325     line-height: 26px;                          /* 设置行高 */
4326     font-size:16px;                             /* 设置文字大小 */
4327 }
4328 ul.tabs li a.act{
4329     display:block;                              /* 设置显示方式 */
4330     width:50px;                                 /* 设置宽度 */
4331     height: 26px;                               /* 设置高度 */
4332     line-height: 26px;                          /* 设置行高 */
4333     background-color:#66CCFF;                   /* 设置背景颜色 */
4334     color:#FFFFFF;                              /* 设置文字颜色 */
4335     cursor:pointer;                             /* 设置鼠标光标样式 */
4336 }
```

④ 在页面中编写 jQuery 代码，当用户将鼠标移到某选项卡上时，为该选项卡添加样式，并显示相对
应的 <div> 中特定的内容。具体代码如下：

源码位置　　　　　　　　　　　　　　　　　　　　👁 资源包 \Code\30\Movie\index.html

```
4337 <script type="text/javascript">
4338 $(document).ready(function() {
4339     $(".tab_content").hide();                   // 将 class 值为 tab_content 的 <div> 隐藏
4340     $("ul.tabs li a:first").addClass("act");    // 为第一个选项卡添加样式
4341     $(".tab_content:first").show();             // 将第一个 class 值为 tab_content 的 <div> 显示
4342     $("ul.tabs li a").hover(function() {        // 将鼠标移到某选项卡上
4343         $("ul.tabs li a").removeClass("act");   // 移除样式
4344         $(this).addClass("act");                // 为当前的选项卡添加样式
4345         $(".tab_content").hide();               // 将所有 class 值为 tab_content 的 div 隐藏
4346         var activeTab = $(this).attr("name");   // 获取当前选项卡的 name 属性值
4347         $(activeTab).show();                    // 将相同 id 值的 <div> 显示
4348     });
4349 });
4350 </script>
```

30

30.5.7 jQuery 实现向上间断滚动效果

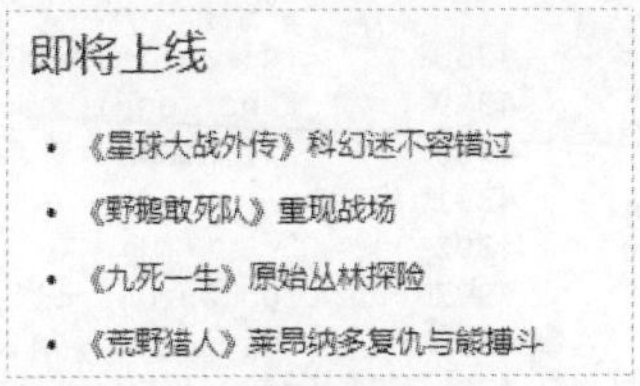

在网站的首页中实现了即将上线影片信息向上间断滚动的效果，通过 jQuery 中的 animate() 方法可以实现这个功能。即将上线影片信息向上间断滚动的运行结果如图 30.21 所示。

具体实现过程如下：

① 在页面中首先创建一个表格和一个 <div> 标签，并设置 <div> 的 class 属性值为 scroll，然后在 <div> 中定义一个用于实现动态滚动的影片信息列表。具体代码如下：

> **即将上线**
> - 《星球大战外传》科幻迷不容错过
> - 《野鹅敢死队》重现战场
> - 《九死一生》原始丛林探险
> - 《荒野猎人》莱昂纳多复仇与熊搏斗
>
> 图 30.21 影片信息向上滚动

源码位置　　　　　　　　　　　　　　　　　👁 资源包 \Code\30\Movie\index.html

```
4351 <table width="100%" border="0" cellpadding="0" cellspacing="0"
         style="margin-top:0px;margin-left:5%;">
4352   <tr>
4353     <td align="left" height="50" style="font-size:22px;" valign="bottom">即将上线</td>
4354   </tr>
4355 </table>
4356 <div class="scroll">
4357   <ul class="list">
4358     <li><a href="#">《荒野大镖客》重磅来袭</a></li>
4359     <li><a href="#">《星球大战外传》科幻迷不容错过</a></li>
4360     <li><a href="#">《野鹅敢死队》重现战场</a></li>
4361     <li><a href="#">《九死一生》原始丛林探险</a></li>
4362     <li><a href="#">《荒野猎人》莱昂纳多复仇与熊搏斗</a></li>
4363   </ul>
4364 </div>
```

② 在页面中定义 CSS 样式，用于控制页面显示效果。具体代码如下：

源码位置　　　　　　　　　　　　　　　　　👁 资源包 \Code\30\Movie\css\style.css

```
4365 .scroll{
4366   margin-left:10px;                          /* 设置左外边距 */
4367   margin-top:10px;                           /* 设置上外边距 */
4368   width:270px;                               /* 设置宽度 */
4369   height:120px;                              /* 设置高度 */
4370   overflow:hidden;                           /* 设置溢出内容隐藏 */
4371 }
4372 .scroll li{
4373   width:270px;                               /* 设置宽度 */
4374   height:30px;                               /* 设置高度 */
4375   line-height:30px;                          /* 设置行高 */
4376   margin-left:26px;                          /* 设置左外边距 */
4377 }
4378 .scroll li a{
4379   font-size:14px;                            /* 设置文字大小 */
4380   color:#333;                                /* 设置文字颜色 */
4381   text-decoration:none;                      /* 设置无下划线 */
4382 }
4383 .scroll li a:hover{
4384   color:#66CCFF;                             /* 设置文字颜色 */
4385 }
```

③ 在页面中编写 jQuery 代码，定义滚动函数 autoScroll() 实现影片信息向上滚动的效果，然后定义超时函数 setInterval()，设置每过 3s 执行一次滚动函数。具体代码如下：

源码位置　　　　　　　　　　　　　　　　　👁 资源包 \Code\30\Movie\index.html

```
4386 $(document).ready(function(){
4387   $(".scroll").hover(function(){             // 鼠标指向滚动区域
```

30

```
4388          clearTimeout(timeID);                     // 中止超时，即停止滚动
4389      },function(){                                 // 鼠标离开滚动区域
4390          timeID=setInterval('autoScroll()',3000);  // 设置超时函数，每过 3s 执行一次函数
4391      });
4392 });
4393 function autoScroll(){
4394     $(".scroll").find(".list").animate({            // 自定义动画效果
4395         marginTop : "-25px"
4396     },500,function(){
4397         // 把列表第一行内容移动到列表最后
4398         $(this).css({"margin-top" : "0px"}).find("li:first").appendTo(this);
4399     })
4400 }
4401 var timeID=setInterval('autoScroll()',3000);        // 设置超时函数，每过 3s 执行一次函数
```

30.6　查看影片详情页面

在影片分类展示的页面中，用户不但可以通过单击电影图片、电影名称或■图标打开影片播放页面进行观看，还可以单击■图标打开电影详情页面查看影片详情。打开影片详情页面的运行结果如图 30.22 所示。

图 30.22　影片详情页面

打开影片详情页面主要通过 JavaScript 中的 open() 方法实现。以影片"泰坦尼克号"为例，打开该影片详情页面的具体实现过程如下：

① 在 intro 文件夹下创建 intro2.html 文件，在页面中输出影片"泰坦尼克号"的详细信息，包括电影图片、电影名称、导演、主演以及影片详情等信息。具体代码如下：

源码位置　　　　　　　　　　　　　　　　　　　　　　　资源包 \Code\30\Movie\intro\intro2.html

```
4402 <table width="660">
4403    <tr>
4404        <td width="34"> </td><td colspan="3"><span class="moviedetail"> 电影详情 </span></td>
4405    </tr>
4406    <tr><td width="34"></td><td colspan="2" height="1" bgcolor="#e5e5e5"></td></tr>
4407    <tr>
4408        <td></td>
4409        <td align="left" valign="top" style="padding-top:30px;">
4410           <table width="98%">
4411              <tr>
4412                 <td width="20%" align="left" valign="middle"><img src="../video/2.jpg" width="280"
height="362" class="pic"/></td>
```

```
4413                    <td width="80%" align="left" valign="top">
4414                        <table style="margin-top:10px; padding-left:20px;">
4415                            <tr>
4416                                <td height="60" class="moviename"> 泰坦尼克号 </td>
4417                            </tr>
4418                            <tr>
4419                                <td width="280" height="50"> 导演：詹姆斯·卡梅隆 </td>
4420                            </tr>
4421                            <tr>
4422                                <td height="50"> 主演：莱昂纳多·迪卡普里奥 </div></td>
4423                            </tr>
4424                            <tr>
4425                                <td height="50"> 类型：爱情片 </td>
4426                            </tr>
4427                            <tr>
4428                                <td height="50"> 语言：英文 </td>
4429                            </tr>
4430                            <tr>
4431                                <td height="50"> 发行时间：1997-12-19</td>
4432                            </tr>
4433                        </table>
4434                    </td>
4435                </tr>
4436                <tr>
4437                    <td height="48" colspan="2"> 影片详情 </td>
4438                </tr>
4439                <tr>
4440                    <td colspan="2" class="movieintro">   影片以 1912 年泰坦尼克号邮轮在其处女航时触礁冰山
而沉没的事件为背景，讲述了处于不同阶层的两个人穷画家杰克和贵族女露丝抛弃世俗的偏见坠入爱河，最终杰克把生存的机会让给了露丝
的感人故事。</td>
4441                </tr>
4442            </table>
4443        </td>
4444    </tr>
4445 </table>
```

② 在动作电影分类页面 action.html 中，为影片"泰坦尼克号"的🗒图标添加 onclick 事件，通过 JavaScript 中的 open() 方法打开影片详情页面。关键代码如下：

📚 **源码位置**   👁 **资源包 \Code\30\Movie\action.html**

```
<img src="images/show_icon.png" alt=" 介绍 " border="0" style="cursor:pointer;" onclick="javascript:window.
open('intro/intro2.html','new','height=660,width=690,top=100,left=400');"/>
```

▽ **小结**

本章使用 JavaScript、Ajax 和 jQuery 等目前的主流技术，制作了一个简单的影视网站。通过本章的学习，希望读者可以掌握网页的页面框架设计，以及网页中 JavaScript、jQuery 技术的应用。